Führer/Heidemann/Nerreter

Grundgebiete der Elektrotechnik

Band 1: Stationäre Vorgänge

Grundgebiete der Elektrotechnik

Band 1: Stationäre Vorgänge
Band 2: Zeitabhängige Vorgänge
Band 3: Aufgaben

HANSER

Vorwort

Unser Lehrbuch ist etwa 20 Jahre lang nahezu unverändert erschienen; für die 7. Auflage haben wir uns nun zu einer umfassenden Neubearbeitung entschlossen. Warum war das notwendig bei einem Buch, das doch die *Grundgebiete* der Elekrotechnik behandelt? Bleiben die nicht immer gleich? Wir wollen einige Gründe nennen:

- Die lange, zusätzliche Lehrerfahrung an unseren Hochschulen lässt uns heute vieles anders einordnen und ausdrücken als damals.
- Die *Praxisbezüge*, ohne die ein technisches Lehrbuch blutleer wirken würde, mussten auf den aktuellen Stand gebracht werden.
- Die Bedeutung vieler Inhalte für die Technik hat sich verändert. So musste einiges ausführlicher beschrieben werden, z. B. die Leitungsmechanismen in Halbleitern und an Grenzschichten; anderes musste dafür zurücktreten.
- Die mathematischen Hilfsmittel der Studierenden sind stark gewachsen. So brauchen wir nicht mehr umständlich zu zeigen, wie z. B. algebraische Gleichungen umgeformt oder die Lösungen von linearen Gleichungssystemen gefunden werden; die Studierenden können dies dem Taschenrechner überlassen.
- Viele Normen und Begriffe und sogar die Rechtschreibung haben sich verändert, all dies war auf den neuesten Stand zu bringen.

Mit unserem Lehrbuch wenden wir uns an Studierende der Elektrotechnik sämtlicher Fachrichtungen an Fachhochschulen, Technischen Hochschulen und Universitäten. Es ist als Begleitlektüre zur Vorlesung und zum Selbststudium geeignet. Darüber hinaus hoffen wir, beruflich tätigen Ingenieuren eine Hilfe beim Auffrischen ihrer Kenntnisse und Professoren Anregungen für die Gestaltung ihrer Vorlesung zu geben.

Im **Band 1** werden die *stationären Vorgänge* in elektrischen Netzen und in elektrischen und magnetischen Feldern sowie die Leitungsmechanismen behandelt. Im **Band 2** beschreiben wir die *zeitabhängigen Vorgänge*, und der **Band 3** enthält zusätzliche, vertiefende *Aufgaben* mit ausführlichen Lösungstexten.

Wir bieten unseren Lesern den Stoff so an, dass sie von einfachen, aus der Vorbildung bekannten Sachverhalten allmählich zu vertieften Problemstellungen hingeführt werden. Dabei wird berücksichtigt, dass ihre mathematischen Kenntnisse im Verlauf des Studiums allmählich anwachsen. So behandeln wir zunächst Themen, die keine Differenzial- und Integralrechnung und keine Vektoralgebra erfordern und beginnen mit dem einfachen Stromkreis und mit Gleichstromnetzen. Eine wissenschaftssystematische Darbietung des Stoffes halten wir in einem Lehrbuch für unangebracht.

Jedes Kapitel beginnt mit den *Zielen* und endet mit den *Fragen* und *Aufgaben*; in den Text sind *Beispiele* und *Praxisbezüge* eingefügt. Zu den Problemstellungen in den Beispielen wird ein ausführlicher Lösungsweg gezeigt. Die Lösungen der Aufgaben, deren Schwierigkeit mit 1 … 3 gekennzeichnet ist, findet man im Anhang. Dieser enthält außerdem die SI- und die abgeleiteten Einheiten, die wichtigsten Naturkonstanten, einige Regeln zur Matrizenrechnung und ein Literaturverzeichnis.
Die eingestreuten Praxisbezüge sind als motivierende „Ausblicke ins weite Feld“ der Elektrotechnik gedacht und daher vom jeweils erreichten Wissensstand aus nicht unbedingt voll verständlich; sie stammen aus möglichst vielen verschiedenen Spezialgebieten.

Die wichtigsten Fachausdrücke der Elektrotechnik werden bei ihrem ersten Erscheinen im Text auch in *englischer Sprache* gebracht; dabei bevorzugen wir die *amerikanische* Schreibweise. Wir halten es für unbedingt erforderlich, dass im Studium die englische Fachsprache erlernt wird.

Wir hoffen, dass unsere Neubearbeitung gut aufgenommen wird, und wären dankbar für Nachrichten an den Verlag mit Verbesserungsvorschlägen, Kritik oder Fehlermeldungen.

Dem Carl Hanser Verlag danken wir für die gute Zusammenarbeit und insbesondere Frau Dipl.-Ing. Erika Hotho für die Betreuung des Projekts.

Lemgo, Ulm, 2003 Die Verfasser

Inhaltsverzeichnis

Studium ohne Hingabe schädigt das Gedächtnis.
LEONARDO DA VINCI

Liebe Leserin, lieber Leser,

bevor Sie sich näher mit unserem Lehrbuch beschäftigen, möchten wir Ihnen einige Hinweise geben, die Ihnen das Lernen erleichtern sollen. Wir wollen Ihnen helfen, eine rationelle Arbeitstechnik zu entwickeln, die sich allgemein zum Auswerten wissenschaftlichen, schriftlichen Materials eignet.

Die von LEONARDO geforderte *Hingabe* nennen Lernpsychologen heute *Motivation*: Jeder lernt und behält nur das, was ihn interessiert, was er zu seiner eigenen Sache zu machen versteht. Alles andere weist das Gehirn geradezu widerwillig zurück.

Aber kann man für jeden noch so staubtrockenen Lernstoff Hingabe empfinden? Wenn es Ihnen zunächst nicht gelingt, wenden Sie einen Trick an: Suggerieren Sie sich, dass gerade dieser Stoff hoch interessant sei, und versuchen Sie, eine emotionale Bindung zu ihm zu entwickeln; darin besteht die ganze Kunst des Lernens.

Bleibt der Lernerfolg aus, so liegt das in der Regel nicht an mangelnder Intelligenz, sondern am Mangel an *primärer Motivation*, an der Fähigkeit, sich Interesse am Lernstoff „selbst einzureden". Die primäre Motivation ist nicht etwa z. B. durch Zeitdruck, durch Angst vor einer Prüfung oder durch die Hoffnung auf ein gutes Gehalt zu ersetzen. Im Gegenteil: Solche *sekundären Motivationen* lassen jeden Lernprozess verkümmern, sie *„schädigen das Gedächtnis"*.

Und da Angst nicht nur kein guter Ratgeber, sondern auch kein guter Lehrmeister ist, lassen Sie bitte keine „Stoffberge" anwachsen, sondern arbeiten Sie möglichst zügig im Kurs mit, damit Sie nicht in die Zeitfalle geraten.

Mathematische Vorkenntnisse
Sie sollten mathematische Kenntnisse besitzen, wie sie am Gymnasium oder an einer Fachoberschule vermittelt werden.

In den ersten Kapiteln brauchen Sie elementare Algebra, einfache Funktionen einer Variablen, quadratische Gleichungen, lineare Gleichungssysteme und ein wenig Differenzialrechnung.

Die Kapitel 4 und 5 verlangen Grundbegriffe der Matrizenrechnung, deren wichtigste Regeln Sie im Anhang kurz zusammengefasst finden. Für die Kapitel 6 und 7 benötigen Sie einige Vektoralgebra und die Grundzüge der Integralrechnung.

Wir nehmen an, dass Sie diese mathematischen Kenntnisse im Verlauf Ihrer Grundstudiums parallel zu unserem Kurs erwerben.

Vorschlag zur Organisation des Lernens
Wir empfehlen Ihnen, jeden Abschnitt des Lernstoffes in *drei Stufen* durchzunehmen.

1. Stufe: *Kennenlernen des Stoffes*
Diese Arbeitsphase sollte in einem Zustand *entspannter Erwartung* geschehen; Sie können dabei bequem auf einem Sofa liegen. Zunächst lesen Sie die *Ziele*, sie geben Ihnen einen groben Eindruck von dem, was Sie erwartet. Es macht nichts, wenn Ihnen einiges unverständlich erscheint; versuchen Sie, durch Neugier primäre Motivation zu gewinnen.
Nun lesen Sie den Abschnitt *zügig* durch und übergehen dabei zunächst die *Beispiele*, *Fragen* und *Aufgaben*. Schauen Sie sich entspannt die *Bilder* und die *Praxisbezüge* an, ohne dass Sie alles zu verstehen oder zu behalten versuchen.

In dieser ersten Arbeitsphase sollten Sie nur erkennen, wohin der Abschnitt zielt, was Ihnen darin vielleicht schon bekannt ist und ob er Ihnen einfach oder schwierig vorkommt.

2. Stufe: *Durcharbeiten*
Zwischen der 1. und der 2. Stufe sollte möglichst nicht mehr als 1 Tag liegen. Jetzt ist konzentriertes Arbeiten *am Schreibtisch* notwendig.

Lesen Sie zunächst die *Ziele* nochmals aufmerksam durch und beginnen Sie dann, den Stoff *absatzweise* durchzunehmen. Nach jedem Absatz legen Sie eine kurze Pause ein, in der Sie versuchen, das Gelesene in eigenen Worten *laut* wiederzugeben oder auf einem Blatt Papier niederzuschreiben.
Lernen Sie aber niemals „Formeln" auswendig! Halten Sie sich vielmehr gründlich im „Vormathematischen", im „Qualitativen" auf. Wenn Sie darin zu Hause sind, dann ergeben sich zumindest die einfachen „Formeln" wie von selbst und festigen sich durch Übungen und Wiederholungen.
Komplizierte mathematische Ausdrücke schlagen Sie besser im Buch nach, dafür ist Ihr Gedächtnis zu schade. Nicht die formalen Ergebnisse, sondern die *Wege* zu ihnen sind Gegenstand des Studiums.

Legen Sie sich ein Heft (mit Loseblatt-Heftung) an, in welches Sie parallel zum Stoff Ergänzungen eintragen; dies können z. B. ausführliche Herleitungen oder eigene Lösungswege sein.

Zum Schluss lösen Sie die Aufgaben vom 1. Schwierigkeitsgrad. Vergleichen Sie die Lösung mit der im Anhang und korrigieren Sie gegebenenfalls Ihre Lösung.

Sollten Sie an eine Stelle gelangen, die Sie auch nach einigem Nachdenken nicht verstehen, versehen Sie diese im Buch mit einem bezifferten Fragezeichen und legen unter diesem Zeichen in Ihrem Heft eine Seite zu diesem Problem an. Formulieren Sie eine *präzise* Fragestellung zu dem noch unklaren Sachverhalt.
Zu den *Praxisbezügen* formulieren Sie keine eigenen Fragen, auch wenn Ihnen noch nicht alles klar ist; hier wird im Stoff oft vorgegriffen.

3. Stufe: *Vertiefen*
Vor dem Beginn dieser Arbeitsphase versuchen Sie, Ihre noch offenen Fragen zu klären. Dies kann z. B. durch Befragen des Professors, durch Zusammenarbeit mit anderen Studierenden oder durch Nachschlagen in der Fachliteratur geschehen. Gelingt die Problemlösung, so beschreiben Sie diese auf der entsprechenden Seite in ihrem Heft. Gelingt sie nicht, so haben Sie „Mut zur Lücke", denn das Problem wird sich später, von einem höheren Wissensstand aus, vielleicht wie von selbst klären.

Beginnen Sie mit dem *Vertiefen*, indem Sie den Abschnitt zum drittenmal durchlesen; der Abstand zu Stufe 2 sollte nicht länger als 2 Tage sein. Bringen Sie farbige Markierungen im Buch an, um Kernaussagen hervorzuheben, aber gehen Sie damit bitte sparsam um.

Wenn möglich, diskutieren Sie den Stoff mit anderen Studierenden; hierfür hat sich eine Dreier-Gruppe als optimal erwiesen.
Beantworten Sie die *Fragen* schriftlich in Ihrem Heft und lösen Sie zum Schluss die Aufgaben vom Schwierigkeitsgrad 2 selbstständig. Nur bei den schwierigsten Aufgaben (3) sollten Sie nach erfolglosen Lösungsversuchen im Anhang nachsehen und die Aufgabe „mit Hilfe" nacharbeiten.

Im Band 3 unseres Lehrbuches finden Sie weitere, relativ anspruchsvolle Aufgaben mit sehr ausführlichen Lösungsgängen. Versuchen Sie auch da, die Lösung zunächst selber zu finden.

Natürlich können Sie auch eine andere, individuelle Lernmethode entwickeln, die beschriebene hat sich jedoch beim Selbststudium gut bewährt.

Viel Erfolg wünschen Ihnen

die Verfasser.

1 Grundbegriffe

1.1 Elektrischer Strom

Ziele: Sie können
- einen einfachen Schaltplan mit Batterie, Schalter und Glühlampe zeichnen und den Richtungssinn des Stromes eintragen.
- die drei wichtigsten Wirkungen des elektrischen Stromes nennen.
- die Definition der physikalischen Einheit für die Stromstärke mit Hilfe einer Skizze erklären.

Wir gehen von bekannten Dingen aus und betrachten ein einfaches *Experiment*: Eine **Glühlampe** G ist mit Hilfe von metallischen Leitungen L über den Schalter S an die **Batterie** B angeschlossen; dicht unter einer der Leitungen steht der **Kompass** K (Bild 1.1).

Die Batterie hat zwei Anschlusspunkte, die **Klemmen** oder allgemeiner auch **Pole** genannt werden; sie sind mit „+" und „–" bezeichnet. Über die Bedeutung dieser Bezeichnungen wollen wir uns erst später Gedanken machen (s. 1.7).

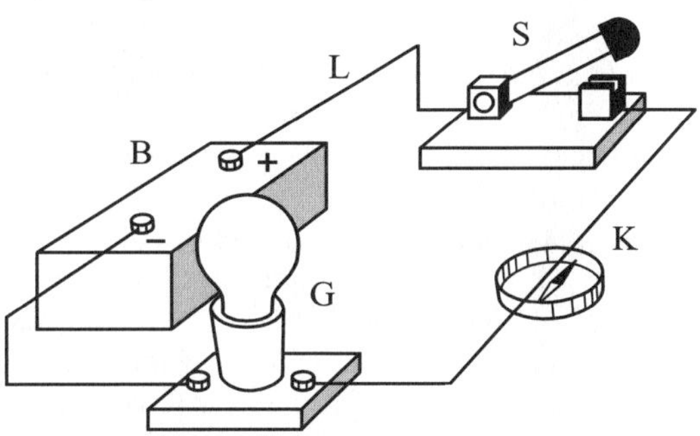

Bild 1.1 Wirkungen des elektrischen Stromes

Sobald der Schalter geschlossen wird, geschieht Folgendes:

- Die Wendel der Glühlampe leuchtet.
- Die Kompassnadel wird abgelenkt.
- Im Inneren der Batterie vollziehen sich chemische Umsetzungen.

Man sagt: Ursache all dieser Wirkungen ist ein **elektrischer Strom** *(electric current)*. Er ist nur dann vorhanden, wenn von der Batterie über den Schalter und die Leitungen zur Glühlampe ein geschlossener Weg – der **Stromkreis** *(circuit)* – gebildet wird.

Für elektrische Ströme besitzen wir kein Sinnesorgan; wir können sie nur an ihren **Wirkungen** erkennen:

- Erzeugung von *Wärmeenergie*;
- Erzeugung *magnetischer Erscheinungen*;
- Erzeugung *chemischer Veränderungen* der durchströmten Stoffe.

Weil diese Wirkungen nur in geschlossenen Stromkreisen beobachtet werden, hat man die Modellvorstellung gebildet, dass der elektrische Strom durch eine Bewegung von „Teilchen" entsteht. Da von einem Strom durch metallische Leitungen kein Material transportiert wird, können diese „Teilchen" nicht etwa die Metallatome selbst sein, sondern nur wesentlich kleinere *Bausteine* der Atome.

Vertauscht man die Anschlüsse an den Klemmen der Batterie, so schlägt die Kompassnadel in entgegengesetzte Richtung aus; dem elektrischen Strom kann also offenbar ein **Richtungssinn** zugeordnet werden. Willkürlich hat man festgelegt:

> Der elektrische Strom fließt außerhalb der Batterie von ihrem Pluspol zum Minuspol.

Daraus folgt, dass der Strom *innerhalb* der Batterie von ihrem Minus- zum Pluspol fließt.

Der Aufbau in Bild 1.1 lässt sich mit **Schaltzeichen** *(wiring symbol)* für die verwendeten Geräte in einem **Schaltplan** *(circuit diagram)* übersichtlich darstellen.

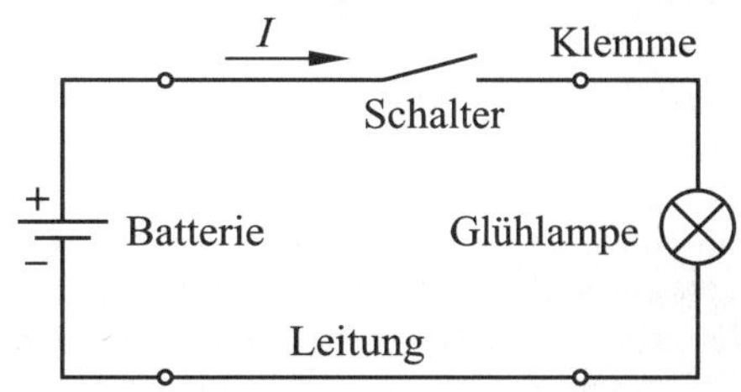

Bild 1.2 Schaltplan mit Schaltzeichen und Richtungssinn des Stromes

Die *physikalische* Größe, mit der ein elektrischer Strom beschrieben wird, ist die **elektrische Stromstärke** *(current intensity)*, sie erhält das Formelzeichen I. Im Schaltplan kennzeichnen wir den *Richtungssinn* des Stromes durch einen Pfeil neben der Linie, welche die Leitung darstellt, und schreiben das Formelzeichen I daran.

Nach dem *Gesetz über Einheiten im Meßwesen* vom 5.7.1969 sind in der Bundesrepublik Deutschland die Einheiten des **Internationalen Einheitensystems** (SI: Système International) verbindlich eingeführt worden. Darin ist die elektrische Stromstärke aus der *magnetischen Wirkung* des Stromes definiert.

Hierzu ein einfaches Experiment: Zwei dünne, biegsame Metallbänder M sind locker zwischen je zwei Klemmen aufgehängt und über den Schalter S an die Batterie B angeschlossen.

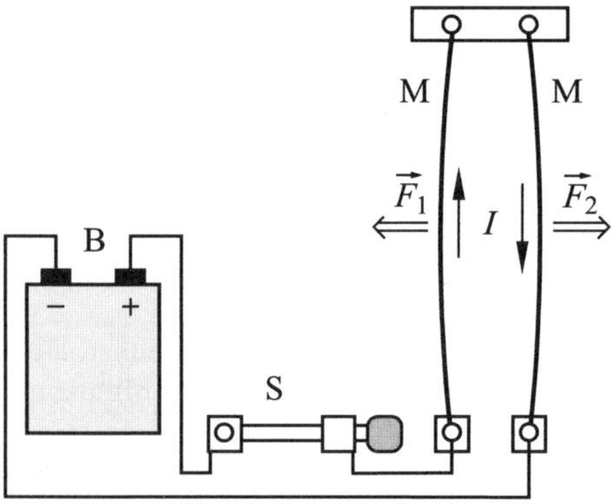

Bild 1.3 Magnetische Kraftwirkung auf Stromleiter

Sobald der Schalter geschlossen ist, spreizen sich die Metallbänder auseinander. Die Ursache hierfür ist die gegenseitige magnetische Wirkung; sie erzeugt Kräfte, die längs der Metallbänder so angreifen, dass sich diese „abstoßen". Wir wollen diese Kraftwirkung später genauer untersuchen (s. 7.2.3).

Die gegenseitige magnetische Kraftwirkung auf zwei parallele Stromleiter dient zur Festlegung der Maßeinheit **Ampere** (Einheitenkurzzeichen A) für die elektrische Stromstärke. Das Ampere ist die einzige *elektrische* Einheit unter den sieben Basiseinheiten des SI (s. Anhang).

1 Ampere ist die Stärke eines zeitlich unveränderlichen elektrischen Stromes, der, durch zwei im Vakuum parallel im Abstand 1 Meter voneinander angeordnete, geradlinige, unendlich lange Leiter von vernachlässigbar kleinem, kreisförmigen Querschnitt fließend, zwischen diesen Leitern je Meter Leiterlänge die Kraft $0{,}2 \cdot 10^{-6}$ N hervorrufen würde.

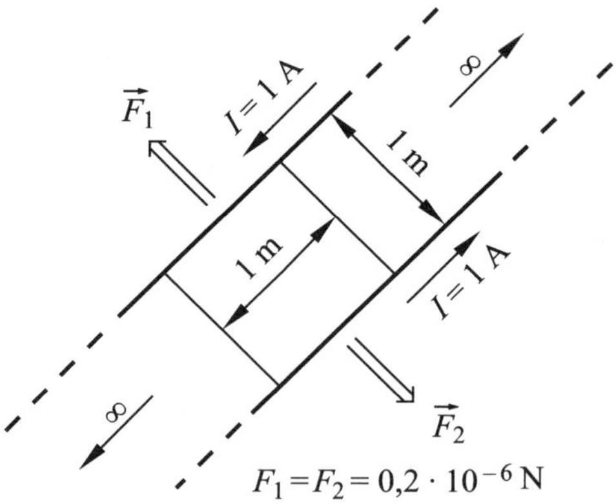

Bild 1.4 Zur Definition der Stromstärkeeinheit

Die elektrische Stromstärke I ist ein **Skalar**, d.h. eine Größe, die im Raum *nicht* gerichtet ist. Der *Richtungssinn* des Stromes stellt eine willkürliche Beziehung zu den im Stromkreis umlaufenden „Elektrizitätsteilchen" her und hat keine geometrische Bedeutung.
Im Gegensatz dazu ist eine Kraft $\vec{F}$ ein **Vektor**, dem eine Richtung im Raum zugeordnet wird. Die Pfeile in den Bildern 1.3 und 1.4 geben diese Richtung an. Wir kennzeichnen Vektoren durch einen über das Formelzeichen gesetzten Pfeil und verwenden für den Betrag des Vektors das Formelzeichen ohne Pfeil.

Zur *Messung* der Stromstärke ist die zur Definition der Einheit beschriebene Anordnung (Bild 1.4) nicht geeignet. Hierfür hat man spezielle Messgeräte entwickelt, die **Amperemeter** *(ammeter)* oder **Strommesser** genannt werden.

Praxisbezug 1.1
Als Strommesser werden meist digitale Geräte mit Ziffernanzeige verwendet; analoge Geräte mit Zeigeranzeige werden nur noch für spezielle Aufgaben gebraucht.

Die Klemmen von Strommessern mit mehreren Messbereichen werden meist mit „mA“ und „COM“ bezeichnet. Weist der Richtungssinn des Stromes *I* von der mA-Klemme zur COM-Klemme, so zeigt das Gerät einen positiven Stromstärkewert an; ist der angezeigte Wert negativ, so hat der Strom den entgegengesetzten Richtungssinn.

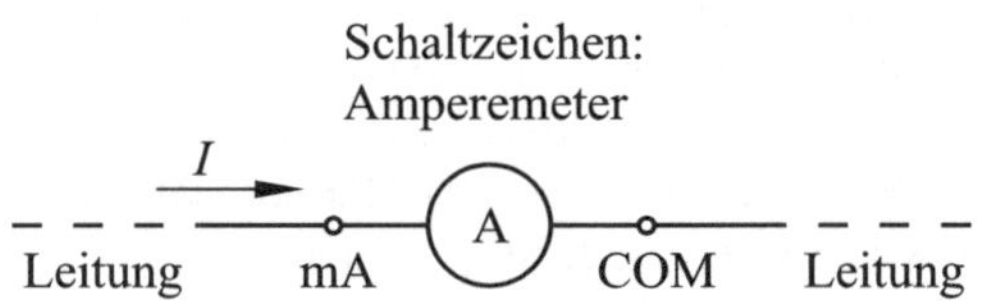

Bild 1.5 Amperemeter in einer Schaltung

Amperemeter werden in den Stromkreis eingefügt, in dem der zu messende Strom fließt; dazu muss der Stromkreis aufgetrennt werden.
Ungünstig kann sich der Widerstand des Amperemeters auswirken, der z.B. beim Messbereich 1 µA in der Größenordnung 100 kΩ liegt.
Der Messbereichsendwert liegt im Allg. zwischen 200 µA und 2 A. Es gibt jedoch Spezialgeräte mit einem kleinsten Messbereichsendwert 1 pA.

Bei der Messung mit einer **Strommesszange** braucht der Stromkreis nicht aufgetrennt zu werden: Der stromführende Leiter wird von einem Eisenkreis umfasst, in dem der zu messende Strom ein magnetisches Feld erzeugt.

Eine Messzange für *Wechselstrom* enthält auf dem Eisenkreis eine Wicklung, in der eine dem Strom proportionale Spannung induziert wird. Bei einer Stromzange für *Gleich- und Wechselstrom* enthält der Eisenkreis einen Luftspalt, in dem sich eine HALL-Sonde befindet; sie erzeugt eine dem zu messenden Strom proportionale Spannung. Der Messbereichsendwert einer Stromzange liegt zwischen 0,1 A und 1 kA. ❐

Fragen
- An welchen Wirkungen bemerkt man das Fließen eines elektrischen Stromes?
- Wie ist die Einheit der Stromstärke definiert?
- Zeichnen Sie den Schaltplan für einen Stromkreis mit Batterie, Schalter und Glühlampe; kennzeichnen Sie den Richtungssinn der Stromes.
- Mit welcher Art von Messgeräten misst man die elektrische Stromstärke?

1.2 Ladungen im Atommodell

Ziele: Sie können
- das BOHR-SOMMERFELDSCHE Atommodell beschreiben.
- die im Atommodell verwendeten Elementarteilchen nennen und ihre Eigenschaften angeben.
- die Kraftrichtung zwischen Ladungen angeben.
- die Begriffe Elementarladung, Valenzelektron und Ion erläutern.

Wir wollen nun die Modellvorstellungen beschreiben, welche man über die im Stromkreis umlaufenden „Elektrizitätsteilchen“ entwickelt hat. Hierzu führen wir ein Experiment durch:
Wir hängen zwei gleiche, leichte Kunststoffkugeln K mit metallisierter Oberfläche an Fäden auf (Bild 1.6). Die eine wird kurzzeitig mit dem Pluspol, die andere mit dem Minuspol eines Hochspannungsgenerators H in Verbindung gebracht.
Nähern wir danach die Kugeln einander, so bemerken wir, dass sie aufeinander eine Kraftwirkung ausüben: Sie *ziehen sich an.*

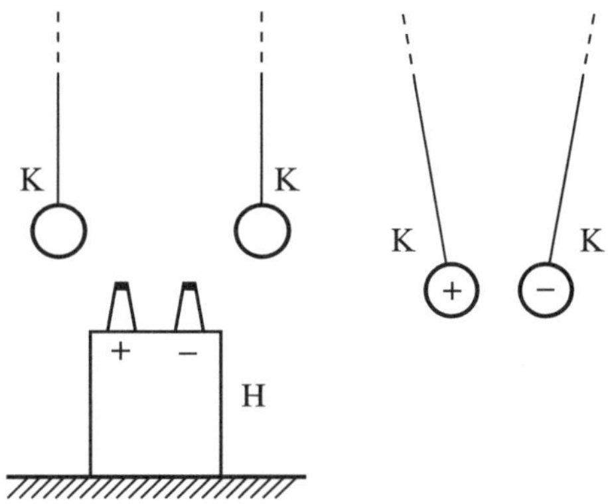

Bild 1.6 Gegenseitige Anziehung zweier Kugeln K nach dem Berühren der Pole des Hochspannungsgenerators H

Nun verändern wir das Experiment: Wir berühren mit *beiden* Kugeln den Pluspol oder mit *beiden* den Minuspol des Hochspannungsgenerators und nähern sie danach einander: In beiden Fällen beobachten wir eine *abstoßende* Kraftwirkung.

Für die Ergebnisse des Experiments hat man folgende Vorstellung gebildet: Die „Elektrizitätsteilchen“ besitzen eine Eigenschaft, die man als

Ladung *(charge)* bezeichnet; sie ist ursächlich für die beobachteten Kraftwirkungen.

Da *unterschiedliche* Kraftwirkungen beobachtet werden, nimmt man an, dass es *zwei* Arten von „Elektrizitätsteilchen" gibt, die willkürlich durch die Vorzeichen „+" und „–" gekennzeichnet werden. An den Klemmen der Batterie bzw. des Hochspannungsgenerators herrscht jeweils ein der Klemmenbezeichnung entsprechender Überschuss einer Ladungsart.

Die Kugeln können offenbar durch Berührung der Pole des Hochspannungsgenerators Ladungen aufnehmen; man sagt, sie werden **geladen**. Den Ladungszustand eines Körpers kennzeichnet man durch das Vorzeichen der Ladung, die er trägt.

Die Kräfte, die Ladungen aufeinander ausüben, werden **COULOMB-Kräfte**[1] genannt. Im Bild 1.7 sind ihre Richtungen zusammengefasst.

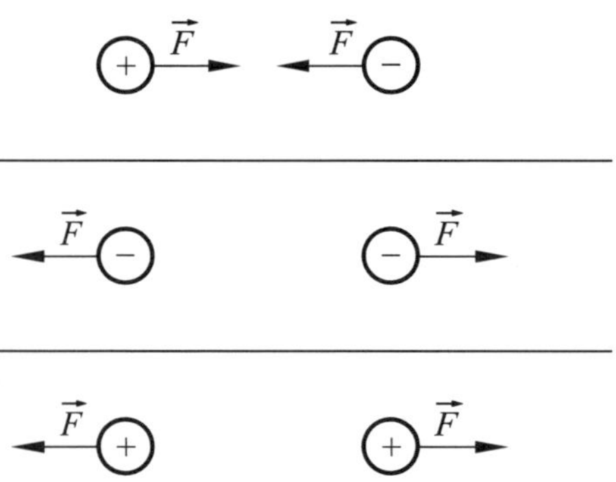

Bild 1.7 COULOMB-Kräfte auf Ladungen

> Ladungen mit gleichen Vorzeichen stoßen einander ab.
> Ladungen mit ungleichen Vorzeichen ziehen einander an.

Das Experiment zeigt auch, dass die Kraftwirkungen mit wachsendem Abstand der Kugeln stark abnehmen. Durch genaue Messungen hat COULOMB festgestellt, dass die Kraft, die zwei geladene Kugeln vom Radius r aufeinander ausüben, mit dem Quadrat ihres Abstandes a abnimmt, wenn die Bedingung $a \gg r$ erfüllt ist:

[1] Charles Augustin Coulomb, 1736 – 1806

$$F \sim \frac{1}{a^2} \qquad \text{für } a \gg r \qquad (1.1)$$

Werden zwei ungleich geladene Kugeln zur Berührung gebracht, so verschwinden die elektrischen Kraftwirkungen sofort; die Kugeln besitzen offenbar keinen geladenen Zustand mehr. Man stellt sich vor, dass sich die Ladungen bei der Berührung ausgleichen und beide Kugeln danach einen neutralen elektrischen Zustand besitzen. Diesen Vorgang nennt man **Ladungsausgleich**; die Kugeln werden dabei **entladen**.

Die COULOMB-Kräfte treten auch im Vakuum auf, sie bedürfen also keines materiellen Mediums. Dieses Phänomen beschreibt man in der Elektrotechnik mit dem **Feldmodell**:

> Jede Ladung verändert den Zustand des Raumes derart, dass auf andere Ladungen Kräfte ausgeübt werden. Diesen besonderen Zustand des Raumes bezeichnet man als **elektrisches Feld** *(electric field)*.

Das elektrische Feld ist stets auch die Ursache für die Bewegung von positiven oder negativen Ladungen bei einem elektrischen Strom. Es wird durch die Ladung der Batteriepole erzeugt und bildet sich im umgebenden Raum und im Stromkreis aus.

In Physik und Technik entwickelt man von komplizierten oder unanschaulichen Objekten und Vorgängen zunächst einfache **Modelle**. Mit ihrer Hilfe baut man ein System von Gesetzmäßigkeiten auf, z. B. in Form mathematischer Gleichungen.

Ein Modell wird als „richtig" angesehen, wenn die sich daraus ergebenden Schlussfolgerungen mit den in der Natur zu beobachtenden Erscheinungen übereinstimmen; dies ist meist nur für einen kleinen Ausschnitt aus der Vielzahl der Naturvorgänge der Fall. Wird der Ausschnitt vergrößert, so ist das zu Grunde gelegte Modell oft unzureichend und muss erweitert werden.

In der Physik wird z. B. ein Modell verwendet, welches die COULOMB-Kräfte durch den Austausch von masselosen Teilchen (Photonen) beschreibt.

Nun wollen wir unser Experiment erweitern: Wir schließen den Hochspannungsgenerator H an zwei Metallplatten M an und hängen dazwischen eine der Kugeln K auf (Bild 1.8). Nachdem wir sie mit einer der Platten in Berührung gebracht haben, führt die Kugel eine andauernde Pendelbewegung aus, wobei sie abwechselnd die linke und die rechte Platte berührt.

Zwei in die Leitung geschaltete Glimmlampen G blitzen jedes Mal auf, wenn die Kugel eine der Platten berührt; in diesem Augenblick fließt offenbar im Stromkreis ein elektrischer Strom. Wir können uns leicht davon überzeugen, dass die Glimmlampen Indikatoren für den Strom sind, wenn wir sie ohne die Platten gemeinsam mit einem Strommesser in den Stromkreis schalten.

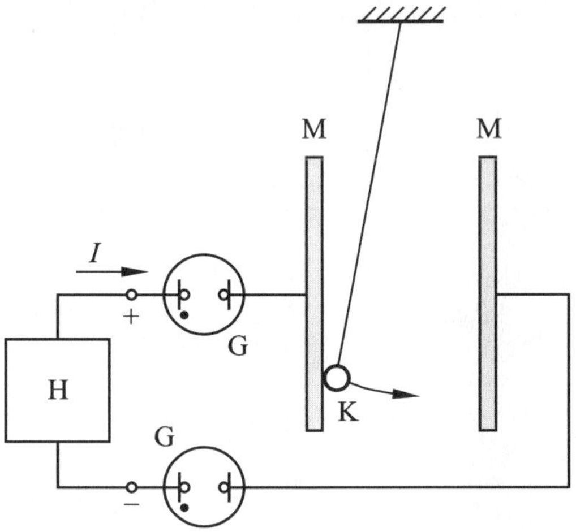

Bild 1.8 Antrieb eines Pendels durch COULOMB-Kräfte

Die Pendelbewegung lässt sich mit unserem einfachen Modell der Ladung folgendermaßen erklären:
Von der linken Metallplatte fließen positive Ladungen auf die Kugel. Diese wird daraufhin von der linken Platte abgestoßen und von der rechten Platte angezogen; infolgedessen bewegt sie sich zur rechten Platte.
Ist die Kugel dort angekommen, so gibt sie ihre positiven Ladungen ab und wird negativ geladen; dadurch kehrt sich die Bewegungsrichtung um.

Der Ladungstransport, der mit Hilfe der Kugel zwischen den Platten stattfindet, pflanzt sich als elektrischer Strom in den Leitungen fort. Dabei ist es offenbar gleichgültig, ob zwischen den Platten positive oder negative Ladungen bewegt werden.

Praxisbezug 1.2
Bei Laserdruckern und Kopiergeräten werden die COULOMB-Kräfte auf Ladungen ausgenutzt. Zunächst wird eine Walze, deren Oberfläche aus einer selenhaltigen Schicht besteht, elektrisch aufgeladen. Darauf wird ein Bild des zu vervielfältigenden Originals projiziert. An den belichteten Stellen fließt die Ladung ab, weil dort die Oberfläche leitfähig wird.
Anschließend wird ein farbiger Kunststoffpuder auf die Walze gebracht, dessen Teilchen sich bei Bewegung infolge Reibung entgegengesetzt zur Walze aufladen. Dieser Puder, den man als **Toner** bezeichnet, wird von den unbelichteten Stellen angezogen.
Danach wird ein Bogen Papier auf das Puderbild gelegt und von der Rückseite her aufgeladen. Dadurch haftet das Tonerbild auf dem Papier. Es wird durch Wärme fixiert, die den thermoplastischen Toner kurzzeitig zum Schmelzen bringt. ❐

Nun wollen wir uns der Frage zuwenden, welchen Bereichen des Atoms die positiven und negativen Ladungen zugeordnet werden.

Der Physiker RUTHERFORD[1] hat die Vorstellung entwickelt, dass die Ladungen Eigenschaften zweier Atombausteine sind. Da ein direkter Einblick in Atome nicht möglich ist, nehmen wir zur Erläuterung des Atomaufbaus das **BOHR-SOMMERFELDsche Atommodell**[2] zu Hilfe, das für unsere Zwecke ausreicht. Darin besteht ein Atom aus **Protonen** *(proton)* und **Neutronen** *(neutron)*, die den **Atomkern** *(atomic nucleus)* bilden, und aus **Elektronen** *(electron)*, die ihn auf Kreis- oder Ellipsenbahnen umlaufen. Im Atomkern ist der überwiegende Anteil der Masse eines Atoms enthalten, denn ein Proton oder ein Neutron besitzt etwa das 2000-fache der Masse eines Elektrons.

1) Ernest Rutherford, 1871 – 1937, NOBEL-Preis 1908
2) Niels Bohr, 1885 – 1962, NOBEL-Preis 1922
Arnold Sommerfeld, 1868 – 1951

Elektronen sind Träger negativer Ladung, Protonen sind Träger positiver Ladung; die Vorzeichen der Ladung sind *willkürlich* festgelegt. Beide Teilchen besitzen die kleinste in unserem Modell vorkommende, nicht mehr weiter teilbare Ladung. Man nennt sie die **Elementarladung** *e (elementary charge)*. Sie ist vom Elektron bzw. vom Proton nicht zu trennen.
Neutronen besitzen keine Ladung.

> Das Elektron besitzt eine negative, das Proton eine positive Elementarladung.

Tabelle 1.1 Bestandteile des Atommodells

Elementarteilchen	Masse (Ruhemasse)	Ladung
Proton	$1{,}673 \cdot 10^{-27}$ kg	$+e$
Neutron	$1{,}675 \cdot 10^{-27}$ kg	0
Elektron	$0{,}911 \cdot 10^{-30}$ kg	$-e$

In kernphysikalischen Experimenten zeigt sich, dass die Materie aus 12 „Urteilchen" aufgebaut ist. Davon gehören 6 zur Gruppe der *Quarks*, die Teile der Elementarladung tragen. Das Elektron gehört zur Gruppe der *Leptonen*, es kann nicht weiter zerlegt werden.

Der Durchmesser eines Atoms liegt in der Größenordnung 10^{-10} m, der Durchmesser des Atomkerns bei 10^{-15} m. Im Bereich des Atomkerns wirken auf die Protonen und Neutronen starke Anziehungskräfte mit geringer Reichweite, die sog. **Kernkräfte**. Sie sind wesentlich stärker als die abstoßenden COULOMB-Kräfte, welche die Protonen aufeinander ausüben, und halten den Atomkern zusammen.

Die COULOMB-Kräfte sind die Ursache für die gegenseitige Anziehung der Elektronen und Protonen. Sie bewirken im Atom die Zentripetalkraft, welche die Elektronen auf ihre Bahn um den Atomkern zwingt.
Die Elektronen können den Atomkern nur auf bestimmten Bahnen umlaufen. Sie liegen auf den sog. **Schalen** (K, L ... Q). Dabei ist die maximal mögliche Anzahl der Elektronen je Schale unterschiedlich groß. Nummeriert man die Schalen von innen nach außen, beginnend mit $n = 1$ für die K-Schale, so kann man die maximale Anzahl der Elektronen je Schale zu $2n^2$ angeben.

Die äußerste noch besetzte Schale des Atoms ist für das chemische und für das elektrische Verhalten bestimmend; man bezeichnet sie als **Valenzschale**. Die Elektronen auf dieser Schale heißen **Valenzelektronen**. Nicht immer sind alle tieferen Schalen gesättigt, d.h. mit der maximal möglichen Anzahl der Elektronen aufgefüllt.

Tabelle 1.2 Atomaufbau der Elemente (Auswahl)

Element		Anzahl der Elektronen gesamt	in der Schale K	L	M	N	O	P	Q
Wasserstoff	H	1	1						
Helium	He	2	2						
Lithium	Li	3	2	1					
Bor	B	5	2	3					
Sauerstoff	O	8	2	6					
Fluor	F	9	2	7					
Neon	Ne	10	2	8					
Natrium	Na	11	2	8	1				
Aluminium	Al	13	2	8	3				
Silizium	Si	14	2	8	4				
Phosphor	P	15	2	8	5				
Kupfer	Cu	29	2	8	18	1			
Silber	Ag	47	2	8	18	18	1		
Gold	Au	79	2	8	18	32	18	1	
Uran	U	92	2	8	18	32	21	9	2

Jedem Elektron auf einer Schale lässt sich eine bestimmte *Energie* zuordnen. Im Zustand *niedrigster Energie* befindet sich das Atom im **Grundzustand**. Durch Energiezufuhr kann es in einen **angeregten Zustand** gelangen. Beim Übergang von einem Anregungszustand höherer Energie zu einem solchen mit niedrigerer Energie wird vom Atom Energie z.B. in Form eines Lichtquants abgestrahlt. Dies geschieht bei jedem Atom spontan, so dass zwischen den vielen, von verschiedenen Atomen abgegebenen Lichtquanten normalerweise keinerlei geordnete Beziehung besteht; sie ist nur bei dem in der Natur nicht beobachteten Laserlicht gegeben.

Die *Wellenlänge* des abgestrahlten Lichtes hängt mit der Energiedifferenz der Anregungszustände zusammen (s. Praxisbezug 1.3).

Im Allgemeinen ist in einem Atom die Anzahl der Protonen gleich derjenigen der Elektronen. Ein solches Atom wirkt daher *elektrisch neutral,* d.h. ungeladen. Nach außen hin treten keine elektrischen Kraftwirkungen auf.

Bei größerer Energiezufuhr – z. B. durch Wärme oder durch Gamma-Strahlung – kann ein Atom zum **Ion** *(ion)* werden. Dieser Vorgang wird **Ionisierung** *(ionization)* genannt. Dabei gibt es zwei Möglichkeiten:

- Es werden ein Elektron oder mehrere Elektronen aus der Atomhülle entfernt. Dadurch entsteht ein *positives Ion,* das nach außen hin positiv elektrisch geladen wirkt.
- Es werden ein Elektron oder mehrere Elektronen an das Atom angelagert. Dadurch entsteht ein *negatives Ion,* das nach außen hin negativ elektrisch geladen wirkt.

Im Allgemeinen sind Ionen infolge der COULOMB-Kräfte bestrebt, sich durch Einfangen freier Elektronen oder durch Anlagern an ungleichartige Ionen zu neutralisieren. Diesen Vorgang nennt man **Rekombination** *(recombination).*

Atome, Moleküle, Elementarteilchen oder sonstige Partikel, von denen elektrische Wirkungen ausgehen, die sich durch die Eigenschaft der Ladung erklären lassen, bezeichnet man als **Ladungsträger** *(charge carrier).* Ihre Ladung ist stets ein ganzzahliges Vielfaches der Elementarladung.

Das BOHR-SOMMERFELDsche Atommodell liefert nur eine grobe Hilfsvorstellung mit den Methoden der klassischen Physik. Es ist zwar anschaulich, aber in mancher Beziehung nicht befriedigend.

Elektronen, Protonen und Neutronen sind Objekte, bei deren Beschreibung die Methoden der klassischen Physik versagen. Man darf sie sich z. B. nicht als materielle Objekte vorstellen, deren Aufenthaltsort sich mit beliebiger Genauigkeit zu einem bestimmten Zeitpunkt angeben lässt.

Die Ansätze der *Quantenphysik* führen dazu, dass man dem in der Atomhülle bewegten Elektron eine „Unschärfe" zuschreiben muss: Zu einem bestimmten Zeitpunkt besitzt das Elektron lediglich eine gewisse Aufenthaltswahrscheinlichkeit in einem betrachteten Raumpunkt. Eine umfassendere Beschreibung der Elektronenhülle mit dem wesentlich abstrakteren Orbitalmodell der Quantenphysik würde jedoch hier zu weit führen und ist auch für das Verständnis grundlegender technischer Vorgänge nicht erforderlich.

Praxisbezug 1.3

Eine **Lumineszenzdiode** *(light emitting **d**iode,* LED*)* ist eine Halbleiterdiode, die Licht aussendet, wenn sie in Durchlassrichtung von einem elektrischen Strom durchflossen wird.

Durch die Energiezufuhr beim Fließen des Stromes werden Elektronen in einen energetisch höheren Zustand gebracht. Beim Zurückfallen in den Zustand geringerer Energie wird von jedem Elektron ein Lichtquant mit der Wellenlänge λ abgestrahlt:

$$\lambda = \frac{c \cdot h}{\Delta W}$$

λ Wellenlänge (griech. Buchstabe lambda)

$c \approx 3 \cdot 10^8$ m/s ... Lichtgeschwindigkeit im Vakuum

$h = 4{,}136 \cdot 10^{-15}$ eV · s ... PLANCKsches Wirkungsquantum[1)]

eV Elektronvolt, eine Energieeinheit: $1\ \text{eV} = 1{,}60218 \cdot 10^{-19}$ J

ΔW Energiedifferenz des Ladungsträgers

Der Abstand der Energieniveaus für die Elektronen in Galliumarsenphosphid (GaAsP) ist z. B. $\Delta W = 1{,}92$ eV. Die Wellenlänge des abgestrahlten Lichtes ist damit:

$$\lambda = \frac{3 \cdot 10^8\ \text{m} \cdot 4{,}136 \cdot 10^{-15}\ \text{eV} \cdot \text{s}}{\text{s} \cdot 1{,}92\ \text{eV}} = 0{,}65\ \mu\text{m}$$

Diese Wellenlänge liegt im sichtbaren Bereich, das Licht hat die Farbe Rot. ❐

1) Max Planck, 1858 – 1947, NOBEL-Preis 1918

Fragen

- Beschreiben Sie ein Experiment, das auf die Existenz zweier unterschiedlicher Arten von Ladungen schließen lässt.
- Nennen Sie die Bestandteile des BOHR-SOMMERFELDschen Atommodells.
- Stoßen sich positive Ionen ab oder ziehen sie sich an?
- Wodurch unterscheidet sich ein Elektron von einem Ion mit der Ladung $-e$?
- Ein elektrisch neutrales Aluminium-Atom enthält 2 Elektronen auf der K-Schale, 8 Elektronen auf der L-Schale und 3 Elektronen auf der M-Schale. Wie viele Protonen befinden sich im Kern dieses Atoms?
- Was sind Valenzelektronen?
- Welche Vorgänge führen dazu, dass Atome Licht aussenden?

1.3 Leitungseigenschaften

Ziele: Sie können

- ein Modell für elektrische Ströme in metallischen Leitern beschreiben.
- angeben, welche Elementarteilchen an der Ladungsbewegung in Metallen teilnehmen.
- die vier besten Leiter nennen.
- einige Halbleiter und einige Isolatoren nennen.

Die Stoffe sind unterschiedlich gut geeignet, den elektrischen Strom zu leiten. Nach dieser Eigenschaft unterteilt man sie grob in **Leiter** *(conductor)*, **Halbleiter** *(semiconductor)* und **Nichtleiter** *(insulator)*.

Als besonders wichtige Leiter haben wir bereits die Metalle kennengelernt. Nichtleiter sind z. B. die Fäden, an denen die Kugeln in Bild 1.6 aufgehängt sind, andernfalls wären die Ladungen über sie „abgeflossen".

Für einen guten Leiter sind zwei Eigenschaften wichtig:

- Es sollen viele freie Ladungsträger je Volumen vorhanden sein.
- Die freien Ladungsträger sollen eine hohe Beweglichkeit im Materialgefüge besitzen.

Bei den **Metallen** liegt vor allem die erste Eigenschaft vor. Dies liegt daran, dass die Metalle im festen Zustand *Kristalle* mit der sog. **Metallbindung** bilden, bei der alle Atome des Kristalls ihre Valenzelektronen abgeben und als positiv geladene Ionen zurückbleiben, die man **Atomrümpfe** nennt. Diese sind in regelmäßigen, räumlich wiederkehrenden Strukturen angeordnet; man spricht dabei von einem **Kristallgitter** *(crystal lattice)*.
Bei Silber, Kupfer und Gold ist z. B. die Struktur würfelförmig, wobei jede Würfelecke und jede Flächenmitte mit einem Metallion besetzt ist.
Die abgegebenen Valenzelektronen sind als bewegliche **Leitungselektronen** sämtlichen Atomrümpfen *gemeinsam* zugeordnet und können sich zwischen diesen bewegen; man spricht auch von **freien Elektronen**, die als „Elektronengas" die Atomrümpfe umgeben.
Die freien Elektronen können das Metall nur dann verlassen, wenn ihnen die **Austrittsarbeit** zugeführt wird; sie überwindet die Anziehungskraft zwischen den positiv geladenen Atomrümpfen und den negativ geladenen Leitungselektronen.

Die Bewegung der Leitungselektronen zwischen den Atomrümpfen des Kristallgitters ist zunächst eine ungeordnete „Wimmelbewegung", die sich nach außen hin nicht bemerkbar macht. Ein elektrischer Strom fließt erst dann, wenn sich der Wimmelbewegung eine gemeinsame Vorzugsrichtung überlagert, die durch ein von außen verursachtes elektrisches Feld hervorgerufen wird.

Die positiven Metallionen im Kristallgitter schwingen um ihre Ruhelage, wobei die Schwingungsweite mit zunehmender Temperatur steigt. Da dies die Leitungselektronen in ihrer gerichteten Bewegung behindert, leiten Metalle mit steigender Temperatur immer weniger gut.

Für Leitungszwecke müssen Metalle sehr rein sein. Schon geringe Verunreinigungen setzen die guten Leitungseigenschaften stark herab, weil dadurch die Bewegungsmöglichkeit der freien Elektronen eingeschränkt wird.

Der beste Leiter ist Silber (Ag), darauf folgen Kupfer (Cu), Gold (Au) und Aluminium (Al); bei diesen Metallen ist die Anzahl n der freien Elektronen sehr groß. Auch einige Kunststoffe (z. B. Polyacetylen) sind sehr gute Leiter, wenn bei ihrer Herstellung eine bestimmte molekulare Struktur erzeugt wurde.

Beispiel 1.1
Wir wollen abschätzen, wie groß die Anzahl n der freien Elektronen in einem cm^3 Kupfer ist. Kupfer hat die relative Atommasse 63,55 und die Dichte $\rho = 8{,}93\ g \cdot cm^{-3}$.

Die AVOGADRO-Konstante[1)] $6{,}022 \cdot 10^{23}\ mol^{-1}$ gibt an, wie viele Atome eines Stoffes in 1 Mol enthalten sind. Die Zahlenwerte der molaren Masse und der relativen Atommasse sind gleich; somit sind in Kupfer

$$\frac{6{,}022 \cdot 10^{23}}{63{,}55\ g} = 9{,}5 \cdot 10^{21}\, g^{-1}\,\text{Atome enthalten.}$$

Da jedes Atom sein Valenzelektron aus der N-Schale (s. Tab. 1.2) als freies Elektron für den Leitungsvorgang zur Verfügung stellt, erhalten wir:

$$n = 9{,}5 \cdot 10^{21}\, g^{-1} \cdot 8{,}9\, \frac{g}{cm^3} \approx 8 \cdot 10^{22}\, cm^{-3}$$

Eine zweite Gruppe von Leitern sind verdünnte Säuren und Basen sowie wässrige Salzlösungen. In diesen Flüssigkeiten sind positive und negative Ionen die bewegten Ladungsträger. Durch sie entsteht bei Stromdurchgang ein merklicher Massetransport; außerdem werden die durchströmten Stoffe chemisch verändert.

Nichtleiter werden auch **Isolatoren** genannt. Als idealer Isolator kann lediglich absolutes Vakuum angesehen werden; in ihm sind keine Ladungsträger vorhanden. In technischen Isolatoren sind hingegen stets einige – wenn auch sehr wenige – bewegliche Elektronen oder Ionen vorhanden; sie isolieren daher nicht vollkommen. Dies gilt für feste, flüssige und gasförmige Isolatoren. Die folgenden Aussagen sind unter dieser Einschränkung zu sehen.

Wir wollen zunächst *gasförmige* Nichtleiter betrachten. **Edelgase** besitzen, mit Ausnahme von Helium, in ihrer äußersten Schale acht Elektronen. Hierbei handelt es sich um einen bevorzugten, stabilen Zustand. Edelgase sind deshalb chemisch sehr reaktionsträge.

1) Amadeo Avogadro, 1776 – 1856

Helium, Neon und Argon gehen keine chemischen Verbindungen ein; technische Bedeutung haben auch die Edelgase Krypton und Xenon.
Bei den übrigen Gasen sind die Valenzelektronen an zwei oder mehrere Atome gebunden, die ein Molekül bilden. Bei allen Gasen fehlen also freie Elektronen oder Ionen, es sind keine beweglichen Ladungsträger vorhanden. Gase sind deshalb Nichtleiter. In der Hochspannungstechnik wird z.B. Schwefelhexafluorid SF_6 als Isoliergas verwendet.
Feste Nichtleiter sind z.B. Glas, Porzellan, Quarz, Glimmer, Bernstein, Seide, Papier, Hartgummi und die meisten Kunststoffe.
Auch viele *Flüssigkeiten* sind Nichtleiter. In der Technik werden sie (z.B. reines Wasser; Transformatoröl) häufig dann eingesetzt, wenn eine gute Kühlung elektrischer Geräte erreicht werden soll.

Allen diesen Stoffen ist gemeinsam, dass bei der Bildung der Moleküle bzw. Kristalle keine frei beweglichen Ladungsträger entstehen. Bei starker Energiezufuhr, z.B. durch Erwärmung, lassen sich auch in Nichtleitern freie Ladungsträger in großer Zahl erzeugen, wodurch die isolierenden Eigenschaften verlorengehen. Dadurch wird jedoch das Material in der Regel zerstört.

Neben den Leitern und den Nichtleitern gibt es Stoffe, die sich keiner dieser beiden Gruppen zuordnen lassen; sie stehen gewissermaßen *dazwischen.* Man bezeichnet diese Stoffe deswegen als **Halbleiter**. Viele Halbleiter bilden *Kristalle*, die Art der Bindung unterscheidet sich jedoch von der Metallbindung.
Halbleiter besitzen bei Zimmertemperatur nur wenige frei bewegliche Ladungsträger (10^{10} ... $10^{14}\ cm^{-3}$), deren Anzahl jedoch schon bei geringer Energiezufuhr, z. B. durch Erwärmung, stark erhöht wird.
In Halbleitern sind außer den freien Elektronen sog. **Löcher** *(hole)* als *positive* Ladungsträger vorhanden (s. Kap. 8), die sich entgegengesetzt zu den Elektronen bewegen. Durch den Einbau von Fremdatomen in das Kristallgitter lässt sich die Anzahl der frei beweglichen Elektronen oder der Löcher so weit erhöhen, dass das Leitvermögen der Metalle nahezu erreicht wird; diese Maßnahme nennt man **Dotierung** *(dotation)*.

Tabelle 1.3 Halbleitermaterialien

Halbleitermaterial	Anwendung
Chemische Elemente:	
Kohlenstoff (C)	Widerstände
Selen (Se)	Solarzellen
Germanium (Ge)	Dioden
Silizium (Si)	Dioden, Transistoren, Solarzellen
Verbindungen (Auswahl):	
Galliumarsenid (GaAs)	HF-Transistoren, Lumineszenzdioden
Indiumantimonid (InSb)	HALL-Generatoren
Zinkoxid (ZnO)	Varistoren
Polyphenylenvinylen	Lumineszenzdioden

Praxisbezug 1.4
Auf einer **Leiterplatte** *(printed circuit board,* PCB*)* für eine elektronische Schaltung befinden sich viele Kupferbahnen auf einer isolierenden Unterlage; sie stellen die leitenden Verbindungen zwischen den Bauelementen her.

Die Herstellung des Ausgangsmaterials einer Leiterplatte beginnt mit dem Kaschieren: Dabei wird eine 0,035 mm dicke Kupferfolie auf eine 1,5 mm dicke Isolierstoffplatte aufgewalzt und verklebt. Anschließend wird auf der Kupferoberfläche eine lichtempfindliche Lackschicht aufgebracht.
Bei der Verarbeitung wird die Lackschicht mit Hilfe einer Maske, einem Diapositiv der Leiterbahnen, an den Stellen mit UV-Licht belichtet, die später isolieren sollen. An den belichteten Stellen wird die Lackschicht mit einem Entwickler (z. B. NaOH) entfernt. Die dort nun freiliegenden Kupferflächen werden im Ätzbad (z. B. $FeCl_3$) weggeätzt. Nach dem Ätzen wird die Lackschicht auf den verbleibenden Kupferbahnen mit Azeton entfernt. Durch Auftragen von Lötlack wird die Lötfähigkeit der Kupferbahnen verbessert; außerdem werden sie dadurch gegen Korrosion geschützt.

In modernen elektronischen Geräten müssen die Leiterbahnen im Hinblick auf kleine Signallaufzeiten möglichst kurz sein; man schichtet deshalb mehrere Leiterplatten aufeinander. Eine derartige **Mehrlagen-Leiterplatte** *(multilayer* PCB*)* enthält nur eine maximal 1,5 mm dicke Isolierstoffplatte, welche die Stabilität gewährleistet; die übrigen Isolierstofffolien sind wesentlich dünner.

Eine **Durchkontaktierung** *(via)* bildet die elektrisch leitende Verbindung zwischen zwei oder mehr Lagen. Sie ist ein Loch in der Isolierstofffolie, dessen Wand galvanisch verkupfert wurde. Durchkontaktierungen werden zunehmend als **Microvia** mit einem Durchmesser < 150 µm durch Laserablation gefertigt.

Ein **Lötauge** *(pad)* ist eine kleine Kupferfläche für eine Lötverbindung zwischen einem Bauelementanschluss und der Leiterbahn.

Die Leiterbahnbreite (≥ 80 µm) wird durch die Stromstärke und den verfügbaren Platz auf der Leiterplatte bestimmt. Der Abstand zwischen zwei Leiterbahnen hat im Allg. die Größenordnung der Leiterbahnbreite. ❐

Fragen
- Beschreiben Sie das wesentliche Kennzeichen der Metallbindung.
- Welche Ladungsträger bewegen sich beim Stromdurchgang durch ein Metall?
- Welche Metalle sind besonders gute Leiter?
- Wie viele Elektronen je Atom stehen bei Kupfer für den Leitungsvorgang zur Verfügung?
- Warum können die freien Elektronen ein Metall nicht ohne weiteres verlassen?
- Wie verändert sich das Leitvermögen von Metallen bei einer Erhöhung der Temperatur?
- Warum sind Edelgase Nichtleiter?
- Was versteht man unter einem Halbleiter?

1.4 Ladung und Stromstärke

Ziele: Sie können
- einen Versuch beschreiben, der die Gleichwertigkeit positiver und negativer Ladungsträger bezüglich der äußeren Wirkung des elektrischen Stromes beweist.
- den Zusammenhang zwischen der Ladungsträgerbewegung und dem Richtungssinn des Stromes angeben.
- die Gleichung für den Zusammenhang zwischen der Stromstärke und der Ladung angeben.
- die Einheit der Ladung angeben und herleiten.

Ein elektrischer Strom ist die Bewegung von Ladungsträgern. In *Metallen* bewegen sich lediglich Elektronen, also *negative* Ladungsträger; freie Protonen kommen in elektrotechnischen Anwendungen nicht vor.
Bewegen sich positive Ladungen, so sind dies stets positive Ionen in Flüssigkeiten bzw. Gasen oder sog. Löcher in Halbleiterkristallen.

Sind sowohl positive als auch negative bewegliche Ladungsträger vorhanden, so bewegen sie sich bei einem Strom in entgegengesetzter Richtung. Dabei gilt: Die äußere Wirkung eines Stromes ist dieselbe, wenn eine Bewegung positiver Ladungsträger in eine Richtung oder negativer Ladungsträger in die entgegengesetzte Richtung stattfindet. Bewegen sich positive und negative Ladungsträger jeweils in entgegengesetzte Richtungen, so wird die Stromstärke gegenüber der Bewegung nur einer Ladungsträgerart *vergrößert.*

Die Gleichwertigkeit beider Ladungsträgerarten bezüglich der äußeren Wirkung des Stromes lässt sich in dem grundlegenden Versuch nach ROWLAND[1)] nachweisen (Bild 1.9): Eine isolierende Scheibe S trägt am Rand eine geschlitzte Metallfolie F. Die Scheibe ist auf einer vertikalen Welle W befestigt und in ein Kupferblechgehäuse G eingebaut.
Die Metallfolie kann mit einem Hochspannungsgenerator, von dem ein Pol mit dem Gehäuse verbunden ist, positiv oder negativ aufgeladen werden. Wird die Scheibe mit der geladenen Folie in Rotation versetzt, so zeigt eine außen angebrachte Magnetnadel M den gleichen Ausschlag, den ein entsprechender Strom durch die Folie bei ruhender Scheibe verursacht.
Damit wird die Modellvorstellung bestätigt, dass die magnetische Wirkung des elektrischen Stromes durch die *Bewegung* von Ladungsträgern hervorgerufen wird.

Grundsätzlich ist es gleichgültig, ob Ladungen *mit* einem materiellen Träger (hier: die Scheibe) bewegt werden oder ob sie sich *im Innern* eines ruhenden Leiters bewegen. Voraussetzung für gleiche Stromstärke ist dabei, dass die Anzahl der

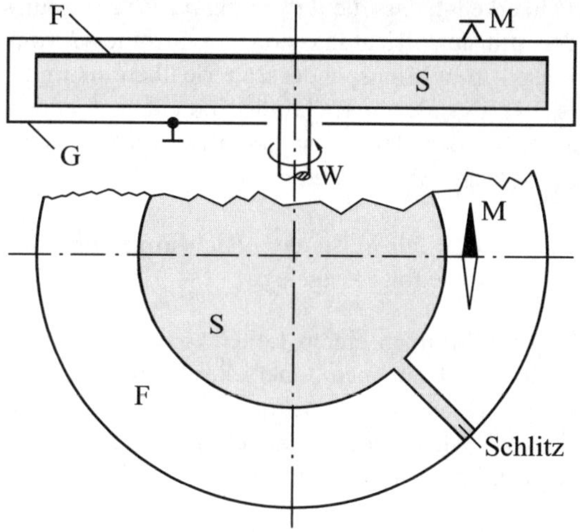

Bild 1.9 Versuchsanordnung nach ROWLAND

in einer bestimmten Zeit durch einen ruhenden „Kontrollquerschnitt“ fließenden Elementarladungen in beiden Fällen gleich ist.

Bei der Untersuchung des Zusammenhangs zwischen der Bewegungsrichtung von *positiven* bzw. *negativen* Ladungsträgern und dem jeweils hierdurch hervorgerufenen Richtungssinn des Stromes werden die Richtungen der Magnetnadelablenkung bei Drehung der Scheibe und bei Stromfluss miteinander verglichen.

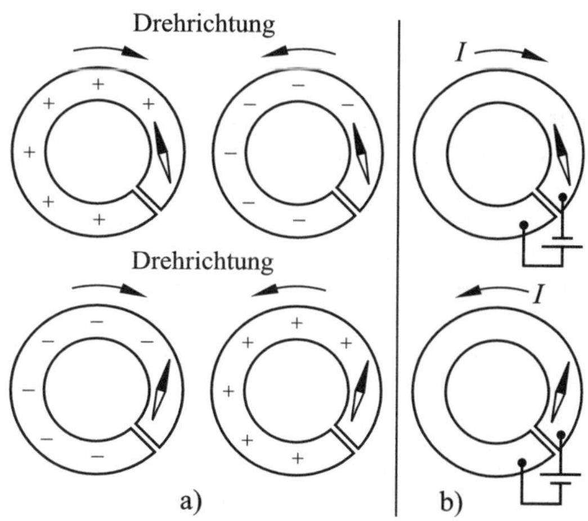

Bild 1.10 Bewegungsrichtung der Ladungen (a), äquivalenter Richtungssinn des Stromes (b) und jeweilige Ablenkung der Magnetnadel

1) Henry A. Rowland, 1848 – 1901

Man erkennt, dass die Bewegung *positiver* Ladungen mit dem Richtungssinn des Stromes I vom Pluspol zum Minuspol der Batterie übereinstimmt (s. 1.1). Der gleiche Richtungssinn entsteht jedoch auch bei der Bewegung *negativer* Ladungen in *entgegengesetzter* Richtung.

Nach DIN 5489 ist der **Richtungssinn des Stromes** wie folgt festgelegt:

> Der Strom in einem Leiter von einem Querschnitt 1 zu einem Querschnitt 2 wird positiv gerechnet, wenn positive Ladungsträger sich von 1 nach 2 oder negative Ladungsträger sich von 2 nach 1 bewegen.

Die früher gebräuchlichen Bezeichnungen „konventioneller Richtungssinn“, „physikalische“ oder „technische Stromrichtung“ sollte man nicht mehr verwenden.

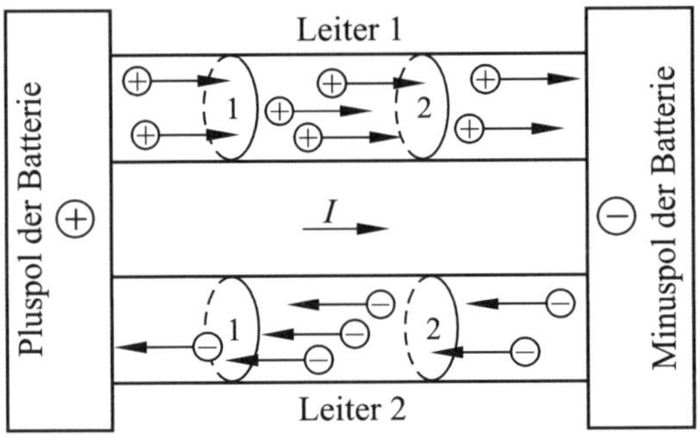

Bild 1.11 Richtungssinn des Stromes und Bewegungsrichtung von Ladungsträgern

Das Bild 1.11 zeigt zwei Leiter, die zwischen den Polen einer Batterie angeschlossen sind. In dem einen Leiter können sich nur *positive,* in dem anderen Leiter nur *negative* Ladungsträger frei bewegen. Die Bewegungsrichtung der Ladungen ist zwar unterschiedlich, der Richtungssinn des Stromes I davon aber unabhängig.
Für den Sonderfall der technisch wichtigen *metallischen Leiter* folgt daraus (Bild 1.12):

> In einem metallischen Leiter bewegen sich die Elektronen entgegen dem Richtungssinn des Stromes.

Durch den Richtungssinn des Stromes I sind auch die Bezeichnungen **Anode** *(anode)* und **Kathode** *(cathode)* für die Anschlussklemmen technischer Geräte festgelegt:

> Der Strom I fließt an der Anode in das Gerät hinein und an der Kathode aus dem Gerät heraus.

Als Oberbegriff für Leiter, zwischen denen elektrische Wirkungen in einem *nichtmetallischen* Medium entstehen, ist die Bezeichnung **Elektrode** *(electrode)* üblich.

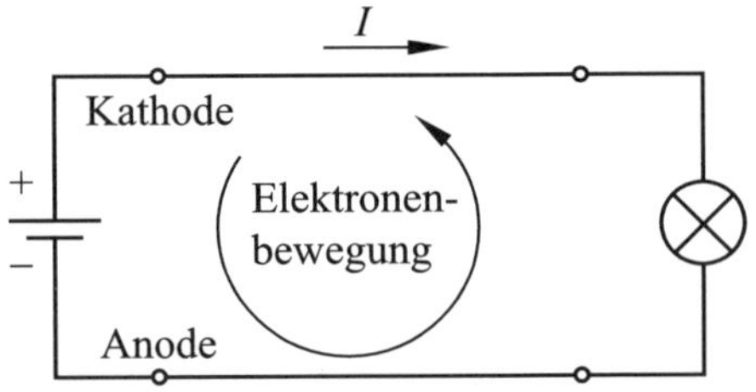

Bild 1.12 Richtungssinn des Stromes und Elektronenbewegung in metallischen Leitern

Der Pluspol der Batterie in Bild 1.12 weist gegenüber dem Minuspol **Elektronenmangel** auf. Umgekehrt besitzt der Minuspol der Batterie gegenüber dem Pluspol **Elektronenüberschuss**.

Nun wollen wir den Zusammenhang zwischen der Stromstärke I und der bewegten **Ladungsmenge** *(quantity of electricity)* Q untersuchen. Wir betrachten hierzu einen Strom mit *gleichmäßigem Ladungstransport*, bei dem also in gleichen Zeitintervallen gleiche Ladungsmengen durch einen Kontrollquerschnitt A des Leiters fließen. Einen solchen Strom mit konstanter Stromstärke nennt man **Gleichstrom** *(direct current,* DC*)*.

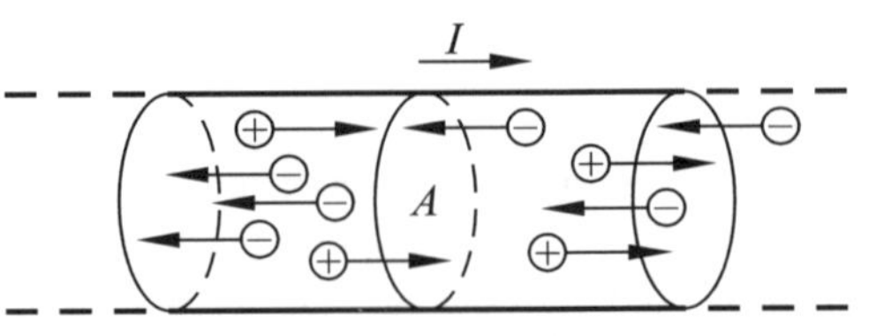

Bild 1.13 Positive und negative Ladungsträger strömen durch einen Querschnitt A.

In einem Gedankenexperiment zählen wir bei einem Gleichstrom die Elementarladungen, die im Zeitintervall Δt durch den Kontrollquerschnitt A fließen. Diese können sich sowohl auf positiven als auch auf negativen Ladungsträgern befinden, die in entgegengesetzten Richtungen durch den Leiter strömen.

Werden insgesamt k_p positive und k_n negative Elementarladungen in einem Zeitintervall Δt gezählt, so ist in dieser Zeitspanne die positive Ladungsmenge

$$\Delta Q_p = k_p \cdot (+e)$$

und die negative Ladungsmenge

$$\Delta Q_n = k_n \cdot (-e)$$

durch den Kontrollquerschnitt geströmt; die Ladungsmengen sind also stets ganzzahlige Vielfache der Elementarladung. Da beide Ladungsträgerarten die Stromstärke *erhöhen*, erhält man die Gesamtladung mit der Beziehung:

$$\Delta Q = \Delta Q_p - \Delta Q_n \qquad (1.2)$$

Die Stromstärke ist um so höher, je mehr Ladung ΔQ im Zeitintervall Δt durch den Querschnitt strömt. Hierdurch werden die physikalischen Größen Ladung und Stromstärke miteinander verbunden:

$$\boxed{I = \frac{\Delta Q}{\Delta t}} \qquad (1.3)$$

Eine derartige Gleichung verknüpft physikalische Größen miteinander, die jeweils aus Zahlenwert und Einheit bestehen; man bezeichnet sie als **Größengleichung**.

In eine Größengleichung können auch nur die *Einheiten* der Größen eingesetzt werden; eine derartige Gleichung wird **Einheitengleichung** genannt. Sie wird angewendet, wenn lediglich die Einheit einer Größe interessiert. Man setzt die Größen dabei in eckige Klammern und liest: „Die Einheit der Größe ... “.

Aus den SI-Basiseinheiten A für die Stromstärke und s für die Zeit ergibt sich die Einheit der elektrischen Ladung A s, wofür auch die Bezeichnung Coulomb gebräuchlich ist:

$$[Q] = [I] \cdot [t] = 1\ \text{A} \cdot 1\ \text{s} = 1\ \text{Coulomb} = 1\ \text{C}$$

> **1 Coulomb** ist diejenige Ladung, die bei einem zeitlich konstanten Strom der Stromstärke 1 A in der Zeit 1 s durch den Querschnitt eines Leiters fließt.

Da sowohl die Stromstärke als auch die Zeit skalare Größen sind, trifft dies auch für die Ladung zu; sie ist eine „abzählbare Menge“.

Vorgänge wie den gleichmäßigen Ladungstransport nach Gl. (1.3) nennt man **stationäre Vorgänge**. Man sagt, dass sich das System in einem **stationären Zustand** *(steady state)* befindet; dabei bleiben die *charakteristischen Parameter* zeitlich konstant (DIN 1327). Solche Parameter sind hier z. B. die Stromstärke I oder die Anzahl k_p bzw. k_n der pro Zeit durch den Kontrollquerschnitt strömenden Ladungsträger.

Wie schon erwähnt, ist eine Ladungsmenge stets das ganzzahlige Vielfache der Elementarladung. Eine Messung der Elementarladung e ist z. B. durch Wägung der Stoffmengen möglich, die beim Stromdurchgang durch Flüssigkeiten abgeschieden werden. Als Ergebnis genauer Messungen erhält man die Elementarladung:

$$\boxed{e = 1{,}60218 \cdot 10^{-19}\ \text{C}} \qquad (1.4)$$

Bauen wir einen Gleichstromkreis aus mehreren Leitern mit unterschiedlichen Querschnitten auf und messen in jedem der Leiter die Stromstärke, so stellen wir fest:

> In einem unverzweigten Stromkreis herrscht überall die gleiche Stromstärke.

Bei Gleichstrom „stauen“ sich die Ladungsträger also nicht etwa vor den Verengungen oder „verschwinden“ gar aus dem Stromkreis. Es tritt vielmehr durch jeden Querschnitt des Leiterkreises in jedem Zeitintervall Δt die *gleiche* Ladungsmenge ΔQ hindurch. In dieser Beziehung ist die Strömung einer inkompressiblen Flüssigkeit durch ein Rohr ein richtiges Modell für die Elektronenströmung in einem metallischen Leiter.

Wir wollen nun die Ladung, die durch den Querschnitt der Leitung strömt, als Funktion der Zeit t darstellen. Dazu lösen wir die Gl.(1.3) nach ΔQ auf und erhalten $\Delta Q = I \cdot \Delta t$.
Wenn wir als Anfangsbedingung für die Zeit $t = 0$ die Ladung $Q = 0$ annehmen, ergibt sich für einen Gleichstrom I = const. der Zusammenhang zwischen Ladung und Zeit:

$$\boxed{Q = I \cdot t} \tag{1.5}$$

Dieser Zusammenhang ist im Bild 1.14 dargestellt. Außerdem zeigt das Bild die transportierte Ladungsmenge $\Delta Q = I \cdot \Delta t$ geometrisch als Rechteckfläche unter der Funktion $I = f(t)$ = const.

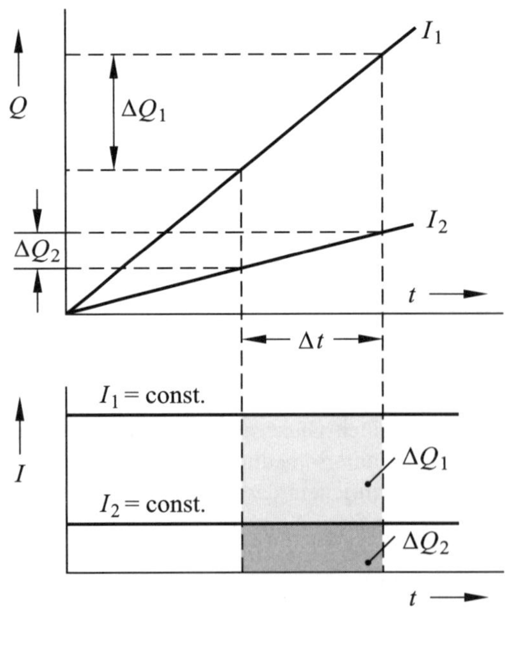

Bild 1.14 Zusammenhang zwischen einer Ladung Q, der Zeit t und der Stromstärke I bei einem Gleichstrom

Fragen

- Beschreiben Sie den Versuch von ROWLAND. Was beweist er?
- Skizzieren Sie die Bewegungsrichtung positiver bzw. negativer Ladungsträger in einem Leiter und geben Sie jeweils den Richtungssinn des Stromes dazu an.
- Welcher Zusammenhang besteht zwischen Stromstärke und Ladungstransport?
- Wie lauten die Einheit für die Ladung und ihr Zusammenhang mit den Grundeinheiten des SI-Systems?
- Erklären Sie die Begriffe Kathode und Anode.
- An welchem Pol einer Batterie herrscht Elektronenmangel, an welchem Elektronenüberschuss?
- Erläutern Sie den Begriff Elektrode.
- Was ist ein Gleichstrom?
- Was können Sie über die Stärke eines Gleichstromes an verschiedenen Stellen eines unverzweigten Stromkreises aussagen?
- Ist die elektrische Stromstärke ein Vektor oder ein Skalar (Begründung)?
- Wie ist der Richtungssinn des Stromes festgelegt?

Aufgaben

1.1(1) Ein Gleichstrom 2 mA fließt 2 min lang. Welche Ladungsmenge wird dabei transportiert?

1.2(1) Welcher Gleichstrom war vorhanden, wenn in der Zeit 12 min die Ladung 1,8 C bewegt wurde?

1.3(1) Zeichnen Sie für die Gleichströme I_1 = 15 mA und I_2 = 6 mA die Graphen $I = f(t)$ und $Q = f(t)$ maßstäblich für die Zeit $0 < t < 30$ s. Dabei soll zur Zeit $t = 0$ die Ladung $Q = 0$ sein.

1.4(2) Im Versuch von ROWLAND trägt die mit der Drehzahl 3000 min^{-1} rotierende Platte die positive Ladung 10^{-7} C. Welche Stromstärke würde die gleiche magnetische Wirkung hervorrufen?

1.5(2) Wie viele Elektronen treten durch einen Kontrollquerschnitt eines metallischen Leiters, wenn 3,2 s lang der Strom 125 mA fließt?

1.6(2) Durch den Querschnitt eines Siliziumplättchens bewegen sich in jeder Sekunde $25 \cdot 10^9$ positive und 10^9 negative Ladungsträger mit jeweils einer Elementarladung. Welche Stromstärke tritt auf?

1.5 Stromdichte

Ziele: Sie können

- die Definition der Stromdichte nennen.
- die Abhängigkeit der Ladungsträgergeschwindigkeit vom Leiterquerschnitt erklären.
- den Zusammenhang zwischen der Stromdichte und der Ladungsträgergeschwindigkeit herleiten.
- die Größenordnung der Elektronengeschwindigkeit in einem metallischen Leiter angeben.

Langgestreckte Leiter, deren Länge gegenüber ihrem Durchmesser groß ist und deren Querschnitt konstant ist, bezeichnet man als **lineare Leiter**. Wenn außerdem das Leitermaterial homogen, d.h. von überall gleicher Beschaffenheit ist, spricht man von einem linearen **homogenen Leiter**.

Wir wollen die Strömung von Ladungsträgern durch solche einfachen Leitergebilde untersuchen. Das Bild 1.15 zeigt einen Leiterausschnitt mit dem Querschnitt A. In jedem cm^3 des Leitermaterials befinden sich p freie positive und n freie negative Ladungsträger mit jeweils einer Elementarladung.

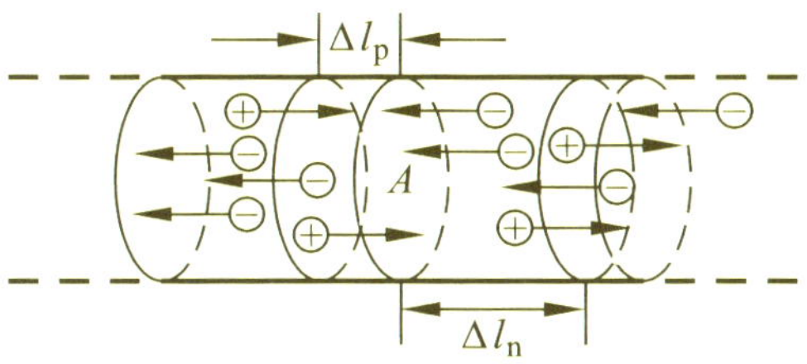

Bild 1.15 Bewegung positiver und negativer Ladungsträger in einem Leiter

In der Zeit Δt bewegen sich die positiven Ladungen des Volumens $\Delta V_p = A \cdot \Delta l_p$ und die negativen Ladungen des Volumens $\Delta V_n = A \cdot \Delta l_n$ durch den Kontrollquerschnitt A, insgesamt also die Ladungsmenge $\Delta Q = \Delta Q_p - \Delta Q_n$ (s. Gl. 1.2):

$$\Delta Q = (+e)\, p\, A \cdot \Delta l_p - (-e)\, n\, A \cdot \Delta l_n \qquad (1.6)$$

Wir setzen dies in die Gl.(1.3) ein und erhalten die Stromstärke:

$$I = I_p + I_n = e\left(p\, A\, \frac{\Delta l_p}{\Delta t} + n\, A\, \frac{\Delta l_n}{\Delta t}\right) \qquad (1.7)$$

Hierin sind I_p und I_n die Beiträge der positiven bzw. der negativen Ladungsträger zur Stromstärke I. Der Ausdruck $\Delta l_p / \Delta t$ bzw. $\Delta l_n / \Delta t$ ist offensichtlich die Geschwindigkeit v_p bzw. v_n, mit der die Ladungsträger die Wegstrecke Δl_p bzw. Δl_n durchlaufen. Man nennt sie die **mittlere Driftgeschwindigkeit**. Damit ergibt sich:

$$I = e\,(p\, A\, v_p + n\, A\, v_n) \qquad (1.8)$$

Bei Halbleitern und Elektrolyten ist gewöhnlich $p > 0$ und $n > 0$. Die Gl.(1.8) gilt jedoch auch bei der metallischen Leitung mit $p = 0$. Besitzt jeder Ladungsträger ein *Vielfaches* der Elementarladung, so ist der entsprechende Term in der Gl. (1.8) mit diesem Vielfachen zu multiplizieren.

Mit der Gl. (1.8) erhält man die mittlere Driftgeschwindigkeit der Ladungsträger in einem homogenen linearen Leiter:

$$v_p = \frac{1}{e\,p} \cdot \frac{I_p}{A} \quad ; \qquad v_n = \frac{1}{e\,n} \cdot \frac{I_n}{A} \qquad (1.9)$$

Beispiel 1.2

Wir wollen die mittlere Driftgeschwindigkeit berechnen, mit der sich die Elektronen bei der Stromstärke $I = 1$ A durch einen Kupferdraht mit dem Querschnitt $A = 1\ mm^2$ bewegen.

Im Beispiel 1.1 haben wir berechnet, dass bei Kupfer $n \approx 8 \cdot 10^{22}\ cm^{-3}$ Leitungselektronen mit jeweils der Ladung $-e$ vorhanden sind. Mit der Gl.(1.9) berechnen wir:

$$v_n = \frac{I}{e\,n\,A} \approx 0{,}08\ \frac{mm}{s}$$

Trotz der geringen Geschwindigkeit der Ladungsträger ist der Strom jedoch praktisch sofort nach dem Einschalten überall im Stromkreis wirksam.

Die Geschwindigkeit der Ladungsträger hängt, wie die Gl.(1.9) zeigt, bei einem bestimmten Material lediglich von dem Quotienten I_p / A bzw. I_n / A ab. Den Quotienten aus der Gesamtstromstärke I und der Leiterquerschnittsfläche A bezeichnet man als **Stromdichte** *(current density)* J:

$$J = \frac{I}{A} \qquad (1.10)$$

Die Einheit der Stromdichte ist 1 A/m². In der Technik werden Leiterquerschnitte meist in mm² angegeben; entsprechend verwendet man dann die Einheit 1 A/mm². Aus der Gl.(1.8) folgt:

$$J = e\,(p\,v_p + n\,v_n) \qquad (1.11)$$

Bei linearen homogenen Leitern strömen die Ladungsträger überall mit der konstanten mittleren Driftgeschwindigkeit senkrecht durch den Querschnitt. Die Stromdichte ist daher in jedem Querschnitt *konstant* und es gilt die Gl. (1.10). Wenn die Voraussetzung des linearen Leiters *nicht* gegeben ist, kann jedem Ort im Leiter eine unterschiedliche Driftgeschwindigkeit zugeordnet werden; damit ist auch die Stromdichte von Ort zu Ort *verschieden.*

Die Stromdichte ist mit der Driftgeschwindigkeit der Ladungsträger eng verknüpft. Sie darf nicht beliebig hoch gewählt werden, weil *sie*, und nicht die Stromstärke, die *wichtigste Beanspruchungsgröße* für das Leitermaterial darstellt. Bei zu hohen Stromdichtewerten kann der Leiter durch Wärmewirkung zerstört werden. Bei Metallen z.B. können die Atomrümpfe an ihren Gitterplätzen durch die zu hohe Driftgeschwindigkeit v_n der Elektronen zu so starken Wärmeschwingungen angeregt werden, dass die Kristallstruktur des Leiters zerstört wird und der Leiter durchschmilzt. Für technische Leitungen liegen die zulässigen Stromdichtewerte weit darunter (s. Praxisbezug 1.5).

Es soll schon hier darauf hingewiesen werden, dass die in diesem Abschnitt eingeführten Größen *J, v, A* und *l Vektoren* sind. Bei Strömen in linearen Leitern sind jedoch nur ihre *Beträge* von Bedeutung; im Kap. 6 kommen wir auf den Vektorcharakter der genannten Größen zurück.

Praxisbezug 1.5

Die zulässige Stromdichte hängt für ein bestimmtes Leitermaterial von der zulässigen Temperatur und von Umgebungseinflüssen wie z.B. der Kühlung des Leiters ab.

Die Dauerstrom-Belastbarkeit von Freileitungsseilen für Hochspannungsleitungen wird z.B. festgelegt für eine Endtemperatur 80 °C bei der Umgebungstemperatur 35 °C und der Windgeschwindigkeit 0,6 m/s (DIN 48201).

Hieraus ergibt sich für die verschiedenen Seilquerschnitte eine zulässige Stromdichte im Bereich 1,5 ... 3,5 A/mm². Aus wirtschaftlichen Gründen bleibt man im Allg. *unter* diesem Bereich bei etwa 0,7 ... 1,1 A/mm².

Für Hochspannungsleitungen werden Aluminium-Stahl-Seile (AlSt-Seile) verwendet. Ein derartiges **Verbundseil** enthält z. B. sieben innen liegende Stahladern, um die herum zwei Lagen mit insgesamt 30 Aluminiumdrähten angeordnet sind. Zur Kennzeichnung eines Verbundseils wird erst der gesamte Aluminium- und dann der gesamte Stahlquerschnitt angegeben.

Tabelle 1.4 Zulässige Dauerstrom-Belastbarkeit von AlSt-Verbundseilen (Auszug aus DIN 48201)

Querschnitt (AlSt) mm²	Durchmesser mm	Widerstand bei 80 °C Ω / km	Dauerstrombelastbarkeit A
16 / 2,5	5,4	1,879	90
120 / 20	15,5	0,237	410
230 / 30	21	0,122	630
385 / 35	26,8	0,073	850
680 / 85	36	0,042	1150

Der Vorteil gegenüber Kupferseilen ist die höhere Festigkeit und der wegen der geringeren Leitfähigkeit größere Seildurchmesser; er verbessert die elektrischen Eigenschaften der Übertragungsstrecke. ❒

Fragen

- Was versteht man unter einem homogenen linearen Leiter?
- Wie hängt bei einem Gleichstrom die Ladungsträgergeschwindigkeit vom Leiterquerschnitt ab?
- Leiten Sie den formelmäßigen Zusammenhang zwischen der Stromdichte und der Ladungsträgergeschwindigkeit her.
- Wie schnell bewegen sich die freien Elektronen etwa durch einen stromdurchflossenen Draht?
- Wodurch ist die Stromstärke in einem Leitungsdraht begrenzt? Wie kann man diese Grenze heraufsetzen?

Aufgaben

1.7(1) Eine Leitung mit 120 mm^2 Querschnitt hat die zulässige Stromdichte 2 A/mm^2. Welcher Gleichstrom darf höchstens fließen?

1.8(1) Ein Gleichstrom 1 kA soll durch eine Sammelschiene mit quadratischem Querschnitt geleitet werden. Wie ist ihre Kantenlänge a für eine zulässige Stromdichte J_{max} = 5 A/mm^2 zu wählen?

1.9(2) Durch ein dotiertes Siliziumplättchen mit 1 mm^2 Querschnitt fließt ein Gleichstrom 1 A. Im Halbleitermaterial sind $p \approx 10^{14}$ cm^{-3} frei bewegliche positive und $n \approx 10^6$ cm^{-3} frei bewegliche negative Ladungsträger vorhanden. Welche mittleren Driftgeschwindigkeiten treten auf, wenn $v_n = 3\, v_p$ angenommen wird?

1.6 Energie im Gleichstromkreis

Ziele: Sie können
- die Begriffe Energie und Arbeit erläutern und ihre Einheit nennen.
- beschreiben, welche Energieumwandlungen grundsätzlich im Stromkreis erfolgen.
- die Begriffe Erzeuger und Verbraucher erklären und Beispiele hierfür nennen.
- die Änderungen der potenziellen Energie von Ladungen beim Durchlaufen von Erzeuger und Verbraucher beschreiben.

Aus Erfahrung wissen wir, dass in einem Stromkreis stets eine **elektrische Energiequelle** eingeschaltet sein muss, welche die Ladungsbewegung aufrecht erhält. In der Schaltung 1.2 ist dies z. B. die Batterie.

> Ein im Stromkreis fließender Strom erfordert dauernde Zufuhr elektrischer Energie.

Eine Ausnahme hiervon ist die *Supraleitung* (s. 2.3.3), für die unser einfaches Modell vom elektrischen Strom nicht passt und die wir hier außer Acht lassen.

Unter **Energie** *(energy)* verstehen wir die Fähigkeit, **Arbeit** *(work)* zu verrichten. Man sagt: Es wird Arbeit verrichtet, wenn Energie von einer Form in eine andere umgewandelt wird.

Sowohl die Energie als auch die Arbeit erhalten das Formelzeichen W. Die SI-Einheit für beide Größen ist das **Joule** (sprich: dʒu:l).

> **1 Joule** ist die Arbeit, die verrichtet wird, wenn der Angriffspunkt der Kraft 1 N in Richtung der Kraft um 1 m verschoben wird.

1 Joule = 1 J = 1 N m

Die dem Gleichstromkreis zugeführte elektrische Energie wird an einer anderen Stelle im Stromkreis dauernd wieder umgewandelt (z. B. in Wärmeenergie) und dem Stromkreis entzogen.

Geräte, die elektrische Energie aus einer anderen Energieform erzeugen, nennt man **Erzeuger** *(generator)*. Geräte, die elektrische Energie verbrauchen und in eine andere Energieform umwandeln, nennt man **Verbraucher** *(load)*.

Im elektrischen Stromkreis fließt ständig Energie vom Erzeuger zum Verbraucher.

Die Leitungen nehmen im Idealfall nicht am Energieumwandlungsprozess teil, d.h. sie werden als **ideale Leiter** angesehen; in Schaltungen stellt man sie mit einer durchgezogenen Linie dar. Damit kommen wir zu der im Bild 1.16 gezeigten schematischen Darstellung der Energieumwandlung im Stromkreis.

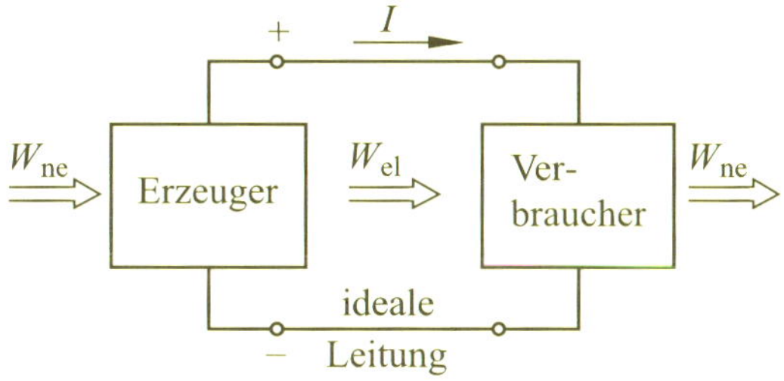

Bild 1.16 Umwandlung von nichtelektrischer Energie W_{ne} und elektrischer Energie W_{el} im Stromkreis

Verbraucher sind z. B.:
Elektromotor (elektr. → mechanische Energie)
Akkumulator (elektr. → chemische Energie)
Lumineszenzdiode (elektr. → Lichtenergie)
Heizgerät (elektr. → Wärmeenergie)

Erzeuger sind z. B.:
Dynamomaschine (mechan. → elektr. Energie)
Akkumulator (chemische → elektr. Energie)
Solarzelle (Lichtenergie → elektr. Energie)
Thermoelement (Wärme → elektr. Energie)

Zur Erklärung, wie die Energie vom Erzeuger zum Verbraucher gelangt, wollen wir zunächst ein sehr einfaches Modell heranziehen, das allerdings nur für den *Gleichstromkreis* geeignet ist:
Durch den Erzeuger erhalten die Ladungen in der Hinleitung ein höheres Energieniveau, von dem sie beim Durchlaufen des Verbrauchers auf das niedrige Energieniveau in der Rückleitung „zurückfallen“.
Wir nehmen an, dass im Erzeuger der „Bewegungsantrieb“ der Ladungen zu suchen ist, und vermuten im Verbraucher den Sitz einer „Bewegungshemmung“, die z. B. im schlechten Leitvermögen des Materials begründet ist.

Eine Ladung befindet sich vor dem Durchlaufen des Verbrauchers auf hohem, danach auf niedrigem Energieniveau. Im Erzeuger wird eine Ladung auf ein höheres Energieniveau angehoben.

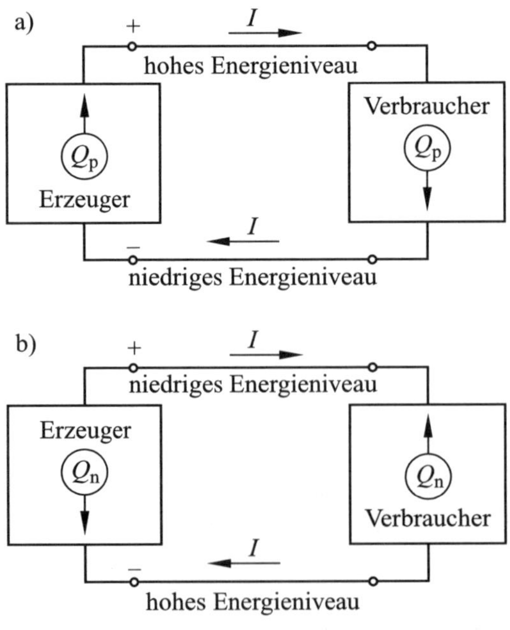

Bild 1.17 Energieniveau auf Hin- und Rückleitung für positive (a) bzw. negative (b) Ladungsträger

Daraus ergibt sich: Eine positive Ladung hat am Pluspol ein hohes, am Minuspol ein niedriges Energieniveau. Eine negative Ladung hat dagegen am Minuspol ein hohes und am Pluspol ein niedriges Energieniveau (Bild 1.17).

Das Anheben einer Ladung auf ein höheres Energieniveau kann man sich hilfsweise in einer Analogie so vorstellen, als ob ein schwerer Gegenstand *angehoben* würde, also als Erhöhung der *potenziellen Energie.* Weder die Ladung noch der Gegenstand ändern sich dabei, sondern lediglich ihre Fähigkeit, Arbeit zu verrichten.

Fragen

- Erläutern Sie die Begriffe Erzeuger und Verbraucher.
- Was versteht man unter dem Begriff Energie?
- Wie ist die SI-Einheit der Arbeit festgelegt?
- Welches Energieniveau besitzen positive bzw. negative Ladungen am Pluspol und am Minuspol?
- Warum benötigt man für den Anschluss eines Verbrauchers an einen Erzeuger stets eine Hinleitung und eine Rückleitung?

1.7 Potenzial und Spannung

Ziele: Sie können

- die Definition der Begriffe Spannung und Potenzial nennen und erläutern.
- den Richtungssinn der Spannung angeben.
- die SI-Einheit der Spannung erläutern.
- die Spannungsmessung bei Erzeuger und Verbraucher beschreiben.
- die Begriffe Quellenspannung, Klemmenspannung und Spannungsabfall erläutern.

Wenn wir beim Stromkreis die Begriffe hohes bzw. niedriges Energieniveau verwenden, dann erweist es sich als ungünstig, dass wir stets sagen müssen, welche Art von Ladungsträgern bewegt wird (s. Bild 1.17). Bezieht man jedoch das Energieniveau W auf die Ladung Q, so erhält man eine physikalische Größe, die von der Art der Ladung *unabhängig* ist; sie wird **Potenzial** *(potential)* φ (griech. Buchstabe phi) genannt:

$$\boxed{\varphi = \frac{W}{Q}} \qquad (1.12)$$

Ebenso wie Energie und Ladung ist auch das Potenzial eine *skalare* Größe.
Die Einheit des Potenzials ist:

$$[\varphi] = \frac{[W]}{[Q]} = 1\,\frac{\text{J}}{\text{C}} = \textbf{1 Volt} = 1\ \text{V}$$

Unabhängig davon, ob positive oder negative Ladungen bewegt werden, ist im Stromkreis das Potenzial φ am Pluspol höher als am Minuspol.

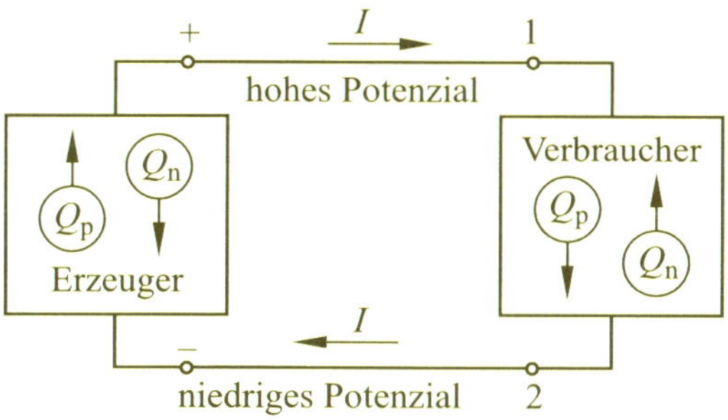

Bild 1.18 Potenziale im Stromkreis

Beispiel 1.3
Wir betrachten eine *positive* Ladung Q_p = 1 C, die an der Klemme 1 des Verbrauchers im Bild 1.18 das hohe Energieniveau $W_1 = 5$ J und an der Klemme 2 das niedrige Energieniveau $W_2 = 2$ J hat. Durchläuft diese Ladung den Verbraucher, so gibt sie die Energie $W_1 - W_2 = 3$ J ab. Das Potenzial ist

- an Klemme 1: $\varphi_1 = \dfrac{W_1}{Q_p} = \dfrac{5\ \text{J}}{1\ \text{C}} = 5\ \text{V}$
- an Klemme 2: $\varphi_2 = \dfrac{W_2}{Q_p} = \dfrac{2\ \text{J}}{1\ \text{C}} = 2\ \text{V}$

Eine *negative* Ladung $Q_n = -1$ C, die am Verbraucher die Energie $W_1 - W_2 = 3$ J abliefert, hat an der Klemme 2 das hohe Energieniveau $W_2 = 5$ J und an der Klemme 1 das niedrige Energieniveau $W_1 = 2$ J. In diesem Fall ist das Potenzial

- an Klemme 1: $\varphi_1 = \dfrac{W_1}{Q_n} = \dfrac{2\ \text{J}}{-1\ \text{C}} = -2\ \text{V}$
- an Klemme 2: $\varphi_2 = \dfrac{W_2}{Q_n} = \dfrac{5\ \text{J}}{-1\ \text{C}} = -5\ \text{V}$

In beiden Fällen ist das Potenzial der Klemme 1 *höher* als das der Klemme 2; die Differenz der Potenziale beträgt jeweils $\varphi_1 - \varphi_2 = 3$ V.

Für das Arbeitsvermögen eines schweren Gegenstandes ist lediglich die zur Verfügung stehende *Differenz* der potenziellen Energien von Bedeutung und nicht der absolute Wert der Höhe, in der er sich befindet.

Entsprechend ist bei Erzeugern und Verbrauchern nicht die absolute Höhe der Energieniveaus, sondern nur die *Änderung* der Energie von Bedeutung. Diese kann durch die Potenzialdifferenz ausgedrückt werden.

Wir betrachten eine Ladung Q, die sich von einem Punkt 1 zu einem Punkt 2 bewegt und dabei die Energieänderung W_{12} erfährt:

$$W_{12} = W_1 - W_2 \tag{1.13}$$

Wir beziehen sie auf die Ladung und erhalten die Potenzialdifferenz:

$$\frac{W_{12}}{Q} = \frac{W_1 - W_2}{Q} = \varphi_1 - \varphi_2 \tag{1.14}$$

Eine solche Potenzialdifferenz wird als **Spannung** *(voltage)* U_{12} zwischen den Punkten 1 und 2 bezeichnet:

$$\boxed{U_{12} = \frac{W_{12}}{Q} = \varphi_1 - \varphi_2} \tag{1.15}$$

Eine zeitlich konstante Spannung wird **Gleichspannung** *(direct voltage)* genannt.

Die Spannung ist wie das Potenzial eine skalare Größe und hat wie dieses die Einheit Volt.

Erfährt eine Ladung 1 C zwischen zwei Punkten die Energieänderung 1 J, so liegt zwischen diesen Punkten die Spannung 1 Volt.

Die Reihenfolge der Indizes bei der Spannung legt die Reihenfolge der Potenziale bei der Differenzbildung fest:

$$U_{21} = \varphi_2 - \varphi_1 \qquad (1.16)$$

Daraus erhalten wir mit der Gl.(1.15):

$$U_{21} = -U_{12} \qquad (1.17)$$

Nach DIN 5489 ist festgelegt:

> Die Spannung U_{12} entlang einem Weg von einem Punkt 1 zu einem Punkt 2 wird positiv gerechnet, wenn das Potenzial in 1 größer ist als das Potenzial in 2.

Diese Festlegung nennt man den **Richtungssinn der Spannung**; er wird durch die Klemmenbezeichnungen „+" und „–" dargestellt (Bild 1.19). Bezeichnen wir die Klemmen des Erzeugers mit 1 und 2 und die Klemmen des Verbrauchers mit 3 und 4, so sind die Spannungen U_{12} bzw. U_{34} an Erzeuger und Verbraucher *positiv* und gleich groß.

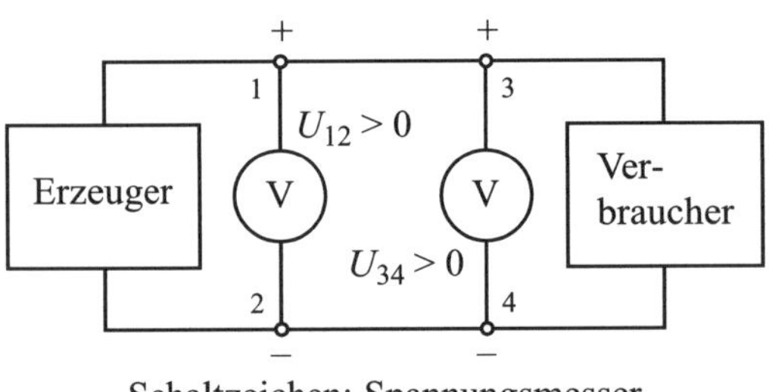

Bild 1.19 Richtungssinn der Spannung und Spannungsmessung

Die Spannung wird mit einem **Spannungsmesser**, der auch **Voltmeter** *(voltmeter)* genannt wird, zwischen den Klemmen des Verbrauchers bzw. Erzeugers gemessen.
Die Klemmen von Spannungsmessern mit mehreren Messbereichen werden meist mit „V" und „COM" bezeichnet. Weist der Richtungssinn der Spannung U von der V-Klemme zur COM-Klemme, so zeigt das Gerät einen positiven Wert an; ist der angezeigte Wert negativ, so hat die Spannung den entgegengesetzten Richtungssinn.

Die Potenzialdifferenz zwischen den Klemmen eines Erzeugers oder Verbrauchers nennt man **Klemmenspannung** *(terminal voltage)*.

Die Klemmenspannung eines Erzeugers, dem keine elektrische Energie entnommen wird, bezeichnet man als **Quellenspannung** *(source voltage)* U_q. Sie entsteht durch die unterschiedliche Aufladung der Erzeugerpole: Der Pluspol besitzt Elektronenmangel, der Minuspol dagegen Elektronenüberschuss. Dieser Unterschied würde sich durch einen Ladungsträgerstrom innerhalb des Erzeugers sehr schnell ausgleichen, wenn nicht im Erzeuger ladungstrennende Kräfte wirksam wären, die dem Ausgleich ständig entgegenwirken.
Der Mangel- bzw. Überschusszustand bleibt sogar dann erhalten, wenn dem Erzeuger elektrische Energie entnommen wird. Dabei sinkt jedoch die Klemmenspannung wegen der Energieverluste im Inneren des Erzeugers unter U_q ab.
Die Quellenspannung U_q lässt sich nur dann mit der Schaltung nach Bild 1.19 messen, wenn durch den Erzeuger kein Strom fließt. Hierzu muss der Verbraucher abgeschaltet werden; auch das Voltmeter darf dem Erzeuger keinen Strom entnehmen, was nur näherungsweise möglich ist.

Im Gegensatz zur Quellenspannung spricht man bei der Klemmenspannung eines Verbrauchers, der **Verbraucherspannung** U_V, auch von einem **Spannungsabfall** *(voltage drop)*, um anzudeuten, dass die Energie der Ladung hier *verringert* wird.

Praxisbezug 1.6
Von Leitern, zwischen denen eine elektrische Spannung liegt, geht grundsätzlich eine **Gefahr** für Menschen aus. Dabei sind es die durch den Körper fließenden *Ströme*, welche Schädigungen verursachen können. Ihre Gefährlichkeit hängt von der Stromart, der Stromstärke und der Einwirkdauer ab.
Gleichstrom ist weniger gefährlich als Wechselstrom, und bei letzterem ist leider die in Versorgungsnetzen verwendete Frequenz 50 Hz besonders gefährlich.
Die Stromstärke, bei der es wegen der Verkrampfung der Hand nicht mehr möglich ist, einen umfassten Leiter loszulassen, wird als **Loslassgrenze** bezeichnet.

Sie liegt bei einem 50-Hz-Wechselstrom für 1 s Einwirkdauer bei 20 mA (DIN IEC 64).
Ströme über 20 mA können irreversible Gesundheitsschäden verursachen. Ströme ab 100 mA sind unbedingt lebensgefährlich; hierbei kann es durch *Herzkammerflimmern* zu Herz- und Atemstillstand kommen.
Der Strom durch den Körper wird bei gegebener Spannung durch den Körperwiderstand bestimmt, der sich je nach der Feuchtigkeit der Haut im Bereich 100 Ω ... 100 kΩ bewegt. Von der Hand zu beiden Füßen nimmt man als Mittelwert 1 kΩ an. Dies bedeutet, dass am 230-V-Netz ein lebensgefährlicher Strom 230 mA fließen kann.
International hat man 50 V (50 Hz) als **dauernd zulässige Berührungsspannung** für normale Anwendungsfälle festgelegt; für besondere Fälle (z.B. medizinische Anwendungen, Landwirtschaft, Spielzeug) gelten strengere Normen. ❐

Fragen
- Wie ist der Begriff Spannung definiert?
- Nennen Sie die Definition der Einheit 1 V.
- Was versteht man unter dem Begriff Potenzial?
- Welcher Zusammenhang besteht zwischen der Verbraucherspannung und der Potenzialdifferenz zwischen den Klemmen des Verbrauchers?
- Worauf muss bei der Messung der Quellenspannung geachtet werden?
- Wie ist der Richtungssinn der Spannung festgelegt?
- Skizzieren Sie den normgerechten Schaltplan eines Stromkreises mit Batterie, Glühlampe und Spannungsmesser. Geben Sie den Richtungssinn der Spannungen an Batterie und Glühlampe an.

Aufgaben

1.10(1) Welche Energieerhöhung erhält die Ladung $8 \cdot 10^{-4}$ C beim Durchlaufen eines Erzeugers mit der Quellenspannung 2,5 V?

1.11(2) In welcher Zeit speist ein Erzeuger mit 200 V Quellenspannung, der den Gleichstrom 0,4 A liefert, die Energie 6,4 kJ in den Stromkreis ein (innere Verluste sind zu vernachlässigen)?

1.12(2) Durch einen Verbraucher fließt während der Zeit 2 h bei der Potenzialdifferenz 12 V zwischen den Klemmen der Strom 3 A. Welche Ladungsmenge wird durch den Verbraucher bewegt? Welche elektrische Energie wird dem Stromkreis entzogen?

1.8 Elektrische Feldstärke

Ziele: Sie können
- den Zusammenhang zwischen der elektrischen Feldstärke und der Kraft auf eine Ladung erläutern.
- die Einheit der elektrischen Feldstärke herleiten.
- die Richtung der elektrischen Feldstärke im Stromkreis angeben.
- die Gleichung für den Zusammenhang zwischen dem Potenzial und der elektrischen Feldstärke angeben.
- den Begriff Potenzialgefälle erläutern.

1.8.1 COULOMB-Kraft und elektrische Feldstärke

Wir betrachten zunächst eine Ladung im Inneren eines als Verbraucher wirkenden Leiters. Der vom Leitermaterial hervorgerufenen Bewegungshemmung muss eine *Antriebskraft* entgegenwirken, damit sich die Ladung bewegt. Hierbei handelt es sich um die COULOMB-Kraft $\vec{F}$ (s. 1.2), die von den unterschiedlichen Ladungen der Erzeugerpole ausgeht. Zwischen ihnen bildet sich der besondere Zustand des Raumes aus, den man als **elektrisches Feld** *(electric field)* bezeichnet.

Die COULOMB-Kräfte wirken auf positive und negative Ladungen in entgegengesetzten Richtungen; daraus ergeben sich entgegengesetzte Bewegungsrichtungen der Ladungen.
Beziehen wir jedoch die Kraft auf die Ladung, so erhalten wir einen Vektor $\vec{E}$, dessen Richtung vom Vorzeichen und damit von der Art der Ladung unabhängig ist:

$$\boxed{\vec{E} = \frac{\vec{F}}{Q}} \qquad (1.18)$$

Den Quotienten aus Kraft und Ladung bezeichnet man als **elektrische Feldstärke** *(electric field strength)* $\vec{E}$. Sie ist die physikalische Größe, die das elektrische Feld beschreibt. Als ihre Einheit erhalten wir:

$$[E] = \frac{[F]}{[Q]} = 1\,\frac{\text{N}}{\text{C}} = 1\,\frac{\text{N m}}{\text{C m}} = 1\,\frac{\text{J}}{\text{C m}} = 1\,\frac{\text{V}}{\text{m}}$$

Bei einer positiven Ladung haben die Vektoren $\vec{E}$ und $\vec{F}$ *gleiche* Richtung; bei einer negativen Ladung sind $\vec{E}$ und $\vec{F}$ einander *entgegengerichtet*.

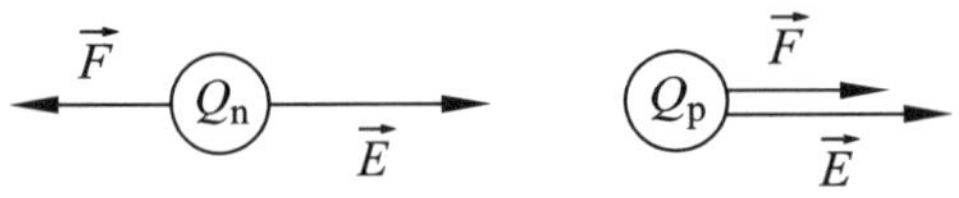

Bild 1.20 Zuordnung der Feldstärke- und Kraft-Vektoren bei unterschiedlichen Arten von Ladungen

Die elektrische Feldstärke $\vec{E}$ ist als Ursache der Ladungsbewegung im *Verbraucher* anzusehen. Nach dem Einschalten eines Stromkreises ändert sich die Feldstärke nach äußerst kurzer Zeit überall im Stromkreis; diese Zeitspanne hängt von der Leitergeometrie und den Materialeigenschaften ab. In Computern begrenzt z.B. die Ausbreitungsgeschwindigkeit des elektrischen Feldes, die höchstens gleich der Lichtgeschwindigkeit sein kann, die Rechengeschwindigkeit.

In einem *Verbraucher* stimmt die Bewegungsrichtung einer Ladung mit der Richtung der auf sie wirkenden COULOMB-Kraft $\vec{F}$ überein. Die Feldstärke $\vec{E}$ ist deshalb von einem Punkt höheren Potenzials zu einem Punkt niedrigeren Potenzials gerichtet.

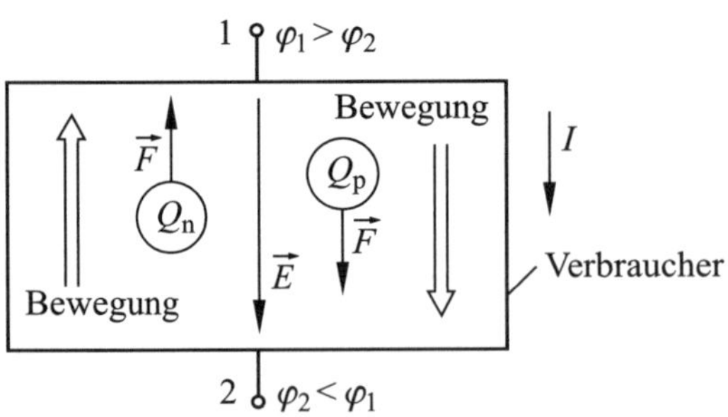

Bild 1.21 Elektrische Feldstärke, COULOMB-Kräfte und Bewegungsrichtung positiver bzw. negativer Ladungen in einem Verbraucher

Auch in einem *Erzeuger* stehen die Ladungsträger unter dem Einfluss einer COULOMB-Kraft $\vec{F}$; die elektrische Feldstärke $\vec{E}$ ist hier vom Pluspol zum Minuspol gerichtet (Bild 1.22). Im Erzeuger sind jedoch zusätzlich *ladungstrennende Kräfte* wirksam, die jede Ladung in Gegenrichtung zur COULOMB-Kraft treiben; hierfür muss Energie zugeführt werden.

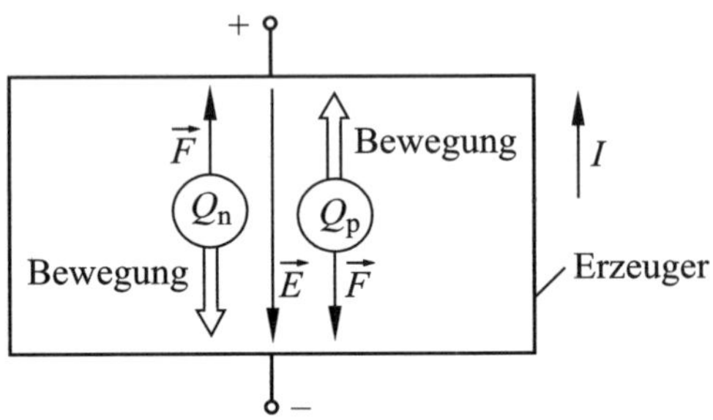

Bild 1.22 Elektrische Feldstärke, COULOMB-Kräfte und Bewegungsrichtung positiver bzw. negativer Ladungen in einem Erzeuger

Die Aussagen zur elektrischen Feldstärke lassen sich zusammenfassen:

> Der Vektor $\vec{E}$ ist stets von einem Punkt mit höherem Potenzial zu einem Punkt mit niedrigerem Potenzial gerichtet.

1.8.2 Spannung und elektrische Feldstärke

Wir betrachten das elektrische Feld in einem geraden homogenen linearen Leiter; die Feldstärke $\vec{E}$ ist in ihm nach Richtung und Betrag *konstant*. Auf jede bewegte Ladung Q wirkt in diesem Feld überall die gleiche Kraft $\vec{F} = Q \cdot \vec{E}$, und bei Gleichstrom bewegen sich gleichartige bewegliche Ladungsträger mit der gleichen mittleren Driftgeschwindigkeit.

Bewegt sich eine Ladung Q in einem solchen Feld längs des geraden Wegstückes $\vec{l}_{12}$ von einem Punkt 1 zu einem Punkt 2, so können wir die Energieänderung W_{12} der Ladung als mechanische Arbeit angeben:

$$W_{12} = \vec{F} \cdot \vec{l}_{12} \qquad (1.19)$$

Die mathematische Operation in dieser Gleichung bezeichnet man als **Skalarprodukt** zweier Vektoren. Es ist definiert als Produkt aus den Vektorbeträgen und dem Cosinus des von den Vektoren eingeschlossenen Winkels α:

$$W_{12} = \vec{F} \cdot \vec{l}_{12} = |\vec{F}| \cdot |\vec{l}_{12}| \cdot \cos\alpha = F \cdot l_{12} \cdot \cos\alpha$$

In einem *geraden* homogenen linearen Leiter weist die Kraft $\vec{F}$ stets in Richtung des Weges $\vec{l}_{12}$; mit $\alpha = 0$ gilt $W_{12} = F \cdot l_{12}$.

Dividieren wir die Gl.(1.19) durch Q, so erhalten wir mit den Gln.(1.15 und 1.18):

$$U_{12} = \frac{W_{12}}{Q} = \frac{\vec{F} \cdot \vec{l}_{12}}{Q} = \vec{E} \cdot \vec{l}_{12} \tag{1.20}$$

Wenn die Richtungen von $\vec{E}$ und $\vec{l}_{12}$ übereinstimmen ($\alpha = 0$), dann ist $\varphi_1 > \varphi_2$ und der Betrag E der Feldstärke lässt sich einfach ermitteln:

$$E = \frac{\varphi_1 - \varphi_2}{l_{12}} = \frac{U_{12}}{l_{12}} \tag{1.21}$$

Dabei ist l_{12} der (stets positive) Abstand der Punkte 1 und 2. Die Gl.(1.21) lässt sich auch bei einem beliebig *gekrümmten* homogenen linearen Leiter mit der Leiterlänge l_{12} anwenden (s. 6.3).

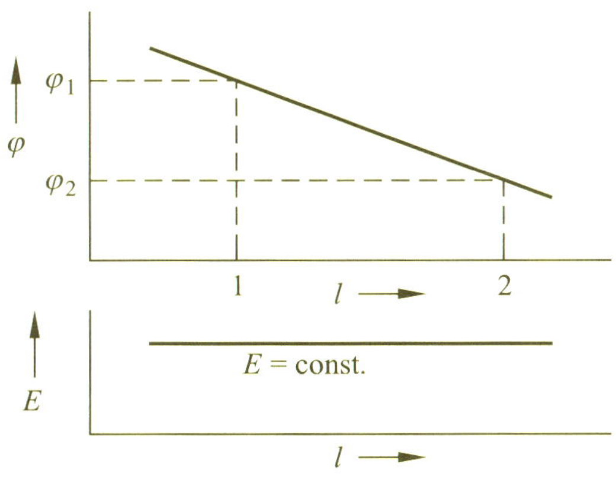

Bild 1.23 Potenzialgefälle und elektrische Feldstärke in einem linearen homogenen Leiter

In einem linearen homogenen Leiter entstehen wegen E = const. in gleich langen Leiterabschnitten gleich große Potenzialdifferenzen. Die Feldstärke E ist also ein Maß für das **Potenzialgefälle** *(potential gradient)* längs des Leiters.

Beispiel 1.4
Ein Gleichstrom $I = 2$ A fließt durch drei in Reihe geschaltete, je 5 m lange lineare Leiter aus unterschiedlichem Material. In den Leitern werden in 1 s die Wärmeenergien $W_1 =$ 1 J, $W_2 = 2$ J bzw. $W_3 = 3$ J erzeugt. Wir wollen den Betrag E der elektrischen Feldstärke und den Spannungsabfall für jeden Leiter berechnen und grafisch darstellen.

Den Anfang bzw. das Ende jedes Leiters bezeichnen wir mit den Indizes 1 ... 4. Nach Gl.(1.5) fließt in $t = 1$ s durch jeden Leiter die Ladung $Q = I \cdot t = 2$ C. Sie steht dabei unter dem Einfluss der COULOMB-Kräfte:

$$F_1 = \frac{W_1}{l_{12}}\,;\; F_2 = \frac{W_2}{l_{23}}\,;\; F_3 = \frac{W_3}{l_{34}}$$

Mit der Gl.(1.18) berechnen wir die Feldstärke im Leiter 1:

$$E_1 = \frac{W_1}{l_{12} Q} = 0{,}1\ \frac{\text{V}}{\text{m}}$$

In den übrigen Leitern ist die Feldstärke:

$$E_2 = 0{,}2\ \frac{\text{V}}{\text{m}}\,;\; E_3 = 0{,}3\ \frac{\text{V}}{\text{m}}$$

Mit der Gl.(1.21) berechnen wir die Spannungsabfälle:

$$U_{12} = E_1\, l_{12} = 0{,}5\ \text{V}$$

$$U_{23} = 1{,}0\ \text{V};\quad U_{34} = 1{,}5\ \text{V}$$

Das Potenzial fällt insgesamt um den Wert $U_{12} + U_{23} + U_{34} = 3$ V ab. Für die grafische Darstellung ordnen wir dem Punkt mit dem niedrigsten Potenzial willkürlich den Wert φ = 0 V zu; damit erhalten wir das Diagramm nach Bild 1.24.

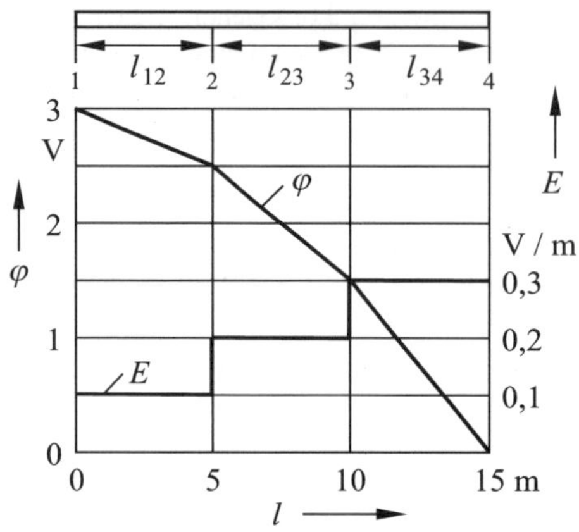

Bild 1.24 Potenzial und Feldstärke

In einem Leiter, der *nicht* als linearer Leiter angesehen werden kann, ist die Feldstärke *nicht* konstant, sondern ändert sich von Ort zu Ort. Es sei schon hier vorweggenommen, dass eine elektrische Feldstärke nicht nur in Leitern, sondern auch in anderen Materialien und im materiefreien Raum auftreten kann (s. 6.4).

In *Leitern* ist nur dann ein elektrisches Feld vorhanden, wenn ein Potenzialgefälle vorliegt; dies bedingt einen Strom. In einem *stromlosen Leiter* liegt daher *kein* elektrisches Feld vor. In einem *idealen Leiter* ist kein elektrisches Feld vorhanden, weil in ihm kein Potenzialgefälle auftritt.

Fragen

- Geben Sie den Zusammenhang zwischen der Kraft auf eine Ladung und der elektrischen Feldstärke an.
- Welche Einheit hat die elektrische Feldstärke?
- Zeigen Sie, wie bei einer positiven bzw. einer negativen Ladung die Vektoren für die Kraft und die elektrische Feldstärke zugeordnet sind.
- Welche Kraftwirkungen auf Ladungen treten in einem Erzeuger bzw. Verbraucher auf?
- Wie ist die elektrische Feldstärke im Erzeuger, wie im Verbraucher gerichtet?
- Stellen Sie den Verlauf des elektrischen Potenzials und der elektrischen Feldstärke über der Länge eines homogenen linearen Leiters grafisch dar.
- Erläutern Sie, warum ein Verbraucher im Stromkreis unabhängig von der sehr niedrigen Driftgeschwindigkeit der Elektronen sofort nach dem Einschalten zu arbeiten beginnt.

Aufgaben

1.13(1) Welche Kraft wird auf jedes Elektron in einem 5 m langen linearen Leiter ausgeübt, an dem die Spannung 12 V abfällt?

1.14(2) Ein Elektron wird in einem elektrischen Feld der Stärke 5,6 kV/cm um 3 mm in Richtung auf das höhere Potenzial verschoben. Wie ändert sich dabei seine elektrische Energie?

1.9 Leistung und Wirkungsgrad

Ziele: Sie können

- Arbeit und Leistung an Verbraucher und Erzeuger durch Spannung und Stromstärke ausdrücken.
- die Begriffe Arbeit, Leistung und Wirkungsgrad erklären und die Zusammenhänge zwischen ihnen angeben.
- die in einem Stromkreis auftretenden Verluste beschreiben und den Gesamtwirkungsgrad erläutern.

Wenn in einem technischen Gerät Energie umgewandelt und dabei die Arbeit ΔW verrichtet wird, dann ist von Bedeutung, in welcher Zeitspanne Δt dies geschieht. Bestimmend hierfür ist die physikalische Größe **Leistung** *(power)* P:

$$\boxed{P = \frac{\Delta W}{\Delta t}} \tag{1.22}$$

Die Einheit der Leistung ist das Watt:

$$[P] = \frac{[W]}{[t]} = 1\,\frac{\text{J}}{\text{s}} = 1\ \text{Watt} = 1\ \text{W} \tag{1.23}$$

1 Watt ist diejenige Leistung, bei der während der Zeit 1 s die Arbeit 1 J verrichtet wird.

Hieraus folgt für die Energieeinheit Joule:

$$[W] = 1\ \text{J} = 1\ \text{N m} = 1\ \text{W s} \tag{1.24}$$

Wenn die Leistung P im Zeitintervall Δt *nicht* konstant ist, erhält man aus Gl.(1.22) den *arithmetischen Mittelwert* der Leistung in dieser Zeitspanne. Ist dagegen die Leistung P *zeitlich konstant* und ist zum Zeitpunkt $t = 0$ die Energie $W = 0$, so lautet die Funktion $W = f(t)$:

$W = P \cdot t$ (1.25)

Fließt durch einen Erzeuger oder Verbraucher ein Gleichstrom I, so wird zwischen den Klemmen nach Gl.(1.15) die Energie $W = Q \cdot U$ umgesetzt. Mit $Q = I \cdot t$ ergibt sich:

$$\boxed{W = U \cdot I \cdot t} \tag{1.26}$$

Dabei ist U die Spannung zwischen den Klemmen. Mit den Gln.(1.25 und 1.26) erhalten wir die Leistung zwischen zwei Klemmen in einem Gleichstromkreis:

$$\boxed{P = U \cdot I} \tag{1.27}$$

Daraus ergibt sich die Festlegung der SI-Einheit **Volt**:

> **1 Volt** ist die elektrische Spannung zwischen zwei Punkten eines linearen Leiters, in dem beim Gleichstrom 1 A zwischen den beiden Punkten die Leistung 1 W umgesetzt wird.

Aus der Gl.(1.27) folgt die Einheitengleichung:

$1\ \text{W} = 1\ \text{V} \cdot 1\ \text{A}$ (1.28)

Die Gln.(1.23 und 1.28) lassen sich ineinander überführen:

$$1\ \text{W} = 1\frac{\text{J}}{\text{s}} = 1\frac{\text{J}}{\text{A} \cdot \text{s}} \cdot 1\ \text{A} = 1\frac{\text{J}}{\text{C}} \cdot 1\ \text{A} = 1\ \text{V} \cdot 1\ \text{A}$$

Praxisbezug 1.7
Zur Messung der Leistung P benötigt man ein Messgerät, welches sowohl den Strom I als auch die Spannung U erfasst und beide Größen miteinander multipliziert. Die Multiplikation kann sowohl analog, z. B. mit einem *elektrodynamischen Messwerk*, als auch numerisch durchgeführt werden. Im letzteren Fall werden die Messgrößen mit Analog-Digital-Umsetzern digitalisiert und in einem Rechenwerk multipliziert.

Bei einem Leistungsmessgerät fließt der Strom I durch den möglichst niederohmigen **Strompfad**, und die Spannung U liegt am möglichst hochohmigen **Spannungspfad**; das Gerät besitzt also zwei Klemmenpaare, zwischen denen der Strompfad bzw. der Spannungspfad liegen. Die Messbereiche für beide Pfade sind im Allg. umschaltbar.

Das Schaltzeichen des Leistungsmessers gilt allgemein, unabhängig von der zur Multiplikation verwendeten Methode.

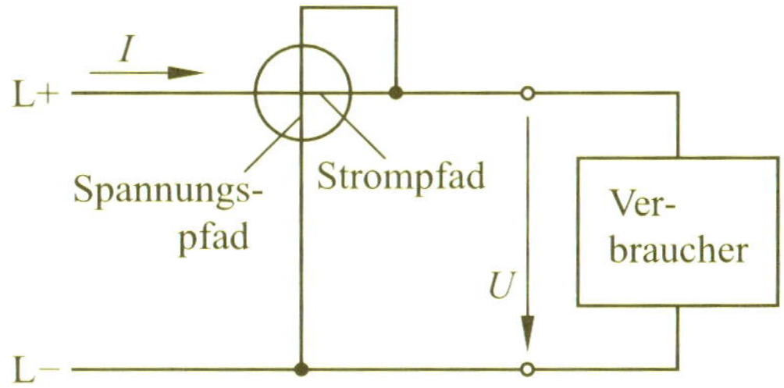

Bild 1.25 Leistungsmessung im Gleichstromnetz ❐

Die Leistung eines Gerätes bei bestimmungsgemäßer, voller Belastung wird **Bemessungsleistung** *(nominal power)* P_N genannt (DIN VDE 530). Dies ist grundsätzlich die *abgegebene* Leistung: Bei einem *Generator* wird z. B. die *elektrische* Leistung angegeben, bei einem *Motor* dagegen die an der Welle abgegebene *mechanische* Leistung. Davon abweichend wird bei *Kleingeräten* wie z. B. Warmwasserbereitern, Staubsaugern, Heimwerkermaschinen usw. die *aufgenommene* elektrische Leistung angegeben, die „Anschlussleistung" genannt wird.

Bei der Bemessungsleistung fließt der **Bemessungsstrom** *(nominal current)* I_N, und an den Klemmen liegt die **Bemessungsspannung** *(nominal voltage)* U_N. Die Werte für P_N, U_N und I_N sind bei größeren Geräten auf dem Typenschild, bei Kleingeräten im Datenblatt angegeben.

In technischen Geräten ist die **nutzbare abgegebene Leistung** P_{ab} um die **Verlustleistung** *(dissipation power)* P_{verl} (kurz: **Verluste**) kleiner als die **zugeführte Leistung** P_{zu}. Die Leistungsbilanz lautet stets:

$P_{zu} = P_{ab} + P_{verl}$ (1.29)

Anstelle der Verluste wird meist der **Wirkungsgrad** *(efficiency)* η (griech. Buchstabe eta) eines Gerätes angegeben; er ist stets $\eta \leq 1$:

$$\boxed{\eta = \frac{P_{ab}}{P_{zu}}} \quad (1.30)$$

Wir betrachten einen Stromkreis, in dem Erzeuger, Leitungen und Verbraucher verlustbehaftet sind. Ihre Wirkungsgrade sind:

$\eta_q = P_{q\,ab} / P_{q\,zu} < 1$ (Erzeuger)
$\eta_L = P_{L\,ab} / P_{L\,zu} < 1$ (Leitungen)
$\eta_V = P_{V\,ab} / P_{V\,zu} < 1$ (Verbraucher)

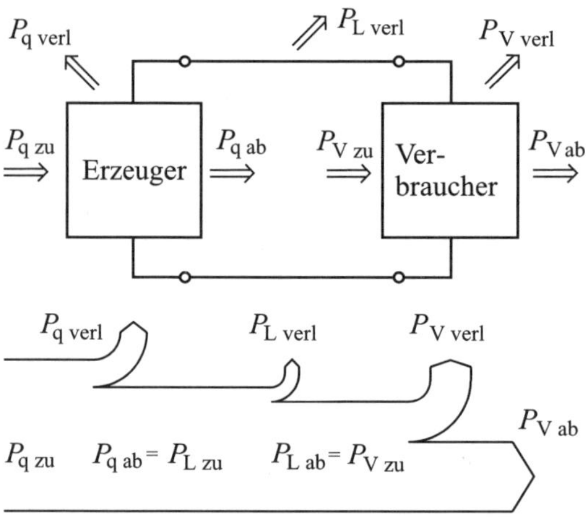

Bild 1.26 Leistungsdiagramm für einen Stromkreis

Der **Gesamtwirkungsgrad** η_g der Anlage ist:

$$\eta_g = \frac{P_{V\,ab}}{P_{q\,zu}} = \eta_V \cdot \eta_L \cdot \eta_q \quad (1.31)$$

> Der Gesamtwirkungsgrad einer Anlage ist das Produkt der Teilwirkungsgrade sämtlicher hintereinander geschalteten Anlageteile.

Praxisbezug 1.8
In einem Kohlekraftwerk wird die staubfein gemahlene Kohle verbrannt; dabei gibt der Brennstoff seine Energie mit dem Kesselwirkungsgrad $\eta_K \approx 0{,}95$ an das Wasser ab, das dabei verdampft. Eine Maschine, die aus einem thermischen Prozess Energie gewinnt, kann unter idealen Bedingungen maximal den CARNOT-Wirkungsgrad[1] $\eta_C = (T_1 - T_0)/T_1$ erreichen. Mit der Dampftemperatur $T_1 = 800$ K und der Kondensattemperatur $T_0 = 300$ K ergibt sich z.B. $\eta_C = 0{,}62$. Tatsächlich liegt der thermische Wirkungsgrad jedoch nur bei $\eta_{th} \approx 0{,}5$, da im Wasser-Dampf-Kreislauf keine idealen Verhältnisse erreicht werden können.

Für die Turbine und die Dampfleitungen ist $\eta_D \approx 0{,}85$; der elektrische Synchrongenerator hat den Wirkungsgrad $\eta_G \approx 0{,}98$. Der Eigenbedarf (Pumpen, Lüfter usw.) wird mit dem Faktor $\varepsilon \approx 0{,}06$ angesetzt. Damit ergibt sich für das Kraftwerk:

$$\eta_{KW} \approx \eta_K\, \eta_{th}\, \eta_D\, \eta_G\, (1 - \varepsilon) = 0{,}37$$

Der Wirkungsgrad beim Transport der elektrischen Energie ist ≈ 90 %, so dass von der Primärenergie nur ≈ 33 % zum Verbraucher gelangen. ❐

Fragen
- Wie sind die Einheiten der physikalischen Größen Arbeit und Leistung im SI-System festgelegt?
- Skizzieren Sie das Leistungsdiagramm für einen Stromkreis aus Generator, Leitungen und Motor unter Berücksichtigung der Verluste.
- Was versteht man unter dem Wirkungsgrad eines Gerätes (Gleichung, Beispiel)?
- Wie hängen die Leistung und die Arbeit an einem Verbraucher bzw. Erzeuger von der Stromstärke und der Spannung ab?

Aufgaben

1.15(1) Ein Warmwasserbereiter mit der Anschlussleistung 1,2 kW hat den Wirkungsgrad 75 %. Er soll 3 l Wasser von 20 °C auf 80 °C erwärmen. Welche Zeit ist hierfür erforderlich? Spezifische Wärmekapazität von Wasser:

$c = 4187\ \mathrm{J/(kg \cdot K)}$

1.16(1) Eine Wasserpumpe ($\eta_P = 50$ %) mit elektromotorischem Antrieb ($\eta_M = 80$ %) soll je Minute 1000 l Wasser 16 m hoch heben.
- Welche Bemessungsleistung muss der Motor haben?
- Wie hoch ist der Gesamtwirkungsgrad?

[1] Sadi Carnot, 1796 – 1832

2 Zweipole

2.1 Der Begriff Zweipol

Ziele: Sie können
- einen Oberbegriff für Erzeuger und Verbraucher angeben.
- die Begriffe aktiv wirkender Zweipol und passiv wirkender Zweipol erläutern.

Für Erzeuger und Verbraucher führt man zweckmäßig einen Oberbegriff ein: Ein Gebilde, das an nur zwei Punkten elektrisch zugänglich ist oder als zugänglich betrachtet wird, nennt man **Zweipol** oder auch **Eintor** *(oneport)*.
Man sagt, dass die beiden Pole ein **Tor** *(port)* bilden. An dem Tor eines Zweipols fließt ein Strom, der in einen Pol hineinfließt, zum gleichen Zeitpunkt aus dem anderen Pol heraus.

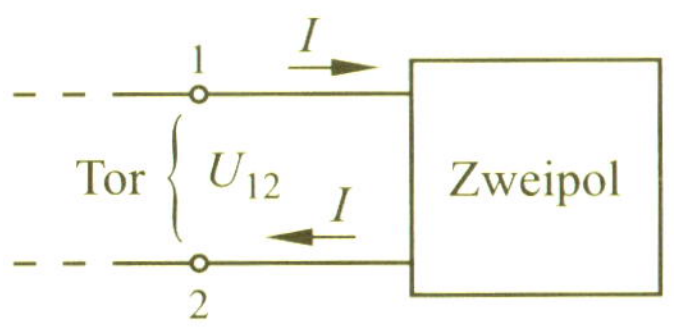

Bild 2.1 Die Pole eines Zweipols bilden ein Tor

Ein Zweipol wird durch den Zusammenhang zwischen der Klemmenspannung U und dem Strom I beschrieben. Die mathematische Funktion $I = f(U)$ wird als **Zweipolgleichung** bezeichnet.

Nimmt ein Zweipol als Verbraucher elektrische Energie auf, so wird er **passiv wirkender Zweipol** genannt; gibt er als Erzeuger elektrische Energie ab, wird er als **aktiv wirkender Zweipol** bezeichnet.

Manche Zweipole wirken je nach Betriebszustand aktiv oder passiv. Wird z. B. ein Akkumulator geladen, so nimmt er elektrische Energie auf und ist ein *passiv wirkender* Zweipol; er wird ein *aktiv wirkender* Zweipol, wenn er als Energiequelle arbeitet und einen Verbraucher speist.

Fragen
- Was versteht man unter dem Begriff Zweipol?
- Was ist ein aktiv bzw. passiv wirkender Zweipol?
- Wie nennt man das Klemmenpaar eines Zweipols?

2.2 Bezugspfeile

Ziele: Sie können
- den Vorteil von Bezugspfeilen an einem Beispiel erläutern.
- den Zusammenhang zwischen dem Richtungssinn, dem Bezugspfeil und dem Vorzeichen der Spannung bzw. des Stromes erläutern.
- das Verbraucher-Pfeilsystem und das Erzeuger-Pfeilsystem beschreiben.

2.2.1 Bezugssinn von Spannung und Strom

Vielfach ist zu Beginn einer Rechnung der Richtungssinn einer Spannung noch nicht bekannt. Man trifft dann zweckmäßig eine Annahme und bezeichnet deren Ergebnis als **Bezugssinn**, der durch einen **Bezugspfeil** dargestellt wird.

Stimmt der Bezugssinn mit dem Richtungssinn überein, so erhält die Spannung ein positives Vorzeichen; stimmen Bezugssinn und Richtungssinn nicht überein, so erhält die Spannung ein negatives Vorzeichen. Das Bild 2.2 zeigt dies am Beispiel einer 9-V-Batterie.

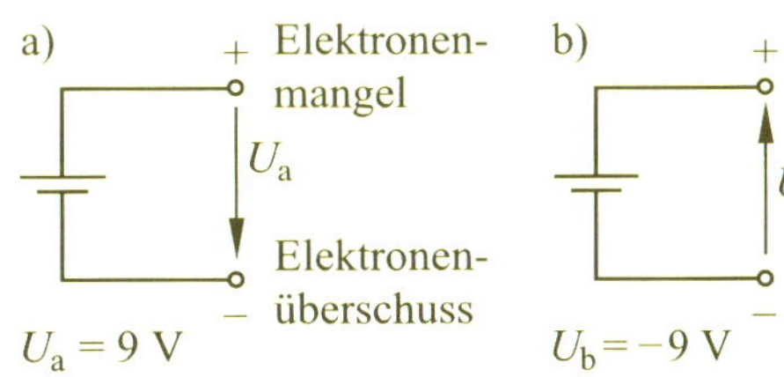

Bild 2.2 Zusammenhang zwischen den Bezugspfeilen, den Vorzeichen und dem Richtungssinn einer Spannung

Auch die rechnerische Behandlung eines *Stromes* wird vereinfacht, wenn wir einen Bezugspfeil und den damit definierten Bezugssinn verwenden.

Der Bezugspfeil eines Stromes wird gemäß DIN 5489 in den Leitungszug gezeichnet. Stimmt der Bezugssinn mit dem Richtungssinn überein, so erhält die Stromstärke ein positives Vorzeichen; stimmen Bezugssinn und Richtungssinn nicht überein, so erhält die Stromstärke ein negatives Vorzeichen. Das Bild 2.3 zeigt dies am Beispiel eines Stromes mit der Stromstärke 1 A.

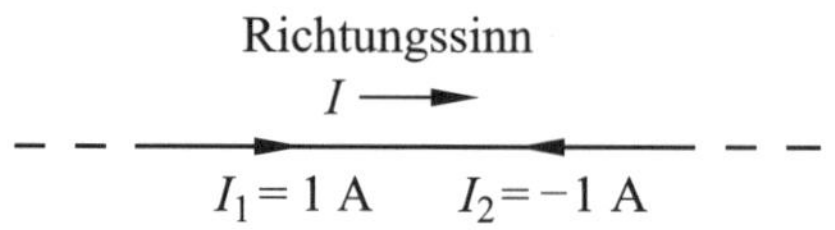

Bild 2.3 Zusammenhang zwischen den Bezugspfeilen, den Vorzeichen und dem Richtungssinn eines Stromes

Obwohl die beiden Bezugspfeile im Bild 2.3 in der gleichen Leitung gegeneinander gerichtet sind, enthält die Darstellung wegen $I_1 = -I_2$ keinen Widerspruch.

Beispiel 2.1
Der Akkumulator wird in der eingezeichneten Schalterstellung vom Netzgerät mit dem Strom I_1 = 0,5 A geladen; dabei fließt durch die Glühlampe der Strom $I_2 = 0$.

Nach dem Umlegen des Schalters ist $I_1 = 0$, und durch die Glühlampe fließt der Strom I_2 = 1 A. Wir wollen für beide Schalterstellungen den Strom I angeben.

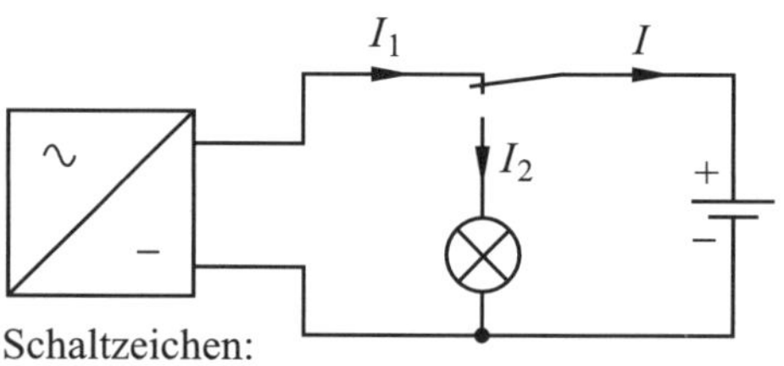

Schaltzeichen: Netzgerät

Vor dem Schalten ist $I = I_1$ = 0,5 A; der Richtungssinn der Stromstärke I stimmt mit dem Bezugssinn überein.

Nach dem Schalten ist $I = -I_2 = -1$ A; das negative Vorzeichen des Stromes I weist darauf hin, dass der Richtungssinn dem Bezugssinn entgegengesetzt ist.

2.2.2 Pfeilsysteme

Wir betrachten einen Stromkreis mit Erzeuger und Verbraucher. Für die Spannung und den Strom setzen wir je einen Bezugspfeil an.

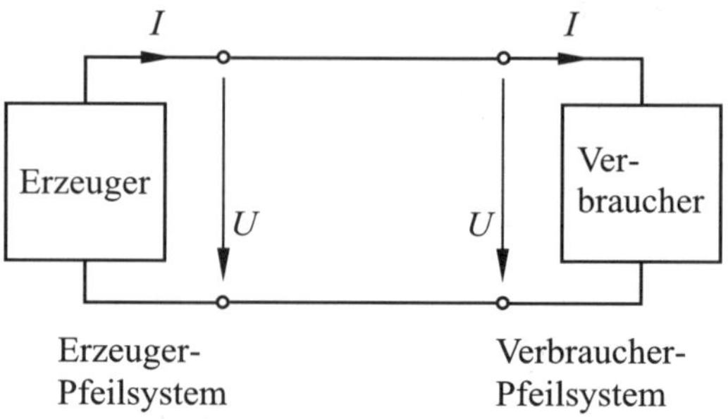

Bild 2.4 Stromkreis mit Bezugspfeilen für I und U

Im Bild 2.4 gehen die Bezugspfeile für I und U am *Verbraucher* von *demselben* Pol aus. Diese Zuordnung wird **Verbraucher-Pfeilsystem** genannt. Am Verbraucher haben dabei die Zahlenwerte für I und U gleiches Vorzeichen, und die aufgenommene elektrische Leistung $P = U\,I$ ist positiv.

Am *Erzeuger* im Bild 2.4 gehen die Bezugspfeile für I und U von *unterschiedlichen* Polen aus. Diese Zuordnung wird **Erzeuger-Pfeilsystem** genannt. Am Erzeuger haben dabei die Zahlenwerte für I und U gleiches Vorzeichen, und die abgegebene elektrische Leistung $P = U\,I$ ist positiv.

Die Leistung ist jedoch negativ, wenn

- ein Zweipol, an dem die Bezugspfeile für I und U vom gleichen Pol ausgehen (Verbraucher-Pfeilsystem), als *Erzeuger* arbeitet.
- ein Zweipol, an dem die Bezugspfeile für I und U von unterschiedlichen Polen ausgehen (Erzeuger-Pfeilsystem), als *Verbraucher* arbeitet.

In beiden Fällen sind dabei entweder beim Strom oder bei der Spannung der Richtungssinn und der Bezugspfeil einander entgegengesetzt.

Prinzipiell können an jedem Zweipol die Bezugspfeile für I und U *beliebig* gewählt werden. Wenn der Richtungssinn von Strom und Spannung bekannt ist, kann wie in Bild 2.4 beim Erzeuger das Erzeuger-Pfeilsystem und beim Verbraucher das Verbraucher-Pfeilsystem angewendet werden. Man spricht dabei von einem **gemischten Pfeilsystem.**

	Verbraucher-Pfeilsystem	Erzeuger-Pfeilsystem
	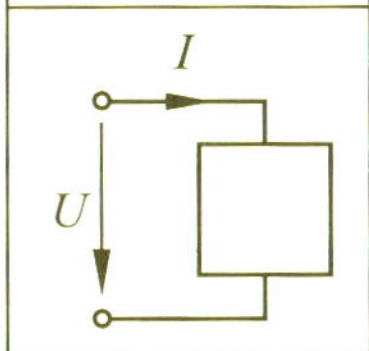	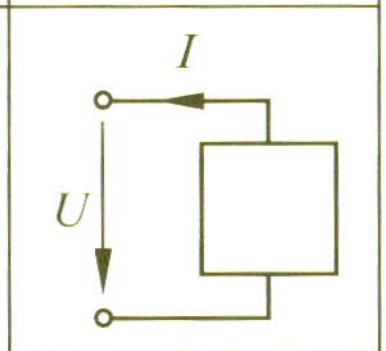
$P = U \cdot I > 0$	Verbraucher	Erzeuger
$P = U \cdot I < 0$	Erzeuger	Verbraucher

Bild 2.5 Zuordnung von Bezugspfeilen und Vorzeichen der Leistung

Es ist jedoch zweckmäßig, in einem Stromkreis lediglich ein einziges Pfeilsystem zu verwenden. Dies hat den Vorteil, dass sich eine eindeutige Zuordnung ergibt zwischen dem Vorzeichen der Leistung und der Eigenschaft jedes Zweipols, als Verbraucher oder Erzeuger zu wirken.

Wir werden im Folgenden grundsätzlich das *Verbraucher-Pfeilsystem* sowohl bei Erzeugern als auch bei Verbrauchern verwenden (s. Bild 2.6). Auf einzelne Abweichungen hiervon werden wir ausdrücklich hinweisen.

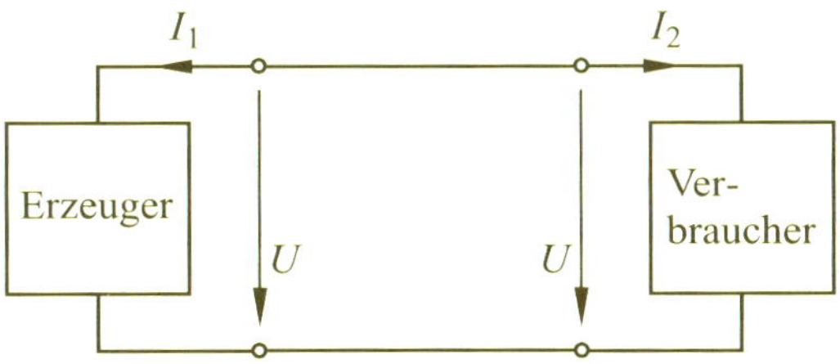

Bild 2.6 Anwendung des Verbraucher-Pfeilsystems beim Erzeuger und beim Verbraucher

Praxisbezug 2.1
Die Betriebsweise eines Zweipols wird z. B. beim **Straßenbahnantrieb** fortwährend geändert.

Der Motor einer modernen Straßenbahn ist eine Drehstrom-Asynchronmaschine DAM, die von einem Frequenzumrichter gespeist wird; man kann diese Schaltung als Zweipol ansehen (Bild 2.7).

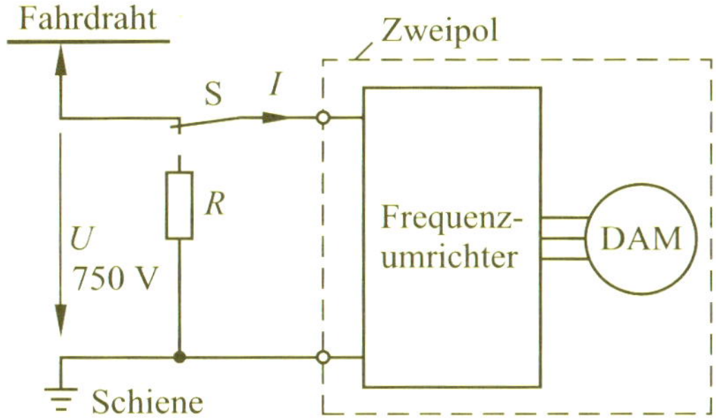

Bild 2.7 Straßenbahnantrieb (Prinzipschaltung)

Beim Beschleunigen und bei Fahrt mit konstanter Geschwindigkeit fließt der Strom $I > 0$ im Bezugssinn. Der Zweipol wirkt als Verbraucher und die Drehstrom-Asynchronmaschine DAM arbeitet als Motor.

Beim Bremsen wird die kinetische Energie des Fahrzeugs in elektrische umgewandelt, die in den Fahrdraht eingespeist wird. Dabei fließt der Strom entgegen dem Bezugssinn und es ist $I < 0$. Die Drehstrom-Asynchronmaschine DAM arbeitet als Generator, und der Zweipol wirkt als Erzeuger.

Falls die beim Bremsen entstehende elektrische Energie im Straßenbahn-Netz nicht von einem anderen Fahrzeug aufgenommen werden kann, wird der Schalter S automatisch auf den Widerstand R umgeschaltet, der sich auf dem Fahrzeugdach befindet; in diesem Widerstand wird die elektrische Energie in Wärme umgewandelt. ❐

Fragen

- Erläutern Sie den Zusammenhang zwischen dem Richtungssinn, dem Bezugspfeil und den Vorzeichen einer Spannung.
- Was bedeutet die Aussage: $U = -12$ V ?
- Warum ist die Verwendung eines Bezugspfeils für den Strom vorteilhaft?
- Was bedeutet die Aussage: $I = -1{,}5$ A ?
- Was versteht man unter dem Begriff Verbraucher-Pfeilsystem?
- Welches Vorzeichen hat die Leistung eines Verbrauchers, an dem das Verbraucher-Pfeilsystem angewendet wird?
- Was bedeutet eine negative Leistung bei einem Zweipol, an dem das Verbraucher-Pfeilsystem angewendet wird?

2.3 Passive Zweipole

Ziele: Sie können

- die Begriffe Widerstand, spezifischer Widerstand, Leitfähigkeit und Leitwert erläutern und ihre Einheiten angeben.
- den differenziellen Leitwert anhand einer *I*-*U*-Kennlinie beschreiben.
- das OHMsche Gesetz nennen und angeben, unter welchen Bedingungen es gültig ist.
- den OHMschen Widerstand eines linearen Leiters aus dem OHMschen Gesetz in allgemeiner Form herleiten.
- das Schaltzeichen für den Widerstand angeben.
- das Temperaturverhalten von Heißleitern und Kaltleitern beschreiben.
- die Begriffe Supraleitung und Sprungtemperatur erläutern.
- die Begriffe Bezugswiderstand, Bezugstemperatur und Temperaturkoeffizient erklären.
- die Gleichung für die Abhängigkeit des Widerstandes von der Temperatur angeben.

2.3.1 Strom-Spannungs-Kennlinie

Zweipole, die ausschließlich als Verbraucher wirken können, werden **passive Zweipole** genannt. Wir beschreiben ihr Betriebsverhalten mit der **Strom-Spannungs-Kennlinie** (*I*-*U*-Kennlinie), bei welcher die Stromstärke *I* des Stromes, der durch den Zweipol fließt, über der Spannung *U* am Zweipol aufgetragen wird. Das Bild 2.8 zeigt als Beispiel die *I*-*U*-Kennlinie einer Glühlampe.

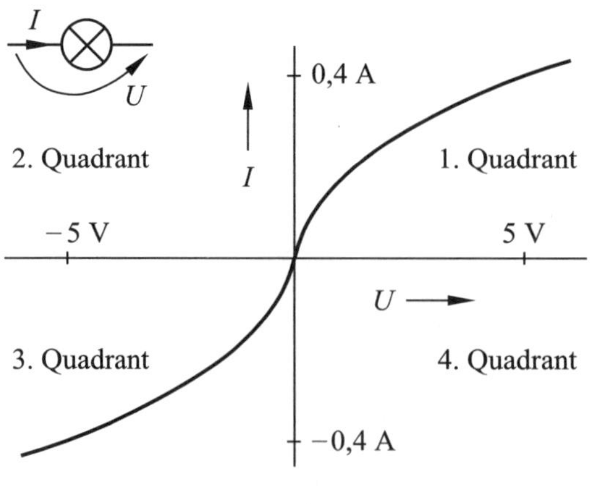

Bild 2.8 *I*-*U*-Kennlinie einer Glühlampe

Zur Aufnahme der *I*-*U*-Kennlinie eines Zweipols benötigen wir ein Netzgerät mit einstellbarer Spannung. Wir stellen unterschiedliche Spannungswerte ein und lesen die dazugehörigen Werte der Stromstärke ab. Dabei wird der Zweipol jeweils in einem Punkt seiner *I*-*U*-Kennlinie betrieben.

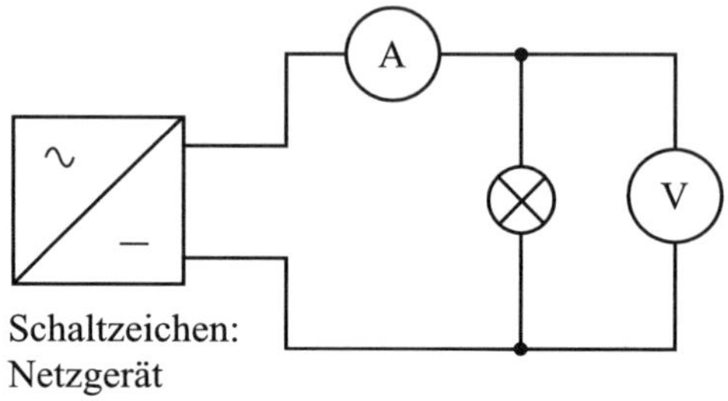

Bild 2.9 Schaltung zur Messung der *I*-*U*-Kennlinie einer Glühlampe

Da wir das Verbraucher-Pfeilsystem anwenden, verläuft die *I*-*U*-Kennlinie eines passiven Zweipols im 1. und 3. Quadranten (Bild 2.8).
Würde man das Erzeuger-Pfeilsystem anwenden, so verliefe die *I*-*U*-Kennlinie desselben Zweipols im 2. und 4. Quadranten axialsymmetrisch zu der Kennlinie, der das Verbraucher-Pfeilsystem zu Grunde liegt.
Die *I*-*U*-Kennlinie eines passiven Zweipols verläuft stets durch den *Ursprung* des Koordinatensystems, da bei $U = 0$ kein Strom fließt.

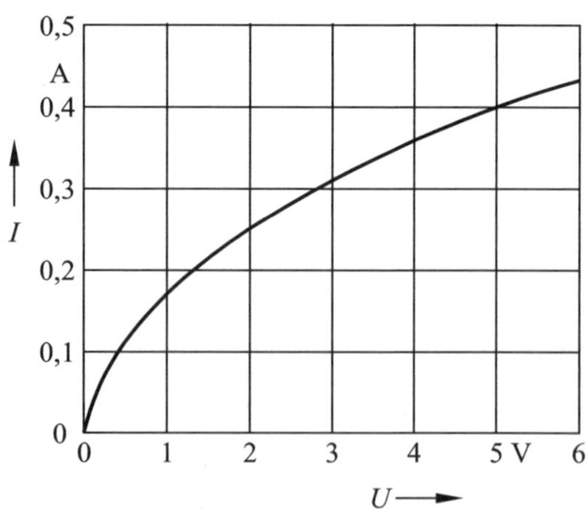

Bild 2.10 Darstellung der *I*-*U*-Kennlinie einer Glühlampe im 1. Quadranten (Verbraucher-Pfeilsystem)

Wenn eine *I-U*-Kennlinie *zentralsymmetrisch* (d.h. symmetrisch zum Nullpunkt) ist, dann genügt ihre Darstellung im 1. Quadranten. Dies ist z. B. bei der Glühlampe der Fall (Bild 2.10).

Bei einem passiven Zweipol, an dem das Verbraucher-Pfeilsystem angewendet wird, bezeichnet man den Quotienten aus Spannung und Strom in einem bestimmten Punkt der *I-U*-Kennlinie als **Widerstand** *(resistance)* R:

$$\boxed{R=\frac{U}{I}} \qquad (2.1)$$

$$[R]=\frac{[U]}{[I]}=\frac{1\text{ V}}{1\text{ A}}=\mathbf{1\ Ohm}=1\ \Omega$$

Ein passiver Zweipol besitzt den Widerstand 1 Ω, wenn zwischen seinen Klemmen beim Strom 1 A die Spannung 1 V abfällt.

Der Widerstand R ist stets positiv (DIN 1324). Würde man an dem Zweipol das Erzeuger-Pfeilsystem anwenden, so wäre $R = -U / I$ die Definitionsgleichung für den Widerstand.

Der Kehrwert des Widerstandes wird als **Leitwert** *(conductance)* G bezeichnet:

$$\boxed{G=\frac{1}{R}=\frac{I}{U}} \qquad (2.2)$$

$$[G]=\frac{[I]}{[U]}=\frac{1\text{ A}}{1\text{ V}}=\mathbf{1\ Siemens}=1\text{ S}$$

Daraus ergibt sich: $1\text{ S}=\frac{1}{\Omega}$

Im amerikanischen Sprachgebrauch bezeichnet man die Einheit Siemens mit der Umkehrung des Namens OHM, also mho (sprich: mou); auch das Formelzeichen wird umgekehrt: 1 S = 1 ℧.

Die Leistung $P = U\,I$, die von einem *passiven Zweipol* in einem Punkt seiner *I-U*-Kennlinie aufgenommen wird, lässt sich mit den Gln.(2.1 und 2.2) folgendermaßen darstellen:

$$\boxed{P=R\,I^2=G\,U^2} \qquad (2.3)$$

Bei einem passiven Zweipol mit *nichtlinearer I-U*-Kennlinie (z. B. der Glühlampe) hat der Widerstand R in verschiedenen Punkten der Kennlinie unterschiedliche Werte. Man spricht dabei von einem **nichtlinearen passiven Zweipol**.
Ist die *I-U*-Kennlinie eines passiven Zweipols eine Gerade, so bezeichnen wir ihn als **linearen passiven Zweipol**; sein Widerstand R hat in jedem Punkt der Kennlinie denselben Wert (s. 2.3.2).

Bei einem passiven Zweipol mit nichtlinearer *I-U*-Kennlinie ist häufig der **differenzielle Leitwert** *(incremental conductance)* g von Bedeutung. Er gibt die Steigung der *I-U*-Kennlinie an:

$$\boxed{g=\frac{\mathrm{d}I}{\mathrm{d}U}} \qquad (2.4)$$

Mit Hilfe des differenziellen Leitwertes g kann man näherungsweise berechnen, welche Stromänderung ΔI in der Umgebung des Punktes P zu einer Spannungsänderung ΔU gehört.
Für einen Punkt P der *I-U*-Kennlinie kann g mit Hilfe des Steigungsdreiecks ermittelt werden:

$$g=\frac{\Delta I}{\Delta U} \qquad (2.5)$$

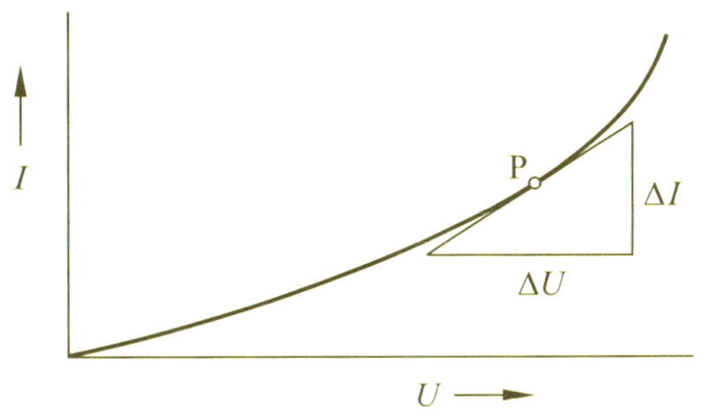

Bild 2.11 Zur Ermittlung des differenziellen Leitwerts

Der *Kehrwert* des differenziellen Leitwerts wird als **differenzieller Widerstand** *(incremental resistance)* r bezeichnet:

$$r = \frac{1}{g} \qquad (2.6)$$

In verschiedenen Punkten einer nichtlinearen *I-U*-Kennlinie haben sowohl *g* als auch *r* im Allg. unterschiedliche Werte; in einem linearen Teilbereich sind sie jedoch konstant.
Der Widerstand *R* und der Leitwert *G* jedes passiven Zweipols sind stets *positiv.* Die differenziellen Größen *g* und *r* können dagegen bei einem nichtlinearen passiven Zweipol in Teilbereichen der *I-U*-Kennlinie *negativ* sein; im Praxisbezug 3.2 wird hierfür ein Beispiel genannt.

Es gibt auch passive Zweipole, deren *I-U*-Kennlinie *nicht* zentralsymmetrisch ist. Ein solcher Zweipol ist z. B. die **Diode**.

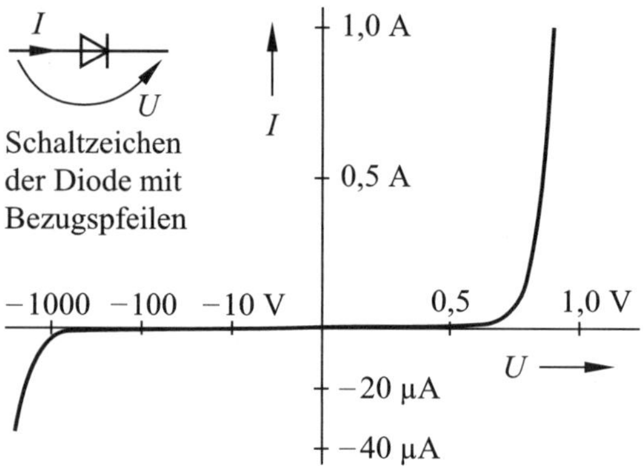

Bild 2.12 *I-U*-Kennlinie der Diode 1N4007 (unterschiedliche Maßstäbe im Durchlass- und Sperrbereich)

Im 1. Quadranten, dem sog. **Durchlassbereich**, fließt bei relativ niedriger Spannung ein hoher Strom, der **Durchlassstrom** *(forward current)*; hierbei ist der Widerstand der Diode niedrig, z. B. 0,9 Ω bei 0,9 V und 1,0 A.

Im sog. **Sperrbereich**, der im 3. Quadranten liegt, fließt auch bei hoher Spannung nur ein sehr kleiner Strom, der **Sperrstrom** *(reverse current)*; der Widerstand der Diode ist dabei sehr groß, z. B. 500 MΩ bei −500 V und −1,0 µA.

Auf den Sperrbereich folgt im 3. Quadranten der **Durchbruchbereich**. Wenn die **Durchbruchspannung** *(breakdown voltage)* überschritten wird, steigt der Betrag der Stromstärke stark an.

Das beschriebene Verhalten von Dioden nutzt man z. B. aus, um bei Spannungen mit wechselnder Polarität einen Strom mit nur einem Richtungssinn zu erzeugen.

Beispiel 2.2
Wir wollen den Widerstand *R* und den differenziellen Widerstand *r* der Diode 1N4007 für $I = 0{,}4$ A ermitteln.

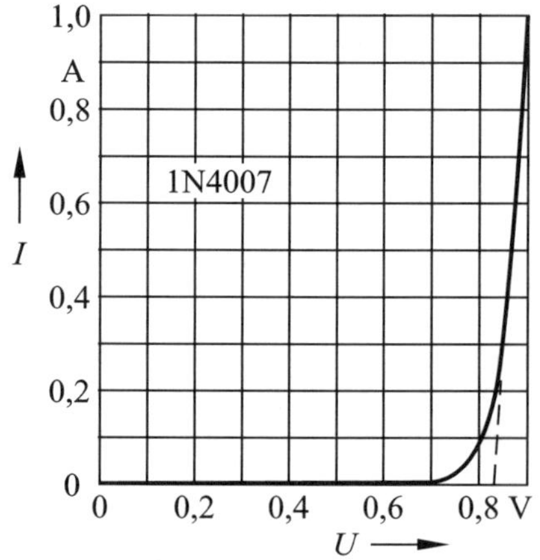

Bild 2.13 *I-U*-Kennlinie der Diode 1N4007 im Durchlassbereich

Beim Strom $I = 0{,}4$ A ist $U \approx 0{,}86$ V; damit berechnen wir:

$$G = \frac{I}{U} = 465 \text{ mS} \; ; \; R = \frac{U}{I} = 2{,}15\ \Omega$$

Die im Bild 2.13 gestrichelt eingezeichnete Tangente im Punkt (0,86 V; 0,4 A) verläuft durch den Punkt (0,9 V; 1,0 A); sie schneidet die Abszisse im Punkt (0,83 V; 0 A). Damit berechnen wir:

$$\Delta U = 0{,}9 \text{ V} - 0{,}83 \text{ V} = 0{,}07 \text{ V}$$

$$\Delta I = 1{,}0 \text{ A} - 0 \text{ A} = 1{,}0 \text{ A}$$

Der differenzielle Leitwert bzw. Widerstand der Diode im Punkt (0,86 V; 0,4 A) ist:

$$g = \frac{\Delta I}{\Delta U} = 14{,}3 \text{ S} \; ; \quad r = \frac{1}{g} = 0{,}07\ \Omega$$

Fragen

- Erläutern Sie die Begriffe Widerstand und Leitwert und geben Sie die Einheiten an.
- Was versteht man unter einem passiven Zweipol?
- Wie lässt sich die Leistung durch die Stromstärke und den Widerstand ausdrücken?
- Erläutern Sie die Begriffe Durchlassbereich und Sperrbereich einer Diode.
- Was versteht man unter dem differenziellen Leitwert eines passiven Zweipols? Wie lässt er sich ermitteln?
- Geben Sie den Zusammenhang zwischen dem differenziellen Widerstand und dem differenziellen Leitwert an.
- Skizzieren Sie die *I*-*U*-Kennlinie einer Glühlampe; wenden Sie dabei das Verbraucher-Pfeilsystem an.

Aufgaben

2.1(1) Welchen Widerstand hat ein Heizgerät, das an 230 V die Leistung 1 kW aufnimmt?

2.2(1) Durch einen Widerstand 160 Ω fließt der Strom 2,5 A. Welche elektrische Leistung wird von diesem Widerstand aufgenommen?

2.3(1) Berechnen Sie den Widerstand einer Glühlampe (Bild 2.10) für mehrere Spannungswerte und zeichnen Sie die Kennlinie $R = f(U)$.

2.3.2 Das OHMsche Gesetz

Im Abschnitt 1.8 wurde gezeigt, dass die elektrische Feldstärke E, die eine Kraft auf jede Ladung ausübt, als Ursache für die Bewegung der Ladungsträger in einem Material anzusehen ist. Durch die Kraft werden die Ladungsträger beschleunigt und erreichen in sehr kurzer Zeit die konstante mittlere Driftgeschwindigkeit v.
Den Quotienten aus der Wirkung (v) und der Ursache (E) nennt man **Beweglichkeit** *(mobility)* b der Ladungsträger:

$$b = \frac{v}{E} \tag{2.7}$$

Mit der Beweglichkeit b können wir die Driftgeschwindigkeit auf die Feldstärke zurückführen. Für positive (Index p) bzw. für negative (Index n) Ladungsträger gilt:

$$v_\mathrm{p} = b_\mathrm{p}\, E\,; \quad v_\mathrm{n} = b_\mathrm{n}\, E \tag{2.8}$$

Setzen wir diese Ausdrücke in die Gl.(1.11) ein, so erhalten wir den Zusammenhang zwischen der Stromdichte und der Feldstärke:

$$J = e\,(p\, b_\mathrm{p} + n\, b_\mathrm{n})\, E \tag{2.9}$$

Der Ausdruck in der Klammer beschreibt den Einfluss des Leitermaterials. Der Quotient J/E wird als **Leitfähigkeit** *(conductivity)* γ (griech. Buchstabe gamma) bezeichnet:

$$\gamma = \frac{J}{E} = e \cdot (p\, b_\mathrm{p} + n\, b_\mathrm{n}) \tag{2.10}$$

Die Einheit der Leitfähigkeit ist:

$$[\gamma] = \frac{[J]}{[E]} = \frac{1\ \mathrm{A\,m}}{1\ \mathrm{m^2 V}} = \frac{1}{\Omega\,\mathrm{m}} = 1\,\frac{\mathrm{S}}{\mathrm{m}}$$

An jeder Stelle eines beliebig geformten Leiters gilt:

$$\boxed{J = \gamma\, E} \tag{2.11}$$

Der Kehrwert der Leitfähigkeit wird **spezifischer Widerstand** *(resistivity)* ρ (griech. Buchstabe rho) genannt:

$$\rho = \frac{1}{\gamma}\,; \quad [\rho] = 1\ \Omega\,\mathrm{m} \tag{2.12}$$

Die Leitfähigkeit ist im Allg. nicht konstant, sondern insbesondere von der *Temperatur* abhängig. Bei *Halbleitern* nehmen die Ladungsträgerdichten p und n mit steigender Temperatur zu, was die Leitfähigkeit vergrößert. Bei *Metallen* sind lediglich freie Elektronen als Ladungsträger vorhanden ($p = 0$), deren Dichte n temperaturunabhängig und daher konstant ist.

Mit zunehmender Temperatur setzen jedoch die stärkeren Gitterschwingungen der Atomrümpfe die Beweglichkeit b_n und b_p herab.

Hält man bei Metallen die Temperatur und alle übrigen Einflussgrößen konstant, so erweist sich auf Grund der dabei konstanten Beweglichkeit b_n auch der Quotient J/E als konstant:

$$\frac{J}{E} = \gamma = \text{const.} \tag{2.13}$$

Dieser Zusammenhang wird als **Ohmsches Gesetz**[1] **in allgemeiner Form** bezeichnet. Es sagt aus, dass die Leitfähigkeit γ von der Feldstärke E bzw. von der Stromdichte J unabhängig ist. Es gilt jedoch nur bei konstanten äußeren Bedingungen, insbesondere bei *konstanter Temperatur*. Weitere Einflussgrößen sind z. B.:

- *Magnetfelder*; eine Abhängigkeit hiervon ist z. B. bei Wismut (Bi) vorhanden und bei Indiumantimonid (InSb) besonders stark.
- *Druck*; bei Metallen bewirkt steigender Druck eine Zunahme der Leitfähigkeit γ.

Bei Elektrolyten und Halbleitern kann die Leitfähigkeit γ in bestimmten Bereichen von E bzw. J konstant sein, wenn die äußeren Bedingungen unverändert bleiben. Das Ohmsche Gesetz ist dann nur im betreffenden Teilbereich gültig.

In der Technik werden sehr häufig lineare Leiter aus Metall, z. B. Metalldrähte, verwendet. In einem linearen Leiter der Länge l, an dem die Spannung U abfällt, ist die Feldstärke $E = U/l$. Die Stromdichte $J = I/A$ ist wegen des überall gleich großen Querschnitts A konstant und es gilt:

$$\frac{J}{E} = \frac{I \cdot l}{A \cdot U} = \gamma = \text{const.} \tag{2.14}$$

Damit berechnen wir den Widerstand eines *linearen Leiters*:

$$R = \frac{U}{I} = \frac{l}{\gamma \cdot A} = \rho \cdot \frac{l}{A} \tag{2.15}$$

Da Drahtquerschnitte im Allg. in mm^2 und Leiterlängen in m angegeben werden, sind für γ und ρ folgende Einheiten zweckmäßig:

$$[\gamma] = 1\,\frac{\text{S m}}{\text{mm}^2}\ ;\ [\rho] = 1\,\frac{\Omega\ \text{mm}^2}{\text{m}}$$

Die Materialgrößen γ und ρ sind für einige Metalle in der Tab. 2.4 angegeben.

[1] Georg Simon Ohm, 1787 – 1854

Unabhängig von der Form gilt für metallische Leiter bei konstanten Umgebungsbedingungen:

$$\boxed{\frac{U}{I} = R = \text{const.}} \tag{2.16}$$

Dieser Zusammenhang wird **Ohmsches Gesetz** *(Ohm's law)* genannt.

Die Eigenschaft eines Zweipols, unabhängig von äußeren Einflüssen stets einen konstanten Widerstand aufzuweisen, wird als **Ohmscher Widerstand** *(ohmic resistance)* bezeichnet. Aus der Gl.(2.16) folgt die Zweipolgleichung $U = R\,I$ für einen Ohmschen Widerstand.

Ein Ohmscher Widerstand ist ein *linearer passiver Zweipol*; seine *I-U*-Kennlinie ist eine Gerade mit der Steigung $G = I/U$.

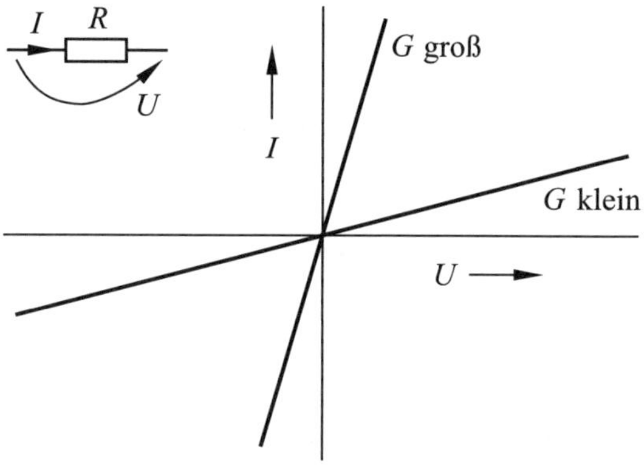

Bild 2.14 Schaltzeichen und *I-U*-Kennlinien von Ohmschen Widerständen

Beispiel 2.3
Durch einen Ohmschen Widerstand fließt bei der Spannung 14 V der Strom 250 mA. Wir wollen den Widerstand und den Leitwert sowie die Stromstärke bei 37 V berechnen.

Mit der Gl.(2.16) ergibt sich:

$$R = \frac{U}{I} = 56\ \Omega\ ;\ G = \frac{1}{R} = 17{,}86\ \text{mS}$$

$$I = G\,U = 0{,}661\ \text{A}$$

Es gelingt nicht ohne weiteres, das OHMsche Gesetz an einem metallischen Leiter experimentell nachzuweisen, weil sich der Leiter bei Stromdurchgang erwärmt. Man erhält dann eine *I-U*-Kennlinie nach Bild 2.15; der Widerstand R_2 bei der Temperatur ϑ_2 (griech. Buchstabe theta) ist dabei größer als der Widerstand R_1 bei der Temperatur $\vartheta_1 < \vartheta_2$. Nur wenn der Leiter so gekühlt wird, dass sich seine Temperatur nicht ändert, wird die Kennlinie in diesem Bereich linear.

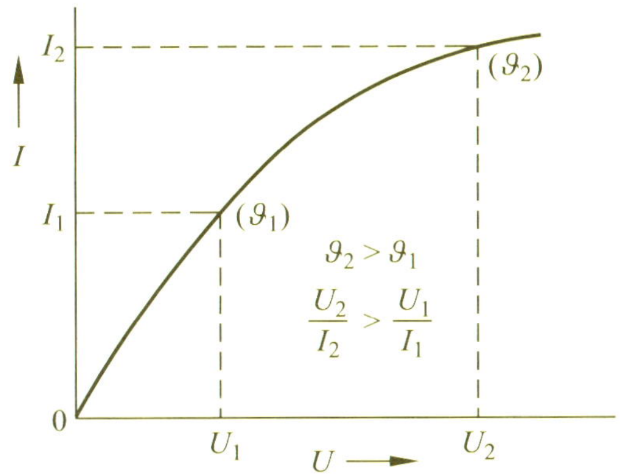

Bild 2.15 *I-U*-Kennlinie eines metallischen Leiters ohne Kühlung

Fragen

- Welcher Zusammenhang besteht zwischen der Leitfähigkeit und dem spezifischen Widerstand?
- Nennen Sie die Einheit der Leitfähigkeit.
- Wie lautet das OHMsche Gesetz in allgemeiner Form?
- Geben Sie das OHMsche Gesetz an und erläutern Sie, unter welchen Bedingungen es gültig ist.
- Wie hängt der Widerstand eines linearen Leiters von der Leiterlänge und vom Leiterquerschnitt ab?
- Skizzieren Sie den prinzipiellen Verlauf der *I-U*-Kennlinie eines OHMschen Widerstandes und eines ungekühlten metallischen Leiters.

Aufgaben

2.4(1) Wie groß ist der Widerstand einer 1 mm breiten und 10 cm langen Kupferbahn (Dicke 35 μm) auf einer Leiterplatte?

2.5(1) Zeichnen Sie maßstäblich die *I-U*-Kennlinie des OHMschen Widerstandes R = 150 Ω und lesen Sie den Strom I ab, der bei der Spannung 60 V durch den Widerstand fließt.

2.6(2) Welchen Durchmesser hat der Wolframdraht einer Glühlampe, der 67 cm lang ist und bei 20 °C den Widerstand 29,5 Ω aufweist?

2.7(2) Eine Kupferleitung mit dem Querschnitt 10 mm² soll durch eine widerstandsgleiche Aluminiumleitung ersetzt werden. Welchen Querschnitt muss die Aluminiumleitung erhalten?

2.3.3 Widerstand als Bauelement

Als Widerstand wird im allgemeinen Sprachgebrauch nicht nur die *Eigenschaft R* eines Leiters bezeichnet; auch ein *Bauelement* bzw. *Gerät* mit der Eigenschaft R wird **Widerstand** *(resistor)* genannt. Auf Grund von Fertigungstoleranzen und Temperatureinflüssen weicht der tatsächliche Wert R vom **Nennwert** *(nominal value)* R_N ab.

Ein Bauelement bzw. Gerät Widerstand darf maximal mit dem **Bemessungsstrom**, dem höchsten betriebsmäßig zulässigen Strom, oder maximal an der **Bemessungsspannung**, der höchsten zulässigen Spannung, betrieben werden.

Die **Bemessungsleistung** wird z. B. im Datenblatt angegeben; sie ist von der Kühlung und daher von der Umgebungstemperatur abhängig (s. Band 2, Abschn. 8.1). So beträgt z. B. die Bemessungsleistung eines ohne Anschlussdrähte 6,3 mm langen Widerstandes mit 2,5 mm Durchmesser bei 40 °C Umgebungstemperatur 0,5 W und bei 70 °C Umgebungstemperatur 0,33 W.

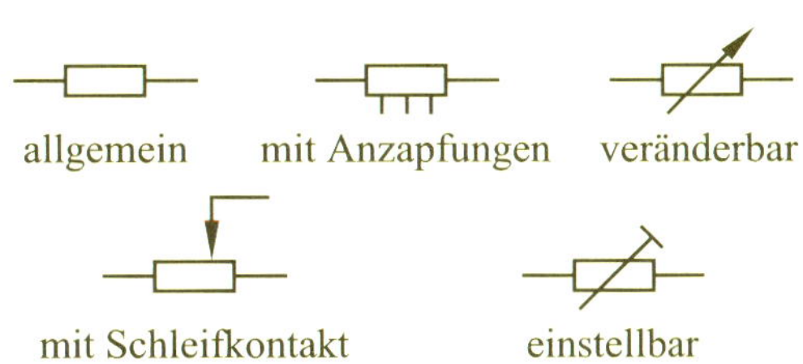

Bild 2.16 Schaltzeichen von Widerständen

Praxisbezug 2.2

Widerstände werden nicht mit beliebigen Werten hergestellt, sondern nur in Werten nach einer der in DIN 41 426 genormten Zahlenreihen.

Tabelle 2.1 Zahlenwert-Reihen (Auswahl)

E 6	1,0				1,5			
E 12	1,0		1,2		1,5		1,8	
E 24	1,0	1,1	1,2	1,3	1,5	1,6	1,8	2,0
E 6	2,2				3,3			
E 12	2,2		2,7		3,3		3,9	
E 24	2,2	2,4	2,7	3,0	3,3	3,6	3,9	4,3
E 6	4,7				6,8			
E 12	4,7		5,6		6,8		8,2	
E 24	4,7	5,1	5,6	6,2	6,8	7,5	8,2	9,1

Nach DIN 41 429 werden Widerstände durch umlaufende Farbringe gekennzeichnet. Der erste Ring liegt näher an dem einen Ende des Widerstandes als der letzte Ring am anderen Ende.

Tabelle 2.2 Farbcode für Widerstände

Farbe	1. Ring	2. Ring	3. Ring	4. Ring
	Widerstandswert in Ω			Toleranz
	1. Ziffer	2. Ziffer	Multiplikator	in %
schwarz	0	0	10^0	–
braun	1	1	10^1	± 1
rot	2	2	10^2	± 2
orange	3	3	10^3	–
gelb	4	4	10^4	–
grün	5	5	10^5	± 0,5
blau	6	6	10^6	–
violett	7	7	10^7	–
grau	8	8	–	–
weiß	9	9	–	–
gold	–	–	10^{-1}	± 5
silber	–	–	10^{-2}	± 10
keine	–	–	–	± 20

Beispiel:

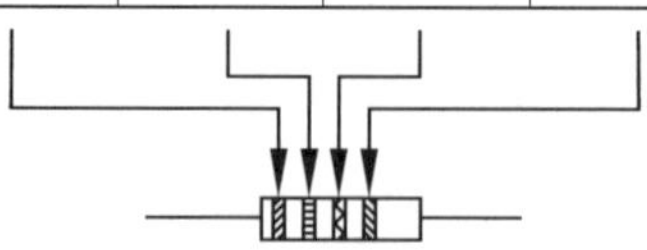

rot - violett - orange - gold: 27 kΩ ± 5 % ❐

Fragen

- Wovon ist die Bemessungsleistung eines Widerstandes abhängig?
- Erläutern Sie die Begriffe Bemessungsstrom und Bemessungsspannung eines Widerstandes.

Aufgaben

2.8(1) Die Bemessungsleistung eines 1-kΩ-Widerstandes ist 0,5 W. Mit welcher höchsten Stromstärke darf der Widerstand betrieben werden?

2.9(1) Die Bemessungsspannung eines OHMschen Widerstandes R = 10 MΩ ist 350 V. Mit welcher maximalen Leistung darf dieser Widerstand betrieben werden?

2.3.4 Temperaturabhängigkeit

Wir haben schon darauf hingewiesen, dass sich der Widerstand eines Leiters im Allg. bei Erwärmung ändert. Nach der Art der Widerstandsänderung unterscheidet man Kaltleiter, Heißleiter und temperaturunabhängige Leiter.

Kaltleiter

Ihr Widerstand steigt mit zunehmender Temperatur (Bild 2.17). Alle Metalle sind Kaltleiter, denn bei Erwärmung vermindern die stärkeren Gitterschwingungen der Atome die Beweglichkeit der freien Elektronen.

Besondere Kaltleiter-Bauelemente werden auch als **PTC-Widerstände** *(positive temperature coefficient)* bezeichnet. Bei PTC-Widerständen aus Bariumtitanat-Keramik $BaTiO_3$ steigt der Widerstand in einem bestimmten Bereich besonders stark mit der Temperatur an.

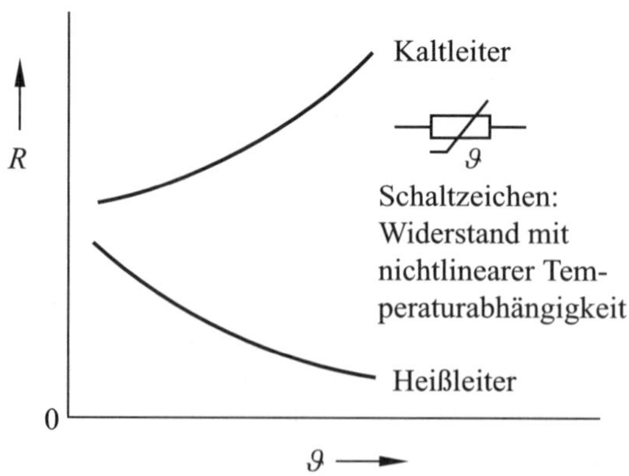

Bild 2.17 Abhängigkeit des Widerstandes von der Temperatur

Heißleiter

Ihr Widerstand wird mit steigender Temperatur kleiner (Bild 2.17); dies ist bei Halbleitern (z. B. auch bei Kohle) der Fall. Besondere Heißleiter-Bauelemente werden auch als **NTC-Widerstände** *(negative temperature co-efficient)* bezeichnet; sie werden z. B. dazu verwendet, die Einschaltströme elektrischer Geräte klein zu halten. NTC-Widerstände werden meist aus Titan- oder Magnesium-Oxid hergestellt.

Temperaturunabhängige Leiter

Bei einigen Legierungen (Handelsnamen z. B.: **Konstantan**, **Manganin**) bleibt der Widerstand in einem weiten Temperaturbereich praktisch konstant. Dazu ist eine spezielle Vorbehandlung der Werkstoffe erforderlich. Widerstände aus diesen Leiterwerkstoffen sind z. B. in der Messtechnik von Bedeutung.

Widerstandsänderung von Metallen

Das Bild 2.18 zeigt die an einem Wolframleiter gemessene Abhängigkeit des Widerstandes von der Temperatur ϑ (griech. Buchstabe theta); dabei wurde jeder Messwert R durch den **Bezugswiderstand** R_{20} dividiert, welcher bei der in DIN 57201 genormten **Bezugstemperatur** 20 °C vorliegt.

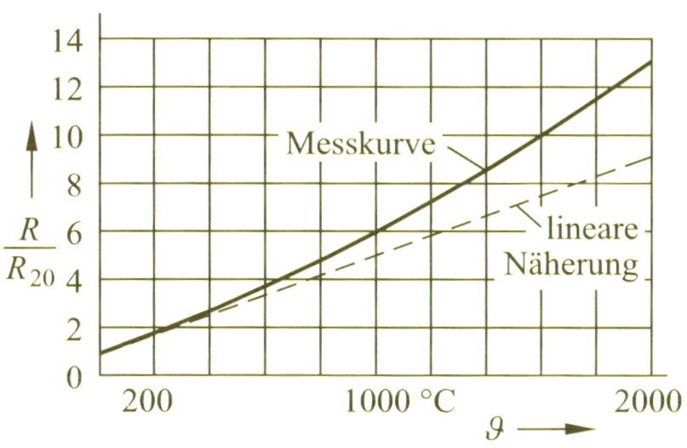

Bild 2.18 Abhängigkeit des bezogenen Widerstandes R / R_{20} eines Wolframleiters von der Temperatur

Die Messkurve lässt sich für Berechnungen durch eine Parabel annähern:

$$R_\vartheta = R_{20}\,[1 + \alpha_{20}\,\Delta\vartheta + \beta_{20}(\Delta\vartheta)^2] \qquad (2.17)$$

Dabei ist $\Delta\vartheta$ die Temperaturdifferenz zwischen der jeweiligen Temperatur ϑ in °C und der Bezugstemperatur:

$$\Delta\vartheta = \vartheta - 20\ °C\ ; \quad [\,\Delta\vartheta\,] = 1\ \text{Kelvin} = 1\ \text{K}$$

Die Temperaturabhängigkeit der meisten Metalle kann mit der Gl.(2.17) beschrieben werden; Ausnahmen sind z. B. Eisen (Fe) und Nickel (Ni).

Die **Temperaturkoeffizienten (TK)** α_{20} und β_{20} sind materialabhängig. Der lineare TK α_{20} hat die Einheit K^{-1}, der quadratische TK β_{20} hat die Einheit K^{-2}; beide gelten für die Bezugstemperatur 20 °C. Eine Angabe des TK ohne Bezugstemperatur ist nicht sinnvoll.

In der Tabelle 2.4 sind für einige Metalle die Werte der Temperaturkoeffizienten genannt.

Beispiel 2.4

Die Wolframwendel einer Glühlampe hat bei 20 °C den Widerstand 62 Ω. Im Betrieb mit dem Bemessungsstrom erwärmt sich die Wendel auf 2200 °C. Wir wollen den Widerstand für diese Temperatur berechnen und feststellen, um welchen Faktor der Einschaltstrom höher als der Betriebsstrom ist.

Wir setzen die gegebenen Werte und die TK aus Tab. 2.4 in die Gl.(2.17) ein und erhalten:

$$R_\vartheta = 62\ \Omega \cdot (1 + 8{,}94 + 4{,}75) = 911\ \Omega$$

Man erkennt, dass der quadratische Term einen erheblichen Beitrag zum Ergebnis liefert.

Wegen $R_\vartheta = 14{,}7\ R_{20}$ ist beim Betrieb an konstanter Spannung der Einschaltstrom um den Faktor 14,7 höher als der Strom im Dauerbetrieb. Wenn eine Glühlampe durchbrennt, geschieht dies aus diesem Grund meist beim Einschalten.

In der Nähe der Bezugstemperatur kann die quadratische Abhängigkeit, die durch den TK β_{20} beschrieben wird, unberücksichtigt bleiben:

$$R_\vartheta \approx R_{20}\,[1 + \alpha_{20}\,(\vartheta - 20\ °C)] \qquad (2.18)$$

In der Tab. 2.4 ist der Bereich angegeben, in dem die lineare Näherung weniger als 1 % von dem Wert abweicht, der mit der Gl.(2.17) berechnet wird.

Auch für Widerstands-Bauelemente mit praktisch linearer Temperaturabhängigkeit wie z. B. hochwertige Metallfilmwiderstände ist die Gl.(2.18) ausreichend genau.

Beispiel 2.5
Der Widerstand eines Kupferdrahtes beträgt 10 Ω bei 20 °C. Wir wollen den Wert berechnen, den er bei der Temperatur 120 °C hat.

Die Temperaturen liegen in dem Bereich, in dem die lineare Näherung zulässig ist. Wir setzen den Bezugswiderstand $R_{20} = 10\ \Omega$, die Temperatur $\vartheta = 120$ °C und den TK $\alpha_{20} = 3{,}92 \cdot 10^{-3}\ \mathrm{K}^{-1}$ aus Tab. 2.4 in die Gl.(2.18) ein und berechnen:

$$R_{120} = 10\ \Omega \cdot [1 + 0{,}392] = 13{,}92\ \Omega$$

Der Bezugswiderstand R_{20} ist nicht in jedem Fall bekannt. Wir wollen deshalb noch zeigen, wie man den unbekannten Widerstand R_ϑ berechnen kann, wenn lediglich der Widerstand R_A für die Temperatur ϑ_A gegeben ist.
Zunächst setzen wir R_A und ϑ_A in die Gl.(2.17) ein und erhalten mit $\Delta\vartheta_A = \vartheta_A - 20$ °C:

$$R_A = R_{20}\,[1 + \alpha_{20} \cdot \Delta\vartheta_A + \beta_{20} \cdot (\Delta\vartheta_A)^2] \qquad (2.19)$$

Für die Berechnung von R_ϑ dividieren wir die Gl.(2.17) durch die Gl.(2.19) und erhalten:

$$R_\vartheta = R_A \cdot \frac{1 + \alpha_{20}\,\Delta\vartheta + \beta_{20}\,(\Delta\vartheta)^2}{1 + \alpha_{20}\,\Delta\vartheta_A + \beta_{20}\,(\Delta\vartheta_A)^2} \qquad (2.20)$$

Die zugehörigen Temperaturdifferenzen sind:

$$\Delta\vartheta = \vartheta - 20\ ^\circ\mathrm{C}\ ; \quad \Delta\vartheta_A = \vartheta_A - 20\ ^\circ\mathrm{C} \qquad (2.21)$$

Beispiel 2.6
Ein Wolframdraht hat bei 600 °C den Widerstand 4,59 Ω. Nach einer Abkühlung werden 1,44 Ω gemessen. Wir wollen die Temperatur des abgekühlten Drahtes berechnen.

Wir setzen die Werte $R_A = 4{,}59\ \Omega$; $\vartheta_A = 600$ °C; $R_\vartheta = 1{,}44\ \Omega$ sowie α_{20} und β_{20} für Wolfram aus der Tab. 2.4 in die Gl.(2.20) ein und erhalten die quadratische Gleichung:

$$\beta_{20} \cdot (\Delta\vartheta)^2 + \alpha_{20} \cdot \Delta\vartheta + 1 = 1{,}1653$$

Mit der Lösung $\Delta\vartheta = 59{,}93$ K berechnen wir die gesuchte Temperatur $\vartheta = 39{,}93$ °C.

Praxisbezug 2.3
Ein **Widerstandsthermometer** Pt 100 für hochgenaue Temperaturmessung besteht aus einer dünnen Platinwendel, die sich in einer Quarzröhre befindet. Bei 0 °C ist $R = 100\ \Omega$; für den Temperaturbereich 0 ... 850 °C sind in DIN IEC 751 die TK festgelegt:

$$\alpha_0 = 3{,}90802 \cdot 10^{-3}\ \mathrm{K}^{-1}$$

$$\beta_0 = -0{,}580195 \cdot 10^{-6}\ \mathrm{K}^{-2}$$

Aus dem Widerstand R_ϑ lässt sich die Temperatur ϑ ermitteln. Wegen der geringen Wärmekapazität ist rasches Messen bei geringer Wärmeableitung möglich. Die Anzeigeverzögerung beträgt nur wenige Sekunden. ❐

Supraleitung
Bei tiefen Temperaturen wird der Widerstand von sog. **Normalleitern** (z. B. Ag, Cu, Au) bei einer Annäherung an den absoluten Nullpunkt (0 K = –273,15 °C) nicht null, sondern strebt einem **Restwiderstand** zu. Bei einer Reihe von Elementen und Verbindungen, die als **Supraleiter** *(superconductor)* bezeichnet werden, sinkt jedoch der spezifische Widerstand ρ bei der **Sprungtemperatur** *(critical temperature)* T_c auf einen unmessbar kleinen Wert ab (Bild 2.19).

Die **Supraleitfähigkeit** *(superconductivity)* wurde 1911 von dem holländischen Physiker KAMERLINGH ONNES[1)] entdeckt. Sie verschwindet bei einer Erwärmung des Leiters über die Sprungtemperatur. Außerdem kann der supraleitende Zustand durch ein Magnetfeld aufgehoben werden.

1) Heike Kamerlingh Onnes, 1853 – 1926, NOBEL-Preis 1913

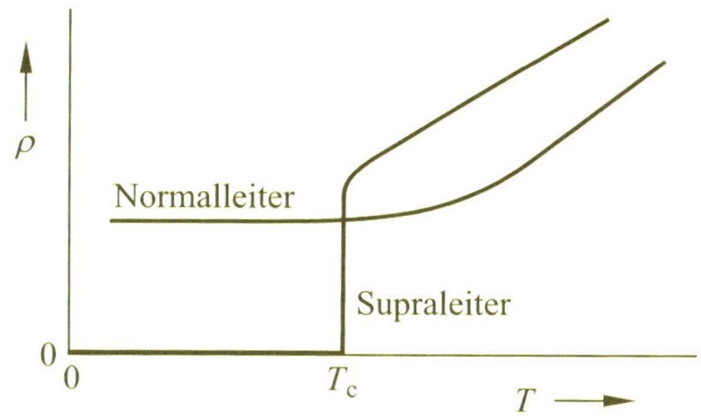

Bild 2.19 Verlauf des spezifischen Widerstandes bei tiefen Temperaturen

Da jeder stromdurchflossene Leiter auch in seinem Inneren ein Magnetfeld erzeugt, besitzt jeder Supraleiter eine kritische Stromdichte, die nicht überschritten werden darf (z. B. 10 kA/mm² bei Nb_3Sn).

Technisch angewendet wird die Supraleitung z. B. bei Kernspin-Tomografen und bei der Magneto-Encephalografie MEG (Messung der Magnetfelder der Gehirnströme). Als Werkstoffe werden NbTi und Nb_3Sn eingesetzt, die mit flüssigem Helium gekühlt werden.

Tabelle 2.3 Metallische Supraleiter

Metall	T_c in K	Metall	T_c in K
Aluminium	1,2	Niob (Nb)	9,2
Zinn	3,7	NbTi	10
Quecksilber	4,2	Nb_3Sn	18
Blei	7,3	Nb_3Ge	23

Seit 1986 sind keramische **Hochtemperatur-Supraleiter** *(high temperature superconductor*, HTS*)* entwickelt worden; so hat z. B. der HTS-Supraleiter $Y_1Ba_2Cu_3O_7$ die Sprungtemperatur 77 K. Die dabei mögliche Kühlung mit flüssigem Stickstoff ist wesentlich einfacher und preisgünstiger als eine Kühlung mit flüssigem Helium.

Praxisbezug 2.4

Im Jahr 2001 wurde in Detroit eine Drehstrom-Leitung mit HTS-Kabeln in Betrieb genommen, mit denen insgesamt die Leistung 100 MW über 122 m Entfernung übertragen wird. Die drei HTS-Kabel werden mit flüssigem Stickstoff bei –196 °C gekühlt.

Die Bestandteile der Keramik sind als Pulver in Silberrohre gefüllt und dann mechanisch und thermisch bearbeitet worden. Ein Problem besteht zur Zeit darin, dass sich die Kristalle nicht gleichmäßig anordnen: Es bilden sich Korngrenzen, an denen eine Verlustleistung entsteht. ❐

Fragen

- Wie ändert sich der Widerstand von Kaltleitern und Heißleitern bei steigender Temperatur?
- Was versteht man unter dem TK eines Widerstandes?
- Wie verhalten sich Supraleiter und Normalleiter, wenn man sie in die Nähe des absoluten Nullpunktes abkühlt?
- Wodurch kann Supraleitung aufgehoben werden?
- Welche Vorteile bieten HTS-Supraleiter?

Aufgaben

2.10(1) Ein Aluminiumdraht hat bei 10 °C den Widerstand 2,5 Ω; nach einer Erwärmung werden 3,0 Ω gemessen. Berechnen Sie mit Hilfe der linearen Näherung die Temperatur des Drahtes.

2.11(1) Der Widerstand eines Drahtes steigt bei Erwärmung von 20 °C auf 100 °C annähernd linear mit der Temperatur auf das 1,2-fache des ursprünglichen Wertes an. Welchen Wert hat der Temperaturkoeffizient des Drahtmaterials?

2.12(2) Die Erregerwicklung eines Gleichstrommotors besteht aus Kupferdraht; sie liegt an konstanter Spannung. Auf wieviel Prozent des ursprünglichen Wertes sinkt die Stromstärke, wenn sich die Wicklung von 20 °C auf 65 °C erwärmt?

2.13(2) Ein Leiter aus Kupferdraht hat bei 20 °C den Widerstand R_{20}. Für welche Temperaturen ist der mit der Gl.(2.17) berechnete Widerstand um 2 % größer als der mit der Gl.(2.18) berechnete Widerstand?

2.14(2) Für ein Widerstandsthermometer mit Pt 100, das bei 0 °C den Widerstand 100 Ω hat, gelten die Temperaturkoeffizienten aus dem Praxisbezug 2.3. Welche Temperatur liegt beim Widerstand 380,2 Ω vor?

Tabelle 2.4 Spezifischer Widerstand, Leitfähigkeit und Temperaturkoeffizienten von Metallen

Metall	ρ_{20} $\frac{\Omega\ mm^2}{m}$	γ_{20} $\frac{S\ m}{mm^2}$	α_{20} K^{-1}	β_{20} K^{-2}	Gültigkeitsbereich der linearen Näherung (1 % - Grenze)
Silber	0,016	62,5	$3{,}8 \cdot 10^{-3}$	$0{,}7 \cdot 10^{-6}$	– 75 °C ... 170 °C
Kupfer (s. VDE 0201)	0,01786	56	$3{,}92 \cdot 10^{-3}$	$0{,}6 \cdot 10^{-6}$	– 80 °C ... 185 °C
Gold	0,023	44	$4{,}0 \cdot 10^{-3}$	$0{,}5 \cdot 10^{-6}$	– 87 °C ... 207 °C
Aluminium (s. VDE 0202)	0,02857	35	$3{,}77 \cdot 10^{-3}$	$1{,}3 \cdot 10^{-6}$	– 54 °C ... 123 °C
Magnesium	0,045	22	$3{,}9 \cdot 10^{-3}$	$1{,}0 \cdot 10^{-6}$	– 62 °C ... 141 °C
Wolfram	0,055	18	$4{,}1 \cdot 10^{-3}$	$1{,}0 \cdot 10^{-6}$	– 61 °C ... 143 °C
Zink	0,063	16	$3{,}7 \cdot 10^{-3}$	$2{,}0 \cdot 10^{-6}$	– 42 °C ... 101 °C
Platin	0,108	9,25	$3{,}9 \cdot 10^{-3}$	$-0{,}6 \cdot 10^{-6}$	– 80 °C ... 186 °C
Zinn	0,11	9,1	$4{,}2 \cdot 10^{-3}$	$6{,}0 \cdot 10^{-6}$	– 18 °C ... 64 °C
Blei	0,21	4,8	$4{,}2 \cdot 10^{-3}$	$2{,}0 \cdot 10^{-6}$	– 41 °C ... 102 °C
Manganin (84 Cu, 4 Ni, 12 Mn)	0,43	2,3	$\pm 20 \cdot 10^{-6}$	–	–
Konstantan (55 Cu, 44 Ni, 1 Mn)	0,49	2,04	$\pm 40 \cdot 10^{-6}$	–	–
Quecksilber	0,96	1,04	$0{,}9 \cdot 10^{-3}$	$1{,}2 \cdot 10^{-6}$	– 68 °C ... 115 °C
Chromnickel (80 Ni, 20 Cr)	1,12	0,89	$64 \cdot 10^{-6}$	–	–

2.4 Aktive Zweipole

Ziele: Sie können
- die Begriffe Leerlauf und Kurzschluss einer Quelle erläutern.
- die *I-U*-Kennlinie einer idealen Spannungsquelle und einer idealen Stromquelle skizzieren.
- den Zusammenhang zwischen Innenwiderstand, Kurzschlussstrom und Leerlaufspannung einer linearen Quelle erläutern.
- zwei Ersatzschaltungen einer linearen Quelle angeben.

2.4.1 Leerlauf und Kurzschluss von Quellen

Beim Betrieb eines aktiv wirkenden Zweipols können zwei Grenzfälle auftreten:

- Dem Zweipol wird kein Strom entnommen ($I = 0$). In diesem Betriebszustand, der **Leerlauf** *(open circuit)* genannt wird, liegt die **Leerlaufspannung** *(open circuit voltage)* U_0 an den Klemmen des Zweipols. Wegen $I = 0$ wird dabei dem Zweipol keine Leistung entnommen.
- Der Zweipol wird an den Klemmen ideal leitend überbrückt, wodurch ein **Kurzschluss** *(short-circuit)* entsteht, über den der **Kurzschlussstrom** *(short-circuit current)* I_k fließt.

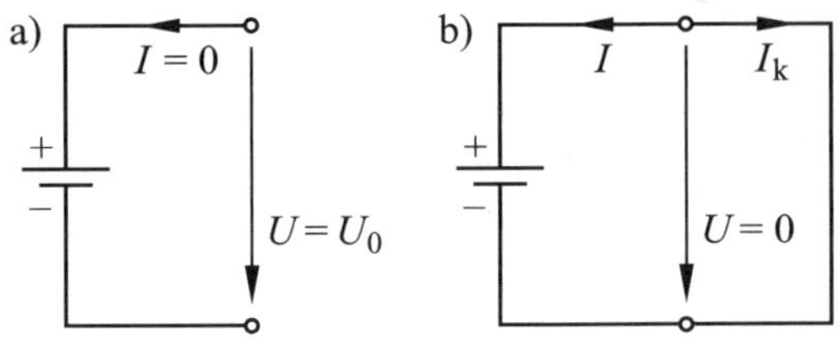

Bild 2.20 Aktiver Zweipol bei Leerlauf (a) und Kurzschluss (b)

Auch bei Kurzschluss gibt der Zweipol keine Leistung ab, weil die Spannung $U = 0$ zwischen den Klemmen liegt. Durch die vom Kurzschlussstrom hervorgerufenen inneren Verluste kann der Zweipol unzulässig erwärmt werden.

Zwischen den beiden Grenzfällen Leerlauf und Kurzschluss gibt der Zweipol elektrische Leistung an einen angeschlossenen Verbraucher ab.

Wir wählen zweckmäßig die Bezugspfeile für die Leerlaufspannung und den Kurzschlussstrom so, dass beide Größen positiv sind (Bild 2.20). Die Bezugspfeile des Stromes I und des Kurzschlussstromes I_k sind einander entgegengerichtet, es ist also $I = -I_k$.

Ein Zweipol wird **Zweipolquelle** – kurz: **Quelle** *(source)* – oder **aktiver Zweipol** genannt, wenn er eine Leerlaufspannung und einen Kurzschlussstrom aufweist.

Die Spannung an den Klemmen einer Quelle wird **Klemmenspannung** genannt. Wegen der inneren Verluste in Quellen ist sie im Allg. stromabhängig, weicht also bei Belastung der Quelle von der Leerlaufspannung U_0 ab.

2.4.2 Ideale Quellen

Bei der **idealen Spannungsquelle** *(ideal voltage source)* ist die Klemmenspannung U konstant und vom Strom I unabhängig. Haben die Klemmenspannung U und die **Quellenspannung** U_q gleichen Bezugssinn, so sind sie gleich (Bild 2.21). Der Strom I ist vom angeschlossenen Zweipol abhängig.

Eine ideale Spannungsquelle kann nicht im Kurzschluss betrieben werden, denn es gibt keinen Punkt der I-U-Kennlinie, in dem $U = 0$ ist.

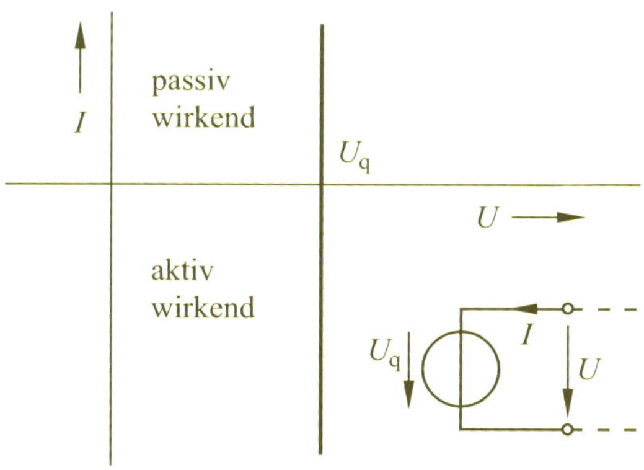

Bild 2.21 Schaltzeichen und I-U-Kennlinie der idealen Spannungsquelle

Bei der **idealen Stromquelle** *(ideal current source)* ist der **Quellenstrom** I_q und damit auch der Strom I konstant und von der Klemmenspannung U unabhängig. Letztere ist vom angeschlossenen Zweipol abhängig.
Eine ideale Stromquelle kann nicht im Leerlauf betrieben werden, denn es gibt keinen Punkt der I-U-Kennlinie, in dem $I = 0$ ist.

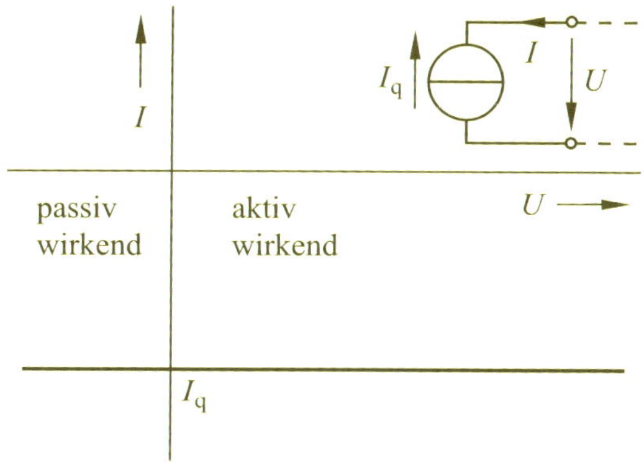

Bild 2.22 Schaltzeichen und I-U-Kennlinie der idealen Stromquelle

Bei den Schaltzeichen in den Bildern 2.21 und 2.22 gehört der Bezugspfeil von U_q bzw. I_q zum Quellensymbol. Er wird zweckmäßig so festgelegt, dass U_q bzw. I_q positiv sind.

Eine Quelle, bei der das Verbraucher-Pfeilsystem zugrundegelegt wird, arbeitet im 2. und 4. Quadranten der I-U-Kennlinie ($P < 0$) als *aktiv wirkender* und im 1. und 3. Quadranten ($P > 0$) als *passiv wirkender* Zweipol.
Wir verwenden bei jeder Quelle das Verbraucher-Pfeilsystem und wählen die Bezugspfeile von I und U zweckmäßig so, dass die Quelle im 4. Quadranten aktiv wirkt.

Eine Quelle, deren Quellengröße U_q bzw. I_q *nicht* von anderen Stromkreisgrößen beeinflusst wird, bezeichnet man als **unabhängige Quelle** *(independent source)*.

2.4.3 Konstantquellen

Eine ideale Spannungsquelle lässt sich z. B. durch elektronische Schaltungen (s. Beispiel 3.1) näherungsweise für einen begrenzten Spannungsbereich verwirklichen; man spricht dann von einer **Konstantspannungsquelle** *(constant voltage source)*. Beim Betrieb einer derartigen Quelle ist die Klemmenspannung U nur für Ströme im Bereich $I_{Grenz} \leqq I \leqq 0$ nahezu konstant (Bild 2.23). Außerhalb dieses Bereiches ist die I-U-Kennlinie nichtlinear.

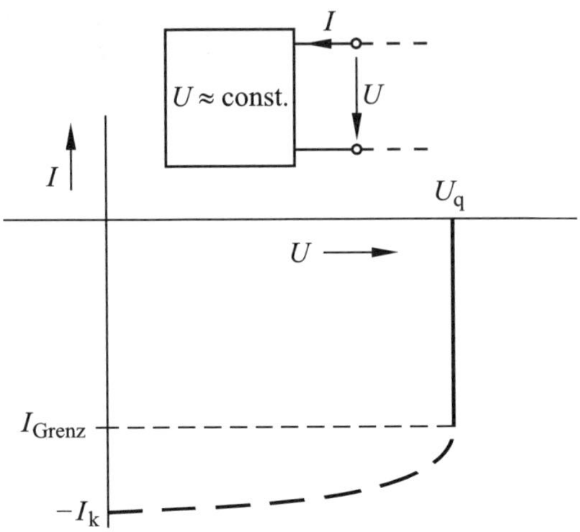

Bild 2.23 *I-U*-Kennlinie einer Konstantspannungsquelle

Auch eine ideale Stromquelle kann durch elektronische Schaltungen näherungsweise für einen begrenzten Strombereich verwirklicht werden (s. Beispiel 4.6); man spricht dann von einer **Konstantstromquelle** *(constant current source).*

Der Strom I einer Konstantstromquelle ist nur für Spannungen im Bereich $0 \leqq U \leqq U_{Grenz}$ nahezu konstant; außerhalb dieses Bereiches ist die *I-U*-Kennlinie nichtlinear.

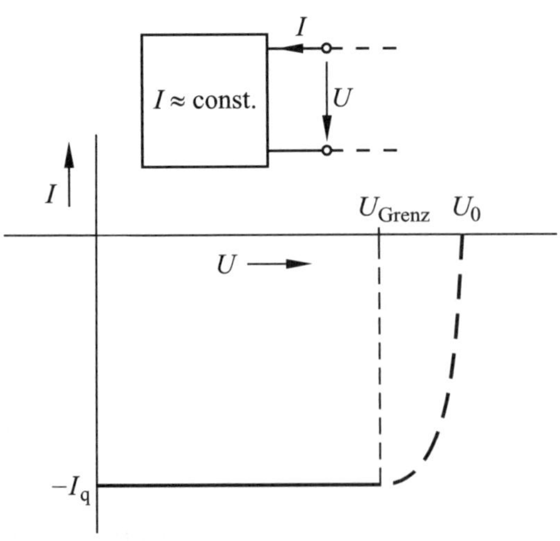

Bild 2.24 *I-U*-Kennlinie einer Konstantstromquelle

2.4.4 Lineare Quellen

Bei einer **linearen Quelle** ist die *I-U*-Kennlinie eine Gerade; ihre Achsenabschnitte sind der negative Kurzschlussstrom $I = -I_k$ und die Leerlaufspannung $U = U_0$ (Bild 2.25).

Annähernd lineares Verhalten liegt bei Quellen häufig vor, z. B. bei einer Vielzahl elektrochemischer Elemente (Batterien, Akkumulatoren).

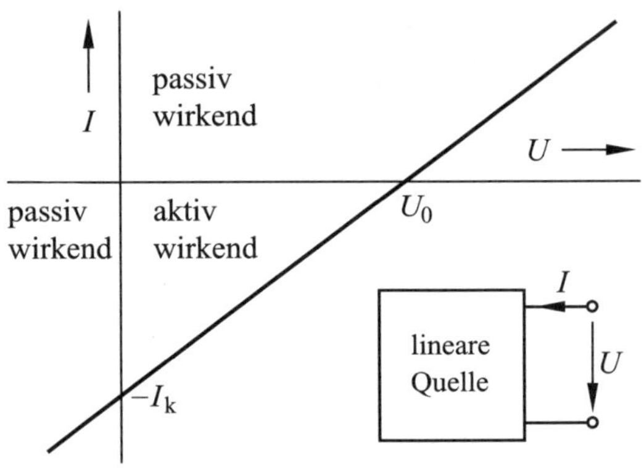

Bild 2.25 *I-U*-Kennlinie einer linearen Quelle

Wir wollen zunächst die Zweipolgleichung aufstellen. Dazu gehen wir von der Geradengleichung in allgemeiner Form aus, bei welcher m die Steigung und c der Achsenabschnitt auf der Ordinate ist:

$$I = m \cdot U + c \qquad (2.22)$$

Zur Bestimmung der Steigung m und des Achsenabschnitts c setzen wir die Koordinaten der Punkte $(0; -I_k)$ und $(U_0; 0)$ in die Gl.(2.22) ein:

$$-I_k = m \cdot 0 + c\,; \qquad c = -I_k$$

$$0 = m \cdot U_0 + c\,; \quad m = \frac{I_k}{U_0}$$

Durch Einsetzen in die Gl.(2.22) erhalten wir die Zweipolgleichung:

$$I = \frac{I_k}{U_0} \cdot U - I_k \qquad (2.23)$$

Wir wollen nun untersuchen, welche einfache Schaltung die gleiche *I-U*-Kennlinie wie die lineare Quelle hat. Man nennt eine solche Schaltung **Ersatzschaltung** *(equivalent circuit)*.

> Eine Ersatzschaltung weist bezüglich einer bestimmten Problemstellung (z. B. *I-U*-Kennlinie) das gleiche Verhalten auf wie die zugehörige reale Anordnung.

Zur Gl. (2.23) gehört die Ersatzschaltung 2.26. Da sie eine ideale Stromquelle enthält, bezeichnet man sie als **lineare Stromquelle**.

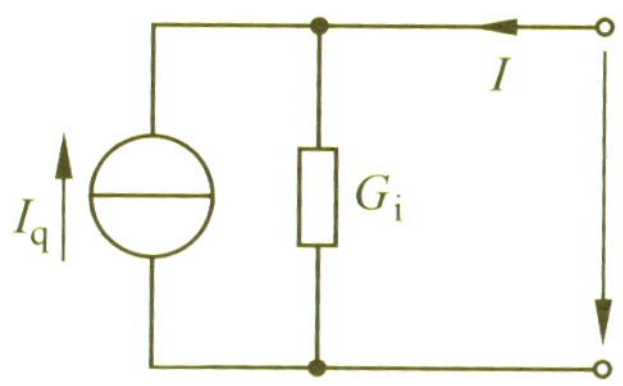

Bild 2.26 Ersatzschaltung der linearen Quelle: lineare Stromquelle

Der Leitwert I_k / U_0 der linearen Stromquelle wird als **Innenleitwert** G_i bezeichnet:

$$\boxed{G_i = \frac{I_k}{U_0}} \tag{2.24}$$

Bei *Kurzschluss* ($U = 0$) liefert die ideale Stromquelle den Strom $I = -I_q$. Bei *Leerlauf* ($I = 0$) fließt der gesamte Quellenstrom I_q durch den Innenleitwert G_i; die Spannung, die an G_i abfällt, liegt als Leerlaufspannung U_0 an den Klemmen der Quelle:

$$U_0 = \frac{I_k}{G_i} = \frac{I_q}{G_i} \tag{2.25}$$

Wir erhalten die *Zweipolgleichung* der linearen Stromquelle, indem wir die Gl.(2.24) und $I_k = I_q$ in die Gl.(2.23) einsetzen:

$$\boxed{I = G_i\, U - I_q} \tag{2.26}$$

Diese Gleichung lässt sich auch mit Hilfe des Knotensatzes (s. Kap. 3.2) aufstellen.

Bei beliebigem Betrieb der linearen Stromquelle verteilt sich der Quellenstrom auf den Innenleitwert und den angeschlossenen Zweipol; es ergibt sich die *I-U*-Kennlinie nach Bild 2.25.

Es ist zweckmäßig, die lineare Quelle durch eine weitere Ersatzschaltung zu beschreiben, die eine ideale Spannungsquelle enthält. Hierzu lösen wir die Gl. (2.23) nach U auf:

$$U = \frac{U_0}{I_k} \cdot I + U_0 \tag{2.27}$$

Zu dieser Gleichung gehört die Ersatzschaltung 2.27, die als **lineare Spannnngsquelle** bezeichnet wird.

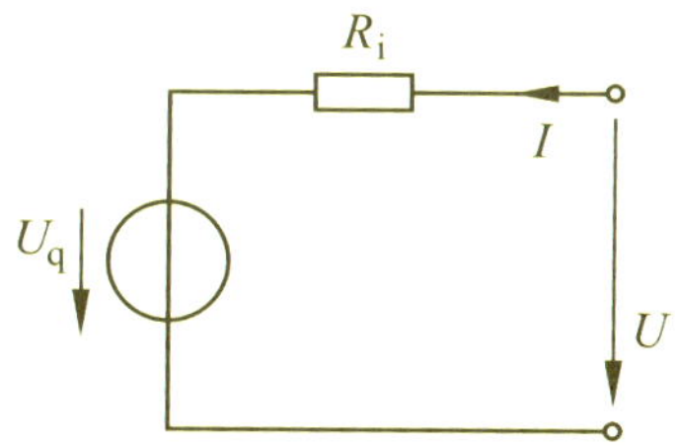

Bild 2.27 Ersatzschaltung der linearen Quelle: lineare Spannungsquelle

Der Widerstand U_0 / I_k der linearen Spannungsquelle wird **Innenwiderstand** R_i genannt:

$$\boxed{R_i = \frac{U_0}{I_k} = \frac{1}{G_i}} \tag{2.28}$$

Bei *Leerlauf* ($I = 0$) liefert die ideale Spannungsquelle die Spannung $U = U_0 = U_q$.

Bei *Kurzschluss* ($U = 0$) fließt der Kurzschlussstrom $I_k = U_q / R_i$ durch den Innenwiderstand; wegen $I = -I_k$ fällt dabei am Innenwiderstand R_i die Spannung $I \cdot R_i = -U_q$ ab.

Die Zweipolgleichung der linearen Spannungsquelle erhalten wir, indem wir die Gl.(2.28) und $U_0 = U_q$ in die Gl.(2.27) einsetzen:

$$\boxed{U = R_i I + U_q} \qquad (2.29)$$

Diese Gleichung lässt sich auch mit Hilfe des Maschensatzes (s. Kap. 3.3) aufstellen.

Die Lage der *I-U*-Kennlinie einer linearen Quelle ist von der Wahl der Bezugspfeile für die Größen *I* bzw. *U* abhängig; das Bild 2.28 zeigt hierfür ein Beispiel.

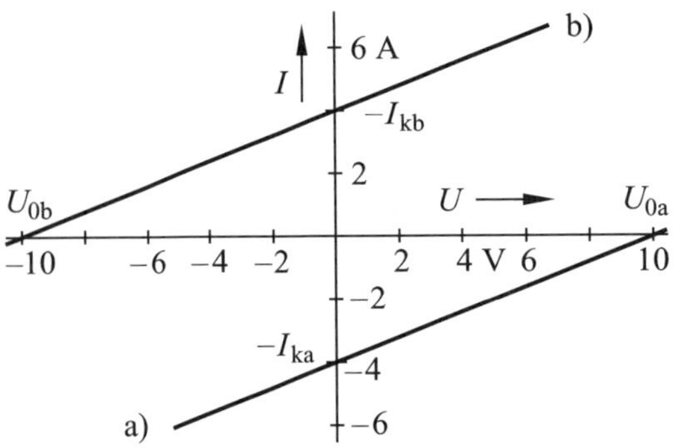

Bild 2.28 *I-U*-Kennlinie einer linearen Quelle mit $U_q = 10\,\text{V}$; $R_i = 2{,}5\,\Omega$ bzw. $I_q = 4\,\text{A}$; $G_i = 0{,}4\,\text{S}$
a) Bezugspfeile für *I* bzw. *U* nach Bild 2.26 bzw. 2.27
b) Bezugspfeile für *I* bzw. *U* hierzu entgegengesetzt

Aus der Tatsache, dass sich eine lineare *I-U*-Kennlinie sowohl mit der Gl.(2.26) als auch mit der Gl.(2.29) beschreiben lässt, folgern wir:

> Eine lineare Quelle kann als lineare Spannungsquelle oder als lineare Stromquelle dargestellt werden. Beide Darstellungen sind bezüglich der *I-U*-Kennlinie gleich.

Innere Verluste linearer Quellen
In den Ersatzschaltungen einer linearen Quelle treten am Innenwiderstand R_i bzw. am Innenleitwert G_i die **inneren Verluste** auf.

Bei der linearen Spannungsquelle sind die inneren Verluste:

$$P_i = R_i I^2 \qquad (2.30)$$

Die inneren Verluste sind bei Leerlauf der linearen Spannungsquelle Null und erreichen bei Kurzschluss den Maximalwert $R_i I_k^2$.

Bei der linearen Stromquelle sind die inneren Verluste:

$$P_i = G_i U^2 \qquad (2.31)$$

Die inneren Verluste sind bei Kurzschluss der linearen Stromquelle Null und erreichen bei Leerlauf den Maximalwert $G_i U_0^2$.

In realen Quellen treten im Allg. sowohl bei Leerlauf als auch bei Kurzschluss Verluste auf. Daraus ergibt sich: Die inneren Verluste in realen Quellen können im Allg. nicht mit den hier beschriebenen Ersatzschaltungen ermittelt werden.

Bestimmung der Kenngrößen linearer Quellen
Mit der Schaltung 2.29 kann man die *I-U*-Kennlinie eines aktiv wirkenden Zweipols punktweise messen. Wenn der Widerstand des Spannungsmessers sehr groß ist, gilt dabei näherungsweise $I = I_A$.

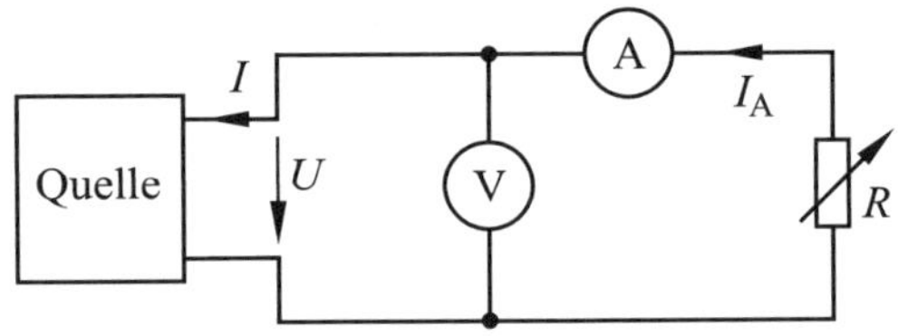

Bild 2.29 Schaltung zur Aufnahme der *I-U*-Kennlinie eines aktiv wirkenden Zweipols

Um nachzuprüfen, ob die Kennlinie linear ist, stellen wir mehrere Widerstandswerte *R* ein, lesen jeweils die zugehörigen Strom- und Spannungswerte ab und tragen sie in ein Diagramm ein.

Zur Ermittlung der Kenngrößen U_q und R_i bzw. I_q und G_i einer linearen Quelle genügt es, jeweils eine Messung bei Leerlauf ($U_0 = U_q$) und eine bei Kurzschluss ($I_k = I_q$) durchzuführen. Die Messung bei Kurzschluss ist jedoch nicht möglich, wenn die inneren Verluste der Quelle unzulässig groß werden. Die Messung bei Leerlauf kann nur dann durchgeführt werden, wenn der Widerstand des Voltmeters wesentlich größer als der Innenwiderstand R_i ist.

Wir wollen daher die Kenngrößen einer linearen Quelle aus zwei Punkten (U_1; I_1) und (U_2; I_2) ihrer *I-U*-Kennlinie ermitteln.

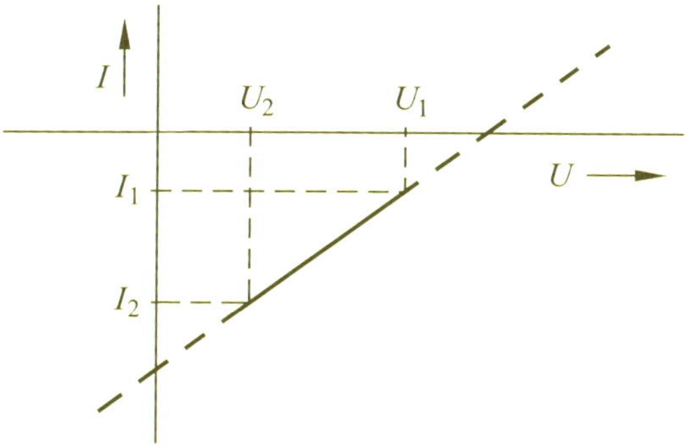

Bild 2.30 Zur Ermittlung der Kenngrößen einer linearen Quelle

Die Steigung $m = G_i$ der *I-U*-Kennlinie ist:

$$G_i = \frac{I_1 - I_2}{U_1 - U_2} \tag{2.32}$$

Mit einem Wertepaar von Stromstärke und Spannung kann der Quellenstrom I_q mit der Gl.(2.26) berechnet werden. Wird anschließend der Innenwiderstand $R_i = 1/G_i$ mit der Gl.(2.28) berechnet, so lässt sich mit dem gleichen Wertepaar von Stromstärke und Spannung die Quellenspannung U_q mit der Gl.(2.29) ermitteln.

Beispiel 2.7
An einem aktiven Zweipol wurden mit der Schaltung 2.29 einzelne Punkte seiner *I-U*-Kennlinie gemessen; sie sind in die folgende Tabelle eingetragen.
Der Widerstand des Voltmeters ist ausreichend groß, so dass die Näherung $I \approx I_A$ zulässig ist.

Wir wollen die Kennwerte für die Ersatzschaltungen des Zweipols bestimmen.

U	I_A
4,5 V	0
4,0 V	−0,2 A
3,0 V	−0,6 A
2,5 V	−0,8 A

Zunächst zeichnen wir die *I-U*-Kennlinie des Zweipols.

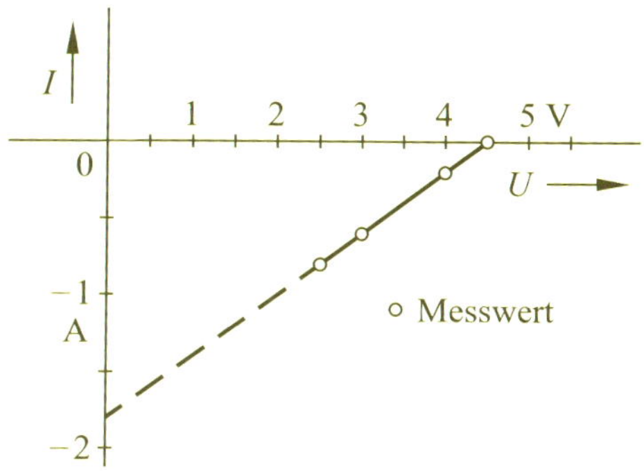

Es zeigt sich, dass die Messwerte auf einer Geraden liegen; der Zweipol ist offensichtlich eine lineare Quelle.
Mit der Leerlaufspannung bestimmen wir die Quellenspannung:

$$U_q = U_0 = 4{,}5\ \text{V}$$

Zur Berechnung des Innenleitwerts setzen wir die Koordinaten der Punkte (4,5 V; 0 A) und (2,5 V; −0,8 A) in die Gl.(2.32) ein:

$$G_i = \frac{0\ \text{A} - (-0{,}8\ \text{A})}{4{,}5\ \text{V} - 2{,}5\ \text{V}} = 0{,}4\ \text{S}$$

Der Innenwiderstand ist der Kehrwert des Innenleitwerts G_i:

$$R_i = 2{,}5\ \Omega$$

Mit der Gl.(2.25) berechnen wir den Quellenstrom:

$$I_q = G_i\, U_0 = 1{,}8\ \text{A}$$

2.4.5 Nichtlineare Quellen

Bei einer Quelle mit nichtlinearer *I-U*-Kennlinie ist es nicht möglich, den Zusammenhang zwischen *I* und *U* mit einer der Gln.(2.26 bzw. 2.29) anzugeben, da G_i bzw. R_i nicht konstant und damit von *I* bzw. *U* abhängig sind. Wenn jedoch die *I-U*-Kennlinie in Teilbereichen näherungsweise als linear angesehen werden kann, dann lässt sich für diesen Teilbereich eine lineare Ersatzquelle angeben.

Praxisbezug 2.5

Bei der Schaltung 2.31 bleibt für R_V = const. die Spannung *U* nahezu konstant, auch wenn sich die Eingangsspannung U_1 in einem bestimmten Bereich ändert; man bezeichnet dies als **Spannungsstabilisierung**.

Die Spannung *U* ändert sich nur wenig, wenn die Eingangsspannung U_1 konstant gehalten und der Lastwiderstand R_V in einem nicht zu großen Bereich geändert wird; man bezeichnet dies als **Laststabilisierung**.

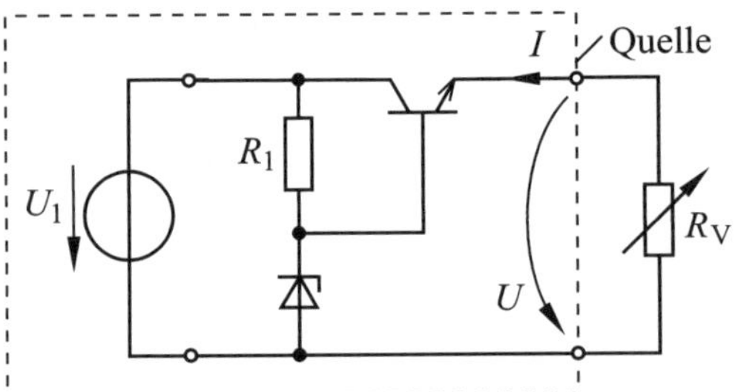

Bild 2.31 Spannungsstabilisierungsschaltung

Wird bei der Laststabilisierung der Widerstand im Bereich $0 < R_V < \infty$ geändert, so ergibt sich eine nichtlineare *I-U*-Kennlinie.

Wie das Bild 2.32 zeigt, ist für Ströme im Bereich -400 mA $< I < -20$ mA die Kennlinie $I = f(U)$ näherungsweise linear. In diesem Bereich kann die Quelle in der Schaltung 2.31 z. B. durch die Ersatzschaltung 2.27 ersetzt werden.

Mit den Wertepaaren (3,6 V; –400 mA) und (3,9 V; –20 mA) ergeben sich die Quellenspannung U_q = 3,92 V und der Innenwiderstand R_i = 0,79 Ω für den linearen Teilbereich.

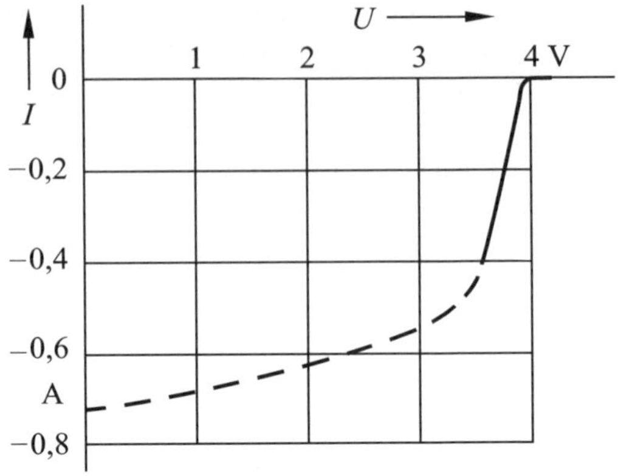

Bild 2.32 *I-U*-Kennlinie der Schaltung 2.31 ❐

Fragen

- Was versteht man unter einem aktiven Zweipol?
- Erläutern Sie die Begriffe Leerlauf und Kurzschluss.
- Zeichnen Sie die *I-U*-Kennlinien einer Konstantspannungsquelle und einer Konstantstromquelle.
- Wie groß ist jeweils die Leistung, die eine Quelle bei Leerlauf bzw. bei Kurzschluss abgibt?
- Leiten Sie die Gleichung für die *I-U*-Kennlinie einer linearen Quelle her.
- Wie lautet der Zusammenhang zwischen der Quellenspannung und dem Kurzschlussstrom bei einer linearen Quelle?
- Geben Sie zwei Ersatzschaltungen für eine lineare Quelle und die dazugehörigen Zweipolgleichungen an.

Aufgaben

2.15(1) An einer linearen Quelle (Leerlaufspannung 9,18 V) wird die Klemmenspannung 8,85 V gemessen, wobei der Strom –590 mA fließt (Bezugspfeile s. Bild 2.27).

- Wie groß sind Quellenspannung, Innenwiderstand, Quellenstrom, Innenleitwert und Kurzschlussstrom der Quelle?
- Welche Klemmenspannung stellt sich ein, wenn der Strom –0,84 A fließt?
- Wie groß sind der Strom und die Leistung bei der Klemmenspannung 8,5 V?

2.16(2) Eine lineare Quelle mit der Quellenspannung 24 V und dem Innenwiderstand 1,6 Ω wird aktiv wirkend bzw. passiv wirkend betrieben. Wie groß sind die Klemmenspannung und die Leistung der Quelle bei der Stromstärke mit dem Betrag 2,5 A bzw. 5 A?

3 Zweipol-Netze

3.1 Verbindung zweier Zweipole

Ziele: Sie können
- den Begriff Arbeitspunkt erklären.
- den Arbeitspunkt von zwei miteinander verbundenen Zweipolen aus den *I-U*-Kennlinien oder aus den Zweipolgleichungen ermitteln.
- die Begriffe Summen-Reihenschaltung und Gegen-Reihenschaltung von aktiven Zweipolen erklären.
- den Begriff Leistungsanpassung erläutern und die Anpassungsbedingung einer linearen Quelle herleiten.

3.1.1 Bestimmung des Arbeitspunktes

Zunächst untersuchen wir die Verbindung eines aktiven Zweipols mit einem passiven Zweipol.

Wenn eine Quelle über verlustfreie Leitungen mit einem Verbraucher verbunden ist, sind die Spannungen an den Klemmen der beiden Zweipole gleich: $U_1 = U_2$. Außerdem fließt im Stromkreis überall der gleiche Strom, und es ist $-I_1 = I_2$.

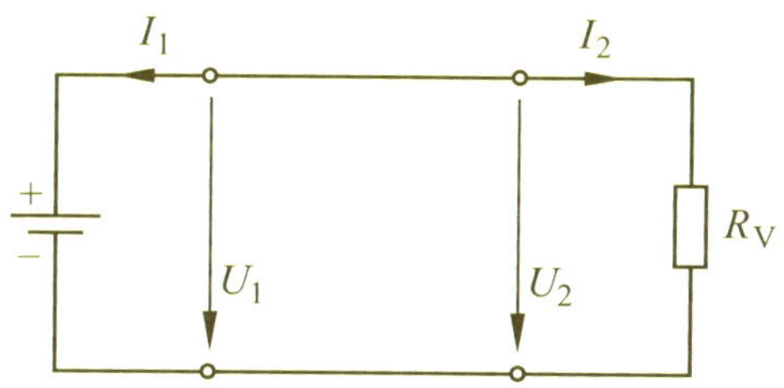

Bild 3.1 Stromkreis mit Quelle und Verbraucher

Beim Verbraucher und bei der Quelle stellt sich jeweils ein bestimmter Betriebszustand ein, der sich aus den *I-U*-Kennlinien ergibt. Um ihn zu ermitteln, zeichnen wir die *I-U*-Kennlinien in ein gemeinsames Diagramm ein. Hierbei tragen wir den Strom $-I_1$ über der Spannung U_1 und den Strom I_2 über der Spannung U_2 auf (Bild 3.2).

Die Bedingungen $U_1 = U_2$ und $-I_1 = I_2$ sind nur im Schnittpunkt (U_A; I_A) der beiden Kennlinien erfüllt; er wird als **Arbeitspunkt** *(bias point)* A von Quelle und Verbraucher im stationären Betrieb bezeichnet.

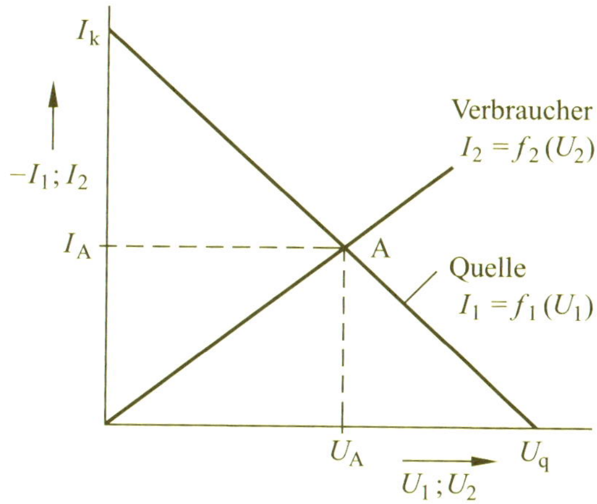

Bild 3.2 Lineare *I-U*-Kennlinien von Quelle und Verbraucher mit Arbeitspunkt A

$$U_A = U_1 = U_2 \tag{3.1}$$

$$I_A = -I_1 = I_2 \tag{3.2}$$

Im stationären Betrieb sind die Spannung und der Strom zeitlich konstant. Der Arbeitspunkt bleibt dabei unverändert.

Wenn die Quelle und der Verbraucher lineare Zweipole sind, dann kann der Arbeitspunkt auch mit Hilfe der Zweipolgleichungen ermittelt werden. Wir setzen für die Quelle z. B. gemäß Gl.(2.29) an:

$$U_1 = U_q + R_i\, I_1 \tag{3.3}$$

Beim Verbraucher ist $U_2 = R_V\, I_2$. Mit den Gln. (3.1 und 3.2) erhalten wir:

$$R_V\, I_A = U_q - R_i\, I_A$$

Damit berechnen wir den Strom I_A und die Spannung U_A im Arbeitspunkt:

$$I_A = \frac{U_q}{R_i + R_V}\ ;\ U_A = R_V\, I_A \tag{3.4}$$

Ist die *I-U*-Kennlinie der Quelle oder die des Verbrauchers nichtlinear, so kann der Arbeitspunkt z. B. als Schnittpunkt der beiden Kennlinien grafisch ermittelt werden.

In vielen Fällen ist es wichtig, durch Änderung von Schaltungsgrößen unterschiedliche Arbeitspunkte einzustellen. In der Schaltung 3.1 ergibt sich eine Änderung des Arbeitspunktes, wenn

- die Quellenspannung U_q sich ändert;
- der Kurzschlussstrom I_k sich ändert;
- der Verbraucherwiderstand R_V verstellt wird.

Beispiel 3.1
Wir wollen die Schaltung 3.3 untersuchen, bei welcher aus der Spannung U_1, die sich zwischen $U_{1min} = 2{,}5$ V und $U_{1max} = 3{,}7$ V ändern kann, eine nahezu konstante Spannung U_2 erzeugt wird.

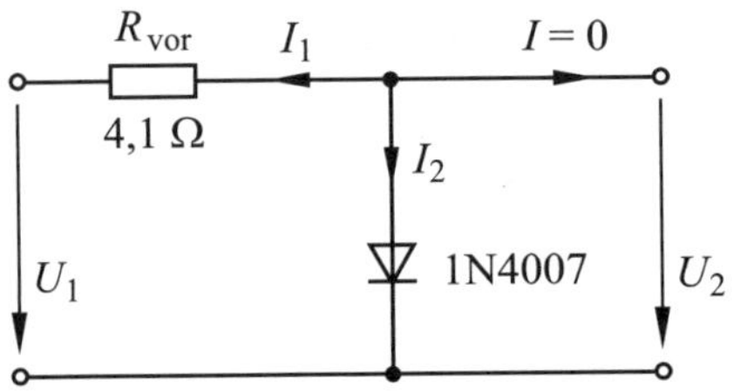

Bild 3.3 Schaltung zur Stabilisierung kleiner Spannungen

In der Schaltung 3.3 können wir U_1 und R_{vor} als lineare Spannungsquelle mit der Klemmenspannung U_2 ansehen. Mit der Gl.(2.29) ergibt sich für $I_1 = -I_2$:

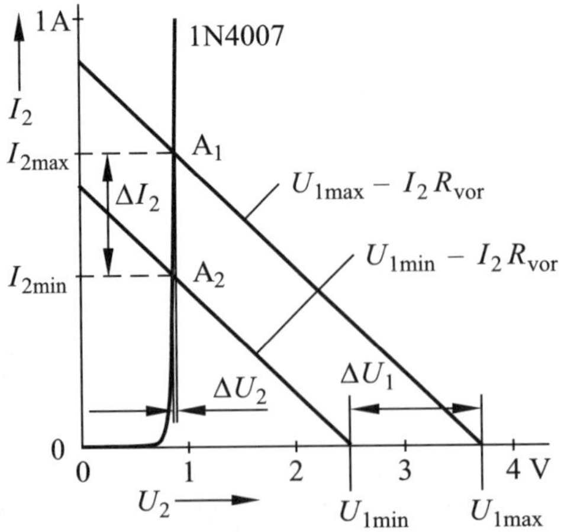

Bild 3.4 *I-U*-Kennlinien der Schaltung 3.3

$$U_2 = U_1 - I_2 R_{vor} \tag{3.5}$$

Für $U_1 = U_{1max}$ ergibt sich der Arbeitspunkt A_1 (Bild 3.4); dabei ist $I_2 = I_{2max}$ und $U_2 = U_{2max}$.
Für $U_1 = U_{1min}$ stellt sich der Arbeitspunkt A_2 ein; dabei ist $I_2 = I_{2min}$ und $U_2 = U_{2min}$.

Wir betrachten nun die Änderungen der Spannungen und Ströme:

$$\Delta U_1 = U_{1max} - U_{1min}$$

$$\Delta U_2 = U_{2max} - U_{2min}$$

$$\Delta I_2 = I_{2max} - I_{2min}$$

Für Änderungen im linearen Bereich der Diodenkennlinie erhalten wir mit Gl.(3.5):

$$\Delta U_2 = \Delta U_1 - \Delta I_2 R_{vor} \tag{3.6}$$

Die Diode 1N4007 besitzt für $0{,}4\,\text{A} < I_2 < 1\,\text{A}$ den praktisch konstanten differenziellen Widerstand r (s. Beispiel 2.2):

$$r = \frac{\Delta U_2}{\Delta I_2} = 70\ \text{m}\Omega$$

Hiermit eliminieren wir ΔI_2 aus der Gl.(3.6):

$$\Delta U_2 = \Delta U_1 - \frac{\Delta U_2}{r} \cdot R_{vor}$$

Wir lösen nach ΔU_2 auf und erhalten:

$$\Delta U_2 = \frac{\Delta U_1}{1 + \frac{R_{vor}}{r}} = 0{,}02\ \text{V}$$

Für eine gute Spannungsstabilisierung sollte r möglichst klein sein.

Praxisbezug 3.1
Eine Stabilisierung höherer Spannungen als im Beispiel 3.1 ist z.B. mit einer Reihenschaltung von Dioden möglich. Man kann jedoch auch eine **Z-Diode** anstelle einer gewöhnlichen Diode verwenden; eine derartige Diode kann dauernd im Durchbruchbereich betrieben werden.

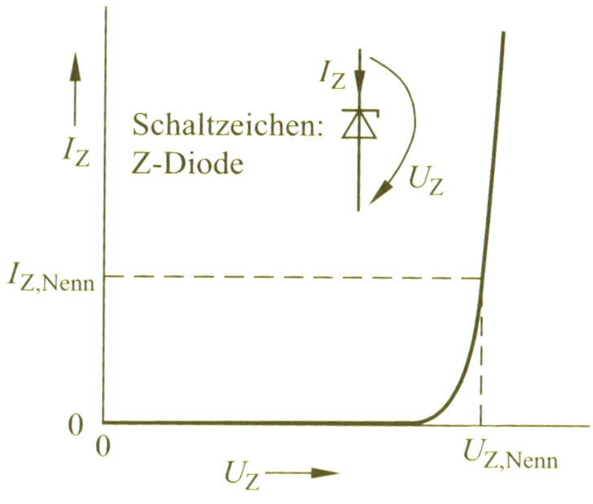

Bild 3.5 *I-U*-Kennlinie der Z-Diode im Sperr- und Durchbruchbereich

In Datenbüchern werden meist angegeben:

- die Nenn-Durchbruchspannung $U_{Z,Nenn}$ beim Strom $I_{Z,Nenn}$ im Durchbruchbereich; die Spannung $U_{Z,Nenn}$ liegt im Bereich 2 V ... 200 V.
- der differenzielle Widerstand r_Z für den Strom I_Z bzw. für die Spannung U_Z; bei Z-Dioden mit $U_{Z,Nenn} \approx 7$ V hat r_Z einen kleinsten Wert. ❐

Bei der Verbindung von zwei aktiven Zweipolen gibt es zwei Möglichkeiten:

Die **Summen-Reihenschaltung**, bei welcher die ungleichnamigen Pole der Quellen miteinander verbunden werden, hat z. B. praktische Bedeutung bei der Spannungsversorgung von Geräten mit Batterien.

Die **Gegen-Reihenschaltung** ist dadurch gekennzeichnet, dass die gleichnamigen Pole der Quellen miteinander verbunden werden; sie wird z. B. beim Laden eines Akkumulators angewendet.

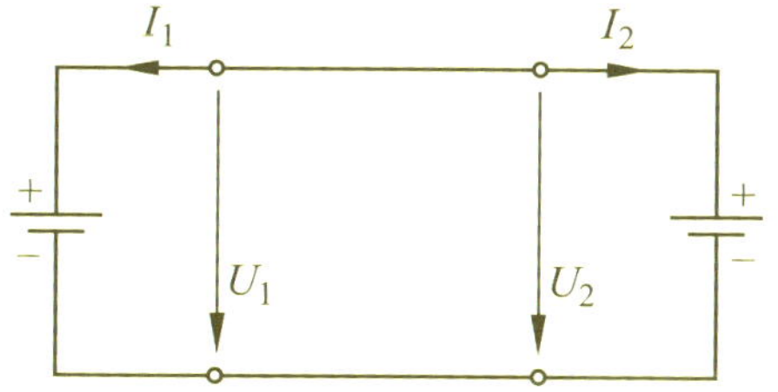

Bild 3.6 Gegen-Reihenschaltung von zwei aktiven Zweipolen

Für den Arbeitspunkt der Gegen-Reihenschaltung gilt:

$$I_A = -I_1 = I_2 \tag{3.7}$$

$$U_A = U_1 = U_2 \tag{3.8}$$

Zur grafischen Ermittlung des Arbeitspunktes A spiegeln wir die *I-U*-Kennlinie der Quelle 1 an der Abszisse, d.h. wir tragen den Strom $-I_1$ über der Spannung U_1 auf.

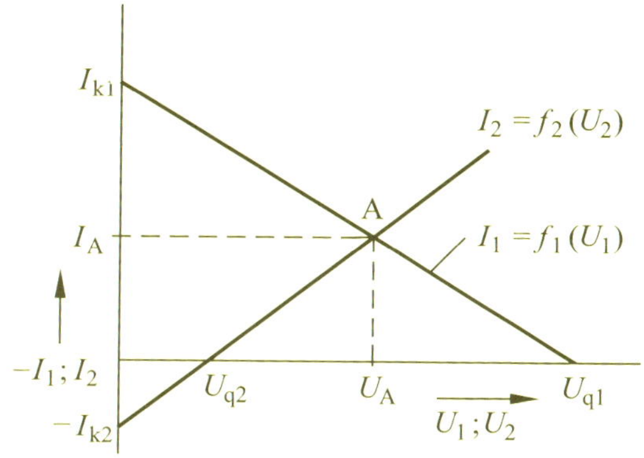

Bild 3.7 *I-U*-Kennlinien der Gegen-Reihenschaltung von zwei linearen Quellen mit Arbeitspunkt A

Sind beide Quellen *linear*, so können wir sie z. B. als lineare Spannungsquellen ansehen und mit der Gl.(2.29) den Arbeitspunkt berechnen:

$$U_A = U_1 = U_{q1} + R_{i1} I_1 = U_{q1} - R_{i1} I_A \tag{3.9}$$

$$U_A = U_2 = U_{q2} + R_{i2} I_2 = U_{q2} + R_{i2} I_A \tag{3.10}$$

Wir setzen beide Gleichungen ineinander ein und lösen nach I_A auf:

$$I_A = \frac{U_{q1} - U_{q2}}{R_{i1} + R_{i2}} \tag{3.11}$$

Werden zwei aktive Zweipole in Gegen-Reihenschaltung verbunden, so wirkt stets der Zweipol mit der höheren Quellenspannung aktiv ($P = U\,I < 0$); der Zweipol mit der kleineren Quellenspannung wirkt stets passiv ($P = U\,I > 0$).

3.1.2 Stabilität von Arbeitspunkten

Wenn die *I-U*-Kennlinien von Quelle und Verbraucher linear sind, ergibt sich stets ein einziger Arbeitspunkt, in dem Quelle und Verbraucher stabil arbeiten (Bild 3.2).

Bei einem Absinken der Stromstärke unter den Wert I_A ist die Klemmenspannung U_1 der Quelle größer als die Verbraucherspannung U_2. Dabei ist der Bewegungsantrieb, den die beweglichen Ladungen durch die Quelle erfahren, größer als die Bewegungshemmung im Verbraucher. Die Quelle erhöht den Strom und wirkt dem Absinken des Stromes entgegen. Eine Erhöhung der Stromstärke über den Wert I_A hinaus wird dadurch verhindert, dass dabei die Verbraucherspannung U_2 größer als die Klemmenspannung U_1 der Quelle ist.

Sind die *I-U*-Kennlinien von Quelle oder Verbraucher nichtlinear, so können sich mehrere Schnittpunkte ergeben. Bei zwei Schnittpunkten ist im Allgemeinen nur in *einem* stabiler Betrieb möglich. Wir sehen uns dies am Beispiel von Bild 3.8 an.

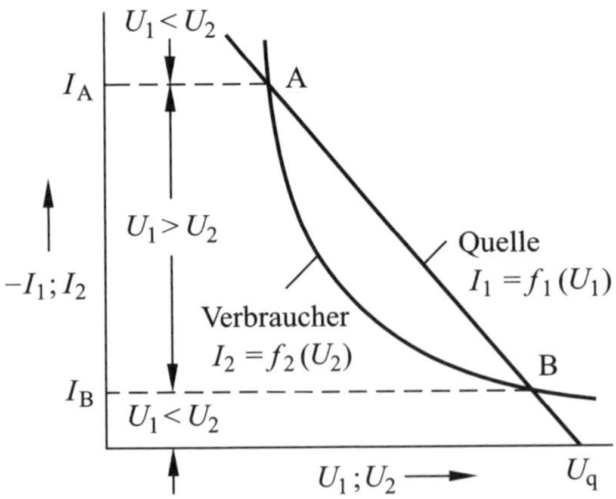

Bild 3.8 *I-U*-Kennlinien von Quelle und Verbraucher mit zwei Schnittpunkten A und B

Beim Verbraucher in Bild 3.8 handelt es sich um einen *Lichtbogen* (s. Abschnitt 8.8.5). Seine *I-U*-Kennlinie kann nur in einem bestimmten Bereich angegeben werden.

Beim Schnittpunkt B liegt kein stabiler Arbeitspunkt vor: Bei einem zufälligen Absinken der Stromstärke unter den Wert I_B verursacht der Verbraucher einen weiteren Rückgang des Stromes, so dass schließlich der Lichtbogen erlischt. Bei einem zufälligen Ansteigen der Stromstärke wird die Klemmenspannung U_1 der Quelle größer als die Verbraucherspannung U_2. Die Quelle erhöht dann den Strom so lange, bis sich im Schnittpunkt A ein Gleichgewicht der Spannungen ergibt; dort arbeiten Quelle und Verbraucher stabil.

Die in diesem Beispiel beschriebenen Zusammenhänge lassen sich nicht verallgemeinern. Ob ein Arbeitspunkt stabil ist, kann nicht in jedem Fall aus den *I-U*-Kennlinien von Erzeuger und Verbraucher hergeleitet werden.

Praxisbezug 3.2
Einige elektronische Bauelemente, wie z. B. die **Tunneldiode**, haben eine *I-U*-Kennlinie mit einem Bereich, in dem der differenzielle Widerstand r negativ ist. Wird an ein derartiges Bauelement eine lineare Quelle gelegt, die eine Gleichspannung $U_=$ mit überlagerter Sinusspannung liefert, so wird der Bereich zwischen u_{min} und u_{max} durchlaufen.

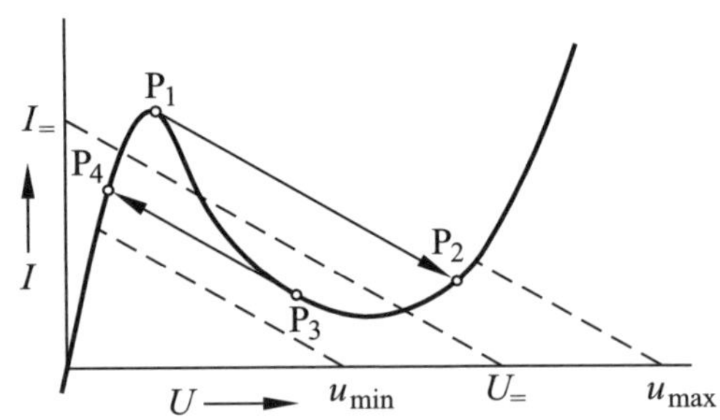

Bild 3.9 Tunneldiode an Gleichspannung mit überlagerter Sinusspannung

Ist bei steigender Sinusspannung der Punkt P_1 erreicht, so „springt“ die Spannung an der Tunneldiode in weniger als 1 ns zum Punkt P_2. Entsprechend „springt“ die Spannung an der Tunneldiode bei sinkender Sinusspannung vom Punkt P_3 zum Punkt P_4. Damit lässt sich ein Impulsgenerator hoher Flankensteilheit bauen, der z. B. für den Test von schnellen Oszilloskopen geeignet ist. ❐

3.1.3 Leistungsanpassung

Wir betrachten eine lineare Spannungsquelle mit der konstanten Quellenspannung U_q, die mit dem einstellbaren Widerstand R_V belastet wird. Dabei ist $U_1 = U_2$ und $-I_1 = I_2$.

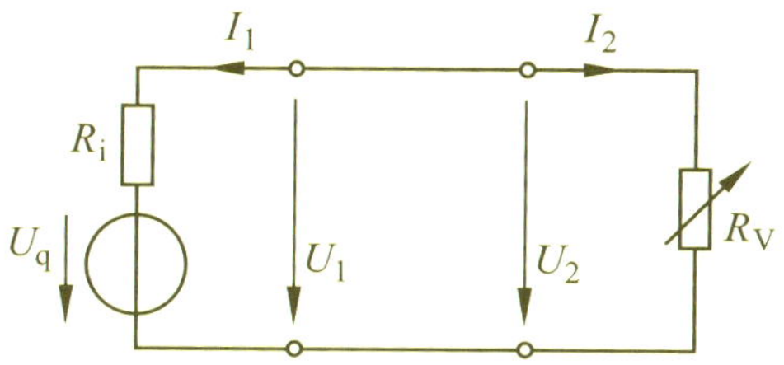

Bild 3.10 Verbindung einer linearen Spannungsquelle mit einem Verbraucher

Im Bild 3.11 ist für verschiedene Werte von R_V der Verbraucherstrom I_2 über der Klemmenspannung U_2 aufgetragen. Die Leistung $P_2 = U_2\, I_2$, die der Verbraucher aufnimmt, ermitteln wir, indem wir für jeden Punkt der Kennlinie das Produkt $U_2\, I_2$ bilden.

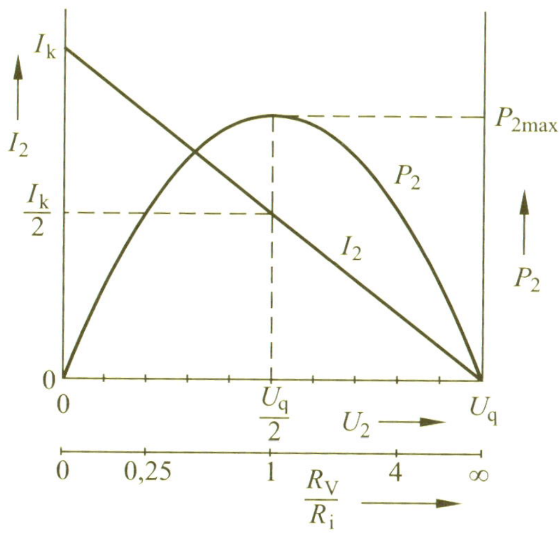

Bild 3.11 Verbraucherstrom und -leistung über der Klemmenspannung und dem Verbraucherwiderstand

Wir wollen nun untersuchen, bei welchem Widerstand R_V die lineare Quelle an ihren Klemmen die maximal mögliche Leistung abgibt. Dazu berechnen wir mit der Spannung $U_1 = U_q + R_i\, I_1 = U_2$ den Strom $I_2 = -I_1$:

$$I_2 = \frac{U_q - U_2}{R_i} = f_1(U_2) \tag{3.12}$$

Damit berechnen wir die Verbraucherleistung P_2:

$$P_2 = U_2\, I_2 = \frac{U_q U_2 - U_2^2}{R_i} \tag{3.13}$$

Die Steigung der Funktion $P_2 = f_2(U_2)$ ist:

$$\frac{\mathrm{d}P_2}{\mathrm{d}U_2} = \frac{U_q - 2\,U_2}{R_i} \tag{3.14}$$

Die Steigung ist im Maximum der Leistung Null:

$$\frac{U_q - 2\,U_2}{R_i} = 0 \tag{3.15}$$

Daraus folgt für die Spannung U_2 beim Maximum der Leistung:

$$U_q - 2\,U_2 = 0\ ;\ U_2 = \frac{U_q}{2} \tag{3.16}$$

Den zugehörigen Strom berechnen wir mit der Gl.(3.12):

$$I_2 = \frac{U_q}{2\,R_i} = \frac{I_k}{2} \tag{3.17}$$

Das Maximum der Leistung liegt also beim Punkt $(U_q/2;\ I_k/2)$ der Kennlinie $I_2 = f_1(U_2)$ vor und hat den Wert:

$$P_{2max} = \frac{U_q\, I_k}{4} = \frac{U_q^2}{4\,R_i} \tag{3.18}$$

Den dafür erforderlichen Verbraucherwiderstand berechnen wir mit den Gln.(3.16 und 3.17):

$$R_V = \frac{U_2}{I_2} = \frac{U_q \cdot 2\,R_i}{2 \cdot U_q} = R_i \tag{3.19}$$

Wenn der Quelle maximale Leistung entnommen wird, dann spricht man von **Leistungsanpassung** *(power matching)*. Ist dabei die Quelle linear, so lautet die **Anpassungsbedingung**:

$$R_V = R_i \tag{3.20}$$

Ein Verbraucher entnimmt einer linearen Spannungsquelle maximale Leistung, wenn sein Widerstand gleich dem Innenwiderstand der Quelle ist.

Bei der *linearen Stromquelle* gilt entsprechend für Leistungsanpassung:

$$G_V = G_i\,;\; P_{2max} = \frac{I_q^2}{4\,G_i} \tag{3.21}$$

In der Nachrichtentechnik sind die Leistungen der Quellen gewöhnlich relativ klein. Hier wird die Leistungsanpassung sehr häufig vorgenommen. Bei $R_V \neq R_i$ spricht man von **Fehlanpassung** und unterscheidet die **Unteranpassung** bei $R_V < R_i$ von der **Überanpassung** bei $R_V > R_i$.

Bei den großen Leistungen der Energietechnik würde bei Leistungsanpassung die Quelle unzulässig erwärmt; außerdem wären der niedrige Wirkungsgrad und der hohe Spannungsabfall ungünstig. In der Energietechnik sind daher die Betriebsströme im Allg. kleiner als 0,1 I_k.

Bei einer nichtlinearen Quelle muss das Maximum der Leistung anhand der *I-U*-Kennlinie ermittelt werden. Zur Leistungsanpassung wird ein Verbraucherwiderstand angeschlossen, der gleich dem Quotienten aus U und I im betreffenden Arbeitspunkt ist.

Praxisbezug 3.3

Die *I-U*-Kennlinien von Solarzellen (s. Kap. 8.2) sind nichtlinear; außerdem sind die Leerlaufspannung U_0 und der Kurzschlussstrom I_k von der Bestrahlung abhängig. Um Anpassung zu erreichen, muss daher ständig der **Punkt maximaler Leistung** *(maximum power point*, MPP*)* gesucht und ein geeigneter Verbraucherwiderstand eingestellt werden.

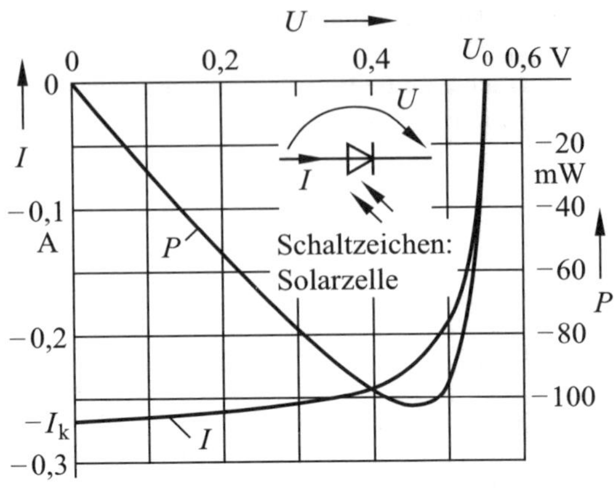

Bild 3.12 *I-U*-Kennlinie und Leistung einer Solarzelle bei konstanter Bestrahlungsstärke ❐

Fragen

- Was versteht man unter dem Begriff Arbeitspunkt?
- Erläutern Sie die Begriffe Summen-Reihenschaltung und Gegen-Reihenschaltung.
- Was versteht man unter einem stabilen bzw. instabilen Arbeitspunkt?
- Welche maximale Leistung kann einer linearen Spannungsquelle entnommen werden?
- Was versteht man unter dem Begriff Leistungsanpassung?
- Wie kann bei einer nichtlinearen Quelle der Arbeitspunkt für Leistungsanpassung aus der *I-U*-Kennlinie ermittelt werden?

Aufgaben

3.1(1) Ein Akkumulator (Leerlaufspannung 12 V) wird in Gegen-Reihenschaltung mit einem Netzgerät (Leerlaufspannung 14,4 V; Innenwiderstand 0,1 Ω) verbunden; dabei beträgt die Klemmenspannung 13,8 V. Beide Quellen können als linear angesehen werden. Welchen Wert hat der Innenwiderstand des Akkumulators?

3.2(1) Eine Glühlampe mit der *I-U*-Kennlinie nach Bild 2.10 wird an einer linearen Quelle (Leerlaufspannung 7,5 V; Kurzschlussstrom 1,2 A) betrieben. Welcher Arbeitspunkt stellt sich ein?

3.3(2) Eine Diode 1N4007 (s. Bild 2.13) wird an einer linearen Quelle mit der Leerlaufspannung 4,8 V betrieben. Welchen Innenwiderstand muss diese Quelle haben, damit der Strom 0,5 A fließt?

3.4(1) Welche maximale Leistung kann der im Beispiel 2.7 beschriebenen Batterie entnommen werden? Welcher Belastungswiderstand ist dazu erforderlich?

3.5(2) In welchen Arbeitspunkten gibt die Batterie aus dem Beispiel 2.7 die Leistung 1,0 W ab?

3.2 Knotensatz

Ziele: Sie können
- die Definitionen der Begriffe Knoten und Zweig nennen.
- den Zusammenhang zwischen dem Gesamtstrom und den Teilströmen einer Parallelschaltung aus einem Leistungsansatz herleiten.
- das Verhalten von Ladungen an einem Knoten beschreiben.
- den Knotensatz nennen.
- die Knotengleichung angeben und erläutern.

3.2.1 Stromteilung an einer Parallelschaltung

In vielen Schaltungen sind mehrere Zweipole an zwei gemeinsamen Schaltungspunkten angeschlossen; man sagt, die Zweipole bilden eine **Parallelschaltung** *(parallel connection)*. So liegen z.B. in der Schaltung 3.13 die Leitwerte G_1 und G_2 sowie die Stromquelle in einer Parallelschaltung.

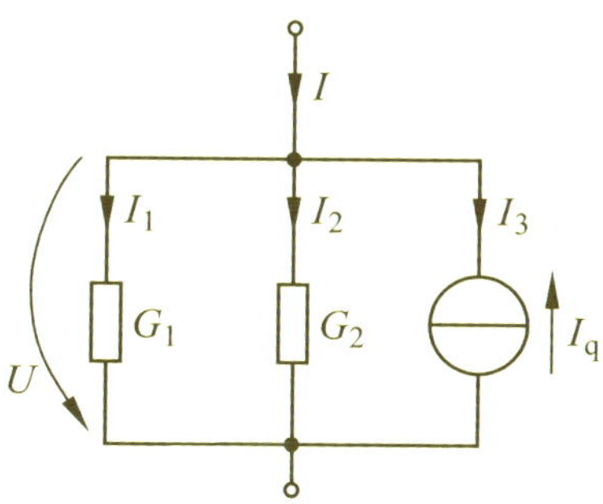

Bild 3.13 Parallelschaltung von drei Zweipolen

Bei der Parallelschaltung von Zweipolen wird ein Strom in **Teilströme** aufgeteilt. In der Schaltung 3.13 teilt sich z.B. der Gesamtstrom I in die Teilströme I_1, I_2 und I_3 auf. Den Ort der Stromverzweigung nennt man **Verzweigungspunkt** *(branch point)*.

Jeder Teil einer Schaltung, der einen Zweipol darstellt, wird als **Zweig** *(branch)* bezeichnet. Der Strom in einem Zweig wird **Zweigstrom**, die Spannung am Zweig wird **Zweigspannung** genannt.

In einer Parallelschaltung liegen sämtliche Zweipole an gleichen Zweigspannungen, für die wir zweckmäßig einen einheitlichen Bezugssinn wählen. In der Schaltung 3.13 liegen z. B. die Leitwerte G_1 und G_2 sowie die Stromquelle an derselben Zweigspannung U.

Nach dem *Energie-Erhaltungssatz* ist die elektrische Energie, die einer Parallelschaltung in der Zeitspanne Δt zugeführt bzw. entnommen wird, gleich der Summe der Energien, die jeder Zweipol der Parallelschaltung verbraucht bzw. erzeugt. Wegen $P = \Delta W / \Delta t$ (Gl. 1.22) gilt Entsprechendes für die *Leistungen*. So ist z. B. die Leistung $P = U\,I$ an den Klemmen der Parallelschaltung 3.13 gleich der Summe aus den Teilleistungen der drei Zweipole:

$$P = P_1 + P_2 + P_3$$

$$U\,I = U\,I_1 + U\,I_2 + U\,I_3$$

Die Spannung U hebt sich heraus:

$$I = I_1 + I_2 + I_3 \tag{3.22}$$

Damit gilt für die Ströme einer Parallelschaltung:

> Der Gesamtstrom einer Parallelschaltung ist die Summe der Teilströme.

Beispiel 3.2
Für die Schaltung 3.13 sind I = 0,4 A; I_q = 0,5 A; G_1 = 13,75 mS; G_2 = 42,5 mS gegeben. Wir wollen den Strom, die Spannung und die Leistung jedes Zweipols und der Parallelschaltung berechnen.

Zunächst setzen wir in die Gl.(3.22) die Zweipolgleichungen der Zweige ein:

$$I = G_1\,U + G_2\,U - I_q$$

Hiermit berechnen wir die Spannung:

$$U = \frac{I + I_q}{G_1 + G_2} = 16 \text{ V}$$

Damit ergeben sich die Ströme

$$I_1 = G_1\, U = 0{,}22 \text{ A}$$

$$I_2 = G_2\, U = 0{,}68 \text{ A}$$

$$I_3 = -\,I_q = -0{,}5 \text{ A}$$

und die Leistungen:

$$P_1 = U\, I_1 = 3{,}52 \text{ W}$$

$$P_2 = U\, I_2 = 10{,}88 \text{ W}$$

$$P_3 = U\, I_3 = -8 \text{ W}$$

$$P = U\, I = 6{,}4 \text{ W}$$

Die Parallelschaltung wirkt insgesamt passiv ($P > 0$), ebenso die Zweipole G_1 und G_2. Die Stromquelle dagegen wirkt aktiv ($P_3 < 0$), sie speist also elektrische Energie in das Gesamtsystem ein. Die Gleichung

$$P = P_1 + P_2 + P_3 = 6{,}4 \text{ W}$$

zeigt, dass der Energie-Erhaltungssatz erfüllt ist.

Praxisbezug 3.4
In den Anfängen der elektrischen Energieversorgung wurden in einzelnen Häusern die Verbraucher in *Reihenschaltung* betrieben und von einem konstanten Strom gespeist. Nicht benötigte Verbraucher wurden dabei durch Kurzschließen ausgeschaltet.

Man erkannte jedoch bald die Nachteile dieses Systems: Gleichbleibende Verluste in den Leitungen auch bei geringer Belastung; Ausfall der Versorgung bei Stromunterbrechung. Deshalb ging man allgemein zur Versorgung der Verbraucher mit konstanter Spannung über. Dabei werden sämtliche Verbraucher in *Parallelschaltung* an die Leiter des Netzes angeschlossen. ❐

3.2.2 Stromsumme an Knoten

Sind mehrere Schaltungspunkte ideal leitend verbunden, so liegen sie auf gleichem Potenzial. Man fasst sie zweckmäßig zusammen und bezeichnet die Verbindung als **Knoten** *(node)*. Ein einzelner Verzweigungspunkt wie im Bild 3.13 ist der Sonderfall eines Knotens.

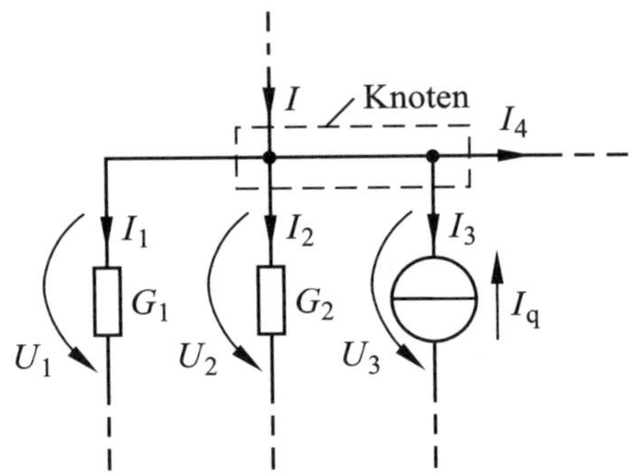

Bild 3.14 Ströme an einem Knoten

Das Bild 3.14 zeigt einen Knoten, an dem ein Strom aufgeteilt wird, ohne dass dabei Zweige an einer gemeinsamen Zweigspannung liegen. Mit Hilfe der Leistungen lässt sich dabei der Zusammenhang zwischen den Strömen nicht mehr herleiten; wir nehmen deshalb die *Ladung* zu Hilfe.

An einem Knoten wird in einem Teil der Leitungen Ladung zu diesem hinbewegt; in den übrigen Leitungen wird Ladung vom Knoten wegbewegt. Nach der Modellvorstellung von der Erhaltung der Ladung (s. Kap. 1.2) ist in jeder Zeitspanne Δt die dem Knoten insgesamt zufließende Ladung gleich der vom Knoten insgesamt abfließenden Ladung. Daraus folgt:

> In jedem Knoten ist die Summe der zufließenden Ströme gleich der Summe der abfließenden Ströme.

Man nennt diesen Satz **Knotensatz** *(current law)*; er wird auch als 1. KIRCHHOFFscher Satz[1] bezeichnet.

[1] Gustav Kirchhoff, 1824 – 1887

Für eine mathematische Formulierung des Knotensatzes gehen wir zunächst von einer einheitlichen Zuordnung der Bezugspfeile am Knoten aus: Sämtliche Bezugspfeile für die Ströme weisen entweder zum Knoten hin oder vom Knoten weg. Unter dieser Voraussetzung lässt sich der Knotensatz folgendermaßen formulieren:

An einem Knoten ist die Summe sämtlicher Ströme gleich Null.

Für n Ströme an einem beliebigen Knoten gilt die **Knotengleichung**:

$$I_1 + I_2 + I_3 + ... + I_n = \sum_{k=1}^{n} I_k = 0 \qquad (3.23)$$

Im Allgemeinen – z. B. in der Schaltung 3.14 – ist die Zuordnung der Bezugspfeile an einem Knoten *nicht* einheitlich. Damit wir die Knotengleichung anwenden können, wählen wir zunächst eine einheitliche Zuordnung der Bezugspfeile am Knoten, z. B. „zum Knoten hin".

Für jeden Strom, der dieser Zuordnung nicht entspricht, müsste der entgegengesetzte Bezugssinn gewählt werden; dies kann jedoch bei der Aufstellung der Knotengleichung dadurch berücksichtigt werden, dass der Strom mit geändertem Vorzeichen in die Gl. (3.23) eingebracht wird.

Beispiel 3.3

Wir wollen für die Schaltung 3.14 die Knotengleichungen für beide möglichen Zuordnungen der Strombezugspfeile aufstellen.

Zunächst wählen wir die einheitliche Zuordnung „zum Knoten hin". Da die Bezugspfeile der Ströme I_1, I_2, I_3 und I_4 vom Knoten wegweisen, setzen wir diese Ströme mit geändertem Vorzeichen in die Gl.(3.23) ein:

$$I - I_1 - I_2 - I_3 - I_4 = 0$$

Für die Zuordnung „vom Knoten weg" setzen wir den Strom I mit geändertem Vorzeichen in die Gl.(3.23) ein:

$$-I + I_1 + I_2 + I_3 + I_4 = 0$$

Die beiden Gleichungen sind äquivalent.

Der Knotensatz lässt sich verallgemeinern: Wir betrachten eine beliebige Schaltung, die von einer geschlossenen (gedachten) **Hüllfläche** umgeben ist. In ihr kann sich bei stationären Verhältnissen die Ladung nicht ändern: Sämtliche in die Hüllfläche hineinfließenden Ladungen müssen gleichzeitig an anderer Stelle wieder herausfließen.

Wir können daher auf die Ströme, welche durch die Hüllfläche fließen, die Gl.(3.23) anwenden. Dabei bestimmt auch hier der Bezugssinn jedes Stromes sein Vorzeichen.

Beispiel 3.4

Für die Schaltung sind die Ströme $I_2 = -3$ A; $I_3 = -4$ A; $I_4 = 1$ A und $I_5 = -2$ A gegeben. Wir wollen den Strom I_1 berechnen.

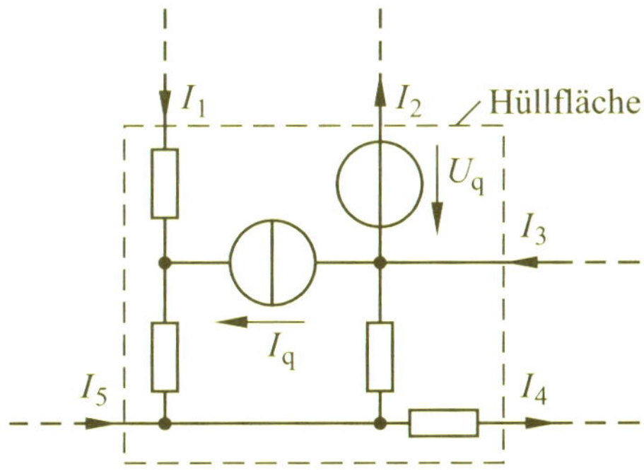

Wir setzen die Knotengleichung an:

$$I_1 - I_2 + I_3 - I_4 + I_5 = 0$$

Damit berechnen wir:

$$I_1 = -3\text{ A} + 4\text{ A} + 1\text{ A} + 2\text{ A} = 4\text{ A}$$

Fragen

- Was versteht man unter dem Begriff Zweig?
- Welche Aussage können Sie für die Zweigspannungen einer Parallelschaltung machen?
- Erläutern Sie den Begriff Knoten.
- Nennen Sie den Knotensatz und begründen Sie ihn.
- Wie lautet die Gleichung für den Knotensatz?
- Erläutern Sie, wie Ströme mit unterschiedlichem Bezugssinn bei der Aufstellung der Knotengleichung behandelt werden.

Aufgaben

3.6(1) Für die Schaltung im Beispiel 3.4 sind folgende Ströme gegeben:

$I_1 = 1{,}25$ A; $I_2 = -0{,}4$ A

$I_3 = 1{,}62$ A; $I_5 = -0{,}85$ A

Berechnen Sie die Stromstärke von I_4 und geben Sie den Richtungssinn dieses Stromes an.

3.7(1) An einem Gleichstromnetz mit der Spannung 230 V werden drei Elektromotoren M mit je 3,3 kW Leistung und dem Wirkungsgrad 0,75 sowie ein Wärmegerät W mit der Leistung 8,8 kW betrieben. Berechnen Sie die Ströme I_1 ... I_6.

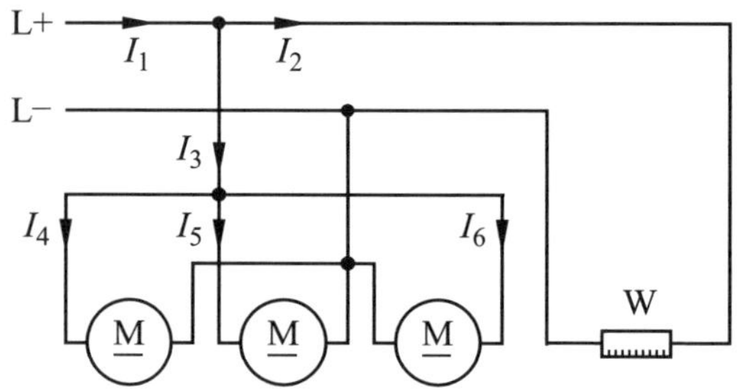

3.8(1) Bei einer Netzberechnung ergeben sich die Ströme: $I_1 = 1{,}2$ A; $I_2 = 2{,}5$ A; $I_3 = -3{,}75$ A; $I_4 = -1$ A; $I_5 = 5{,}5$ A; $I_6 = -6{,}75$ A. Bestimmen Sie die Stärke und den Richtungssinn des Stromes I_7.

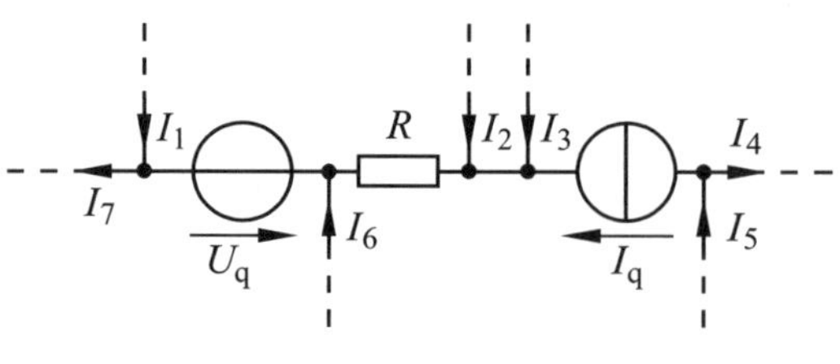

3.9(2) Berechnen Sie die Ströme, die Spannungen und die Leistungen der drei Zweipole. Geben Sie für jeden Zweipol an, wie er wirkt.

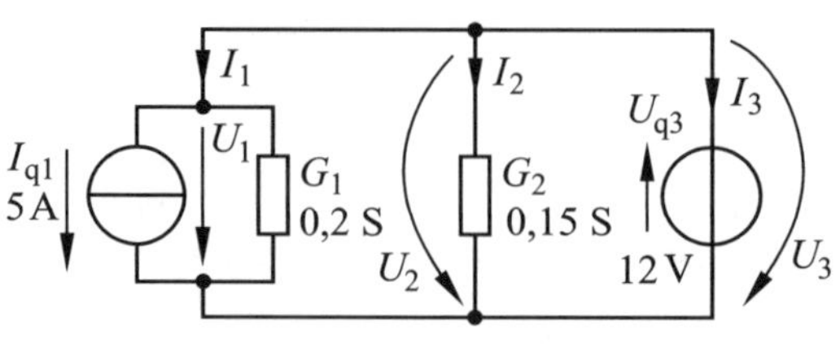

3.3 Maschensatz

Ziele: Sie können

- den Zusammenhang zwischen der Gesamtspannung und den Teilspannungen einer Reihenschaltung aus einem Leistungsansatz herleiten.
- den Begriff Potenzial eines Schaltungspunktes an einer gegebenen Schaltung erläutern.
- die Begriffe Netzwerk und Masche an einem Beispiel erklären.
- den Maschensatz angeben und seine Gültigkeit begründen.

3.3.1 Spannungsteilung

In vielen Schaltungen liegen mehrere Zweipole *in Reihe* zwischen zwei Schaltungspunkten; man sagt, die Zweipole bilden eine **Reihenschaltung** *(series connection)*. So liegen z. B. in der Schaltung 3.15 die Widerstände R_1 und R_2 sowie die Spannungsquelle in einer Reihenschaltung.

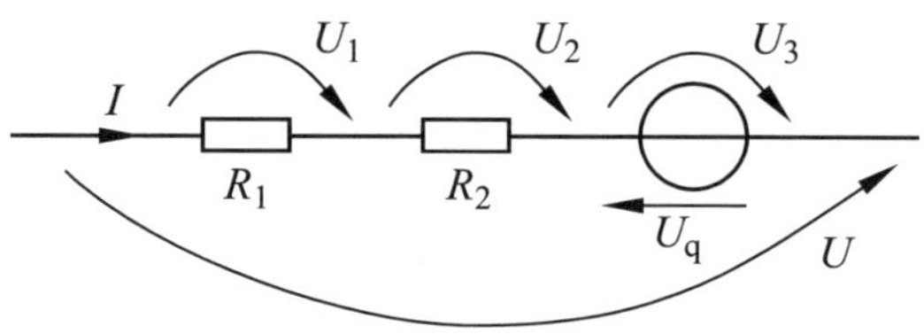

Bild 3.15 Reihenschaltung von drei Zweipolen

Bei der Reihenschaltung von Zweipolen wird eine Spannung in **Teilspannungen** aufgeteilt. In der Schaltung 3.15 teilt sich z. B. die Spannung U in die Teilspannungen U_1, U_2 und U_3 auf.

In einer Reihenschaltung wird jeder Zweipol vom gleichen Zweigstrom durchflossen, für den wir zweckmäßig einen einheitlichen Bezugssinn wählen. In der Schaltung 3.15 werden z. B. die Widerstände R_1 und R_2 sowie die Spannungsquelle vom gleichen Zweigstrom I durchflossen.

Nach dem *Energie-Erhaltungssatz* ist die elektrische Energie, die einer Reihenschaltung in einer Zeitspanne Δt zugeführt bzw. entnommen wird, gleich der Summe der Energien, die jeder Zweipol der Reihenschaltung verbraucht bzw. erzeugt.

Wegen $P = \Delta W / \Delta t$ gilt Entsprechendes für die *Leistungen*. So ist z.B. die Leistung an den Klemmen der Reihenschaltung 3.15 gleich der Summe aus den Teilleistungen der drei Zweipole:

$$P = P_1 + P_2 + P_3$$

Mit $P = U\,I$ ergibt sich:

$$U\,I = U_1\,I + U_2\,I + U_3\,I$$

Der Strom I hebt sich heraus:

$$U = U_1 + U_2 + U_3 \qquad (3.24)$$

Allgemein gilt:

> Die Gesamtspannung einer Reihenschaltung ist die Summe der Teilspannungen.

Beispiel 3.5
Für die Schaltung 3.15 sind U = 16 V; U_q = 20 V; R_1 = 22 Ω; R_2 = 68 Ω gegeben. Wir wollen die Stromstärke, die Spannung und die Leistung jedes Zweipols und der Reihenschaltung berechnen.

Zunächst setzen wir die Zweipolgleichungen der Zweige in die Gl.(3.24) ein:

$$U = I\,R_1 + I\,R_2 - U_q$$

Hiermit berechnen wir die Stromstärke:

$$I = \frac{U + U_q}{R_1 + R_2} = 0{,}4\ \text{A}$$

Damit ergeben sich die Spannungen

$$U_1 = I\,R_1 = 8{,}8\ \text{V}$$

$$U_2 = I\,R_2 = 27{,}2\ \text{V}$$

$$U_3 = -U_q = -20\ \text{V}$$

und die Leistungen:

$$P_1 = I\,U_1 = 3{,}52\ \text{W};\quad P_2 = I\,U_2 = 10{,}88\ \text{W}$$

$$P_3 = I\,U_3 = -8\ \text{W};\quad P = U\,I = 6{,}4\ \text{W}$$

Die Reihenschaltung wirkt insgesamt passiv ($P > 0$), ebenso die Zweipole R_1 und R_2. Die Spannungsquelle dagegen ist aktiv wirkend ($P_3 < 0$), sie speist also elektrische Energie in das Gesamtsystem ein. Die Gleichung

$$P = P_1 + P_2 + P_3 = 6{,}4\ \text{W}$$

zeigt, dass der Energie-Erhaltungssatz erfüllt ist.

3.3.2 Potenziale von Schaltungspunkten

Liegt an einem Zweipol eine Spannung U_{12}, so bedeutet dies, dass sich die elektrische Energie einer Ladung Q, die diesen Zweipol von 1 nach 2 durchläuft, um W_{12} ändert:

$$W_{12} = W_1 - W_2 = Q \cdot U_{12} \qquad \text{(s. Gl. 1.15)}$$

Da in einer Schaltung nicht die absolute Höhe der elektrischen Energie, sondern lediglich der Energieumsatz in den einzelnen Schaltelementen von Bedeutung ist, kann man das Energieniveau $W = 0$ einem beliebigen Punkt der Schaltung zuordnen.

Im Kap. 1.7 haben wir die Spannung zwischen den Punkten 1 und 2 als Differenz der dort herrschenden *Potenziale* beschrieben:

$$U_{12} = \frac{W_{12}}{Q} = \varphi_1 - \varphi_2$$

Für das Potenzial gilt entsprechend wie für die Energie: In jeder Schaltung kann man einem beliebigen Punkt das Potenzial $\varphi = 0$ V zuweisen. Man bezeichnet dieses Potenzial als **Bezugspotenzial** und weist es zweckmäßig dem im Schaltplan mit **Masse** „⊥" bezeichneten Knoten zu.

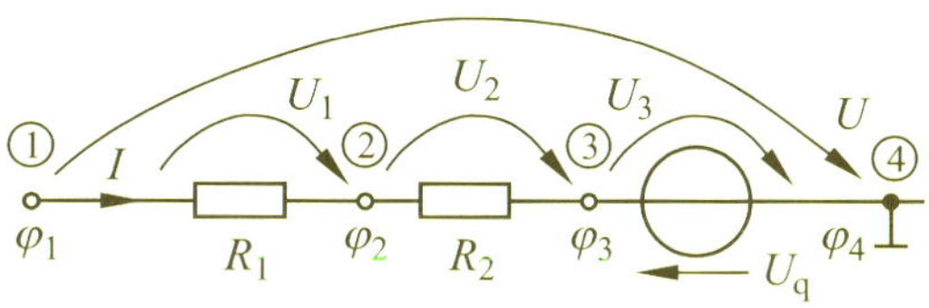

Bild 3.16 Schaltung 3.15 mit Bezugspotenzial $\varphi_4 = 0$

Vielfach wird Masse mit dem Gehäuse des Geräts und dieses wiederum mit Erde verbunden, um zu verhindern, dass zwischen Gehäuse und Umgebung gefährliche Spannungen auftreten können.

Der Begriff Potenzial erweist sich zur übersichtlichen Darstellung der Spannungen in Schaltungen als besonders günstig. So ist z.B. die Spannung zwischen dem Schaltungspunkt 1 (Bild 3.16) und dem gewählten Bezugspunkt 4 mit dem Potenzial $\varphi_4 = 0$ V:

$$U_{1,4} = \varphi_1 - \varphi_4 = \varphi_1 - 0\text{ V} = \varphi_1$$

Entsprechend lässt sich jedem Schaltungspunkt der Wert der Spannung zwischen diesem Punkt und dem Bezugspunkt zuordnen; dieser Spannungswert ist gleich dem **Potenzial des Schaltungspunktes**.

Die Spannung zwischen zwei mit Potenzialen bezeichneten Schaltungspunkten erhält man auf einfache Weise nach Gl.(1.15) als Differenz ihrer Potenziale. Die Potenziale an den Klemmen einer idealen Spannungsquelle unterscheiden sich um den Wert der Quellenspannung.

Wird das Bezugspotenzial $\varphi = 0$ auf einen anderen Schaltungspunkt *verlegt,* so ändern sich im Allg. die Potenziale sämtlicher Schaltungspunkte; die Spannungen zwischen den Schaltungspunkten bleiben jedoch hierbei *unverändert.*

Beispiel 3.6

Für die Schaltung 3.16 wollen wir mit den im Beispiel 3.5 gegebenen Werten die Potenziale der Schaltungspunkte berechnen. Dabei soll das Bezugspotenzial nacheinander an den Punkten 4 und 2 liegen. Außerdem wollen wir die Spannung $U_{4,2}$ jeweils mit den Potenzialen berechnen.

a) Bezugspotenzial $\varphi_4 = 0$ V

$$\varphi_1 = U_{1,4} = U = 16\text{ V}$$

$$\varphi_2 = U_{2,4} = U_2 + U_3 = 7{,}2\text{ V}$$

$$\varphi_3 = U_{3,4} = U_3 = -20\text{ V}$$

$$U_{4,2} = \varphi_4 - \varphi_2 = -7{,}2\text{ V}$$

b) Bezugspotenzial $\varphi_2 = 0$ V

$$\varphi_1 = U_{1,2} = U_1 = 8{,}8\text{ V}$$

$$\varphi_3 = U_{3,2} = -\,U_2 = -27{,}2\text{ V}$$

$$\varphi_4 = U_{4,2} = -\,U_2 - U_3 = -7{,}2\text{ V}$$

Praxisbezug 3.5

Eine Schaltung, deren Ein- und Ausgangsspannungen zwei bestimmten Bereichen zugeordnet werden, wird **Logikschaltung** oder auch kurz **Gatter** *(logic gate)* genannt. Beim NOR-Gatter liegt der Ausgang auf hohem Potenzial **H** *(high potential)*, wenn *beide* Eingänge das niedrige Potenzial **L** *(low potential)* aufweisen. Liegt jedoch einer der Eingänge auf hohem Potenzial H, so nimmt der Ausgang das niedrige Potenzial L an. Damit ergibt sich die Verknüpfung zwischen den Eingängen und dem Ausgang:

E1	E2	A
L	L	H
L	H	L
H	L	L
H	H	L

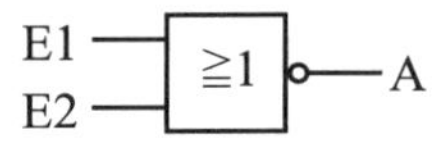

Schaltzeichen: NOR-Gatter

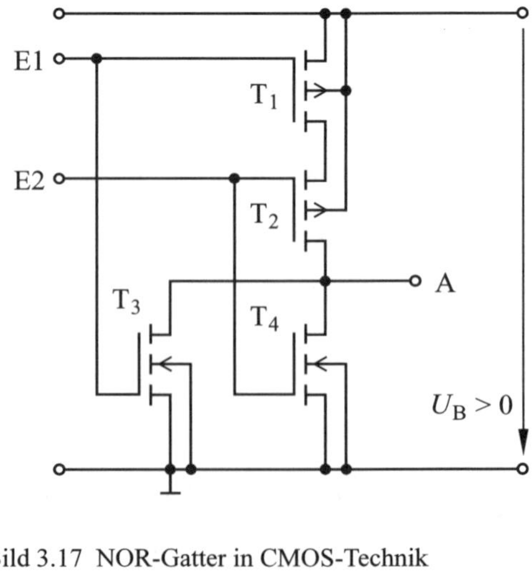

Bild 3.17 NOR-Gatter in CMOS-Technik

Sind beide Eingänge auf L-Potenzial, so sind T_1 und T_2 durchgeschaltet sowie T_3 und T_4 gesperrt; am Ausgang liegt die Spannung U_B, d.h. der Ausgang führt das Potenzial H.

Ist der Eingang E1 auf H-Potenzial, so ist T_3 durchgeschaltet und T_1 gesperrt; ist der Eingang E2 auf H-Potenzial, so ist T_4 durchgeschaltet und T_2 gesperrt. In beiden Fällen liegt der Ausgang auf Massepotenzial, also auf dem Potenzial L. ❐

3.3.3 Spannungssumme in Maschen

In einer Schaltung, die aus mehreren Zweipolen besteht, lassen sich geschlossene Umläufe bilden, die nicht über Leiter geführt zu sein brauchen. Ein solcher geschlossener Umlauf wird als **Masche** *(mesh)* bezeichnet.

Eine Schaltung, in der sich eine oder mehrere Maschen bilden lassen, wird auch **Netzwerk** *(network)* oder kurz **Netz** genannt.

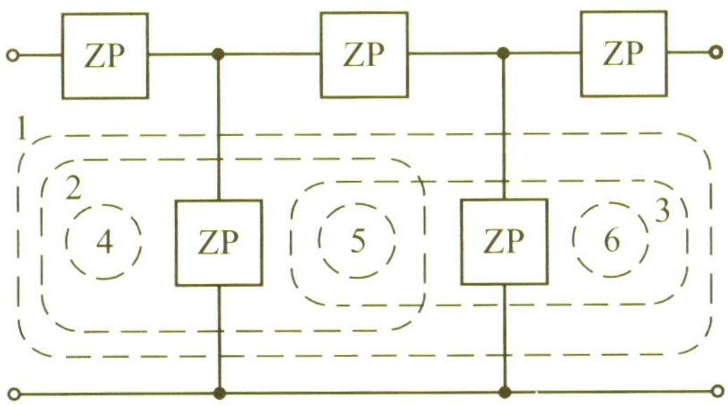

Bild 3.18 Aus Zweipolen ZP gebildetes Netz mit Maschen 1 ... 6

Bei einer Masche werden die Zweipole im Allg. nicht vom gleichen Strom durchflossen. Der Zusammenhang zwischen den Spannungen lässt sich deswegen nicht wie bei einer Reihenschaltung mit Hilfe der Leistungen herleiten; wir nehmen deshalb das *Potenzial* zu Hilfe.

Im Bild 3.19 ist z. B. über die Knoten 1 ... 4 eine Masche gebildet, die über die Unterbrechung im Zweig 3 führt. Da der Masche aus dem umgebenden Netz die Ströme I_A ... I_D zufließen, sind die Zweigströme der Masche im Allg. verschieden:

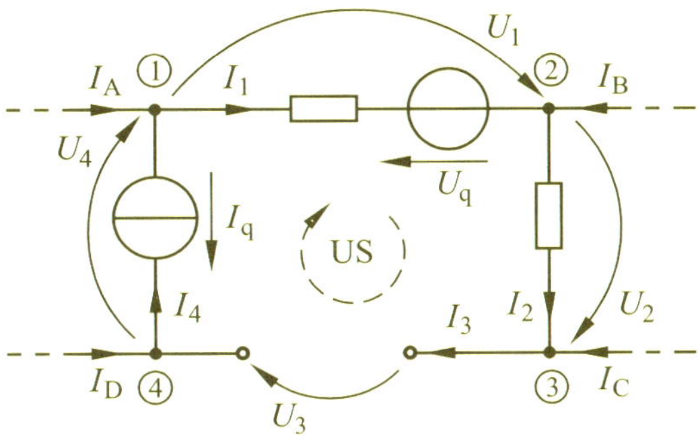

Bild 3.19 Masche mit Umlaufsinn US

$I_1 \neq I_2 \neq I_3 \neq I_4$

Um den Zusammenhang zwischen den Spannungen in einer Masche zu finden, wählen wir einen beliebigen Umlaufsinn US und legen die Bezugspfeile der Spannungen entsprechend diesem Umlaufsinn fest (Bild 3.19).

Nun geben wir die Zweigspannungen als Potenzialdifferenzen an:

$$\begin{aligned} U_1 &= \varphi_1 - \varphi_2 \\ U_2 &= \varphi_2 - \varphi_3 \\ U_3 &= \varphi_3 - \varphi_4 \\ U_4 &= \varphi_4 - \varphi_1 \end{aligned} \tag{3.25}$$

Addieren wir die linken und die rechten Seiten der Gln. (3.25), so erhalten wir:

$$U_1 + U_2 + U_3 + U_4 = 0 \tag{3.26}$$

Weisen sämtliche Bezugspfeile für die Zweigspannungen einer Masche wie im Bild 3.19 in die Richtung des Umlaufsinnes US, so gilt:

> In jeder Masche ist die Summe sämtlicher Spannungen gleich Null.

Man nennt diesen Satz **Maschensatz** *(voltage law)*; er wird auch als 2. KIRCHHOFFscher Satz bezeichnet.

Für n Zweigspannungen einer Masche gilt damit die **Maschengleichung**:

$$U_1 + U_2 + U_3 + \ldots + U_n = \sum_{k=1}^{n} U_k = 0 \qquad (3.27)$$

In vielen Schaltungen ist die Bedingung, dass die Bezugspfeile sämtlicher Spannungen einer Masche in Richtung eines Umlaufsinnes liegen, nicht erfüllt. Wenn der Bezugssinn einer Spannung nicht mit dem Umlaufsinn übereinstimmt, dann müsste für diese Spannung der entgegengesetzte Bezugssinn gewählt werden; dies kann jedoch bei der Aufstellung der Maschengleichung einfach dadurch berücksichtigt werden, dass die Spannung mit geändertem Vorzeichen in die Gl.(3.27) eingebracht wird.

Die Maschengleichung kann zur Berechnung von Stromkreisgrößen benutzt werden. Eine einzige lösbare Gleichung ergibt sich jedoch nur für den einfachen unverzweigten Stromkreis (s. Beispiel 3.7).

Bei einer Masche, der von außen noch unbekannte Ströme zufließen (im Bild 3.19 z. B. sind dies die Ströme I_A ... I_D), reicht die Maschengleichung zur Berechnung der Unbekannten nicht aus. Für Maschen mit Stromverzweigungen sind weitere Ansätze erforderlich, damit ein lösbares Gleichungssystem entsteht (s. Kap. 5).

Beispiel 3.7

Die Batterien B_1, B_2 und B_3, die mit den Widerständen R_4 und R_5 in Reihe liegen, wirken wie lineare Spannungsquellen mit den Quellenspannungen 1 V; 6 V; 7 V und den Innenwiderständen 1 Ω; 2 Ω; 3 Ω. Wir wollen die Ströme, die Spannungen und die Leistungen sämtlicher Zweipole berechnen.

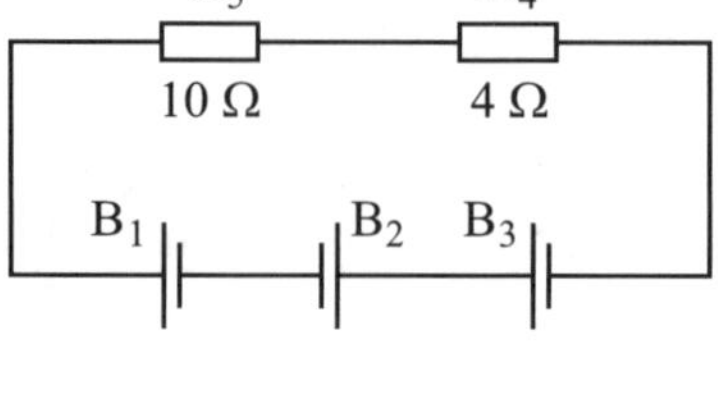

Zunächst zeichnen wir die Ersatzschaltung und kennzeichnen die Verbindungspunkte der ursprünglichen Zweipole durch Klemmen. Danach wählen wir den Umlaufsinn US und legen sämtliche Bezugspfeile diesem entsprechend fest; die Ströme der Zweipole sind dann gleich.
Es stört nicht, dass dabei die Quelle 2 eine negative Leerlaufspannung erhält; dies wird in der Zweipolgleichung berücksichtigt.

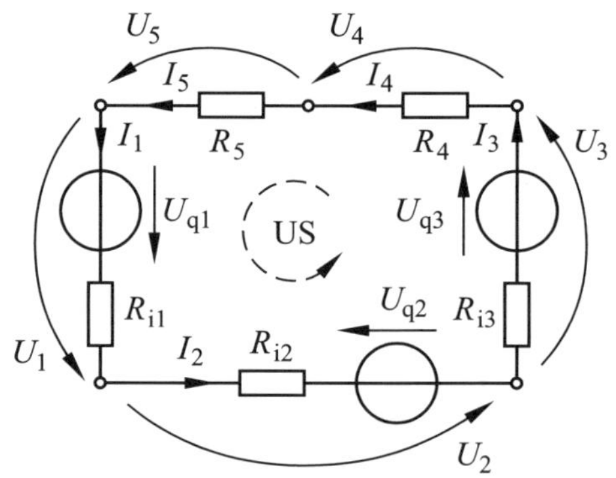

Die Maschengleichung lautet:

$$U_1 + U_2 + U_3 + U_4 + U_5 = 0$$

Die Stromstärke ist in sämtlichen Zweigen:

$$I_1 = I_2 = I_3 = I_4 = I_5 = I$$

Wir setzen die Zweipolgleichungen ein

$$(R_{i1}\,I + U_{q1}) + (R_{i2}\,I - U_{q2}) + (R_{i3}\,I + U_{q3}) + R_4\,I + R_5\,I = 0$$

und berechnen die Stromstärke:

$$I = \frac{U_{q2} - U_{q1} - U_{q3}}{R_{i1} + R_{i2} + R_{i3} + R_4 + R_5} = -0{,}1 \text{ A}$$

Mit den Zweipolgleichungen berechnen wir die Zweigspannungen:

$$U_1 = R_{i1}\,I + U_{q1} = 0{,}9 \text{ V}$$

$$U_2 = R_{i2}\,I - U_{q2} = -6{,}2 \text{ V}$$

$U_3 = R_{i3}\,I + U_{q3} = 6{,}7\text{ V}$

$U_4 = R_4\,I = -0{,}4\text{ V}\;;\; U_5 = R_5\,I = -1{,}0\text{ V}$

Die Leistungen der Zweipole sind:

$P_1 = U_1\,I = -0{,}09\text{ W}\;;\; P_2 = U_2\,I = 0{,}62\text{ W}$

$P_3 = U_3\,I = -0{,}67\text{ W}\;;\; P_4 = U_4\,I = 0{,}04\text{ W}$

$P_5 = U_5\,I = 0{,}1\text{ W}$

Die Leistungsbilanz ergibt $\Sigma P = 0$, der Energiesatz ist also erfüllt. Die Batterien B_1 und B_3 sind wegen $P < 0$ aktiv wirkende Zweipole und liefern elektrische Energie in den Stromkreis. Die Batterie B_2 ist wegen $P > 0$ ein passiv wirkender Zweipol und verbraucht wie die Widerstände elektrische Energie.

Fragen

- Welche Aussage können Sie für die Stromstärke in einer Reihenschaltung machen (Begründung) ?
- Leiten Sie aus einem Leistungsansatz den Zusammenhang zwischen den Teilspannungen und der Gesamtspannung an einer Reihenschaltung her.
- Begründen Sie das Gesetz für die Spannungssumme in einem geschlossenen Stromkreis.
- Was versteht man unter dem Begriff Masche?
- Wie lautet der Maschensatz in Worten und in Formelschreibweise? Erklären Sie seine Bedeutung an einem selbstgewählten Beispiel.
- Was versteht man unter den Begriffen Bezugspotenzial und Potenzial eines Schaltungspunktes?
- Darf man in einem Stromkreis das Bezugspotenzial an die positive Klemme der Quelle legen? Wie wirkt sich dies formal aus?

Aufgaben

3.10(1) Ein Generator mit der Leerlaufspannung 110 V (innere Verluste vernachlässigbar) speist eine Reihenschaltung. Wie ist R_x einzustellen, damit sich die Stromstärke 5 A ergibt?

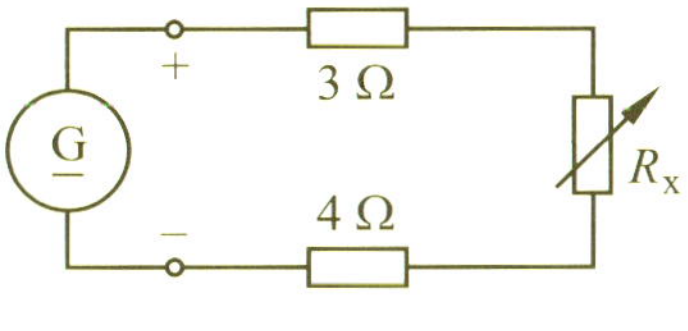

3.11(1) Berechnen Sie die Spannung und die Stromstärke an jedem Widerstand. Welchen Wert hat U_{AB}?

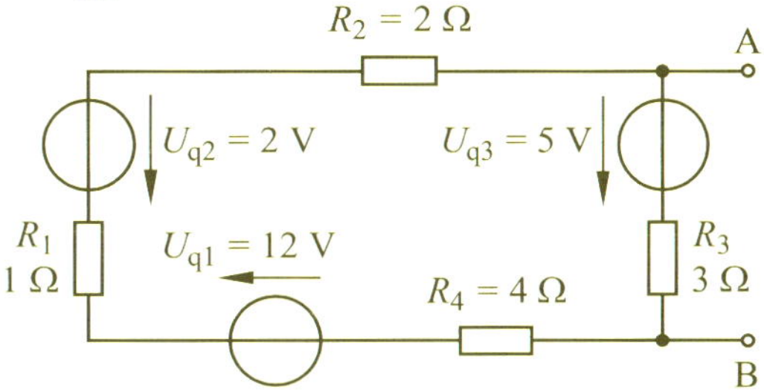

3.12(2) Eine Verbrauchergruppe mit insgesamt $P_V = 15$ kW soll über eine 0,6 km lange Leitungsstrecke mit der Gleichspannung $U_V = 440$ V versorgt werden; bei 20 °C sind 5 % der Verbraucherleistung als Leitungsverluste zulässig.

- Welche Spannung ist am Leitungsanfang nötig?
- Welcher Leitungsquerschnitt ist erforderlich? (Kupfer, ohne Rücksicht auf Normquerschnitte)
- Welche Werte haben die Stromstärke und die Stromdichte in der Leitung?

3.13(2) Wie ist der Widerstand R_2 einzustellen, damit sich die Spannung $U_{12} = 9$ V ergibt?

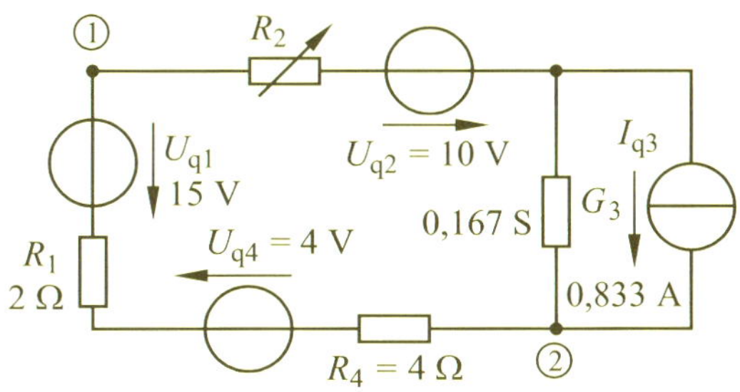

3.14(3) Der Widerstand R_1 soll mit der Leistung 2,5 W und der Widerstand R_2 mit 4 W betrieben werden; dabei soll die Stromstärke kleiner als 1 A sein. Berechnen Sie die Stromstärke sowie die Widerstände R_1 und R_2.

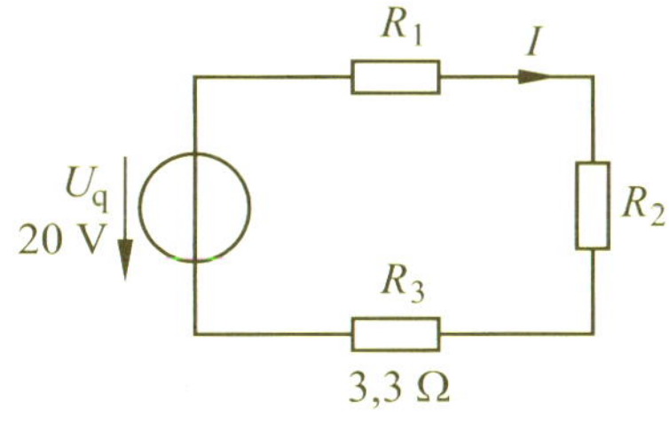

3.4 Ersatzzweipole

Ziele: Sie können
- den Widerstand des Ersatzzweipols einer Reihenschaltung OHMscher Widerstände herleiten.
- den Leitwert des Ersatzzweipols einer Parallelschaltung OHMscher Widerstände herleiten.
- ein grafisches Verfahren für die Ermittlung der *I-U*-Kennlinie des Ersatzzweipols eines nichtlinearen passiven zweipoligen Netzes angeben.
- aus den gegebenen Werten eines zweipoligen Netzes die Quellenspannung und den Innenwiderstand der Ersatzspannungsquelle bestimmen.
- aus den gegebenen Werten eines zweipoligen Netzes den Quellenstrom und den Innenleitwert der Ersatzstromquelle bestimmen.

Die Berechnung vieler Schaltungen kann dadurch vereinfacht werden, dass ein beliebiger Schaltungsteil mit zwei Klemmen durch seinen **Ersatzzweipol** *ersetzt* wird.

Man bezeichnet Zweipole, deren *I-U*-Kennlinien übereinstimmen, als **äquivalente Zweipole** *(equivalent oneport).* Die Äquivalenz bedeutet lediglich, dass die Zweipole *nach außen* gleiche Wirkung haben; die Verluste *innerhalb* des Ersatznetzes können sich jedoch von denen des Originalnetzes unterscheiden.

3.4.1 Passive Ersatzzweipole

Wir wollen zunächst untersuchen, welchen Widerstand R_e der Ersatzzweipol einer *Reihenschaltung* von OHMschen Widerständen besitzt.

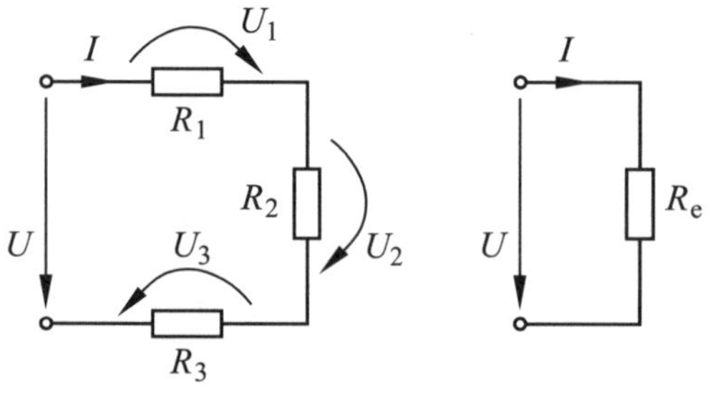

Bild 3.20 Reihenschaltung und ihr Ersatzzweipol

Nach dem Maschensatz gilt für die Reihenschaltung in Bild 3.20:

$$U = U_1 + U_2 + U_3 = (R_1 + R_2 + R_3) \cdot I$$

Für den Ersatzzweipol gilt:

$$U = R_e I$$

Durch den Ersatzzweipol fließt der gleiche Strom wie durch die Reihenschaltung. Hieraus folgt:

$$R_e = R_1 + R_2 + R_3$$

Die Reihenschaltung aus R_1, R_2 und R_3 kann also durch einen einzigen Widerstand vom Betrag $R_e = R_1 + R_2 + R_3$ *ersetzt* werden, ohne dass sich die Verhältnisse an den Klemmen des Zweipols dadurch ändern. Man nennt diesen Widerstand deswegen auch **Ersatzwiderstand**.

Allgemein gilt für *n* Widerstände in Reihenschaltung:

$$\boxed{R_e = R_1 + R_2 + R_3 + \ldots + R_n = \sum_{k=1}^{n} R_k} \qquad (3.28)$$

Der Ersatzwiderstand einer Reihenschaltung ist die Summe der Teilwiderstände.

In Reihenschaltungen aus beliebig vielen Widerständen R_1, R_2, R_3 ... lässt sich für die Spannungen und Widerstände eine einfache Proportion ansetzen, die bei Rechnungen oft hilfreich ist:

$$U_1 = R_1 I; \quad U_2 = R_2 I; \quad U_3 = R_3 I; \ldots \quad U = R_e I$$

Durch Division zweier dieser Gleichungen erhält man z.B.:

$$\boxed{\frac{U_1}{U_2} = \frac{R_1}{R_2}} \qquad (3.29)$$

Diese Proportion ist als **Spannungsteilerregel** bekannt:

An zwei in Reihe liegenden Widerständen verhalten sich die Spannungen wie die entsprechenden Widerstände, an denen sie abfallen.

Es ist auch möglich, eine der Teilspannungen zur Gesamtspannung ins Verhältnis zu setzen, z. B.:

$$\boxed{\frac{U_1}{U} = \frac{R_1}{R_e}} \tag{3.30}$$

Dementsprechend lautet die Spannungsteilerregel: Jede Teilspannung in einer Reihenschaltung verhält sich zur Gesamtspannung wie der entsprechende Teilwiderstand zum Ersatzwiderstand.

Erweitert man die Gl.(3.29) mit dem Strom *I*, so erhält man eine Beziehung für die Leistungen:

$$\frac{I \cdot U_1}{I \cdot U_2} = \frac{P_1}{P_2} = \frac{R_1}{R_2} \tag{3.31}$$

Entsprechend ergibt sich aus der Gl.(3.30):

$$\frac{P_1}{P} = \frac{R_1}{R_e} \tag{3.32}$$

Liegen mehrere *nichtlineare* Zweipole in Reihe, so bestimmt man die *I-U*-Kennlinie des Ersatzzweipols durch punktweise Addition. Wir bilden für mehrere Stromstärkewerte die Summe der Teilspannungen U_1, U_2, U_3 ... und erhalten jeweils die Gesamtspannung *U*.

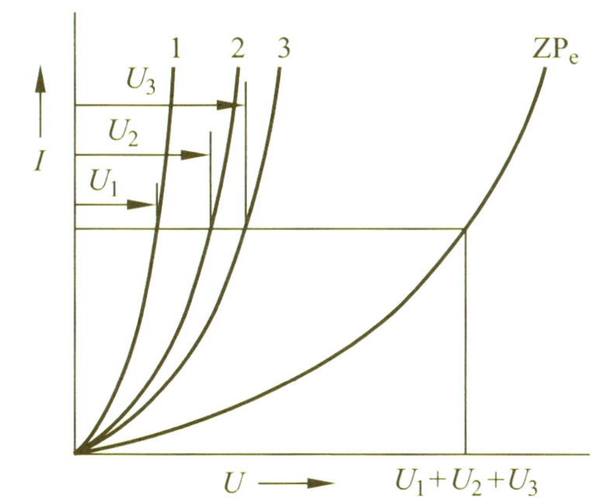

Bild 3.21 Addition der Kennlinien von drei nichtlinearen Zweipolen in Reihenschaltung zur Kennlinie des Ersatzzweipols ZP_e

Für den Ersatzwiderstand ergibt sich in jedem Punkt der Kennlinie ein anderer Wert. Man kann das Verfahren natürlich auch bei einer Reihenschaltung von linearen mit nichtlinearen Zweipolen anwenden.

Beispiel 3.8
Die Reihenschaltumng einer Glühlampe und einer Diode kann als einfaches Gerät zur Anzeige des Richtungssinnes (Polaritätsanzeige) von Gleichspannungen verwendet werden. Das Bild 3.22 zeigt die *I-U*-Kennlinien der Diode D und der Glühlampe G (vgl. Bilder 2.8 und 2.12) sowie die hieraus punktweise ermittelte *I-U*-Kennlinie des Ersatzzweipols.

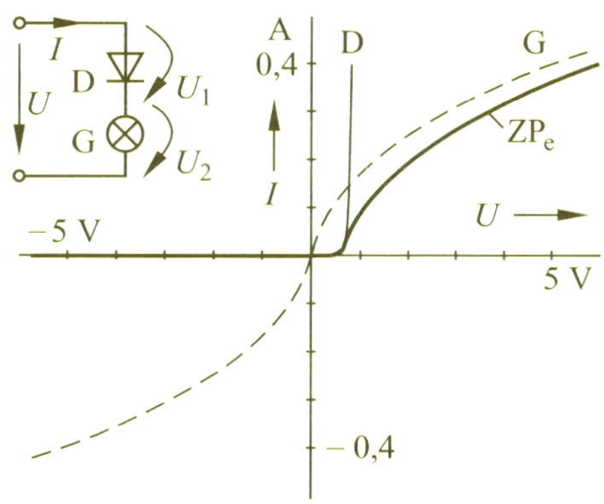

Bild 3.22 Addition der Kennlinien von Glühlampe und Diode zur Kennlinie des Ersatzzweipols ZP_e

Legt man z.B. $U = +4$ V an die Schaltung, so fließt ein Strom $I \approx 0{,}32$ A und die Glühlampe leuchtet auf; an der Diode fallen dabei $U_1 \approx 0{,}8$ V, an der Glühlampe $U_2 \approx 3{,}2$ V ab. Bei $U = -4$ V bleibt die Glühlampe wegen des sehr kleinen Stromes dunkel.

Nun wollen wir den Ersatzzweipol einer *Parallelschaltung* von OHMschen Widerständen ermitteln. Dabei arbeiten wir zweckmäßig mit Leitwerten und setzen für die Schaltung 3.23 an:

$$I = I_1 + I_2 + I_3 = (G_1 + G_2 + G_3) \cdot U$$

Für den Ersatzzweipol mit dem **Ersatzleitwert** G_e gilt:

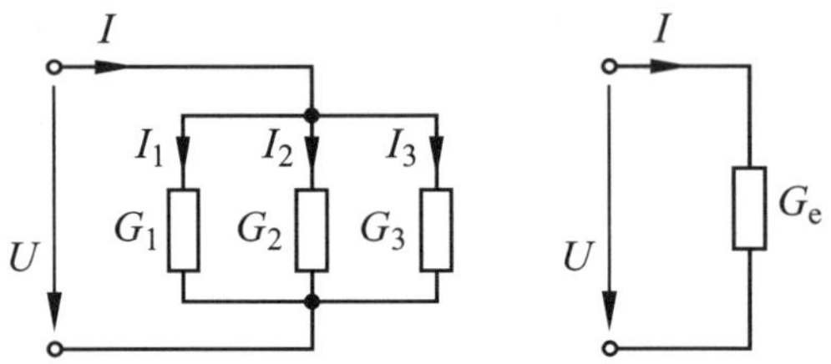

Bild 3.23 Parallelschaltung und ihr Ersatzzweipol

$I = G_e U$

Der Ersatzzweipol liegt an der gleichen Spannung wie die Parallelschaltung. Hieraus folgt:

$G_e = G_1 + G_2 + G_3$

Allgemein gilt für n Leitwerte in Parallelschaltung:

$$G_e = G_1 + G_2 + G_3 + ... + G_n = \sum_{k=1}^{n} G_k \tag{3.33}$$

Der Ersatzleitwert einer Parallelschaltung ist die Summe der Teilleitwerte.

Für beliebig viele Leitwerte G_1, G_2, G_3 ... in einer Parallelschaltung lässt sich für die Ströme und Leitwerte ansetzen:

$I_1 = U\,G_1$; $I_2 = U\,G_2$; $I_3 = U\,G_3$; ... $I = U\,G_e$

Durch Division zweier dieser Gleichungen erhält man z. B.:

$$\frac{I_1}{I_2} = \frac{G_1}{G_2} \tag{3.34}$$

Diese Proportion ist als **Stromteilerregel** bekannt.

An zwei parallel geschalteten Leitwerten verhalten sich die Ströme wie die entsprechenden Leitwerte, durch die sie fließen.

Es ist auch möglich, einen der Teilströme zum Gesamtstrom ins Verhältnis zu setzen, z. B.:

$$\frac{I_1}{I} = \frac{G_1}{G_e} \tag{3.35}$$

Dementsprechend lautet die Stromteilerregel: Jeder Teilstrom in einer Parallelschaltung verhält sich zum Gesamtstrom wie der entsprechende Teilleitwert zum Ersatzleitwert.

Erweitert man die Gl.(3.34) mit der Spannung U, so erhält man eine Beziehung für die Leistungen:

$$\frac{U \cdot I_1}{U \cdot I_2} = \frac{P_1}{P_2} = \frac{G_1}{G_2} \tag{3.36}$$

Entsprechend ergibt sich aus der Gl.(3.35) eine Beziehung für die Teilleistung P_1 und die Leistung P, die der Parallelschaltung insgesamt zugeführt wird:

$$\frac{P_1}{P} = \frac{G_1}{G_e} \tag{3.37}$$

Bei einer Parallelschaltung von mehreren *nichtlinearen* Zweipolen kann man die *I*-*U*-Kennlinie des Ersatzzweipols durch punktweise Addition bestimmen: Wir bilden für mehrere Spannungswerte die Summe der Teilströme I_1, I_2, I_3 ... und erhalten jeweils den Gesamtstrom I.

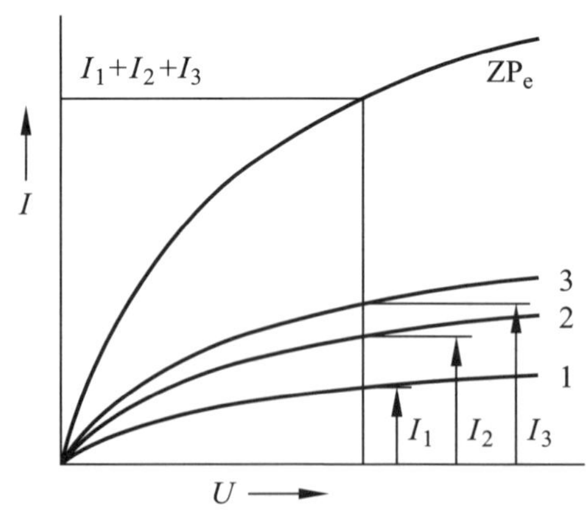

Bild 3.24 Addition der Kennlinien von drei nichtlinearen Zweipolen in Parallelschaltung zur Kennlinie des Ersatzzweipols ZP_e

Für den Ersatzleitwert ergibt sich in jedem Punkt der Kennlinie ein anderer Wert. Man kann das Verfahren auch bei einer Parallelschaltung von linearen mit nichtlinearen Zweipolen anwenden.

Beispiel 3.9

Die Schaltung mit den antiparallelen Dioden dient dazu, einen Verbraucher *R* vor zu hohen Spannungswerten zu schützen. Wir wollen dies an den *I*-*U*-Kennlinien erläutern.

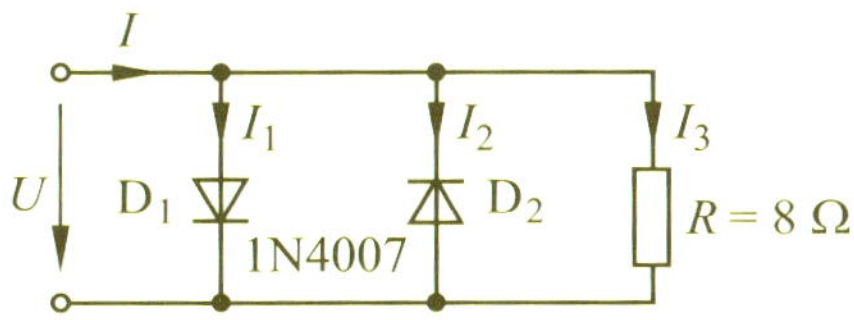

Wir addieren die *I*-*U*-Kennlinien des Verbrauchers und der Dioden punktweise und erhalten die *I*-*U*-Kennlinie des Ersatzzweipols ZP_e. Nimmt der Strom *I* zu, so geht ein wachsender Anteil auf eine der Dioden über; die Spannung an der Schaltung ist $U < 0{,}8$ V.

Die Kennlinie des Ersatzzweipols ist symmetrisch; bei entgegengesetztem Richtungssinn des Stromes *I* wird die andere Diode leitend und übernimmt den Strom.

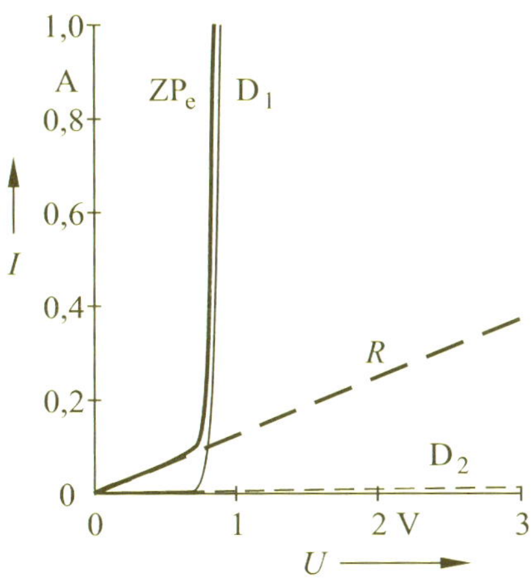

Sind in einer größeren Schaltung Reihen- und Parallelschaltungen gemischt, so fasst man sie jeweils zusammen. Ist dies nicht möglich, so ist ein Analyseverfahren zweckmäßig (s. Kap. 5).

3.4.2 Aktive Ersatzzweipole

Eine beliebige Schaltung zwischen zwei Klemmen kann auch dann durch einen Ersatzzweipol ersetzt werden, wenn sie *Quellen* enthält. Die bei passiven Zweipolen gezeigten Verfahren können auch hier angewendet werden.

Wir wollen uns zunächst mit **linearen Netzen** befassen, die ausschließlich aus linearen Zweipolen bestehen. Da durch die punktweise Addition von Geraden stets wieder eine Gerade entsteht, ist die *I*-*U*-Kennlinie des Ersatzzweipols eines linearen Netzes stets eine Gerade. Jeder aktive lineare Zweipol kann also durch eine lineare Quelle ersetzt werden. Dabei gibt es zwei Möglichkeiten:

- Das lineare Zweipolnetz wird durch eine *lineare Spannungsquelle* ersetzt, die wir als **Ersatzspannungsquelle** bezeichnen. Von ihr geben wir die **Ersatzquellenspannung** U_{qe} und den **Ersatzinnenwiderstand** R_{ie} an.

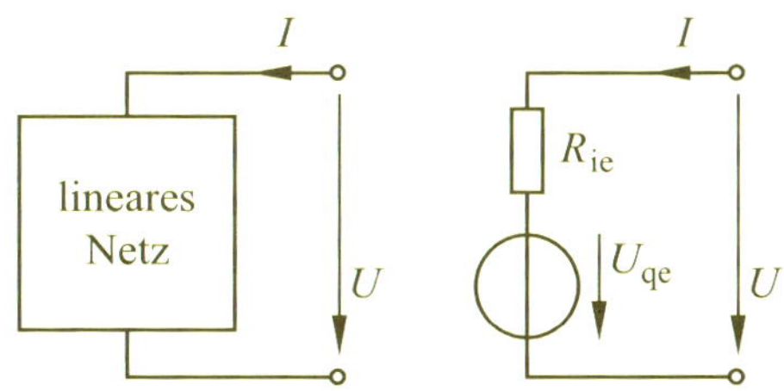

Bild 3.25 Lineares Zweipolnetz und Ersatzspannungsquelle

- Das lineare Zweipolnetz wird durch eine *lineare Stromquelle* ersetzt, die wir als **Ersatzstromquelle** bezeichnen. Von ihr geben wir den **Ersatzquellenstrom** I_{qe} und den **Ersatzinnenleitwert** G_{ie} an.

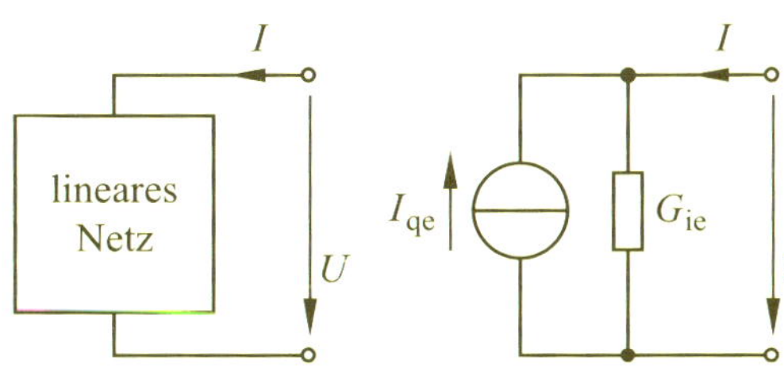

Bild 3.26 Lineares Zweipolnetz und Ersatzstromquelle

In der angelsächsischen Literatur beschreibt der Begriff **Thévenin-Theorem**[1)] den Ersatz eines linearen Zweipolnetzes durch eine Spannungsquelle. Wird das Zweipolnetz durch eine lineare Stromquelle ersetzt, so spricht man vom **Norton-Theorem**[2)].

Wir wollen uns nun damit befassen, wie die zunächst unbekannten Größen U_{qe} und R_{ie} der Ersatzspannungsquelle bzw. I_{qe} und G_{ie} der Ersatzstromquelle ermittelt werden können.

Ersatzinnenwiderstand bzw. -leitwert

Wenn wir uns im linearen Netz sämtliche idealen Spannungsquellen durch *Kurzschlüsse* und sämtliche idealen Stromquellen durch *Unterbrechungen* ersetzt denken, erhalten wir einen passiven Zweipol, dessen *I-U*-Kennlinie durch den Nullpunkt verläuft. Da die Steigung G_{ie} der *I-U*-Kennlinie bzw. deren Kehrwert R_{ie} dabei unverändert bleibt (Bild 3.27), erhalten wir G_{ie} bzw. R_{ie} als den Leitwert bzw. Widerstand zwischen den Klemmen dieses passiven Zweipols.

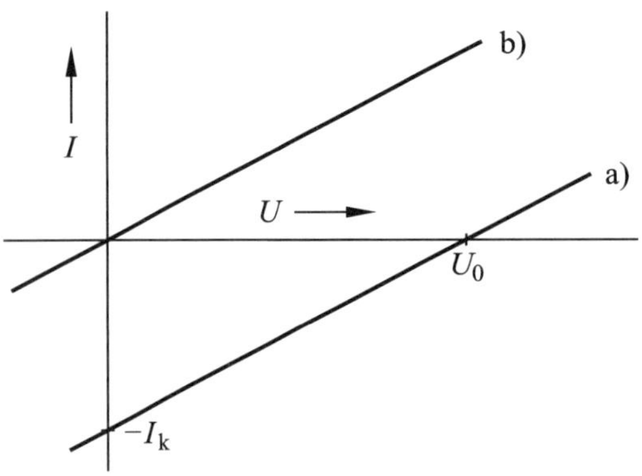

Bild 3.27 *I-U*-Kennlinien eines linearen Netzes a) mit unabhängigen Quellen, b) ohne unabhängige Quellen

Es sei ausdrücklich darauf hingewiesen, dass sich das geschilderte Verfahren nur auf unabhängige Quellen anwenden lässt; falls das Netz auch *gesteuerte Quellen* (s. Kap. 4) enthält, dürfen diese nicht ersetzt werden.

[1)] Léon Thévenin, 1857 – 1926

[2)] Edward Lawry Norton, 1898 – 1983

Ersatzquellenspannung

Die Ersatzquellenspannung U_{qe} ist die Leerlaufspannung U_0 des Zweipolnetzes; bei Leerlauf der Ersatzspannungsquelle liegt U_{qe} an den Klemmen.

Ersatzquellenstrom

Der Ersatzquellenstrom I_{qe} ist der Kurzschlussstrom des Zweipolnetzes; bei Kurzschluss der Ersatzstromquelle fließt I_{qe} über die Klemmen.

Die Darstellung eines linearen aktiven Zweipols durch eine Ersatzspannungsquelle ist der Darstellung durch eine Ersatzstromquelle gleichwertig. Mit den folgenden Gleichungen lassen sich die Quellengrößen umrechnen (s. Abschnitt 2.4.4):

$$I_{qe} = \frac{U_{qe}}{R_{ie}}\,; \quad U_{qe} = \frac{I_{qe}}{G_{ie}}\,; \quad R_{ie} = \frac{1}{G_{ie}}$$

Liegt im Zweipolnetz eine *Reihenschaltung* vor, so wird zweckmäßig die Ersatzspannungsquelle angewendet; bei einer *Parallelschaltung* ist die Ersatzstromquelle zweckmäßig.

Beispiel 3.10

Zwei Batterien $U_{q1} = 6{,}0$ V; $R_{i1} = 1{,}0\ \Omega$ und $U_{q2} = 4{,}5$ V; $R_{i2} = 1{,}5\ \Omega$ arbeiten in Reihenschaltung auf einen Verbraucher $R_V = 5{,}0\ \Omega$. Wir wollen die Klemmenspannung U mit Hilfe der Ersatzquelle berechnen.

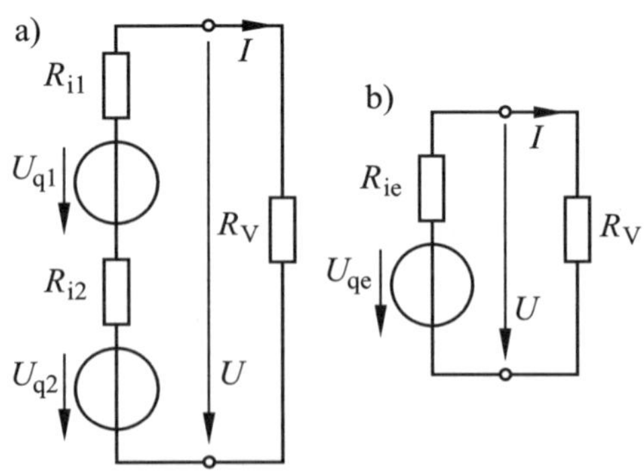

Bild 3.28 Reihenschaltung von linearen Spannungsquellen (a) und Ersatzspannungsquelle (b)

Da die Quellen *in Reihe* geschaltet sind, ermitteln wir die Ersatzspannungsquelle.

Wenn wir jede ideale Quelle im Bild 3.28a durch einen Kurzschluss ersetzen, liegt zwischen den Klemmen der Widerstand:

$$R_{ie} = R_{i1} + R_{i2} = 2{,}5\ \Omega$$

Bei Leerlauf der Batterien ist $U_0 = U_{q1} + U_{q2} = 10{,}5$ V; dies ist die Ersatzquellenspannung:

$$U_{qe} = 10{,}5\ \text{V}$$

Die Klemmenspannung berechnen wir mit der Spannungsteilerregel:

$$U = U_{qe} \frac{R_V}{R_{ie} + R_V} = 7\ \text{V}$$

Beispiel 3.11

Ein Akkumulator ($U_{q1} = 12{,}0$ V; $R_{i1} = 0{,}06\ \Omega$) ist im sog. **Pufferbetrieb** mit einem Ladegerät ($U_{q2} = 14{,}7$ V; $R_{i2} = 0{,}3\ \Omega$) verbunden; dabei arbeiten die parallel geschalteten Quellen auf den Verbraucher $R_V = 4{,}1\ \Omega$.

Wir wollen die Klemmenspannung U, die Ströme und die Leistungen berechnen.

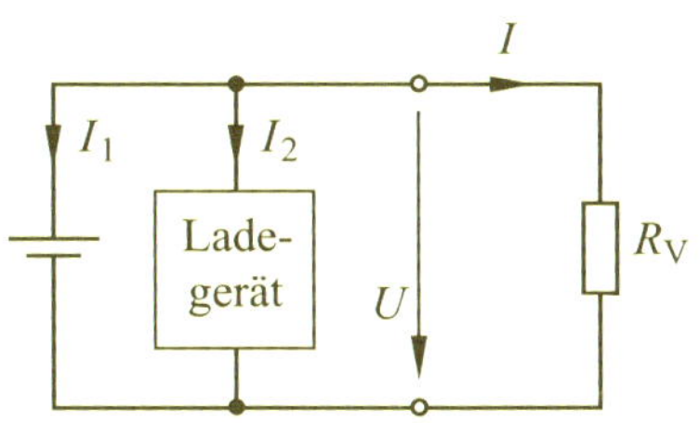

Bild 3.29 Pufferbetrieb eines Akkumulators

Da die Quellen *parallel* geschaltet sind, verwenden wir zu ihrer Beschreibung lineare Stromquellen (Bild 3.30) und ermitteln die Ersatzstromquelle. Zunächst berechnen wir die Kenngrößen der linearen Stromquellen für den Akkumulator und das Ladegerät:

$$I_{q1} = \frac{U_{q1}}{R_{i1}} = 200\ \text{A}\ ;\quad G_{i1} = \frac{1}{R_{i1}} = 16{,}67\ \text{S}$$

$$I_{q2} = \frac{U_{q2}}{R_{i2}} = 49\ \text{A}\ ;\quad G_{i2} = \frac{1}{R_{i2}} = 3{,}33\ \text{S}$$

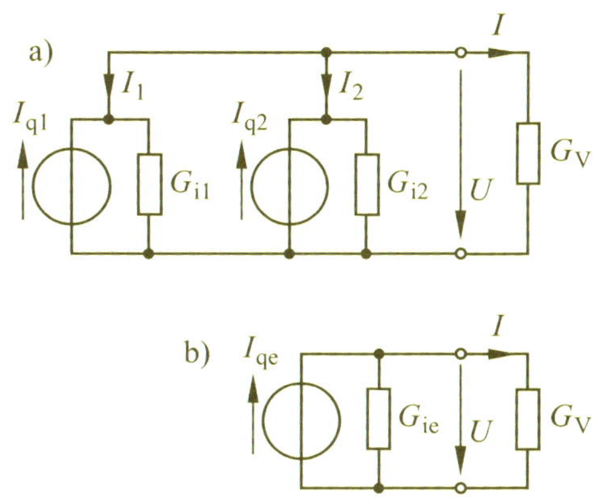

Bild 3.30 Parallelschaltung von zwei linearen Stromquellen (a) und Ersatzstromquelle (b)

Wenn wir jede ideale Quelle im Bild 3.30a durch eine Unterbrechung ersetzen, liegt zwischen den Klemmen der Leitwert:

$$G_{ie} = G_{i1} + G_{i2} = 20\ \text{S}$$

Bei Kurzschluss der beiden linearen Stromquellen ist $I_k = I_{qe} = I_{q1} + I_{q2} = 249$ A.
Den Verbraucherstrom berechnen wir mit der Stromteilerregel:

$$I = I_{qe} \frac{G_V}{G_{ie} + G_V} = 3{,}0\ \text{A}$$

Damit erhalten wir die Verbraucherspannung $U = R_V\, I = 12{,}3$ V.
Mit dem Knotensatz berechnen wir:

$$I_1 = U\, G_{i1} - I_{q1} = 5{,}0\ \text{A}$$

$$I_2 = U\, G_{i2} - I_{q2} = -8{,}0\ \text{A}$$

Damit berechnen wir die Leistungen:

$$P_1 = U\, I_1 = 61{,}5\ \text{W}\ ;\ P_2 = U\, I_2 = -98{,}4\ \text{W}$$

$$P = U\, I = 36{,}9\ \text{W}$$

Die Ersatzspannungsquelle bzw. die Ersatzstromquelle ist ein wichtiges Hilfsmittel bei Netzberechnungen. Das folgende Beispiel soll zeigen, wie mit Hilfe einer Ersatzquelle eine umfangreiche Schaltung vereinfacht berechnet werden kann.

Beispiel 3.12
Die Schaltung wird an der konstanten Spannung U_q = 100 V betrieben. Wir wollen die Spannung U_6 berechnen.

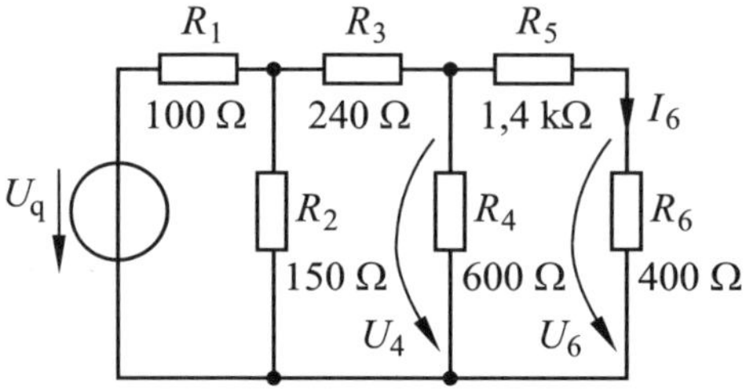

Wir ersetzen einen Teil der Schaltung durch eine Ersatzspannungsquelle (Bild 3.31). Bei Leerlauf der zu ersetzenden Schaltung fließt der Strom $I_2 = U_q / (R_1 + R_2) = 0{,}4$ A.
Damit berechnen wir die Leerlaufspannung der zu ersetzenden Schaltung und erhalten:

$$U_{qe} = I_2 R_2 = 60 \text{ V}$$

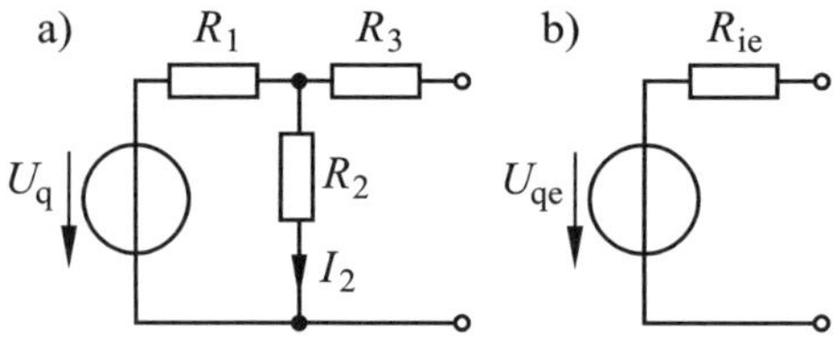

Bild 3.31 Zu ersetzende Schaltung (a) und Ersatzspannungsquelle (b)

Wenn wir die Quelle durch einen Kurzschluss ersetzen, liegt zwischen den Klemmen der Schaltung 3.31a der Widerstand:

$$R_{ie} = R_3 + \frac{1}{G_1 + G_2} = 300\ \Omega$$

Die Ersatzspannungsquelle wird mit R_4, R_5 und R_6 belastet. Der Ersatzwiderstand R dieses Schaltungsteiles ist:

$$\frac{1}{R} = \frac{1}{R_4} + \frac{1}{R_5 + R_6} = 2{,}22 \text{ mS}\ ; \quad R = 450\ \Omega$$

Der Ersatzquelle wird der Strom entnommen:

$$I = \frac{U_{qe}}{R_{ie} + R} = 0{,}08 \text{ A}$$

Mit der Spannung $U_4 = R\, I = 36$ V berechnen wir mit Hilfe der Spannungsteilerregel:

$$U_6 = U_4 \cdot \frac{R_6}{R_5 + R_6} = 8{,}0 \text{ V}$$

Häufig ist die *I-U*-Kennlinie eines Zweipols nur in einem Teilbereich linear oder annähernd linear. In diesem linearen Teilbereich kann der Zweipol durch eine lineare Quelle ersetzt werden.

Wenn die *I-U*-Kennlinie in der Nähe der Leerlaufspannung linear ist, dann arbeitet man zweckmäßig mit der Ersatzspannungsquelle. Ist jedoch die *I-U*-Kennlinie im Bereich des Kurzschlussstromes linear, so verwendet man die Ersatzstromquelle.

Beispiel 3.13
Die *I-U*-Kennlinie der Diode 1N4007 (Beispiel 2.2) ist für $0{,}4 \text{ A} < I < 1{,}0$ A eine Gerade. In diesem Bereich können wir die Diode durch eine lineare Spannungsquelle ersetzen:

$$U_q = 0{,}83 \text{ V}\ ; \quad R_i = 0{,}07\ \Omega$$

Wir wollen das Beispiel 3.1 ergänzen und die Arbeitspunkte A_1 bzw. A_2 berechnen, die sich bei U_{1max} bzw. U_{1min} einstellen.

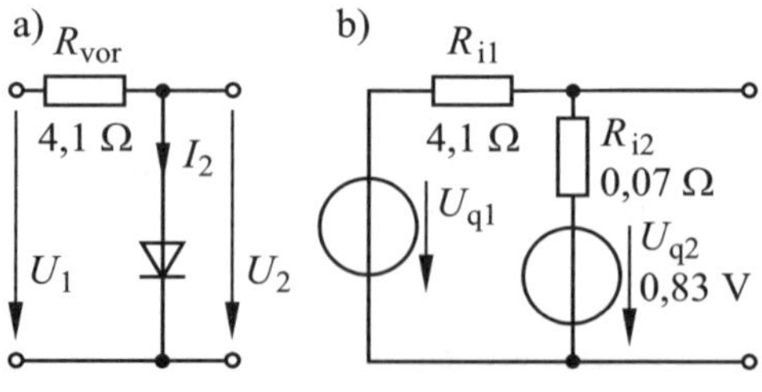

Bild 3.32 Spannungsstabilisierungsschaltung (a) und Ersatzschaltung für $0{,}4 \text{ A} < I_2 < 1{,}0$ A

Die Schaltung 3.32b ist eine Gegen-Reihenschaltung von zwei linearen Quellen. Wir berechnen mit den Gln.(2.29 und 3.11)

- für U_{1min} = 2,5 V: I_{2min} = 0,40 A; U_{2min} = 0,86 V
- für U_{1max} = 3,7 V: I_{2max} = 0,69 A; U_{2max} = 0,88 V

Diese Arbeitspunkte sind im Bild 3.4 eingetragen.

Werden zwei nichtlineare passive Zweipole an einer Quelle betrieben, so kann es zweckmäßig sein, den einen nichtlinearen passiven Zweipol mit der Quelle zu einem nichtlinearen aktiven Ersatzzweipol zusammenzufassen.

Beispiel 3.14

In der Schaltung zur Niveaukontrolle einer Flüssigkeit werden eine Glühlampe G (U_N = 12 V; I_N = 50 mA) und ein Kaltleiter K in Reihe an der idealen Spannungsquelle (U_q = 18 V) betrieben.

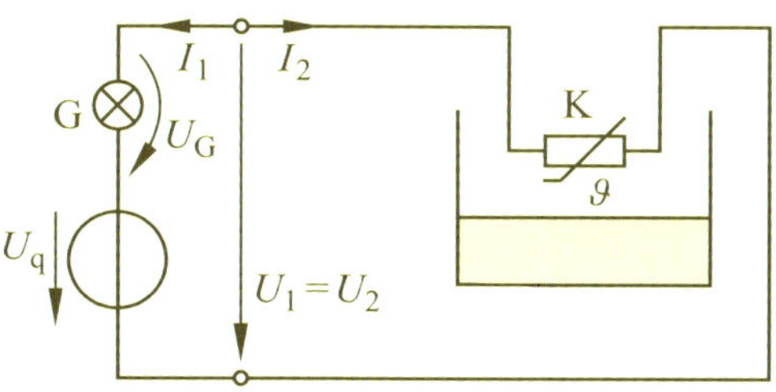

Bild 3.33 Schaltung zur Niveaukontrolle in einem Flüssigkeitsbehälter

Der Kaltleiter hat zwei unterschiedliche Kennlinien: Taucht er in eine Flüssigkeit ein und wird dabei gut gekühlt, so ergibt sich die Kennlinie a (Bild 3.34); in Luft erwärmt er sich, und es ergibt sich die Kennlinie b.

Wir wollen die Arbeitspunkte grafisch ermitteln, die sich bei Luft- bzw. bei Flüssigkeitskühlung des in der Schaltung 3.33 betriebenen Kaltleiters einstellen.

Zunächst bestimmen wir die Kennlinie $I_1 = f(U_1)$ des aktiven Ersatzzweipols der Reihenschaltung von Quelle und Glühlampe durch punktweise Addition: $U_1 = U_q + U_G$.

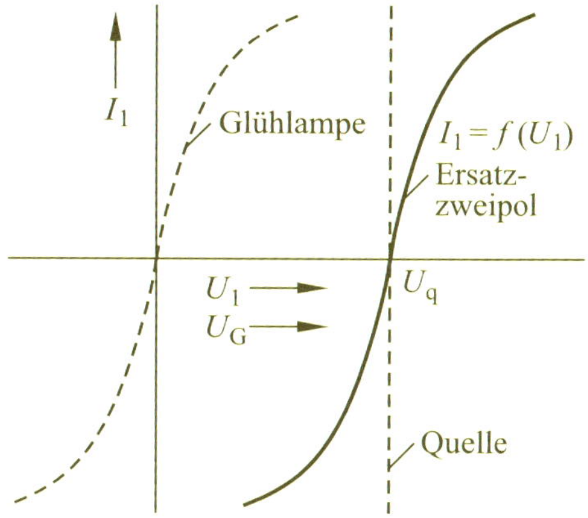

Wegen $I_1 = -I_2$ spiegeln wir die Kennlinie $I_1 = f(U_1)$ des Ersatzzweipols und tragen sie in das Bild 3.34 ein.

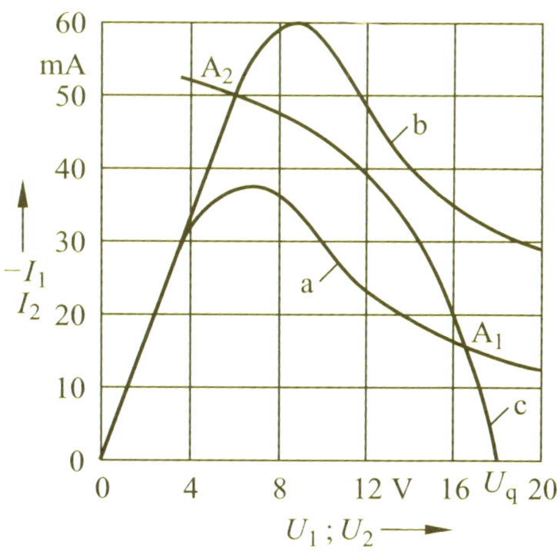

Bild 3.34 *I-U*-Kennlinien des Kaltleiters in Luft (a) bzw. Flüssigkeit (b) und der Quelle mit Glühlampe (c)

Bei dem in Luft betriebenen Kaltleiter stellt sich der Arbeitspunkt A_1 ($I_2 \approx$ 15 mA; $U_2 \approx$ 17 V) ein. Infolge der niedrigen Stromstärke bleibt die Glühlampe dunkel.

Taucht der Kaltleiter in die Flüssigkeit ein, dann sinkt sein Widerstand und es stellt sich der Arbeitspunkt A_2 ($I_2 \approx$ 50 mA; $U_2 \approx$ 6 V) ein. Die Glühlampe leuchtet dabei wegen des hohen Stromes hell auf.

Fragen

- Leiten Sie den Widerstand des Ersatzzweipols einer Reihenschaltung OHMscher Widerstände aus dem Maschensatz her.
- Was versteht man unter der Spannungsteilerregel?
- Leiten Sie den Leitwert des Ersatzzweipols einer Parallelschaltung OHMscher Widerstände aus dem Knotensatz her.
- Welchen Widerstand hat eine Parallelschaltung von fünf Widerständen mit je 100 Ω?
- Wie berechnet man zweckmäßig den Ersatzwiderstand von zwei parallel geschalteten Widerständen?
- Was versteht man unter der Stromteilerregel?
- Was sind äquivalente Zweipole?
- Beschreiben Sie, wie man die Werte der Ersatzspannungsquelle eines aktiven Zweipols ermitteln kann.
- Wie kann man die Werte der Ersatzstromquelle eines aktiven Zweipols ermitteln?

Aufgaben

3.15(1) Welchen Ersatzleitwert und welchen Ersatzwiderstand hat die Schaltung zwischen den Klemmen A und B?

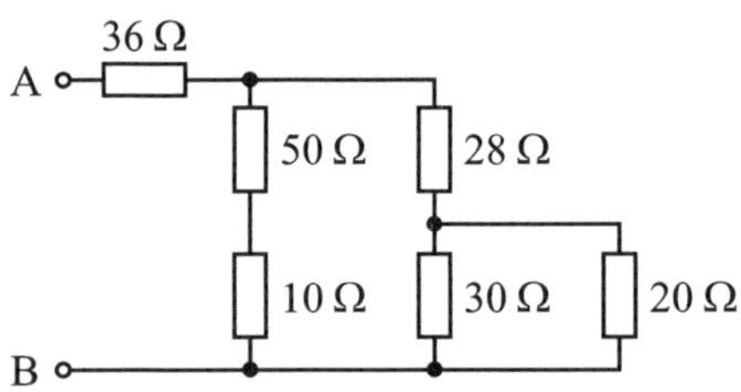

3.16(1) Berechnen Sie den Widerstand des Ersatzzweipols zwischen den Klemmen A und B.

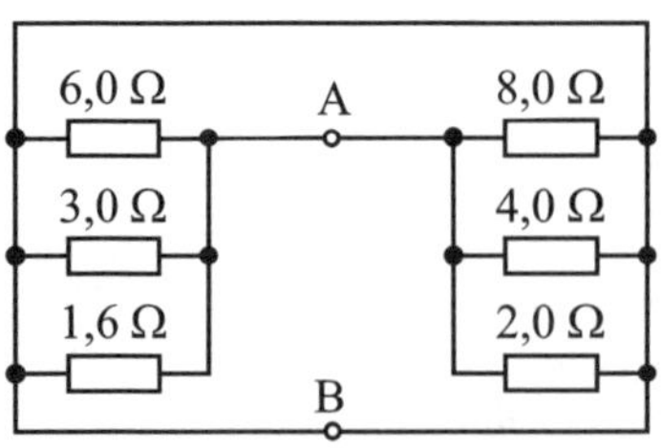

3.17(1) Nach dem Schließen des Schalters S_1 soll der Strom I auf das Fünffache und nach weiterem Schließen des Schalters S_2 auf das Zehnfache des ursprünglichen Wertes ansteigen. Gesucht sind die Widerstände R_1 und R_2.

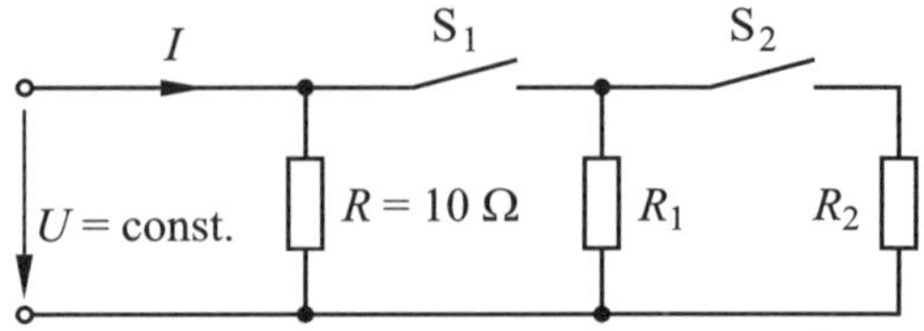

3.18(1) Welche Werte haben zwei OHMsche Widerstände, die in Reihe den Ersatzwiderstand 18 Ω und parallel den Ersatzwiderstand 4 Ω aufweisen?

3.19(2) In einer Kochplatte für die Bemessungsspannung 230 V befinden sich zwei Heizdrähte, von denen jeder den Widerstand R = 66,1 Ω aufweist. Wie können die Drähte geschaltet werden, damit man möglichst viele Leistungsstufen erhält? Welche Leistung ergibt sich bei jeder Schaltung?

3.20(2) Zwei Glühlampen (P_{N1} = 10 W; U_{N1} = 8 V; P_{N2} = 6 W; U_{N2} = 4 V) sollen mit ihren Bemessungsdaten an einem 12-V-Netz betrieben werden. Dies soll mit *einem* zusätzlichen Widerstand erreicht werden. Wie ist er zu schalten und welchen Wert muss er haben? Welche Leistung verbraucht er?

3.21(2) An den Klemmen eines linearen Zweipols wurden bei Leerlauf die Spannung 21 V und bei Belastung mit 1,2 kΩ die Spannung 18 V gemessen. Berechnen Sie die Werte der Ersatzspannungsquelle des Zweipols.

3.22(2) Ein OHMscher Widerstand R = 1,0 Ω und eine Diode 1N4007 in Durchlassrichtung (s. Bild 2.13) werden in Reihenschaltung an einer linearen Stromquelle (I_q = 750 mA; G_i = 125 mS) betrieben. Welcher Arbeitspunkt stellt sich ein? Welche Spannung liegt an der Diode?

3.23(2) Berechnen Sie die Ströme I_1 und I_2 für den geöffneten bzw. geschlossenen Schalter.

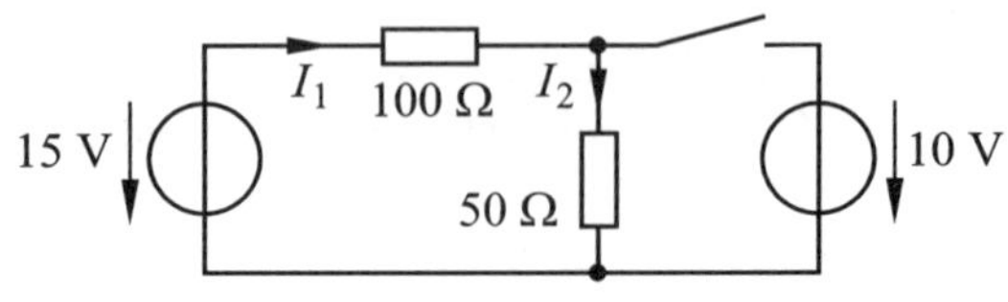

3.5 Überlagerungssatz

Ziele: Sie können
- die Voraussetzungen für die Anwendung des Überlagerungssatzes nennen.
- die Ströme und die Spannungen in einem Netz mit dem Überlagerungssatz berechnen.

Sind in einem linearen Netz mehrere unabhängige Quellen vorhanden, so lässt sich vielfach die Berechnung der Spannungen und Ströme dadurch vereinfachen, dass die Quellen *einzeln* berücksichtigt werden.

> In einem linearen Netz kann jeder Strom und jede Spannung als Summe von Teilströmen bzw. Teilspannungen angegeben werden. Dabei stellt jeder Summand den Beitrag jeweils *einer* unabhängigen Quelle zum Gesamtwert dar.

Dieser Zusammenhang wird **Überlagerungssatz** (HELMHOLTZ[1], 1853) genannt. Voraussetzung für seine Anwendung ist, dass an jedem Element ein linearer Zusammenhang zwischen Strom und Spannung besteht.

Für die Berechnung eines Teilstromes bzw. einer Teilspannung verbleibt jeweils nur *eine* Quelle im Netz. Die übrigen unabhängigen Quellen werden unwirksam gemacht: Eine ideale Spannungsquelle wird durch einen Kurzschluss, eine ideale Stromquelle durch eine Unterbrechung ersetzt.

Gesteuerte Quellen (s. 4.4.2) dürfen nicht unwirksam gemacht werden, sondern müssen stets im Netz bleiben.

Beispiel 3.15
Wir wollen mit dem Überlagerungssatz die Spannung U_1 berechnen.

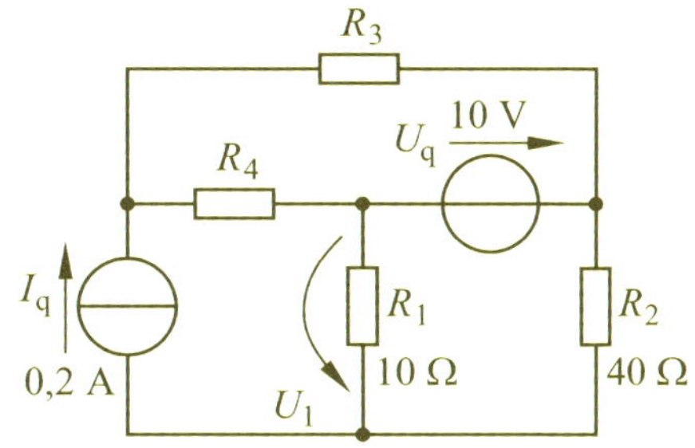

Zunächst betrachten wir nur den Einfluss der Stromquelle und ersetzen die Spannungsquelle durch einen Kurzschluss. Dabei bilden R_1 und R_2 eine Parallelschaltung, durch die der Strom I_q fließt. Die Teilspannung $U_{1(1)}$ ist:

$$U_{1(1)} = \frac{I_{q1}}{G_1 + G_2} = 1{,}6\ \text{V}$$

Nun betrachten wir den Einfluss der Spannungsquelle und ersetzen die Stromquelle durch eine Unterbrechung. Dadurch liegt die Spannungsquelle an der Reihenschaltung aus R_1 und R_2. An dem Widerstand R_1 fällt die Teilspannung $U_{1(2)}$ ab:

$$U_{1(2)} = U_q \cdot \frac{R_1}{R_1 + R_2} = 2{,}0\ \text{V}$$

Die Gesamtspannung U_1 ist:

$$U_1 = U_{1(1)} + U_{1(2)} = 3{,}6\ \text{V}$$

Da weder die Teilspannung $U_{1(1)}$ noch die Teilspannung $U_{1(2)}$ von den Widerständen R_3 und R_4 abhängt, ist auch die Gesamtspannung U_1 von R_3 und R_4 unabhängig.

Der Überlagerungssatz darf nicht auf Leistungen angewendet werden, da diese quadratisch (und somit nicht linear) mit den Strömen und Spannungen zusammenhängen.

Besondere Bedeutung hat der Überlagerungssatz bei Netzen mit Quellen unterschiedlicher Frequenz (s. Band 2, Kap. 9).

Fragen
- Was sagt der Überlagerungssatz aus?
- Unter welchen Voraussetzungen lässt sich der Überlagerungssatz zur Berechnung von Netzwerkgrößen anwenden?
- Welche Netzwerkgrößen können mit dem Überlagerungssatz berechnet werden?

[1] Hermann von Helmholtz, 1821 – 1894

Aufgaben

3.24(2) Zwei lineare Spannungsquellen (U_{q1} = 30 V; R_{i1} = 2 Ω; U_{q2} = 32 V; R_{i2} = 2,5 Ω) speisen in Parallelschaltung den Verbraucher R_V = 10 Ω. Berechnen Sie mit dem Überlagerungssatz die Verbraucherspannung U_V. Wie groß ist die Verbraucherleistung P_V?

3.25(2) Berechnen Sie mit dem Überlagerungssatz den Verbraucherstrom I_V.

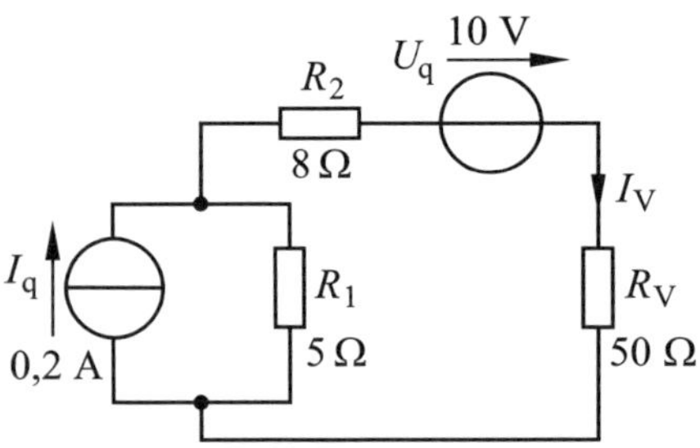

3.6 Anwendungen

3.6.1 Spannungsteiler

Ziele: Sie können
- die Begriffe Spannungsteiler und Potentiometer erläutern.
- die Gleichungen für die Ausgangsspannungen des leerlaufenden und des belasteten Spannungsteilers herleiten.
- ein belastetes Potentiometer dimensionieren.

Ein **Spannungsteiler** *(voltage divider)* dient dazu, von einer Spannung U eine Teilspannung U_2 abzuteilen. Dies geschieht mit zwei Widerständen R_1 und R_2, die entweder fest sind oder – wie beim **Potentiometer** *(potentiometer)* – durch einen Schleifkontakt verstellt werden können.

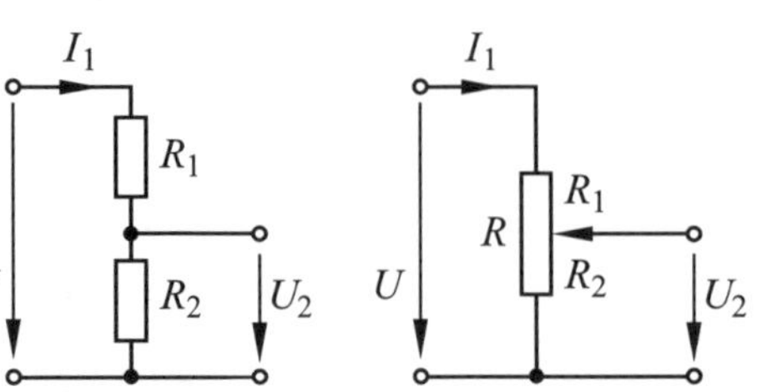

Bild 3.35 Fester Spannungsteiler und Potentiometer

Da die Teilspannung U_2 stets kleiner als die Spannung U ist, wird der Spannungsteiler auch **Abschwächer** *(attenuator)* genannt.

Zur Berechnung der Ausgangsspannung des belasteten Spannungsteilers (Bild 3.36) wird dieser zweckmäßig durch seine *Ersatzspannungsquelle* ersetzt. An die Eingangsklemmen denken wir uns hierzu eine ideale Spannungsquelle mit der Quellenspannung U angeschlossen.
Die Ersatzquellenspannung U_{qe} ist die Ausgangsspannung des unbelasteten Spannungsteilers (Bild 3.35):

$$U_{qe} = U \cdot \frac{R_2}{R_1 + R_2} = U \cdot \frac{R_2}{R} \tag{3.38}$$

Der Ersatzinnenwiderstand R_{ie} ist der Widerstand zwischen den unbelasteten Ausgangsklemmen, wenn man die ideale Spannungsquelle durch einen Kurzschluss ersetzt:

$$R_{ie} = \frac{1}{G_1 + G_2} \tag{3.39}$$

Die Ausgangsspannung U_2 des mit dem Widerstand R_V belasteten Spannungsteilers berechnen wir mit Hilfe der Ersatzspannungsquelle. Nach der Spannungsteilerregel erhalten wir:

$$U_2 = U_{qe} \cdot \frac{R_V}{R_{ie} + R_V} \tag{3.40}$$

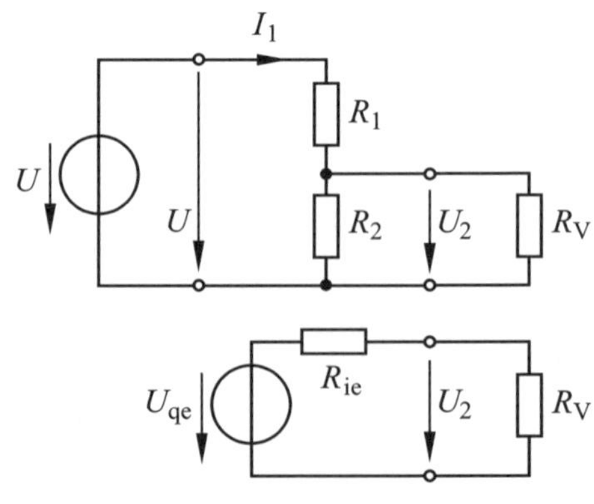

Bild 3.36 Belasteter Spannungsteiler und seine Ersatzschaltung

Die Ausgangsspannung eines Spannungsteilers sinkt bei Belastung auf Werte $U_2 < U_{qe}$ ab. Für $R_V \to \infty$ geht die Gl.(3.40) in die Gl.(3.38) für den leerlaufenden Spannungsteiler über.

Im Folgenden wollen wir uns mit dem Potentiometer befassen. Es hat den Widerstand:

$$R = R_1 + R_2 \tag{3.41}$$

Beim Potentiometer wird die Ausgangsspannung U_2 am einstellbaren Widerstand R_2 abgegriffen. Der Punkt, den der Schleifer berührt, wird **Abzweigpunkt** *(tapping point)* genannt. Wir bezeichnen den Quotienten aus den Widerständen R_2 und R als **Abzweigverhältnis** *(tapping ratio)* a:

$$a = \frac{R_2}{R} \tag{3.42}$$

Wie die Gl.(3.38) zeigt, ist die Ausgangsspannung $U_2 = a\,U$ des unbelasteten Potentiometers linear vom Abzweigverhältnis a abhängig.

Zur Berechnung der Ausgangsspannung U_2 des belasteten Potentiometers setzen wir die Gl.(3.42) und den bezogenen Widerstand

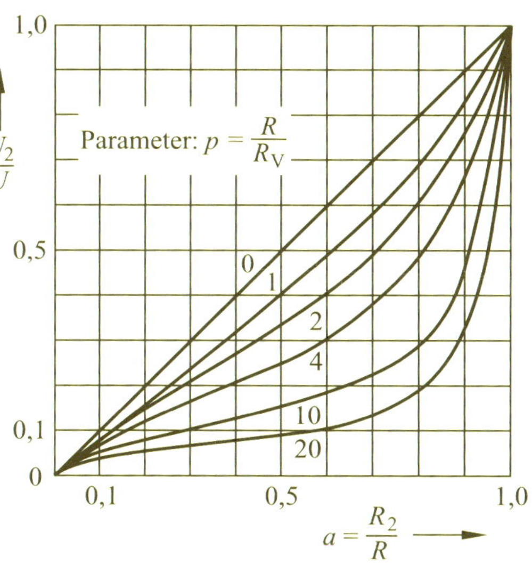

Bild 3.37 Ausgangsspannung des Potentiometers als Funktion des Abzweigverhältnisses a

$$p = \frac{R}{R_V} \tag{3.43}$$

in die Gl.(3.40) ein und erhalten nach einigen Umformungen das Ergebnis:

$$\frac{U_2}{U} = \frac{a}{1 + p\,a\,(1 - a)} \tag{3.44}$$

Wie diese Gleichung und das Bild 3.37 zeigen, ist die Ausgangsspannung des belasteten Potentiometers nicht linear vom Abzweigverhältnis a abhängig. Die Nichtlinearität ist um so stärker ausgeprägt, je kleiner der Widerstand R_V ist, d.h. je stärker das Potentiometer belastet wird.

Nun wollen wir uns mit der Bemessungsleistung P_N des Potentiometers befassen. Das unbelastete Potentiometer nimmt die Leistung auf:

$$P_0 = \frac{U^2}{R} \tag{3.45}$$

Mit $P_N \geqq P_0$ lässt sich das unbelastete Potentiometer problemlos dimensionieren.

Beim *belasteten* Potentiometer fließt im Teilwiderstand R_1 der Strom:

$$I_1 = \frac{U_2}{R_2} + \frac{U_2}{R_V} \tag{3.46}$$

Dieser Strom wird am größten, wenn der Schleifer fast die obere Begrenzung des Potentiometers berührt, also beim Abzweigverhältnis $a \approx 1$:

$$I_{1\max} \approx \frac{U}{R_2} + \frac{U}{R_V} \tag{3.47}$$

Für diesen Strom muss das ganze Potentiometer ausgelegt werden; die erforderliche Leistung ist:

$$P_{\text{erf}} = R\,I_{1\max}^2 \tag{3.48}$$

In diese Gleichung setzen wir die Gl.(3.47) ein und erhalten:

$$P_{erf} = U^2 \cdot \left(\frac{1}{R} + \frac{2}{R_V} + \frac{R}{R_V^2} \right) \qquad (3.49)$$

Die wirtschaftlich günstigste Auslegung des Potentiometers erhält man beim Minimum für die erforderliche Leistung P_{erf}, das wir durch Differenziation bestimmen:

$$\frac{dP_{erf}}{dR} = U^2 \cdot \left(\frac{1}{R_V^2} - \frac{1}{R^2} \right) \qquad (3.50)$$

Für ein Minimum wird dieser Ausdruck gleich Null. Daraus folgt:

$$\boxed{R = R_V} \qquad (3.51)$$

Soll der Stellbereich eines Potentiometers voll ausgenutzt werden, so wird seine Bemessungsleistung $P_N \geqq P_{erf}$ dann ein Minimum, wenn sein Widerstandswert gleich dem des Verbrauchers gewählt wird. Dabei ergibt sich mit der Gl.(3.49):

$$P_N \geqq P_{erf} = \frac{4\,U^2}{R} \qquad (3.52)$$

Praxisbezug 3.6

In der Hochspannungsmesstechnik verwendet man Spannungsteiler zur Messung hoher Gleichspannungen.

Liegt z. B. eine zu messende Gleichspannung 100 kV an dem Spannungsteiler aus 99,9 MΩ und 111,1 kΩ, so zeigt das Messgerät mit dem Widerstand R_M = 1 MΩ die Spannung 100 V an; im Spannungsteiler entsteht dabei die Verlustleistung P_M = 100 W.

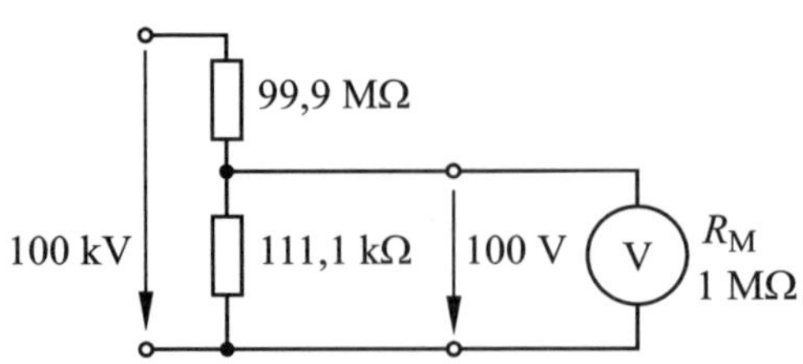

Bild 3.38 Spannungsteiler zur Messung hoher Gleichspannungen ❐

Fragen

- Zeichnen Sie das Schaltbild eines festen und eines einstellbaren Spannungsteilers.
- Wozu dient ein Spannungsteiler? Nennen Sie ein Beispiel.
- Zeigen Sie, wie die Größen der Ersatzspannungsquelle für einen Spannungsteiler bestimmt werden.
- Erläutern Sie, wie die Ausgangsspannung eines belasteten Potentiometers berechnet werden kann.
- Wie verändert sich die Ausgangsspannung eines Potentiometers bei Belastung? Erläutern Sie die Verhältnisse an Hand eines Schaubildes.
- Welcher Teil eines Potentiometers „verbrennt" bei zu hoher Belastung zuerst (Begründung)?

Aufgaben

3.26(1) An eine lineare Quelle ist ein 50-Ω-Potentiometer angeschlossen, dessen Schleifer sich in Mittelstellung befindet. Welche Werte zeigen die Messgeräte bei offenem und bei geschlossenem Schalter an (Annahme: ideale Messgeräte)?

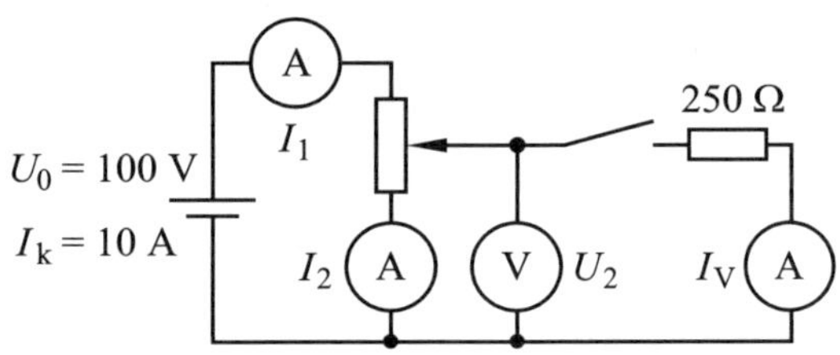

3.27(2) Ein Potentiometer $R = R_1 + R_2 = 1$ kΩ wird an U = 10 V betrieben und mit R_V = 400 Ω belastet (Bild 3.36). Welcher Widerstand R_2 muss eingestellt werden, damit sich die Spannung U_2 = 2,8 V ergibt? Welcher Strom I_1 fließt dabei?

3.28(2) Ein Potentiometer R = 1 kΩ liegt an einer idealen Spannungsquelle U_q = 24 V. Im unbelasteten Zustand werden bei einer bestimmten Schleiferstellung 10 V abgegriffen.

- Um wieviel % geht diese Spannung bei einer Belastung mit R_V = 300 Ω zurück?
- Welcher Verbraucherstrom fließt, und welchen Strom liefert die Quelle?
- Welche Verlustleistung P entsteht im Potentiometer?
- Welche Bemessungsleistung des Potentiometers ist für beliebige Schleiferstellung beim Lastwiderstand R_V = 0,5 kΩ erforderlich?

3.6.2 Brückenschaltungen

Ziele: Sie können
- den Begriff Brückenschaltung erläutern.
- die Ersatzschaltungen für eine spannungsgespeiste und für eine stromgespeiste Brücke angeben.
- die Abgleichbedingung für eine Brücke nennen.
- die Begriffe Viertel-, Halb- und Vollbrücke erläutern.

Eine **Brückenschaltung** *(bridge network)* besteht aus vier Widerständen R_1 ... R_4, die einen Ring bilden. Zwischen zwei gegenüberliegenden Verbindungspunkten von je zwei Widerständen wird in die Brückenschaltung eine konstante Spannung oder ein konstanter Strom eingespeist. Die beiden anderen Verbindungspunkte bilden den Ausgang, an dem sich die Spannung U_A abgreifen lässt.

Ersatzschaltungen

Wir wollen zunächst die Ersatzschaltung der *spannungsgespeisten* Brücke angeben.

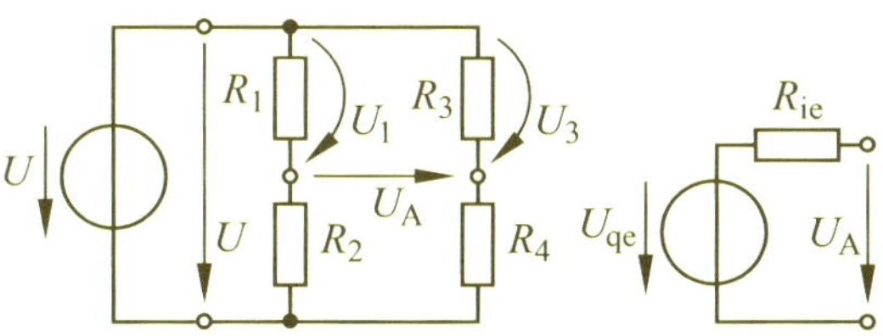

Bild 3.39 Brückenschaltung mit Spannungsspeisung und Ersatzschaltung

Mit der Spannungsteilerregel berechnen wir die Spannungen U_1 und U_3:

$$U_1 = U \cdot \frac{R_1}{R_1 + R_2}; \; U_3 = U \cdot \frac{R_3}{R_3 + R_4} \tag{3.53}$$

Mit dem Maschensatz ergibt sich:

$$U_{qe} = U_3 - U_1 = U \cdot \frac{R_2 R_3 - R_1 R_4}{(R_1 + R_2)\cdot(R_3 + R_4)} \tag{3.54}$$

Für die Berechnung des Innenwiderstandes R_{ie} ersetzen wir die ideale Spannungsquelle durch einen Kurzschluss und berechnen den Widerstand zwischen den Ausgangsklemmen:

$$R_{ie} = \frac{1}{G_1 + G_2} + \frac{1}{G_3 + G_4} \tag{3.55}$$

Nun wollen wir die Ersatzschaltung der *stromgespeisten* Brücke angeben. Ihr Ersatzquellenstrom mit gleichem Bezugssinn wie U_A fließt über die kurzgeschlossenen Ausgangsklemmen.

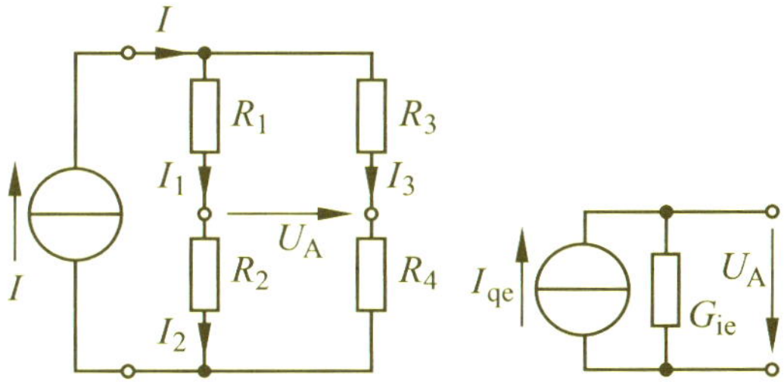

Bild 3.40 Brückenschaltung mit Stromspeisung und Ersatzschaltung

Mit der Stromteilerregel berechnen wir die Ströme I_1 und I_2 der an den Ausgangsklemmen kurzgeschlossenen Brücke:

$$I_1 = I \cdot \frac{G_1}{G_1 + G_3}; \; I_2 = I \cdot \frac{G_2}{G_2 + G_4} \tag{3.56}$$

Mit dem Knotensatz ergibt sich:

$$I_{qe} = I_1 - I_2 = I \cdot \frac{G_1 G_4 - G_2 G_3}{(G_1 + G_3)\cdot(G_2 + G_4)} \tag{3.57}$$

Nun ersetzen wir die ideale Stromquelle durch eine Unterbrechung und berechnen den Innenleitwert G_{ie} als den Leitwert zwischen den Ausgangsklemmen:

$$G_{ie} = \frac{1}{R_1 + R_3} + \frac{1}{R_2 + R_4} \tag{3.58}$$

Abgeglichene Brücke

Bei einer bestimmten Konfiguration der Widerstände R_1 ... R_4 nimmt die Ausgangsspannung den Wert $U_A = 0$ an; man spricht dabei von einer **abgeglichenen Brücke**. Dies bedingt $U_{qe} = 0$ bzw. $I_{qe} = 0$. Wir erhalten die **Abgleichbedingung** aus den Gln.(3.54 bzw. 3.57):

$$\boxed{R_1 R_4 = R_2 R_3} \tag{3.59}$$

Die bekannteste Abgleichbrücke ist die **WHEATSTONE-Brücke**[1] zur Messung eines unbekannten Widerstandes $R_x = R_1$. Bei dieser spannungsgespeisten Brücke ist der Widerstand $R_2 = R_N$ bekannt; die Widerstände R_3 und R_4 werden so lange verändert, bis ein an die Ausgangsklemmen angeschlossenes Amperemeter den Strom Null anzeigt. Mit der Abgleichbedingung ergibt sich:

$$R_x = R_N \frac{R_3}{R_4}$$

Diese Messmethode hat den Vorteil, dass die Spannungslosigkeit mit hoher Genauigkeit überprüft werden kann und die Speisespannung nicht in die Bestimmungsgleichung eingeht. Wegen des aufwändigen Abgleichs ist jedoch die Bedeutung der Abgleichbrücken stark zurückgegangen.

Nicht abgeglichene Brücke

Eine Brücke, die nicht abgeglichen wird, nennt man auch **Ausschlagbrücke**. Derartige Brücken finden in der Messtechnik vielfältige Anwendung.

Der entscheidende Vorteil ist, dass sich kleine Änderungen ΔR eines oder mehrerer Brückenelemente direkt zur Anzeige bringen lassen, wobei gleichsinnige Änderungen *sämtlicher* Widerstände R – z. B. infolge von Erwärmung – nicht stören.

In der Ausschlagbrücke ändern sich einer oder mehrere Widerstände in Abhängigkeit von der zu messenden physikalischen Größe; die Änderung des Widerstandes kann positiv oder negativ sein. Folgende Bezeichnungen sind üblich:

- Ändert sich nur ein Widerstand (und die übrigen sind konstant), so wird die Brücke als **Viertelbrücke** bezeichnet;
- ändern sich zwei Widerstände, so wird die Brücke als **Halbbrücke** bezeichnet;
- ändern sich alle vier Widerstände, so wird die Brücke als **Vollbrücke** bezeichnet.

[1] Sir Charles Wheatstone, 1802 – 1875

Wir wollen uns ausschließlich mit Brücken befassen, die eine lineare Abhängigkeit der Ausgangsspannung von den veränderlichen Widerständen aufweisen; dabei setzen wir voraus, dass die Brücke unbelastet ist.

Jede Viertelbrücke zeigt sowohl bei Speisung mit konstanter Spannung als auch bei Speisung mit konstantem Strom eine nichtlineare Abhängigkeit der Ausgangsspannung U_A von dem veränderlichen Widerstand ΔR.

Bei den in der Tab. 3.1 angegebenen Halbbrücken hängt U_A linear von ΔR ab:

$$U_A = 0{,}5\ I\ \Delta R = 0{,}5\ U \cdot \frac{\Delta R}{R} \tag{3.60}$$

Tabelle 3.1 Lineare Halbbrücken

	R_1	R_2	R_3	R_4	Speisung
1	R	$R+\Delta R$	$R+\Delta R$	R	I
2	R	$R+\Delta R$	R	$R-\Delta R$	I
3	$R-\Delta R$	$R+\Delta R$	R	R	I; U

Bei der Vollbrücke mit $R_1 = R - \Delta R$; $R_2 = R + \Delta R$; $R_3 = R + \Delta R$; $R_4 = R - \Delta R$ ist sowohl für Strom- als auch für Spannungsspeisung die Ausgangsspannung U_A linear von ΔR abhängig:

$$U_A = I\ \Delta R = U \cdot \frac{\Delta R}{R} \tag{3.61}$$

Praxisbezug 3.7

Die Messung einer Kraft wird häufig mit **Dehnungsmessstreifen** *(strain gage)* vorgenommen; ihr Widerstand ändert sich beim Einwirken einer Kraft.

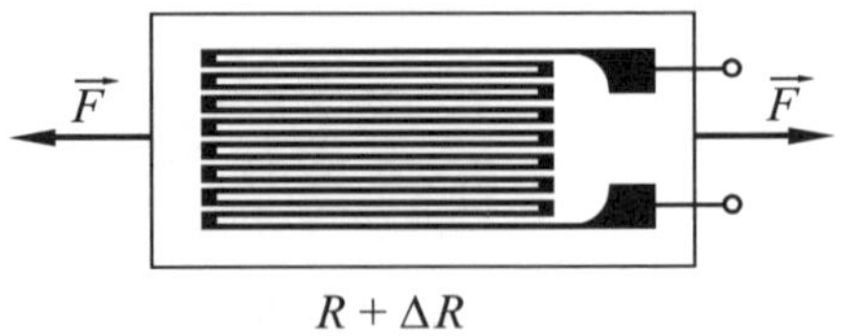

Bild 3.41 Beim Einwirken einer Kraft ändert sich der Widerstand des Dehnungsmessstreifens

Selbstverständlich muss der Dehnungsmessstreifen (DMS) gleichmäßig mit dem Untergrund verklebt sein, der die Kraft aufnimmt. Wirkt eine Zugkraft auf einen Leiter ein, so wird er gedehnt: Seine Länge l nimmt geringfügig um Δl zu, sein Durchmesser geringfügig ab.
Die relative Längenänderung bei Krafteinwirkung wird als **Dehnung** ε (griech. Buchstabe epsilon) bezeichnet:

$$\varepsilon = \frac{\Delta l}{l} \tag{3.62}$$

Wirkt eine Druckkraft auf den Leiter ein, so ist die Dehnung negativ; dies wird auch als **Stauchung** bezeichnet. Die relative Widerstandsänderung ist größer als die Dehnung:

$$\frac{\Delta R}{R} = k\varepsilon \tag{3.63}$$

Der Proportionalitätsfaktor k wird bei Dehnungsmessstreifen als **Empfindlichkeit** k oder auch als **Gage-Faktor** bezeichnet.
Dehnungsmessstreifen werden entweder aus Metalldraht (Drahtdicke 15 ... 25 µm), als Folien-DMS mit geätzten Widerstandsbahnen oder als Dünnschicht-DMS hergestellt. Außerdem gibt es Halbleiter-DMS, bei denen das dehnungsempfindliche Sensorelement aus Silizium besteht.

Die Dehnung des DMS muss im Elastizitätsbereich des Materials erfolgen. Die maximal zulässige Dehnung von Draht- und Folien-DMS liegt im Bereich $\varepsilon = 50 \cdot 10^{-3} \dots 80 \cdot 10^{-3}$; in der Praxis wird eine maximale Dehnung im Bereich $5 \cdot 10^{-3} \dots 8 \cdot 10^{-3}$ gewählt. Eine Überdehnung hat bleibende Verformung oder Zerstörung zur Folge. Der Gage-Faktor liegt bei Draht- und Folien-DMS im Bereich $k = 2 \dots 6$.

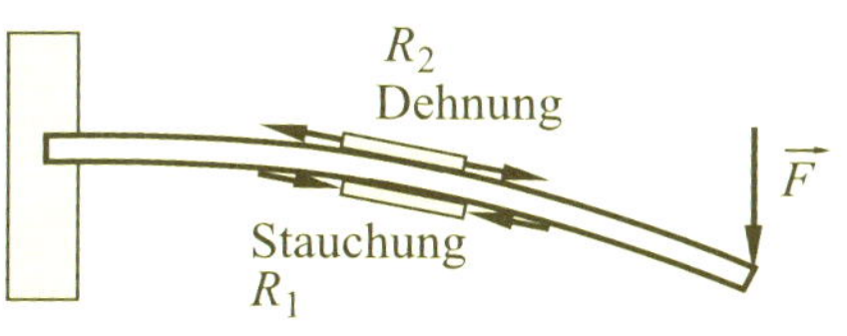

Bild 3.42 Prinzip der Kraftmessung mit zwei entgegengesetzt reagierenden Dehnungsmessstreifen

Bewirkt die Kraft eine Biegung, so lassen sich meist zwei DMS so anordnen, dass einer gedehnt und der andere gestaucht wird (Bild 3.42). Die Auswertung wird zweckmäßig mit einer der Halbbrücken 2 oder 3 (Tab. 3.1) vorgenommen, weil dabei die Ausgangsspannung U_A linear von der Dehnung ε abhängig ist. ❐

Fragen

- Erläutern Sie den Begriff Brückenschaltung.
- Zeigen Sie, wie sich die Elemente der Ersatzschaltung einer spannungsgespeisten und einer stromgespeisten Brücke bestimmen lassen.
- Was versteht man unter einer abgeglichenen Brücke?
- Warum ist es zweckmäßig, kleine Änderungen eines Widerstandes mit einer Ausschlagbrücke zu messen?
- Erläutern Sie die Begriffe Halb- und Vollbrücke.

Aufgaben

3.29(2) Die Brücke wird an eine Konstantspannungsquelle $U = 60$ V angeschlossen.

- Berechnen Sie den Strom I_A.
- Welcher Widerstand ist für einen Abgleich statt des 4,7-kΩ-Widerstandes erforderlich?

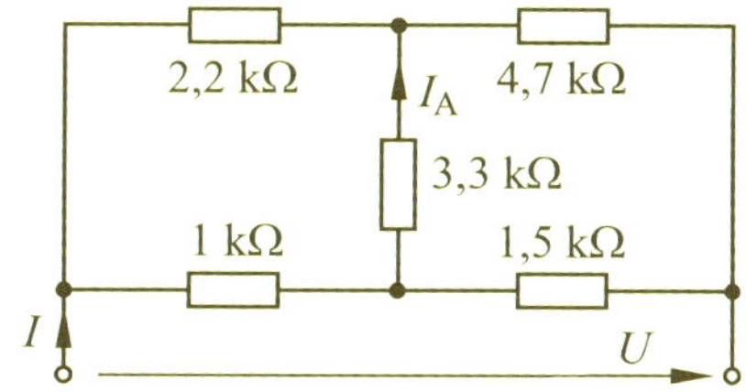

3.30(2) In die Brückenschaltung der Aufgabe 3.29 wird ein konstanter Strom $I = 20$ mA eingespeist. Berechnen Sie den Strom I_A.

3.31(2) Vier Sensoren sind zu einer Vollbrücke zusammengeschaltet. Die Widerstände $R_1 = R - \Delta R$ und $R_4 = R - \Delta R$ nehmen bei einer Signaländerung ab, während dabei die Widerstände $R_2 = R + \Delta R$ und $R_3 = R + \Delta R$ zunehmen.
Jeder Sensor hat den Widerstand $R = 600\ \Omega$; die Speisespannung ist $U = 12$ V. Berechnen Sie die Ausgangsspannung U_A für $\Delta R/R = 5 \cdot 10^{-3}$ und unbelastete Brücke. Welche Ausgangsspannung ergibt sich, wenn sie mit einem Voltmeter gemessen wird, das den Widerstand 1 MΩ hat?

3.6.3 Strom- und Spannungsmessung

Ziele: Sie können
- die Verfahren für die Messbereichserweiterung von Spannungsmessern und Strommessern erläutern.
- den Nebenwiderstand eines Strommessers aus den Messwerkdaten und den Stromstärken berechnen.
- den Vorwiderstand eines Spannungsmessers aus den Messwerkdaten und den Spannungen berechnen.

Bei der Messung eines Stromes I_M nimmt das Messwerk mit dem Widerstand R_M die – wenn auch kleine, so doch unerwünschte – Leistung $P = R_M\, I_M^2$ auf; dadurch werden die Verhältnisse im Stromkreis beeinflusst. Hieraus folgt:

> Der Widerstand eines Strommessers soll möglichst klein sein.

Wenn R_M ein OHMscher Widerstand ist, dann kann das Messwerk wegen $U_M = R_M\, I_M$ auch zur Messung einer Spannung verwendet werden; dabei nimmt es die Leistung $P = U_M^2 \,/\, R_M$ auf. Hieraus folgt:

> Der Widerstand eines Spannungsmessers soll möglichst groß sein.

Für Strom- und Spannungsmessung sind daher Messgeräte mit unterschiedlichen Widerständen erwünscht.

Der Widerstand des Messwerks kann durch die Beschaltung mit einem OHMschen Widerstand beeinflusst werden. Außerdem lässt sich dadurch eine **Messbereichserweiterung** vornehmen: darunter versteht man eine Schaltungsmaßnahme, durch die größere Ströme bzw. Spannungen als mit dem Messwerk selbst gemessen werden können.

Einem Strommesser wird zur Messbereichserweiterung ein **Nebenwiderstand** *(shunt resistor,* kurz: *shunt)* R_N parallelgeschaltet; über ihn fließt ein Teil des zu messenden Gesamtstromes I am Messwerk vorbei (Bild 3.43).

Wir wollen den für einen bestimmten Strom I erforderlichen Nebenwiderstand R_N mit den Größen I_M und R_M des Messwerks berechnen. Mit Hilfe der Stromteilerregel ergibt sich:

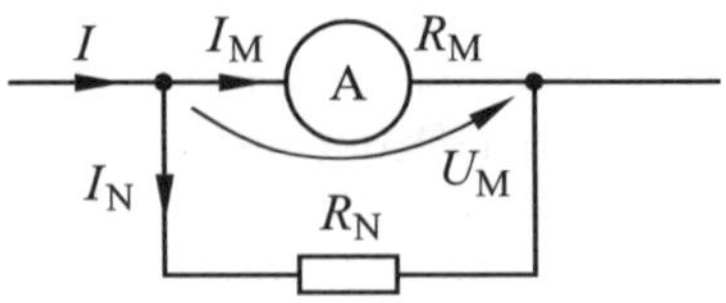

Bild 3.43 Messbereichserweiterung eines Strommessers mit einem Nebenwiderstand

$$\frac{I_M}{I_N} = \frac{G_M}{G_N}$$

Mit $I_N = I - I_M$ erhalten wir den Leitwert:

$$G_N = G_M \cdot \frac{I - I_M}{I_M} = G_M \cdot \left(\frac{I}{I_M} - 1\right) \qquad (3.64)$$

Der Widerstand des gesamten Messgerätes ist gleich dem Ersatzwiderstand der Parallelschaltung von R_M und R_N; er ist also kleiner als R_M. Deshalb eignet sich die Schaltung zur Strommessung.

Bei einem Spannungsmesser verwendet man zur Messbereichserweiterung einen **Vorwiderstand** R_{vor}, an dem ein Teil U_{vor} der zu messenden Spannung U abfällt.

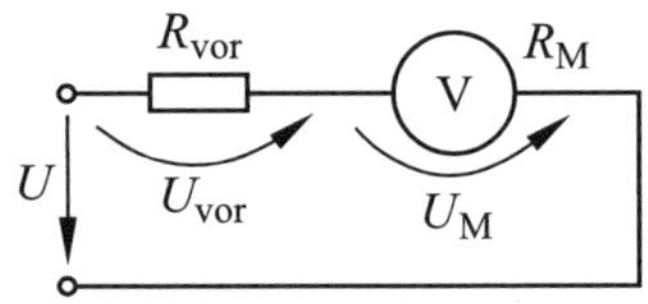

Bild 3.44 Messbereichserweiterung eines Spannungsmessers mit einem Vorwiderstand

Mit Hilfe der Spannungsteilerregel

$$\frac{U_{vor}}{U_M} = \frac{R_{vor}}{R_M}$$

und $U_{vor} = U - U_M$ erhalten wir:

$$R_{vor} = R_M \cdot \frac{U - U_M}{U_M} = R_M \cdot \left(\frac{U}{U_M} - 1\right) \qquad (3.65)$$

Der Widerstand $R_M + R_{vor}$ des gesamten Messgerätes ist größer als R_M; deshalb ist die Schaltung zur Spannungsmessung geeignet.

Praxisbezug 3.8

Ein Messgerät, mit dem die Größen Spannung, Strom und Widerstand gemessen werden können, wird als **Vielfach-Messgerät** *(multimeter)* bezeichnet. Das Bild 3.45 zeigt die Schaltung zur Spannungs- und Strommessung.

Stehen die Schalter S_1 und S_2 in der Stellung „V", so liegt die Spannung U am Teiler 10 MΩ. In der oberen Stellung des Bereichswählers ($U < 0{,}2$ V) gelangt die Spannung direkt zum **Analog-Digital-Wandler** (AD-Wandler), dessen Eingangswiderstand $\gg 10$ MΩ ist und der den Messwert in digitale Form bringt. Für Spannungen $U > 0{,}2$ V wird der Bereichswähler S_3 in eine Stellung gebracht, bei der die Spannung heruntergeteilt wird; in der gezeichneten Stellung werden $10^{-4} \cdot U$ gemessen.

Zur Messung eines Stromes stehen die Schalter S_1 und S_2 in der Stellung „mA"; am AD-Wandler liegt die Spannung, die der Strom an den Widerständen 0,1 Ω … 1000 Ω hervorruft.

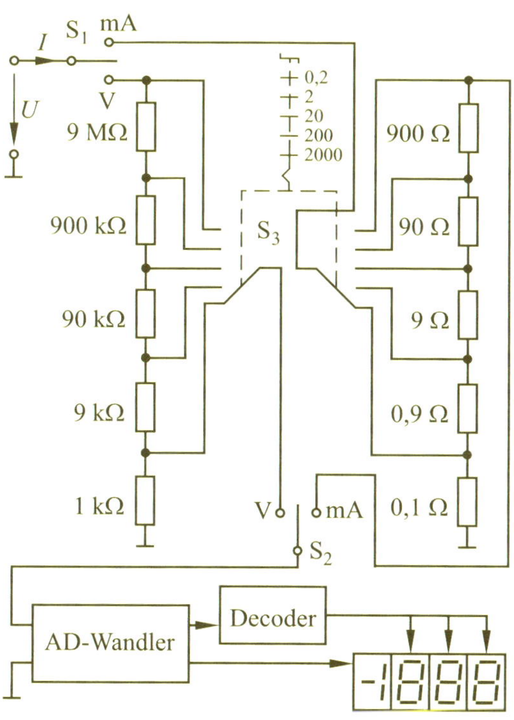

Bild 3.45 Schaltung zur Strom- und Spannungsmessung in einem Vielfach-Messgerät mit AD-Wandler

AD-Wandler sind als **integrierte Bausteine** *(integrated circuit,* IC*)* erhältlich. Der Messwert, der am Ausgang des AD-Wandlers im Binärcode vorliegt, wird von einem Decoder für die 7-Segment-Anzeigebausteine aufbereitet. ❐

Fragen

- Erläutern Sie den Begriff Messbereichserweiterung.
- Wie muss der Widerstand von Strom- und Spannungsmessern grundsätzlich bemessen sein (Begründung)?
- Beschreiben Sie das Verfahren zur Messbereichserweiterung eines Strommessers und leiten Sie die Gleichung für die Berechnung des benötigten Bauelements her.
- Beschreiben Sie das Verfahren zur Messbereichserweiterung eines Spannungsmessers.

Aufgaben

3.32(2) Ein Messwerk zeigt Vollausschlag bei 300 mV. Der Messwerkwiderstand ist 20 Ω.

- Wie groß ist die Leistungsaufnahme des Messwerks bei Vollausschlag?
- Mit welchem Nebenwiderstand kann 1 A gemessen werden? Welche Leistung nimmt dieser Widerstand auf?
- Welcher Vorwiderstand ist für die Messung der Spannung 30 V bei Vollausschlag erforderlich? Welche Leistung nimmt dieser Widerstand auf?

3.33(2) Der Widerstand R soll durch Strom- und Spannungsmessung bestimmt werden. Im ersten Versuch zeigen das Voltmeter (R_{MV} = 100 kΩ) 9,2 V und das Amperemeter 76 mA an.

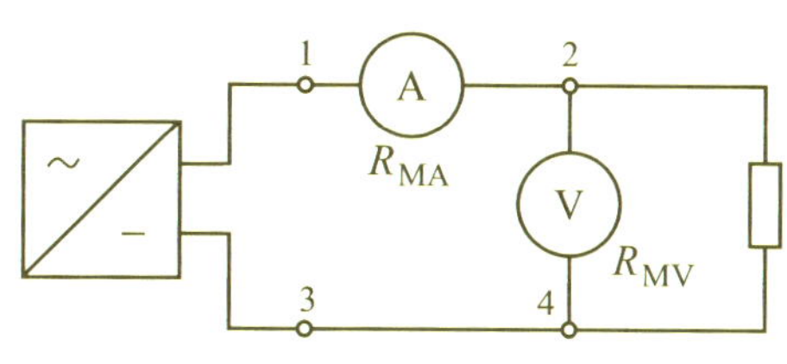

Im zweiten Versuch wird das Voltmeter zwischen die Klemmen 1 und 3 geschaltet. Die Spannung des Netzgerätes wird auf 10,0 V eingestellt; dabei werden am Amperemeter 80 mA abgelesen. Berechnen Sie den Widerstand R und den Messwerkwiderstand R_{MA} des Amperemeters.

4 Zweitore

4.1 Der Begriff Zweitor

Ziele: Sie können
- Anwendungsbeispiele für Zweitore nennen.
- das Schaltzeichen eines Zweitors mit Bezugspfeilen zeichnen.
- die Begriffe Eingangsleistung und Ausgangsleistung erläutern.
- den Unterschied zwischen einem aktiven und einem passiven Zweitor angeben.

Wir wollen uns nun mit Netzen befassen, welche die Verbindung zwischen einem Erzeuger und einem Verbraucher herstellen. Da ein solches Netz *zwei* Tore aufweist, wird es als **Zweitor** *(twoport)* bezeichnet.
Wegen der insgesamt vier Klemmen bzw. Pole wurde ein Zweitor früher auch *Vierpol* genannt.

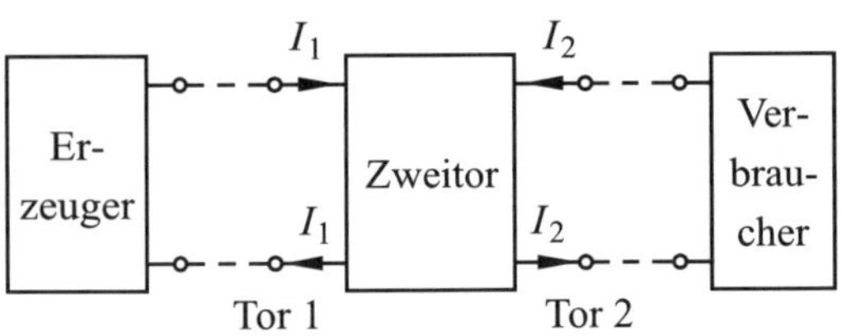

Bild 4.1 Verbindung von Erzeuger und Verbraucher durch ein Zweitor

Ob ein vierpoliges Netz als Zweitor wirkt, ist von seinem Betriebszustand abhängig. Zwei funktionell zusammengehörige Klemmen (kurz: Klemmenpaar) bilden nur dann ein Tor, wenn der Strom *I,* der an *einer* Klemme in das Netz hineinfließt, an der *anderen* Klemme wieder herausfließt. Diese **Strombedingung** muss bei einem Zweitor an jedem Klemmenpaar erfüllt sein.

Die Strombedingung ist von vornherein erfüllt, wenn eine vierpolige Schaltung wie in Bild 4.1 an jedem Klemmenpaar mit genau einem Zweipol beschaltet wird. Ist dies nicht der Fall, so muss geprüft werden, ob die Strombedingung an jedem Klemmenpaar erfüllt ist. Das Bild 4.2 zeigt als Beispiel ein vierpoliges Netz, das *nicht* als Zweitor betrieben wird: Wegen $I_1 \neq I_3$ und $I_2 \neq I_4$ ist die Strombedingung nicht erfüllt.

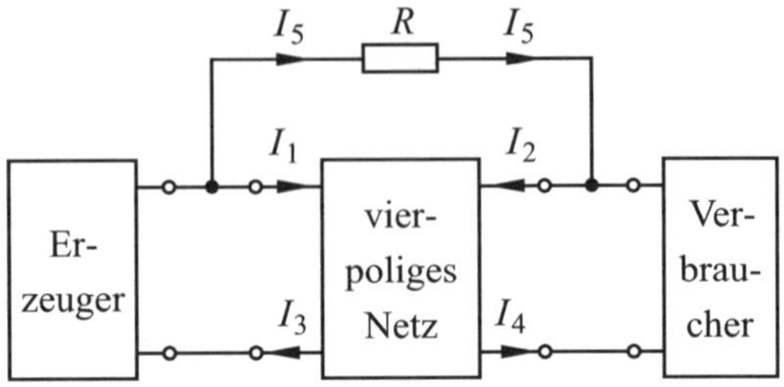

Bild 4.2 Das vierpolige Netz bildet kein Zweitor

Schaltungen, die als Zweitore betrieben werden, finden in vielen Bereichen der Elektrotechnik Verwendung. In der Energietechnik führt z.B. eine *Zweidrahtleitung* dem Verbraucher die Energie des Erzeugers zu, oder ein *Transformator* setzt die Spannung des Erzeugers auf die für den Verbraucher notwendige Höhe um.
In der Nachrichtentechnik wird elektrische Energie übertragen, um eine Nachricht des Senders (Erzeuger) dem Empfänger (Verbraucher) zu übermitteln; dazu kann z.B. eine *Koaxialleitung* dienen. Um die Nachricht auswerten zu können, muss ihre Energie vergrößert und von der gleichzeitig empfangenen Störenergie getrennt werden; hierfür werden *Verstärker-* und *Filterschaltungen* verwendet.

Wie die Beispiele zeigen, fasst man unter dem Begriff Zweitor elektrische Netze zusammen, deren Aufgabe die *Übertragung, Aufbereitung* oder *Verstärkung* elektrischer Energie ist. Bei der Beschreibung des Zweitors braucht deshalb lediglich die Auswirkung auf den *Energiefluss* berücksichtigt zu werden. Während für die vollständige Beschreibung einer *vierpoligen Schaltung* die Beziehungen zwischen drei Strömen und drei Spannungen angegeben werden müssen, werden für die Beschreibung eines *Zweitors* lediglich die Spannungen und Ströme an den Toren verwendet.

Im Allg. wird das Tor 1 mit einem Erzeuger und das Tor 2 mit einem Verbraucher beschaltet, und die Energie fließt vom Tor 1 zum Tor 2 (Bild 4.3). Das Tor 1 wird in diesem Fall als **Eingang** *(input)* und die Leistung $P_1 = U_1 I_1$ als **Eingangsleistung** *(input power)* bezeichnet; das Tor 2 wird als **Ausgang** *(output)* und die Leistung $P_2 = U_2 I_2$ als **Ausgangsleistung** *(output power)* bezeichnet.

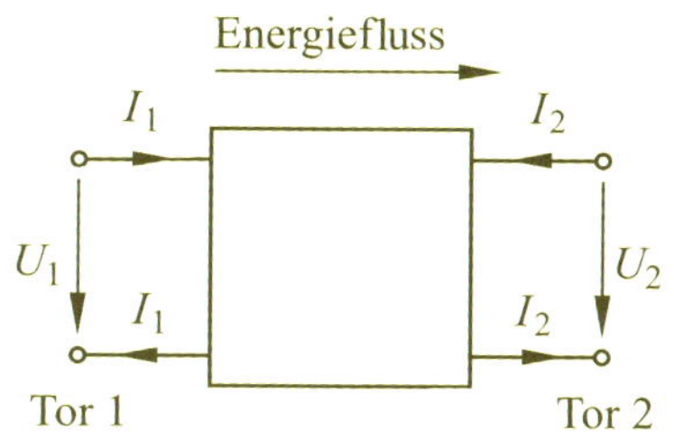

Bild 4.3 Schaltzeichen des Zweitors mit Bezugspfeilen

Eine Spannung zwischen zwei Klemmen verschiedener Tore kann der Zweitorbeschreibung nicht entnommen werden.
Da bei der Zweitorbeschreibung stets vorausgesetzt wird, dass die Strombedingung erfüllt ist, wird der Strom eines Tores nur einmal eingezeichnet; im Bild 4.3 ist dagegen zur Verdeutlichung des Torbegriffs jeder Strom zweimal eingezeichnet.

Im Bild 4.3 haben wir an jedem Tor das *Verbraucher-Pfeilsystem* angewendet. Diese Bepfeilung wird als **symmetrisches Pfeilsystem** (DIN 40 148) bezeichnet; wir werden sie im Folgenden ausschließlich verwenden.

Ein Zweitor, das *unabhängige* Quellen enthält, kann auch dann Energie *abgeben*, wenn es an beiden Toren mit *Verbrauchern* beschaltet ist; ein solches Zweitor wird **aktives Zweitor** genannt.

Ein Zweitor, das *keine* unabhängigen Quellen enthält, wird als **passives Zweitor** bezeichnet; es kann nur dann an einem Tor Energie abgeben, wenn es an dem anderen Tor mit einem Erzeuger beschaltet ist.

Fragen

- Wofür werden Zweitore gebraucht? Nennen Sie Beispiele.
- Zeichnen Sie das Schaltzeichen eines Zweitors mit Bezugspfeilen für die Ströme und die Spannungen.
- Erläutern Sie, unter welchen Bedingungen eine Zweitorbeschreibung gültig ist.
- Was versteht man unter einem aktiven bzw. passiven Zweitor?
- Erläutern Sie die Bezeichnungen Eingang und Ausgang eines Zweitors.
- Kann ein passives Zweitor Energie abgeben?

4.2 Lineare passive Zweitore

Ziele: Sie können

- die Definition für das lineare passive Zweitor nennen.
- die Zweitorgleichungen in der Widerstands- und in der Leitwertform angeben.
- die Zweitorparameter ineinander umrechnen.
- die verschiedenen Möglichkeiten für die Zusammenschaltung von Zweitoren beschreiben.
- zu einem gegebenen Zweitornetz die Parameter berechnen.

4.2.1 Die Zweitorgleichungen

Wir wollen nun an *passiven* Zweitoren, die ausschließlich aus *linearen, passiven* Zweipolen aufgebaut sind, die Abhängigkeit der Ströme von den Spannungen untersuchen. Hierzu führen wir ein Gedankenexperiment durch.

1. Schritt: Wir schließen an das Tor 1 eine ideale Spannungsquelle U_1 an. Vom Tor 2 her gesehen ist die entstandene Schaltung ein aktiver Zweipol, den wir durch seine Ersatzspannungsquelle darstellen (Bild 4.4).
Der dimensionslose Faktor K_1 und der Ersatzinnenwiderstand R_{i1} sind von den Bauelementen und ihrer Schaltung innerhalb des Zweitors abhängig.

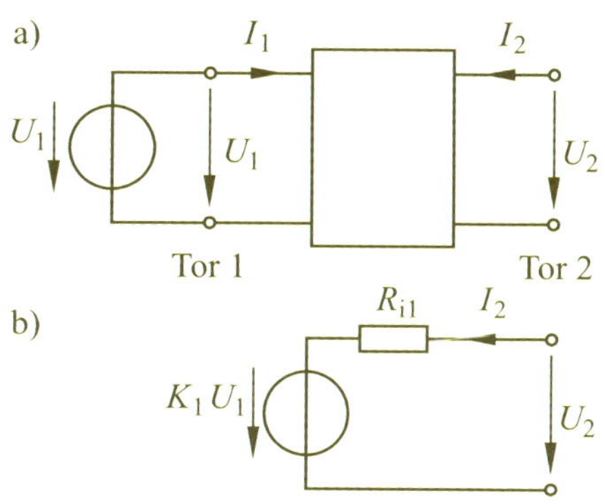

Bild 4.4 Passives Zweitor mit einer Quelle am Tor 1 (a) und seine Ersatzschaltung (b)

2. Schritt: Wir schalten zusätzlich eine ideale Spannungsquelle U_2 an das Tor 2 (Bild 4.5) und berechnen den Strom I_2:

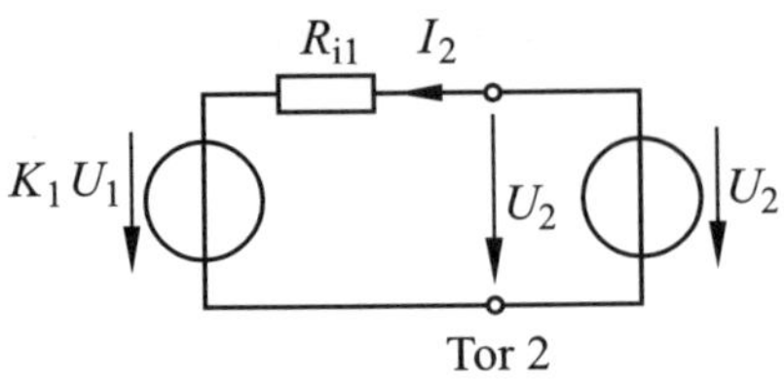

Bild 4.5 Schaltung zur Bestimmung des Einflusses der Spannungen auf den Strom I_2

$$I_2 = \frac{U_2 - K_1 U_1}{R_{i1}} = \left(-\frac{K_1}{R_{i1}}\right) U_1 + \frac{1}{R_{i1}} U_2 \qquad (4.1)$$

3. Schritt: Die Abhängigkeit des Stromes I_1 von den Spannungen bestimmen wir entsprechend. Wir legen zunächst eine ideale Spannungsquelle U_2 an das Tor 2; vom Tor 1 her gesehen ist diese Schaltung ein aktiver Zweipol mit der Ersatzquellenspannung $K_2\,U_2$ und dem Ersatzinnenwiderstand R_{i2}.
Dann legen wir an das Tor 1 zusätzlich eine ideale Spannungsquelle U_1 und berechnen den Strom I_1:

$$I_1 = \frac{1}{R_{i2}} U_1 + \left(-\frac{K_2}{R_{i2}}\right) U_2 \qquad (4.2)$$

Wir haben damit das Ziel unseres Gedankenexperiments erreicht. Die Gln.(4.1 und 4.2) geben an, wie die Ströme des Zweitors von den Spannungen abhängen.
Zur Abkürzung ersetzen wir die Koeffizienten der Spannungen in den Gln.(4.1 und 4.2) durch neue Formelzeichen:

$$Y_{11} = \frac{1}{R_{i2}}\,; \quad Y_{12} = -\frac{K_2}{R_{i2}}$$

$$Y_{21} = -\frac{K_1}{R_{i1}}\,; \quad Y_{22} = \frac{1}{R_{i1}}$$

Die Größen Y_{11}, Y_{12}, Y_{21} und Y_{22} sind konstante Leitwerte mit der Einheit Siemens, die von den Bauelementen und ihrer Schaltung im Zweitor abhängen. Sie werden als **Leitwertparameter** oder kurz als **Y-Parameter** bezeichnet. Mit ihnen erhalten wir die *Leitwertform* der **Zweitorgleichungen**:

$$\begin{aligned} I_1 &= Y_{11}\,U_1 + Y_{12}\,U_2 \\ I_2 &= Y_{21}\,U_1 + Y_{22}\,U_2 \end{aligned} \qquad (4.3)$$

Für die Indizes der Zweitor-Parameter gilt: Der erste Index ist gleich dem Index der *abhängigen* Variablen; der zweite Index ist gleich dem Index der *unabhängigen* Variablen.
In der Leitwertform der Zweitorgleichungen sind die Ströme die *abhängigen* und die Spannungen die *unabhängigen* Variablen. So beschreibt z. B. der Parameter Y_{12} den Einfluss, den die Spannung U_2 auf den Strom I_1 ausübt.

In Matrixform lauten die Gln.(4.3):

$$\begin{bmatrix} I_1 \\ I_2 \end{bmatrix} = \begin{bmatrix} Y_{11} & Y_{12} \\ Y_{21} & Y_{22} \end{bmatrix} \cdot \begin{bmatrix} U_1 \\ U_2 \end{bmatrix} \qquad (4.4)$$

Dabei sind die Y-Parameter zur **Leitwertmatrix** oder kurz **Y-Matrix** zusammengefasst:

$$\boldsymbol{Y} = \begin{bmatrix} Y_{11} & Y_{12} \\ Y_{21} & Y_{22} \end{bmatrix} \qquad (4.5)$$

Die wichtigsten Regeln für das Rechnen mit Matrizen sind im Anhang zusammengestellt.

Beispiel 4.1
Ein Zweitor hat die Parameter $Y_{11} = 0{,}3$ S; $Y_{12} = Y_{21} = -0{,}1$ S; $Y_{22} = 0{,}2$ S. Es ist am Tor 1 mit einer idealen Stromquelle $I_q = 3$ A und am Tor 2 mit dem Widerstand $R_V = 4\ \Omega$ beschaltet. Wir wollen die Ströme, Spannungen und Leistungen an den Toren berechnen.

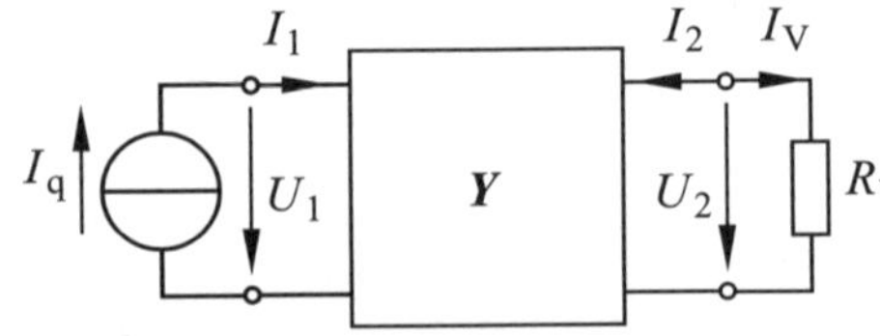

Durch die Beschaltung der Tore stehen uns außer den Zweitorgleichungen noch zwei Zweipolgleichungen zur Verfügung.

Am Tor 1 gilt $I_1 = I_q$; am Tor 2 gilt $U_2 = R_V I_V = -R_V I_2$. Wir setzen dies in die Gln.(4.3) ein:

$$I_q = Y_{11} U_1 + Y_{12} (-R_V I_2)$$

$$I_2 = Y_{21} U_1 + Y_{22} (-R_V I_2)$$

Dieses Gleichungssystem mit den Unbekannten U_1 und I_2 hat die Lösungen:

$$U_1 = 10{,}8 \text{ V} ; \; I_2 = -0{,}6 \text{ A}$$

Für das Tor 1 berechnen wir die Leistung:

$$P_1 = U_1 I_1 = 32{,}4 \text{ W}$$

Wegen $P_1 > 0$ wird die Leistung vom Zweitor aufgenommen.
Mit $U_2 = -R_V I_2 = 2{,}4$ V erhalten wir für das Tor 2 die Leistung:

$$P_2 = U_2 I_2 = -1{,}44 \text{ W}$$

Das negative Vorzeichen zeigt, dass das Zweitor am Ausgang Leistung abgibt. Die Energie fließt also vom Tor 1 zum Tor 2.

Die Summe $P_1 + P_2$ der Leistungen wird im Zweitor, über dessen innere Schaltung wir nichts aussagen können, als Verlustleistung verbraucht.

Will man beschreiben, welchen Einfluss die Ströme I_1 und I_2 auf die Spannungen U_1 und U_2 ausüben, so wählt man die Ströme als *unabhängige* und die Spannungen als *abhängige* Variablen. Die **Zweitorgleichungen** lauten in diesem Fall:

$$\begin{aligned} U_1 &= Z_{11} I_1 + Z_{12} I_2 \\ U_2 &= Z_{21} I_1 + Z_{22} I_2 \end{aligned} \qquad (4.6)$$

Die Koeffizienten der Ströme nennt man **Widerstandsparameter** oder kurz ***Z*-Parameter** des Zweitors. In der Matrixform lauten die Gln.(4.6):

$$\begin{bmatrix} U_1 \\ U_2 \end{bmatrix} = \begin{bmatrix} Z_{11} & Z_{12} \\ Z_{21} & Z_{22} \end{bmatrix} \cdot \begin{bmatrix} I_1 \\ I_2 \end{bmatrix} \qquad (4.7)$$

Die zweispaltige Matrix der Gl.(4.7) wird **Widerstandsmatrix** oder kurz ***Z*-Matrix** genannt. Ihre Elemente lassen sich mit den Gln.(4.3) berechnen, indem man sie nach den Strömen auflöst. Die dadurch entstehende Widerstandsmatrix wird als *inverse Matrix* der Leitwertmatrix bezeichnet; die mathematische Schreibweise hierfür ist:

$$\boldsymbol{Z} = \boldsymbol{Y}^{-1} \qquad (4.8)$$

Setzt man die *Y*-Matrix aus Gl.(4.5) ein und führt ihre *Inversion* (s. Anhang) durch, so erhält man mit $\det Y = Y_{11} Y_{22} - Y_{12} Y_{21}$ das Ergebnis:

$$\boldsymbol{Z} = \frac{1}{\det Y} \begin{bmatrix} Y_{22} & -Y_{12} \\ -Y_{21} & Y_{11} \end{bmatrix} \qquad (4.9)$$

Beispiel 4.2
Wir wollen die inverse Matrix der *Y*-Matrix des Beispiels 4.1 berechnen und mit dieser den Strom I_2 sowie die Spannungen an den Toren ermitteln.

Mit $\det Y = Y_{11} Y_{22} - Y_{12} Y_{21} = 0{,}05 \text{ S}^2$ ergibt sich nach Gl.(4.9) die *Z*-Matrix:

$$\boldsymbol{Z} = \begin{bmatrix} 4 & 2 \\ 2 & 6 \end{bmatrix} \Omega$$

Wir setzen in die zweite Gleichung der Gln.(4.6) die Spannung $U_2 = -R_V I_2$ ein, lösen nach I_2 auf und berechnen:

$$I_2 = \frac{-Z_{21} I_1}{Z_{22} + R_V} = -0{,}6 \text{ A}$$

Die Spannung am Tor 2 ist:

$$U_2 = -R_V I_2 = 2{,}4 \text{ V}$$

Abschließend berechnen wir mit der ersten Gleichung der Gln.(4.6) die Spannung U_1 und erhalten:

$$U_1 = 4\,\Omega \cdot 3 \text{ A} + 2\,\Omega \cdot (-0{,}6 \text{ A}) = 10{,}8 \text{ V}$$

Aufgaben

4.1(1) Bei dem Zweitor im Beispiel 4.1 werden die Zweipole an den Toren vertauscht: Am Tor 1 liegt der Widerstand $R_V = 4\ \Omega$ und am Tor 2 die ideale Stromquelle $I_q = 3$ A.
Berechnen Sie die Ströme, Spannungen und Leistungen an den Toren.

4.2(2) Ein Zweitor mit $Z_{11} = 150\ \Omega$; $Z_{12} = 50\ \Omega$; $Z_{21} = 50\ \Omega$; $Z_{22} = 100\ \Omega$ ist am Tor 1 mit der linearen Spannungsquelle $U_{q1} = 15$ V; $R_{i1} = 2\ \Omega$ und am Tor 2 mit der linearen Spannungsquelle $U_{q2} = 9$ V; $R_{i2} = 0{,}8\ \Omega$ beschaltet.
Berechnen Sie die Ströme, Spannungen und Leistungen an den Toren.

4.2.2 Ersatzzweitore

Werden zwei Zweitore sowohl am Tor 1 als auch am Tor 2 miteinander verbunden, so entsteht eine Schaltung mit zwei Toren, die durch ein **Ersatzzweitor** ersetzt werden kann. Bei der Bezeichnung der Schaltungen nennt man zuerst die Verbindungsart der Tore 1 und dann die der Tore 2.

Wir wollen zunächst die **Reihen-Reihen-Schaltung** betrachten, bei der sowohl die Tore 1 als auch die Tore 2 der Zweitore A und B in Reihe geschaltet sind.

Die Parameter des Ersatzzweitors berechnen wir mit den Z-Parametern, wobei wir voraussetzen,

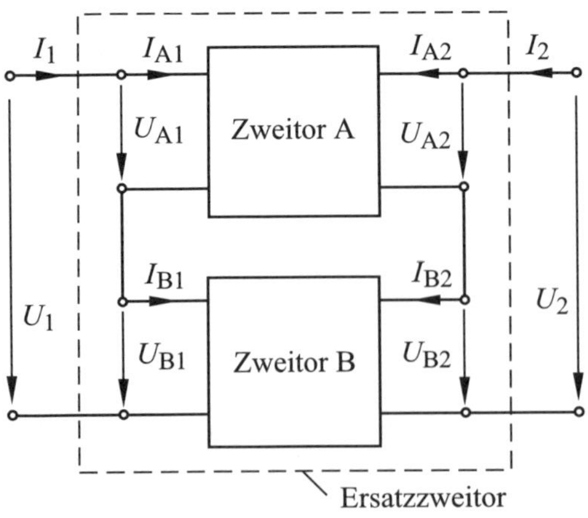

Bild 4.6 Reihen-Reihen-Schaltung von Zweitoren

dass die Strombedingung für jedes Zweitor erfüllt ist. Für die Ströme muss also gelten:

$$I_1 = I_{A1} = I_{B1}\ ; \quad I_2 = I_{A2} = I_{B2} \tag{4.10}$$

Entsprechend den Gln.(4.6) setzen wir an:

$$\begin{aligned} U_{A1} &= Z_{A11}\, I_{A1} + Z_{A12}\, I_{A2} \\ U_{A2} &= Z_{A21}\, I_{A1} + Z_{A22}\, I_{A2} \\ U_{B1} &= Z_{B11}\, I_{B1} + Z_{B12}\, I_{B2} \\ U_{B2} &= Z_{B21}\, I_{B1} + Z_{B22}\, I_{B2} \end{aligned} \tag{4.11}$$

Mit dem Maschensatz berechnen wir die Spannungen U_1 und U_2:

$$U_1 = U_{A1} + U_{B1};\quad U_2 = U_{A2} + U_{B2} \tag{4.12}$$

Wir setzen die Gln.(4.10 und 4.11) in die Gln.(4.12) ein, fassen die Summanden mit gleichem Strom zusammen und erhalten:

$$\begin{aligned} U_1 &= (Z_{A11} + Z_{B11})\, I_1 + (Z_{A12} + Z_{B12})\, I_2 \\ U_2 &= (Z_{A21} + Z_{B21})\, I_1 + (Z_{A22} + Z_{B22})\, I_2 \end{aligned} \tag{4.13}$$

Die Widerstandsmatrix des Ersatzzweitors ist offensichtlich die Summe der beiden Teilmatrizen:

$$\boldsymbol{Z} = \boldsymbol{Z}_A + \boldsymbol{Z}_B \tag{4.14}$$

Für die **Parallel-Parallel-Schaltung** erhält man durch entsprechendes Vorgehen:

$$\boldsymbol{Y} = \boldsymbol{Y}_A + \boldsymbol{Y}_B \tag{4.15}$$

Wie das Bild 4.7 zeigt, gibt es insgesamt vier Schaltungen, in denen zwei Zweitore sowohl am Tor 1 als auch am Tor 2 miteinander verbunden sind. Wie gehen wir nun vor, wenn an einem Tor eine Reihen- und am anderen eine Parallelschaltung vorliegt?

Es hat sich als zweckmäßig erwiesen, bei der Reihenschaltung eine Spannung und bei der Parallelschaltung einen Strom als abhängige Größe zu wählen. Wir wählen also für die **Reihen-Parallel-Schaltung** die abhängigen Größen U_1 und I_2:

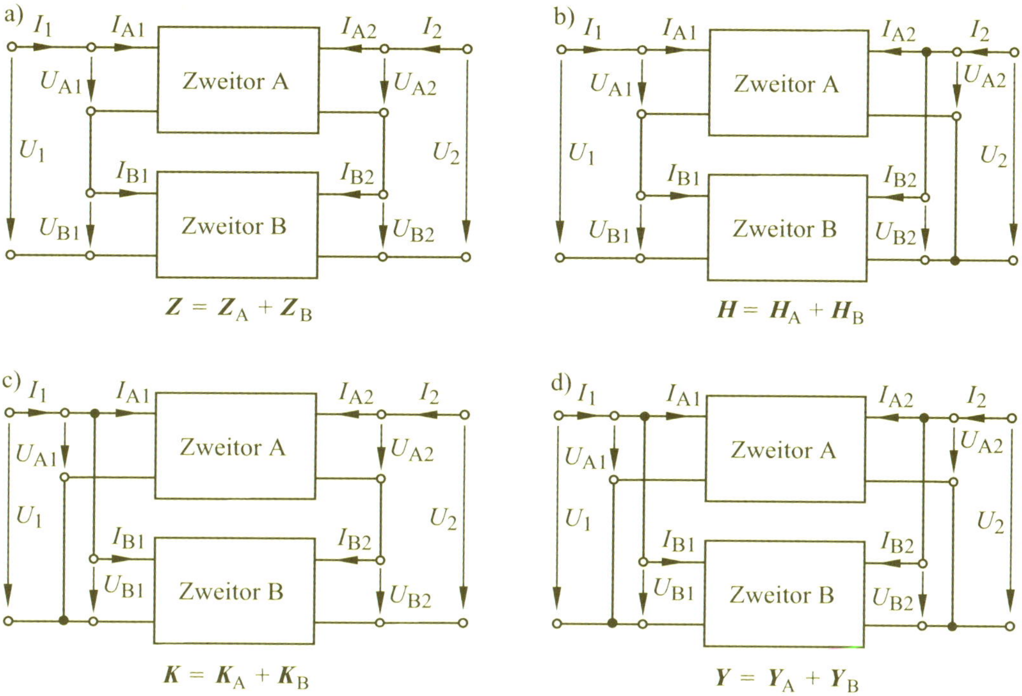

Bild 4.7 Schaltungen von Zweitoren und Berechnung der Matrix des Ersatzzweitors: a) Reihen-Reihen-Schaltung; b) Reihen-Parallel-Schaltung; c) Parallel-Reihen-Schaltung; d) Parallel-Parallel-Schaltung

$$U_1 = H_{11}\, I_1 + H_{12}\, U_2$$

$$I_2 = H_{21}\, I_1 + H_{22}\, U_2 \tag{4.16}$$

Für die **Parallel-Reihen-Schaltung** wählen wir die abhängigen Größen I_1 und U_2:

$$I_1 = K_{11}\, U_1 + K_{12}\, I_2$$

$$U_2 = K_{21}\, U_1 + K_{22}\, I_2 \tag{4.17}$$

In beiden Fällen erhält man die Matrix des Ersatzzweitors als Summe der Teilmatrizen.

In jeder der Gln.(4.16 und 4.17) wird eine Summe aus einem Spannungs- und einem Stromterm gebildet; die zugehörigen Parameter werden deshalb als **Hybrid-Parameter** bezeichnet.

Vor der Addition der Teilmatrizen zur Matrix des Ersatzzweitors muss stets geprüft werden, ob die *Strombedingung* erfüllt ist.

Das Bild 4.8 zeigt als Beispiel eine Reihen-Reihen-Schaltung, bei welcher die Strombedingung *nicht* erfüllt ist. Die Matrix des Ersatzzweitors kann nicht durch Addition der Teilmatrizen, sondern muss auf andere Weise bestimmt werden (s. Abschn. 4.2.3).

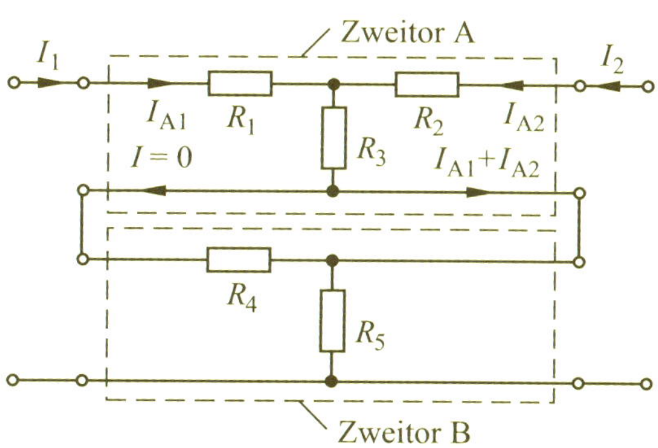

Bild 4.8 Nicht erfüllte Strombedingung bei einer Reihen-Reihen-Schaltung

Bei der **Kettenschaltung** von zwei Zweitoren ist das Tor 1 des Zweitors B direkt mit dem Tor 2 des Zweitors A verbunden.

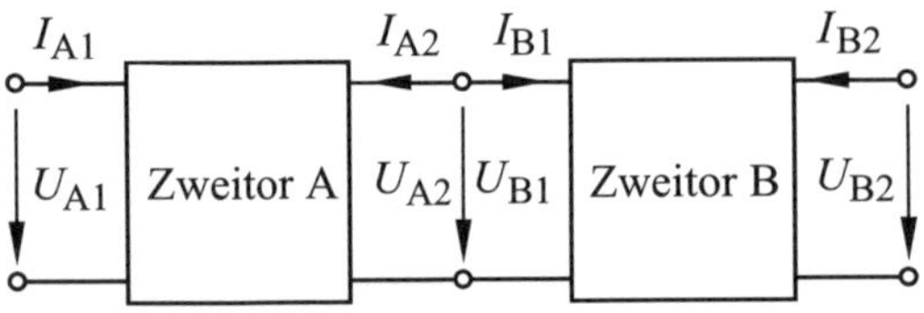

Bild 4.9 Kettenschaltung von zwei Zweitoren

Dabei gilt:

$$U_{A2} = U_{B1}\,; \quad I_{B1} = -I_{A2} \tag{4.18}$$

Für die Kettenschaltung verwendet man zweckmäßig die **Kettenmatrix** (kurz: ***A*-Matrix**). Bei den zugehörigen **Kettengleichungen** sind die Größen am Tor 1 die abhängigen Variablen:

$$\begin{aligned} U_1 &= A_{11}\,U_2 + A_{12}\cdot(-I_2) \\ I_1 &= A_{21}\,U_2 + A_{22}\cdot(-I_2) \end{aligned} \tag{4.19}$$

Die *A*-Matrix des Ersatzzweitors einer Kettenschaltung von zwei Zweitoren ist das Produkt der Teilmatrizen:

$$\boldsymbol{A} = \boldsymbol{A}_A \cdot \boldsymbol{A}_B \tag{4.20}$$

Da bei der Kettenschaltung jedes Zweitor nur an *einem* Tor mit dem anderen verbunden ist, braucht die Strombedingung nicht überprüft zu werden; sie ist hierbei stets erfüllt.
Die Tabelle 4.1 zeigt die Umwandlung der Zweitor-Parameter von einer Form in eine andere.

Tabelle 4.1 Umwandlung der Zweitorparameter

	[*Z*]	[*Y*]	[*A*]	[*H*]	[*K*]
[*Z*]	$\begin{matrix} Z_{11} & Z_{12} \\ Z_{21} & Z_{22} \end{matrix}$	$\begin{matrix} \frac{Y_{22}}{\det Y} & \frac{-Y_{12}}{\det Y} \\ \frac{-Y_{21}}{\det Y} & \frac{Y_{11}}{\det Y} \end{matrix}$	$\begin{matrix} \frac{A_{11}}{A_{21}} & \frac{\det A}{A_{21}} \\ \frac{1}{A_{21}} & \frac{A_{22}}{A_{21}} \end{matrix}$	$\begin{matrix} \frac{\det H}{H_{22}} & \frac{H_{12}}{H_{22}} \\ \frac{-H_{21}}{H_{22}} & \frac{1}{H_{22}} \end{matrix}$	$\begin{matrix} \frac{1}{K_{11}} & \frac{-K_{12}}{K_{11}} \\ \frac{K_{21}}{K_{11}} & \frac{\det K}{K_{11}} \end{matrix}$
[*Y*]	$\begin{matrix} \frac{Z_{22}}{\det Z} & \frac{-Z_{12}}{\det Z} \\ \frac{-Z_{21}}{\det Z} & \frac{Z_{11}}{\det Z} \end{matrix}$	$\begin{matrix} Y_{11} & Y_{12} \\ Y_{21} & Y_{22} \end{matrix}$	$\begin{matrix} \frac{A_{22}}{A_{12}} & \frac{-\det A}{A_{12}} \\ \frac{-1}{A_{12}} & \frac{A_{11}}{A_{12}} \end{matrix}$	$\begin{matrix} \frac{1}{H_{11}} & \frac{-H_{12}}{H_{11}} \\ \frac{H_{21}}{H_{11}} & \frac{\det H}{H_{11}} \end{matrix}$	$\begin{matrix} \frac{\det K}{K_{22}} & \frac{K_{12}}{K_{22}} \\ \frac{-K_{21}}{K_{22}} & \frac{1}{K_{22}} \end{matrix}$
[*A*]	$\begin{matrix} \frac{Z_{11}}{Z_{21}} & \frac{\det Z}{Z_{21}} \\ \frac{1}{Z_{21}} & \frac{Z_{22}}{Z_{21}} \end{matrix}$	$\begin{matrix} \frac{-Y_{22}}{Y_{21}} & \frac{-1}{Y_{21}} \\ \frac{-\det Y}{Y_{21}} & \frac{-Y_{11}}{Y_{21}} \end{matrix}$	$\begin{matrix} A_{11} & A_{12} \\ A_{21} & A_{22} \end{matrix}$	$\begin{matrix} \frac{-\det H}{H_{21}} & \frac{-H_{11}}{H_{21}} \\ \frac{-H_{22}}{H_{21}} & \frac{-1}{H_{21}} \end{matrix}$	$\begin{matrix} \frac{1}{K_{21}} & \frac{K_{22}}{K_{21}} \\ \frac{K_{11}}{K_{21}} & \frac{\det K}{K_{21}} \end{matrix}$
[*H*]	$\begin{matrix} \frac{\det Z}{Z_{22}} & \frac{Z_{12}}{Z_{22}} \\ \frac{-Z_{21}}{Z_{22}} & \frac{1}{Z_{22}} \end{matrix}$	$\begin{matrix} \frac{1}{Y_{11}} & \frac{-Y_{12}}{Y_{11}} \\ \frac{Y_{21}}{Y_{11}} & \frac{\det Y}{Y_{11}} \end{matrix}$	$\begin{matrix} \frac{A_{12}}{A_{22}} & \frac{\det A}{A_{22}} \\ \frac{-1}{A_{22}} & \frac{A_{21}}{A_{22}} \end{matrix}$	$\begin{matrix} H_{11} & H_{12} \\ H_{21} & H_{22} \end{matrix}$	$\begin{matrix} \frac{K_{22}}{\det K} & \frac{-K_{12}}{\det K} \\ \frac{-K_{21}}{\det K} & \frac{K_{11}}{\det K} \end{matrix}$
[*K*]	$\begin{matrix} \frac{1}{Z_{11}} & \frac{-Z_{12}}{Z_{11}} \\ \frac{Z_{21}}{Z_{11}} & \frac{\det Z}{Z_{11}} \end{matrix}$	$\begin{matrix} \frac{\det Y}{Y_{22}} & \frac{Y_{12}}{Y_{22}} \\ \frac{-Y_{21}}{Y_{22}} & \frac{1}{Y_{22}} \end{matrix}$	$\begin{matrix} \frac{A_{21}}{A_{11}} & \frac{-\det A}{A_{11}} \\ \frac{1}{A_{11}} & \frac{A_{12}}{A_{11}} \end{matrix}$	$\begin{matrix} \frac{H_{22}}{\det H} & \frac{-H_{12}}{\det H} \\ \frac{-H_{21}}{\det H} & \frac{H_{11}}{\det H} \end{matrix}$	$\begin{matrix} K_{11} & K_{12} \\ K_{21} & K_{22} \end{matrix}$

Für die Verwendung der unterschiedlichen Arten von Zweitorgleichungen gibt es mehrere Gründe:

- Die Ersatzzweitore der in den Bildern 4.7 und 4.9 dargestellten Schaltungen können jeweils mit einer bestimmten Gleichungsart auf einfache Weise berechnet werden.
- Die Messung der Zweitorparameter ist – besonders bei Wechselstrom – für verschiedene Matrizen mit unterschiedlicher Genauigkeit möglich.
- Es gibt Zweitore, für die bestimmte Matrizen nicht angegeben werden können, weil der Wert eines oder mehrerer Parameter gegen Unendlich geht. Ein Beispiel hierfür ist die ideale Zweidrahtleitung: Ihre Y-Matrix und ihre Z-Matrix existieren nicht.

Bild 4.10 Ideale Zweidrahtleitung

Aufgaben

4.3(1) Wandeln Sie die Z-Matrix aus dem Beispiel 4.2 in die H-Matrix um.

4.4(2) Berechnen Sie die A-Matrix der idealen Zweidrahtleitung.

4.5(3) Ein Zweitor, das aus der Kettenschaltung zweier gleicher Zweitore $H_{11} = 4\,\text{k}\Omega$; $H_{12} = 2 \cdot 10^{-4}$; $H_{21} = 20$; $H_{22} = 20\,\mu\text{S}$ besteht, ist am Tor 1 mit einer idealen Spannungsquelle 6 mV und am Tor 2 mit $R_V = 20\,\text{k}\Omega$ beschaltet. Berechnen Sie die Ströme und Spannungen an seinen Toren.

Praxisbezug 4.1

Die im Bild 4.7 dargestellten Schaltungen bewirken eine **Rückkopplung** *(feed back)*. Die Ausgangsspannung oder der Ausgangsstrom des Zweitors A wird mit dem Zweitor B zum Teil an den Eingang zurückgeführt. Wenn sich dadurch eine Eingangsspannung $U_{A1} < U_1$ bzw. ein Eingangsstrom $I_{A1} < I_1$ ergibt, dann spricht man von einer **Gegenkopplung** *(negative feed back)*, andernfalls von einer **Mitkopplung** *(positive feed back)*.

Bei Transistoren wird z. B. der Arbeitspunkt mit Hilfe einer Gegenkopplung eingestellt; das Bild 4.11 zeigt dies am Beispiel eines JFET (s. Abschn. 8.4.1). Die Gegenkopplung in Reihen-Reihen-Schaltung bewirkt auch, dass die Temperaturabhängigkeit des Arbeitspunktes verringert wird.

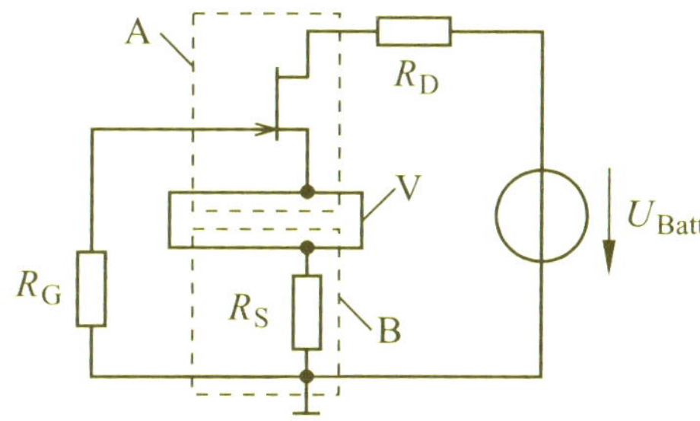

Bild 4.11 Einstellung des Arbeitspunktes bei einem JFET mit Hilfe einer Gegenkopplung in Reihen-Reihen-Schaltung

Die Strombedingung ist erfüllt, denn es können sich die Ströme $I_{A1} = I_{B1}$ und $I_{A2} = I_{B2}$ einstellen.

Die Verbindung V ist im Bild 4.11 so eingezeichnet, dass man die Reihen-Reihen-Schaltung der beiden Zweitore leicht erkennen kann. In der Praxis wird der Widerstand direkt mit dem JFET verbunden gezeichnet. ❐

4.2.3 Bestimmung der Zweitorparameter

Wir wollen nun zeigen, wie man die Parameter eines zweitorigen Netzes berechnet, das linear und passiv ist, also keine unabhängigen Quellen enthält.

Zur Bestimmung der Parameter stellen wir uns die *unabhängigen* Variablen der Zweitorgleichung als Quellengrößen von unabhängigen idealen Quellen vor und wenden den Überlagerungssatz (s. 3.5) an: Dabei ist jeweils nur *eine* Quelle wirksam; die andere wird durch einen Kurzschluss bzw. durch eine Unterbrechung ersetzt.

Wir wollen das Vorgehen an einem Zweitor zeigen, dessen H-Parameter bestimmt werden sollen. Wie die Gln.(4.16) zeigen, sind I_1 und U_2 die unabhängigen Variablen.

Wir denken uns an das Tor 1 eine ideale Stromquelle und an das Tor 2 eine ideale Spannungsquelle geschaltet, welche die durch die unabhängigen Variablen beschriebenen Größen erzeugen.

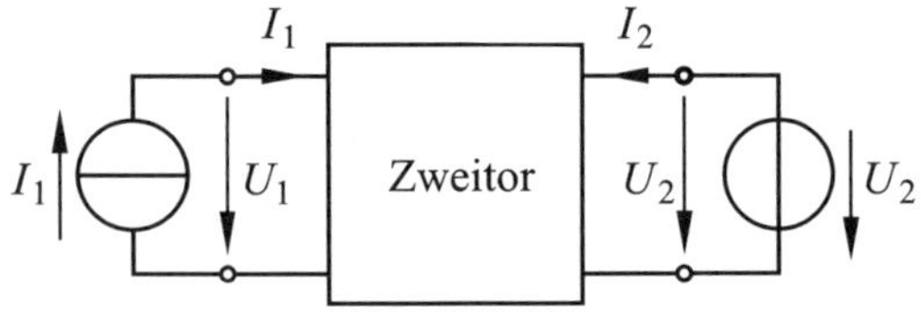

Bild 4.12 Zur Bestimmung der H-Parameter beschaltetes Zweitor

1. Schritt: Wir ersetzen die Spannungsquelle am Tor 2 durch einen Kurzschluss; dadurch ergibt sich $U_2 = 0$. Aus der 1. Zweitorgleichung folgt:

$$H_{11} = \left.\frac{U_1}{I_1}\right|_{U_2=0} \tag{4.21}$$

H_{11} ist also der Ersatzwiderstand am Tor 1 bei Kurzschluss am Tor 2.

2. Schritt: Wir berechnen mit der 2. Zweitorgleichung für Kurzschluss am Tor 2:

$$H_{21} = \left.\frac{I_2}{I_1}\right|_{U_2=0} \tag{4.22}$$

Die Größen I_2 und I_1 sind unterschiedlichen Toren zugeordnet. Der gesuchte Parameter lässt sich mit einer Gleichung berechnen, in der die beiden Größen I_2 und I_1 miteinander verknüpft sind.

3. Schritt: Wir ersetzen die Stromquelle am Tor 1 durch eine Unterbrechung; dadurch ergibt sich $I_1 = 0$. Aus der 2. Gleichung der Gln.(4.16) folgt:

$$H_{22} = \left.\frac{I_2}{U_2}\right|_{I_1=0} \tag{4.23}$$

Der Parameter H_{22} ist also der Ersatzleitwert am Tor 2 bei Leerlauf am Tor 1.

4. Schritt: Wir berechnen mit der 1. Zweitorgleichung für eine Unterbrechung am Tor 1:

$$H_{12} = \left.\frac{U_1}{U_2}\right|_{I_1=0} \tag{4.24}$$

Den Parameter H_{12} berechnen mit Hilfe einer Gleichung, in der die beiden Größen U_1 und U_2 miteinander verknüpft sind.

Beispiel 4.3
Wir wollen die H-Matrix der Π-Schaltung (Π: griech. Buchstabe Pi) berechnen.

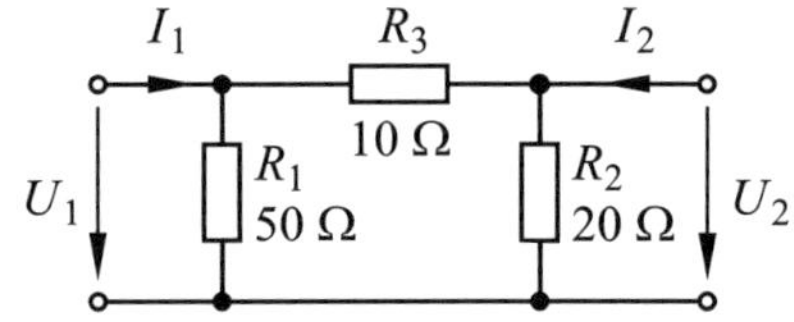

Zuerst schließen wir das Tor 2 kurz, um H_{11} und H_{21} zu berechnen; durch diesen Kurzschluss wird der Widerstand R_2 unwirksam. Der Parameter H_{11} ist der Ersatzwiderstand am Tor 1 bei Kurzschluss am Tor 2 ($U_2 = 0$):

$$H_{11} = \left.\frac{U_1}{I_1}\right|_{U_2=0} = \frac{1}{G_1 + G_3} = 8{,}33\ \Omega$$

Fließt in das Tor 1 ein Strom I_1, so gilt:

$$U_1 = \frac{I_1}{G_1 + G_3} = -R_3 I_2$$

Damit berechnen wir:

$$H_{21} = \left.\frac{I_2}{I_1}\right|_{U_2=0} = \frac{1}{-R_3(G_1 + G_3)} = -0{,}833$$

Nun lassen wir das Tor 2 unbeschaltet, um die Parameter H_{22} und H_{12} zu berechnen. Der Parameter H_{22} ist der Ersatzleitwert am Tor 2 bei Leerlauf am Tor 1 ($I_1 = 0$):

$$H_{22} = \left.\frac{I_2}{U_2}\right|_{I_1=0} = G_2 + \frac{1}{R_1 + R_3} = 66{,}67\ \text{mS}$$

Mit der Spannungsteilerregel berechnen wir:

$$H_{12} = \left.\frac{U_1}{U_2}\right|_{I_1=0} = \frac{R_1}{R_1 + R_3} = 0{,}833$$

Damit lautet die H-Matrix der Π-Schaltung:

$$\boldsymbol{H} = \begin{array}{|c|c|}\hline H_{11} & H_{12} \\ \hline H_{21} & H_{22} \\ \hline \end{array} = \begin{array}{|c|c|}\hline 8{,}33\ \Omega & 0{,}833 \\ \hline -0{,}833 & 66{,}67\ \text{mS} \\ \hline \end{array}$$

Bei der *messtechnischen* Bestimmung der Zweitorparameter wird im Prinzip das gleiche Verfahren wie bei der rechnerischen Bestimmung angewendet. Als Beispiel zeigt das Bild 4.13 eine Schaltung zur Bestimmung von Y_{11} und Y_{21}.

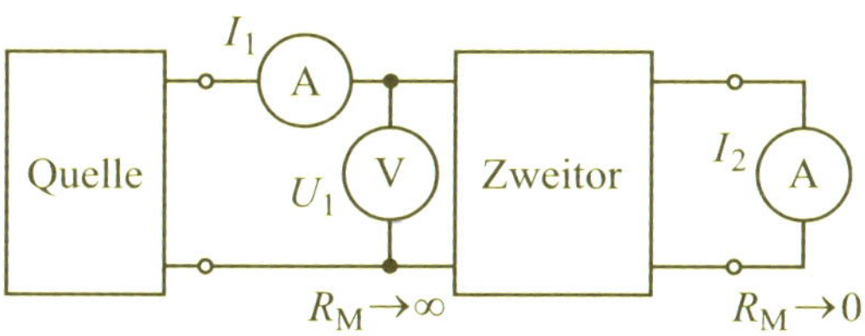

Bild 4.13 Schaltung zur Bestimmung von Y_{11} und Y_{21}

Die Bestimmung von Z_{11} und Z_{21} kann mit der Schaltung 4.14 durchgeführt werden.

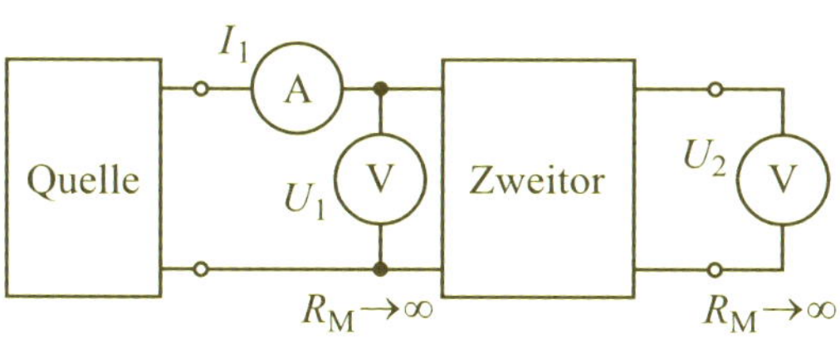

Bild 4.14 Schaltung zur Bestimmung von Z_{12} und Z_{22}

Beim messtechnischen Verfahren müssen die Widerstände der *Messgeräte* beachtet werden. In der Schaltung 4.13 ist ein vernachlässigbar kleiner Widerstand R_M des Amperemeters am Tor 2 erforderlich, weil mit ihm dieses Tor kurzgeschlossen werden soll. In der Schaltung 4.14 muss das Voltmeter am Tor 2 einen sehr hohen Widerstand R_M haben, damit der Leerlauf an diesem Tor genügend gut angenähert wird.

4.2.4 Leistungen am Zweitor

Wir wollen nun die Leistungsübertragung durch ein Zweitor untersuchen, das am Tor 1 mit einer *linearen* Quelle und am Tor 2 mit einem *linearen* Verbraucher beschaltet ist. Da wir im Folgenden das Zweitor durch seine Y-Matrix beschreiben, verwenden wir eine lineare Stromquelle mit den Kennwerten I_q und G_i sowie einen Leitwert G_V.

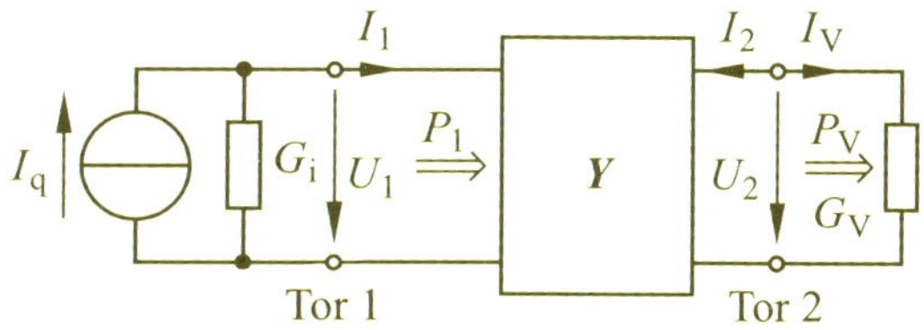

Bild 4.15 Mit einer linearen Quelle und einem linearen Verbraucher beschaltetes Zweitor

Wir wollen zunächst die Leistung P_1 am Tor 1 berechnen. Dazu trennen wir die Schaltung an diesem Tor auf und bestimmen den Ersatzleitwert G_{Ve} für das mit G_V abgeschlossene Zweitor. Hierfür stehen uns die Zweitorgleichungen (4.3) und die Zweipolgleichung des Verbrauchers zur Verfügung:

$$I_1 = Y_{11}\, U_1 + Y_{12}\, U_2$$

$$I_2 = Y_{21}\, U_1 + Y_{22}\, U_2$$

$$I_V = -I_2 = G_V\, U_2 \qquad (4.25)$$

Aus diesem Gleichungssystem eliminieren wir die Variablen I_2 und U_2 und erhalten *eine* Gleichung mit den Variablen I_1 und U_1, die wir nach dem gesuchten Ersatzleitwert G_{Ve} auflösen:

$$G_{Ve} = \frac{I_1}{U_1} = Y_{11} - \frac{Y_{12}\, Y_{21}}{Y_{22} + G_V} \qquad (4.26)$$

An den Ersatzleitwert G_{Ve} schließen wir die lineare Stromquelle an und berechnen die Leistung P_1:

$$P_1 = U_1^2\, G_{Ve} = \frac{I_q^2}{(G_i + G_{Ve})^2}\, G_{Ve} \qquad (4.27)$$

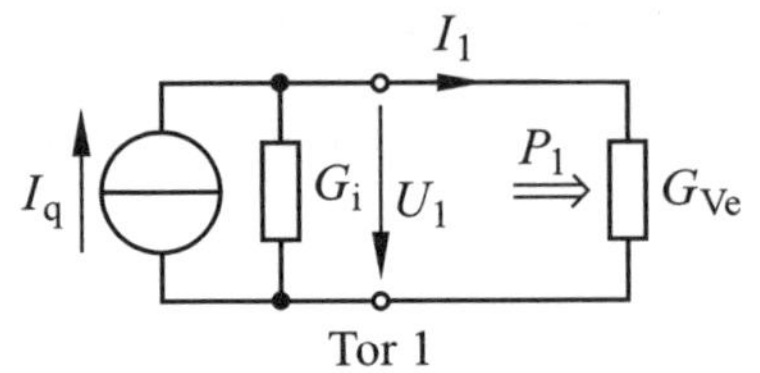

Bild 4.16 Lineare Spannungsquelle mit dem Ersatzzweipol G_{Ve}

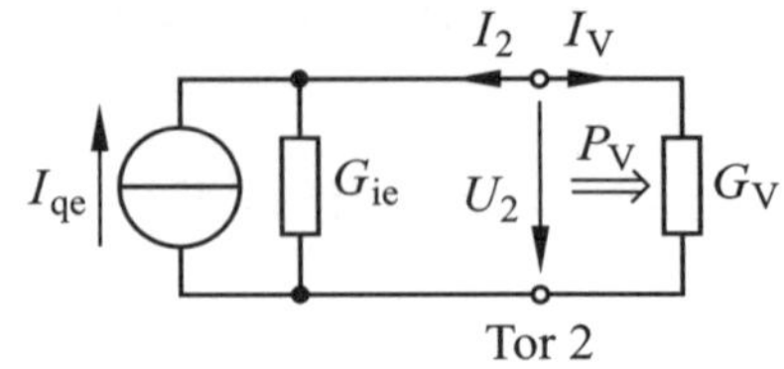

Bild 4.17 Schaltung zur Berechnung von P_V

Nun wollen wir die Leistung berechnen, die dem *Verbraucher* zugeführt wird. Hierzu trennen wir die Schaltung 4.15 am Tor 2 auf und bestimmen die Ersatzstromquelle mit den Kennwerten I_{qe} und G_{ie} für das mit der linearen Quelle beschaltete Zweitor.

Für die Berechnung des Leitwerts G_{ie} ersetzen wir die ideale Stromquelle I_q durch eine Unterbrechung und erhalten dadurch die Zweipolgleichung:

$$I_1 = -G_i\, U_1 \tag{4.28}$$

Außerdem stehen uns die Zweitorgleichungen (4.3) zur Verfügung. Wir eliminieren I_1 und U_1 aus diesen drei Gleichungen und berechnen:

$$G_{ie} = \frac{I_2}{U_2} = Y_{22} - \frac{Y_{12}\, Y_{21}}{Y_{11} + G_i} \tag{4.29}$$

Der Ersatzquellenstrom ist der Kurzschlussstrom am Tor 2. Für $U_2 = 0$ erhalten wir die Zweitorgleichungen:

$$I_1 = Y_{11}\, U_1\, ; \quad I_2 = Y_{21}\, U_1 \tag{4.30}$$

Außerdem gilt am Tor 1:

$$I_1 = I_q - G_i\, U_1 \tag{4.31}$$

Wir eliminieren I_1 und U_1 aus diesen drei Gleichungen und erhalten:

$$I_{qe} = -I_2\Big|_{U_2=0} = -I_q \cdot \frac{Y_{21}}{Y_{11} + G_i} \tag{4.32}$$

Damit berechnen wir die Leistung, die zum Verbraucher übertragen wird:

$$P_V = U_2^2\, G_V = \frac{I_{qe}^2}{(G_{ie} + G_V)^2}\, G_V \tag{4.33}$$

Nun wollen wir untersuchen, unter welchen Bedingungen eine *möglichst große* Leistung vom Erzeuger zum Verbraucher übertragen wird.

Bei *Zweipolen* haben wir gezeigt: Die maximale Leistung wird bei *Anpassung* übertragen; dabei sind der Innenwiderstand der Quelle und der Verbraucherwiderstand gleich.

Beim Zweitor ist das Problem komplizierter, weil entweder am Eingang oder am Ausgang oder an *beiden* Toren Anpassung vorliegen kann.

Oft liegt der Fall vor, dass die Eigenschaften der *Quelle* (I_q ; G_i) und die des Zweitors (z.B. die *Y*-Matrix) gegeben sind. Dann besteht nur die Möglichkeit, für Anpassung am Ausgang zu sorgen und hierzu $G_V = G_{ie}$ einzustellen.

Setzen wir diese Bedingung in die Gl.(4.33) ein, so wird die unter den gegebenen Verhältnissen *optimale* Leistung P_{Vopt} übertragen:

$$P_{Vopt} = \frac{I_{qe}^2}{4\, G_{ie}} < P_{Vmax} \tag{4.34}$$

Diese Leistung ist kleiner als die *maximal* zum Verbraucher übertragbare Leistung P_{Vmax}, für deren Übertragung auch am *Eingang* des Zweitors Anpassung vorliegen muss. Dies ist der Fall für $G_i = G_{Ve}$. Wir setzen diese Bedingung in die Gl.(4.27) ein und erhalten:

$$P_{1max} = \frac{I_q^2}{4\, G_i} \tag{4.35}$$

Die Leistungen P_{1max} und P_V sind beide vom Quellenstrom I_q abhängig. Dagegen ist der *Quotient* aus P_V und P_{1max} von I_q unabhängig. Dieser Quotient hängt nur von den Parametern des Zweitors und den Widerständen bzw. Leitwerten der Zweipole ab und eignet sich deswegen gut zur Beschreibung des Schaltungs-Einflusses auf die Energieübertragung. Man bezeichnet ihn als **Leistungsverstärkung** v:

$$\boxed{v = \frac{P_V}{P_{1max}}} \qquad (4.36)$$

Wir setzen die Gln.(4.29, 4.32, 4.33 und 4.35) in die Gl.(4.36) ein und erhalten nach einigen Umformungen:

$$v = \frac{4\,Y_{21}^2\,G_i\,G_V}{\left[(Y_{11}+G_i)\,(Y_{22}+G_V)-Y_{12}Y_{21}\right]^2} \qquad (4.37)$$

Für Anpassung am Eingang *und* am Ausgang wird die Leistungsverstärkung maximal.

Fragen

- Wie berechnet man die Zweitorparameter einer gegebenen Schaltung?
- Wie lauten die Zweitorgleichungen in der Leitwertform?
- Welche Parameter verwendet man zweckmäßig für die Berechnung des Ersatzzweitors einer Reihen-Parallel-Schaltung von Zweitoren?
- Nennen Sie Gründe für die Verwendung unterschiedlicher Zweitorparameter.
- Erläutern Sie den Begriff Kettenschaltung von Zweitoren.
- Nennen Sie ein Beispiel für eine Hybridform der Zweitorgleichungen.
- Bei welchen Zweitor-Schaltungen muss stets geprüft werden, ob die Strombedingung erfüllt ist?
- Nennen Sie ein Beispiel für ein Zweitor, für das bestimmte Matrizen nicht angegeben werden können.
- Ein Zweitor ist am Tor 2 mit einer Quelle und am Tor 1 mit einem Verbraucher beschaltet. Welche Energieflussrichtung stellt sich ein?
- Wie ist die Leistungsverstärkung definiert?
- Unter welchen Voraussetzungen wird einem Verbraucher über ein Zweitor die maximale Leistung zugeführt?

Aufgaben

4.6(1) Berechnen Sie die Z-Matrix des Zweitors B in Bild 4.11. Existiert die Y-Matrix?

4.7(2) Berechnen Sie die Z-Matrix und die A-Matrix der Schaltung 4.8.

4.8(2) Ersetzen Sie im Bild 4.2 das vierpolige Netz durch ein dreipoliges. Zeigen Sie, dass dieses Netz als Zweitor wirkt und dass die gesamte Verbindungsschaltung eine Parallel-Parallel-Schaltung von zwei Zweitoren darstellt.

4.9(2) An einem Zweitor werden folgende Spannungen und Stromstärken gemessen

- bei Kurzschluss am Tor 2:

  $U_1 = 1\text{ V};\ I_1 = 0{,}8\text{ A};\ I_2 = -0{,}12\text{ A}$
- bei Leerlauf am Tor 1:

  $U_1 = 0{,}3\text{ V};\ U_2 = 2\text{ V};\ I_2 = 1{,}66\text{ A}$

Berechnen Sie die Zweitorparameter.

4.10(2) Berechnen Sie die K-Parameter des Zweitors.

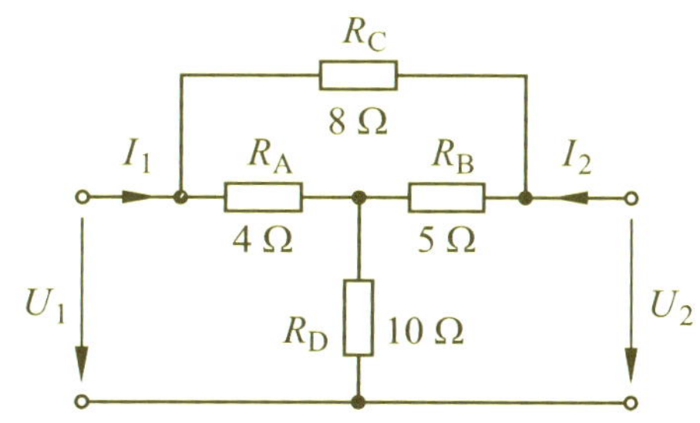

4.11(2) Berechnen Sie die Y-Parameter der Brückenschaltung 3.39, wobei die Spannung U am Tor 1 und die Spannung U_A am Tor 2 liegt.

4.12(2) Berechnen Sie die Ströme und Spannungen am Zweitor sowie die Leistungsverstärkung.

$$\boldsymbol{Z} = \begin{bmatrix} 2 & 1 \\ 1 & 3 \end{bmatrix} \Omega$$

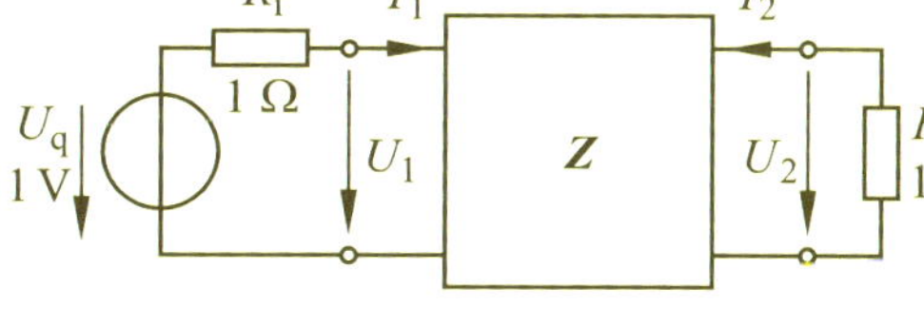

4.3 Nichtlineare passive Zweitore

4.3.1 Beschreibung mit Kennlinienfeldern

Ziele: Sie können

- den Begriff nichtlineares Zweitor erläutern.
- ein Schaltzeichen des Bipolartransistors skizzieren und die Anschlüsse benennen.
- die drei Möglichkeiten für die Torbildung am Transistor angeben.
- die Kennlinienfelder eines Transistors in Emitterschaltung skizzieren.
- den Begriff Gleichstromverstärkung eines Transistors in Emitterschaltung erläutern.

Bei **nichtlinearen Zweitoren** können die Zusammenhänge zwischen den Spannungen und Strömen an den Toren *nicht* durch lineare Gleichungen beschrieben werden; die Zweitorparameter sind nicht konstant, sondern strom- oder spannungsabhängig.

Am Beispiel des **Bipolartransistors** *(bipolar junction transistor,* BJT*)* wollen wir zeigen, wie nichtlineare Zweitore beschrieben werden und wie sich einfache Transistorschaltungen berechnen lassen.

Bipolartransistoren sind Halbleiterbauelemente mit drei Anschlüssen, von denen es zwei Arten gibt, den NPN-Transistor und den PNP-Transistor.

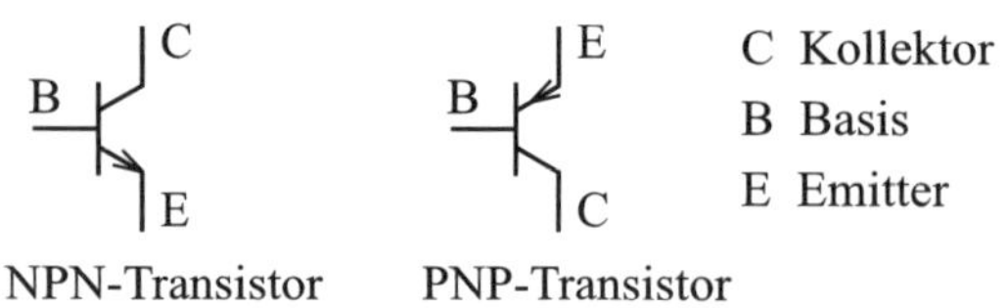

Bild 4.18 Schaltzeichen für Bipolartransistoren

Jeder Bipolartransistor lässt sich zu einem Zweitor ergänzen; das Bild 4.19 zeigt dies für den NPN-Transistor. Dabei gibt es drei Möglichkeiten für die Torbildung. Um die Schaltungen zu unterscheiden, benennt man sie nach demjenigen Anschluss, der *beiden* Toren angehört, und verwendet bei den Torspannungen zwei Indizes, deren zweiter auf die Art der Schaltung hinweist.

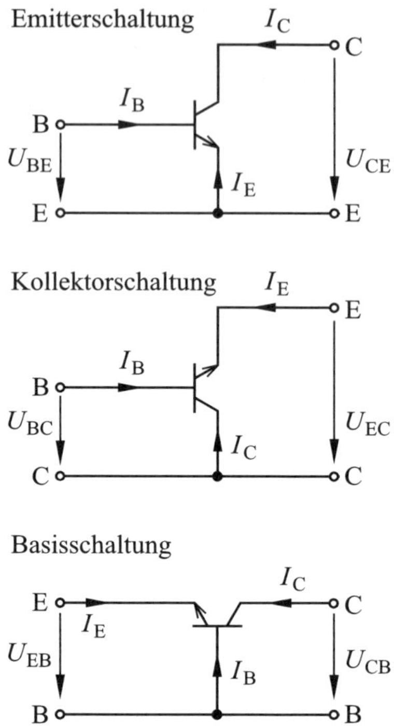

Bild 4.19 Möglichkeiten der Zweitorbildung mit einem NPN-Transistor

Bei der Beschreibung des Gleichstromverhaltens eines Transistors geht man üblicherweise von der *Emitterschaltung* aus und verwendet eine *Hybridform* der Zweitorgleichungen:

$$U_{BE} = f_1\,(I_B,\, U_{CE})$$
$$I_C = f_2\,(I_B,\, U_{CE}) \tag{4.38}$$

Die nichtlinearen Funktionen f_1 und f_2 können durch Kennlinien beschrieben werden. Um den Einfluss der zwei unabhängigen Variablen darzustellen, sind **Kennlinienfelder** erforderlich: In jedem Kennlinienfeld wird der Einfluss einer unabhängigen auf eine abhängige Variable für einzelne feste Werte der zweiten unabhängigen Variablen beschrieben. Zur Darstellung der Gln.(4.38) sind somit vier Kennlinienfelder erforderlich.

Da die Transistoreigenschaften stark temperaturabhängig sind, muss für jedes Kennlinienfeld die Umgebungstemperatur angegeben werden, bei welcher die Messungen vorgenommen wurden.

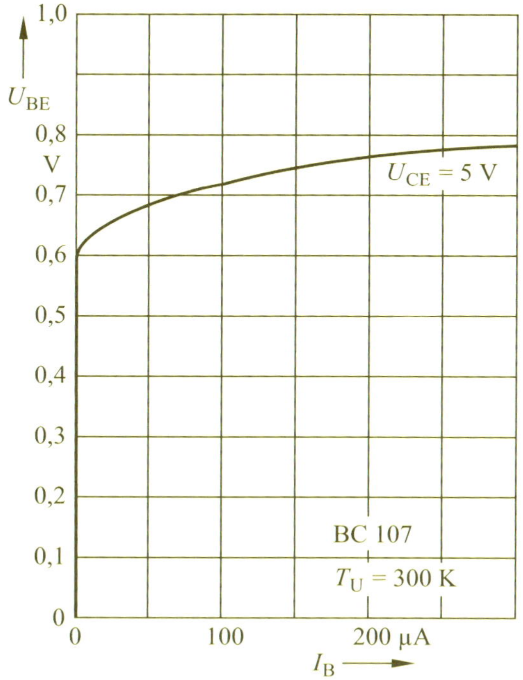

Bild 4.20 Eingangskennlinienfeld

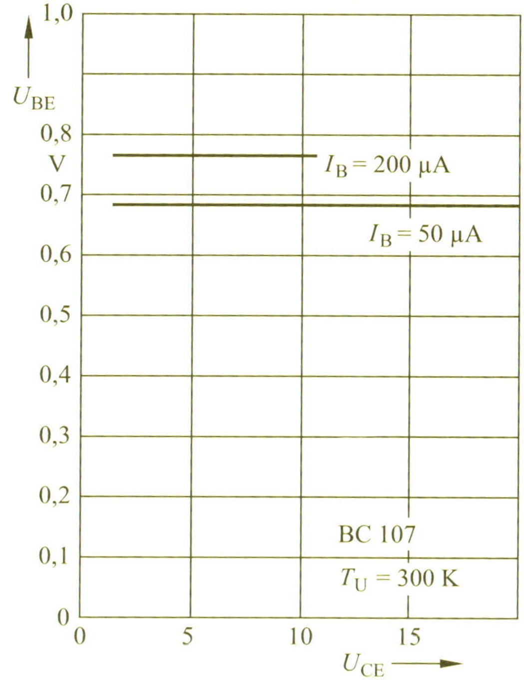

Bild 4.22 Rückwirkungskennlinienfeld

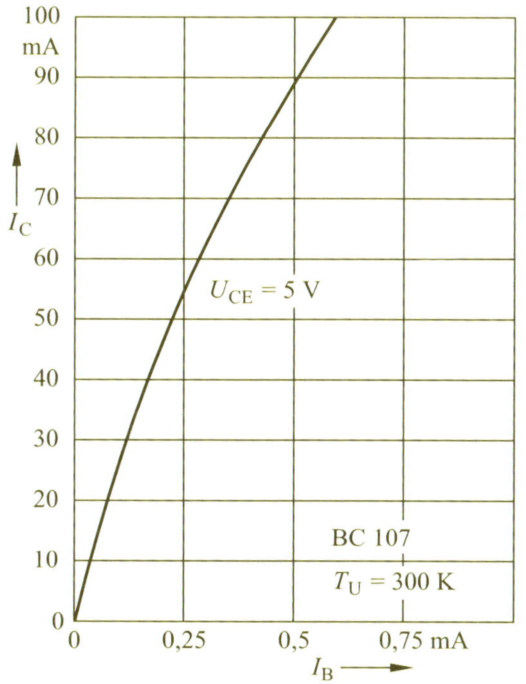

Bild 4.21 Stromverstärkungskennlinienfeld

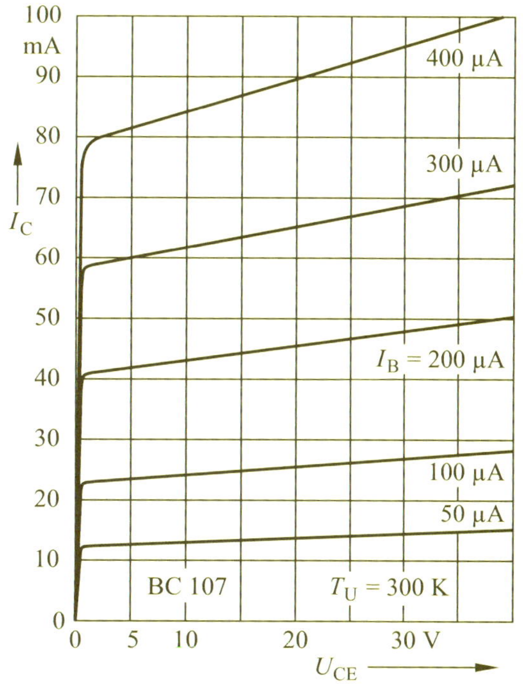

Bild 4.23 Ausgangskennlinienfeld

Die Bilder 4.20 ... 4.23 zeigen als Beispiel die Kennlinienfelder des NPN-Transistors BC 107 in Emitterschaltung. Das **Rückwirkungskennlinienfeld** (Bild 4.22) zeigt, dass die Gleichspannung U_{CE} am Ausgang praktisch keine Auswirkung auf die Eingangsspannung U_{BE} hat. Wegen dieser **Rückwirkungsfreiheit** fallen die Eingangskennlinien für unterschiedliche Werte von U_{CE} annähernd zusammen, und im **Eingangskennlinienfeld** wird nur eine Kennlinie angegeben.

Die Eingangskennlinie (Bild 4.20) ist eine Diodenkennlinie im Durchlassbereich; der Sperrbereich ist im Bild 4.20 nicht dargestellt. Der Verlauf der Eingangskennlinie ist bei allen Bipolartransistoren ähnlich. Aus diesem Grund und wegen der Rückwirkungsfreiheit werden von den Transistorherstellern das Eingangs- und das Rückwirkungskennlinienfeld oft nicht angegeben.

Im **Ausgangskennlinienfeld** (Bild 4.23) erkennt man den starken Einfluss des Basisstromes I_B auf den Kollektorstrom I_C. Die Spannung U_{CE} hat dagegen nur einen geringen Einfluss auf I_C; deswegen wird vom Hersteller im **Stromverstärkungskennlinienfeld** (Bild 4.21) nur *eine* Kennlinie angegeben. Wegen der Krümmung dieser Kennlinie ist die **Gleichstromverstärkung**

$$h_{FE} = \frac{I_C}{I_B} \qquad (4.39)$$

nicht konstant, sondern vom Basisstrom I_B abhängig.

Praxisbezug 4.2
Infolge technologischer Probleme bei der Herstellung streuen die Transistoreigenschaften von Exemplar zu Exemplar; dies betrifft vor allem die Stromverstärkung. So gibt z. B. ein Hersteller des BC 107 für den Arbeitspunkt U_{CE} = 5 V; I_C = 2 mA den Bereich an, in dem h_{FE} liegen kann:

minimal 200; typisch 290; maximal 450

Beim Entwurf einer Transistorschaltung müssen solche Streuungen bedacht werden. Durch geeignete Maßnahmen (z. B. Gegenkopplung) kann man erreichen, dass die Streuungen das Verhalten der Schaltung kaum beeinflussen. ❐

4.3.2 Grafische Ermittlung der Arbeitspunkte

Transistoren sind passive Zweitore. Damit die Ströme und die Spannungen an den Toren Werte ungleich Null annehmen, muss ein Transistor an jedem Tor mit einem aktiven Zweipol beschaltet werden.

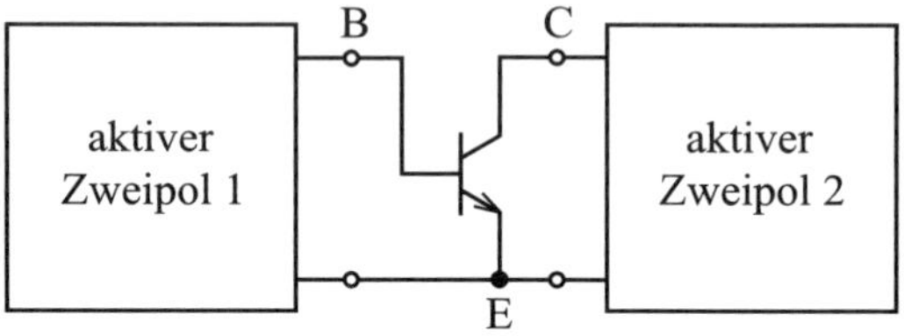

Bild 4.24 Am Eingang und Ausgang mit Zweipolen beschalteter Bipolartransistor in Emitterschaltung

Infolge der Rückwirkungsfreiheit des Transistors, die bei Gleichstrom stets vorausgesetzt werden darf, kann die Ermittlung der Arbeitspunkte grafisch durchgeführt werden, wenn an jedem Tor ein Netz angeschlossen ist, das sich durch einen Ersatzzweipol darstellen lässt.

Beispiel 4.4
Wir wollen die Arbeitspunkte eines Bipolartransistors BC 107 bestimmen, der mit zwei linearen Spannungsquellen (U_{q1} = 0,9 V; R_{i1} = 1,8 kΩ; U_{q2} = 20 V; R_{i2} = 250 Ω) beschaltet ist.

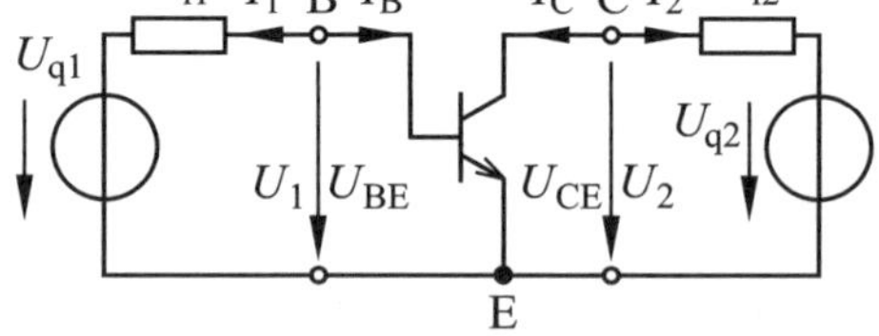

Bild 4.25 Mit linearen Spannungsquellen beschalteter Transistor

Am Eingang des Transistors gilt:

$$I_B = -I_1\,; \quad U_{BE} = U_1$$

Unter Berücksichtigung dieser Gleichungen zeichnen wir die Quellenkennlinie $U_1 = f(I_1)$ in das Eingangskennlinienfeld ein.

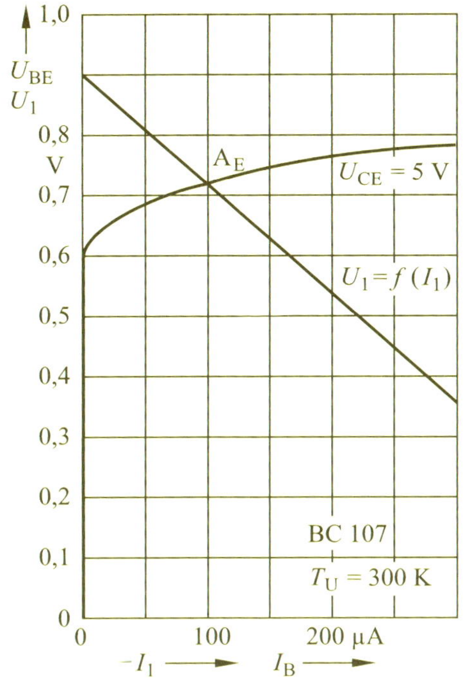

Bild 4.26 Arbeitspunkt A_E am Eingang des Transistors

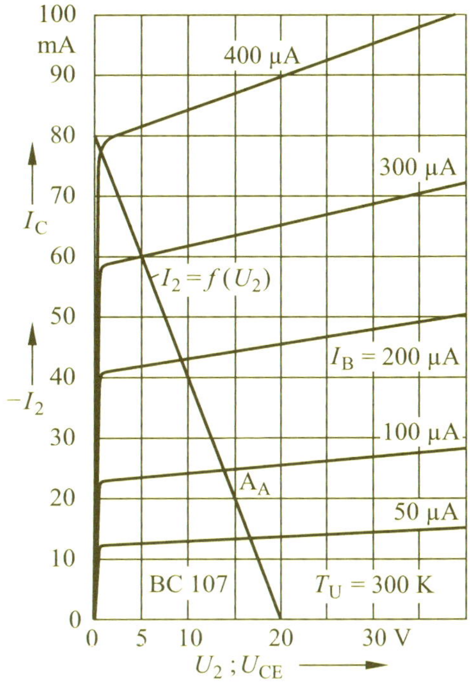

Bild 4.27 Arbeitspunkt A_A am Ausgang des Transistors

Der Schnittpunkt der Eingangskennlinie mit der Quellenkennlinie ist der eingangsseitige Arbeitspunkt A_E des Transistors. Wir lesen im Bild 4.26 ab:

$U_{BE} \approx 0{,}72$ V; $I_B \approx 100$ µA

Am Ausgang des Transistors gilt:

$I_C = -I_2$; $U_{CE} = U_2$

Unter Berücksichtigung dieser Gleichungen zeichnen wir die Quellenkennlinie $I_2 = f(U_2)$ in das Ausgangskennlinienfeld ein.

Der ausgangsseitige Arbeitspunkt A_A ist der Schnittpunkt der Quellenkennlinie mit der Ausgangskennlinie des Transistors für den Basisstrom I_B = 100 µA. Wir lesen im Bild 4.27 ab:

$U_{CE} \approx 13{,}8$ V ; $I_C \approx 24{,}5$ mA

Arbeitspunkteinstellung mit nur einer Quelle

Zur Verringerung des Schaltungsaufwandes stellt man in der Praxis die Arbeitspunkte mit einer einzigen Quelle ein. Dies ist z.B. mit Hilfe eines Spannungsteilers möglich (Bild 4.28), der als **Basis-Spannungsteiler** bezeichnet wird; er sorgt für den Arbeitspunkt A_E. Der gewünschte ausgangsseitige Arbeitspunkt A_A wird mit dem Widerstand R_3 eingestellt.

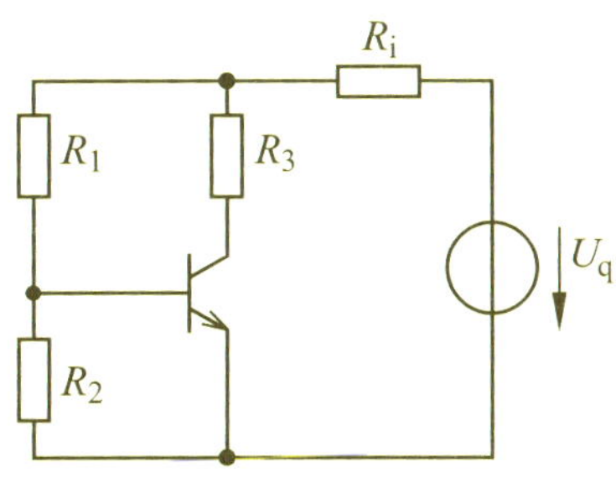

Bild 4.28 Einstellung des eingangsseitigen Arbeitspunktes mit einem Basis-Spannungsteiler

Kann der Innenwiderstand R_i der Quelle wegen $R_1 \gg R_i$ und $R_3 \gg R_i$ unberücksichtigt bleiben, so lässt sich die Schaltung 4.28 umzeichnen.

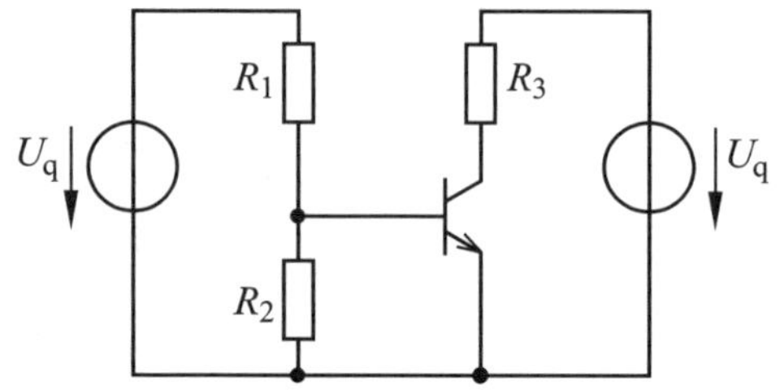

Bild 4.29 Vereinfachte Schaltung für die Einstellung des eingangsseitigen Arbeitspunktes mit einem Basis-Spannungsteiler

Wenn die Schaltung am Eingang des Transistors durch ihre Ersatzquelle ersetzt wird, dann lassen sich die Arbeitspunkte wie bei der Schaltung 4.25 grafisch ermitteln.

Stromgegenkopplung

Die Einstellung des Arbeitspunktes mit einem Basisspannungsteiler führt wegen der Heißleitereigenschaften des Transistors zu einer *thermischen Instabilität* der Arbeitspunkte. Sie kann mit einer Gegenkopplung stark verringert werden.

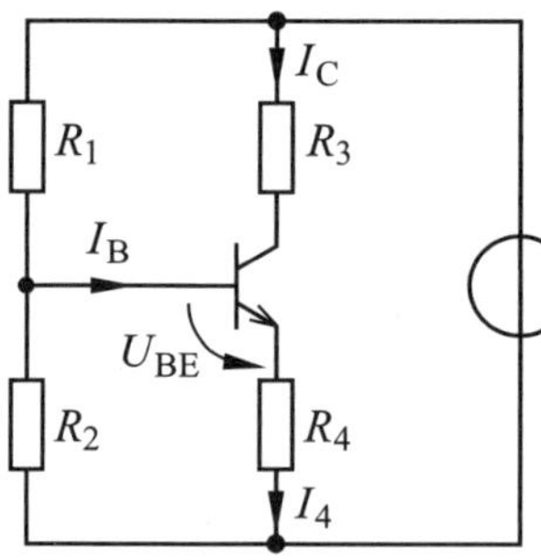

Bild 4.30 Arbeitspunkteinstellung mit einem Basis-Spannungsteiler und Stromgegenkopplung

Bei der Schaltung 4.30 wirkt der Widerstand R_4 stabilisierend: Steigen die Stromstärken I_B und I_C bei Erwärmung des Transistors an, so wächst auch die Stromstärke I_4 und der Spannungsabfall am Widerstand R_4 wird größer. Dadurch nimmt die Basis-Emitterspannung U_{BE} ab, und der Zunahme von I_B und I_C wird entgegengewirkt.

Da die Zunahme der *Stromstärke* I_C die Stabilisierung verursacht, bezeichnet man diese Schaltungsmaßnahme als **Stromgegenkopplung** *(negative current feedback)*; sie ist eine Gegenkopplung in Reihen-Reihen-Schaltung.

Zur Ermittlung der Arbeitspunkte zeichnen wir die Schaltung 4.30 entsprechend der Schaltung 4.29 um und berechnen die Ersatzquelle für das Netz aus U_q und dem Basis-Spannungsteiler:

$$U_{qe} = U_q \frac{R_2}{R_1 + R_2}\ ; \ R_{ie} = \frac{1}{G_1 + G_2} \qquad (4.40)$$

Die Wirkung des Widerstandes R_4 stellen wir durch die Widerstände R_{4B} und R_{4C} dar. Der Widerstand R_{4B} wird nur vom Basisstrom I_B und der Widerstand R_{4C} nur vom Kollektorstrom I_C durchflossen.

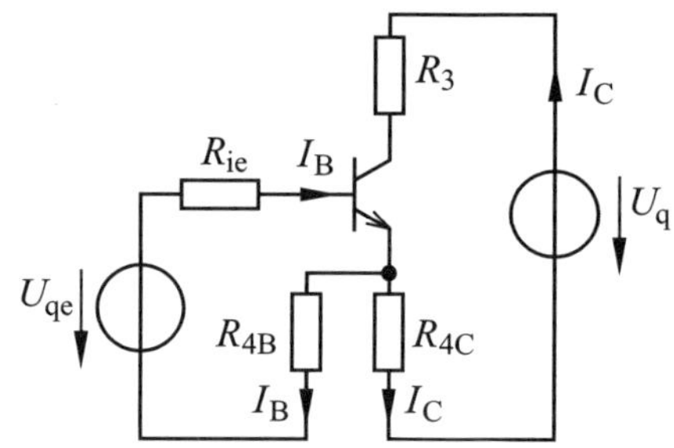

Bild 4.31 Aufteilung des Widerstandes R_4

Der Spannungsabfall an den Widerständen R_{4B} und R_{4C} ist gleich dem am Widerstand R_4:

$$R_4\, I_4 = R_4\, (I_B + I_C) = R_{4B}\, I_B = R_{4C}\, I_C \qquad (4.41)$$

Wir entnehmen dem Datenblatt des Transistors den *typischen Wert* für die Gleichstromverstärkung h_{FE} und setzen die Gl.(4.39) in die Gl.(4.41) ein:

$$R_4\, (I_B + h_{FE}\, I_B) = R_{4B}\, I_B = R_{4C}\, h_{FE}\, I_B \qquad (4.42)$$

Damit berechnen wir die Widerstände:

$$R_{4B} = (1 + h_{FE})\, R_4 \qquad (4.43)$$

$$R_{4C} = \left(1 + \frac{1}{h_{FE}}\right) R_4 \qquad (4.44)$$

Wir fassen nun die Widerstände R_{4B} und R_{ie} sowie R_{4C} und R_3 zusammen; dadurch ergibt sich die Ersatzschaltung 4.25, mit der sich die Arbeitspunkte wie beschrieben ermitteln lassen.

Spannungsgegenkopplung

Bei der Schaltung 4.32 wird die Einstellung eines stabilen Arbeitspunktes durch die Rückführung der mit steigender Stromstärke $I_3 = I_B + I_C$ abnehmenden *Spannung* an den Eingang des Transistors erreicht; man nennt diese Gegenkopplung in Parallel-Parallel-Schaltung auch **Spannungsgegenkopplung** *(negative voltage feedback).*

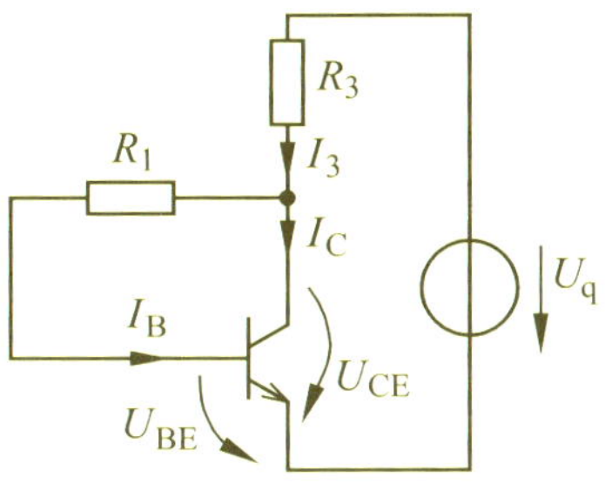

Bild 4.32 Arbeitspunkteinstellung mit Spannungsgegenkopplung

Steigt der Basisstrom bei Erwärmung des Transistors an, so nehmen auch I_C und I_3 zu. Da hierdurch der Spannungsabfall an R_3 steigt, nehmen U_{CE} und der Basisstrom $I_B = (U_{CE} - U_{BE})/R_1$ ab. Dies wirkt der Zunahme des Basisstromes entgegen, und es stellt sich ein stabiler Arbeitspunkt ein.

4.3.3 Betriebsbereiche des Bipolartransistors

Wir wollen nun den Bipolartransistor in Emitterschaltung weiter untersuchen und beschalten ihn an jedem Tor mit einer linearen Spannungsquelle, wobei die Quellenspannung U_{q1} einstellbar ist.

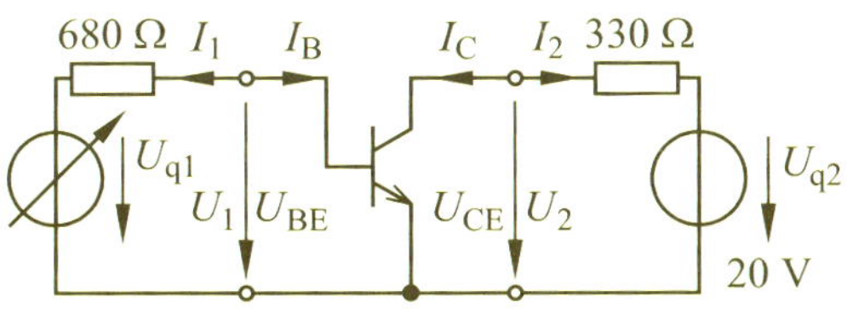

Bild 4.33 Bipolartransistor in Emitterschaltung mit einstellbarer Quelle am Eingang

Alle möglichen ausgangsseitigen Arbeitspunkte des Transistors liegen auf der ins Ausgangskennlinienfeld eingezeichneten Quellenkennlinie $I_2 = f(U_2)$. Durch den Basisstrom I_B wird bestimmt, welcher Arbeitspunkt sich einstellt.

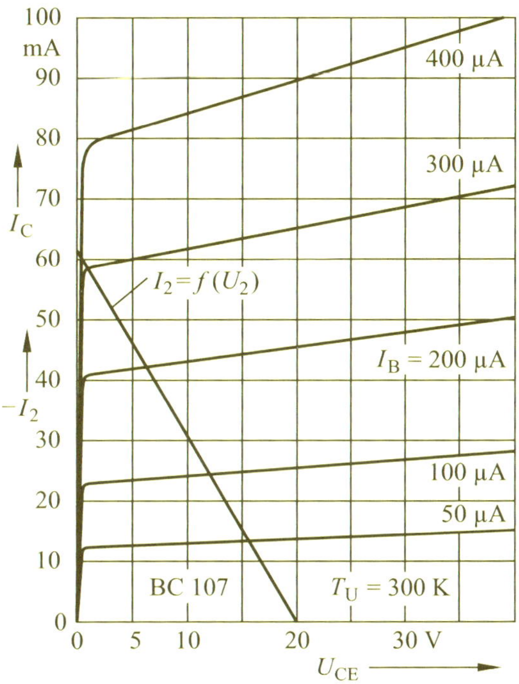

Bild 4.34 Ausgangskennlinienfeld mit Quellenkennlinie

Der Basisstrom I_B ist vom Innenwiderstand und von der Quellenspannung U_{q1} der Quelle am Eingang abhängig. Wir zeichnen die Kennlinie $U_1 = f(I_1)$ dieser Quelle für verschiedene Werte von U_{q1} ins Eingangskennlinienfeld ein (Bild 4.35). Für jeden Wert der Quellenspannung U_{q1} ergibt sich dabei ein anderer eingangsseitiger Arbeitspunkt und damit eine andere Stromstärke I_B.

Für negative Werte von U_{q1} und für Werte im Bereich $0 < U_{q1} < 600$ mV ist $I_B \approx 0$; wie die Stromverstärkungskennlinie (Bild 4.21) zeigt, gilt dies auch für den Kollektorstrom I_C. Durch den Transistor fließt dabei praktisch kein Strom, er ist *gesperrt*; der zugehörige Arbeitspunkt liegt im **Sperrbereich**.

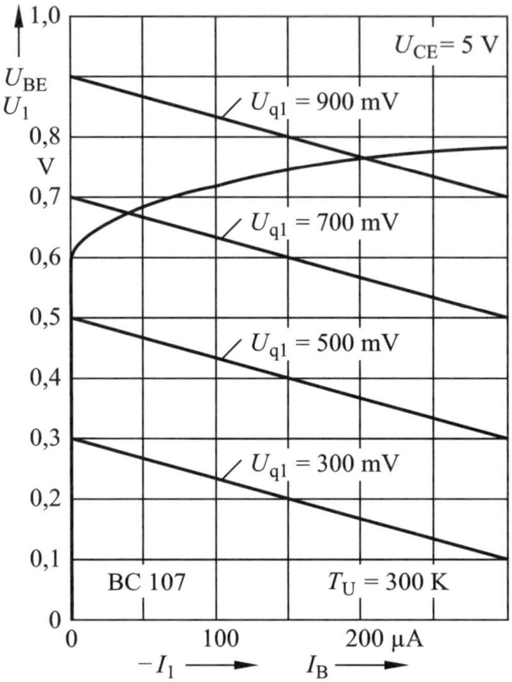

Bild 4.35 Eingangskennlinienfeld mit Quellenkennlinien für unterschiedliche Quellenspannungswerte U_{q1}

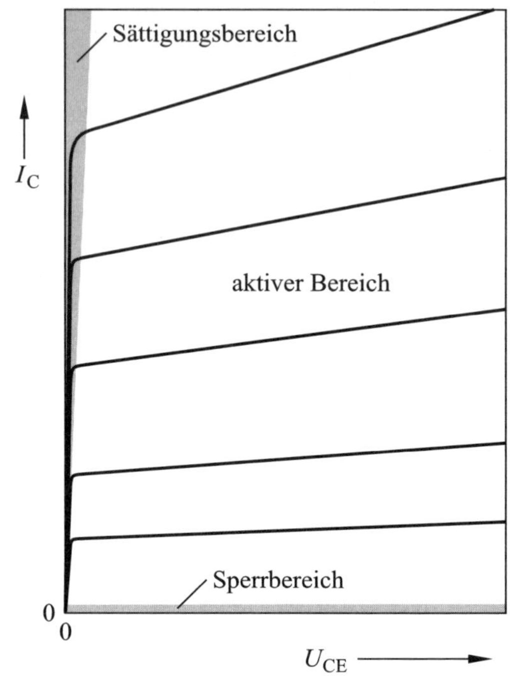

Bild 4.36 Betriebsbereiche im Ausgangskennlinienfeld

Erhöht man die Spannung U_{q1} auf Werte über 600 mV, so tritt ein merklicher Strom I_B auf. Der ausgangsseitige Arbeitspunkt verschiebt sich mit steigender Stromstärke I_B zu größeren Werten von I_C, er liegt im **aktiven Bereich**.

Vergrößert man U_{q1} und damit I_B weiter, so verschiebt sich der ausgangsseitige Arbeitspunkt schließlich in einen Bereich, in dem eine Zunahme des Basisstromes I_B keine erkennbare Vergrößerung des Kollektorstromes I_B bewirkt; in unserem Beispiel ist dies bei $I_B > 300$ µA der Fall (Bild 4.34). Der Transistor ist *gesättigt*, und der Arbeitspunkt liegt im **Sättigungsbereich**.

Das Bild 4.36 zeigt die drei Bereiche im Ausgangskennlinienfeld; der Sperrbereich wurde dabei übertrieben breit dargestellt. Im Eingangskennlinienfeld kann eine allgemein gültige Grenze zwischen dem aktiven Bereich und dem Sättigungsbereich nicht angegeben werden; die Grenze ist von der Quelle am Ausgang abhängig.

Alle drei möglichen Betriebszustände des Transistors werden technisch genutzt.

Bei der Verwendung des Transistors als *Schalter* wird durch eine rasch durchgeführte Änderung der Quellenspannung am Eingang der ausgangsseitige Arbeitspunkt zwischen Sättigungsbereich und Sperrbereich verschoben und dadurch der Strom I_C ein- bzw. ausgeschaltet.
Wählt man hingegen den Strom I_B für einen ausgangsseitigen Arbeitspunkt im aktiven Bereich, so tritt ein Strom I_C auf, der zu dem wesentlich kleineren Strom I_B annähernd proportional ist (s. Gl. 4.39). Der Transistor wirkt in Verbindung mit der zur Arbeitspunkteinstellung verwendeten Gleichspannungsquelle als *Verstärker.*

Praxisbezug 4.3
Ein **idealer Schalter** hat im eingeschalteten Zustand den Widerstand $R_{on} = 0$ und im ausgeschalteten Zustand den Widerstand $R_{off} \to \infty$. Ein Bipolartransistor kann diesem idealen Verhalten nur nahekommen, es aber nicht erreichen.

Im ausgeschalteten Zustand ist zwar die Basis-Emitterspannung $U_{BE} = 0$, aber wegen $U_{CE} > 0$ fließt ein Kollektorstrom I_C in der Größenordnung von wenigen μA; dies ergibt einen Widerstand R_{off} von einigen MΩ.
Im eingeschalteten Zustand wird der Bipolartransistor im Sättigungsbereich bei der Spannung U_{CEsat} betrieben. Beim BC 107 ist z.B. beim Strom $I_C \approx 60$ mA die Spannung $U_{CEsat} \approx 0{,}2$ V; dies ergibt den Widerstand $R_{on} \approx 3\ \Omega$.

Beim Übergang vom einen zum anderen Zustand durchläuft der Bipolartransistor den aktiven Bereich, wobei seine Verlustleistung relativ hoch ist. Damit sich der Transistor nicht zu stark erwärmt, muss der aktive Bereich so schnell wie möglich durchlaufen werden. Beliebig schnell kann dies jedoch nicht geschehen; so muss z. B. beim Ausschalten erst die Ladung der Basiszone ausgeräumt werden, was zu einer Ausschaltverzögerung führt. ❐

Fragen

- Was versteht man unter einem nichtlinearen Zweitor?
- Wie heißen die Anschlüsse eines Bipolartransistors?
- Welche Arten von Bipolartransistoren gibt es? Geben Sie ihre Schaltzeichen an.
- Zeigen Sie die drei Arten der Torbildung mit einem Bipolartransistor.
- Skizzieren Sie die Kennlinienfelder eines Bipolartransistors in Emitterschaltung.
- Wie ist die Gleichstromverstärkung definiert?
- Warum wird das Rückwirkungskennlinienfeld eines Bipolartransistors von den Herstellern im Allg. nicht angegeben?
- Zeigen Sie eine Möglichkeit, die Arbeitspunkte eines Bipolartransistors mit nur einer Quelle einzustellen.
- In welchen Betriebsbereichen kann der Arbeitspunkt eines Bipolartransistors liegen?
- Erklären Sie an Hand von Schaltungsskizzen die Wirkung der Stromgegenkopplung und der Spannungsgegenkopplung.
- Wie groß sind der Basisstrom und der Kollektorstrom beim Betrieb eines Bipolartransistors im Sperrbereich?
- Welche Abhängigkeit besteht zwischen dem Basisstrom und dem Kollektorstrom im Sättigungsbereich?
- Skizzieren Sie im Ausgangskennlinienfeld eines Bipolartransistors die Grenzen des aktiven Bereiches.

Aufgaben

4.13(2) Ein Bipolartransistor BC 107 soll in der Schaltung 4.28 im Arbeitspunkt $U_{CE} = 9$ V; $I_C = 43$ mA an einer Quelle mit $R_i = 0$ und der Quellenspannung $U_q = 20$ V betrieben werden. Der Widerstand $R_1 = 10$ kΩ ist vorgegeben. Dimensionieren Sie die Widerstände R_2 und R_3.

4.14(2) Ein Bipolartransistor BC 107 soll in der Schaltung 4.30 im Arbeitspunkt $U_{CE} = 9$ V; $I_C = 43$ mA an einer Quelle mit der Quellenspannung $U_q = 20$ V betrieben werden. Die Widerstände $R_1 = 6{,}8$ kΩ und $R_4 = 100\ \Omega$ sind vorgegeben. Dimensionieren Sie die Widerstände R_2 und R_3.

4.15(2) Bestimmen Sie die Arbeitspunkte des Transistors für $h_{FE} = 290$.

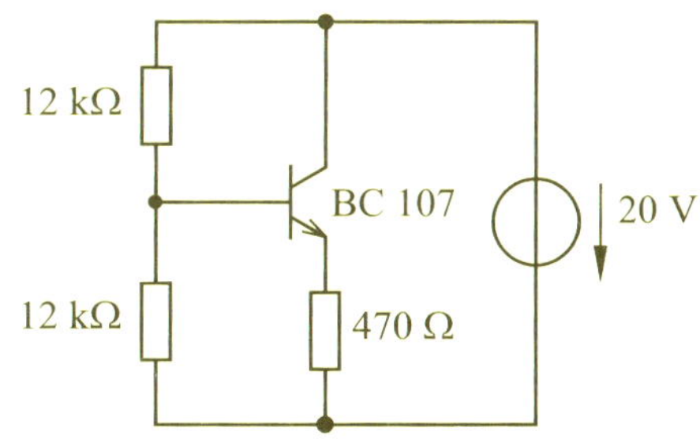

4.16(2) Bestimmen Sie die Arbeitspunkte des Transistors BC 107 in der Schaltung 4.32 für $h_{FE} = 290$.
$R_1 = 120$ kΩ ; $R_3 = 470\ \Omega$; $U_q = 24$ V

4.17(2) In der Schaltung mit Basisspannungsteiler und Stromgegenkopplung wird der Transistor ausgetauscht. Dadurch ändert sich die Stromverstärkung von 200 auf 400. Um wieviel Prozent ändern sich dadurch die Spannung U_{CE} und der Strom I_C?

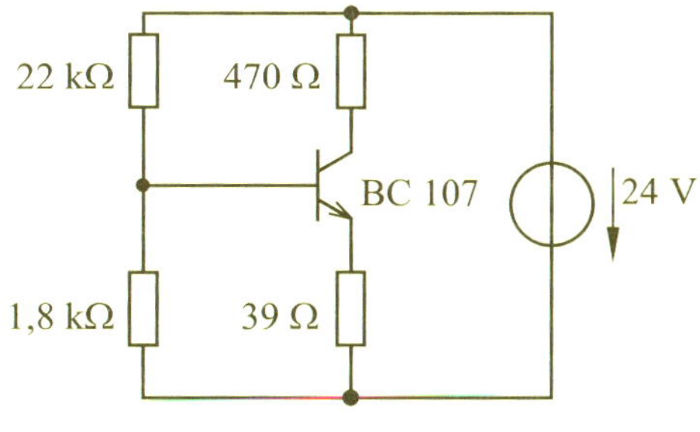

4.4 Gesteuerte Quellen

Ziele: Sie können
- die Nachteile der Beschreibung nichtlinearer Zweitore mit Kennlinienfeldern nennen.
- eine lineare Ersatzschaltung für den Bipolartransistor angeben und deren Geltungsbereich abgrenzen.
- die verschiedenen Arten gesteuerter Quellen nennen.
- zeigen, wie lineare gesteuerte Quellen ineinander umgewandelt werden können.
- einfache Schaltungen berechnen, die gesteuerte Quellen enthalten.

4.4.1 Lineare Ersatzschaltungen bipolarer Transistoren

Die Beschreibung des Betriebsverhaltens eines nichtlinearen Zweitors mit Kennlinienfeldern ist mit mehreren Nachteilen verbunden:
- Die quantitative Beschreibung der Eigenschaften des Zweitors und die Unterscheidung ähnlich wirkender Zweitore wird erschwert.
- Exemplarstreuungen eines Zweitortyps können nur unzureichend durch Zahlenwerte beschrieben werden.
- Die Berechnung mit grafischen Verfahren ist schwierig, wenn in einer Schaltung mehrere nichtlineare Zweitore enthalten sind.

Aus diesem Grund ist es zweckmäßig, die wesentlichen Eigenschaften eines nichtlinearen Zweitors mit einer *linearen* Ersatzschaltung näherungsweise zu beschreiben. Bei Bipolartransistoren lässt sich eine derartige Ersatzschaltung für den aktiven Bereich angeben.

Einfache Ersatzschaltung

In einer groben Näherung ersetzen wir die Transistorkennlinien im aktiven Bereich durch waagrechte Geraden:
- Die Eingangskennlinie ersetzen wir durch eine zur Stromachse parallele Gerade in Höhe der Spannung U_{BEmin} (Bild 4.37); diese Spannung stellt die Grenze zwischen dem aktiven Bereich und dem Sperrbereich dar. Die Näherung gilt nur für $I_B > 0$.
- Die Ausgangskennlinien ersetzen wir durch eine Schar waagrechter Geraden, welche die Ordinate bei $I_C = h_{FE}\, I_B$ schneiden (Bild 4.38).

Die Näherung gilt nur für $I_B > 0$ und rechts von der Grenze zwischen dem Sättigungsbereich und dem aktiven Bereich.

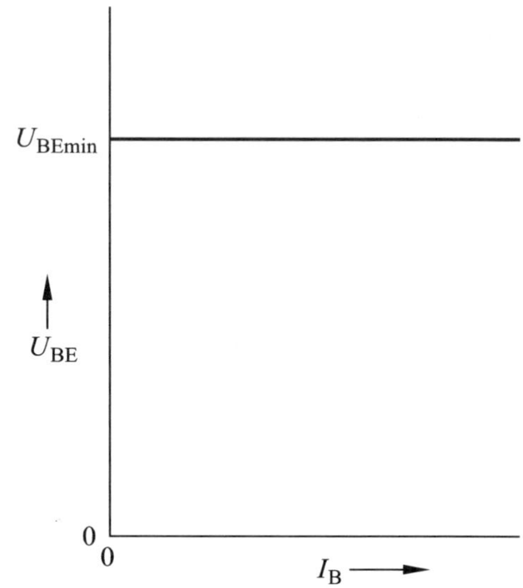

Bild 4.37 Grobe Näherung für die Eingangskennlinie

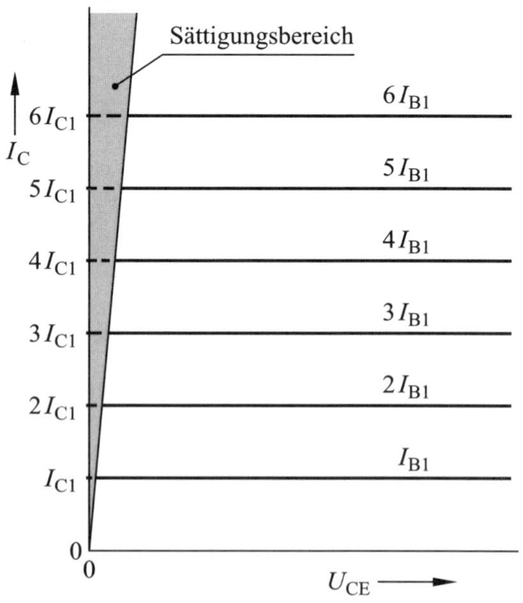

Bild 4.38 Grobe Näherung für das Ausgangskennlinienfeld

Nun suchen wir eine Ersatzschaltung für die in den Bildern 4.37 und 4.38 dargestellten Zusammenhänge.

Die Näherungsgerade für die Eingangskennlinie ist die Kennlinie einer idealen Spannungsquelle mit der Quellenspannung:

$$U_{qBE} = U_{BEmin} \quad (4.45)$$

Die parallelen Geraden im Bild 4.38 sind die Ausgangskennlinien eines Zweitors, das als **ideale stromgesteuerte Stromquelle** bezeichnet wird.

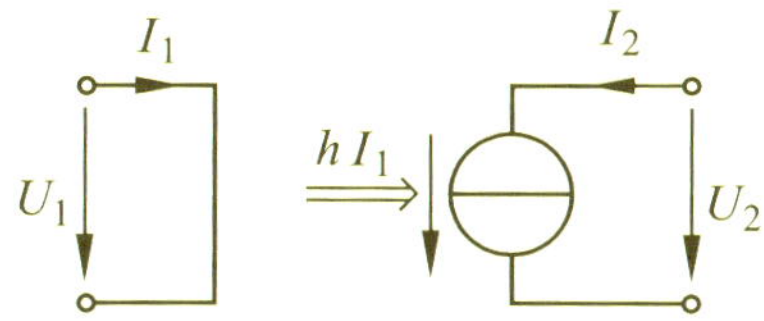

Bild 4.39 Schaltzeichen der idealen stromgesteuerten Stromquelle

Der Eingang der idealen stromgesteuerten Stromquelle stellt einen Kurzschluss dar; es ist $U_1 = 0$. Die Stromstärke I_1 wird durch die Beschaltung des Eingangs bestimmt.

Zwischen den Ausgangsklemmen liegt eine ideale Stromquelle, deren Quellenstrom aber *nicht* konstant, sondern proportional zur **Steuergröße** I_1 ist. Der Eingangsstrom I_1 wird auch **Steuerstrom** genannt.

Eine Beschreibung der idealen stromgesteuerten Stromquelle ist mit den H-Parametern möglich (s. Gln. 4.16). Der einzige von Null verschiedene Parameter H_{21} ist der **Steuerkoeffizient** h.

$$\boldsymbol{H} = \begin{array}{|c|c|} \hline 0 & 0 \\ \hline h & 0 \\ \hline \end{array} \quad (4.46)$$

Der Eingang der gesuchten Ersatzschaltung für den Bipolartransistor wird durch eine ideale Spannungsquelle mit der Quellenspannung U_{qBE} gebildet. Der Steuerstrom I_1 ist gleich dem Basisstrom I_B. Der Steuerkoeffizient h der gesteuerten Stromquelle am Ausgang ist die Gleichstromverstärkung h_{FE}.

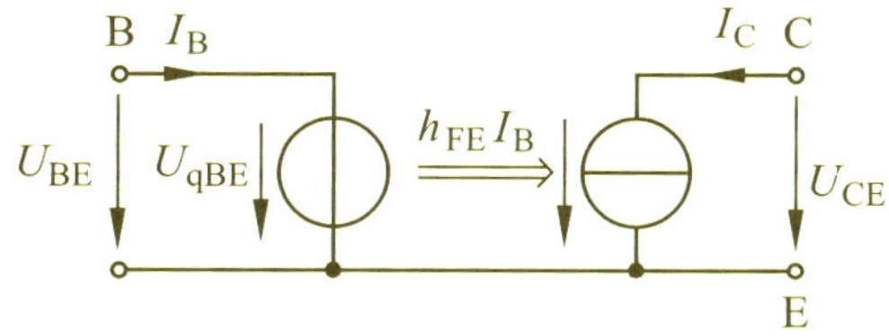

Bild 4.40 Einfache Ersatzschaltung für den Betrieb des Bipolartransistors im aktiven Bereich

In der Praxis wird die Ersatzschaltung 4.40 trotz der nur sehr groben Beschreibung des Transistorverhaltens häufig zur Schaltungsberechnung verwendet, weil ihre Parameter leicht zu bestimmen sind. Den Wert U_{qBE} kann man im Eingangskennlinienfeld abschätzen; meist begnügt man sich mit einem Erfahrungswert, z.B. $U_{qBE} = 0{,}7$ V bei Siliziumtransistoren. Für h_{FE} verwendet man den im Datenblatt angegebenen typischen Wert.

Beispiel 4.5

Wir wollen die Arbeitspunkte des Transistors bestimmen.

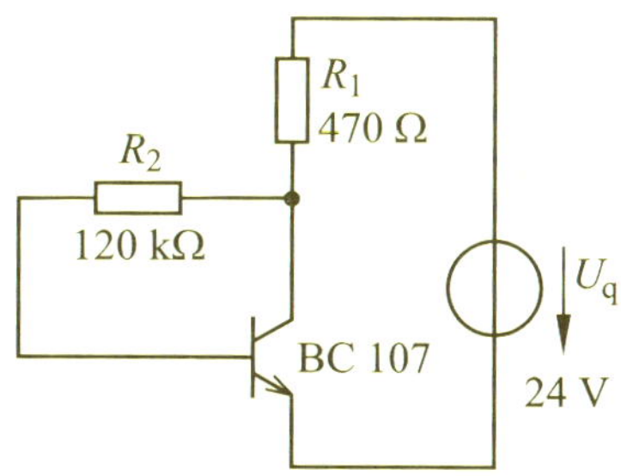

Für den Siliziumtransistor BC 107 wählen wir $U_{qBE} = 0{,}7$ V. Im Datenblatt finden wir $h_{FE} = 290$ als typischen Wert. Den Transistor ersetzen wir durch die Ersatzschaltung 4.40.

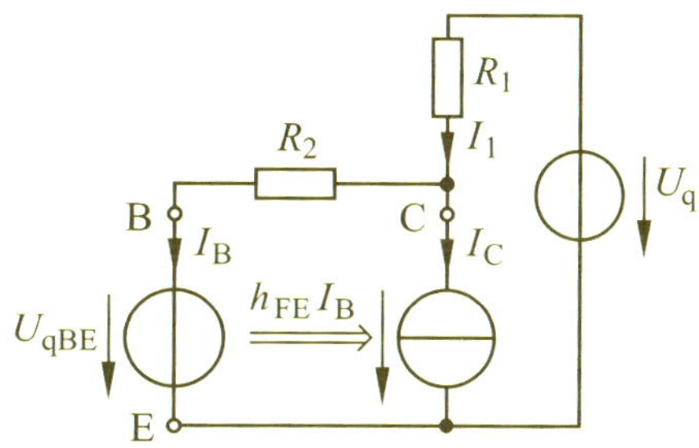

Wir setzen zunächst die Gl.(4.39) in die Knotengleichung ein:

$$I_1 = I_B + I_C = I_B + h_{FE}\, I_B$$

Dies setzen wir in die Maschengleichung

$$R_1\, I_1 + R_2\, I_B + U_{qBE} - U_q = 0$$

ein und berechnen:

$$I_B = \frac{U_q - U_{qBE}}{R_2 + (1 + h_{FE}) \cdot R_1} = 90{,}7\ \mu A$$

Schließlich berechnen wir den Kollektorstrom und die Kollektor-Emitter-Spannung:

$$I_C = h_{FE}\, I_B = 26{,}3\ \text{mA}$$

$$U_{CE} = R_2\, I_B + U_{qBE} = 11{,}6\ \text{V}$$

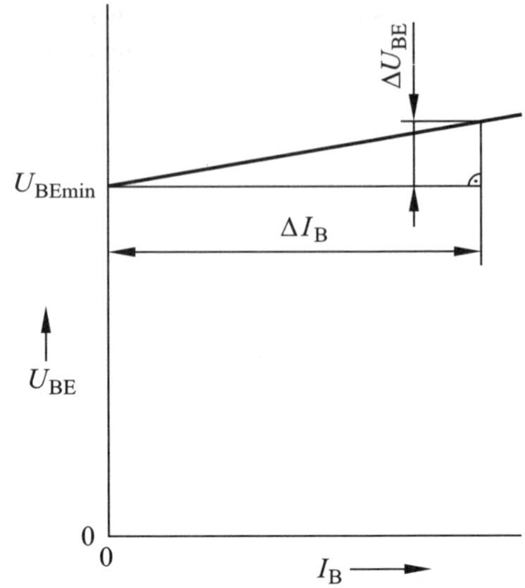

Bild 4.42 Lineare Näherung für die Eingangskennlinie

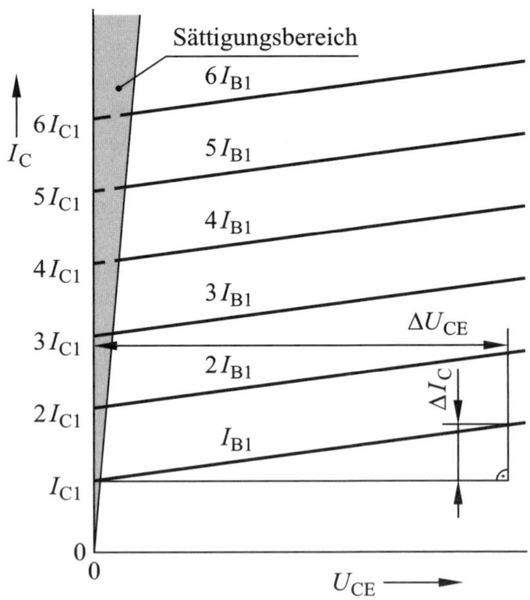

Bild 4.43 Ausgangskennlinien, durch eine Schar paralleler Geraden angenähert

Mit der Ersatzschaltung 4.41 lässt sich das Betriebsverhalten eines Transistors besser beschreiben, da sie die *Steigung* der Kennlinien im aktiven Bereich berücksichtigt.

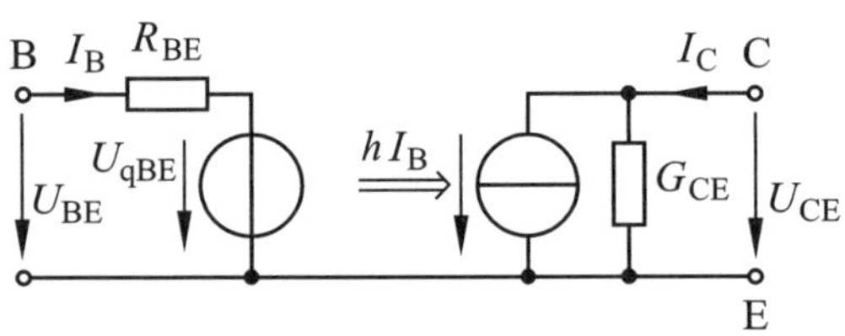

Bild 4.41 Ersatzschaltung für den Betrieb des Bipolartransistors im aktiven Bereich

Die Gerade im Bild 4.42 ist die Kennlinie der linearen Spannungsquelle am Eingang der Ersatzschaltung. Dabei gilt:

$$U_{qBE} = U_{BEmin}\,; \quad R_{BE} = \frac{\Delta U_{BE}}{\Delta I_B} \tag{4.47}$$

Wir finden diese Näherungsgerade, indem wir im erwarteten Arbeitspunkt eine Tangente an die Eingangskennlinie zeichnen.

Ist der Arbeitspunkt unbekannt, so zeichnen wir die Näherungsgerade durch den Punkt der Kennlinie mit dem größten Strom I_{Bmax} und durch den Punkt auf der Spannungsachse, der den Spannungswert des Kennlinienpunktes bei 0,1 I_{Bmax} hat.

Die ansteigenden Geraden im Bild 4.43 ergeben sich durch die ideale stromgesteuerte Stromquelle mit dem Steuerkoeffizienten h, dessen Wert wir aus dem Schnittpunkt einer Näherungsgeraden mit der Stromachse ermitteln, und den parallelgeschalteten Leitwert G_{CE}. Die Steigung

$$G_{CE} = \frac{\Delta I_C}{\Delta U_{CE}} \qquad (4.48)$$

der Geraden wählen wir so, dass diese die Kennlinien in der Umgebung des erwarteten Arbeitspunktes gut annähern.

Bei der Verwendung der Ersatzschaltungen 4.40 und 4.41 darf man nicht vergessen, dass sie lediglich das Verhalten des Transistors im *aktiven* Bereich beschreiben. Ergibt sich ein Arbeitspunkt *außerhalb* dieses Bereiches, so darf die Ersatzschaltung *nicht* verwendet werden.

Praxisbezug 4.4
Bei der Analyse einer Schaltung mit einem CAD-Programm ist eine Beschränkung auf lineare Transistormodelle nicht erforderlich; man verwendet Modelle, welche die nichtlinearen Eigenschaften berücksichtigen.

Für Bipolartransistoren wird das GUMMEL-POON-Modell[1] zu Grunde gelegt. Es beschreibt das Betriebsverhalten des Transistors sowohl für den Normalbetrieb als auch für den Inversbetrieb, bei dem Kollektor und Emitter ihre Rolle tauschen. Das Modell verwendet über 40 Parameter, deren typabhängige Werte man vom Transistorhersteller oder von Dienstleistern erfahren kann. ❐

4.4.2 Lineare gesteuerte Quellen

Fügt man zur Schaltung 4.39 am Tor 1 einen Widerstand R_1 und am Tor 2 einen Leitwert G_2 hinzu, so erhält man die **lineare stromgesteuerte Stromquelle**.

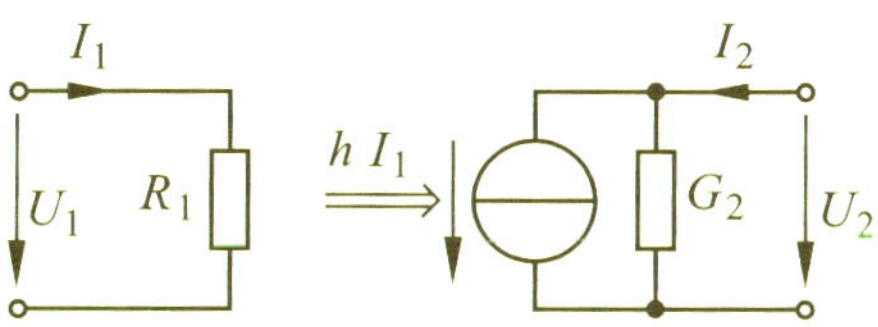

Bild 4.44 Lineare stromgesteuerte Stromquelle

Bei der linearen stromgesteuerten Stromquelle ist die Spannung U_1 linear von der Stromstärke I_1 abhängig:

$$U_1 = R_1 I_1 \qquad (4.49)$$

Dadurch ergibt sich die Möglichkeit, auch die Spannung U_1 als Steuergröße zu verwenden. Wir formen mit der Gl.(4.49) die Quellengröße der Schaltung 4.44 um:

$$h I_1 = h \cdot \frac{U_1}{R_1} = y\, U_1 \qquad (4.50)$$

Der Steuerkoeffizient y wird auch **Steilheit** genannt:

$$y = \frac{h}{R_1}; \quad [y] = 1\ \mathrm{S} \qquad (4.51)$$

Durch die Umformung erhalten wir die **lineare spannungsgesteuerte Stromquelle**, deren Steuergröße die **Steuerspannung** U_1 ist.

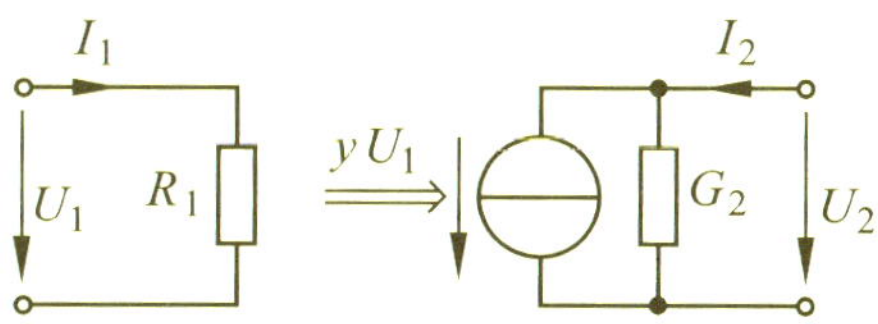

Bild 4.45 Lineare spannungsgesteuerte Stromquelle

Wir können jede der in den Bildern 4.44 und 4.45 dargestellten linearen Stromquellen in die äquivalente lineare Spannungsquelle umwandeln und erhalten dadurch gesteuerte Spannungsquellen.

Die Umformung der stromgesteuerten Stromquelle (Bild 4.44) führt auf die **lineare stromgesteuerte Spannungsquelle** (Bild 4.46); für ihren Steuerkoeffizienten verwenden wir das Formelzeichen z:

$$z = \frac{h}{G_2}; \quad [z] = 1\ \Omega \qquad (4.52)$$

[1] Hermann K. Gummel, *1923
H. C. Poon

Der Innenwiderstand R_2 ist der Kehrwert des Innenleitwerts G_2:

$$R_2 = \frac{1}{G_2} \quad (4.53)$$

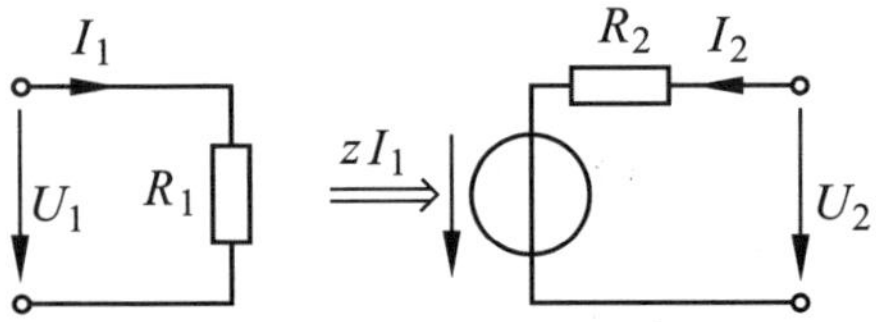

Bild 4.46 Lineare stromgesteuerte Spannungsquelle

Die Umformung der spannungsgesteuerten Stromquelle (Bild 4.45) führt auf die **lineare spannungsgesteuerte Spannungsquelle** (Bild 4.47), für deren Steuerkoeffizienten k gilt:

$$k = \frac{y}{G_2}; \; [k] = 1 \quad (4.54)$$

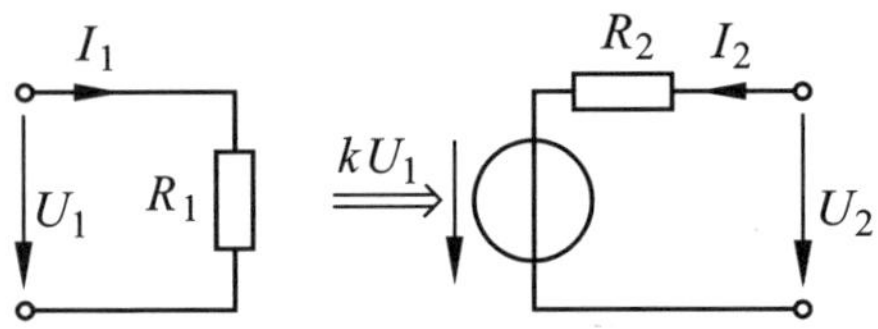

Bild 4.47 Lineare spannungsgesteuerte Spannungsquelle

Zu jeder der in den Bildern 4.45 ... 4.47 dargestellten *linearen* Quellen kann man eine **ideale gesteuerte Quelle** angeben. Die nicht als Steuergröße wirkende Eingangsgröße dieser Quellen ist Null, d.h. der Eingang wird durch einen Kurzschluss oder eine Unterbrechung gebildet, und es ist $R_2 = 0$ bzw. $G_2 \to \infty$.

Gesteuerte Quellen können nicht nur zur Beschreibung des Verhaltens einzelner nichtlinearer Bauelemente in bestimmten Betriebsbereichen verwendet werden, sie können auch als *Ersatzzweitore* für umfangreiche Schaltungen dienen.

Bei der Berechnung einer Schaltung, die gesteuerte Quellen enthält, muss man beachten, dass die Quellenspannung bzw. der Quellenstrom der gesteuerten Quelle von einer elektrischen Größe im Netzwerk *abhängt*. Gesteuerte Quellen werden deshalb auch als **abhängige Quellen** bezeichnet. Dies führt allerdings leicht zu einem Missverständnis: Im Gegensatz zu den unabhängigen Quellen, die *aktive* Zweipole sind, handelt es sich bei den gesteuerten Quellen um *passive* lineare Zweitore.

Bei der Berechnung des Innenwiderstandes einer Schaltung und bei der Anwendung des Überlagerungsprinzips darf eine gesteuerte Quelle *nicht* durch einen Kurzschluss bzw. durch eine Unterbrechung ersetzt werden.

Beispiel 4.6

Von der Schaltung 4.48 ist bekannt, dass sie einen Konstantstrom in der Größenordnung 10 mA erzeugt. Wir wollen den Innenleitwert der Ersatzstromquelle berechnen.

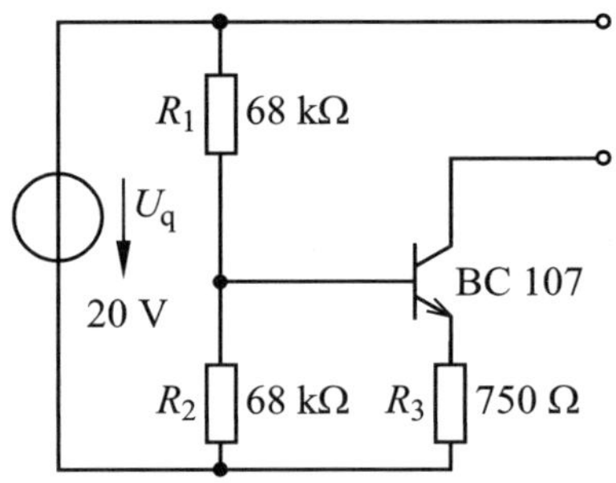

Bild 4.48 Konstantstromquelle

Zunächst ersetzen wir den Transistor durch die Schaltung 4.41. Die Näherungsgerade im Ausgangskennlinienfeld hat näherungsweise die gleiche Steigung wie die Kennlinie für $I_B = 50\ \mu A$. Mit der Gl.(4.48) berechnen wir:

$$G_{CE} = \frac{3\ mA}{40\ V} = 75\ \mu S$$

Mit dem Kollektorstrom $I_C \approx 10$ mA ergibt sich der Basisstrom $I_B \approx 40\ \mu A$. Wir zeichnen die Näherungsgerade an diesen Punkt der Eingangskennlinie und finden mit den Gln.(4.47):

$$U_{qBE} \approx 0{,}63\ V; \quad R_{BE} \approx \frac{330\ mV}{300\ \mu A} = 1{,}1\ k\Omega$$

Der Steuerkoeffizient ist näherungsweise:

$$h \approx \frac{9\ \text{mA}}{40\ \mu\text{A}} = 225$$

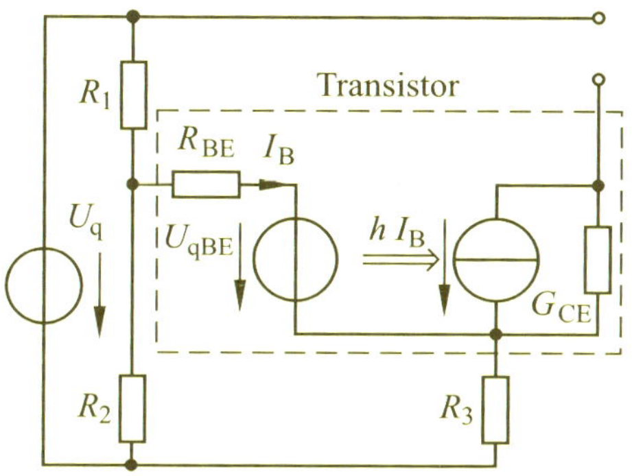

Zur Bestimmung des Ersatzinnenleitwerts G_{ie} ersetzen wir jede ideale Spannungsquelle durch einen Kurzschluss. Die nun parallel geschalteten Widerstände R_1 und R_2 ersetzen wir mit dem dazu in Reihe geschalteten Widerstand R_{BE} durch den Ersatzwiderstand R_e:

$$R_e = R_{BE} + \frac{1}{G_1 + G_2} = 35{,}1\ \text{k}\Omega$$

An die Klemmen der Schaltung legen wir eine Quelle mit der Spannung U.

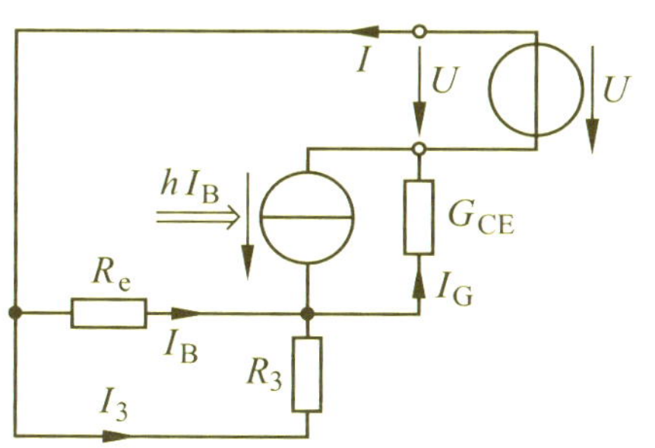

Wir eliminieren aus den Gleichungen

$$I - I_B - I_3 = 0\ ;\quad I_G - I - h\,I_B = 0$$

$$R_e\,I_B - R_3\,I_3 = 0\ ;\quad R_3\,I_3 + R_{CE}\,I_G = U$$

die Ströme I_B, I_G und I_3; dann berechnen wir:

$$G_{ie} = \frac{I}{U} = \frac{1}{\dfrac{1 + h\,R_{CE}\,G_e}{G_e + G_3} + R_{CE}} = 13{,}02\ \mu\text{S}$$

Praxisbezug 4.5

Zur linearen Verstärkung von Gleich- *und* Wechselspannungen werden **Operationsverstärker** *(operational amplifier, op-amp)* verwendet. Zwischen den Eingangsklemmen, die mit P bzw. „+“ und N bzw. „–“ bezeichnet sind, liegt die Differenz-Eingangsspannung $U_D = U_P - U_N$; die Ausgangsspannung U_A liegt zwischen der Ausgangsklemme A und Masse.

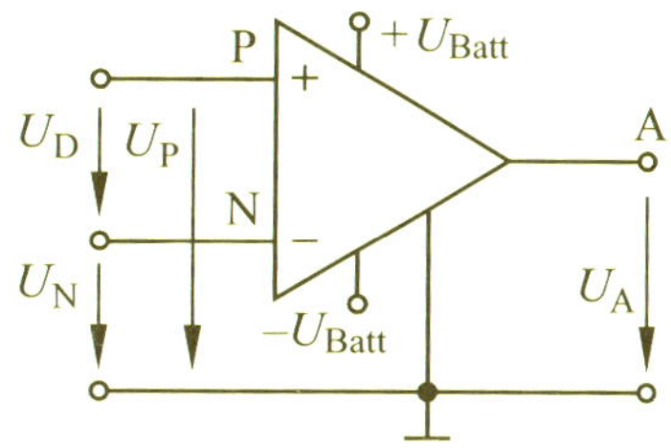

Bild 4.49 Operationsverstärker, Schaltzeichen und Bezugssinn der Spannungen

Im Allgemeinen sind zum Betrieb eines Operationsverstärkers zwei Gleichspannungsquellen U_{Batt} erforderlich; es gibt aber auch Verstärker, die lediglich von *einer* Gleichspannungsquelle gespeist werden. Diese Quellen sind im Bild 4.49 nicht eingezeichnet.

Die Leerlauf-Spannungsverstärkung U_A / U_D eines Operationsverstärkers ist sehr hoch (10^4 ... 10^5) und starken Exemplarstreuungen unterworfen. Man betreibt deshalb einen Operationsverstärker stets mit einer Gegenkopplung.

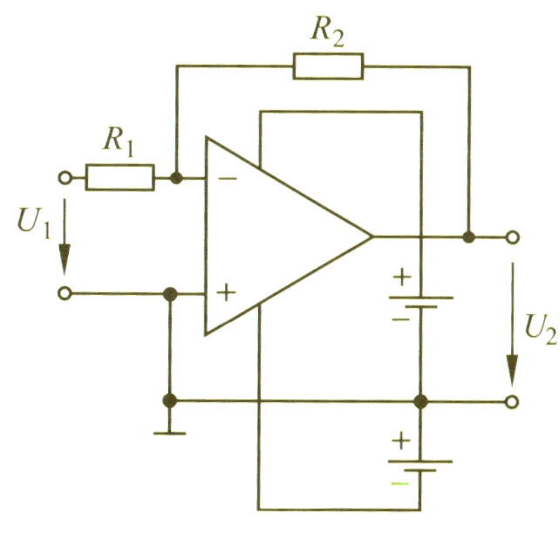

Bild 4.50 Realisierung einer spannungsgesteuerten Spannungsquelle mit einem Operationsverstärker

Das Betriebsverhalten der Zweitorschaltung 4.50, die einen gegengekoppelten Operationsverstärker enthält, kann durch eine spannungsgesteuerte Spannungsquelle mit dem Steuerkoeffizienten $k = -R_2/R_1$ beschrieben werden. ❐

Fragen

- Skizzieren Sie das Schaltsymbol einer idealen stromgesteuerten Stromquelle. Warum wird diese gesteuerte Quelle als ideal bezeichnet?
- Nennen Sie die vier Arten gesteuerter Quellen.
- Zeigen Sie, wie eine lineare stromgesteuerte Stromquelle in eine lineare spannungsgesteuerte Spannungsquelle umgewandelt werden kann.
- Aus welchen Zweipolen wird der Eingang einer idealen spannungsgesteuerten Quelle gebildet?
- Warum darf eine gesteuerte Quelle bei der Schaltungsberechnung nicht durch einen Kurzschluss bzw. eine Unterbrechung ersetzt werden?
- Welche Eigenschaften muss eine Schaltung haben, damit sie durch eine gesteuerte Quelle ersetzt werden kann?

Aufgaben

4.18(2) Bestimmen Sie die Kennwerte der Ersatzschaltung 4.41 für den Transistor BC 107 für den Arbeitspunkt $U_{CE} = 10$ V; $I_C = 24$ mA.

4.19(2) Der Innenwiderstand der Quelle ist nicht vernachlässigbar. Verwenden Sie für den Transistor die Ersatzschaltung 4.41 mit den Kennwerten aus der Aufgabe 4.18 und bestimmen Sie die Arbeitspunkte des Transistors.

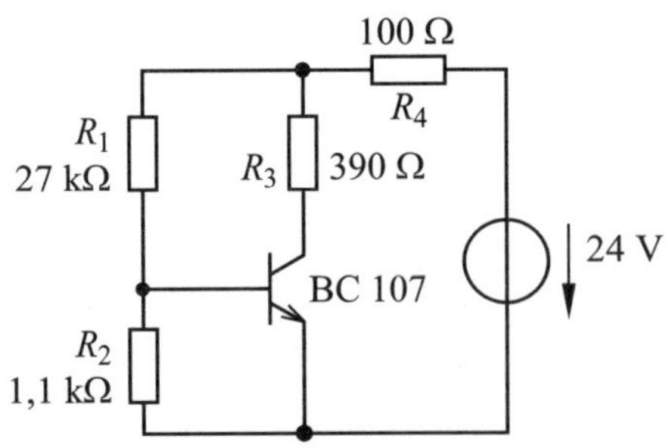

4.20(2) Durch Erwärmung sinkt die Spannung U_{qBE} des Transistors in der Schaltung der Aufgabe 4.19 auf 560 mV, und der Steuerkoeffizient nimmt den Wert 270 an. Welche Arbeitspunkte ergeben sich, wenn R_{BE} und G_{CE} unverändert bleiben?

4.21(2) Berechnen Sie den Ersatzquellenstrom I_{qe} der Schaltung 4.48.

4.22(2) Wie lauten die Y-Parameter der Verstärkerschaltung für $h = 90$?

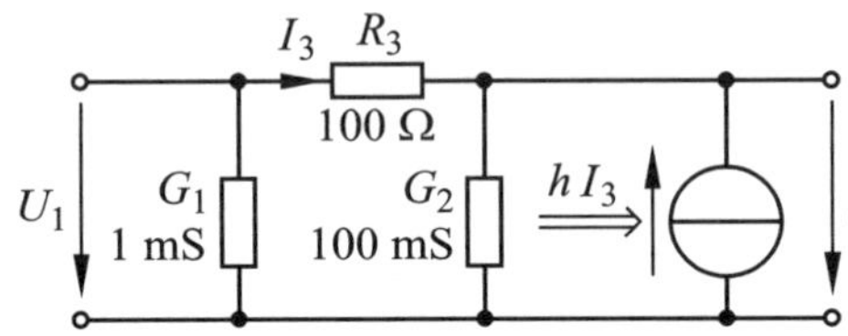

4.23(2) Berechnen Sie den Strom I und die Klemmenspannung U.

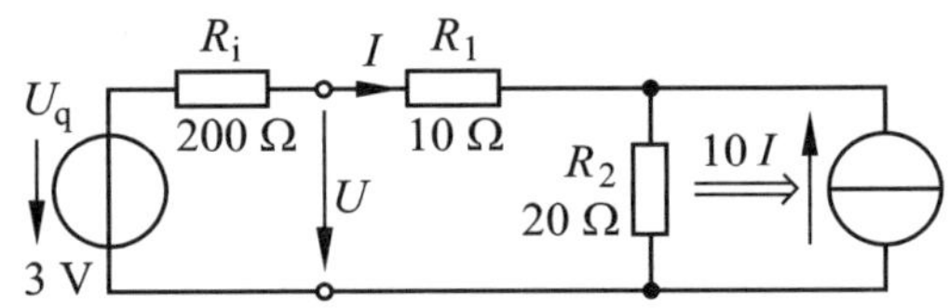

4.24(3) Berechnen Sie die Ersatzstromquelle der Schaltung für $k = 10^5$; $R_1 = 10$ kΩ; $U_q = 5$ V. Welche Art von Schaltung liegt hierbei vor?

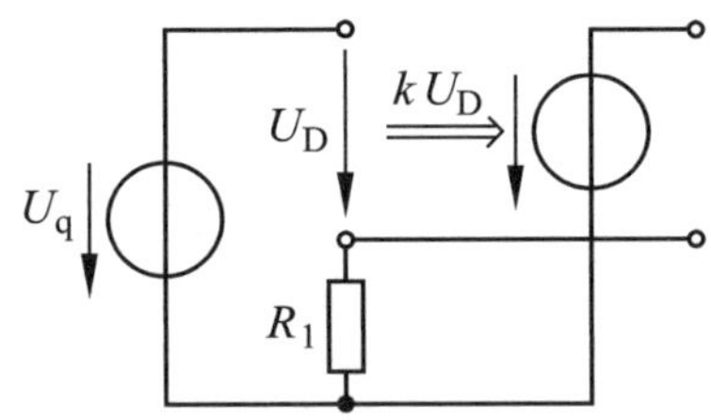

4.25(3) Verwenden Sie für den Transistor der Emitterfolger-Schaltung die Ersatzschaltung 4.40 mit $U_{qBE} = 0{,}7$ V und $h_{FE} = 290$. Bestimmen Sie den Ersatzzweipol.

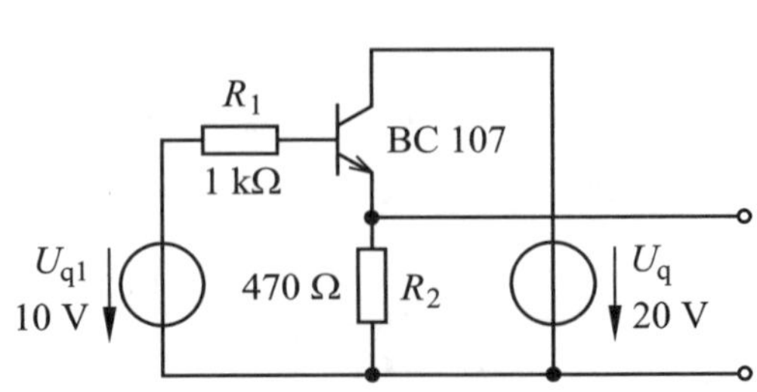

5 Netzwerkanalyse

In den Kapiteln 2 ... 4 haben wir mit dem Knoten- und dem Maschensatz die Zusammenhänge zwischen den Strömen und den Spannungen an Zweipolen und Zweitoren untersucht. Als Beispiele wurden stets nur leicht überschaubare Schaltungen mit wenigen Bauelementen berechnet.
Bei umfangreichen Netzen sind zur Berechnung der Ströme und Spannungen viele Gleichungen erforderlich. Zum Auffinden und Lösen dieser Gleichungen ist ein *systematisches* Vorgehen erforderlich: Zum einen darf der Überblick nicht verloren gehen, zum anderen soll die gesamte Arbeit der Gleichungssuche und -lösung auf ein Minimum zurückgeführt werden.

Die Berechnung der Ströme und Spannungen in einem Netzwerk, dessen Struktur und Bauelemente bekannt sind, wird als **Netzwerkanalyse** *(network analysis)* bezeichnet. Wir wollen in diesem Kapitel Verfahren beschreiben, mit deren Hilfe sämtliche Ströme und Spannungen eines *Zweipolnetzwerks* berechnet werden können; außerdem wollen wir die Anwendung dieser Verfahren zur Bearbeitung von Netzen mit gesteuerten Quellen zeigen.

5.1 Das lineare Gleichungssystem

Ziele: Sie können
- die Begriffe Zweig und Graph an einem Beispiel erläutern.
- angeben, wie viele linear unabhängige Knoten- und Maschengleichungen für ein Netz existieren.
- in den Graph eines Netzwerks einen vollständigen Baum einzeichnen.
- die Begriffe Baum- und Verbindungszweig erläutern.
- die linear unabhängigen Zweig-, Knoten- und Maschengleichungen eines Netzes angeben.

Zunächst wird zweckmäßig jede Reihen- und jede Parallelschaltung von Widerständen durch ihren Ersatzzweipol ersetzt. Danach besteht das Zweipol-Netzwerk aus z Zweigen, die an k Knoten miteinander verbunden sind. Durch eine Zweiggleichung ist jeder Zweigstrom mit der zugehörigen Zweigspannung verknüpft.

Sämtliche Zweigströme und Zweigspannungen ergeben insgesamt $2z$ Unbekannte. Zu ihrer Berechnung brauchen wir $2z$ *linear unabhängige* Gleichungen; diese können Zweig-, Knoten- oder Maschengleichungen sein.
Gleichungen sind dann linear unabhängig, wenn mit jeder Gleichung etwas Neues, in den anderen Gleichungen nicht Enthaltenes, ausgesagt wird. Lässt sich eine Gleichung als gewichtete Summe anderer Gleichungen darstellen, so ist sie von diesen linear abhängig.

Zweiggleichungen
Die z Zweiggleichungen eines Netzes sind linear unabhängig, weil mit jeder neu hinzukommenden Gleichung die Abhängigkeit zwischen zwei weiteren Unbekannten dargestellt wird.
Die Zweiggleichungen können auch *nichtlinear* sein und z. B. in der Form von *I-U*-Kennlinien gegeben sein. In diesem Fall muss zur Berechnung der Ströme und Spannungen auf Iterationsverfahren zurückgegriffen werden.
Wir wollen im Folgenden lediglich **lineare Netze** untersuchen; ihre Zweiggleichungen sind linear. Außerdem setzen wir voraus, dass in jedem Zweig der Bezugssinn der Spannung mit dem des Stromes übereinstimmt.

Beispiel 5.1
Wir wollen die Zweiggleichungen der Schaltung 5.1 aufstellen.

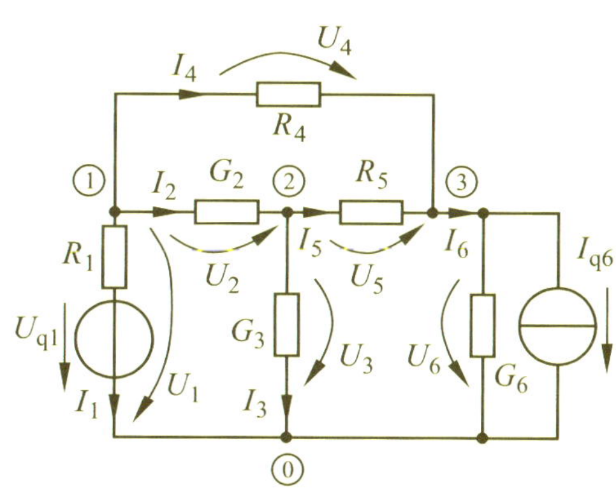

Bild 5.1 Netzwerk mit 6 Zweigen und 4 Knoten

Wir nummerieren die Zweige fortlaufend von 1 bis z und die Knoten fortlaufend von 0 bis

$(k-1)$; im Schaltplan schließen wir jede Knotennummer in einen Kreis ein, damit sie nicht mit einer Zweignummer verwechselt wird.

Zweignummer	Zweiggleichung
1	$U_1 = U_{q1} + R_1 I_1$
2	$I_2 = G_2 U_2$
3	$I_3 = G_3 U_3$
4	$U_4 = R_4 I_4$
5	$U_5 = R_5 I_5$
6	$I_6 = I_{q6} + G_6 U_6$

Knotengleichungen

Von den insgesamt k Knotengleichungen sind stets nur $(k - 1)$ Gleichungen linear unabhängig. Da jeder Zweigstrom aus einem Knoten heraus- und in einen anderen Knoten hineinfließt, geht er in zwei Knotengleichungen ein, und zwar einmal mit positivem und einmal mit negativem Vorzeichen. Die Summe der Knotengleichungen eines Netzes liefert daher das Ergebnis 0 = 0.
Eine der Gleichungen ist von den übrigen linear abhängig und daher nicht brauchbar. Es ist üblich, die Gleichung für den Knoten 0 wegzulassen.

Beispiel 5.2

Wir wollen die Knotengleichungen für die Schaltung 5.1 aufstellen und zeigen, dass die Gleichung für den Knoten 0 von den übrigen Gleichungen linear abhängig ist.
Wir geben jedem Strom, der vom Knoten wegweist, ein positives Vorzeichen.

Knotennummer	Knotengleichung
0	$-I_1 - I_3 - I_6 = 0$
1	$I_1 + I_2 + I_4 = 0$
2	$-I_2 + I_3 + I_5 = 0$
3	$-I_4 - I_5 + I_6 = 0$

Die Summe der Gleichungen 1 ... 3 ergibt die Gleichung für den Knoten 0; letztere ist also von den übrigen linear abhängig.

Maschengleichungen

Für jede Schaltung mit zwei oder mehr Knoten kann man eine oder mehrere Maschengleichungen aufstellen. Wir wollen zunächst untersuchen, wie viele dieser Maschengleichungen linear unabhängig sein können.
Für das Gleichungssystem mit $2z$ Unbekannten stehen bereits z Zweiggleichungen und $(k-1)$ Knotengleichungen zur Verfügung. Also können nur

$$m = 2\,z - z - (k - 1) = z - k + 1 \tag{5.1}$$

Maschengleichungen linear unabhängig sein, da sonst das Gleichungssystem überbestimmt wäre.

Zur Auswahl der m linear unabhängigen Maschengleichungen zeichnet man zweckmäßig den **Graph** des Netzwerks. Darunter versteht man ein vereinfachtes Bild der Schaltung, in dem jeder Zweig durch eine Linie dargestellt ist; ein Pfeil gibt den Bezugssinn der Zweiggrößen an.
Im Graph kennzeichnet man einen **vollständigen Baum**; dies ist ein Linienzug, der *sämtliche* Knoten miteinander verbindet, *ohne* geschlossen zu sein. Die Zweige im vollständigen Baum werden **Baumzweige**, die übrigen **Verbindungszweige** genannt.
Wir bilden nun Maschen nach folgender Regel: Jede der m Maschen darf nur über einen einzigen Verbindungszweig, aber über beliebig viele Baumzweige geführt sein. Den Bezugssinn des Verbindungszweiges wählen wir als Maschenumlaufsinn. Die zugehörigen m Maschengleichungen sind voneinander linear unabhängig, weil jede die Spannung eines Verbindungszweiges enthält, die in den übrigen Gleichungen nicht vorkommt.

Beispiel 5.3

Wir wollen die m linear unabhängigen Maschengleichungen für das Netz 5.1 aufstellen.

Zunächst zeichnen wir den Graph des Netzes (Bild 5.2) und tragen die Zweig- und die Knotennummern sowie den Bezugssinn der Zweiggrößen ein. Im Graph 5.2 wählen wir für den vollständigen Baum die Zweige 2, 3 und 5. Durch sie sind sämtliche Knoten miteinander verbunden, ohne dass eine geschlossene Verbindung entsteht.

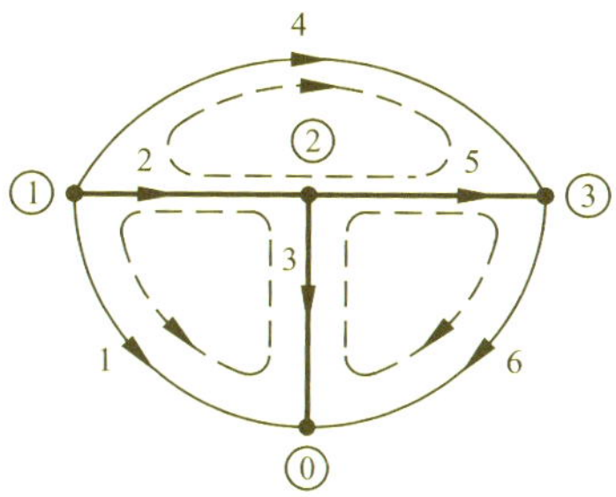

Bild 5.2 Graph des Netzwerks 5.1

Nun bilden wir Maschen, von denen jede über *einen* Verbindungszweig, der den Umlaufsinn bestimmt, und beliebig viele Baumzweige verläuft. Die Nummer des Verbindungszweiges ist auch die Nummer der Masche.

Masche	Maschengleichung
1	$U_1 - U_3 - U_2 = 0$
4	$U_4 - U_5 - U_2 = 0$
6	$U_6 - U_3 + U_5 = 0$

Die z Zweiggleichungen, die $(k - 1)$ Knotengleichungen für die Knoten mit Knotennummern $k > 0$ und die m linear unabhängigen Maschengleichungen ergeben ein lineares Gleichungssystem mit insgesamt $2z$ Gleichungen.

Fragen
- Erläutern Sie die Begriffe Zweig und Graph an einem Beispiel.
- Was versteht man unter dem Begriff Netzwerkanalyse?
- Was ist der Graph einer Schaltung, und wie werden Zweige im Graph dargestellt?
- Warum sind in einem Netzwerk mit 8 Knoten nur 7 Knotengleichungen linear unabhängig?
- Wie lassen sich die m linear unabhängigen Maschengleichungen eines Netzes finden?
- Wie viele linear unabhängige Maschengleichungen gibt es in einem Netz mit 11 Zweigen und 6 Knoten?
- Geben Sie für den Graph des Netzes 5.1 weitere vollständige Bäume an.

5.2 Reduktion des Gleichungssystems

Ziele: Sie können
- Verfahren nennen, deren Gleichungszahl kleiner als die des Gleichungssystems mit $2z$ Gleichungen ist.
- angeben, wie viele Gleichungen das Gleichungssystem bei der Netzwerkanalyse mit dem Knotenpotenzialverfahren bzw. mit dem Maschenstromverfahren enthält.
- die Auswirkungen von idealen unabhängigen Quellen auf den Rechenaufwand bei der Netzwerkanalyse erläutern.

Das im Abschnitt 5.1 beschriebene Vorgehen hat den Nachteil, dass der Rechenaufwand zur Lösung des linearen Gleichungssystems mit $2z$ Gleichungen relativ hoch ist.

Es ist jedoch möglich, die Anzahl der Gleichungen des linearen Gleichungssystems zu verringern; dazu sind drei Verfahren geeignet.
- Man setzt die Zweiggleichungen in die Knoten- und Maschengleichungen ein. Dadurch ergeben sich z Gleichungen für die z unabhängigen Größen der Zweiggleichungen; nach ihrer Lösung werden die übrigen Zweiggrößen berechnet.
- Beim **Knotenpotenzialverfahren** wird ein Knoten zum Bezugsknoten erklärt, dem ein Bezugspotenzial zugewiesen wird. Die Unbekannten des linearen Gleichungssystems sind die Spannungen zwischen den übrigen $(k - 1)$ Knoten und dem Bezugsknoten. Es braucht nur ein Gleichungssystem mit $(k - 1)$ Gleichungen gelöst zu werden. Anschließend werden zunächst die Zweigspannungen und mit diesen die Zweigströme berechnet.
- Beim **Maschenstromverfahren** wird zunächst ein vollständiger Baum gewählt. Die Unbekannten des linearen Gleichungssystems sind die Ströme in den Verbindungszweigen. Es braucht nur ein Gleichungssystem mit $m = z - k + 1$ Gleichungen gelöst zu werden. Anschließend werden zunächst die Zweigströme und mit diesen die Zweigspannungen berechnet.

Sind in einem Netz keine *idealen* unabhängigen Quellen vorhanden, so entscheidet man sich zweckmäßig für das Knotenpotenzialverfahren, wenn die Bedingung $k - 1 < m$ erfüllt ist.

Ist jedoch die Bedingung $k - 1 > m$ erfüllt, so entscheidet man sich zweckmäßig für das Maschenstromverfahren.
Im Beispiel 5.1 ist wegen $k - 1 = m = 3$ der Rechenaufwand zur Lösung des linearen Gleichungssystems beim Knotenpotenzial- und beim Maschenstromverfahren gleich.

Anders sieht es aus, wenn das Netz ideale unabhängige Quellen enthält: Beim Knotenpotenzialverfahren ermöglicht jede ideale Spannungsquelle eine Reduktion des Gleichungssystems um eine Gleichung; beim Maschenstromverfahren ermöglicht jede ideale Stromquelle eine Reduktion des Gleichungssystems um eine Gleichung.

Fragen
- Wie viele Gleichungen enthält ein Gleichungssystem bei der Netzwerkanalyse mit dem Knotenpotenzialverfahren bzw. mit dem Maschenstromverfahren?
- Wie wirken sich ideale unabhängigen Quellen auf den Rechenaufwand bei der Netzwerkanalyse aus?

5.3 Das Knotenpotenzialverfahren

Ziele: Sie können
- den Unterschied zwischen Knoten- und Zweigspannung an einem Beispiel erläutern.
- das Gleichungssystem des Knotenpotenzialverfahrens für ein Zweipolnetz in Matrixform angeben.
- das Knotenpotenzialverfahren auf Netze mit idealen unabhängigen Spannungsquellen anwenden.
- das Knotenpotenzialverfahren auf Netze mit gesteuerten Quellen anwenden.
- den Ersatzzweipol einer Schaltung mit dem Knotenpotenzialverfahren bestimmen.

5.3.1 Aufstellung des Gleichungssystems

Beim **Knotenpotenzialverfahren** braucht nur ein Gleichungssystem mit $(k - 1)$ Gleichungen gelöst zu werden. Dabei geht man folgendermaßen vor:
Es wird ein Knoten als **Bezugsknoten** gewählt, dem ein willkürlich festgelegtes **Bezugspotential** – meist $\varphi_0 = 0$ – zugewiesen wird. Die Spannung zwischen einem beliebigen Knoten und dem Bezugsknoten ist die Differenz der Potenziale beider Knoten; sie wird als **Knotenspannung** bezeichnet.

Wir trennen bei den Knotenspannungen die Indizes durch ein Komma, damit keine Verwechslungen mit den Zweigspannungen möglich sind:

$$U_{1,0} = \varphi_1 - \varphi_0 \;\ldots\; U_{k-1,0} = \varphi_{k-1} - \varphi_0 \tag{5.2}$$

Das lineare Gleichungssystem, dessen Unbekannte die Knotenspannungen sind, besteht aus den Knotengleichungen für jeden der $(k - 1)$ Knoten. Vor seiner Aufstellung stellen wir jeden Zweigstrom als Funktion der Zweigspannung dar und ersetzen die Zweigspannungen durch die Knotenspannungen; dabei arbeitet man zweckmäßig mit Leitwerten und linearen Stromquellen.

Beispiel 5.4
Wir wollen das Gleichungssystem des Knotenpotenzialverfahrens für die Schaltung 5.1 aufstellen.
Zunächst wählen wir den Knoten 0 als Bezugsknoten und ersetzen die Zweigspannungen durch die Knotenspannungen:

$$U_1 = U_{1,0}$$
$$U_2 = U_{1,0} - U_{2,0}$$
$$U_3 = U_{2,0}$$
$$U_4 = U_{1,0} - U_{3,0}$$
$$U_5 = U_{2,0} - U_{3,0}$$
$$U_6 = U_{3,0}$$

Die lineare Spannungsquelle wandeln wir in eine lineare Stromquelle um:

$$G_1 = \frac{1}{R_1}\,;\;\; I_{q1} = G_1\,U_{q1}$$

Die Zweigströme sind:

$$I_1 = G_1\,U_{1,0} - I_{q1}$$
$$I_2 = G_2\,(U_{1,0} - U_{2,0})$$
$$I_3 = G_3\,U_{2,0}$$
$$I_4 = G_4\,(U_{1,0} - U_{3,0})$$
$$I_5 = G_5\,(U_{2,0} - U_{3,0})$$
$$I_6 = G_6\,U_{3,0} + I_{q6}$$

Wir setzen die Zweigströme in die Knotengleichungen für die Knoten 1 ... 3 ein (s. Beispiel 5.2):

1) $G_1\,U_{1,0} - I_{q1} + G_2\,(U_{1,0} - U_{2,0}) + G_4\,(U_{1,0} - U_{3,0}) = 0$

2) $-G_2\,(U_{1,0} - U_{2,0}) + G_3\,U_{2,0} + G_5\,(U_{2,0} - U_{3,0}) = 0$

3) $-G_4\,(U_{1,0} - U_{3,0}) - G_5\,(U_{2,0} - U_{3,0}) + G_6\,U_{3,0} + I_{q6} = 0$

Dieses Gleichungssystem schreiben wir in Matrixform:

$$\begin{array}{c|ccc|}
 & ① & ② & ③ \\
① & G_1+G_2+G_4 & -G_2 & -G_4 \\
② & -G_2 & G_2+G_3+G_5 & -G_5 \\
③ & -G_4 & -G_5 & G_4+G_5+G_6
\end{array} \cdot \begin{pmatrix} U_{1,0} \\ U_{2,0} \\ U_{3,0} \end{pmatrix} = \begin{pmatrix} I_{q1} \\ 0 \\ -I_{q6} \end{pmatrix}$$

Nach der Lösung des Gleichungssystems können die Zweigspannungen und die Zweigströme mit den Knotenspannungen berechnet werden.

Die quadratische Matrix des Gleichungssystems wird **Knoten-Leitwertmatrix** *(node-admittance-matrix)* genannt; ihre Hauptdiagonale ist im Beispiel 5.4 durch Rasterung hervorgehoben.

Ein wesentlicher Vorteil des Knotenpotenzialverfahrens liegt in der einfachen Struktur der Knoten-Leitwertmatrix und der Matrix der rechten Seite. Da beide Matrizen nach einem festliegenden Schema aufgefüllt werden, lässt sich das Gleichungssystem für das Knotenpotenzialverfahren *direkt*, d.h. ohne den Umweg über die Zweig-, Knoten und Maschengleichungen, aufstellen.

An der Knoten-Leitwertmatrix des Beispiels 5.4 lassen sich folgende Regeln erkennen, die für Zweipol-Netzwerke allgemein gültig sind:

a) Die Matrix ist symmetrisch zur Hauptdiagonalen. Sämtliche Hauptdiagonalelemente sind positiv, die übrigen Matrixelemente sind negativ.
b) Jedes Hauptdiagonalelement ist die Summe der Leitwerte, die mit einem Pol am jeweiligen Knoten liegen.
c) Jedes der übrigen Elemente ist die negative Summe der Leitwerte, die vom aktuellen Knoten zum jeweiligen Nachbarknoten führen.
d) Die Summe der Elemente einer Zeile ist gleich der Summe der Leitwerte zwischen dem aktuellen Knoten und dem Bezugsknoten.

Die Elemente der rechten Seite des Gleichungssystems werden von den Quellenströmen gebildet. Weist der Bezugspfeil eines Quellenstromes auf den betreffenden Knoten hin, so erhält das Formelzeichen der Stromstärke ein positives, andernfalls ein negatives Vorzeichen.

Beispiel 5.5

Wir wollen die Zweigspannungen und -ströme mit dem Knotenpotenzialverfahren berechnen.

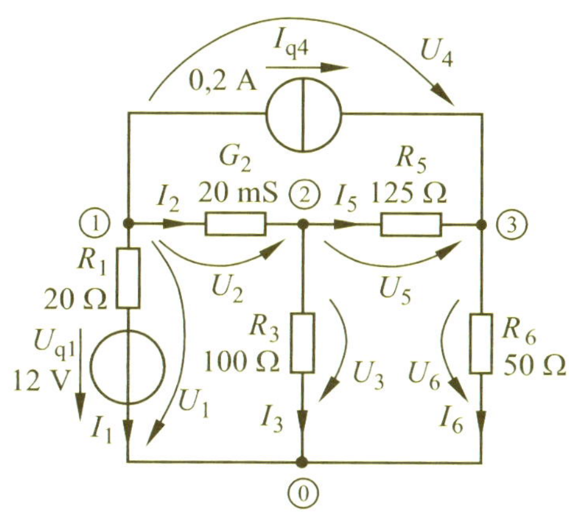

Zunächst wandeln wir die lineare Spannungsquelle in eine lineare Stromquelle um:

$G_1 = 50\text{ mS}\;;\quad I_{q1} = G_1\,U_{q1} = 0{,}6\text{ A}$

Wir wählen den Knoten 0 als Bezugsknoten und stellen das Gleichungssystem auf.

$$\begin{pmatrix} G_1+G_2 & -G_2 & 0 \\ -G_2 & G_2+G_3+G_5 & -G_5 \\ 0 & -G_5 & G_5+G_6 \end{pmatrix} \cdot \begin{pmatrix} U_{1,0} \\ U_{2,0} \\ U_{3,0} \end{pmatrix} = \begin{pmatrix} I_{q1}-I_{q4} \\ 0 \\ I_{q4} \end{pmatrix}$$

Wir kontrollieren die Matrix mit der Regel d) und setzen die Zahlenwerte ein:

$$\begin{pmatrix} 0{,}07 & -0{,}02 & 0 \\ -0{,}02 & 0{,}038 & -0{,}008 \\ 0 & -0{,}008 & 0{,}028 \end{pmatrix} \mathrm{S} \cdot \begin{pmatrix} U_{1,0} \\ U_{2,0} \\ U_{3,0} \end{pmatrix} = \begin{pmatrix} 0{,}4\ \mathrm{A} \\ 0 \\ 0{,}2\ \mathrm{A} \end{pmatrix}$$

Die Lösung dieses Gleichungssystems lautet:

$U_{1,0} = U_1 = 7{,}347\ \mathrm{V}$; $U_{2,0} = U_3 = 5{,}714\ \mathrm{V}$

$U_{3,0} = U_6 = 8{,}776\ \mathrm{V}$

Nun berechnen wir diejenigen Zweigspannungen, die nicht mit Knotenspannungen übereinstimmen:

$U_2 = U_{1,0} - U_{2,0} = 1{,}633\ \mathrm{V}$

$U_4 = U_{1,0} - U_{3,0} = -1{,}429\ \mathrm{V}$

$U_5 = U_{2,0} - U_{3,0} = -3{,}062\ \mathrm{V}$

Für die Zweigströme ergibt sich:

$I_1 = G_1 (U_1 - U_{q1}) = -232{,}7\ \mathrm{mA}$

$I_2 = G_2\, U_2 = 32{,}7\ \mathrm{mA}$

$I_3 = G_3\, U_3 = 57{,}1\ \mathrm{mA}$

$I_5 = G_5\, U_5 = -24{,}5\ \mathrm{mA}$

$I_6 = G_6\, U_6 = 175{,}5\ \mathrm{mA}$

Praxisbezug 5.1
Für programmierbare Taschenrechner gibt es Programme zur Lösung eines linearen Gleichungssystems. Nach dem Aufruf eines solchen Programms braucht man nur die Matrix und die rechte Seite einzutippen; die unbekannten Größen werden dann automatisch berechnet. ❐

5.3.2 Behandlung idealer Spannungsquellen

Beim Knotenpotenzialverfahren ermöglicht jede ideale unabhängige Spannungsquelle eine Reduktion des Gleichungssystems um eine Gleichung. Ist nur *eine* ideale Spannungsquelle im Netz vorhanden, so wählen wir zweckmäßig einen der beiden Knoten, zwischen denen die Quelle liegt, als Bezugsknoten und bringen die bekannte Quellenspannung als Knotenspannung in das Gleichungssystem ein. Dieses Verfahren lässt sich auch dann anwenden, wenn mehrere ideale Spannungsquellen an einem *gemeinsamen* Knoten liegen.

Beispiel 5.6
In der Schaltung liegt eine ideale unabhängige Spannungsquelle zwischen den Knoten 1 und 0; es ist also die Knotenspannung $U_{1,0} = U_{q1}$ bekannt. Wir wollen das Gleichungssystem des Knotenpotenzialverfahrens aufstellen.

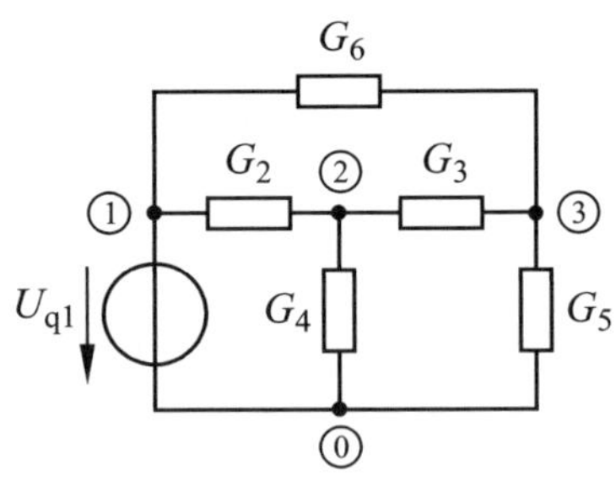

Zunächst wählen wir den Knoten 0 als Bezugsknoten und stellen das Gleichungssystem

	①	②	③
②	$-G_2$	$G_2+G_3+G_4$	$-G_3$
③	$-G_6$	$-G_3$	$G_3+G_5+G_6$

$$\cdot \begin{pmatrix} U_{1,0} \\ U_{2,0} \\ U_{3,0} \end{pmatrix} = \begin{pmatrix} 0 \\ 0 \end{pmatrix}$$

auf, wobei wir die Zeile für den Knoten 1 weglassen, da wir die Knotenspannung $U_{1,0} = U_{q1}$ bereits kennen. In den übrigen Zeilen multiplizieren wir die Elemente der Spalte 1 mit U_{q1} und bringen das Ergebnis auf die rechte Seite des Gleichungssystems.

$$\begin{pmatrix} G_2 + G_3 + G_4 & -G_3 \\ -G_3 & G_3 + G_5 + G_6 \end{pmatrix} \cdot \begin{pmatrix} U_{2,0} \\ U_{3,0} \end{pmatrix} = \begin{pmatrix} G_2 U_{q1} \\ G_6 U_{q1} \end{pmatrix}$$

Sind in mehr als einem Zweig ideale Spannungsquellen vorhanden und haben diese *keinen* gemeinsamen Knoten, so kann das beschriebene Verfahren nur bei einer Quelle angewendet werden. Jede weitere ideale Spannungsquelle ersetzen wir durch einen unbekannten Leitwert, den wir dadurch aus dem Gleichungssystem entfernen, dass wir die beiden Zeilen addieren, in denen dieser Leitwert vorkommt. In das so reduzierte Gleichungssystem fügen wir die bekannten Quellenspannungen ein.

Beispiel 5.7

Wir wollen das Gleichungssystem des Knotenpotenzialverfahrens für die Schaltung, in der sich zwei unabhängige ideale Spannungsquellen befinden, aufstellen und lösen.

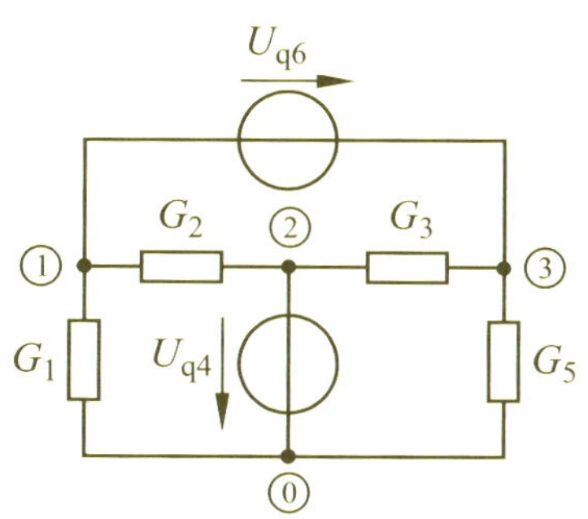

Zunächst wählen wir den Knoten 0 als Bezugsknoten. Beim Aufstellen des Gleichungssystems lassen wir, wie bereits beschrieben, die Zeile 2 weg und ersetzen die Quelle mit der Quellenspannung U_{q6} durch einen unbekannten Leitwert G_u.

$$\begin{array}{c} \\ ① \\ ③ \end{array}\begin{array}{c} \begin{array}{ccc} ① & ② & ③ \end{array} \\ \begin{pmatrix} G_1 + G_2 + G_u & -G_2 & -G_u \\ -G_u & -G_3 & G_3 + G_5 + G_u \end{pmatrix} \end{array} \cdot \begin{pmatrix} U_{1,0} \\ U_{2,0} \\ U_{3,0} \end{pmatrix} = \begin{pmatrix} 0 \\ 0 \end{pmatrix}$$

Addiert man beide Zeilen des Gleichungssystems, so entfällt der unbekannte Leitwert.

$$\begin{pmatrix} G_1 + G_2 & -G_2 - G_3 & G_3 + G_5 \end{pmatrix} \cdot \begin{pmatrix} U_{1,0} \\ U_{2,0} \\ U_{3,0} \end{pmatrix} = \begin{pmatrix} 0 \end{pmatrix}$$

Nach dem Einsetzen der Knotenspannungen $U_{2,0} = U_{q4}$ und $U_{3,0} = U_{1,0} - U_{q6}$ bleibt nur noch eine Gleichung für $U_{1,0}$ übrig:

$$U_{1,0} = \frac{(G_2 + G_3)\, U_{q4} + (G_3 + G_5)\, U_{q6}}{G_1 + G_2 + G_3 + G_5}$$

Aufgaben

5.1(1) Berechnen Sie sämtliche Ströme mit Hilfe des Knotenpotenzialverfahrens.

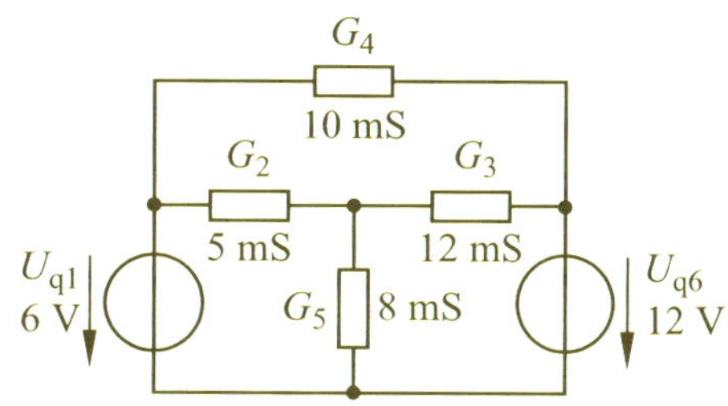

5.2(2) Geben Sie das Gleichungssystem des Knotenpotenzialverfahrens an.

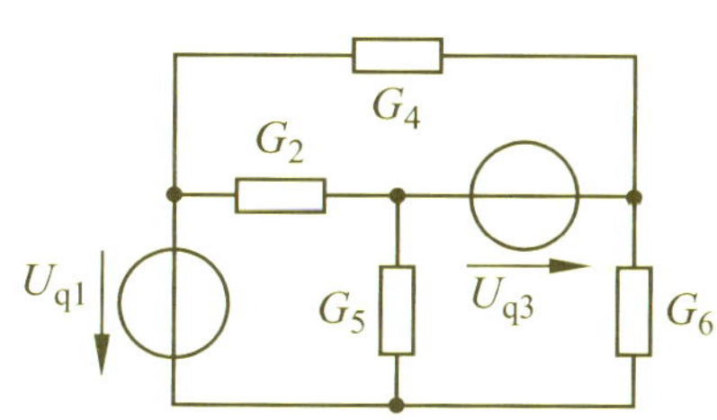

5.3.3 Behandlung gesteuerter Quellen

Bei einer spannungsgesteuerten Stromquelle ist der Quellenstrom von einer Spannung abhängig. Eine derartige Quelle lässt sich mit dem Knotenpotenzialverfahren bearbeiten, da die Steuergröße als Differenz zweier Knotenspannungen in das Gleichungssystem eingefügt werden kann.

Beispiel 5.8

In der Schaltung liegt eine spannungsgesteuerte Stromquelle zwischen den Knoten 2 und 0. Wir wollen das Gleichungssystem für die Knotenspannungen aufstellen.

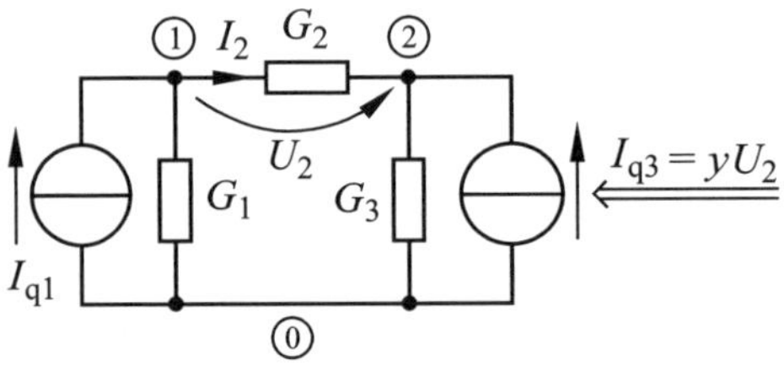

Zunächst wählen wir den Knoten 0 als Bezugsknoten und stellen das Gleichungssystem in der gewohnten Weise auf; dabei behandeln wir die gesteuerte Stromquelle wie eine unabhängige Stromquelle.

	①	②				
①	$G_1 + G_2$	$-G_2$	·	$U_{1,0}$	=	I_{q1}
②	$-G_2$	$G_2 + G_3$		$U_{2,0}$		I_{q3}

Die Stromstärke I_{q3} ist von der Spannung U_2 abhängig:

$$I_{q3} = y\,U_2 = y\,(U_{1,0} - U_{2,0})$$

Wir setzen diesen Ausdruck für den Quellenstrom in das Gleichungssystem ein und bringen die von den Knotenspannungen abhängigen Ausdrücke auf die linke Seite:

$G_1 + G_2$	$-G_2$	·	$U_{1,0}$	=	I_{q1}
$-G_2 - y$	$G_2 + G_3 + y$		$U_{2,0}$		0

Sind im Netzwerk außer spannungsgesteuerten Stromquellen noch andere abhängige Quellen vorhanden, so werden diese, wenn möglich, in spannungsgesteuerte Stromquellen umgewandelt. Die Umwandlung einer Stromsteuerung in eine Spannungssteuerung ist in jedem Fall möglich, weil ein Steuerstrom stets auch ein Zweigstrom ist, der mit Hilfe der Zweiggleichung auf die Zweigspannung zurückgeführt werden kann.

Die Umwandlung einer gesteuerten Spannungsquelle ist nur dann möglich, wenn die Spannungsquelle einen Innenwiderstand $R_i > 0$ aufweist. Bei einer idealen gesteuerten Spannungsquelle können wir wie bei einer idealen unabhängigen Spannungsquelle vorgehen und erhalten ein Gleichungssystem mit verringerter Anzahl der Gleichungen.

Beispiel 5.9

Wir wollen für die Schaltung das Gleichungssystem des Knotenpotenzialverfahrens angeben.

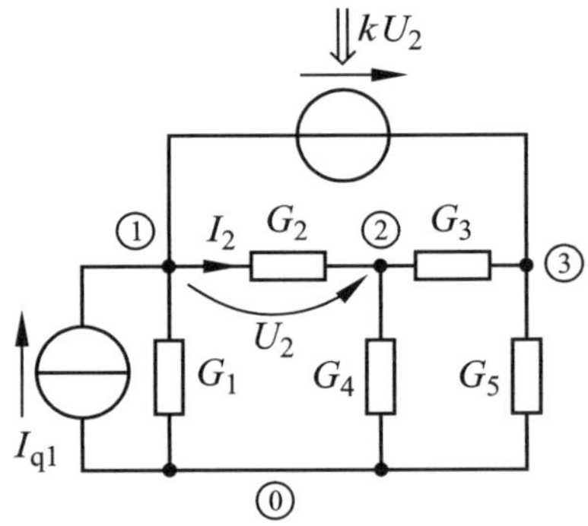

Da in der Schaltung nur *eine* ideale gesteuerte Spannungsquelle enthalten ist, wählen wir einen ihrer Pole, z. B. den Knoten 1, als Bezugsknoten. Zunächst behandeln wir die abhängige Spannungsquelle wie eine unabhängige und stellen das Gleichungssystem auf.

	②	③	⓪				
②	$G_2 + G_3 + G_4$	$-G_3$	$-G_4$	·	$U_{2,1}$ $U_{3,1}$	=	0
⓪	$-G_4$	$-G_5$	$G_1 + G_4 + G_5$		$U_{0,1}$		$-I_{q1}$

Die Spannung $U_{3,1}$ ist durch die gesteuerte Quelle festgelegt:

$$U_{3,1} = -k\,U_2 = -k \cdot (-U_{2,1}) = k\,U_{2,1}$$

Diesen Ausdruck setzen wir in das Gleichungssystem ein:

$$\begin{bmatrix} G_2 + (1-k)G_3 + G_4 & -G_4 \\ -G_4 - k\,G_5 & G_1 + G_4 + G_5 \end{bmatrix} \cdot \begin{bmatrix} U_{2,1} \\ U_{0,1} \end{bmatrix} = \begin{bmatrix} 0 \\ -I_{q1} \end{bmatrix}$$

Aufgaben

5.3(2) Geben Sie das Gleichungssystem zur Berechnung der Knotenspannungen mit dem Knotenpotenzialverfahren an.

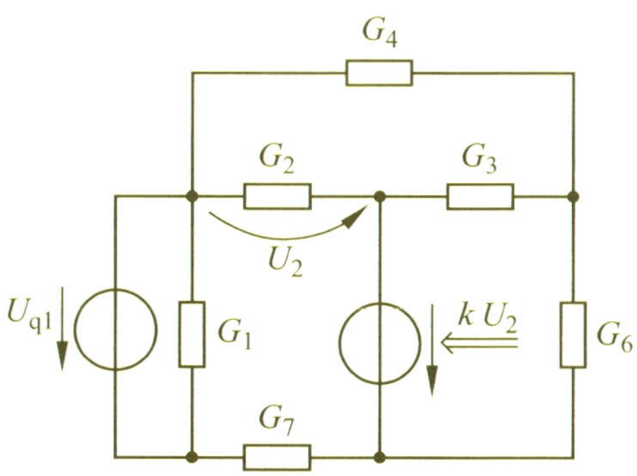

5.4(2) Geben Sie das Gleichungssystem des Knotenpotenzialverfahrens an.

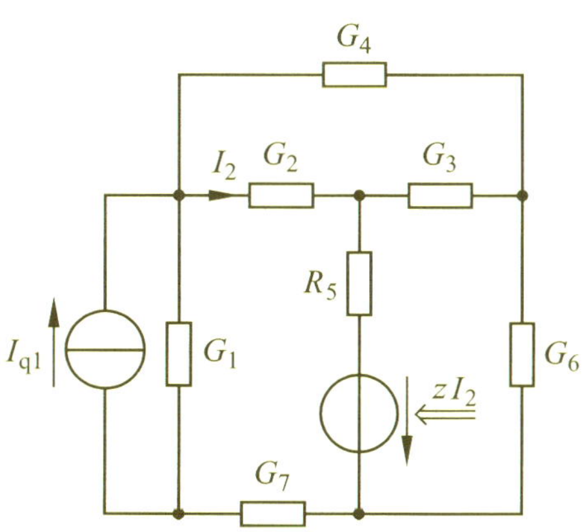

Praxisbezug 5.2

Die Analyse eines umfangreichen Netzes wird zweckmäßig mit einem PC durchgeführt. Hierfür gibt es viele Programme, z. B. das Programm **PSpice**.

Mit PSpice können auch nichtlineare Netze analysiert werden. Neben der Analyse des Gleichstromverhaltens ist auch die Analyse zeitabhängiger Vorgänge möglich.

Das Programm verwendet stets das Knotenpotenzialverfahren. Die zu analysierende Schaltung wird mit einem Stromlaufplan beschrieben, wobei die Werte sämtlicher Bauelemente bekannt sein müssen. Die Ergebnisse werden grafisch dargestellt. ❐

5.3.4 Bestimmung von Ersatzzweipolen

Das Knotenpotenzialverfahren kann auch zur Berechnung des Ersatzzweipols eines linearen Zweipolnetzes eingesetzt werden. Ist das lineare Zweipolnetz *passiv*, so schließen wir an seine Klemmen eine ideale Stromquelle an, deren Stromstärke wir zweckmäßig $I_q = 1$ A wählen.

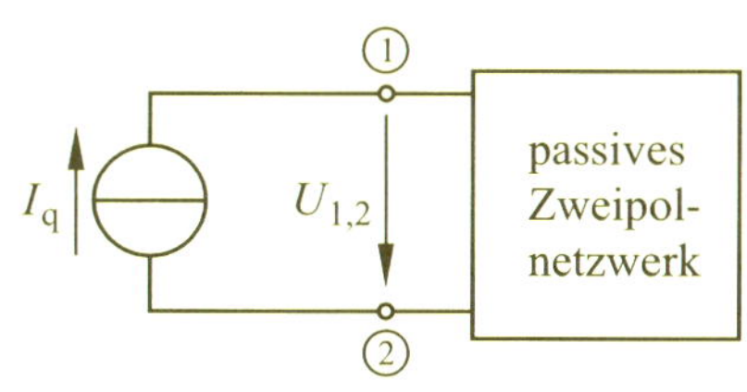

Bild 5.3 Zweipolnetzwerk mit idealer Stromquelle

Nach der Berechnung der Spannung $U_{1,2}$ mit dem Knotenpotenzialverfahren lässt sich der Widerstand R_e des Ersatzzweipols ermitteln:

$$R_e = \frac{U_{1,2}}{I_q} \tag{5.3}$$

Ist das lineare Zweipolnetz *aktiv*, so kann z. B. die Ersatzspannungsquelle angegeben werden; ihre Quellenspannung und ihr Innenwiderstand lassen sich in *einem* Arbeitsgang mit dem Knotenpotenzialverfahren berechnen, wenn die im Zweipolnetz enthaltenen Quellen Stromquellen sind oder in solche umgewandelt werden können.

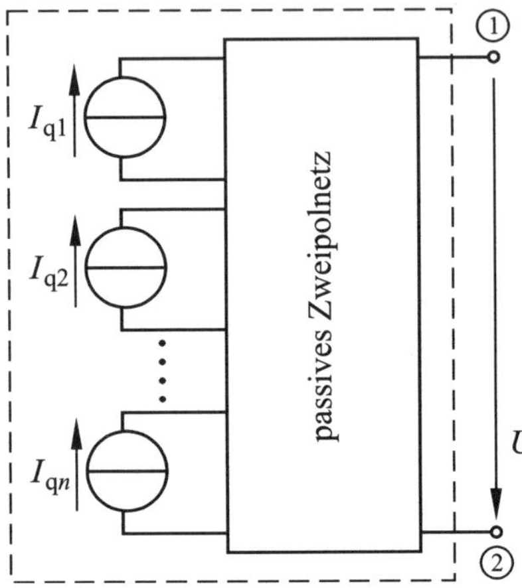

Bild 5.4 Aktives Zweipolnetz mit Stromquellen

Der aktive Zweipol kann durch die Schaltung 5.4 dargestellt werden. Die Leerlaufspannung U_0 ist gleich der Quellenspannung U_{qe} der Ersatzquelle. Das Gleichungssystem zu ihrer Berechnung enthält auf der rechten Seite sämtliche Quellenströme I_{q1} ... I_{qn}, während die Knoten-Leitwertmatrix nur durch das passive Zweipolnetz bestimmt wird.

Zur Berechnung des Innenwiderstandes der Ersatzquelle ersetzen wir jede ideale Stromquelle durch eine Unterbrechung und schließen an die Klemmen 1 und 2 eine ideale Stromquelle an.

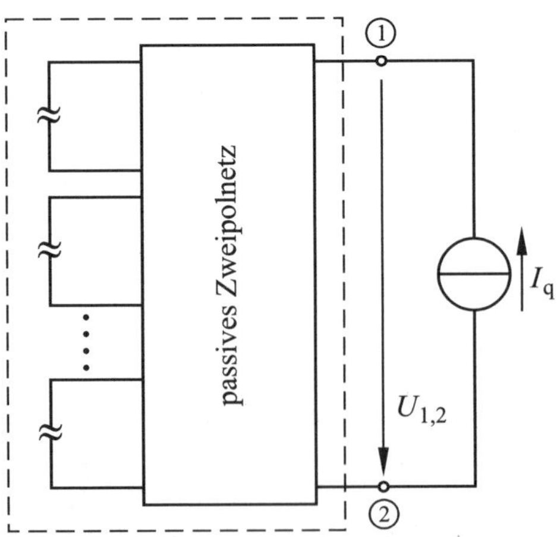

Bild 5.5 Netzwerk für die Berechnung des Innenwiderstandes der Ersatzquelle

Der Innenwiderstand der Ersatzquelle kann mit der Gl.(5.3) berechnet werden. Das Gleichungssystem zur Berechnung der Spannung $U_{1,2}$ enthält auf der rechten Seite nur die Stromstärke I_q, während die Knoten-Leitwertmatrix auch in diesem Fall nur durch das passive Zweipolnetz bestimmt wird. Da am passiven Netzwerk keine Änderungen vorgenommen wurden, können U_{qe} und R_{ie} mit der gleichen Knoten-Leitwertmatrix berechnet werden.

Zur Bestimmung der Ersatzquelle eines aktiven Zweipolnetzes müssen somit zwei Gleichungssysteme, die sich nur in ihren rechten Seiten unterscheiden, gelöst werden. Der dafür erforderliche Rechenaufwand ist bei geeigneten Lösungsverfahren nur unwesentlich größer als der für die Lösung eines der Gleichungssysteme.

Beispiel 5.10

Wir wollen die Ersatzquelle der Schaltung bestimmen.

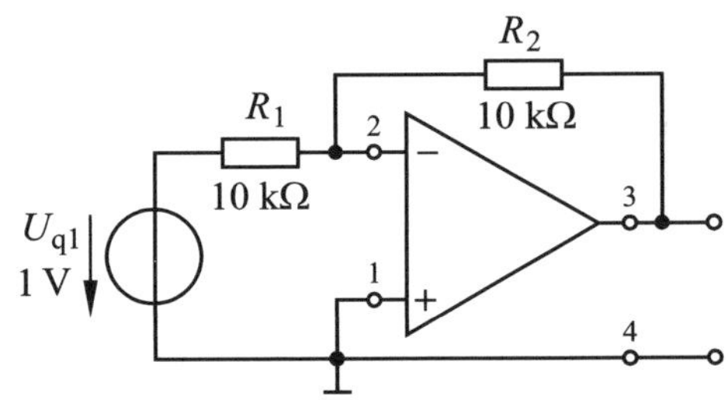

Der Operationsverstärker soll dabei durch eine spannungsgesteuerte Spannungsquelle ersetzt werden.

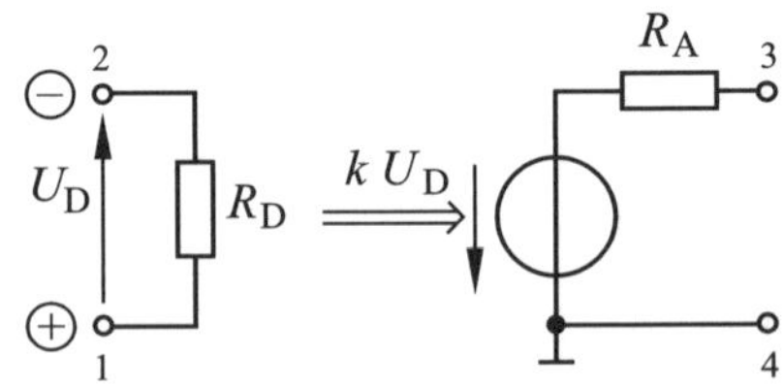

Folgende Größen sind gegeben:

$R_D = 2\ \text{M}\Omega$; $k = 10^5$; $R_A = 80\ \Omega$

Zunächst fügen wir die Ersatzschaltung des Operationsverstärkers in die gegebene Schaltung ein.

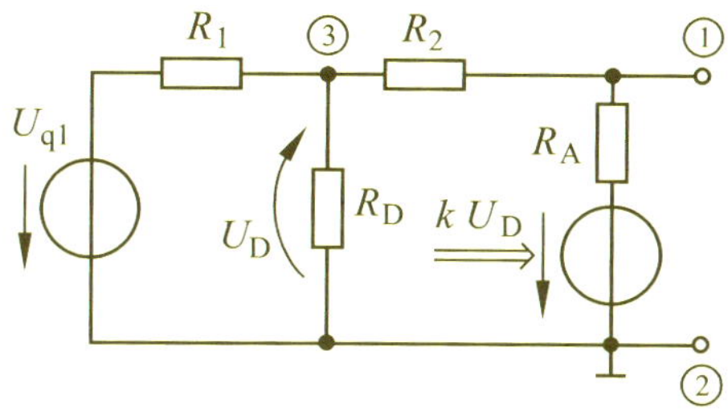

Nun wandeln wir beide Spannungsquellen in Stromquellen und die Widerstände in Leitwerte um:

$G_1 = G_2 = 0{,}1$ mS ; $I_{q1} = G_1\, U_{q1} = 0{,}1$ mA

$G_D = 0{,}5$ µS ; $G_A = 12{,}5$ mS

$I_q = y\, U_D$; $y = k\, G_A = 1250$ S

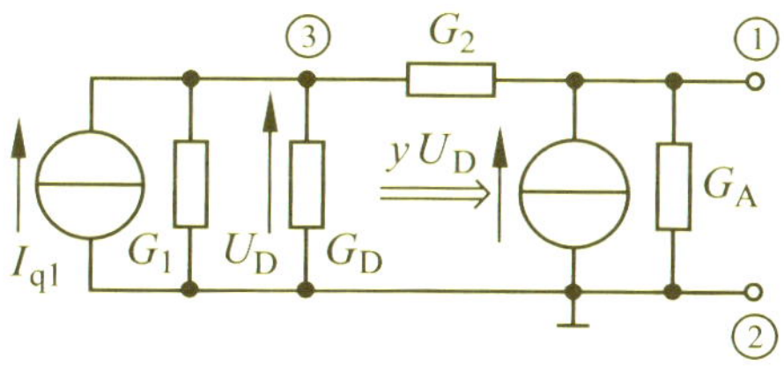

Wir wählen den Knoten 2 als Bezugsknoten und berechnen die Leerlaufspannung $U_0 = U_{qe}$ zwischen den Knoten 1 und 2. Die gesteuerte Quelle behandeln wir zunächst wie eine unabhängige Stromquelle.

	③	①					
③	$G_1 + G_2 + G_D$	$-G_2$	·	$U_{3,2}$	=	I_{q1}
①	$-G_2$	$G_2 + G_A$		U_{qe}		$y\, U_D$

Nun bringen wir die Spannung $U_D = -U_{3,2}$ auf die linke Seite des Gleichungssystems:

	③	①				
③	$G_1 + G_2 + G_D$	$-G_2$	·	$U_{3,2}$	=	I_{q1}
①	$-G_2 + y$	$G_2 + G_A$		U_{qe}		0

Schließlich setzen wir Zahlenwerte ein und berechnen:

$U_{qe} = -0{,}99998$ V

Zur Berechnung des Innenwiderstandes R_{ie} der Ersatzquelle ersetzen wir die Quelle I_{q1} durch eine Unterbrechung und schalten an die Klemmen 1 und 2 eine ideale Stromquelle.

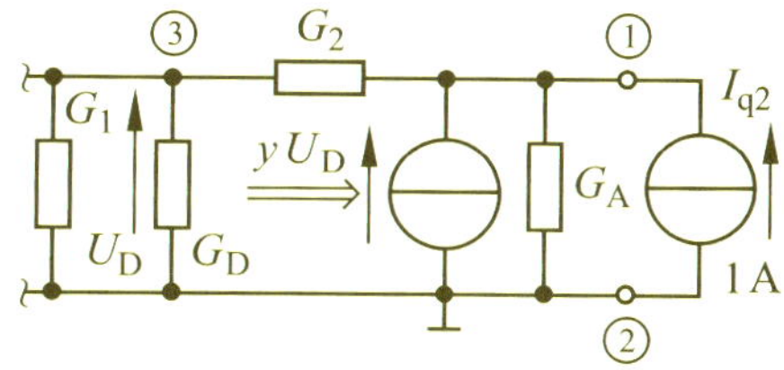

Die Knoten-Leitwertmatrix können wir von dem vorhergehenden Gleichungssystem übernehmen. Auf der rechten Seite entfernen wir I_{q1} und und fügen I_{q2} ein; die gesuchte Spannung ist $U_{1,2}$.

	③	①				
③	$G_1 + G_2 + G_D$	$-G_2$	·	$U_{3,2}$	=	0
①	$-G_2 + y$	$G_2 + G_A$		$U_{1,2}$		I_{q2}

Wir setzen Zahlenwerte ein und berechnen:

$U_{1,2} = 1{,}604$ mV

Mit der Gl.(5.3) ergibt sich:

$R_{ie} = 1{,}604$ mΩ

Fragen

- Was ist eine Knotenspannung? Erläutern Sie den Unterschied zwischen einer Knotenspannung und einer Zweigspannung an einem Beispiel.
- Was versteht man unter dem Begriff Bezugsknoten?
- Welche Größen sind im Gleichungssystem des Knotenpotenzialverfahrens die Unbekannten?
- Wie wirkt sich eine ideale unabhängige Spannungsquelle auf die Netzwerkanalyse mit dem Knotenpotenzialverfahren aus?
- In welche Form muss eine lineare stromgesteuerte Spannungsquelle gebracht werden, damit sie mit dem Knotenpotenzialverfahren bearbeitet werden kann?
- Wie kann der Ersatzzweipol eines Netzwerks mit dem Knotenpotenzialverfahren bestimmt werden?

Aufgaben

5.5(2) Die Ersatzschaltung eines Transistorverstärkers in Emitterschaltung mit einer linearen Spannungsquelle am Eingang ist gegeben.

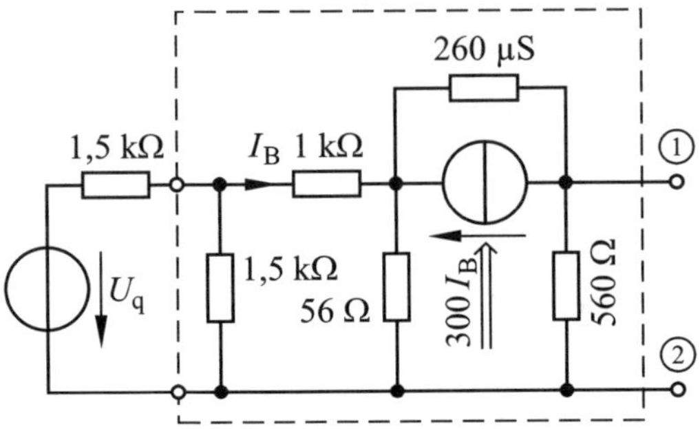

Bestimmen Sie die Ersatzquelle. Welchen Verbraucherwiderstand muss man für Anpassung am Ausgang wählen?

5.6(2) Die abgebildete Ersatzschaltung stellt einen Transistorverstärker in Kollektorschaltung dar, der am Ausgang mit einem Verbraucher R_V belastet ist. Bestimmen Sie den Ersatzwiderstand.

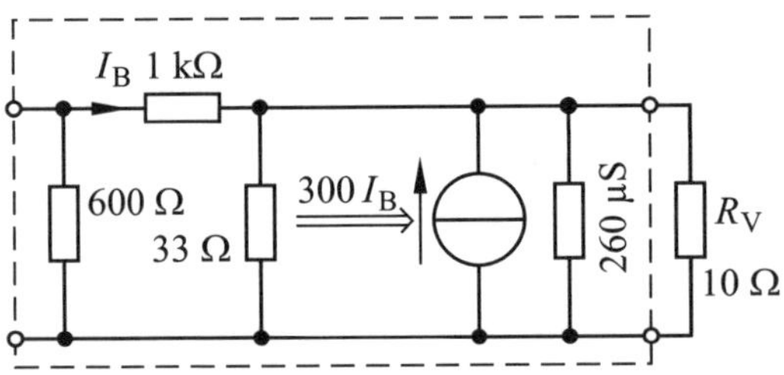

5.7(3) Bestimmen Sie die Ersatzquelle der Schaltung mit Operationsverstärker.

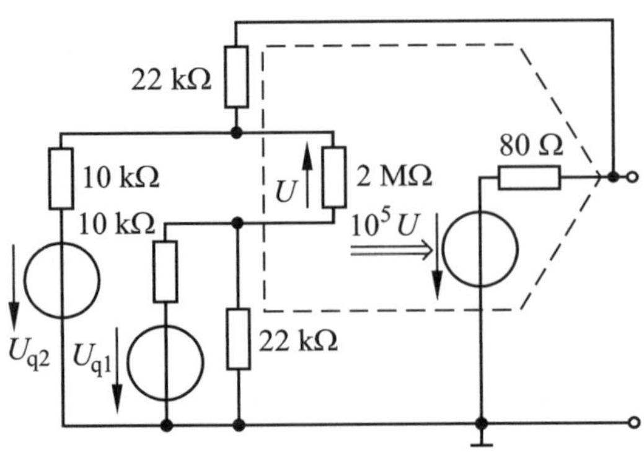

5.4 Das Maschenstromverfahren

Ziele: Sie können
- die Anzahl der Maschenströme in einer Schaltung angeben.
- zeigen, wie die Zweigströme mit den Maschenströmen verknüpft sind.
- die Anzahl und die Art der Netzwerkgleichungen nennen, die beim Maschenstromverfahren verwendet werden.
- angeben, wie Stromquellen beim Maschenstromverfahren behandelt werden.
- das Gleichungssystem des Maschenstromverfahrens für ein Zweipolnetzwerk in Matrixform aufstellen.

5.4.1 Aufstellung des Gleichungssystems

Beim Maschenstromverfahren braucht nur ein Gleichungssystem mit $m = z - k + 1$ Gleichungen gelöst zu werden. Dabei geht man folgendermaßen vor:
Zunächst wird ein vollständiger Baum gewählt. Die Ströme in den Verbindungszweigen werden **Maschenströme** genannt; sie sind die Unbekannten des linearen Gleichungssystems. Die Ströme in den Baumzweigen werden mit Hilfe der Knotengleichungen durch die Maschenströme ersetzt.

Das lineare Gleichungssystem besteht aus m Maschengleichungen; jede Masche wird über genau einen Verbindungszweig und beliebig viele Baumzweige geführt. Beim Aufstellen der Maschengleichungen arbeitet man zweckmäßig mit Widerständen und linearen Spannungsquellen.

Beispiel 5.11
Wir wollen das Gleichungssystem des Maschenstromverfahrens für die Schaltung 5.1 aufstellen.

Aus dem Beispiel 5.3 übernehmen wir den Graph des Netzes, den vollständigen Baum (Bild 5.2) und die Maschengleichungen. Die Ströme in den Verbindungszweigen 1, 4 und 6 sind die Maschenströme.

Um die Ströme der Baumzweige 2, 3 und 5 auf die Maschenströme zurückzuführen, formen wir die im Beispiel 5.2 angegebenen Knotengleichungen um:

$I_2 = -I_1 - I_4$

$I_3 = -I_1 - I_6$

$I_5 = -I_4 + I_6$

Die lineare Stromquelle wandeln wir in eine lineare Spannungsquelle um:

$$R_6 = \frac{1}{G_6}\ ;\ U_{q6} = R_6 I_{q6}$$

Wir ersetzen in den Maschengleichungen des Beispiels 5.3 die Zweigspannungen mit Hilfe der Zweiggleichungen und der Maschenströme. Dadurch erhalten wir die Gleichungen des Maschenstromverfahrens:

$$R_1 I_1 + U_{q1} - R_3 \cdot (-I_1 - I_6) - R_2 \cdot (-I_1 - I_4) = 0$$

$$R_4 I_4 - R_5 \cdot (-I_4 + I_6) - R_2 \cdot (-I_1 - I_4) = 0$$

$$R_6 I_6 - U_{q6} - R_3 \cdot (-I_1 - I_6) + R_5 \cdot (-I_4 + I_6) = 0$$

Dieses Gleichungssystem schreiben wir in Matrixform:

$$\begin{pmatrix} R_1 + R_2 + R_3 & R_2 & R_3 \\ R_2 & R_2 + R_4 + R_5 & -R_5 \\ R_3 & -R_5 & R_3 + R_5 + R_6 \end{pmatrix} \cdot \begin{pmatrix} I_1 \\ I_4 \\ I_6 \end{pmatrix} = \begin{pmatrix} -U_{q1} \\ 0 \\ U_{q6} \end{pmatrix}$$

Die quadratische Matrix des Gleichungssystems wird **Maschen-Widerstandsmatrix** *(mesh-impedance-matrix)* genannt; ihre Hauptdiagonale ist im Beispiel 5.11 durch Rasterung hervorgehoben.

Da die Maschen-Widerstandsmatrix und die Matrix der rechten Seite nach einem festliegenden Schema aufgefüllt werden, lässt sich das Gleichungssystem des Maschenstromverfahrens *direkt*, d.h. ohne den Umweg über die Zweig-, Knoten und Maschengleichungen, aufstellen.

An der Maschen-Widerstandsmatrix des Beispiels 5.11 lassen sich folgende Regeln erkennen, die für Zweipol-Netzwerke allgemein gültig sind:

a) Die Matrix ist symmetrisch zur Hauptdiagonalen. Sämtliche Hauptdiagonalelemente sind positiv.

b) Jedes Hauptdiagonalelement ist die Summe der Widerstände der aktuellen Masche.

c) Jedes weitere Matrixelement der Zeile wird als Summe derjenigen Widerstände der Masche gebildet, die von dem zugehörigen Maschenstrom durchflossen werden.

d) Das Vorzeichen eines Matrixelements ist abhängig vom Bezugssinn des zugehörigen Maschenstromes. Ist sein Bezugssinn im jeweiligen Zweig gleich dem Bezugssinn des zum Hauptdiagonalelement gehörenden Stromes, so ist das Vorzeichen positiv, andernfalls negativ.

Die Elemente der rechten Seite des Gleichungssystems werden von der Summe der Quellenspannungen in der jeweiligen Masche gebildet. Ist der Richtungssinn einer Quellenspannung gleich dem Maschenumlaufsinn, so geht sie mit negativem Vorzeichen in die Summe ein; andernfalls ist das Vorzeichen positiv.

Beispiel 5.12

Wir wollen die Zweigströme mit dem Maschenstromverfahren berechnen.

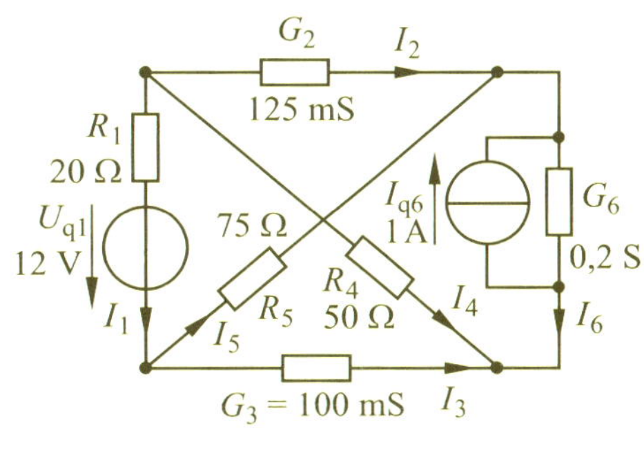

Zunächst wandeln wir die lineare Stromquelle in eine lineare Spannungsquelle um:

$$R_6 = 5\ \Omega\ ;\ U_{q6} = R_6 I_{q6} = 5\ \text{V}$$

Der Bezugssinn der Quellenspannung U_{q6} stimmt mit dem des Stromes I_6 überein.

Wir wählen einen vollständigen Baum und tragen ihn in den Graph des Netzwerks ein.

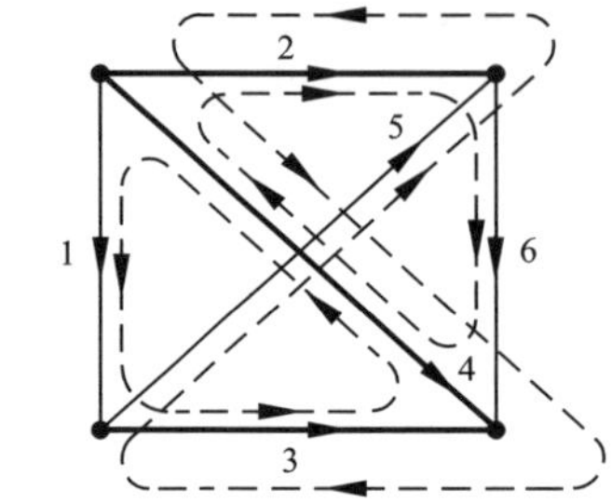

Baumzweige
Verbindungszweige
Wege der Maschenströme

Mit den beschriebenen Regeln stellen wir das Gleichungssystem für die Maschenströme I_1, I_5 und I_6 auf:

$$\begin{bmatrix} R_1+R_3+R_4 & -R_3-R_4 & R_4 \\ -R_3-R_4 & R_2+R_3+R_4+R_5 & -R_2-R_4 \\ R_4 & -R_2-R_4 & R_2+R_4+R_6 \end{bmatrix} \cdot \begin{bmatrix} I_1 \\ I_5 \\ I_6 \end{bmatrix} = \begin{bmatrix} -U_{q1} \\ 0 \\ -U_{q6} \end{bmatrix}$$

Nach dem Einsetzen der Zahlenwerte berechnen wir die Maschenströme:

$I_1 = -229{,}4 \text{ mA}$

$I_5 = -87{,}13 \text{ mA}$

$I_6 = 22{,}48 \text{ mA}$

Die Gleichungen zur Berechnung der übrigen Zweigströme finden wir mit Hilfe der in den Graph eingezeichneten Zweigströme:

$I_2 = I_6 - I_5 = 109{,}6 \text{ mA}$

$I_3 = I_1 - I_5 = -142{,}3 \text{ mA}$

$I_4 = -I_1 + I_5 - I_6 = 119{,}8 \text{ mA}$

5.4.2 Behandlung idealer Stromquellen

Für ein Netz mit idealen unabhängigen Stromquellen wählen wir den vollständigen Baum zweckmäßig so, dass jede Stromquelle in einem Verbindungszweig liegt; dadurch wird die Anzahl der Gleichungen verringert.

Beispiel 5.13

Wir wollen die Maschenströme der Schaltung berechnen.

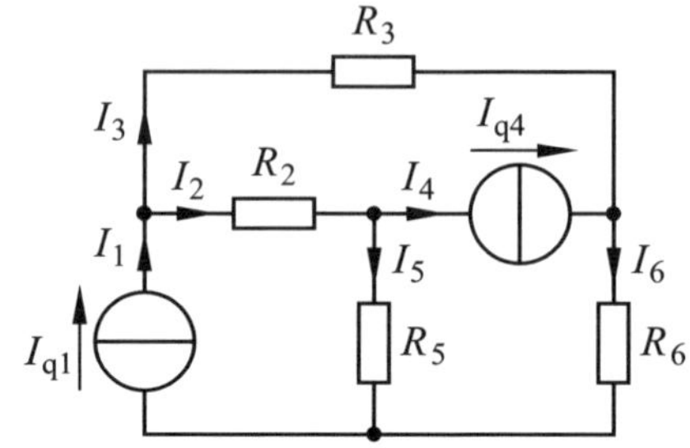

Im Graph der Schaltung wählen wir die Zweige, die ideale Stromquellen enthalten, als Verbindungszweige und führen z. B. den vollständigen Baum über die Zweige 2, 3 und 5.

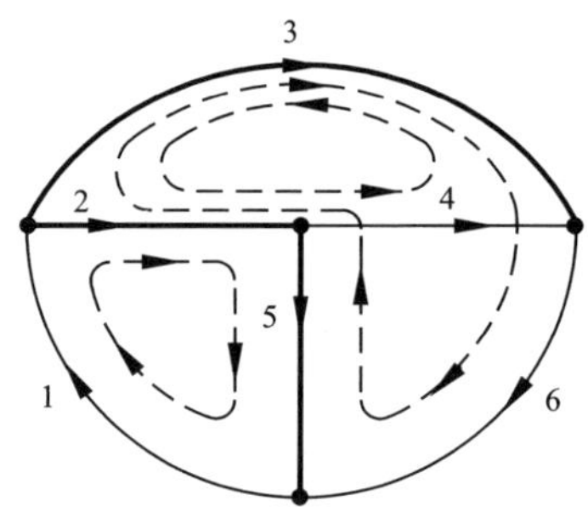

Baumzweige
Verbindungszweige
Wege der Maschenströme

Durch die vorgegebenen Stromquellen sind die Maschenströme $I_1 = I_{q1}$ und $I_4 = I_{q4}$ bekannt. Das Gleichungssystem besteht nur noch aus der Gleichung für die Masche 6, die über die Baumzweige 5, 2 und 3 geführt ist.

$$\begin{bmatrix} -R_2-R_5 & -R_2-R_3 & R_2+R_3+R_5+R_6 \end{bmatrix} \cdot \begin{bmatrix} I_1 \\ I_4 \\ I_6 \end{bmatrix} = \begin{bmatrix} 0 \end{bmatrix}$$

Mit $I_1 = I_{q1}$ und $I_4 = I_{q4}$ ergibt sich:

$$I_6 = \frac{(R_2+R_5)I_{q1} + (R_2+R_3)I_{q4}}{R_2+R_3+R_5+R_6}$$

5.4.3 Behandlung gesteuerter Quellen

Bei einer stromgesteuerten Spannungsquelle ist die Quellenspannung von einem Zweigstrom abhängig. Sie kann wie eine unabhängige Spannungsquelle im Gleichungssystem des Maschenstromverfahrens berücksichtigt werden.

Sind im Netzwerk außer stromgesteuerten Spannungsquellen noch andere abhängige Quellen vorhanden, so werden diese, wenn möglich, in stromgesteuerte Spannungsquellen umgewandelt.

Die Umwandlung einer Spannungssteuerung in eine Stromsteuerung ist mit Hilfe einer Zweiggleichung oder einer Maschengleichung in jedem Fall möglich.

Die Umwandlung einer gesteuerten Stromquelle ist nur dann möglich, wenn die Stromquelle einen Innenleitwert $G_i > 0$ aufweist. Bei einer idealen gesteuerten Stromquelle können wir wie bei einer idealen unabhängigen Stromquelle vorgehen und erhalten ein Gleichungssystem mit verringerter Gleichungszahl.

Beispiel 5.14
Wir wollen das Gleichungssystem des Maschenstromverfahrens für die Schaltung mit der gesteuerten Quelle angeben.

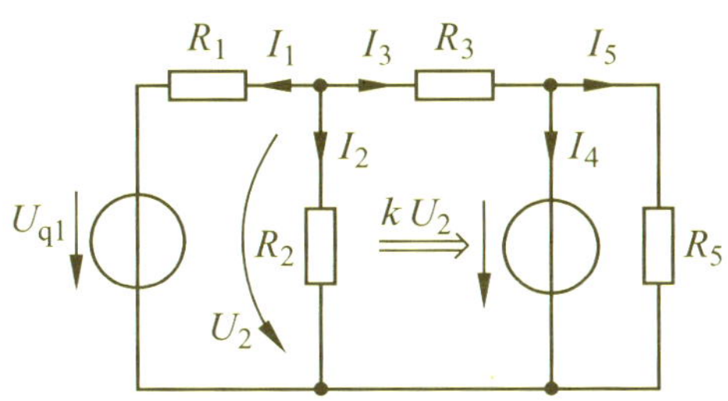

Zuerst wandeln wir die spannungsgesteuerte in eine stromgesteuerte Quelle um:

$k\,U_2 = k\,R_2\,I_2 = z\,I_2$

Dann zeichnen wir den Graph der Schaltung und wählen in diesem einen vollständigen Baum.

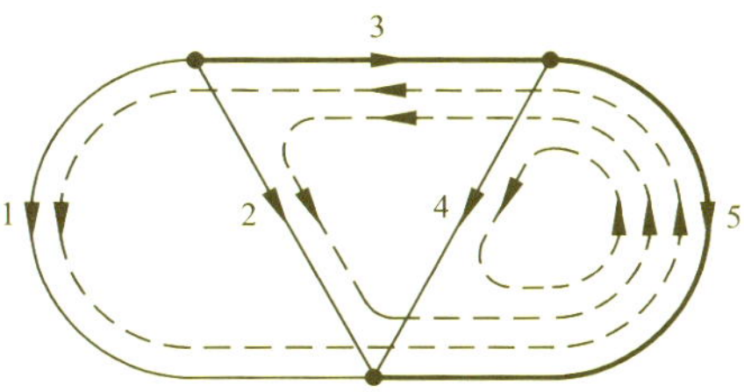

——— Baumzweige
——— Verbindungszweige
– – – Wege der Maschenströme

Bei der Aufstellung des Gleichungssystems behandeln wir die gesteuerte Quelle im Zweig 4 wie eine ideale Spannungsquelle, d.h wir tragen die Spannung $z\,I_2$ auf der rechten Seite des Gleichungssystems ein.

$R_1+R_3+R_5$	R_3+R_5	R_5		I_1		$-U_{q1}$
R_3+R_5	$R_2+R_3+R_5$	R_5	$\cdot$	I_2	$=$	0
R_5	R_5	R_5		I_4		$-z\,I_2$

Wir bringen den Strom I_2 auf die linke Seite:

$R_1+R_3+R_5$	R_3+R_5	R_5		I_1		$-U_{q1}$
R_3+R_5	$R_2+R_3+R_5$	R_5	$\cdot$	I_2	$=$	0
R_5	R_5+z	R_5		I_4		0

Fragen
- Welche Größen sind die Unbekannten des linearen Gleichungssystems beim Maschenstromverfahren?
- Warum werden beim Maschenstromverfahren die Leitwerte des Netzes in Widerstände und die Stromquellen in Spannungsquellen umgewandelt?
- Erläutern Sie, wie ideale unabhängige Stromquellen beim Maschenstromverfahren behandelt werden.

Aufgaben

5.8(2) Lösen Sie die Aufgabe 5.1 mit dem Maschenstromverfahren.

5.9(2) Geben Sie das Gleichungssystem des Maschenstromverfahrens für die Schaltungen der Aufgaben 5.2, 5.3 und 5.4 an.

6 Das elektrische Feld

6.1 Das elektrische Strömungsfeld

Ziele: Sie können

- die Definitionen der Begriffe Feld, Vektorfeld und Skalarfeld angeben und an Beispielen erläutern.
- ein homogenes und ein inhomogenes Feld beschreiben und skizzieren.
- die Begriffe ebenes und parallelebenes Feld erläutern.
- die Bedeutung von Feldlinien an Hand einer Skizze erklären.
- Gleichungen für den Zusammenhang zwischen der Stromdichte und der Stromstärke in homogenen und inhomogenen Feldern angeben.

6.1.1 Driftgeschwindigkeit und Stromdichte

Wir haben gezeigt, dass in einem *linearen Leiter* die mittlere Driftgeschwindigkeit der Ladungsträger an jeder Stelle des Leiters denselben Wert hat (s. 1.5). Nun wollen wir die Verhältnisse bei *beliebig geformten* Leitern untersuchen.

Das Metallblech in Bild 6.1 weist z.B. eine Verengung auf. Weil durch jeden Querschnitt des Bleches in der Zeit Δt die gleiche Ladung ΔQ fließt, ist die Stromstärke $I = \Delta Q / \Delta t$ im weiten Querschnitt die gleiche wie im engen.

Teilen wir die Gesamtladung ΔQ in z.B. vier gleiche *Teilladungen* $\Delta Q_1 \ldots \Delta Q_4$ auf und verfolgen

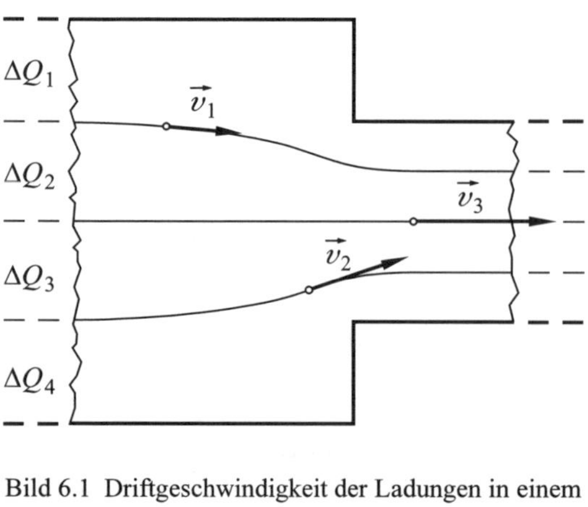

Bild 6.1 Driftgeschwindigkeit der Ladungen in einem Metallblech

den Weg dieser „Ladungsportionen" durch den Leiter, so stellen wir fest, dass ihre Begrenzungslinien zugleich die **Richtungslinien** für die Driftgeschwindigkeit $\vec{v}$ der dort bewegten Ladungsträger sind (Bild 6.1). Dieser Vektor $\vec{v}$ hat in jedem Punkt der Richtungslinie die Richtung der *Tangente* an diese Linie.

Im Bild 6.1 sind in drei Punkten die Vektoren der Driftgeschwindigkeit eingezeichnet. Da der Querschnitt des Bleches hinter der Verengung ungefähr halb so groß ist wie vor ihr, ist $|\vec{v}_3| \approx 2\,|\vec{v}_1|$.

Wir wollen auf die Driftgeschwindigkeit den *Feldbegriff* anwenden. Allgemein ist definiert:

> Ein **Feld** *(field)* ist ein Zustand des Raumes, bei dem jedem Raumpunkt ein Wert einer physikalischen Größe, der **Feldgröße**, zugeordnet werden kann.

Sind die physikalischen Größen, die das Feld beschreiben, zeitlich konstant, so liegt ein **stationäres Feld** vor.

Ist die Feldgröße ein Vektor, so spricht man von einem **Vektorfeld**; ist sie ein Skalar, so handelt es sich um ein **Skalarfeld**. Im Schwerefeld der Erde kann z.B. jedem Raumpunkt eine Kraft zugeordnet werden, es ist also ein Vektorfeld; ein Temperaturfeld ist dagegen ein Skalarfeld.

Ein Feld, das sich in einer Ebene vollständig darstellen lässt, nennt man **ebenes Feld**. Es kann z.B. aus untereinander gleichen, parallelen, ebenen Schichten bestehen. Man nennt es in diesem Fall ein **parallelebenes Feld**.
Ein solches Feld liegt z.B. vor, wenn die Feldgröße symmetrisch zu einer *Mittelachse* ist; diesen Fall bezeichnet man als **Zylindersymmetrie**. Ist das Feld symmetrisch zu einem *Mittelpunkt*, so kann durch diesen eine ebene Schnittfläche gelegt werden, in welcher das Feld als *ebenes Feld* mit **Kugelsymmetrie** dargestellt ist.

Im parallelebenen Feld der Ladungsträgerströmung (Bild 6.1) ist der Vektor $\vec{v}$ der Driftgeschwindigkeit die Feldgröße; sein Betrag und seine Richtung sind im Feldraum ortsabhängig.

Durch die Richtungslinien des Feldvektors wird ein Feld anschaulich dargestellt.

> Die Richtungslinien des Feldvektors in einem Vektorfeld nennt man **Feldlinien** *(lines of force)*.

Weil die Gesamtladung ΔQ in gleiche Teile geteilt wurde, ist der Abstand zwischen den Feldlinien ein relatives Maß für den Betrag des Feldvektors $\vec{v}$: Je geringer der Abstand zwischen den Feldlinien ist, desto größer ist an dieser Stelle der Betrag des Feldvektors.

Das Feld einer Ladungsträgerströmung wird als **elektrisches Strömungsfeld** *(electric current field)* bezeichnet.

Zwischen der Driftgeschwindigkeit und der Stromdichte besteht der Zusammenhang:

$$J = e\left(p\, v_{\mathrm{p}} + n\, v_{\mathrm{n}}\right) \qquad \text{s. Gl.(1.11)}$$

Da die Driftgeschwindigkeit ein *Vektor* ist, muss auch die *Stromdichte* ein Vektor sein, denn die Ladungsträgerdichten p und n sowie die Elementarladung e sind skalare Größen.

Die Vektoren $\vec{v}_{\mathrm{p}}$ und $\vec{v}_{\mathrm{n}}$ sind einander entgegengerichtet (Bild 6.2), sie erhalten daher unterschiedliche Vorzeichen. Es ist festgelegt:

> Die Stromdichte ist ein Vektor in Richtung des Geschwindigkeitsvektors *positiver* Ladungsträger.

Mit dieser Festlegung erhält die Größe $\vec{v}_{\mathrm{n}}$ ein negatives Vorzeichen:

$$\vec{J} = e\left(p\,\vec{v}_{\mathrm{p}} - n\,\vec{v}_{\mathrm{n}}\right) \tag{6.1}$$

Beim Strom durch einen metallischen Leiter sind die Ladungsträger negativ geladene Elektronen. Die Richtung des Stromdichtevektors $\vec{J}$ ist dabei entgegengesetzt zur Richtung des Vektors der Driftgeschwindigkeit $\vec{v}_{\mathrm{n}}$.

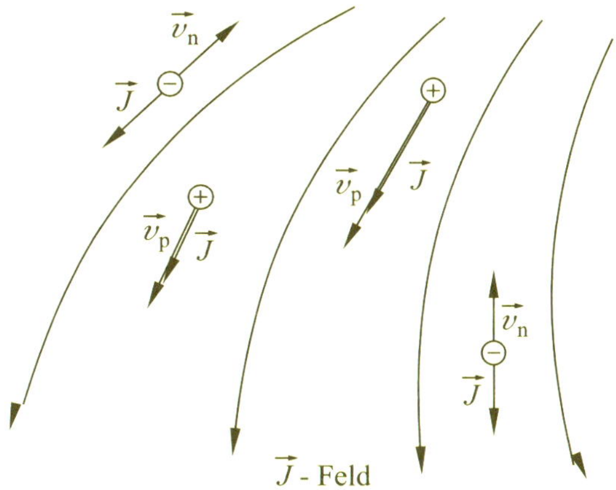

Bild 6.2 Bewegung positiver und negativer Ladungsträger im Feld der Stromdichte $\vec{J}$

6.1.2 Strom im homogenen Feld

In einem geraden linearen Leiter verlaufen die Richtungslinien der Driftgeschwindigkeit und somit auch die Feldlinien des Stromdichtevektors $\vec{J}$ in gleichem Abstand parallel zueinander. Ein solches Vektorfeld nennt man *homogen*.

> Ein **homogenes Feld** *(homogenous field)* liegt in einem Raum vor, in dem der Feldvektor in jedem Raumpunkt gleichen Betrag und gleiche Richtung hat.

Ein homogenes Feld finden wir z.B. im Bild 6.1 in denjenigen Teilen des Bleches, die von der Verengung weit entfernt sind.

Für eine *senkrecht durchströmte* Fläche A in einem homogenen Feld gilt für die Stromstärke entsprechend Gl.(1.10):

$$|I| = J \cdot A \tag{6.2}$$

Die Betragsstriche sind erforderlich, weil der Bezugssinn für den Strom I frei gewählt werden kann.

Wir betrachten nun ein homogenes Feld, dessen Stromdichtevektor $\vec{J}$ die ebene Fläche A *nicht senkrecht* durchsetzt; der Vektor $\vec{J}$ schließt vielmehr mit der Flächennormalen den Winkel α ein.

Eine im Raum liegende ebene Fläche stellt man als **Flächenvektor** $\vec{A}$ dar. Er weist in die Richtung der Flächennormalen, die dem gewählten Bezugssinn des Stromes durch die Fläche entspricht. Der Betrag des Flächenvektors ist der Flächeninhalt.

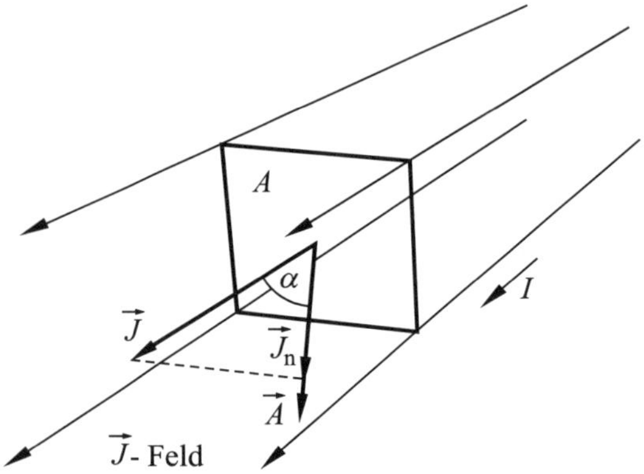

Bild 6.3 Elektrischer Strom I durch eine schräg angeströmte ebene Fläche A im homogenen Feld der Stromdichte $\vec{J}$

Da nur die Normalkomponente $\vec{J}_n$ der Stromdichte zur Durchströmung der Fläche A beitragen kann, fließt durch diese Fläche der Strom:

$$I = |\vec{A}| \cdot |\vec{J}_n| = |\vec{A}| \cdot |\vec{J}| \cdot \cos\alpha$$

Dies ist ein Skalarprodukt (s. S. 33):

$$I = \vec{J} \cdot \vec{A} \tag{6.3}$$

Sowohl der Richtungssinn des Stromes I als auch die Richtung des Stromdichtevektors $\vec{J}$ sind mit der Bewegungsrichtung *positiver* Ladungsträger verknüpft.

6.1.3 Strom im inhomogenen Feld

Ein Feld, dessen Feldgröße *ortsabhängig* ist, bezeichnet man als **inhomogenes Feld** *(inhomogenous field).*

Bei einem inhomogenen elektrischen Strömungsfeld kann die Gl.(6.3) nicht angewendet werden, weil die Feldgröße $\vec{J}$ nicht konstant ist. Die Fläche, durch die der Strom fließt, muss in Teilflächen $\Delta\vec{A}$ zerlegt werden, die klein genug sind,

- dass sie als *eben* angesehen werden können;
- dass $\vec{J}$ darin nach Betrag und Richtung als annähernd *konstant* angenommen werden kann.

Das Bild 6.4 zeigt eine im inhomogenen Feld des Vektors $\vec{J}$ beliebig gekrümmte Fläche A, in welche für drei Teilflächen $\Delta\vec{A}_1 \ldots \Delta\vec{A}_3$ die Stromdichtevektoren $\vec{J}_1 \ldots \vec{J}_3$ eingezeichnet sind.

Der Gesamtstrom durch die vom Vektor $\vec{J}$ durchsetzte Fläche A beträgt bei einer Aufteilung der Fläche in n Teilflächen $\Delta\vec{A}$:

$$I \approx \sum_{k=1}^{n} \left(\vec{J} \cdot \Delta\vec{A}\right)_k \tag{6.4}$$

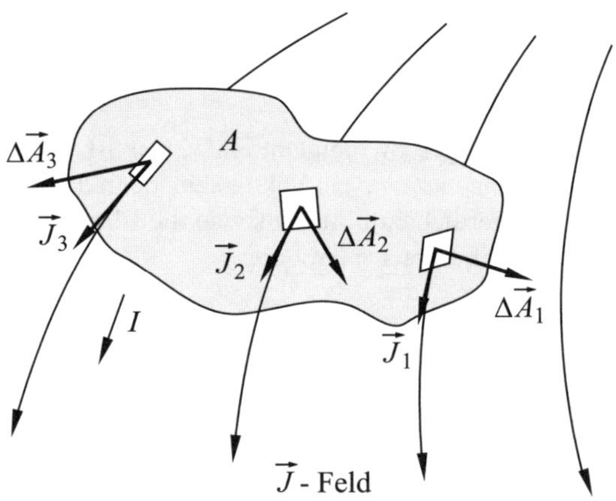

Bild 6.4 Zur Ermittlung des Stromes I im inhomogenen elektrischen Strömungsfeld $\vec{J}$

Exakt wird das Ergebnis erst dann, wenn die Teilflächen zu infinitesimal kleinen Flächenelementen $d\vec{A}$ werden. Die Summe in der Gl.(6.4) ist in diesem Fall über die unendliche Vielzahl der Teilflächen zu erstrecken, sie geht in ein *Flächenintegral* über:

$$\boxed{I = \int_A \vec{J} \cdot d\vec{A}} \tag{6.5}$$

Das Flächenintegral eines Feldvektors wird allgemein als sein **Fluss** *(flux)* bezeichnet. Man vereinbart, dass sein Richtungssinn der Richtung des Feldvektors und sein Bezugssinn der Richtung des Flächenvektors entspricht.

Der Strom durch eine Fläche A ist der Fluss des Stromdichtevektors, der diese Fläche durchsetzt. Ist die Fläche A eine *geschlossene Hüllfläche*, so kommen sämtliche Ladungsträger, die in diese eintreten, an anderer Stelle wieder heraus. Der Fluss des Stromdichtevektors über eine geschlossene Hüllfläche hat daher stets den Wert null:

$$\oint \vec{J} \cdot \mathrm{d}\vec{A} = 0 \tag{6.6}$$

Diese allgemeine Formulierung des Knotensatzes bezeichnet man als **Ladungs-Erhaltungssatz**. Das Integral über die geschlossene Fläche wird **Hüllintegral** genannt.

Die Gl.(6.5) lässt sich im Allg. nur numerisch auswerten. In einigen Sonderfällen, bei denen der Stromdichtevektor $\vec{J}$ als Funktion der Raumkoordinaten in das Integral eingesetzt werden kann, ist eine algebraische Lösung möglich. Dies ist z.B. beim *zylindersymmetrischen Feld* der Fall; hierbei verläuft das Strömungsfeld $\vec{J}$ in einem homogenen leitenden Medium zwischen zwei konzentrischen Zylinderelektroden gleicher Länge.
Fließt der Strom von der Innen- zur Außenelektrode, so sind die Feldlinien des Vektors $\vec{J}$ radiale Strahlen von innen nach außen.

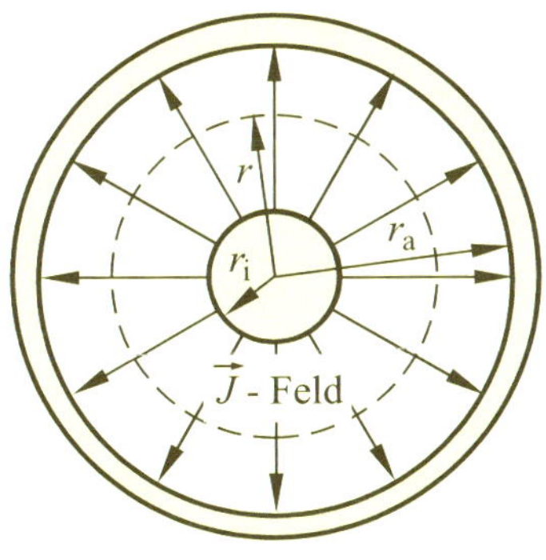

Bild 6.5 Parallelebenes Feld eines zylindersymmetrischen Strömungsfeldes $\vec{J}$

Die Zylindersymmetrie ergibt sich nur bei einer gleichmäßigen Einleitung des Stromes in das Feldmedium; sie liegt z. B. dann näherungsweise vor, wenn die Leitfähigkeit des Feldmediums wesentlich geringer ist als die der Elektroden.

Zur Berechnung der Stromdichte an einer beliebigen Stelle im Feldraum wählen wir in der Gl.(6.5) als *Integrationsfläche A* zweckmäßig einen konzentrischen Zylinder mit dem Radius r und der Länge l. Auf ihm hat der Vektor $\vec{J}$ konstanten Betrag und steht senkrecht auf jedem Flächenelement. Die Richtung von $\mathrm{d}\vec{A}$ wählen wir gleich der von $\vec{J}$ und setzen an:

$$I = \int_A \vec{J} \cdot \mathrm{d}\vec{A} = \int_A J \cdot \mathrm{d}A = J \int_A \mathrm{d}A \tag{6.7}$$

Die Summe aller Flächenelemente $\mathrm{d}A$ auf der Integrationsfläche ist die Fläche $A_Z = 2\,\pi\,r\,l$ des Zylinders der Länge l. Damit ergibt die Gl.(6.7):

$$J = \frac{I}{2\,\pi\,r\,l} \tag{6.8}$$

Beispiel 6.1
Ein zylindrischer, schwach leitender Körper mit zwei metallischen Elektroden nach Bild 6.5 ist so zu bemessen, dass bei der Stromstärke $I = 5$ mA die Stromdichte zwischen den Werten $J_{max} = 8\ \mu\text{A/mm}^2$ und $J_{min} = 2\ \mu\text{A/mm}^2$ liegt. Wir wollen die Länge l des Körpers und den Radius r_i der Innenelektrode berechnen; der Radius $r_a = 10$ mm der Außenelektrode ist gegeben. Außerdem wollen wir den Graph der Funktion $J = f(r)$ zeichnen.

Aus der Gl.(6.8) folgt, dass die maximale Stromdichte J_{max} am inneren Radius r_i und die minimale Stromdichte J_{min} am äußeren Radius r_a vorliegt. Wir setzen diese Größen in die Gl.(6.8) ein und erhalten zwei Gleichungen, mit denen wir die Größen r_i = 2,5 mm und l = 39,8 mm berechnen.
Der Graph der Funktion $J = f(r)$ ist nach Gl.(6.8) eine Hyperbel, von der wir bereits die Punkte (r_i; J_{max}) und (r_a; J_{min}) kennen. Wir berechnen für weitere Radien die zugehörige Stromdichte und zeichnen den Graph.

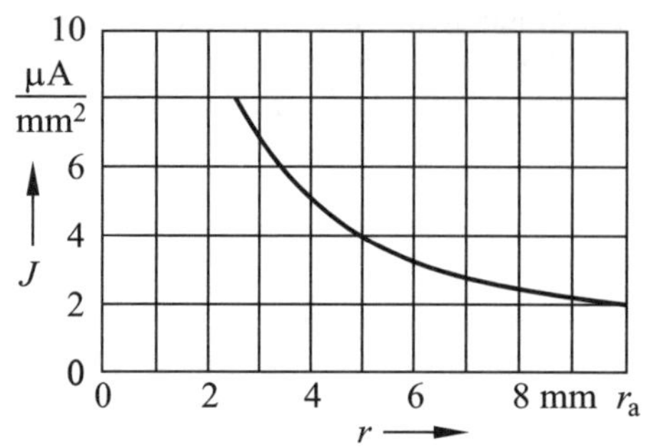

Fragen
- Erläutern Sie die Begriffe Feld, Vektorfeld und Skalarfeld.
- Welche Felder lassen sich in einer Ebene vollständig darstellen?
- Wie kann man aus dem Feldbild auf den Betrag des Feldvektors schließen?
- Wie unterscheiden sich ein homogenes und ein inhomogenes Feld?
- Welcher Zusammenhang besteht zwischen dem Strom und der Stromdichte im homogenen bzw. im inhomogenen Strömungsfeld?
- Was versteht man unter dem Fluss eines Vektorfeldes?
- Skizzieren Sie das Feldbild für ein zylindersymmetrisches Strömungsfeld.

Aufgaben

6.1(1) In einem homogenen Strömungsfeld liegt die Stromdichte $J = 0{,}5\ \text{mA}/\text{cm}^2$ vor. Welche Stromstärke herrscht in einer ebenen Kreisfläche $A = 2\ \text{cm}^2$, deren Flächenvektor um 20° gegen den Stromdichtevektor geneigt ist?

6.2(2) In einem inhomogenen Leiter mit kreisförmigem Querschnitt hängt die Stromdichte J quadratisch vom Radius r ab; der Außenradius des Leiters ist r_a. Stellen Sie die Funktion $J = f(r)$ auf und berechnen Sie die Stromstärke im Leiter.

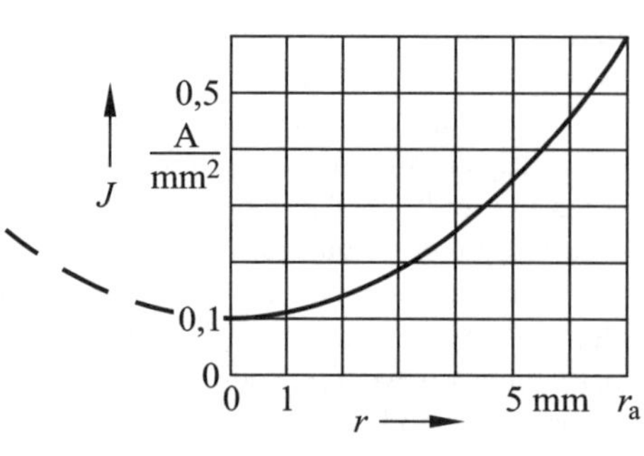

6.2 Das elektrische Potenzialfeld

Ziele: Sie können
- die Begriffe Äquipotenzialflächen bzw. -linien erläutern.
- in ein parallelebenes Strömungsfeld den ungefähren Verlauf der Äquipotenziallinien und der Feldlinien einzeichnen.
- den Zusammenhang zwischen dem Potenzialgefälle und der elektrischen Feldstärke angeben.
- die Gleichung nennen, durch welche die Stromdichte und die elektrische Feldstärke miteinander verknüpft sind.

6.2.1 Äquipotenziallinien und Stromlinien

An einem geraden linearen homogenen Leiter fällt das Potenzial linear ab; es lassen sich in gleichen Abständen „Potenzialmarken" zeichnen (Bild 6.6a).

Bei *beliebig geformten* Leitern liegen die Punkte mit gleichem Potenzial auf **Äquipotenzialflächen** *(equipotential contour)*, die im Allg. im Raum gekrümmt sind (Bild 6.6b).

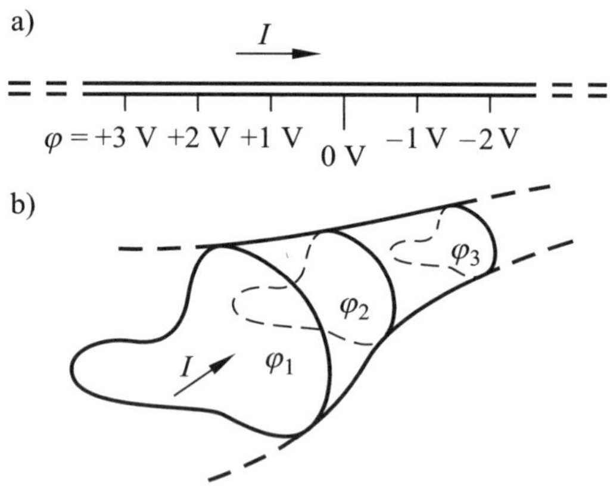

Bild 6.6 Potenzialmarken am linearen Leiter (a) und Äquipotenzialflächen im beliebig geformten Leiter (b)

Einfacher sind die Verhältnisse in Leitern, in denen ein *parallelebenes Feld* der Stromdichte besteht. Hier können die Flächen gleichen Potenzials durch **Äquipotenziallinien** *(equipotential line)* dargestellt werden, die in jeder Feldschicht gleich sind.

Im Bild 6.7 ist z.B. eine schwach leitende Platte (γ = const.) der Dicke d dargestellt, die an zwei Kanten metallische Elektroden A und B trägt. Zwischen diesen liegt eine Spannungsquelle U = 10 V, die den Strom I in die Anordnung einspeist.

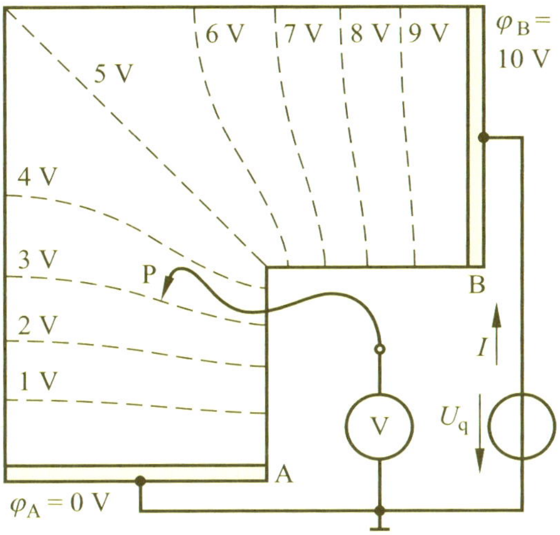

Bild 6.7 Potenzialverteilung in einem parallelebenen Feld

Die Potenzialverteilung in der Platte wird gemessen: Mit der Prüfspitze P sucht man Punkte, die gleiches Potenzial haben, und markiert sie; durch ihre Verbindung entsteht eine Potenziallinie.
Sucht man Punkte mit anderen, jeweils gleichen Potenzialen, so erhält man weitere Äquipotenziallinien mit zweckmäßig gleich gewählten Potenzialdifferenzen, z.B. $\Delta\varphi$ = 1 V.
Da man jedem Raumpunkt im Stromdichtefeld einen Wert des Potenzials zuordnen kann, ist auch die Potenzialverteilung als *Feld* anzusehen: Das **elektrische Potenzialfeld** *(electric potential field)* ist ein *Skalarfeld.*

Im Bild 6.7 lassen sich zwei grundlegende Eigenschaften dieses Feldes erkennen:

- Die Begrenzung des Stromdichtefeldes durch eine Elektrode, die wesentlich besser als das Feldmedium leitet, ist eine Äquipotenzialfläche.
- Grenzt das leitende Feldmedium an einen Nichtleiter (hier: Luft), so verlaufen die Äquipotenzialflächen *senkrecht* zur Grenzfläche.

Zwischen dem Potenzialfeld φ und dem Stromdichtefeld $\vec{J}$ besteht eine Gesetzmäßigkeit, die es uns erleichtert, das Stromdichtefeld zu zeichnen: Da ein Strom in einem nicht idealen Leiter eine Potenzialdifferenz voraussetzt, ist der Stromdichtevektor stets *senkrecht* auf die Potenzialflächen gerichtet. Jede andere Richtung des $\vec{J}$-Vektors würde eine Komponente in Richtung der Äquipotenzialfläche bedeuten und damit einen Strom *ohne* Potenzialdifferenz, was ausgeschlossen ist. Das bedeutet im ebenen Feldbild:

> Feldlinien und Äquipotenziallinien verlaufen stets senkrecht zueinander.

Bewegen wir uns also senkrecht zu den Äquipotenziallinien durch das Potenzialfeld, so erhalten wir eine Feldlinie des Vektors $\vec{J}$. Er weist vom hohen zum niedrigen Potenzial, also in Richtung des **Potenzialgefälles** *(potential drop).*

Im zylindersymmetrischen Stromdichtefeld sind die Äquipotenzialflächen aus Symmetriegründen konzentrische Zylinder; die Äquipotenziallinien im ebenen Feldbild sind *Kreise.*

Man zeichnet die Feldlinien zweckmäßig so, dass zwischen ihnen jeweils gleiche Teilströme ΔI fließen, und „beziffert" sie mit der jeweils erreichten

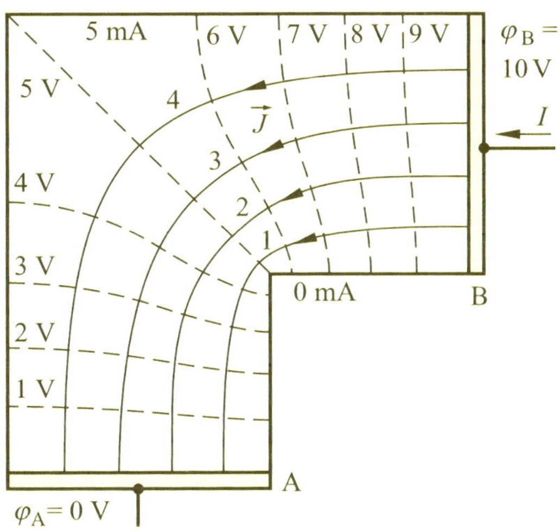

Bild 6.8 Potenzialfeld und parallelebenes Stromdichtefeld

Stromstärke. Solche „bezifferten" Feldlinien werden als **Stromlinien** bezeichnet. Die *Randlinien* des Feldes bilden dabei die erste und die letzte Stromlinie (Bild 6.8).

Beim Zeichnen der Feldbilder ist die sog. *Kästchenmethode* hilfreich. Wir betrachten einen Ausschnitt aus einem parallelebenen Strömungsfeld, welcher durch die Äquipotenziallinien φ und $(\varphi + \Delta\varphi)$ sowie durch die Stromlinien I und $(I + \Delta I)$ begrenzt wird. Dieser Ausschnitt, den man als „Kästchen" bezeichnet, hat die mittlere Länge Δl und die mittlere Breite Δb.

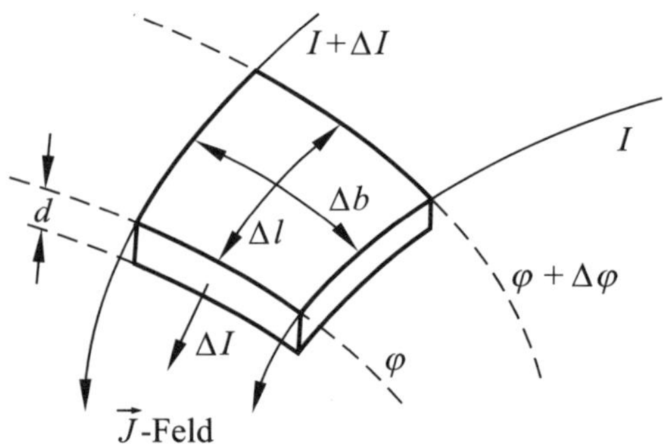

Bild 6.9 „Kästchen" in einem inhomogenen Feld $\vec{J}$

Durch das Kästchen mit der Querschnittsfläche $A = d \cdot \Delta b$ fließt der Teilstrom ΔI. Mit der Gl.(2.15) berechnen wir den Widerstand R_K des Kästchens:

$$R_K = \frac{\Delta\varphi}{\Delta I} = \frac{l}{\gamma A} \approx \frac{1}{\gamma d} \cdot \frac{\Delta l}{\Delta b} \tag{6.9}$$

Der Ausdruck $1/(\gamma\, d)$ wird als **Schichtwiderstand**[1] bezeichnet. Besteht die Platte aus homogenem Material, so sind die Größen γ und d und damit auch der Schichtwiderstand konstant.

Ist das Feldbild mit konstanten Werten für $\Delta\varphi$ und ΔI gezeichnet, so ist auch das Verhältnis $\Delta l / \Delta b$ überall gleich; alle Kästchen des Feldes bilden einander ähnliche Figuren.
Zweckmäßig wählt man im ganzen Feldbild das Verhältnis $\Delta l / \Delta b = 1$ und erhält, wie z.B. im Bild 6.8, quadratähnliche Kästchen.

[1] Die in der Praxis hierfür verwendete Einheit Ω/□ (sprich: Ohm pro square) ist nicht normgerecht.

Praxisbezug 6.1
Das Bild 6.10 zeigt das Modell eines **Banderders**, der aus zwei langen, zylindrischen Leitern besteht, die im Erdreich versenkt sind. Mit solchen Erdern werden Geräte oder Netze verbunden, damit ihre Potenziale festgelegt sind; man sagt, sie sind *geerdet*.

Normalerweise liegt der Erder auf Erdpotenzial und es ist $\varphi_E = 0$. Fließen jedoch, z.B. im Schadenfall, hohe Ströme über den Erder ab, so nimmt er ein höheres Potenzial an als die ferne Umgebung mit dem Potenzial $\varphi = 0$; für Berechnungen modelliert man diese als Halbzylinder.
Die Anordnung stellt ein parallelebenes Feld dar; jeder Schnitt parallel zur Zeichenebene zeigt das gleiche Feldbild.

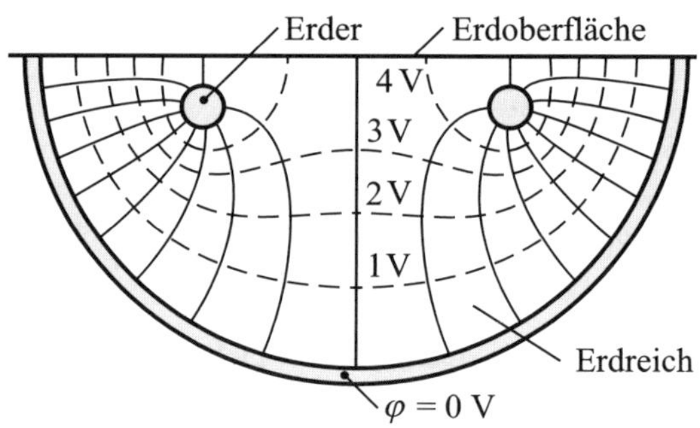

Bild 6.10 Feldbild eines Banderders für $\varphi_E = 5$ V

Das im Bild 6.10 dargestellte Feldbild wurde für das Erderpotenzial $\varphi_E = 5$ V berechnet und mit $\Delta l / \Delta b = 1$ gezeichnet; es zeigt sowohl die Äquipotenziallinien als auch die Feldlinien des Stromdichtevektors. ❐

6.2.2 Feldstärke und Potenzialgefälle

Wir wollen den Zusammenhang zwischen dem *Potenzialfeld* und der *elektrischen Feldstärke* in einem stationären Feld des Stromdichtevektors untersuchen.

Die elektrische Feldstärke $\vec{E}$ ist die Ursache des Bewegungsantriebs der Ladungen; ihr Vektor hat also die gleiche Richtung wie der Stromdichtevektor $\vec{J}$. Damit gilt entsprechend der Gl.(2.11):

$$\boxed{\vec{J} = \gamma\,\vec{E}} \qquad (6.10)$$

Die Feldbilder der elektrischen Stromdichte sind zugleich Feldbilder der elektrischen Feldstärke; sie unterscheiden sich lediglich um den Maßstabsfaktor γ.

Im Kap. 1.8 haben wir für für die elektrische Feldstärke in einem linearen Leiter die Beziehung gefunden:

$$E = \left|\frac{U_{12}}{l_{12}}\right| = \left|\frac{\varphi_1 - \varphi_2}{l_{12}}\right| \qquad (6.11)$$

Wir setzen die Betragsstriche, weil wir so auf die Zusatzbedingung $\varphi_1 > \varphi_2$ verzichten können, unter welcher die Gl.(1.21) gilt.

Wenden wir die Gl.(6.11) auf ein durch zwei Stromlinien und zwei Äquipotenziallinien begrenztes Kästchen im Strömungsfeld an, so erhalten wir *näherungsweise* den mittleren Betrag der elektrischen Feldstärke in diesem Bereich:

$$E \approx \left|\frac{\Delta\varphi}{\Delta l}\right| \qquad (6.12)$$

Die Größe Δl ist die *mittlere* Länge der Feldlinienabschnitte im Kästchen.

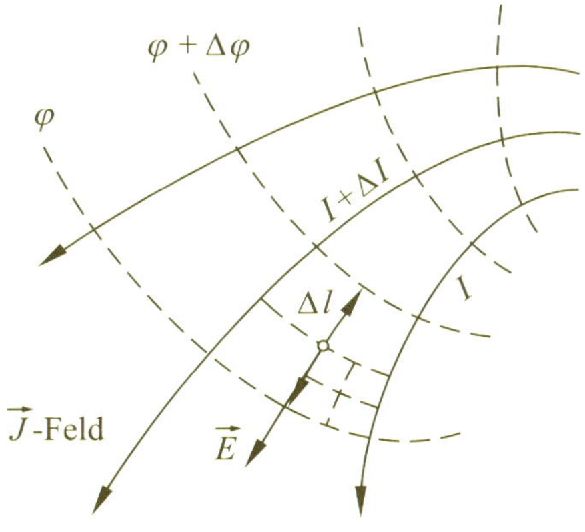

Bild 6.11 Elektrische Feldstärke im inhomogenen Strömungsfeld

Der Betrag und die Richtung der elektrischen Feldstärke ändern sich von Punkt zu Punkt, auch längs der Stromlinien. Will man $\vec{E}$ *genauer* ermitteln, so muss man das Liniennetz der Strom- und Äquipotenziallinien gleichermaßen *dichter* zeichnen.

Der Anstieg der Feldgröße eines Skalarfeldes wird als **Gradient** bezeichnet. Im Potenzialfeld, also im Skalarfeld des Potenzials φ, ist grad φ (sprich: Gradient phi) ein Vektor mit dem Betrag $\mathrm{d}\varphi/\mathrm{d}l$ des örtlichen Potenzialanstiegs, der in die Richtung dieses Anstiegs weist.
Da die elektrische Feldstärke vom *höheren* zum *niedrigeren* Potenzial weist, ist ihr Vektor dem Gradienten des Potenzialfeldes *entgegengerichtet*:

$$\boxed{\vec{E} = -\,\mathrm{grad}\,\varphi} \qquad (6.13)$$

Die elektrische Feldstärke ist also ein Vektor mit dem Betrag und der Richtung des örtlichen Potenzialgefälles. Wegen $\vec{F} = Q\,\vec{E}$ (s. Gl. 1.18) können wir sagen: Positive Ladungen „fallen" das Potenzialgefälle „hinunter"; negative Ladungen „laufen dagegen an".

Fragen

- Erläutern Sie die Begriffe Äquipotenzialfläche und Äquipotenziallinie.
- Was lässt sich über das Potenzial eines idealen Leiters im elektrischen Strömungsfeld aussagen?
- Wie verlaufen die Stromlinien am Rand eines Strömungsfeldes, das an einen Nichtleiter grenzt?
- Ist das elektrische Potenzialfeld ein Skalarfeld oder ein Vektorfeld?
- Skizzieren Sie eine Anordnung zur Messung der Potenzialverteilung in einem parallelebenen Feld.
- Wie verlaufen Stromlinien und Äquipotenziallinien zueinander (Begründung)?
- Welcher Zusammenhang besteht zwischen den Vektoren Stromdichte und elektrische Feldstärke?
- Wie ist der Gradient eines Potenzialfeldes definiert?
- Über welche Gleichung ist die elektrische Feldstärke mit dem Potenzial verknüpft?

Aufgaben

6.3[(1)] Eine quaderförmige Wanne aus nichtleitendem Material hat die Länge $l = 200$ mm. Die Höhe und die Breite betragen jeweils $a = 100$ mm.

Die beiden quadratischen Seitenwände tragen als Elektroden innen einen metallischen Überzug. Die Wanne ist mit einem Elektrolyten ($\gamma = 10$ S/m) ausgefüllt. Zwischen den Elektroden liegt die Spannung 10 V.
Zeichnen Sie maßstäbliche, bezifferte Feldbilder des Stromdichtevektors und des Potenzials.

6.4(2) Ein Leiter ist aus drei verschiedenen Materialien mit den Leitwerten $\gamma_1 = 100$ S/m; $\gamma_2 = 200$ S/m; $\gamma_3 = 400$ S/m zusammengesetzt.
Über die Metallelektroden M fließt der Strom $I = 80$ mA.

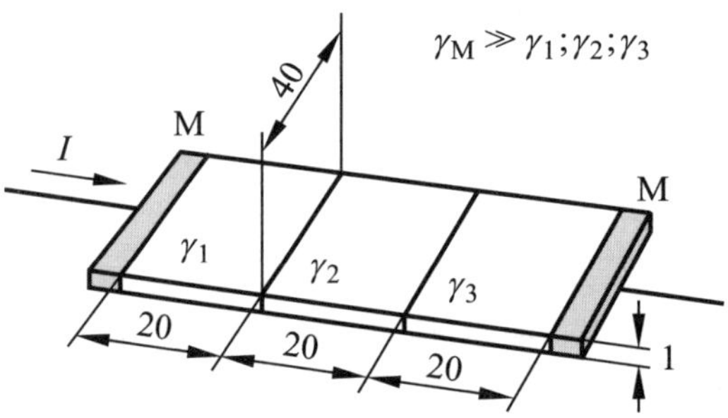

Zeichnen Sie maßstäbliche, ebene Feldbilder für die Stromdichte und für das Potenzial.
Stellen Sie den Verlauf des Potenzials und des Betrages der elektrischen Feldstärke als Funktion längs des Leiters grafisch dar.

6.5(2) Die Länge des im Bild 6.10 dargestellten Banderders beträgt 8 m; die Leitfähigkeit des Erdreichs wird auf 0,05 S/m geschätzt. Beziffern Sie die Feldlinien des Stromdichtevektors. Welcher Strom fließt insgesamt ins Erdreich ab?

6.3 Spannung und Leistung im elektrischen Strömungsfeld

Ziele: Sie können
- den Zusammenhang zwischen der elektrischen Feldstärke und der Spannung im stationären Strömungsfeld mit Hilfe einer Skizze erläutern.
- die Wegunabhängigkeit des Linienintegrals, welches die elektrische Spannung beschreibt, an Hand einer Skizze begründen.
- die Spannung zwischen zwei Punkten im zylindersymmetrischen Feld berechnen.
- die Gleichung für die Leistungsdichte im elektrischen Strömungsfeld angeben.

6.3.1 Spannung im homogenen Feld

Wir betrachten ein homogenes Feld der elektrischen Feldstärke und wollen zunächst die Spannung zwischen zwei Punkten ermitteln, die auf *derselben* Feldlinie liegen; im Bild 6.12 sind dies die Punkte 1 und 3.

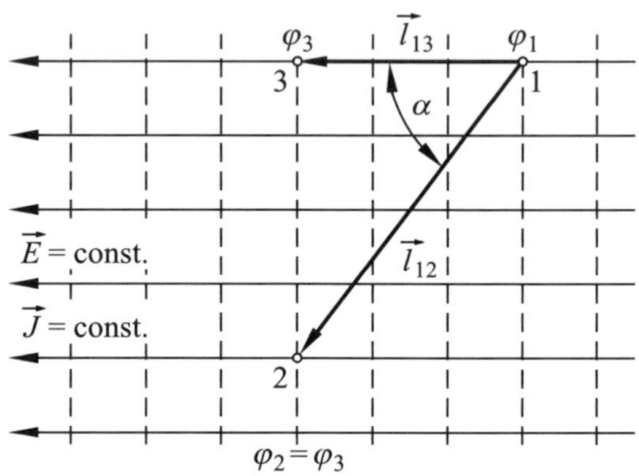

Bild 6.12 Spannung im homogenen Feld

Den geraden Weg zwischen diesen Punkten stellen wir als *Längenvektor* $\vec{l}_{13}$ dar, der von 1 nach 3 weist und dessen Betrag der Abstand zwischen 1 und 3 ist. Auf diesem Weg haben die Vektoren $\vec{E}$ und $\vec{l}_{13}$ gleiche Richtung.
An gleichen Wegabschnitten fällt das Potenzial um gleiche Beträge ab. Wir finden hier also die gleichen Verhältnisse vor wie beim *linearen Leiter* und können die Spannung U_{13} mit der Gl.(1.21) aus den *Beträgen* der Vektoren ermitteln:

$$U_{13} = \varphi_1 - \varphi_3 = \left|\vec{E}\right| \cdot \left|\vec{l}_{13}\right| \tag{6.14}$$

Betrachten wir nun den geraden Weg zwischen zwei Punkten, die *nicht* auf der gleichen Feldlinie liegen, z. B. die Punkte 1 und 2 im Bild 6.12. Auch hier sind Betrag und Richtung des Vektors $\vec{E}$ konstant, er schließt jedoch mit dem Längenvektor $\vec{l}_{12}$ den Winkel α ein.

Zur Spannung kann lediglich die Komponente des Längenvektors in Richtung der Feldlinien etwas beitragen. Die dazu senkrechte Komponente fällt mit einer Äquipotenziallinie zusammen, längs der keine elektrische Spannung auftritt.

Die Spannung längs des Weges $\vec{l}_{12}$ ist also:

$$U_{12} = |\vec{E}| \cdot |\vec{l}_{12}| \cdot \cos\alpha = \vec{E} \cdot \vec{l}_{12} \quad (6.15)$$

Offensichtlich ergibt sich für beide Wege der gleiche Wert der Spannung, denn die Punkte 2 und 3 liegen auf gleichem Potenzial.

Liegt der Punkt 2 auf einer Potenzialfläche mit $\varphi_2 > \varphi_1$, so ist für $90° < \alpha < 180°$ der Wert für $\cos\alpha < 0$ und man erhält aus der Gl.(6.15) einen negativen Wert für die Spannung U_{12} zwischen den Punkten 1 und 2.

6.3.2 Spannung im inhomogenen Feld

Betrachten wir nun die Verhältnisse im *inhomogenen* Feld des Vektors $\vec{E}$. Die Gl.(6.15) kann hier nicht verwendet werden, weil z. B. auf dem Weg vom Punkt 1 zum Punkt 3 (Bild 6.13) zwar der Winkel zwischen $\vec{E}$ und $d\vec{s}$ konstant ist ($\alpha = 0$), aber der Betrag des Feldstärkevektors sich ändert. Auf dem Weg vom Punkt 1 zum Punkt 2 ändert sich auch der Winkel α zwischen den Vektoren.

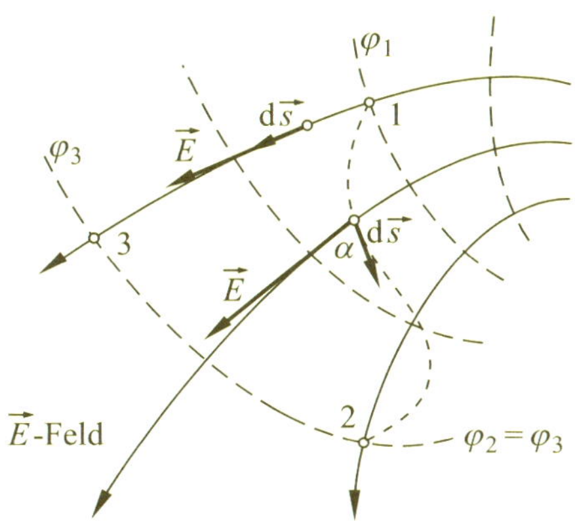

Bild 6.13 Spannung im inhomogenen Feld

Wir zerlegen den Weg in differenzielle Wegelemente $d\vec{s}$. An jedem dieser Wegelemente vermindert sich das Potenzial um die differenzielle Spannung dU:

$$dU = \vec{E} \cdot d\vec{s} \quad (6.16)$$

Entsprechend nimmt das Potenzial entgegen der Feldrichtung um $d\varphi = -\,dU$ zu:

$$\boxed{d\varphi = -\vec{E} \cdot d\vec{s}} \quad (6.17)$$

Diese Gleichung ist die Umkehrung der Gl.(6.12).

Die Spannung U_{12} zwischen den Punkten 1 und 2 in einem beliebigen stationären elektrischen Feld erhält man durch Integration der Gl.(6.16):

$$\boxed{U_{12} = \int_1^2 \vec{E} \cdot d\vec{s}} \quad (6.18)$$

Man nennt ein solches Integral, das längs eines bestimmten Weges gebildet wird, ein **Linienintegral.**

Für die Spannung zwischen den Punkten 1 und 2 kommt es nur auf die Äquipotenzialflächen an, auf denen diese Punkte liegen. Daher liefert die Integration nach Gl.(6.18) für *jeden Weg* von 1 nach 2 das gleiche Ergebnis. Der Wert des Linienintegrals zwischen zwei Punkten im stationären elektrischen Feld ist also *wegunabhängig.*

Bildet man das Linienintegral zunächst für einen beliebigen Weg vom Punkt 1 zum Punkt 2 und dann auf einem anderen Weg vom Punkt 2 zum Punkt 1 zurück, so erhält man als Ergebnis den Wert Null. Dies ist die allgemeine Formulierung des *Maschensatzes*:

$$\oint \vec{E} \cdot d\vec{s} = 0 \quad (6.19)$$

Das Integral über einen geschlossenen Weg wird als **Randintegral** bezeichnet. Im stationären elektrischen Feld ergibt das Randintegral der elektrischen Feldstärke stets den Wert *Null.*

Bei einem inhomogenen Feld ist die Auswertung der Gl.(6.18) im Allg. aufwändig. Bei einem Feld mit *Zylindersymmetrie* lässt sich jedoch die Berechnung der Spannung einfach durchführen. Mit den Gln.(6.8 und 6.10) berechnen wir die Feldstärke im zylindersymmetrischen Feld:

$$E_Z = \frac{J_Z}{\gamma} = \frac{|I|}{2\,\pi\, r\, l \cdot \gamma} \qquad (6.20)$$

Zur Berechnung der Spannung zwischen zwei Punkten mit den Radien r_1 und r_2 wählen wir als Integrationsweg eine radial verlaufende Feldlinie (Bild 6.5). Stimmt seine Richtung mit der des Feldstärkevektors überein, so hat der Winkel zwischen $\vec{E}$ und $\mathrm{d}\vec{s}$ überall den Wert $\alpha = 0$ und wir erhalten für das zylindersymmetrische Feld:

$$U_{12} = \frac{|I|}{2\,\pi\,\gamma\, l}\int_{r_1}^{r_2} \frac{1}{r}\,\mathrm{d}r = \frac{|I|}{2\,\pi\,\gamma\, l}\ln\frac{r_2}{r_1} \qquad (6.21)$$

Abschließend wollen wir uns noch mit dem *gekrümmten* linearen Leiter befassen. Wegen der Krümmung der Feldlinien liegt in ihm ein *inhomogenes* Feld vor.

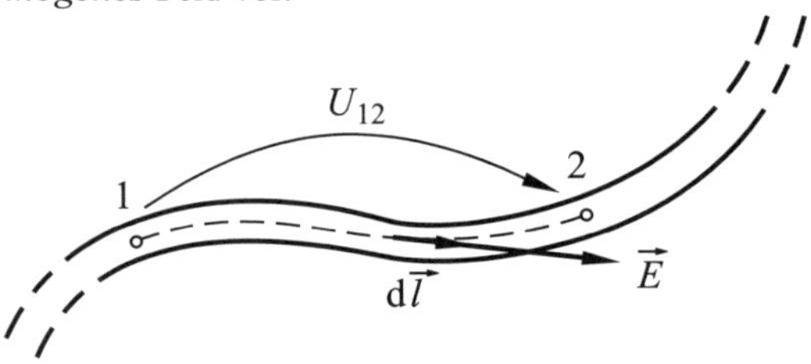

Bild 6.14 Spannung und Feldstärke in einem gekrümmten linearen Leiter

Wählt man den Integrationsweg so, dass jedes Längenelement $\mathrm{d}\vec{l}$ in Richtung des Feldstärkevektors $\vec{E}$ liegt, so kann man statt des Skalarprodukts das Produkt der Beträge ansetzen. Beim homogenen linearen Leiter ist außerdem der Betrag E der Feldstärke konstant:

$$U_{12} = \int_1^2 \vec{E}\cdot \mathrm{d}\vec{l} = E\int_1^2 \mathrm{d}l = E\, l_{12} \qquad (6.22)$$

Beispiel 6.2

Eine Flüssigkeit mit der Leitfähigkeit $\gamma = 2 \cdot 10^{-6}$ S/cm befindet sich zwischen zwei konzentrischen zylindrischen Metallelektroden. Sie haben die Radien $r_1 = 15$ mm und $r_2 = 50$ mm sowie die Länge $l = 120$ mm. Durch die Flüssigkeit fließt der Strom $I = 12$ mA von innen nach außen.

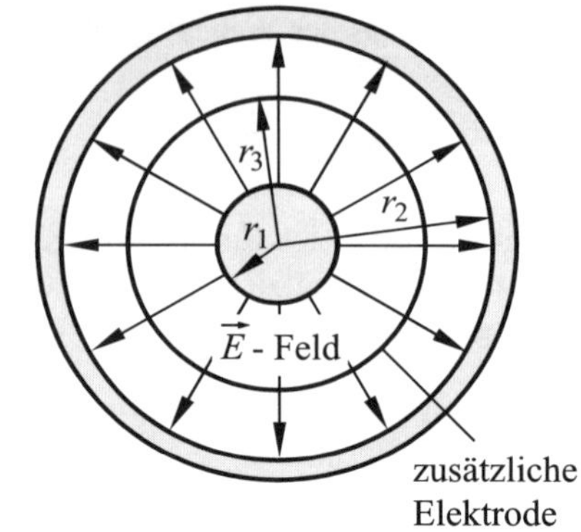

Wir wollen die Potenzialdifferenz zwischen den Elektroden berechnen sowie den Radius r_3 einer zusätzlichen Elektrode, die auf dem mittleren Potenzial liegen soll.

Da die Flüssigkeit wesentlich schlechter leitet als die Elektroden, wird der Strom gleichmäßig eingeleitet und es bildet sich ein zylindersymmetrisches Strömungsfeld aus. Für dieses Feld gilt für den Weg von innen nach außen die Gl.(6.21), und wir berechnen:

$$U_{12} = \frac{I}{2\,\pi\,\gamma\, l}\ln\frac{r_2}{r_1} = 95{,}8\ \mathrm{V}$$

Die zusätzliche, dünne Elektrode mit dem Radius r_3 ist ebenfalls zylindrisch und konzentrisch zu den beiden anderen, sie liegt also auf einer Äquipotenzialfläche und beeinflusst das Feld praktisch nicht. Wir setzen die Radien r_1 und r_3 in das Integral der Gl.(6.21) ein und erhalten:

$$U_{13} = \frac{I}{2\,\pi\,\gamma\, l}\ln\frac{r_3}{r_1} = \frac{95{,}8\ \mathrm{V}}{2}$$

Mit dieser Gleichung berechnen wir den Radius $r_3 = 27{,}38$ mm der zusätzlichen Elektrode.

6.3.3 Leistungsdichte im Strömungsfeld

Ein elektrisches Strömungsfeld erzeugt in jedem Teilvolumen des Leiters *Wärme*. Wir wollen zunächst die Leistung berechnen, die in einem *homogenen* Feld entsteht.

Das Bild 6.15 zeigt ein Teilvolumen V des Feldraumes, welches durch zwei Äquipotenzialflächen mit φ_1 und φ_2 sowie durch vier Feldlinien des Vektors $\vec{E}$ bzw. $\vec{J}$ begrenzt ist. Der Strom I tritt in die Fläche A des Teilvolumens ein, an dessen Länge l die Spannung $U = \varphi_1 - \varphi_2$ abfällt.

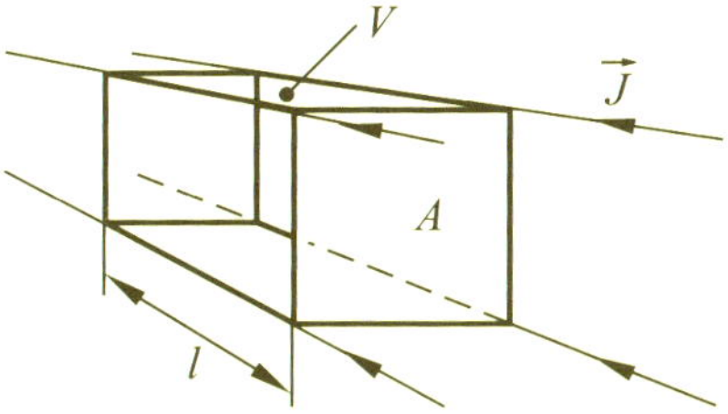

Bild 6.15 Teilvolumen eines homogenen Feldes

Wir beziehen die Leistung $P = U\,I$ auf das Volumen $V = A\,l$, in dem sie entsteht, und erhalten die **Leistungsdichte** *(power density)*:

$$S = \frac{P}{V} = \frac{U\,I}{A\,l} \tag{6.23}$$

Mit der Feldstärke $E = U/l$ und der Stromdichte $J = I/A$ lässt sich diese Gleichung vereinfachen:

$$S = E\,J \tag{6.24}$$

Im *inhomogenen Feld* ist die Leistungsdichte *ortsabhängig*, und die Gl.(6.24) kann nur auf infinitesimal kleine Volumenelemente $\mathrm{d}V$ mit der Fläche $\mathrm{d}A$ und der Länge $\mathrm{d}l$ angewendet werden. Dies ergibt die Leistungsdichte am betrachteten Ort:

$$S = \frac{\mathrm{d}P}{\mathrm{d}V} = E\,J \tag{6.25}$$

Diese Gleichung lässt sich mit den Gln.(2.13 und 6.13) umformen:

$$S = \gamma E^2 = \rho J^2 \tag{6.26}$$

Will man die gesamte Leistung eines inhomogenen Feldgebietes berechnen, so muss man über sämtliche Volumenelemente $\mathrm{d}V$ integrieren:

$$P = \int_V S\,\mathrm{d}V = \int_V E\,J\,\mathrm{d}V \tag{6.27}$$

Beispiel 6.3
Wir wollen die maximale und die minimale Leistungsdichte berechnen, die in dem zylindrischen Feld des Beispiels 6.2 vorliegt; außerdem wollen wir die gesamte Leistung berechnen.

Die Leistungsdichte $E\,J$ hat dort ein Maximum, wo die Feldstärke und die Stromdichte maximal sind.
Die maximale Stromdichte entsteht an der Innenelektrode, also beim Radius r_1. Wir berechnen diese Stromdichte mit der Gl.(6.8):

$$J_{\max} = \frac{|I|}{2\,\pi\,r_1\,l} = 1{,}061\,\frac{\mathrm{A}}{\mathrm{m}^2}$$

Die maximale Leistungsdichte berechnen wir mit der Gl.(6.25):

$$S_{\max} = E_{\max} \cdot J_{\max} = \frac{J_{\max}^2}{\gamma} = 5629\,\frac{\mathrm{W}}{\mathrm{m}^3}$$

Die minimale Stromdichte entsteht an der Außenelektrode, also beim Radius r_2; mit ihr berechnen wir die minimale Leistungsdichte:

$$S_{\min} = \frac{J_{\min}^2}{\gamma} = 506{,}6\,\frac{\mathrm{W}}{\mathrm{m}^3}$$

Die Leistung ist:

$$P = U_{12}\,I = 1{,}15\ \mathrm{W}$$

Fragen

- Zeigen Sie, wie die Spannung zwischen zwei Punkten im homogenen bzw. inhomogenen Feld berechnet wird.
- Warum ist das Linienintegral über $\vec{E} \cdot \mathrm{d}\vec{s}$ zwischen zwei Punkten im stationären elektrischen Feld wegunabhängig?
- Welchen Wert hat das Randintegral über die elektrische Feldstärke in einem stationären elektrischen Feld?
- Leiten Sie die Gleichung für die Spannung zwischen zwei Punkten im zylindersymmetrischen Feld her.
- Welche Einheit hat die elektrische Leistungsdichte?
- Mit welcher Gleichung lässt sich die Leistungsdichte im elektrischen Strömungsfeld berechnen?

Aufgaben

6.6(1) Zwischen zwei quadratischen Metallelektroden der Kantenlänge $a = 0{,}2\,\mathrm{m}$, die voneinander den Abstand a haben, befinden sich zwei schwach leitende, gleich hohe Schichten der Leitfähigkeit $\gamma_1 = 10\ \mathrm{S/m}$ bzw. $\gamma_2 = 40\ \mathrm{S/m}$. Die Spannung zwischen den Elektroden ist $U = 10\ \mathrm{V}$.

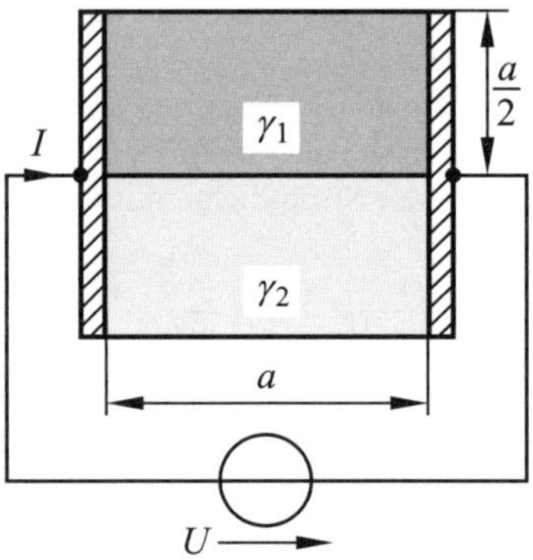

- Berechnen Sie die elektrische Feldstärke und die Stromdichte in jeder Schicht.
- Welchen Wert hat die Stromstärke I?
- Wie groß ist die Leistungsdichte jeder Schicht?
- Welche Leistung wird insgesamt verbraucht?

6.7(2) Ein zylindrischer Körper (s. Bild 6.5) mit den Radien $r_\mathrm{i} = 1{,}5\ \mathrm{mm}$ und $r_\mathrm{a} = 6{,}2\ \mathrm{mm}$ hat die Länge 40 mm und die Leitfähigkeit $\gamma = 0{,}05\ \mathrm{S/m}$. Welchen Widerstand hat der Körper zwischen den Zylindermantelflächen?

6.8(2) Ein flacher Hohlzylinder ist aus zwei verschiedenen Materialien mit den Leitfähigkeiten $\gamma_1 = 100\ \mathrm{S/m}$ bzw. $\gamma_2 = 20\ \mathrm{S/m}$ zusammengesetzt. Auf der Innen- und der Außenfläche befinden sich Metallelektroden (A; B), zwischen denen die Spannung $U_\mathrm{AB} = 1\ \mathrm{V}$ liegt.

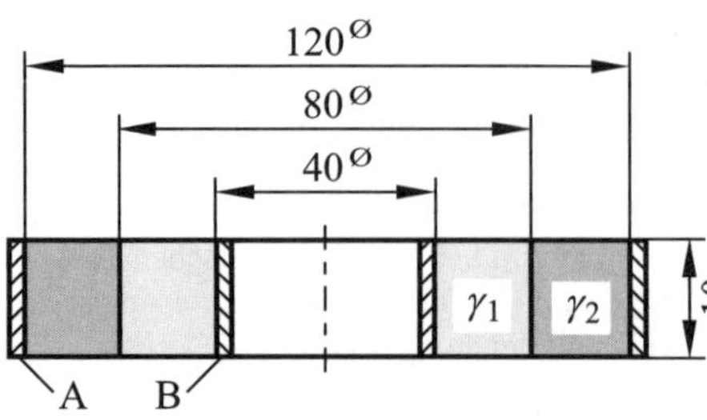

- Berechnen Sie die Stromstärke.
- Auf welchem Potenzial liegt die Grenzfläche zwischen beiden Leitern für $\varphi_\mathrm{B} = 0$?
- Wo tritt die maximale Leistungsdichte auf?

6.9(3) Ein schwach leitender Bügel, dessen Material die Leitfähigkeit 20 S/m besitzt, trägt auf den Flächen A und B Metallelektroden. Berechnen Sie den Widerstand zwischen ihnen.

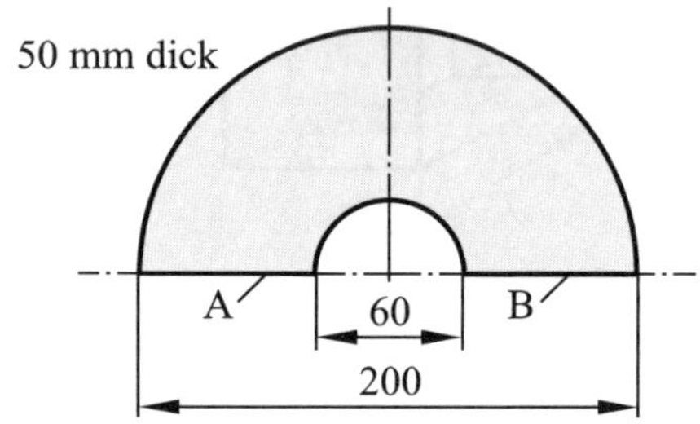

6.10(3) Den Erder eines Hochspannungsmastes kann man vereinfacht als ideal leitende Halbkugel (Radius $r_\mathrm{E} = 1\ \mathrm{m}$) auffassen, deren Mittelpunkt auf der Erdoberfläche liegt. Bei einem Kurzschluss fließt der Strom $I = 100\ \mathrm{A}$ in das schwach leitende Erdreich mit der Leitfähigkeit $\gamma \approx 5 \cdot 10^{-2}\ \mathrm{S/m}$.

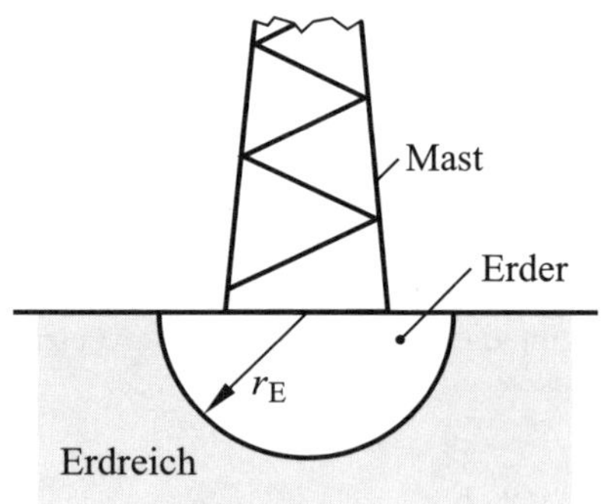

- Berechnen Sie das Potenzial des Erders unter der Annahme, dass das Potenzial $\varphi = 0$ im Unendlichen liegt.
- Wie groß ist der Erderwiderstand?
- Die Potenzialdifferenz, die am Erdboden bei der Schrittweite 1 m überbrückt wird, nennt man **Schrittspannung.** Welche maximale Schrittspannung tritt hier auf?
- Welchen Radius muss der Erder erhalten, damit die maximale Schrittspannung den noch ungefährlichen Wert 50 V nicht übersteigt?

6.4 Das elektrostatische Feld

Ziele: Sie können

- die Bedingungen für das Vorliegen eines elektrostatischen Feldes nennen.
- begründen, warum Feldlinien im elektrostatischen Feld senkrecht auf der Oberfläche von Leitern stehen.
- erläutern, warum im Inneren eines Plattenkondensators ein homogenes Feld vorliegt.
- den Vorgang der Influenz erläutern.
- die Begriffe elektrischer Fluss und elektrische Flussdichte erläutern.
- den Zusammenhang zwischen der elektrischen Flussdichte und der elektrischen Feldstärke nennen.
- den Zusammenhang zwischen der elektrischen Flussdichte und der Ladung nennen und anwenden.
- die Spannung zwischen zwei Punkten im Feld einer Punktladung berechnen.

6.4.1 Quellenfeld

In einem elektrischen Strömungsfeld sind die Feldlinien des Stromdichtevektors $\vec{J}$ zugleich Feldlinien des Feldstärkevektors $\vec{E}$. Es ist jedoch möglich, dass trotz vorhandener Feldstärke die Stromdichte *verschwindet.* Diesen Sonderfall wollen wir im Folgenden untersuchen.

Das Bild 6.16 zeigt zwei parallele, ebene Metallplatten, deren Kantenlänge senkrecht zur Zeichenebene größer als ihr Abstand ist. Sie sind in ein schwach leitendes Medium eingebettet, dessen Begrenzung weit entfernt ist.

Wir schließen eine Konstantspannungsquelle an, so dass die Spannung zwischen den Platten z. B. 10 V beträgt. Die Leitungen, die zu den Platten führen, sind weit von der Zeichenebene entfernt, so dass sie das Feld nicht beeinflussen.

Das Bild 6.16 zeigt das ebene Feldbild dieser Anordnung; die Feldlinien und Äquipotenziallinien wurden mit einem Programm berechnet.

In einem Gedankenexperiment ersetzen wir nun das Feldmedium durch ein *noch schwächer* leitendes Material. Dadurch wird bei konstanter Spannung zwar die Stromdichte kleiner, aber es ändert sich weder die Lage noch die Form der Äquipotenziallinien.
Wegen $E = -\text{grad}\,\varphi$ folgern wir daraus, dass die elektrische Feldstärke bei konstanter Spannung von der Leitfähigkeit des Feldmediums unabhängig ist.

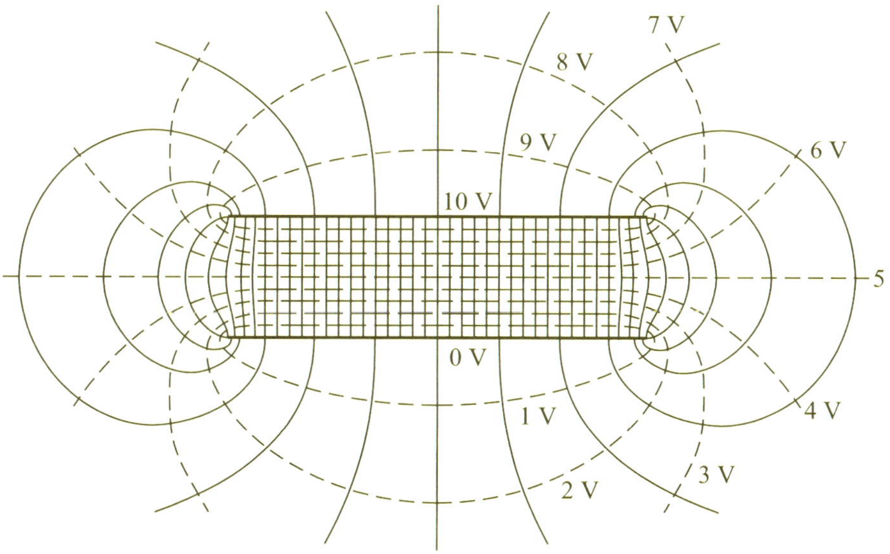

Bild 6.16 Feld zwischen zwei dünnen parallelen Platten

In einer Fortführung unseres Gedankenexperiments setzen wir die Leitfähigkeit des Feldmediums auf den Wert $\gamma = 0$ und erhalten für einen *idealen Isolator* den Zusammenhang:

$$\vec{J} = \gamma\,\vec{E} = 0$$

Obwohl die elektrische Stromdichte nun verschwunden ist, bleiben die Äquipotenzialflächen und die Feldlinien der elektrischen Feldstärke unverändert erhalten. Man nennt ein zeitlich konstantes Feld, in dem sich keine Ladungen bewegen, ein **elektrostatisches Feld** *(electrostatic field)*. Es kann nur in einem idealen Isolator mit $\gamma = 0$, also im Vakuum vorliegen.
Jeder in der Technik verwendete Isolator hat stets eine, wenn auch sehr geringe Leitfähigkeit; die daraus resultierende Ladungsträgerbewegung lassen wir im Folgenden bei der Beschreibung elektrostatischer Felder unberücksichtigt.

Das elektrostatische Feld wird durch die Angabe des Potenzials für jedem Punkt des Feldraumes vollständig beschrieben.
Eine Spannung zwischen zwei Punkten wird im elektrostatischen Feld auf die gleiche Weise berechnet wie im elektrischen Strömungsfeld.

Eine Anordnung aus zwei planparallelen Metallplatten in geringem Abstand, die durch einen Isolator getrennt sind, wird **Plattenkondensator** *(plate capacitor)* genannt.

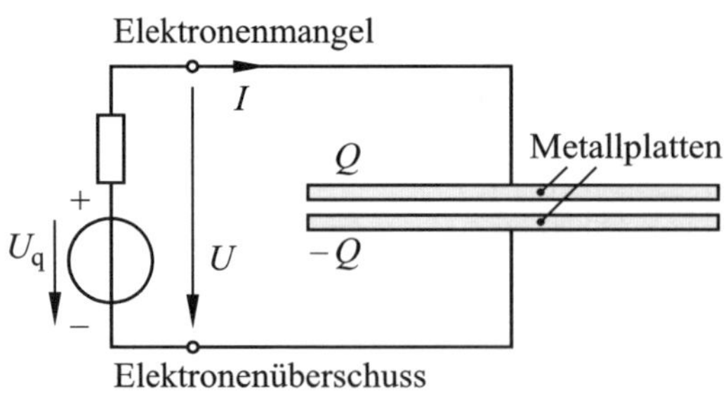

Bild 6.17 Plattenkondensator mit Quelle

Wir wollen nun die Vorgänge beim Laden eines Plattenkondensators betrachten. Sobald wir ihn mit einer Quelle verbinden, fließt ein Strom I, durch den die Ladung Q von der einen Platte abgezogen und auf die andere Platte transportiert wird.
Diese Ladungsbewegung ist beendet, wenn die Spannung U zwischen den Platten gleich der Quellenspannung geworden ist; erst dann liegt im Feldraum ein elektrostatisches Feld vor. Der Elektronenmangel bzw. -überschuss erstreckt sich dabei von den Polen der Quelle über die Zuleitungen bis zu den Platten.

Beide Platten sind unterschiedlich geladen, die Ladungen haben jedoch den gleichen Betrag. Man sagt daher kurz: Der Kondensator trägt die Ladung Q.

Die Ladungen gleichen Vorzeichens, die sich auf *einer* Platte befinden, üben aufeinander abstoßende Kräfte aus. Die Ladungen unterschiedlichen Vorzeichens, die sich auf den gegenüberliegenden Platten befinden, ziehen sich dagegen an.
Dies führt dazu, dass sich die Ladungen vorwiegend auf den einander zugewandten Plattenflächen befinden und sich auf diesen Flächen – außer in der Nähe des Randes – gleichmäßig verteilen.

Es bildet sich eine Flächenladung aus, die man durch den ortsabhängigen Quotienten aus Ladung und Fläche beschreibt, der als **Flächenladungsdichte** *(surface charge density)* σ (griech. Buchstabe sigma) bezeichnet wird:

$$\sigma = \frac{dQ}{dA} \qquad (6.28)$$

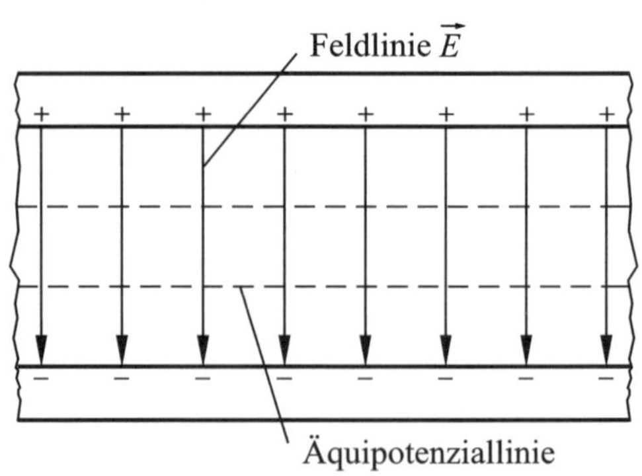

Bild 6.18 Feld im Inneren eines Plattenkondensators (randferner Ausschnitt)

Auf Grund der COULOMB-Kräfte bleibt die Ruhelage der Ladungen auch dann erhalten, wenn man den geladenen Plattenkondensator von der Quelle *trennt*: Der Isolator zwischen den Platten verhindert den Ladungsausgleich.

Verbindet man danach die Platten mit einem Strommesser, so beobachtet man einen kurzen Ausschlag, einen sog. *Stromstoß*, der durch den Ladungsausgleich hervorgerufen wird. Die Potenzialdifferenz zwischen den Platten und damit das elektrische Feld sind nach dem *Entladen* nicht mehr vorhanden; offensichtlich waren die Ladungen auf den Platten ihre Ursache.

Im elektrostatischen Feld beginnen die Feldlinien auf den positiven und enden auf den negativen Ladungen. Entsprechend bezeichnet man die positiven Ladungen als *Quellen* und die negativen als *Senken* des elektrischen Feldes. Man sagt: Das elektrostatische Feld ist ein **Quellenfeld**.

Zu der gleichmäßigen Verteilung der Ladungen *im Inneren* eines Plattenkondensators gehört ein *homogenes Feld* (Bilder 6.16 und 6.18). In den Randzonen sind die Ladungen dagegen nicht gleichmäßig verteilt, dort ist das Feld *inhomogen*. Dieser **Randeffekt** kann bei großer Plattenfläche und kleinem Plattenabstand vernachlässigt werden; wir sprechen in diesem Fall von einem **idealen Plattenkondensator**.

Befinden sich *Leiter* in einem elektrostatischen Feld, so fließen in ihnen keine Ströme und es treten in ihnen keine Potenzialdifferenzen auf. Daraus folgt:

> Im elektrostatischen Feld ist jede Leiteroberfläche eine Äquipotenzialfläche.

Zu jeder Leiteroberfläche verlaufen daher die Feldlinien der elektrischen Feldstärke *senkrecht*. Auch jeder Punkt im Leiterinneren besitzt das gleiche Potenzial wie die Leiteroberfläche.

Bringt man einen leitenden Gegenstand in ein elektrostatisches Feld, so erzwingt man mit ihm eine Äquipotenzialfläche und verändert dadurch im Allg. den Feldverlauf.

Praxisbezug 6.2

Empfindliche Messgeräte werden von elektrischen Störungen dadurch abgeschirmt, dass man sie mit einem Metallkasten, dem sog. **FARADAY-Käfig**[1)] umgibt, der ringsum geschlossen oder höchstens mit kleinen Beobachtungs- und Zuführungsöffnungen versehen ist. Äußere elektrische Felder können nicht in das Innere des Kastens bis zu dem geschützten Gerät vordringen. In vielen Fällen genügt es auch, das Gerät mit einem nicht zu weitmaschigen Metallgitter zu umgeben; in diesem Fall tritt das Feld zwar durch die Gitteröffnung in den umschlossenen Raum ein, aber der Hauptteil des Raumes ist feldfrei. Der FARADAY-Käfig wird mit Erde verbunden, damit sein Potenzial konstant bleibt.

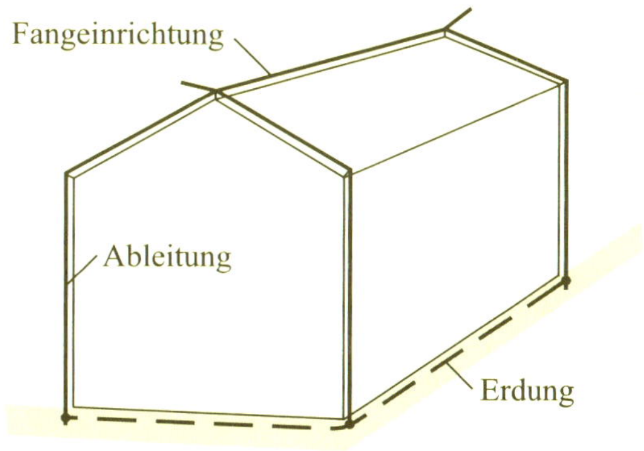

Bild 6.19 Prinzipielle Darstellung der Blitzschutzanlage eines Hauses

Auch eine **Blitzschutzanlage** ist ein weitmaschiger FARADAY-Käfig. Sie besteht aus einer Fangeinrichtung, der Ableitung und der Erdungsanlage.

Sowohl am Dachfirst als auch an überstehenden Teilen, wie z. B. Schornsteinen, werden Fangleitungen mit geeignetem Querschnitt (s. DIN VDE 0185, Teil 100) angebracht. Mit der Ableitung werden auch die leitfähigen Teile an der Oberfläche des Gebäudes, z. B. Dachrinnen und Fensterrahmen aus Metall, verbunden.

Zur Erdung werden Metallteile, die man als **Erder** bezeichnet, in den Erdboden eingebettet; sie sind dadurch mit diesem leitend verbunden. ❐

[1)] Michael Faraday, 1791 – 1867

6.4.2 Influenz

Bisher haben wir nur auf Grund von Überlegungen darauf geschlossen, dass es ein elektrostatisches Feld gibt. Nun wollen wir dieses Modell durch ein Experiment überprüfen.

Wir laden einen Plattenkondensator mit Luft als Feldmedium auf und trennen ihn von der Quelle (Bild 6.20). Dann bringen wir zwei *dünne*, metallische Prüfplatten P_1 und P_2, die an isolierenden Griffen befestigt sind, senkrecht zu den Feldlinien in das homogene Feld. Da sie sich auf einer Äquipotenzialfläche befinden, stören sie das Feld nicht nennenswert.

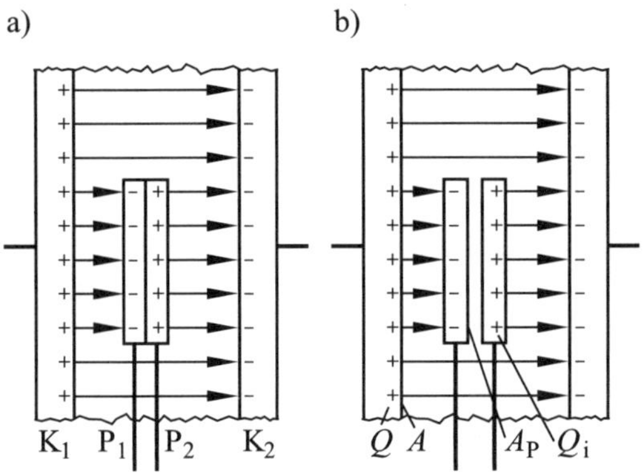

Bild 6.20 Nachweis der Influenz: a) Ladungstrennung, b) auseinandergezogene Prüfplatten

Wir halten die Prüfplatten beim Einbringen in das Feld zunächst so, dass sie sich flächig berühren (Bild 6.20a). Dann trennen wir sie, so dass zwischen ihnen ein kleiner Luftspalt entsteht (Bild 6.20b), und ziehen sie aus dem Feld heraus.

Wenn wir die Prüfplatten nun mit den Anschlüssen eines empfindlichen Strommessers verbinden, beobachten wir einen *Stromstoß*. Wir folgern daraus, dass die Prüfplatten im elektrostatischen Feld aufgeladen wurden, wobei sie die Platten des Kondensators nicht berührt haben.

Dies ist nicht etwa auf das Vorhandensein von Luft als Feldmedium zurückzuführen: Mit *Vakuum* zwischen den Kondensatorplatten erhält man das gleiche Ergebnis.

Die Aufladung der Prüfplatten im elektrostatischen Feld lässt sich mit unseren bisherigen Modellen erklären: Die sich zunächst noch berührenden Prüfplatten bilden einen metallischen Körper, auf dessen bewegliche Ladungen das elektrische Feld COULOMB-Kräfte ausübt. Die freien Elektronen werden von ihnen nach links gezogen, und auf der rechten Seite entsteht ein Elektronenmangel. Die Ladungstrennung ist beendet, wenn auf den Oberflächen der beiden Prüfplatten die gleiche Flächenladungsdichte $\sigma_i = \sigma$ vorliegt wie auf den Kondensatorplatten (Bild 6.20).

In diesem Fall endet im Bereich der Prüfplatten jede von einer positiven Ladung auf der Kondensatorplatte K_1 ausgehende Feldlinie bei einer negativen Ladung gleichen Betrages auf der Prüfplatte P_1. Entsprechend endet jede von einer positiven Ladung auf P_2 ausgehende Feldlinie bei einer negativen Ladung gleichen Betrages auf K_2.

> Die Ladungstrennung im elektrostatischen Feld nennt man **Influenz** *(electric induction)*.

Entfernen wir nun die Prüfplatten voneinander im Feld, so entsteht ein schmaler Luftspalt, der die Ladungen so lange trennt, bis wir die Prüfplatten mit dem Strommesser verbinden.

Nach dem Herausziehen der Prüfplatten mit den *influenzierten Ladungen* nimmt das Kondensatorfeld den Zustand vor dem Einbringen der Prüfplatten an, wenn man ideale Isolation voraussetzt.

Man könnte meinen, dass hierdurch der Energieerhaltungssatz verletzt wird, denn beim Stromstoß wurde Energie umgesetzt; dies ist jedoch nicht der Fall. Beim Herausziehen der Prüfplatten aus dem Kondensatorfeld gegen die COULOMB-Kräfte auf die Ladungen der Prüfplatten wird mechanische Arbeit verrichtet. Hierdurch wird die beim Stromstoß umgesetzte Energie gedeckt.

6.4.3 Elektrische Flussdichte

Wir betrachten das elektrostatische Feld im Raum zwischen zwei konzentrischen Kugeln. Die innere Kugel trägt die Ladung $+Q$, die äußere die Ladung $-Q$. Das Feld ist *kugelsymmetrisch*: Es lässt sich als ebenes Feld in einer Schnittebene durch das Kugelzentrum darstellen (Bild 6.21). Die Feldlinien verlaufen radial und die Äquipotenziallinien sind konzentrische Kreise.

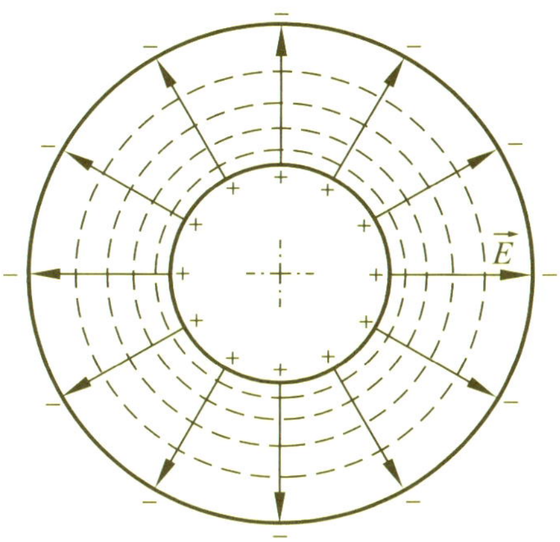

Bild 6.21 Elektrisches Feld zwischen zwei konzentrischen Kugeln

Wegen der Kugelsymmetrie ist die Ladung jeder Kugel gleichmäßig auf ihrer Oberfläche verteilt und die Flächenladungsdichte $\sigma = Q/A$ ist dort jeweils konstant; auf der äußeren Kugel ist ihr Betrag kleiner als auf der inneren.

Wir bringen nun in Gedanken eine sehr dünne, leitende Folie in Form einer konzentrischen Kugel in den Feldraum. Da sie auf einer Äquipotenzialfläche liegt, ändert sich das Feld hierdurch nicht. Auf der Folie wird eine *Doppelschicht* von Ladungen influenziert, wobei zu jeder Ladung auf einer der Elektroden eine gleich große influenzierte Ladung mit entgegengesetztem Vorzeichen auf der Folie gehört.

Wir können uns den Feldraum mit beliebig vielen „leitenden Äquipotenzialflächen" erfüllt denken, auf denen jeweils eine Doppelschicht von Ladungen influenziert ist.
Diese Vorstellung geht auf MAXWELL[1] zurück; man spricht auch von „MAXWELLschen Doppelschichten".

[1] James Clerk Maxwell, 1831 – 1879

Die Ladung Q der Elektroden pflanzt sich gewissermaßen als **elektrischer Fluss** *(electric flux)* Ψ_e (griech. Buchstabe Psi) im Raum fort, ohne dass sie sich dabei bewegt:

$$\Psi_e = Q \tag{6.29}$$

Während die Ladung Q nur auf den Elektroden vorliegt, existiert der elektrische Fluss Ψ_e im gesamten Feldraum.

Im Bild 6.21 wird jede Äquipotenzialfläche gleichmäßig vom Fluss Ψ_e senkrecht durchsetzt. Der Betrag der **elektrischen Flussdichte** *(dielectric displacement)* D, die auch **Verschiebungsdichte** genannt wird, ist auf jeder Äquipotenzialfläche konstant und wird als Quotient aus dem Betrag des Flusses und ihrem Flächeninhalt gebildet:

$$D = \frac{|\Psi_e|}{A} \tag{6.30}$$

An der Oberfläche einer Elektrode gehen die Beträge der Flussdichte und der Flächenladungsdichte ineinander über und es ist $D = |\sigma|$. Dies gilt allgemein auch bei inhomogenen Feldern. Die beiden Größen D und σ haben also die gleiche Einheit:

$$[D] = [\sigma] = 1\,\frac{\mathrm{A\,s}}{\mathrm{m}^2} = 1\,\frac{\mathrm{C}}{\mathrm{m}^2}$$

Beim Plattenkondensator gilt $D = |\sigma|$ für den homogenen Teil des Feldraumes.
Die elektrische Flussdichte $\vec{D}$ ist ein Vektor senkrecht zu den Äquipotenzialflächen. Sie hat die gleiche Richtung wie die elektrische Feldstärke. Für Vakuum lautet der Zusammenhang:

$$\boxed{\vec{D} = \varepsilon_0 \vec{E}} \tag{6.31}$$

Die Größe ε_0 (griech. Buchstabe epsilon) wird als **elektrische Feldkonstante** *(absolute permittivity)* bezeichnet. Sie ist als Naturkonstante eng mit der Vakuum-Lichtgeschwindigkeit verknüpft (s. Gl. 7.22) und hat den Wert:

$$\varepsilon_0 = 8{,}8542 \cdot 10^{-12}\,\frac{\mathrm{A\,s}}{\mathrm{V\,m}} \tag{6.32}$$

Ist der Feldraum nicht evakuiert, sondern mit Luft unter Normalbedingungen gefüllt, so erhöht sich das Verhältnis D/E etwa um 0,06 %.

Ist die elektrische Flussdichte im Feldraum bekannt, so kann daraus die Ladung bzw. der von ihr erzeugte elektrische Fluss berechnet werden. Man legt dazu um die Ladung eine *Hüllfläche* und summiert die Teilflüsse, die ihre infinitesimal kleinen Flächenelemente durchsetzen:

$$Q = \Psi_e = \oint_A \vec{D} \cdot d\vec{A} \tag{6.33}$$

Die Flächenvektoren $d\vec{A}$ und damit der Bezugssinn des Flusses sind bei einer Hüllfläche stets nach *außen* gerichtet.

In einem Raum zwischen zwei konzentrischen Kugeln, auf deren Oberflächen die Ladungen Q und $-Q$ verteilt sind, liegt ein kugelsymmetrisches Feld vor (Bild 6.21). Zur Berechnung der Feldgrößen wählen wir als Hüllfläche eine im Feldraum liegende konzentrische Kugelfläche A mit dem Radius r. Aus Symmetriegründen ist auf ihr D = const. und es gilt:

$$\Psi_e = \oint_A \vec{D} \cdot d\vec{A} = D \cdot 4\,\pi\,r^2 = Q \tag{6.34}$$

Unabhängig vom Vorzeichen der Ladung ergibt sich mit der Gl.(6.31):

$$E = \frac{|Q|}{\varepsilon_0 \cdot 4\,\pi\,r^2} \tag{6.35}$$

Die Spannung zwischen zwei Punkten 1 und 2, die auf Äquipotenzialflächen mit den Radien r_1 und r_2 liegen, ist nach Gl.(6.18):

$$U_{12} = \int_{r_1}^{r_2} \vec{E} \cdot d\vec{r} = \frac{Q}{\varepsilon_0 \cdot 4\,\pi} \left(\frac{1}{r_1} - \frac{1}{r_2}\right) \tag{6.36}$$

Beispiel 6.4
Eine Metallkugel mit dem Radius $r_1 = 0{,}1$ m trägt die Ladung Q = 50 nC. Die negative Gegenladung befindet sich auf einer konzentrischen Hüllkugel mit dem Radius $r_2 = 0{,}2$ m. Der Feldraum ist evakuiert. Wir wollen die Spannung zwischen den Kugeln berechnen.

Dazu setzen wir die Größen Q, r_1 und r_2 sowie die elektrische Feldkonstante nach Gl.(6.32) in die Gl.(6.36) ein und berechnen die gesuchte Spannung:

$U_{12} = 2{,}25$ kV

6.4.4 Felder von Punktladungen

Ein Sonderfall des kugelsymmetrischen Feldes ist das Feld einer **Punktladung.** Hierbei handelt es sich um eine Ladung Q, die sich auf einer Kugel mit sehr kleinem Radius r_i (jedoch $r_i > 0$) befindet. Ihre Gegenladung $-Q$ denkt man sich auf der **Fernkugel** mit dem Radius $r \rightarrow \infty$ gleichmäßig verteilt.

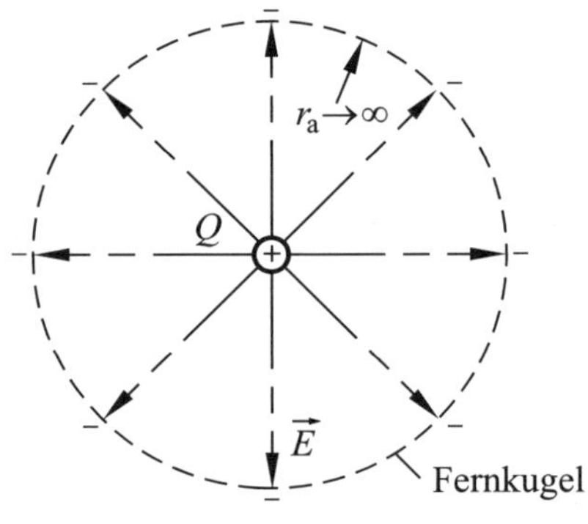

Bild 6.22 Feld einer Punktladung Q

Das Potenzial φ eines Punktes P mit der Entfernung r vom Zentrum der Punktladung ist die Spannung zwischen diesem Punkt und der Fernkugel, wenn wir der Fernkugel das Potenzial $\varphi_\infty = 0$ V zuordnen.

Wir setzen die Radien $r_1 = r$ und $r_2 \rightarrow \infty$ in die Gl.(6.36) ein und erhalten die Gleichung für das Potenzial φ des Punktes P im Feld einer Punktladung Q:

$$\varphi = \frac{Q}{4\,\pi\,\varepsilon_0 \cdot r} \tag{6.37}$$

Befinden sich *mehrere* Ladungen in einem Raum, so kann man das resultierende Potenzial für jeden Raumpunkt dadurch berechnen, dass man die von den einzelnen Ladungen herrührenden Teilpotenziale addiert. Diese Methode hat den Vorteil, dass sich die skalaren Potenziale wesentlich einfacher addieren lassen als die Vektoren der elektrischen Feldstärke.
Wir betrachten *zwei* Punktladungen Q_1 und Q_2 innerhalb der Fernkugel.

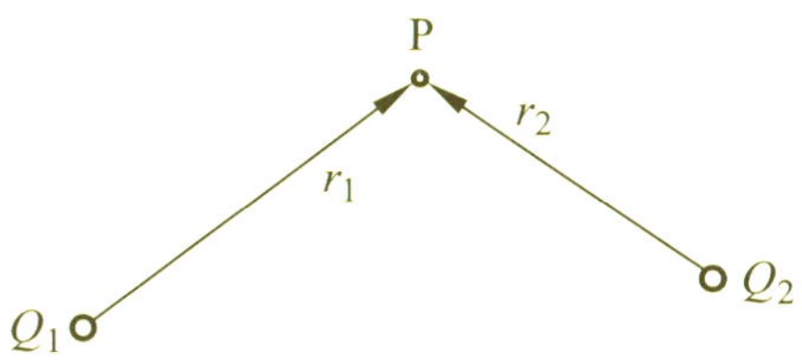

Bild 6.23 Punkt P im Feld zweier Punktladungen

Zur Berechnung des im Punkt P resultierenden Potenzials φ addieren wir die Potenziale φ_1 und φ_2, die von den beiden Ladungen hervorgerufen werden. Dazu setzen wir die Radien und die Ladungen in die Gl.(6.37) ein und bilden die Summe der Potenziale:

$$\varphi = \varphi_1 + \varphi_2 = \frac{1}{4\,\pi\,\varepsilon_0}\left(\frac{Q_1}{r_1} + \frac{Q_2}{r_2}\right) \qquad (6.38)$$

Beispiel 6.5
Wir wollen die Äquipotenzialflächen in der Umgebung zweier Punktladungen mit gleichen Beträgen und entgegengesetzten Vorzeichen ermitteln:

$$Q_1 = Q > 0\,; \quad Q_2 = -Q$$

Wir setzen dies und außerdem für jede zu ermittelnde Äquipotenzialfläche den betreffenden Wert für φ in die Gl.(6.38) ein:

$$\frac{1}{r_1} - \frac{1}{r_2} = \frac{4\,\pi\,\varepsilon_0 \cdot \varphi}{Q}$$

Diese Gleichung wird von beliebig vielen Wertepaaren r_1 und r_2 erfüllt. Zu jedem gewählten Radius r_1 berechnen wir den zugehörigen Radius r_2:

$$r_2 = \frac{Q\,r_1}{Q - 4\,\pi\,\varepsilon_0 \cdot \varphi \cdot r_1}$$

Die Schnittlinien der Äquipotenzialflächen mit der Zeichenebene sind im Bild 6.24 für gleiche Potenzialdifferenzen gezeichnet. Die zugehörigen Feldlinien verlaufen senkrecht dazu, bilden jedoch keine zu einander ähnlichen Kästchen, da das Feld nicht paralleleben ist.

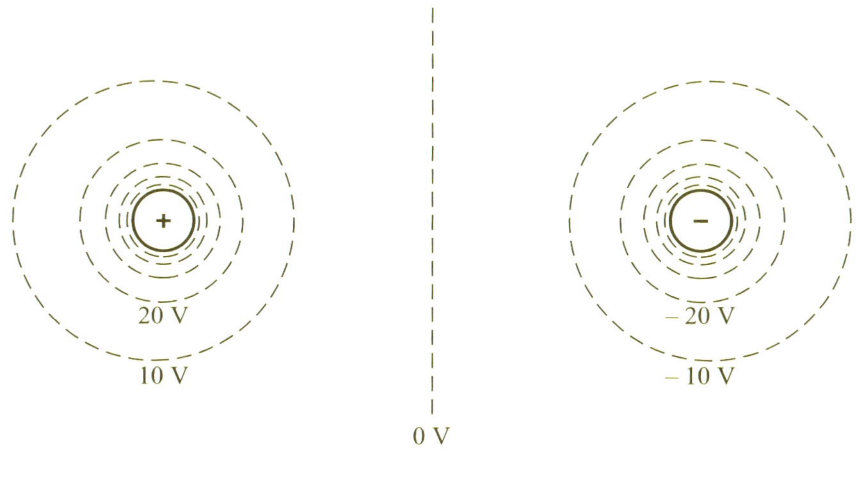

Bild 6.24 Äquipotenziallinien im Feld zweier Punktladungen gleichen Betrages

Praxisbezug 6.3

Mit Hilfe influenzierter Ladungen lässt sich die elektrische Flussdichte und damit die elektrische Feldstärke E im elektrostatischen Feld messen. Beim **Elektrofeldmeter** (SCHWENKHAGEN, 1930) rotiert ein motorgetriebener Metallflügel F vor zwei Gruppen sektorförmiger, paarweise leitend verbundener Metallelektroden E_1 und E_2.

Im Bild 6.25 sind der geerdete Flügel und die Elektroden der besseren Übersicht halber *nebeneinander* gezeichnet; im Gerät sind sie *koaxial* angeordnet.

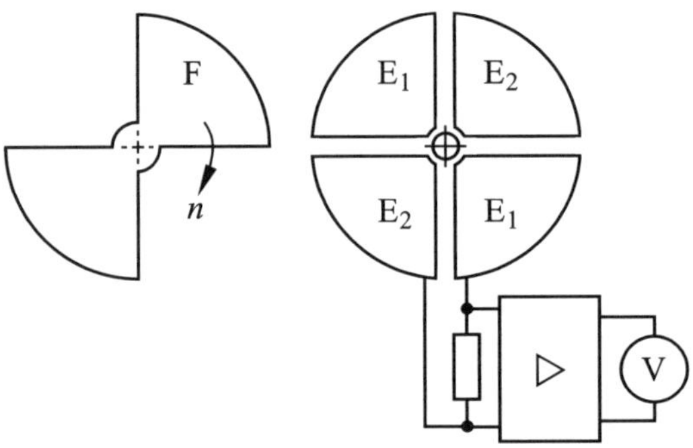

Bild 6.25 Prinzip des Elektrofeldmeters

Im elektrischen Feld werden je nach Stellung des Flügels entweder in der Elektrodengruppe E_1 oder in der Elektrodengruppe E_2 Ladungen influenziert, die zum Teil über den Widerstand R zur anderen Elektrode fließen, so dass ein Wechselstrom entsteht.

Der Spannungsabfall am Widerstand ist der Feldstärke E proportional; er wird über einen Verstärker einem anzeigenden Messgerät zugeführt.

Mit dem Elektrofeldmeter lässt sich z.B. das **elektrische Erdfeld** messen. Das sog. *Schönwetterfeld* wird durch die positiv geladene Ionosphäre hervorgerufen und hat unmittelbar über der Erdoberfläche den Wert $E \approx 0{,}13$ kV/m.
Nähert sich ein Gewitter, so nimmt die Feldstärke Werte $|E| > 1$ kV/m an. Durch Messungen mit dem Elektrofeldmeter ist es möglich, 10 ... 20 Minuten vorher auf ein Gewitter zu schließen. ❐

Fragen

- Was versteht man unter dem Begriff elektrostatisches Feld?
- Wo beginnen und wo enden Feldlinien in einem elektrostatischen Feld?
- Warum ist im elektrostatischen Feld jede Leiteroberfläche eine Äquipotenzialfläche?
- Was ist ein Plattenkondensator?
- Beschreiben Sie den Ladungstransport, der bei der Verbindung einer Quelle mit einem Plattenkondensator erfolgt.
- Warum ist das elektrostatische Feld im Inneren eines Plattenkondensators homogen?
- Was ist ein FARADAY-Käfig?
- Beschreiben Sie ein Experiment, mit dem die Influenz nachgewiesen werden kann.
- Wie lautet der allgemeine Zusammenhang zwischen der Ladung und der Flussdichte?
- Skizzieren Sie die Feldlinien in der Umgebung einer positiven Punktladung und geben Sie allgemein die Flussdichte beim Radius r an.
- Welche Größe wird Feldkonstante genannt?
- Wie lässt sich das resultierende Potenzialfeld von zwei Punktladungen innerhalb einer gemeinsamen Fernkugel berechnen?

Aufgaben

6.11(1) Welches Potenzial hat ein Punkt, der im Vakuum 1,5 cm von einer Punktladung 3 nC und 4,8 cm von einer weiteren Punktladung 6 nC entfernt ist? Die Fernkugel hat das Potenzial 0 V.

6.12(1) In einen auf 1000 V aufgeladenen Plattenkondensator mit dem Dielektrikum Luft, dessen Elektroden den Abstand 1 cm haben, wird eine dünne Metallfolie mit der Fläche 25 cm^2 senkrecht zur Feldlinienrichtung gebracht. Berechnen Sie die in der Folie durch Influenz getrennte Ladungsmenge.

6.13(1) Zwei konzentrische Metallkugeln (Bild 6.21) sind geladen: Die innere Kugel trägt die Ladung 2 nC, die äußere die Ladung −2 nC. Welche Feldstärke herrscht im evakuierten Feldraum beim Radius $r = 30$ mm?

6.14(2) In den Punkten $P_1(0;\ 0)$ und $P_2(4\ \text{cm};\ 0)$ des Koordinatensystems befinden sich im Vakuum zwei Punktladungen $Q_1 = 5$ nC und $Q_2 = 8$ nC. Die negative Gegenladung ist auf der Fernkugel verteilt. Welche elektrische Feldstärke herrscht im Punkt $P_3(3\ \text{cm};\ 4\ \text{cm})$? Welchen Winkel bildet der Feldstärkevektor mit der x-Achse?

6.5 Nichtleiter im elektrostatischen Feld

Ziele: Sie können
- den Zusammenhang zwischen der Flussdichte D und der elektrischen Feldstärke E für einen beliebigen Nichtleiter angeben.
- die Arten der Polarisierung neutraler Moleküle im elektrostatischen Feld beschreiben.
- die Auswirkungen der Polarisierung neutraler Moleküle auf ein elektrostatisches Feld angeben.
- den Begriff Ferroelektrikum erläutern.
- den piezoelektrischen Effekt beschreiben und einige Anwendungen nennen.
- den Begriff Elektret erläutern.

6.5.1 Einfluss des Dielektrikums

Bisher haben wir uns mit elektrischen Feldern im Vakuum befasst und dabei festgestellt, dass die Feldstärke und die Flussdichte über den linearen Zusammenhang $D = \varepsilon_0 E$ miteinander verknüpft sind.
Nun wollen wir untersuchen, welchen Einfluss ein isolierendes Material hat, das den Feldraum ausfüllt. Ein solcher Isolator wird **Dielektrikum** *(dielectric)* genannt.
Hierzu führen wir ein *Experiment* durch: Wir verwenden dabei einen Plattenkondensator mit der Plattenfläche A und dem Plattenabstand l, dessen Randeffekt vernachlässigbar ist. Der Raum zwischen den Platten ist zunächst evakuiert.
Wir schließen den Kondensator über ein *Ladungsmessgerät* an eine Quelle mit der konstanten Spannung U an (Bild 6.26). Die Funktionsweise des Ladungsmessgerätes wollen wir hier nicht erläutern; es misst die Ladung, die beim Aufladen des Kondensators von der Quelle auf die positiv geladene Platte verschoben wird.

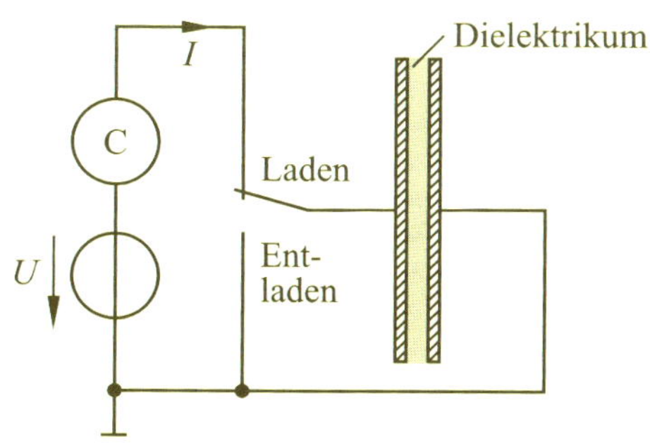

Bild 6.26 Ladungsmessung an einem Kondensator

Mit Vakuum zwischen den Platten messen wir zunächst die Ladung Q_0. Danach entladen wir den Kondensator und füllen seinen Feldraum restlos mit einem Dielektrikum aus. Dabei beachten wir, dass der Abstand der Elektroden unverändert bleibt.
Wir laden den Kondensator erneut und messen eine Ladung $Q > Q_0$; dies lässt sich durch Versuche mit anderen Dielektrika bestätigen.

Da bei konstanter Spannung auch die elektrische Feldstärke unverändert bleibt, nimmt man an, dass sich durch die Anwesenheit von Materie die elektrische Flussdichte D geändert hat. Man setzt für diesen Einfluss des Dielektrikums einen dimensionslosen Faktor $\varepsilon_r = D/D_0$ an, der als **Permittivitätszahl** *(relative permittivity)* bezeichnet wird:

$$\boxed{\vec{D} = \varepsilon_r \varepsilon_0 \vec{E}} \tag{6.39}$$

Tabelle 6.1 Permittivitätszahl ε_r bei 20 °C

Stoff	ε_r
Aceton (CH_3COCH_3)	21,5
Aluminiumoxid (Al_2O_3)	10
Bariumtitanat	> 1000
Glas	5 ... 12
Glimmer	5 ... 8
Hartpapier	5
Kabelpapier in Öl	4,3
Luft	1,0006
Marmor	8,3
Nitrobenzol	36
Papier (trocken)	2
Plexiglas	3,0
Polyäthylen (PE)	2,3
Polypropylen (PP)	2,3
Polystyrol (PS)	2,5
Polytetrafluoräthylen (PTFE)	2,1
Polyvinylchlorid (PVC)	3 ... 4
Porzellan	6
Quarz (SiO_2)	4,5
Schwefelhexafluorid (SF_6)	1
Tantaloxid (Ta_2O_5)	25
Transformatoröl	2,3
Wasser (reinst)	80,8

Im Vakuum ist $\varepsilon_r = 1$; in Luft ist $\varepsilon_r \approx 1$ (s. Tab. 6.1). Das Produkt $\varepsilon_r \, \varepsilon_0$ nennt man **Permittivität** *(permittivity)* ε:

$$\varepsilon = \varepsilon_r \, \varepsilon_0 \tag{6.40}$$

Dies setzen wir in die Gl.(6.39) ein:

$$\vec{D} = \varepsilon \vec{E} \tag{6.41}$$

6.5.2 Elektrische Dipole

Trägt ein Körper zwei voneinander isolierte Ladungen Q_p und Q_n, die räumlich verteilt sind, so denkt man sie sich jeweils in einem Punkt konzentriert, der als **Ladungsschwerpunkt** bezeichnet wird. Dieses Modell wird **Dipol** *(dipole)* genannt. Die *Punktladungen* des Dipols haben in einigem Abstand die gleiche Wirkung wie die verteilten Ladungen.

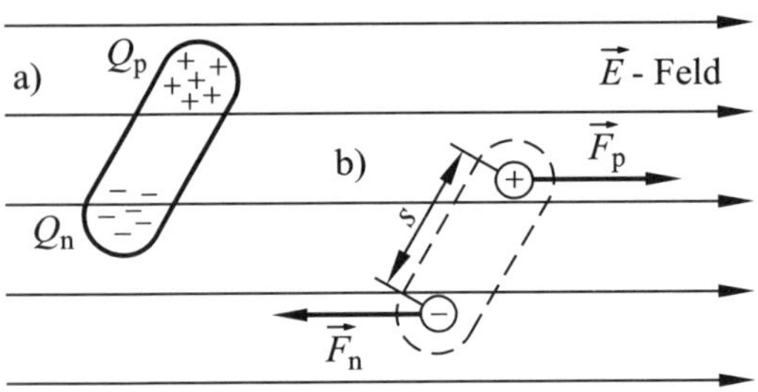

Bild 6.27 Körper mit verteilten Ladungen (a) und seine Darstellung als Dipol im elektrischen Feld (b)

Bringt man einen Dipol in ein *homogenes* elektrisches Feld, so wirkt auf seine Punktladungen ein Kräftepaar (Bild 6.27), das ein Drehmoment hervorruft. Ist der Dipol frei beweglich wie z. B. in einer Flüssigkeit, so dreht er sich, bis seine Achse in Richtung der Feldstärke liegt; das Drehmoment hat in diesem Fall den Wert Null.

Im *inhomogenen* Feld sind die Kräfte auf die Ladungen eines Dipols nach Betrag und Richtung *unterschiedlich.* Es tritt daher nach der Ausrichtung eine resultierende Kraft auf, welche den Dipol in Richtung größerer Feldstärke zu bewegen versucht (Bild 6.28). Ist der Dipol beweglich, so kann er dieser Kraft folgen.

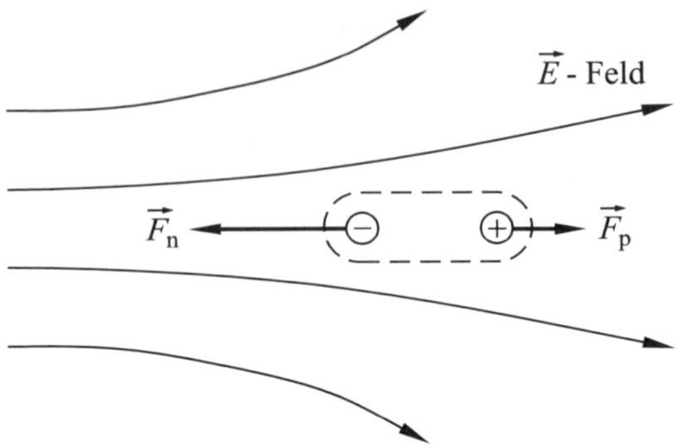

Bild 6.28 Dipol im inhomogenen Feld

6.5.3 Elektrische Polarisation

Wir haben festgestellt, dass die Flussdichte in einem Dielektrikum größer als im Vakuum ist. Dies wird mit Hilfe der **elektrischen Polarisation** *(dielectric polarisation)* P beschrieben:

$$\vec{D} = \varepsilon_0 \vec{E} + \vec{P} \tag{6.42}$$

Mit dem Dipolmodell lässt sich die Polarisation veranschaulichen. Die räumlich verteilten positiven und negativen Ladungen der Atome und Moleküle kann man sich in jeweils einem Ladungsschwerpunkt konzentriert vorstellen. Nichtleiter, bei denen diese Ladungsschwerpunkte zusammenfallen, nennt man **unpolare Stoffe**; sie enthalten zunächst keine Dipole. Zu diesen Stoffen gehören z.B. Luft, die meisten Kunststoffe, Öl, Porzellan, Glas und Glimmer. Ihre ε_r-Werte liegen in der Größenordnung 2 ... 10 und sind als Materialkonstanten praktisch unabhängig von der Temperatur und der äußeren Feldstärke.

Bringt man einen unpolaren Stoff in ein äußeres elektrostatisches Feld, so werden die Ladungsschwerpunkte von Atomkern und Elektronenhülle gegeneinander verschoben, wodurch *Dipole* entstehen (Bild 6.29). Enthält der unpolare Stoff Ionen in einer Gitterstruktur, so wird das Gitter deformiert, weil die Ionen unter dem Einfluss des äußeren Feldes verschoben werden.
Im ersten Fall spricht man von *Elektronen-*, im zweiten von *Ionenpolarisation*; beide werden unter dem Oberbegriff **Deformationspolarisation** zusammengefasst.

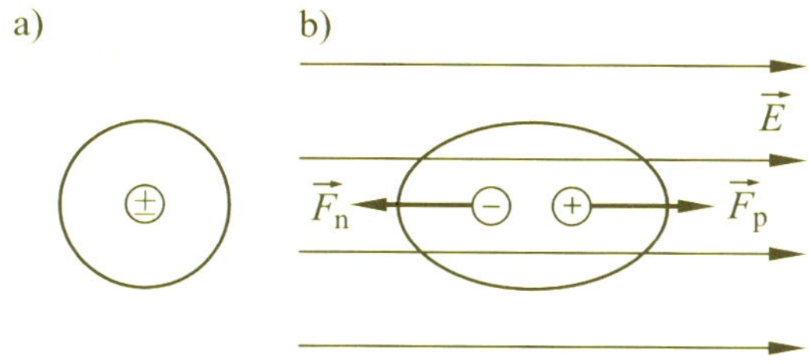

Bild 6.29 Unpolarer Stoff a) ohne äußeres elektrisches Feld, b) im äußeren elektrischen Feld

Nichtleiter, bei denen die Ladungsschwerpunkte auch *ohne* äußeres elektrisches Feld *nicht* zusammenfallen, nennt man **polare Stoffe**; sie enthalten von vornherein Dipole. Im elektrischen Feld werden die Dipole ausgerichtet; man spricht von **Orientierungspolarisation**. Die thermische Molekularbewegung verhindert eine vollständige Ausrichtung der Dipole.

Zu den polaren Stoffen gehören z. B. das Wasser, Kunststoffe aus C-Cl-Verbindungen (z. B. PVC) und Titanoxid-Keramik (TiO_2). Die ε_r-Werte der polaren Stoffe sind höher als die der unpolaren, sie hängen jedoch von der Temperatur und zum Teil auch von der äußeren elektrischen Feldstärke ab.

Nichtleiter mit besonders hohen Permittivitätszahlen ε_r bezeichnet man als **Ferroelektrika**; zu ihnen gehört z. B. Bariumtitanat ($\varepsilon_r > 10^3$).

In den Ferroelektrika sind die Dipole in größeren Bezirken gekoppelt und einheitlich ausgerichtet; diese Bezirke werden **Weisssche Bezirke**[1] genannt. Ohne äußeres Feld sind die Bezirke unterschiedlich ausgerichtet. Ein äußeres Feld bewirkt wie bei der Orientierungspolarisation eine Ausrichtung der Bezirke.

Der ε_r-Wert jedes Ferroelektrikums ist temperaturabhängig. Oberhalb der sog. **Curie-Temperatur**[2] verschwinden die polaren Kopplungseffekte und die ε_r-Werte sinken stark ab.

Ein Ferroelektrikum mit starker permanenter, d.h. bleibender Polarisierung wird in Analogie zum Magneten als **Elektret** bezeichnet. Ein Elektret ruft in seiner Umgebung dauernd ein elektrisches Feld hervor.

[1] Pierre-Ernest Weiss, 1865 – 1940

[2] Pierre Curie, 1859 – 1906

Bei der Herstellung des Elektreten wird der ferroelektrische Körper oberhalb der Curie-Temperatur im elektrostatischen Feld polarisiert und dann abgekühlt; dabei werden die Weissschen Bezirke „eingefroren" und behalten ihre Ausrichtung bei. Dadurch lassen sich z. B. Elektrete als dünne Kunststofffolien herstellen. Die zunächst noch vorhandenen, wenigen freien Ladungsträger werden durch ionisierende Strahlen entfernt. Die gebundene Oberflächenladung bleibt praktisch beliebig lange erhalten.

Praxisbezug 6.4

Bei einem **Elektretmikrofon** befindet sich eine 12 ... 25 µm dicke Elektret-Folie F aus Teflon vor einem l = 10 ... 30 µm breiten Luftspalt. Die Folie trägt einseitig eine 0,1 µm dicke aufgedampfte Metallschicht. Die Oberflächen der Elektret-Folie sind mit 0,1 ... 0,2 mC/m² aufgeladen.

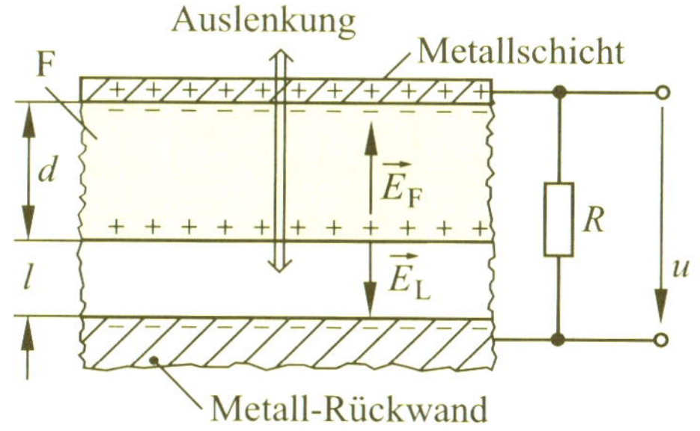

Bild 6.30 Prinzip des Elektretmikrofons (randferner Ausschnitt, stark vergrößert)

Das Feld $\vec{E}_F$ der Elektret-Folie verschiebt Ladungen von der Metallrückwand zur Metallschicht, wodurch sich für jede Luftspaltlänge die Spannung $u = E_L\, l - E_F\, d = 0$ ergibt. Bewegt eine Schallwelle die Elektret-Folie, so entsteht am Widerstand R eine Spannung $u(t)$, die proportional zur Geschwindigkeit ist, mit der sich die Luftspaltlänge ändert; sie wird einem integrierenden Verstärker zugeführt, dessen Ausgangssignal proportional zur Längenänderung des Luftspalts ist.

Da die Elektret-Folie sehr dünn und leicht ist, haben Elektretmikrofone einen großen Frequenzbereich. Außerdem wird keine Hilfsspannung benötigt. Wegen des einfachen Aufbaus lassen sich Elektretmikrofone mit guten akustischen Eigenschaften bei niedrigen Kosten herstellen. ❐

Kondensator an konstanter Spannung
Wir befassen uns zunächst mit einem Kondensator an konstanter Spannung, in dessen evakuierten Feldraum ein Nichtleiter mit einer Permittivitätszahl $\varepsilon_r > 1$ gebracht wird.

Beim Einbringen des Nichtleiters werden seine Dipole durch das äußere Feld mehr oder weniger stark ausgerichtet und treten an den Grenzflächen als *gebundene* Ladungen in Erscheinung, die den Isolator nicht verlassen können (Bild 6.31).
Die Quelle verschiebt jedoch eine entsprechende Menge freier Ladungen auf die Oberfläche der Elektroden, wodurch dort die Flächenladungsdichte und damit die Flussdichte entsprechend der Gleichung $D = \varepsilon_r\, \varepsilon_0\, E$ zunehmen.

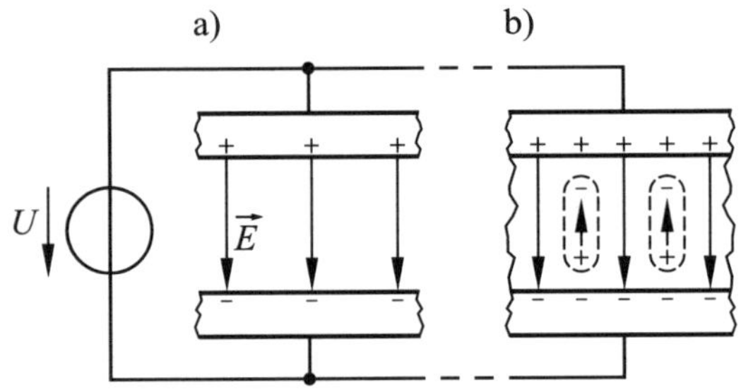

Bild 6.31 Äußeres Feld bei konstanter Spannung U
a) im Vakuum, b) im Dielektrikum

Kondensator mit konstanter Ladung
Wird der Kondensator auf die Spannung U_0 aufgeladen und dann von der Quelle getrennt, so bleiben die Ladung Q und damit die elektrische Flussdichte $D = Q/A$ konstant.
Bringt man einen Nichtleiter in den Feldraum, so werden die Dipole ausgerichtet (Bild 6.32). Jeder

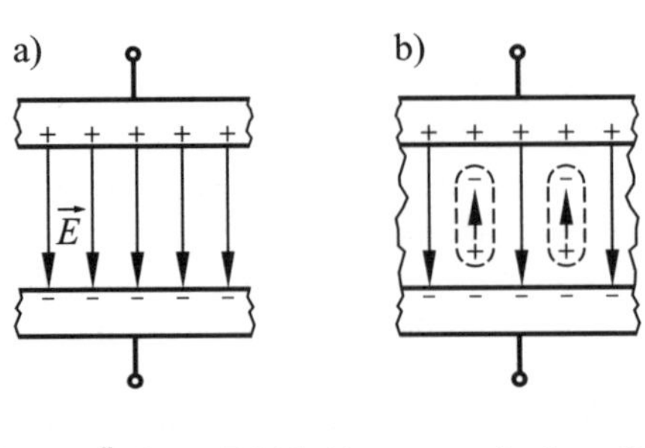

Bild 6.32 Äußeres Feld bei konstanter Ladung Q
a) im Vakuum, b) im Dielektrikum

Dipol erzeugt in seinem Inneren ein Eigenfeld von der positiven zur negativen Dipolladung.

Die Eigenfelder der Dipole liefern eine Feldkomponente, die dem äußeren Feld entgegengerichtet ist. Dadurch wird die resultierende Feldstärke im Feldraum auf einen Wert $E < E_0$ herabgesetzt; entsprechend ist $U < U_0$.

Beispiel 6.6
Ein Plattenkondensator mit dem Plattenabstand $l = 3$ mm ist an eine Quelle $U = 1200$ V angeschlossen; das Dielektrikum ist zunächst Luft. Wir wollen die Flussdichte vor und nach dem Einbringen einer Glasplatte ($\varepsilon_r = 8$) zwischen die Platten berechnen.

Die Feldstärke ist $E = U/l = 400$ kV/m. Damit berechnen wir die Flussdichte vor dem Einbringen der Glasplatte mit $\varepsilon_r = 1$ für Luft:

$$D_0 = \varepsilon_0 E = 3{,}54\ \frac{\mu\text{C}}{\text{m}^2}$$

Nach dem Einbringen der Glasplatte nimmt die Flussdichte den Wert an:

$$D = \varepsilon_r \varepsilon_0 E = 28{,}3\ \frac{\mu\text{C}}{\text{m}^2}$$

6.5.4 Piezoelektrischer Effekt

Wirken mechanische Kräfte an den Grenzflächen eines Körpers, so wird dieser elastisch verformt. Ist der Körper elektrisch polarisiert, so verschieben sich die Ladungsschwerpunkte der Dipole und die Polarisation verändert sich. Tragen die Grenzflächen des Körpers metallische Elektroden, so ändert sich auch die darauf influenzierte Ladung, und es entsteht eine elektrische Spannung. Diese Erscheinung heißt **piezoelektrischer Effekt** (Pierre CURIE, 1880).

Die influenzierten Ladungen können an den mechanisch belasteten Flächen (*Längseffekt*) oder quer dazu (*Quereffekt*) auftreten. Durch Schubspannungen wird der *Schereffekt* hervorgerufen (Bild 6.33).

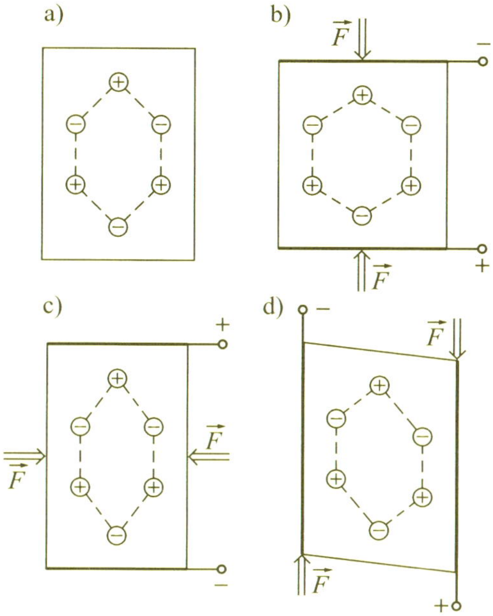

Bild 6.33 Vereinfachtes Schema des Quarzgitters (a), Längseffekt (b), Quereffekt (c) und Schereffekt (d) bei einem piezoelektrischen Körper (schematische Darstellung)

Der piezoelektrische Effekt tritt auf bei
- Einkristallen, z.B. Quarz (SiO_2), Lithiumtantalat ($LiTaO_3$);
- polykristallinen keramischen Stoffen, z.B. Bariumtitanat ($BaTiO_3$), Bleititanat ($PbTiO_3$), Blei-Zirkonat-Titanat („PZT": $Pb(Zr,Ti)O_3$);
- organischen Polymeren, z.B. Polyvinylidendifluorid („PVDF").

Einkristalle müssen für piezoelektrische Anwendungen in Richtung bestimmter Kristallachsen geschnitten werden.

Die **piezoelektrische Empfindlichkeit** eines Stoffes wird angegeben durch die Koeffizienten k_L, k_Q bzw. k_S für den Längs-, Quer- bzw. Schereffekt; er gibt die bei der Verformung influenzierte Ladung je Kraft an.
Für Quarz wird der Koeffizient k_Q nicht angegeben, da er von den Abmessungen abhängt.
Die PVDF-Folie kann keine Scherkräfte aufnehmen, ein Wert für k_S existiert deswegen nicht.

Tabelle 6.2 Piezoelektrische Empfindlichkeit

Stoff	Längseffekt k_L in $\frac{pC}{N}$	Quereffekt k_Q in $\frac{pC}{N}$	Schereffekt k_S in $\frac{pC}{N}$
Quarz	2,3		4,6
$BaTiO_3$	374	−150	550
PVDF	30	−20	

Beispiel 6.7
Ein Quarz-Einkristall ist auf der Fläche 1 cm² mit Elektroden versehen, die den Abstand 1 mm haben; auf ihn wird senkrecht zu den Elektroden die Kraft 200 N ausgeübt. Wir wollen die influenzierte Ladung und die Spannung berechnen.

Die Flächenladungsdichte

$$\sigma = Q/A = k_L \cdot F/A = 4{,}6 \cdot 10^{-6}\ \mathrm{C/m^2}$$

ist im homogenen Feld gleich der Flussdichte *D*. Mit der Gl.(6.39) und der Permittivitätszahl für Quarz aus der Tabelle 6.1 berechnen wir:

$$U = E \cdot l = \frac{D}{\varepsilon_r \varepsilon_0} \cdot l = \frac{Q}{\varepsilon_r \varepsilon_0 A} \cdot l = 115{,}4\ \mathrm{V}$$

Die Spannung nimmt nach dem Anlegen der Kraft ab, weil freie Ladungen im Isolator allmählich die influenzierten Ladungen kompensieren.
In der Technik wird der piezoelektrische Effekt zur Wandlung mechanischer Größen in elektrische Spannungen eingesetzt, z.B. bei Mikrofonen, bei Kraft- und Beschleunigungssensoren oder für die Spannungserzeugung zur Zündung von Gasen.

Der piezoelektrische Effekt ist *umkehrbar*: Durch Anlegen einer Spannung an die Elektroden des piezoelektrischen Körpers wird er *elastisch verformt*; man nennt diesen Effekt **Elektrostriktion**. Sie wird angewendet zur Wandlung elektrischer Energie in Bewegungsenergie, z.B. bei Hochtonlautsprechern, Ultraschallgebern, Tintenstrahldruckern, Kraftfahrzeug-Einspritzpumpen, Fernsteuerungen und für die Erzeugung genauer Schwingungsfrequenzen.

Praxisbezug 6.5

Aus Quarzkristallen werden in bestimmten Orientierungen (Winkeln) zu den Achsen Platten oder Stäbe geschnitten. Legt man eine elektrische Spannung an einen solchen Quarz, so wird er geringfügig elastisch verformt; umgekehrt entsteht eine elektrische Spannung, wenn der Quarz wieder zurückschwingt.

Bei geeigneter Halterung und Anregung des Quarzes lässt sich ein elektromechanischer Schwingkreis aufbauen, dessen Resonanzfrequenz konstant ist.
In der Schaltung 6.34, die einen Quarz-Oszillator in **PIERCE-Schaltung**[1] zeigt, wird ein Schwingquarz zur Stabilisierung der Frequenz der erzeugten Schwingung verwendet.

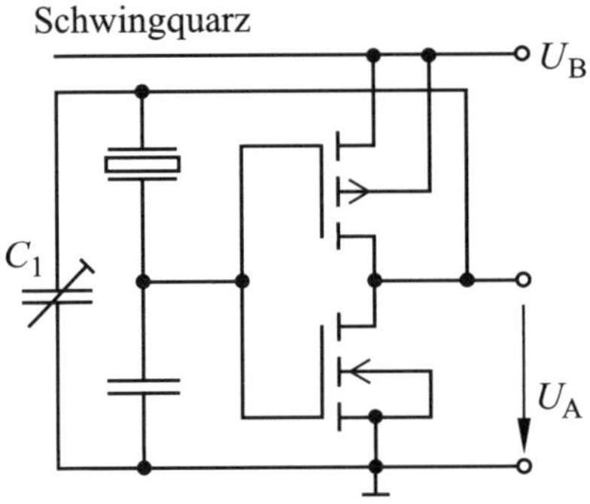

Bild 6.34 Quarz-Oszillator in PIERCE-Schaltung

Die Frequenz der Schwingung kann zwischen 10 kHz und 10 MHz liegen; bei Uhren beträgt sie z.B. 2^{15} Hz = 32,768 kHz.
Mit dem Kondensator C_1 kann die Frequenz der Schwingungen in einem schmalen Bereich um die Resonanzfrequenz des Quarzes eingestellt werden.

Wegen der schwachen Dämpfung der Schwingungen muss nur wenig Energie zugeführt werden. Durch besonderen Kristallschnitt wird die Temperaturabhängigkeit der Resonanzfrequenz äußerst gering. Derartige **Quarzschwingkreise** werden als Frequenznormale in Sendern, Uhren, Zählern, Computern u.a. verwendet. ❐

[1] George Washington Pierce, 1872 – 1956

Fragen

- Was ist ein Dielektrikum?
- Erläutern Sie die Begriffe Permittivität und Permittivitätszahl.
- Geben Sie den Zusammenhang zwischen der Feldstärke und der Flussdichte in einem Nichtleiter an.
- Was ist ein Dipol? Wie verhält er sich im homogenen und im inhomogenen elektrostatischen Feld?
- Was sind polare, was unpolare Stoffe?
- Beschreiben Sie den piezoelektrischen Effekt und nennen Sie einige Anwendungen.
- Was ist ein Elektret?

6.6 Kondensatoren

Ziele: Sie können

- die Begriffe Kapazität und differenzielle Kapazität erläutern.
- die Kapazität von Platten-, Kugel- und Zylinderkondensator aus den Gleichungen des elektrostatischen Feldes herleiten.

6.6.1 Kapazität

Ein Bauteil oder Gerät zur Speicherung von Ladung, das *zwei* durch einen Isolator getrennte Elektroden besitzt, ist ein Zweipol, der **Kondensator** *(capacitor)* genannt wird.
Das „Fassungsvermögen" eines Kondensators für die Ladungsmenge Q bei der Spannung U zwischen den Elektroden wird als **Kapazität** *(capacitance)* C bezeichnet:

$$\boxed{C = \frac{Q}{U}} \qquad (6.43)$$

$$[C] = 1\,\frac{\text{A s}}{\text{V}} = \mathbf{1\ Farad} = 1\ \text{F}$$

Ein Kondensator hat die Kapazität 1 F, wenn er an 1 V Spannung die Ladung 1 C enthält.

Eine Kapazität kann nicht nur für einen Kondensator angegeben werden, sondern auch für eine beliebige Anordnung aus zwei Elektroden, die durch einen Isolator getrennt sind, z. B. für ein Kabel. In der Technik verwendete Kondensatoren haben Kapazitätswerte in der Größenordnung 10^{-12} ... 10^{3} F. Ihre Betriebsspannung ist stets begrenzt, weil das Dielektrikum bei zu hoher Feldstärke leitend wird.

Wird ein Kondensator an eine Quelle angeschlossen, so fließt Ladung zu einer Elektrode; gleichzeitig wird diese Ladung von der anderen Elektrode abgezogen. Dies bedeutet, dass der Strom, der in eine Klemme des Kondensators hineinfließt, zu demselben Zeitpunkt an der anderen Klemme herausfließt.

Trennt man den geladenen Kondensator von der Quelle, so bleiben die Ladungen auf den Elektroden und das elektrostatische Feld zwischen ihnen (bei einem idealen Isolator) beliebig lange erhalten. Dieses elektrische Feld enthält *Energie*: Schließt man einen Verbraucher an den geladenen Kondensator an, so fließt ein Strom und der Kondensator liefert beim Entladen elektrische Energie; dabei wird das elektrische Feld abgebaut.

Einen Zweipol, der als Ladungsspeicher und damit als Speicher elektrischer Energie wirkt, bezeichnet man als **kapazitiven Zweipol**. Er kann zwar beim Laden kurzzeitig *passiv* und beim Entladen kurzzeitig *aktiv* wirken, aber im zeitlichen Mittel wird keine Energie umgesetzt. Dies setzt voraus, dass sein Dielektrikum ein idealer Isolator ist.

Ein Kondensator ist nur näherungsweise ein kapazitiver Zweipol, weil in seinem Dielektrikum Energie umgesetzt wird.

6.6.2 Kennlinien kapazitiver Zweipole

Ein kapazitiver Zweipol besitzt keine I-U-Kennlinie. Statt dessen wird die Funktion $Q = f(U)$ angegeben. Wir wollen uns mit der Messung dieser Kennlinie befassen.

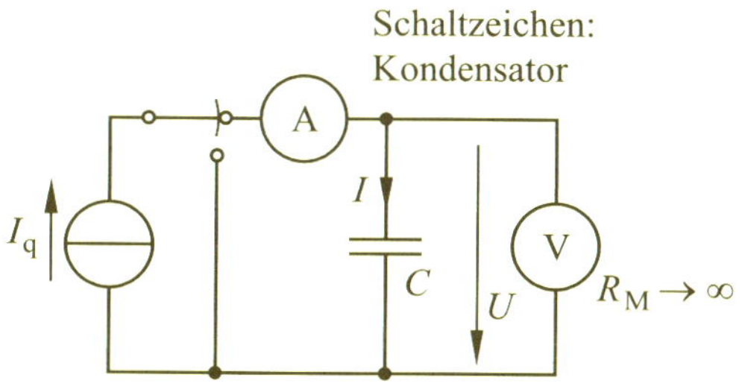

Bild 6.35 Messung der Kennlinie $Q = f(U)$ eines Kondensators

Die Schaltung 6.35 enthält einen sog. *kurzschließenden Schalter*, der verhindert, dass die Stromquelle mit offenen Klemmen betrieben wird.

Wir beginnen mit einem *MK-Kondensator* (s. Praxisbezug 6.6) und entladen ihn vor jeder Messung durch Kurzschließen. Dann messen wir die Zeit t, in welcher der Kondensator an der Quelle liegt, sowie die dabei jeweils erreichte Spannung U. Zu jedem Messwertepaar berechnen wir die Ladung $Q = I_q\, t$ und tragen sie über der Spannung U auf. Diese Messung wiederholen wir mit unterschiedlichen MK-Kondensatoren.

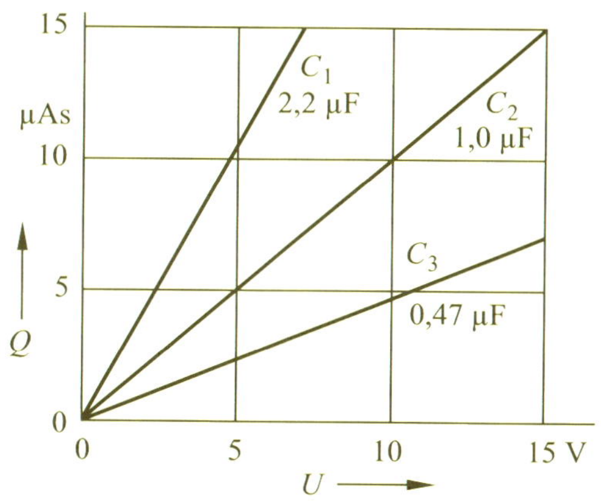

Bild 6.36 Q-U-Kennlinien von MK-Kondensatoren

Es zeigt sich, dass jeder MK-Kondensator eine *lineare* Q-U-Kennlinie besitzt und damit die Eigenschaft eines **linearen kapazitiven Zweipols**. Jeder MK-Kondensator besitzt wegen der konstanten Steigung der Funktion $Q = f(U)$ eine konstante Kapazität, die wir mit der Gl.(6.43) berechnen.

Nun wiederholen wir das Experiment mit einem *Keramikkondensator* (s. Praxisbezug 6.6) und messen die im Bild 6.37 dargestellte nichtlineare Q-U-Kennlinie. Dieser Kondensator ist ein **nichtlinearer kapazitiver Zweipol**.

Bei einem nichtlinearen kapazitiven Zweipol ist die Kapazität C von der Spannung U abhängig. Die *Steigung* der Funktion $Q = f(U)$ wird als **differenzielle Kapazität** c *(incremental capacitance)* bezeichnet:

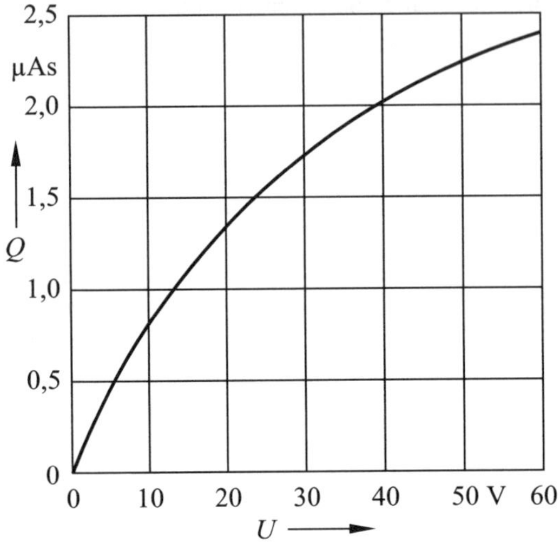

Bild 6.37 Q-U-Kennlinie eines Keramikkondensators

$$c = \frac{dQ}{dU} \tag{6.44}$$

Bei einem linearen kapazitiven Zweipol ist $c = C =$ const.; bei einem nichtlinearen kapazitiven Zweipol sind die Funktionen $C = f_1(U)$ und $c = f_2(U)$ *nichtlinear*.

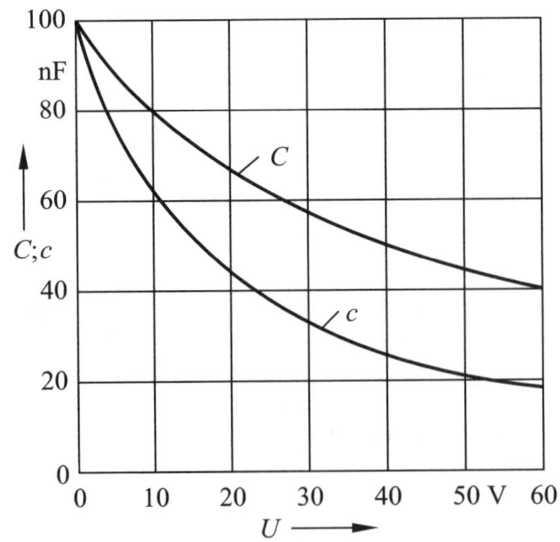

Bild 6.38 Kapazität C und differenzielle Kapazität c des nichtlinearen kapazitiven Zweipols in Bild 6.37

6.6.3 Berechnung der Kapazität

Grundsätzlich ist die Kapazität eines Kondensators von der Geometrie der Elektroden und des Feldraumes sowie von der Beschaffenheit des Dielektrikums abhängig. Die Kapazität lässt sich erhöhen durch die Vergrößerung der Elektrodenflächen, durch die Verringerung des Elektrodenabstandes oder durch die Wahl eines Dielektrikums mit höherer Permittivitätszahl ε_r.

Im Folgenden wollen wir die Kapazität von einigen technisch wichtigen Anordnungen berechnen, die jeweils ein Dielektrikum konstanter Permittivität besitzen.

Plattenkondensator

Wir betrachten einen idealen Plattenkondensator, dessen Randeffekt vernachlässigbar ist. Zur Berechnung der Flussdichte legen wir um die Ladung Q auf der positiven Platte zweckmäßig eine quaderförmige Hüllfläche.

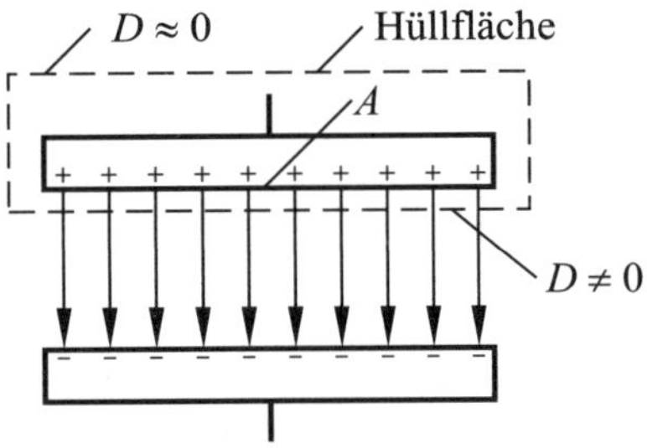

Bild 6.39 Zur Ermittlung der Flussdichte D beim Plattenkondensator

Da außerhalb des idealen Plattenkondensators kein Feld vorhanden ist, hat die Flussdichte D nur im Bereich der Plattenfläche A einen Wert ungleich Null. In diesem Bereich ist $D =$ const. und der Vektor $\vec{D}$ weist stets in Richtung des Flächenvektors $d\vec{A}$. Damit gilt:

$$\Psi_e = \oint_A \vec{D} \cdot d\vec{A} = D\,A = Q \tag{6.45}$$

Im homogenen Feld ist $U = E\,l$. Dies setzen wir mit der Gl.(6.45) in die Gl.(6.43) ein:

$$C = \frac{Q}{U} = \frac{D\,A}{E\,l}$$

Hat das Dielektrikum die konstante Permittivität $\varepsilon = \varepsilon_r\, \varepsilon_0$, so ist auch die Kapazität konstant. Mit der Gl.(6.43) berechnen wir die Kapazität des Plattenkondensators:

$$C = \frac{\varepsilon_r\, \varepsilon_0\, A}{l} \qquad (6.46)$$

Beispiel 6.8

Zwei 1 m^2 große Platten stehen sich im Abstand 1 mm gegenüber; dazwischen befindet sich Luft. Wir wollen die Kapazität dieser Anordnung berechnen.

Wir setzen die gegebenen Größen A und l sowie die Permittivitätszahl $\varepsilon_r \approx 1$ in die Gl.(6.46) ein und erhalten:

$$C = \frac{8{,}85 \cdot 10^{-12}\,\text{As} \cdot 1\,\text{m}^2}{10^{-3}\,\text{m} \cdot \text{Vm}} = 8{,}85\,\text{nF}$$

Eine Sonderbauform des Plattenkondensators ist der **Scheibenkondensator**. Bei ihm greifen mehrere Metallfolien oder -platten kammartig ineinander.

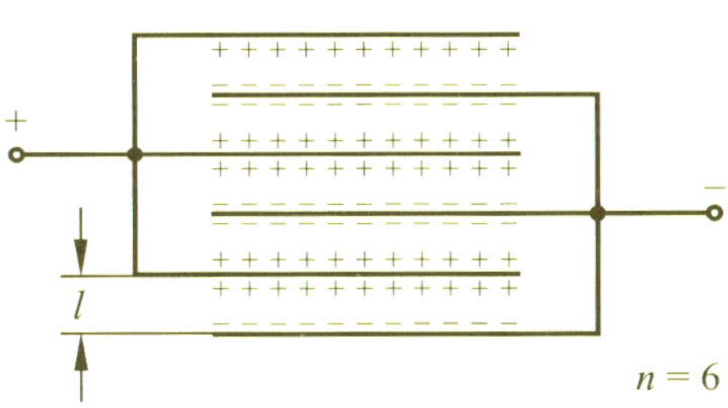

Bild 6.40 Prinzip des Scheibenkondensators

Mit Ausnahme der beiden äußeren Scheiben befinden sich Ladungen auf *beiden* Seiten jeder Scheibe. Insgesamt erhält man für n Scheiben, von denen jede die wirksame Scheibenfläche A hat, die Kapazität:

$$C = (n-1) \cdot \frac{\varepsilon_r\, \varepsilon_0\, A}{l} \qquad (6.47)$$

Ein Scheibenkondensator, dessen Scheiben sich gegeneinander verdrehen lassen, wird **Drehkondensator** genannt; seine Kapazität ist innerhalb bestimmter Grenzen einstellbar.

Wickelkondensator

Ein Wickelkondensator enthält zwei durch Isolierstofffolien I getrennte Metallfolien M der Fläche A, die aufgewickelt werden.

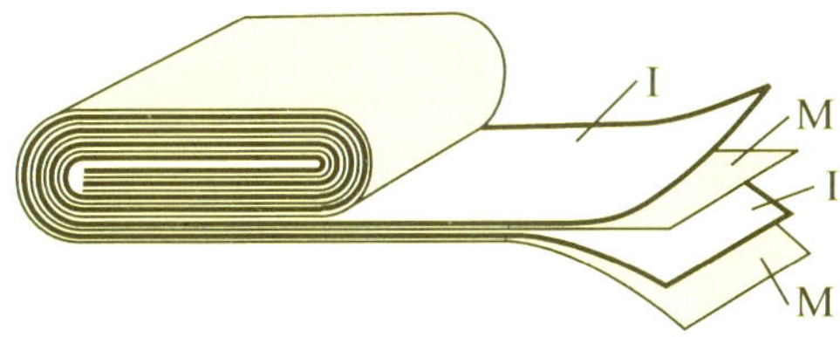

Bild 6.41 Wickelkondensator

Mit Ausnahme der äußeren Lage ist jede Metallfolie sowohl auf der Vorder- als auch auf der Rückseite geladen. Dadurch wird die Kapazität gegenüber derjenigen der noch nicht aufgewickelten Folien praktisch verdoppelt:

$$C \approx 2 \cdot \frac{\varepsilon_r\, \varepsilon_0\, A}{l} \qquad (6.48)$$

Zylinderkondensator

Beim Zylinderkondensator und z. B. bei der *Koaxialleitung* sind die Elektroden koaxiale Zylinder gleicher Länge l mit den Radien r_i und r_a; das Dielektrikum zwischen ihnen hat die Permittivitätszahl ε_r. Das Feld des Flussdichtevektors $\vec{D}$ entspricht dem des Stromdichtevektors $\vec{J}$ im Bild 6.5.

Den Randeffekt lassen wir unberücksichtigt. Zur Berechnung der Flussdichte D mit der Gl.(6.33) wählen wir eine Hüllfläche, die innerhalb des Feldraumes eine Zylindermantelfläche mit dem Radius r und der Länge l ist. Außerhalb des Feldraumes wird sie auf beliebige Weise geschlossen, denn dort ist kein Feld vorhanden.

Auf dem zylindrischen Teil der Hüllfläche ist D = const. und der Vektor $\vec{D}$ weist stets in Richtung des Flächenvektors $\mathrm{d}\vec{A}$. Damit gilt:

$$\Psi_e = \oint_A \vec{D} \cdot \mathrm{d}\vec{A} = D \cdot 2\,\pi\, r\, l = Q \qquad (6.49)$$

Wir setzen dies in die Gl.(6.39) ein und berechnen die Feldstärke:

$$E = \frac{Q}{\varepsilon_r \varepsilon_0 \cdot 2 \pi r l} \qquad (6.50)$$

Die Spannung zwischen den Elektroden berechnen wir mit der Gl.(6.18) und wählen als Integrationsweg eine radial verlaufende Feldlinie:

$$U = \int_{r_i}^{r_a} E \, dr = \frac{Q}{\varepsilon_r \varepsilon_0 \cdot 2 \pi l} \ln \frac{r_a}{r_i} \qquad (6.51)$$

Nun berechnen wir mit den Gln.(6.43 und 6.51) die Kapazität des Zylinderkondensators:

$$C = \frac{2 \pi \varepsilon_r \varepsilon_0 \cdot l}{\ln \frac{r_a}{r_i}} \qquad (6.52)$$

Kugelkondensator
Eine Anordnung aus zwei konzentrischen Metallkugeln mit den Radien r_i und r_a bezeichnet man als *Kugelkondensator*; er hat nur geringe technische Bedeutung.

Die zur Berechnung der Kapazität notwendigen Beziehungen haben wir bereits im Abschnitt 6.4.3 angegeben. Aus den Gln.(6.34 ... 6.36) folgt die Kapazität des Kugelkondensators:

$$C = \frac{4 \pi \varepsilon_r \varepsilon_0}{\frac{1}{r_i} - \frac{1}{r_a}} \qquad (6.53)$$

Für $r_a \to \infty$ ergibt sich:

$$C = 4 \pi \varepsilon_r \varepsilon_0 r_i \qquad (6.54)$$

Hiermit kann die Kapazität *einer* Metallkugel mit den Radius r_i gegenüber der Fernkugel berechnet werden; nur dieser Sonderfall hat praktische Bedeutung.

Doppelleitung
Die Elektroden der Doppelleitung sind zwei zylinderförmige Leiter, die parallel zueinander im Abstand a in Luft verlaufen (Bild 6.42). Jeder Leiter hat den Radius $r_L \ll a$; die Länge der Leitung ist $l \gg a$.

Tragen die Leiter die Ladungen Q bzw. $-Q$, so bildet sich im umgebenden Raum ein elektrostatisches Feld aus und es liegt eine Spannung U zwischen den Leitern.

Zur Berechnung der Kapazität C mit der Gl.(6.43) benötigen wir die Spannung U als Funktion der Ladung. Zunächst bestimmen wir das Potenzial φ_P eines beliebigen Punktes P im Feldraum, der von den Leitern die Abstände r_1 bzw. r_2 hat.

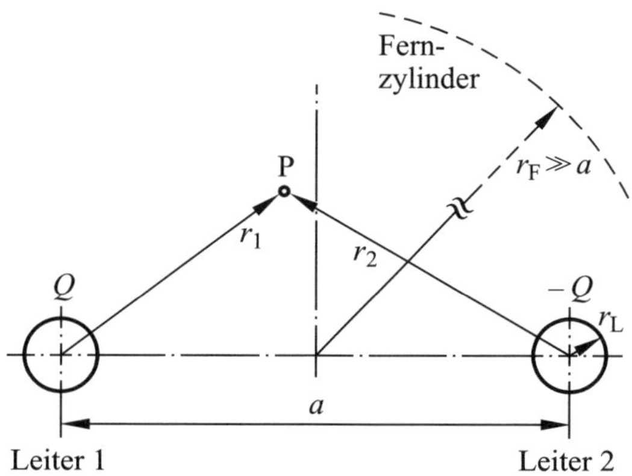

Bild 6.42 Zur Berechnung des Potenzials im Punkt P in der Umgebung einer Doppelleitung

Wir wenden das Verfahren der Potenzialüberlagerung an und denken uns um die Mittelachse zwischen beiden Leitern einen metallischen Fernzylinder mit dem Radius $r_F \gg a$ gelegt, dem wir das Potenzial $\varphi_F = 0$ V zuordnen.

Zunächst lassen wir nur den Leiter 1 mit seiner Ladung Q wirken und bestimmen mit der Gl.(6.51) das Potenzial φ_{P1}:

$$\varphi_{P1} = \frac{Q}{2 \pi \varepsilon_0 \cdot l} \ln \frac{r_F}{r_1} \qquad (6.55)$$

Wirkt nur der Leiter 2 mit seiner Ladung $-Q$, so hat der Punkt P das Potenzial φ_{P2}:

$$\varphi_{P2} = \frac{-Q}{2 \pi \varepsilon_0 \cdot l} \ln \frac{r_F}{r_2} \qquad (6.56)$$

Das Potenzial des Punktes P ergibt sich aus der Überlagerung der beiden Teilpotenziale:

$$\varphi_P = \varphi_{P1} + \varphi_{P2} = \frac{Q}{2\pi\,\varepsilon_0 \cdot l} \ln \frac{r_2}{r_1} \tag{6.57}$$

Der Fehler, der dadurch entsteht, dass die beiden Leiter nicht in der Mittelachse des Fernzylinders liegen, kann für $r_F \gg a$ vernachlässigt werden.

Zur Berechnung der Spannung U legen wir zunächst den Punkt P auf die Oberfläche des Leiters 1; dort ist $r_1 = r_L$ und $r_2 \approx a$. Mit Gl.(6.57) berechnen wir das Potenzial des Leiters 1:

$$\varphi_{L1} \approx \frac{Q}{2\pi\,\varepsilon_0 \cdot l} \ln \frac{a}{r_L} \tag{6.58}$$

Nun legen wir den Punkt P auf die Oberfläche des Leiters 2; dort ist $r_1 \approx a$ und $r_2 = r_L$; damit berechnen wir das Potenzial des Leiters 2:

$$\varphi_{L2} \approx -\frac{Q}{2\pi\,\varepsilon_0 \cdot l} \ln \frac{a}{r_L} \tag{6.59}$$

Die Spannung ist die Differenz der Potenziale:

$$U = \varphi_{L1} - \varphi_{L2} \approx \frac{Q}{\pi\,\varepsilon_0 \cdot l} \ln \frac{a}{r_L} \tag{6.60}$$

Damit ist die Kapazität der Doppelleitung:

$$C = \frac{Q}{U} \approx \frac{\pi\,\varepsilon_0 \cdot l}{\ln \frac{a}{r_L}} \tag{6.61}$$

Beispiel 6.9

Wir wollen ein Feldbild der Doppelleitung zeichnen, in dem 16 Feldlinien und 17 Äquipotenziallinien enthalten sind.

Wie die beiden Leiteroberflächen sind auch die übrigen Äquipotenziallinien Kreise, deren Mittelpunkte auf der Verbindungslinie zwischen den beiden Leiterzentren liegen. Der Sonderfall $\varphi = 0$, der für $r_1 = r_2$ vorliegt, ergibt die Mittelebene zwischen den Leitern. Die Schnittpunkte einer Äquipotenziallinie mit der Verbindungslinie der Leiter bzw. ihrer Verlängerung erhalten wir, indem wir $r_1 + r_2 = a$ bzw. $r_1 = a + r_2$ in die Gl.(6.57) einsetzen und r_1 und r_2 berechnen; mit diesen Schnittpunkten bestimmen wir den Mittelpunkt und den Radius jedes Kreises.

Die Feldlinien sind Kreise, deren Mittelpunkt auf der Mittelebene liegt.

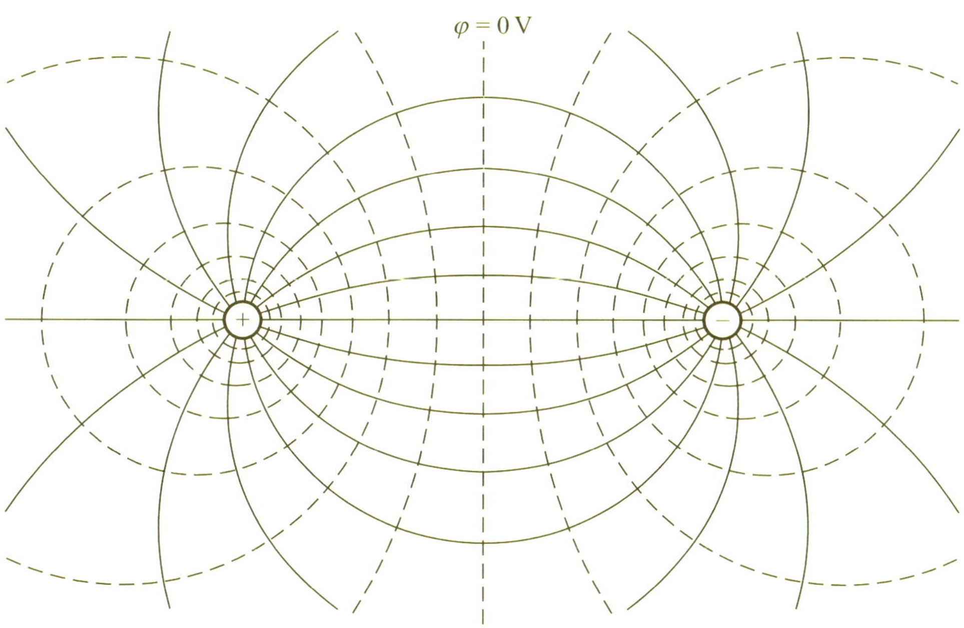

Bild 6.43 Feldbild der Doppelleitung

Einfachleitung
Bei ihr dient ein zylinderförmiger Leiter als Hinleitung und der leitende Halbraum unter einer Ebene, z.B. der Erdoberfläche, als Rückleitung (Bild 6.44). Der Leiter hat den Radius $r_L \ll h$; die Länge der Leitung ist $l \gg h$.

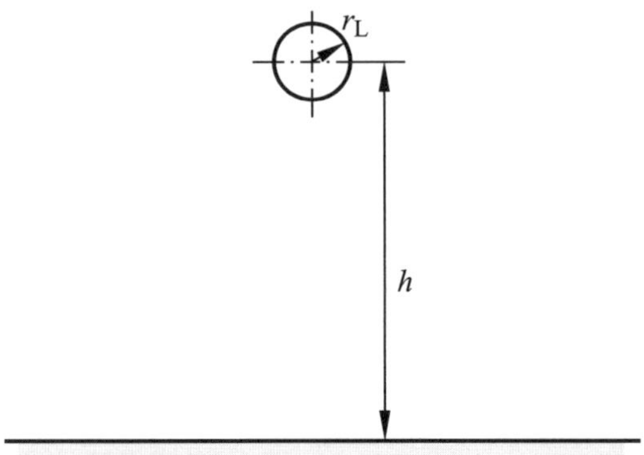

Bild 6.44 Einfachleitung über einer ausgedehnten leitfähigen Ebene

Zur Bestimmung der Kapazität gehen wir vom Feldbild der Doppelleitung (Bild 6.43) aus, es enthält schon die Lösung: Wir denken uns die Mittelebene mit dem Potenzial $\varphi = 0$ durch eine dünne, leitende Folie ersetzt, auf der die Ladung Q influenziert wird.

Zwischen dem Leiter 1 und der Folie liegt die Spannung $U/2$; zwischen dem Leiter 2 und der Folie liegt die Spannung $-U/2$. Legen wir in Gedanken eine Spannungsquelle mit der Spannung $U/2$ zwischen den Leiter 1 und die Folie, so können wir den Leiter 2 entfernen und das Feld im rechten Halbraum besteht nicht mehr. Im linken Halbraum bleibt das Feld dagegen unverändert.

Die so entstandene **Einfachleitung** speichert offenbar bei halber Spannung die gleiche Ladung wie die ursprünglich vorhandene Doppelleitung; ihre Kapazität ist also doppelt so groß. Wir ändern dementsprechend die Gl.(6.61) und erhalten für $a = 2h$ die Kapazität der Einfachleitung:

$$C = \frac{Q}{U} \approx 2 \cdot \frac{\pi\, \varepsilon_0 \cdot l}{\ln \dfrac{2h}{r_L}} \tag{6.62}$$

Praxisbezug 6.6
Die Betriebsspannung eines Kondensators darf den Bemessungswert nicht übersteigen, weil sonst die Durchschlagfeldstärke E_d des Dielektrikums überschritten wird. So liegt z.B. bei Kunststofffolien E_d in der Größenordnung 300 kV/cm.

Für **MK-Kondensatoren** (MK: metallisierter Kunststoff) werden die Folien im Vakuum mit dünnen Metallschichten (0,02 ... 0,05 µm) bedampft und dann zu Wickelkondensatoren aufgewickelt. Diese Kondensatoren sind „selbstheilend“: Bei einem elektrischen Durchschlag verdampft der Metallbelag an der Durchschlagstelle, wodurch der Kurzschluss unterbrochen wird.
Entsprechendes gilt für **MP-Kondensatoren** (MP: metallisiertes Papier), die meist mit Öl gefüllt sind, damit sich keine Hohlräume bilden können, in denen die elektrische Feldstärke höher wäre als im Isolierstoff.
MK- und MP-Kondensatoren sind lineare kapazitive Zweipole: Ihre Kapazität C ist konstant und nicht von der Spannung abhängig.

Keramikkondensatoren werden als Platten- oder Scheibenkondensatoren gebaut. Ihr ferroelektrisches Dielektrikum besteht aus einer keramischen Masse (z. B. Titandioxid oder Bariumtitanat) mit einer Permittivitätszahl ε_r bis 10^5, die von der elektrischen Feldstärke abhängig ist. Keramikkondensatoren sind deshalb nichtlineare kapazitive Zweipole.

Auch der **Elektrolyt-Kondensator** (Lilienfeld, 1928) gehört zu den nichtlinearen kapazitiven Zweipolen. Sein Dielektrikum besteht aus einer sehr dünnen Aluminium- oder Tantaloxidschicht, die elektrochemisch dadurch erzeugt wird, dass der Kondensator nach der Herstellung längere Zeit an Gleichspannung betrieben wird.
Mit 8000 kV/cm ist die Durchschlagfeldstärke E_d bei Aluminiumoxid außergewöhnlich hoch; deshalb kann die Oxidschicht sehr dünn sein. Ihre Dicke ist spannungsabhängig: Hieraus ergibt sich die Nichtlinearität der Q-U-Kennlinie. Außerdem verringert sich bei Aluminium-Elektrolytkondensatoren die Dicke der Oxidschicht nach langer spannungsloser Lagerung; dies kann dazu führen, dass der Kondensator unbrauchbar wird.

Beim Elektrolyt-Kondensator (kurz: **Elko**) wird die Elektrodenoberfläche durch eine elektrochemische Ätzung, das sog. Rauen, vergrößert. Elkos sind Wickelkondensatoren, sie haben hohe Kapazität bei geringem Platzbedarf; der Isolationswiderstand ist jedoch niedrig.
Elkos dürfen als *gepolte* Kondensatoren nur mit Spannungen *einer* Polarität betrieben werden.

Schaltzeichen: Elektrolytkondensator

Die Spannungsabhängigkeit der Kapazität von Keramik- und Elektrolytkondensatoren wird im Datenblatt durch eine Toleranz (z.B. −20 ... +50%) berücksichtigt, die sich auf den Nennwert C_N bezieht. Die Nennspannung ist dabei die höchste zulässige Betriebsspannung und im Allg. nicht die Spannung, bei welcher der Nennwert C_N vorliegt.

Eine Neuentwicklung sind Ultra-Kondensatoren mit hoher Kapazität (1 ... 1000 F) und niedrigem **Ersatz-Reihenwiderstand** *(equivalent series resistance,* ESR*)*, die kurzzeitig hohe Ströme abgeben können. Zwar ist die Nennspannung niedrig, z.B. 2,5 V, aber die auf das Gewicht bezogene maximale Augenblicksleistung ist wesentlich höher als bei einer herkömmlichen Batterie. ❐

Fragen

- Was ist ein Kondensator?
- Nennen Sie die Definitionsgleichung und die Einheit der Kapazität.
- Durch welche Maßnahmen kann bei einem Kondensator eine Erhöhung der Kapazität erreicht werden?
- Erläutern Sie den Begriff differenzielle Kapazität.
- Was ist ein linearer kapazitiver Zweipol?
- Skizzieren Sie den Verlauf der Kennlinie $Q = f(U)$ eines nichtlinearen kapazitiven Zweipols.
- Von welchen Größen ist die Kapazität eines Plattenkondensators abhängig?
- Was ist ein Scheibenkondensator, und wie kann man seine Kapazität berechnen?
- Erläutern Sie, warum sich beim Wickelkondensator eine Kapazitätsverdoppelung gegenüber einem Plattenkondensator mit gleicher Elektrodenfläche ergibt.
- Entwickeln Sie die Gleichung für die Kapazität eines Zylinderkondensators aus den Gleichungen des elektrostatischen Feldes.
- Erläutern Sie die Begriffe Doppelleitung und Einfachleitung.

Aufgaben

6.15(1) Wie groß ist die Kapazität eines Wickelkondensators, der zwei 0,02 mm dicke, paraffinierte Papierstreifen mit der Permittivitätszahl 2,2 und zwei Metallfolien von je 12 m Länge und 4 cm Breite enthält?

6.16(1) Welche Kapazität hat eine 1 km lange Doppelleitung in Luft, deren Leiter mit dem Durchmesser 1 mm den Abstand 40 cm haben?

6.17(1) Wie groß ist die Kapazität einer 10 m langen Koaxialleitung, deren Innenleiter den Durchmesser 0,9 mm und deren Außenleiter den inneren Durchmesser 3,7 mm aufweist? Die Permittivitätszahl des Dielektrikums ist 2,3.

6.18(1) In welcher Höhe muss eine 1 km lange Einfachleitung in Luft mit dem Durchmesser 1 mm über dem Erdboden angeordnet werden, damit ihre Kapazität den Wert 6 nF annimmt?

6.19(2) Der aus metallisierten Polypropylenfolien bestehende Wickel eines Wickelkondensators mit der Kapazität 2,2 µF hat das Volumen 3,9 cm^3. Berechnen Sie die Fläche und die Dicke einer Folie. Die Dicke der Metallschicht soll unberücksichtigt bleiben.

6.20(2) Es soll ein Zylinderkondensator mit der Kapazität 30 pF hergestellt werden, dessen wirksame Länge 45 cm beträgt. Als Dielektrikum wird das Isoliergas SF_6 verwendet. Der größte Wert der elektrischen Feldstärke soll 60 kV/cm bei der Spannung 140 kV betragen.
Berechnen Sie den inneren und den äußeren Durchmesser der Elektroden.

6.7 Kondensatorschaltungen

Ziele: Sie können

- die Ersatzkapazität einer Parallelschaltung von Kondensatoren berechnen.
- die Ersatzkapazität einer Reihenschaltung von Kondensatoren berechnen.
- einen Kondensator mit geschichtetem Dielektrikum durch eine Reihen- oder Parallelschaltung von Kondensatoren ersetzen.

6.7.1 Parallelschaltung von Kondensatoren

Kondensatoren werden z. B. dann parallelgeschaltet, wenn die Kapazität *eines* Kondensators nicht ausreicht.
Wir wollen untersuchen, welche **Ersatzkapazität** C_e ein Kondensator hat, der die Parallelschaltung ersetzt. Diese Ersatzkapazität speichert an der gleichen Spannung U die gleiche Ladung Q_e wie die Parallelschaltung.

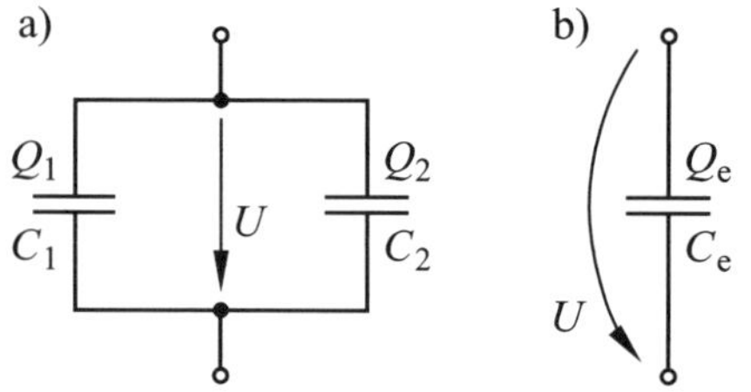

Bild 6.45 Parallelschaltung zweier Kondensatoren (a) und Ersatzkapazität (b)

Die Ladung Q_e ist die Summe der Teilladungen. Für *zwei* parallelgeschaltete Kondensatoren gilt:

$$Q_e = Q_1 + Q_2 \tag{6.63}$$

Mit $Q = C\,U$ berechnen wir:

$$C_e = C_1 + C_2 \tag{6.64}$$

Für n parallelgeschaltete Kondensatoren gilt entsprechend:

$$\boxed{C_e = \sum_{k=1}^{n} C_k} \tag{6.65}$$

Die Ersatzkapazität parallelgeschalteter Kondensatoren ist die Summe der Teilkapazitäten.

Für lineare kapazitive Zweipole gelten die Gln.(6.64 und 6.65) unabhängig von der Spannung. Bei nichtlinearen kapazitiven Zweipolen müssen die Kennlinien $C(U)$ der Teilkapazitäten punktweise addiert werden; dies ergibt die Kennlinie $C(U)$ der Ersatzkapazität.

Einen Kondensator, dessen Dielektrikum aus zwei Stoffen mit unterschiedlichen Permittivitätszahlen besteht, kann man als Parallelschaltung zweier Kondensatoren ansehen, wenn die Grenzfläche parallel zu den Feldlinien verläuft.

Beispiel 6.10
Ein Plattenkondensator mit quadratischen Elektroden (a = 10 cm; l = 3 mm) und dem Dielektrikum Luft ist bis zur Höhe $h = a/3$ mit Transformatoröl gefüllt. Wir wollen seine Kapazität berechnen.

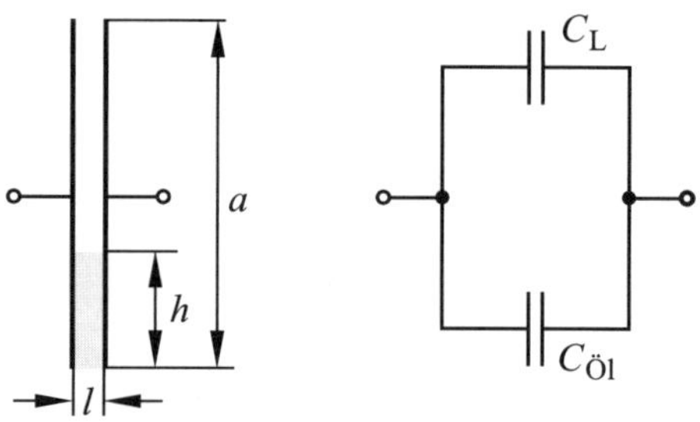

Der mit Luft gefüllte Teil hat die Kapazität:

$$C_L = \frac{\varepsilon_0 A_L}{l} = \frac{\varepsilon_0 \cdot 2\,a^2}{l \cdot 3} = 19{,}7\ \text{pF}$$

Für Transformatoröl entnehmen wir der Tab. 6.1 die Permittivitätszahl 2,3 und berechnen:

$$C_{Öl} = \frac{\varepsilon_r \varepsilon_0 A_{Öl}}{l} = \frac{\varepsilon_r \varepsilon_0\, a\, h}{l} = 22{,}6\ \text{pF}$$

Mit der Gl.(6.64) berechnen wir die Gesamtkapazität:

$$C = C_L + C_{Öl} = 42{,}3\ \text{pF}$$

6.7.2 Reihenschaltung von Kondensatoren

Kondensatoren werden z. B. dann *in Reihe* geschaltet, wenn die Spannung größer als die Nennspannung *eines* Kondensators ist.
Wir betrachten zunächst *zwei* Kondensatoren und wollen ihre **Ersatzkapazität** C_e ermitteln; diese enthält an der gleichen Spannung U die gleiche Ladung Q_e wie die Reihenschaltung.

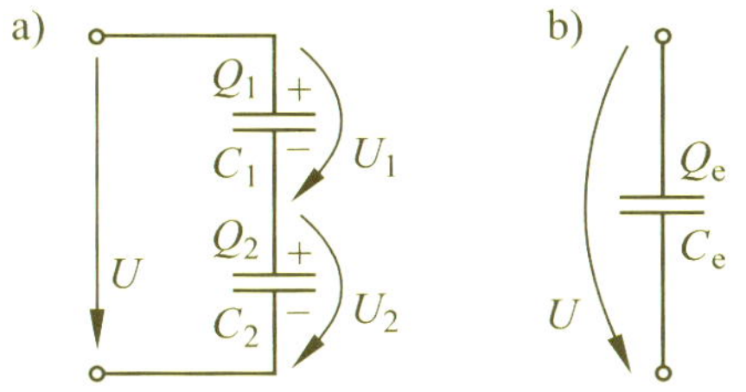

Bild 6.46 Reihenschaltung zweier Kondensatoren (a) und Ersatzkapazität (b)

Auf den mit der Quelle leitend verbundenen äußeren Elektroden befinden sich die Ladungen $+Q_1$ und $-Q_2$. Die Reihenschaltung enthält ein Teilstück, das von der Quelle getrennt ist. Auf den Elektroden dieses Teilstückes werden die Gegenladungen zu den Ladungen auf den äußeren Elektroden influenziert.
Daraus folgt, dass die Ladungen auf sämtlichen in Reihe liegenden Elektroden vom gleichen Betrag sind. Auch die Ersatzladung Q_e der Ersatzkapazität C_e hat diesen Betrag:

$$Q_e = Q_1 = Q_2 = Q \tag{6.66}$$

Allgemein gilt für beliebig viele Kondensatoren:

> In Reihe geschaltete Kondensatoren tragen stets gleiche Ladung.

Zur Berechnung der Ersatzkapazität setzen wir $Q = C\,U$ in die Gl.(6.66) ein und erhalten:

$$C_e\,U = C_1\,U_1 = C_2\,U_2 \tag{6.67}$$

Aus der Maschengleichung $U = U_1 + U_2$ folgt:

$$\frac{Q}{C_e} = \frac{Q}{C_1} + \frac{Q}{C_2} \tag{6.68}$$

Damit berechnen wir den Kehrwert der Ersatzkapazität:

$$\frac{1}{C_e} = \frac{1}{C_1} + \frac{1}{C_2} \tag{6.69}$$

Für eine Reihenschaltung von n Kondensatoren gilt entsprechend:

$$\boxed{\frac{1}{C_e} = \sum_{k=1}^{n} \frac{1}{C_k}} \tag{6.70}$$

> Den Kehrwert der Ersatzkapazität erhält man durch Addition der Kehrwerte der in Reihe geschalteten Kondensatoren.

Für lineare kapazitive Zweipole gelten die Gln.(6.69 und 6.70) unabhängig von der Spannung. Bei nichtlinearen kapazitiven Zweipolen müssen die Kennlinien $Q(U)$ der Teilkapazitäten punktweise addiert werden; man erhält dadurch die Kennlinie $Q(U)$ der Ersatzkapazität .

Beispiel 6.11
Zwei Kondensatoren $C_1 = 22$ nF und $C_2 = 100$ nF, die näherungsweise als lineare kapazitive Zweipole betrachtet werden können, liegen in Reihenschaltung an der Spannung $U = 50$ V. Wir wollen die Ersatzkapazität und die Teilspannungen berechnen.

Zunächst berechnen wir mit der Gl.(6.69) die Ersatzkapazität $C_e = 18$ nF. Mit der für sämtliche Teilkapazitäten gleichen Ladung

$$Q = C_e\,U = 900 \text{ nC}$$

berechnen wir mit der Gl.(6.67) die Teilspannungen:

$$U_1 = \frac{Q}{C_1} = 41 \text{ V}\,; \quad U_2 = \frac{Q}{C_2} = 9 \text{ V}$$

Besteht das Dielektrikum eines Kondensators aus zwei verschiedenen Stoffen, deren Grenzfläche auf einer Äquipotenzialfläche liegt, so kann man diesen Kondensator als *Reihenschaltung* zweier Kondensatoren auffassen: Bringt man in Gedanken eine leitende Folie auf die Grenzfläche, so wird auf ihr die gleiche Ladung Q influenziert, die sich auch auf den Elektroden befindet.

Wenn die Grenzfläche keine Äquipotenzialfläche ist, dann tritt an ihr eine *Brechung der Feldlinien* auf. Die Feldlinien haben dabei in beiden Stoffen unterschiedliche Winkel zur Grenzfläche.

Beispiel 6.12
Zwischen zwei parallelen Kondensatorplatten im Abstand $l = 6$ mm, die an der Spannung $U = 2{,}7$ kV liegen, befindet sich eine Glasplatte ($\varepsilon_r = 8$) von 3 mm Dicke parallel zu den Kondensatorplatten. Wir wollen die Teilspannungen berechnen, die am Glas und an der Luftschicht entstehen.

Zunächst setzen wir gemäß Gl.(6.46) für die Teilkapazitäten C_G der Glasplatte und C_L der Luftschicht an:

$$C_L = \frac{\varepsilon_0 A}{l_L}\ ;\quad C_G = \frac{\varepsilon_r \varepsilon_0 A}{l_G}$$

Mit $l_L = 3$ mm und $l_G = 3$ mm ergibt ein Vergleich der beiden Teilkapazitäten:

$$C_G = 8\ C_L$$

Mit der Gl.(6.69) berechnen wir:

$$C_e = \frac{8\ C_L}{9}$$

Durch Einsetzen in die Gl.(6.67) ergibt sich:

$$\frac{8\ C_L}{9} \cdot U = C_L U_L$$

Als Ergebnis erhalten wir die Teilspannungen $U_L = 2{,}4$ kV und $U_G = 0{,}3$ kV.

Praxisbezug 6.7
Ein **kapazitiver Spannungsteiler** ist eine Reihenschaltung von Kondensatoren. Am Kondensator mit der kleinsten Kapazität fällt dabei der größte Teil der Gesamtspannung ab.

Der kapazitive Spannungsteiler ist nur für Wechselspannung geeignet, weil bei Gleichspannung der Isolationswiderstand zwischen den Klemmen für die Spannungsteilung entscheidend ist. Soll der Teiler sowohl Gleich- als auch Wechselspannung im gleichen Verhältnis teilen, so wird jedem Kondensator ein OHMscher Widerstand parallelgeschaltet; dadurch entsteht ein sog. OHMsch-kapazitiver Teiler.

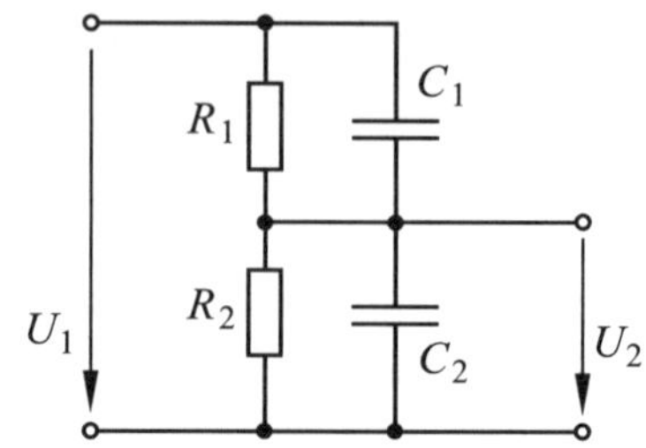

Bild 6.47 OHMsch-kapazitiver Teiler

Unter der Bedingung $R_1\ C_1 = R_2\ C_2$ ist dieser Teiler kompensiert; dies bedeutet, dass sein Teilerverhältnis $U_2 / U_1 = R_2 / (R_1 + R_2)$ sowohl für Gleich- als auch für Wechselspannung gilt. Dieses Teilerverhältnis ist unabhängig von der Frequenz einer Wechselspannung. ❐

Fragen
- Wie berechnet man die Ersatzkapazität von zwei parallel geschalteten Kondensatoren?
- Wie groß ist die Ersatzkapazität von zwei in Reihe geschalteten Kondensatoren?

Aufgaben
6.21(2) Der Plattenabstand eines auf 1200 V aufgeladenen Plattenkondensators, der von der Quelle getrennt ist, wird von 1 mm auf 2,5 mm vergrößert. Welchen Wert hat danach die Spannung zwischen den Platten?

6.22(2) Die Dicke einer Papierbahn wird mit einem Plattenkondensator (Plattenfläche 0,4 m^2; Plattenabstand 1 mm) gemessen. Das Papier mit der Permittivitätszahl 2,3 wird durch den mit Luft gefüllten Raum zwischen den Platten gezogen. Welche Kapazität liegt bei der Papierdicke 0,2 mm vor?

6.23(2) Zwei Kondensatoren mit den Kapazitäten 0,1 µF und 2,2 µF haben jeweils die Nennspannung 100 V. An welcher höchsten Spannung dürfen die Kondensatoren in Reihenschaltung betrieben werden?

6.24(2) Wie dick darf die Glasscheibe im Kondensator des Beispiels 6.12 höchstens sein, wenn die Feldstärke im Luftspalt den Wert 12 kV/cm nicht überschreiten soll?

7 Das magnetische Feld

7.1 Ursachen und Wirkungen

Ziele: Sie können
- die Begriffe Magnet, Pol, Magnetisierung und magnetisches Feld erklären.
- angeben, wie die Pole einer Magnetnadel bezeichnet werden.
- die Kräfte auf Magnete mit Hilfe einer Modellvorstellung erläutern.
- das Feldbild eines Stromleiters und einer Leiterschleife skizzieren.
- Wirkungen und Ursachen des Erdmagnetfeldes beschreiben.

7.1.1 Magnete

Schon in der Antike war bekannt, dass manche „Steine" aus Eisenerz (Magnetit, Fe_3O_4) Eisenteilchen anziehen und festhalten können. Nach dem Fundort *Magnesia* in Kleinasien nannte man sie **Magnete** *(magnet)*. Heute werden Magnete für viele Anwendungen hergestellt.

Die Kraftwirkungen in der Umgebung eines Magneten sind auch im Vakuum vorhanden; sie werden mit zunehmender Entfernung schwächer. Man sagt, der Magnet verursacht einen besonderen *Raumzustand*, und bezeichnet diesen als **magnetisches Feld** *(magnetic field)*.

Einen Bereich des Magneten, in dessen Nähe die Kraftwirkung auf Eisenteilchen besonders stark ist, nennt man **Pol** *(pole)*; stabförmige Magneten haben gewöhnlich *zwei* Pole.

Im 12. Jahrhundert wurde der **Magnetkompass** *(compass)* aus China nach Europa gebracht; er war eine wichtige Orientierungshilfe für Seefahrer: Ein beweglich aufgehängter Magnetstab stellt sich mit einem seiner Pole annähernd in *Nordrichtung* ein. Dieser Pol eines Magneten wird deshalb als sein **Nordpol**, der andere als sein **Südpol** bezeichnet. Die Abweichung der Anzeige von der Nordrichtung ist ortsabhängig.
Im Magnetkompass ist der Magnet im Allg. in Zeigerform als **Magnetnadel** ausgebildet (Bild 7.1); ihr Nordpol ist besonders gekennzeichnet, z.B. dunkel gefärbt.

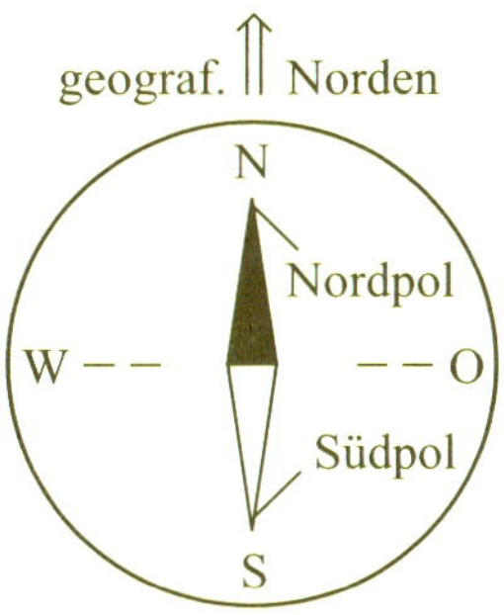

Bild 7.1 Definition von Nord- und Südpol an einer nach Norden zeigenden Magnetnadel

Bringt man ein unmagnetisches Eisenstück in ein Magnetfeld, so wird es selbst zu einem Magneten. Diese **Magnetisierung** *(magnetization)* kann dazu führen, dass das Eisenstück den magnetischen Zustand beibehält und so zu einem **Dauermagneten** *(permanent magnet)* wird.

Eine Magnetisierung ist auch bei Nickel, Kobalt und einigen weiteren Stoffen (s. 7.6.2) möglich. Starke Dauermagnete werden aus besonderen Magnetwerkstoffen hergestellt; sie können unterschiedliche Formen und auch mehr als nur zwei Pole haben.

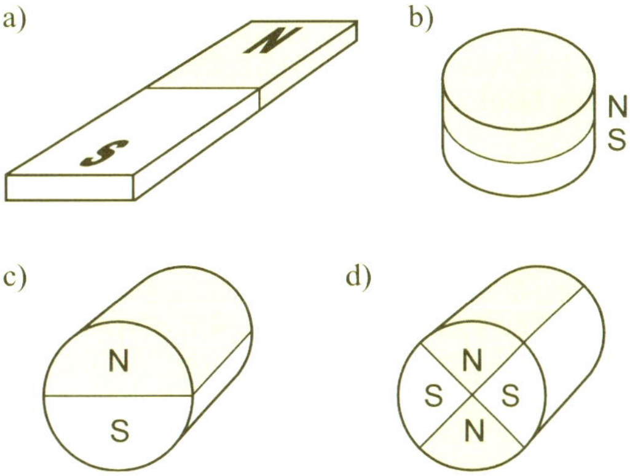

Bild 7.2 Dauermagnetformen: a) Stabmagnet, b) Zylindermagnet, c) Kernmagnet eines Drehspulmesswerks, d) vierpoliger Läufermagnet eines Kleinmotors

Die Pole zweier Magnete können aufeinander sowohl *anziehende* als auch *abstoßende* Kräfte ausüben. Die Beobachtung zeigt:

Gleichartige Magnetpole stoßen einander ab; ungleichartige Magnetpole ziehen einander an.

Den Nordpol eines Magneten erkennt man also daran, dass er den *Südpol* einer Magnetnadel anzieht und umgekehrt.

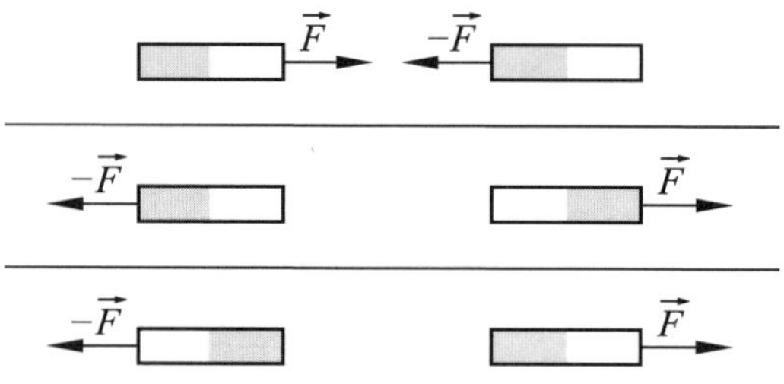

Bild 7.3 Kräfte auf Magnete

Für einfache Untersuchungen von Magnetfeldern verwenden wir als Indikator eine kleine, nahezu reibungsfrei gelagerte Magnetnadel; sie weist mit ihrem Nordpol an jedem Ort in eine bestimmte Richtung, die man als **Richtung des Magnetfeldes** bezeichnet. Das magnetische Feld ist offenbar wie das elektrische Feld ein *Vektorfeld*, und die Magnetnadel weist stets in die Richtung des Feldvektors.

Bewegen wir die Magnetnadel dorthin, wohin ihr Nordpol zeigt, so beschreibt ihr Drehpunkt eine Richtungslinie des Feldvektors, also eine **magnetische Feldlinie** *(magnetic line of force)*.

Ein mit Hilfe einer Magnetnadel gewonnenes Feldbild ist ungenau; wir beschreiben das Verfahren nur wegen seines grundlegenden Charakters und seiner Anschaulichkeit. In der Praxis verwendet man empfindliche Magnetfeldmessgeräte, die sowohl den Betrag als auch die Richtung des Feldvektors genau anzeigen.

7.1.2 Magnetfeld stromdurchflossener Leiter

Bereits im Kap. 1.1 haben wir gezeigt, dass von stromdurchflossenen Leitern magnetische Wirkungen ausgehen; diese wurden im Jahr 1820 von OERSTEDT[1]) entdeckt.

[1]) Hans Christian Oerstedt, 1777 – 1851

Wir untersuchen zunächst das Magnetfeld eines langen, geraden, zylindrischen Stromleiters, der vertikal ausgespannt ist. Der Feldvektor hat lediglich eine Horizontalkomponente; das Magnetfeld lässt sich deswegen in einer Ebene senkrecht zur Leiterachse als parallelebenes Feld darstellen.

Wir bringen eine Magnetnadel an verschiedene Stellen einer solchen Ebene und finden, dass sich diese stets in Richtung der Tangente an einen Kreis um den Leiter einstellt.

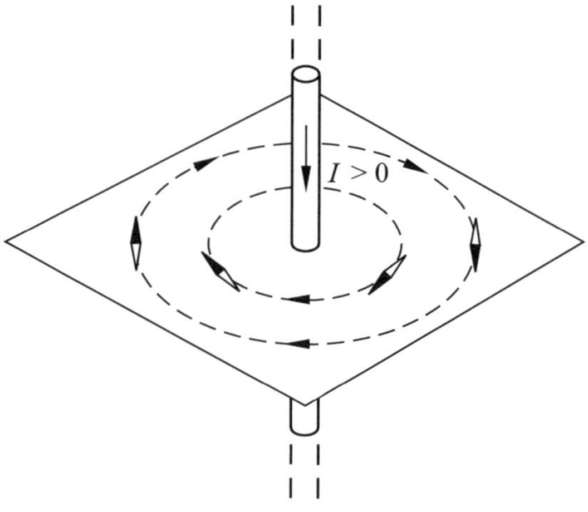

Bild 7.4 Ausrichtung der Magnetnadel in der Umgebung eines langen, geraden, zylindrischen, stromdurchflossenen Leiters

Der beschriebene Zusammenhang lässt sich verallgemeinern:

Die magnetischen Feldlinien um einen langen, geraden, zylindrischen stromdurchflossenen Leiter sind zur Leiterachse konzentrische Kreise.

Wie beim elektrischen Feld sind die Feldlinien auch hier nur ein Hilfsmittel zur Beschreibung des Feldes; ihnen kommt keine Realität zu. Der magnetische Feldzustand erfüllt den Raum *kontinuierlich.*

Die magnetischen Feldlinien sind in sich geschlossen, sie haben weder Anfang noch Ende. Man bezeichnet ein solches Feld als **Wirbelfeld**. Offenbar gibt es keine „magnetischen Ladungen", die den elektrischen Ladungen im Quellenfeld entsprechen würden.

Die *Ursache* des magnetischen Feldes ist die *Bewegung* der elektrischen Ladungen, wie sie nicht nur in einem stromdurchflossenen Leiter, sondern z. B. auch bei einem mechanisch bewegten, geladenen Körper stattfindet: Jede Ladungsbewegung erzeugt ein Magnetfeld; dies zeigte bereits der Versuch von ROWLAND (s. Kap. 1.4).

Der Richtungssinn des elektrischen Stromes und die Richtung der Feldlinien hängen zusammen:

> Die magnetischen Feldlinien umschließen den Richtungssinn des Stromes im Rechtsschraubensinn.

Diesen Zusammenhang beschreibt die **Rechtsschraubenregel**: Fasst man den Richtungssinn des Stromes als axiale Bewegung einer rechtsgängigen Schraube auf, so ergibt die zugehörige Drehbewegung die Feldrichtung.

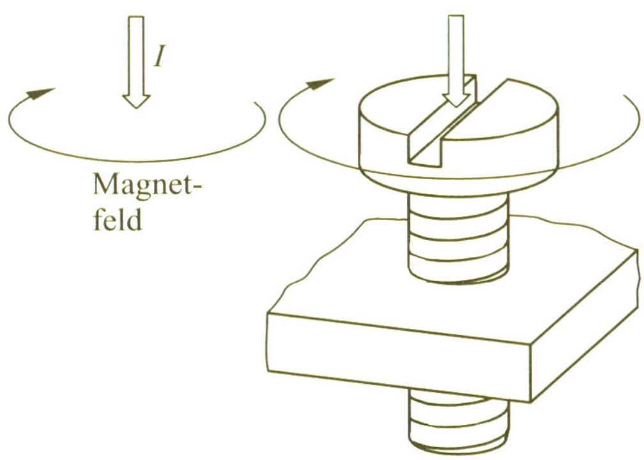

Bild 7.5 Zur Rechtsschraubenregel

Um den Richtungssinn des Stromes im Leiter zeichnerisch darzustellen, vereinbaren wir:

- Der Richtungssinn „aus der Zeichenebene heraus" wird durch einen *Punkt* dargestellt (es ist die Pfeilspitze sichtbar);
- der Richtungssinn „in die Zeichenebene hinein" wird durch ein *Kreuz* dargestellt (es ist die Pfeilfeder sichtbar).

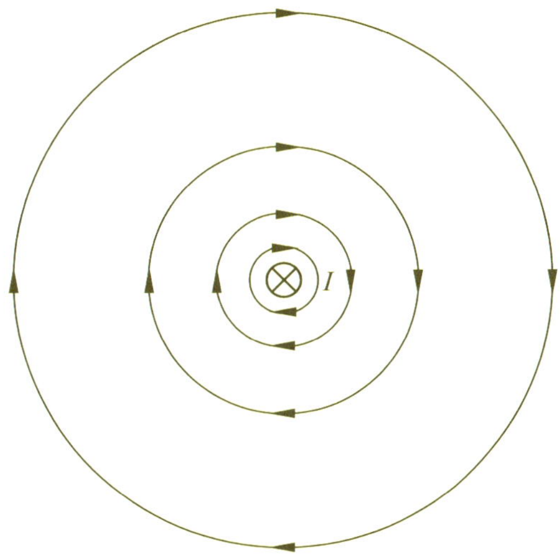

Bild 7.6 Feldbild eines langen, geraden, zylindrischen, stromdurchflossenen Leiters in einer Ebene senkrecht zum Leiter

Wie beim elektrischen Feld ist auch beim magnetischen Feld der Abstand der Feldlinien ein relatives Maß für den Betrag des Feldvektors: Dort, wo die Feldlinien nahe beieinander verlaufen, ist der Betrag des Feldvektors groß.

Ein stärkeres magnetisches Feld als beim geraden Leiter erhält man, wenn man diesen zu einer kreisförmigen **Leiterschleife** biegt (Bild 7.7). Werden die Hin- und die Rückleitung zur Schleife eng nebeneinander geführt, so heben sich ihre Magnetfelder gegenseitig praktisch auf.

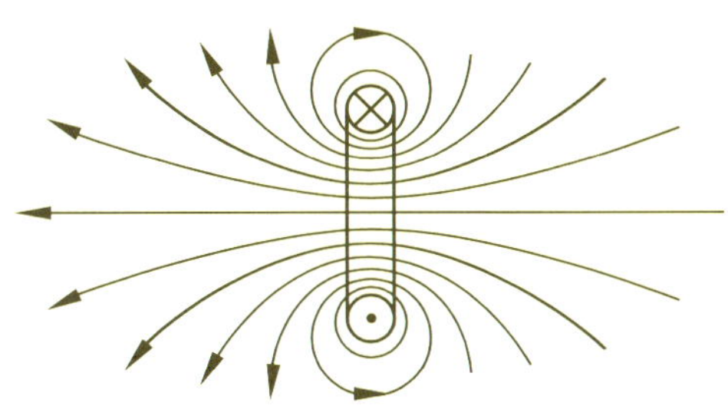

Bild 7.7 Feldbild einer kreisförmigen Leiterschleife

Ein noch stärkeres Magnetfeld lässt sich durch Aufwickeln des Leiters zu einer zylindrischen **Spule** *(coil)* erzeugen. Bei ihr sind sozusagen viele Leiterschleifen in Reihe geschaltet, deren magnetische Wirkungen sich überlagern. Mit dem Magnetfeld einer Spule werden wir uns im Kap. 7.4 befassen.

7.1.3 Erdmagnetfeld

Der Planet Erde ist vom **Erdmagnetfeld** umgeben. Es ist die Ursache dafür, dass sich eine Magnetnadel ungefähr in Nordrichtung einstellt: Ihr Nordpol zeigt dabei zum *magnetischen Südpol* der Erde (81° N; 111° W im Jahr 2001), der ca. 1000 km vom geografischen Nordpol entfernt liegt (Bild 7.8). Der *magnetische Nordpol* (65° S; 138° O im Jahr 1987) ist sogar etwa 2800 km vom geografischen Südpol entfernt.
Hieraus ergibt sich eine **Missweisung** des Magnetkompasses, die stark ortsabhängig ist. Der Winkel zwischen der geografischen Nordrichtung und der Richtung der Horizontalkomponente des magnetischen Feldvektors, in welche die waagrecht liegende Magnetnadel weist, wird **Deklination** genannt.

Das Erdmagnetfeld ändert sich auch zeitlich. Deshalb wird die Lage der Erdmagnetpole im Abstand von mehreren Jahren jeweils neu bestimmt.

Im Verlauf der Erdgeschichte ist es immer wieder zu *Umpolungen* des Erdmagnetfeldes gekommen,

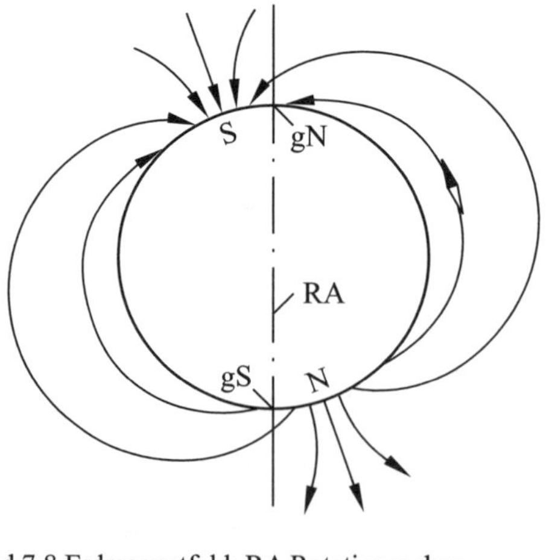

Bild 7.8 Erdmagnetfeld: RA Rotationsachse
N magnetischer, gN geografischer Nordpol
S magnetischer, gS geografischer Südpol

deren Zeitverlauf für die zurück liegenden 80 Mio. Jahre gut erforscht ist. Die Umpolung erfolgt jeweils im Abstand von 500 000 Jahren und dauert ca. 5000 Jahre.

Im Bild 7.8 ist das Erdmagnetfeld in der Ebene der Erdachse vereinfacht dargestellt; die in Wirklichkeit vorhandenen Unregelmäßigkeiten sind dabei nicht berücksichtigt. Die Feldlinien schließen sich im Erdinneren.

Das Erdmagnetfeld, für dessen Ursachen es seit wenigen Jahren ein befriedigendes Modell gibt, entsteht hauptsächlich durch die *Zirkulation* des aus flüssigem Metall bestehenden Erdkerns, der Ladungsträger enthält. Die dabei strömende Materie wirkt ähnlich wie eine stromdurchflossene Leiterschleife. Die Zirkulation wird durch Temperaturunterschiede im Erdinneren angetrieben: Heiße Schmelze steigt aus größerer Tiefe in die kühlen oberen Bereiche auf, während kühlere Flüssigkeit absinkt. Durch die Erdrotation werden diese Masseströme schraubenartig verwirbelt.
Die Gültigkeit dieses Modells ist im Jahr 2000 durch einen Großversuch am Kernforschungszentrum Karlsruhe bestätigt worden.

Praxisbezug 7.1
Die Änderungen des Erdmagnetfeldes werden seit über 100 Jahren im Rahmen der „Internationalen geomagnetischen Weltvermessung" durch viele Messungen ermittelt.
Heute geschieht dies durch Messungen an mehr als 460 über den Erdball verteilten Stationen im Minutenabstand. Die Speicherung und Verwaltung der dabei entstehenden riesigen Datenmenge erfolgt durch die „Space Physics Interactive Data Resource, SPIDR" mit Sitz in Boulder, Colorado. Die Daten und die Programme zur Bestimmung der Feldbilder können über das Internet abgerufen werden. ❐

Praxisbezug 7.2
Das Erdmagnetfeld bewirkt, dass sich die im Abschnitt 7.1.2 beschriebenen Messungen in normaler Umgebung nicht ungestört durchführen lassen. Es gibt jedoch zwei Möglichkeiten, Messungen unbeeinflusst vom Erdmagnetfeld durchzuführen:

- Das Erdmagnetfeld wird durch einen geschlossenen „Käfig“ aus magnetisch gut leitendem Material von der Messapparatur abgeschirmt. Als Material wird z.B. **Mumetall** (77 Ni, 5 Cu, 2 Cr, Rest Fe) verwendet. Ein derartiger Abschirmkäfig ist jedoch sehr teuer.
- Zwischen zwei Spulen großen Durchmessers, die als **Helmholtz-Spulen** bezeichnet werden, lässt sich in der Nähe der Achse ein nahezu homogenes Magnetfeld erzeugen. Werden die Spulen mit der Achse in Richtung des magnetischen Feldvektors aufgestellt, so kann zwischen ihnen das Erdmagnetfeld kompensiert werden.

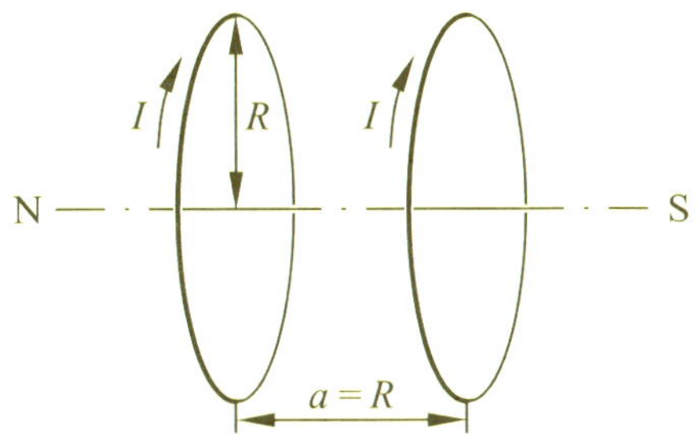

Bild 7.9 Helmholtz-Spulen ❐

7.1.4 Magnetfeld von Dauermagneten

An den Polen eines Stabmagneten (Bild 7.10) ist die Kraftwirkung auf die Magnetnadel und damit der Betrag des magnetischen Feldvektors am größten. Dies wird durch den geringen Abstand der Feldlinien in diesen Bereichen veranschaulicht.

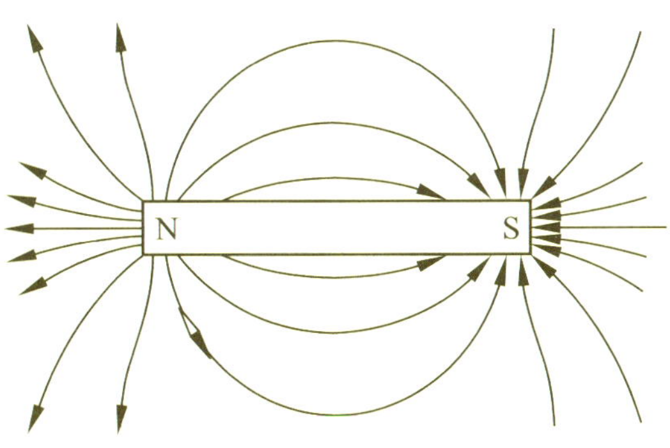

Bild 7.10 Ebenes Feldbild eines Stabmagneten

Die Polbereiche sind nicht scharf begrenzt; praktisch an der gesamten Oberfläche des Magneten sind Kraftwirkungen nachweisbar. Das magnetische Feld ist im gesamten Raum vorhanden, auch im Inneren des Magneten; dort kann es allerdings nicht ohne weiteres nachgewiesen werden.

Aus der Festlegung der Feldrichtung folgt:

> Magnetische Feldlinien kommen aus dem Nordpol eines Magneten heraus und treten am Südpol wieder in den Magneten ein.

Wir haben gezeigt, dass das elektrostatische Feld Energie enthält. Dies gilt auch für das magnetische Feld, was aus einem einfachen Experiment folgt: Das Bild 7.11 zeigt das Feldbild zweier Magnete, deren Pole einander *anziehen*. Bewegt sich einer dieser Magnete unter dem Einfluss der Kraft, so wird mechanische Arbeit verrichtet. Dabei nimmt das Volumen des starken magnetischen Feldes zwischen den benachbarten Polen ab; das Magnetfeld liefert also die für den Bewegungsvorgang notwendige Energie. Es scheint so, als hätten die Feldlinien „das Bestreben“, sich zu verkürzen, also einem Längszug zu folgen.

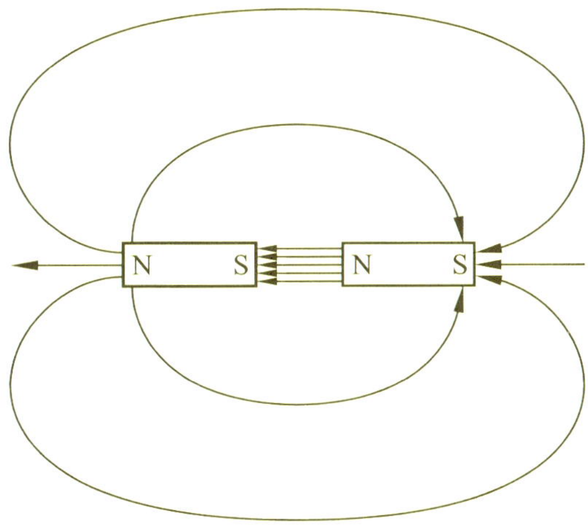

Bild 7.11 Feld von zwei sich anziehenden Magneten

Auch bei zwei Magneten, die einander *abstoßen* (Bild 7.12), gilt das Prinzip, dass bei ihrer Bewegung die magnetische Feldenergie insgesamt abnimmt: Im Bereich der beiden Südpole herrscht eine höhere Energiedichte als im übrigen

Feldraum. Sie sinkt ab, wenn die Magnete sich voneinander entfernen. Es scheint so, als hätten die Feldlinien „das Bestreben", sich voneinander zu entfernen, also einem Querdruck zu folgen.

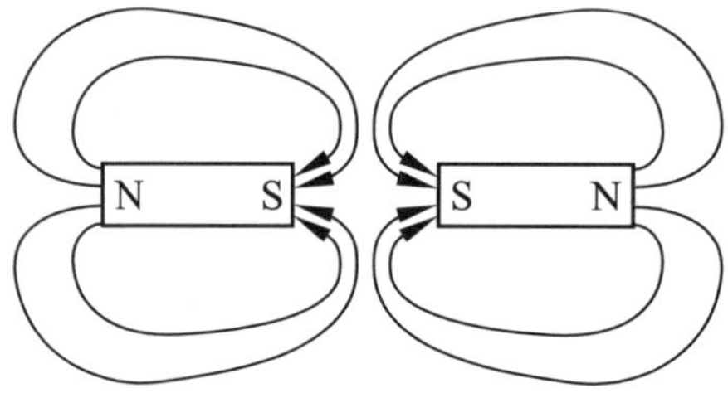

Bild 7.12 Feld von zwei sich abstoßenden Magneten

Praxisbezug 7.3

Für die Anwendung der Zugkräfte von Dauermagneten gibt es viele Beispiele: Halte- und Haftmagnete, z. B. für Türverschlüsse und Magnetflächen für Schautafeln. In großer Zahl werden Dauermagneten für Kleinmotoren hergestellt. Bei Festplattenlaufwerken für PCs werden Dauermagnete zur Positionierung der Schreib-/Leseköpfe verwendet. Auch in Geräten der Elektroakustik, z. B. Lautsprechern und Kopfhörern, werden Dauermagnete eingesetzt.

Magnetseparatoren für die Erz- und Mineralaufbereitung, für Müllsortierung und Klärschlammaufbereitung werden mit Dauermagneten bestückt. In vielen Sensoren der Automobiltechnik, z. B. zur Erfassung der Motor-, Getriebe- und Raddrehzahl (ABS-Systeme) sowie zur Erfassung der Beschleunigung (ESP, Airbag) sind Dauermagnete enthalten.

In der medizinischen Technik werden mit Dauermagneten Eisensplitter aus Körperteilen entfernt. Katheter können eine Führungsspitze aus Dauermagnetmaterial erhalten und damit von außen durch einen Magneten bewegt werden. ❑

7.1.5 Induktionswirkung im Magnetfeld

Wir haben gesehen, dass jeder elektrische Strom magnetische Wirkungen hervorruft. Umgekehrt lassen sich auch mit Hilfe von Magneten *elektrische* Wirkungen erzeugen (Faraday, 1831).

Hierzu wollen wir zwei einführende Versuche beschreiben.

1) Ein Stabmagnet befindet sich *in Ruhe* innerhalb einer Spule, an deren Wicklung ein Spannungsmesser angeschlossen ist; die angezeigte Spannung ist *Null.*
Wird der Stabmagnet aus der Spule *herausgezogen,* so schlägt der Spannungsmesser währenddessen aus. Das Gleiche geschieht beim Hineinbringen des Magneten, allerdings ist der Richtungssinn der Spannung dabei umgekehrt (Bild 7.13). Je schneller der Stabmagnet bewegt wird, desto höher ist die erzeugte Spannung.

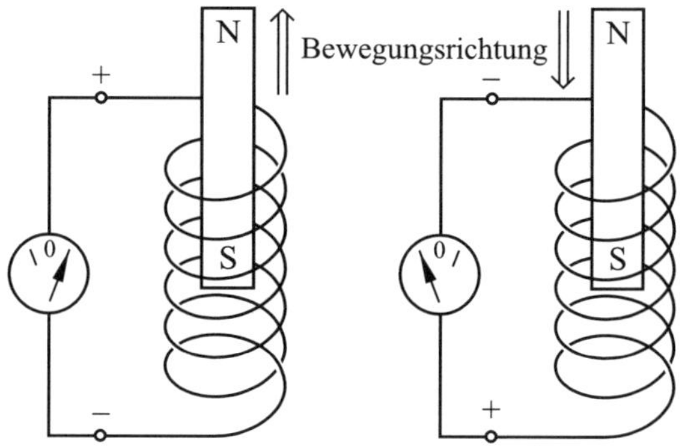

Bild 7.13 Durch die Bewegung eines Stabmagneten wird in der Spule eine Spannung erzeugt

2) Innerhalb einer stromdurchflossenen Spule 1, die ein magnetisches Feld erzeugt, befindet sich eine kleinere Spule 2, an deren Wicklung ein Spannungsmesser angeschlossen ist (Bild 7.14). So lange die Stromstärke *konstant* ist, wird an der Spule 2 *keine* Spannung gemessen.

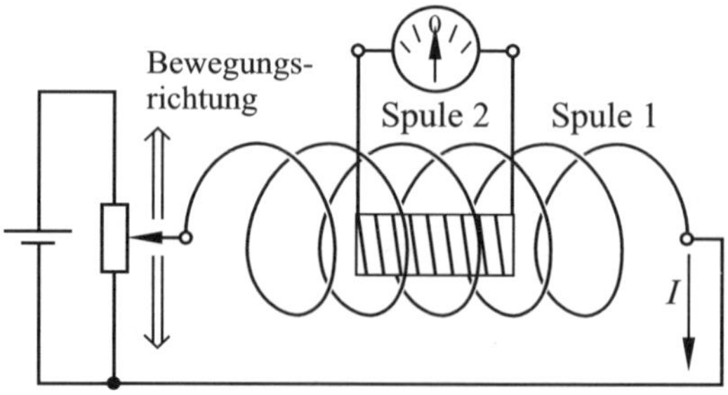

Bild 7.14 Durch die Änderung des Stromes I in einer Spule wird in der anderen eine Spannung erzeugt

Erst wenn die Stromstärke – z. B. mit Hilfe eines Stellwiderstandes – *verändert* wird, schlägt der Zeiger des Spannungsmessers währenddessen aus, und zwar bei steigender Stromstärke in die eine, bei fallender Stromstärke in die andere Richtung.

In beiden Experimenten tritt während der *Änderung* des magnetischen Feldzustandes im Leiterkreis eine elektrische Spannung auf; diesen Vorgang nennt man **Induktion** *(induction).*

Die Spannung wird **induzierte Spannung** genannt. Sie entsteht so lange zwischen den Wicklungsenden der Spule, wie sich der in ihr herrschende magnetische Feldzustand ändert. Der *Richtungssinn* der induzierten Spannung hängt von der *Änderungstendenz*, ihr *Betrag* von der *Änderungsgeschwindigkeit* des Feldzustandes ab.

Die induzierte Spannung ist eine *Quellenspannung*, denn sie kann durch einen angeschlossenen Verbraucher einen Strom treiben; geschieht dies, so wird von der Spule elektrische Energie abgegeben.

Praxisbezug 7.4
Die Induktion wird in der **Zündanlage** eines OTTO-Motors genutzt. Das *Steuergerät* erhält Signale mit Informationen z. B. über die Drehzahl (n), das Drehmoment (M) und die Temperatur (ϑ) des Motors; es verarbeitet diese Signale und unterbricht im Zündzeitpunkt jedes der 5 Zylinder den Strom in der Primärwicklung der zugehörigen Einzelfunken-Zündspule E. Dabei wird durch Induktion in ihrer Sekundärwicklung ein Hochspannungsimpuls für den Zündfunken der Zündkerze Z erzeugt. Die Diode D verhindert einen Hochspannungsimpuls beim Schließen des Zünd-Startschalters ZS.

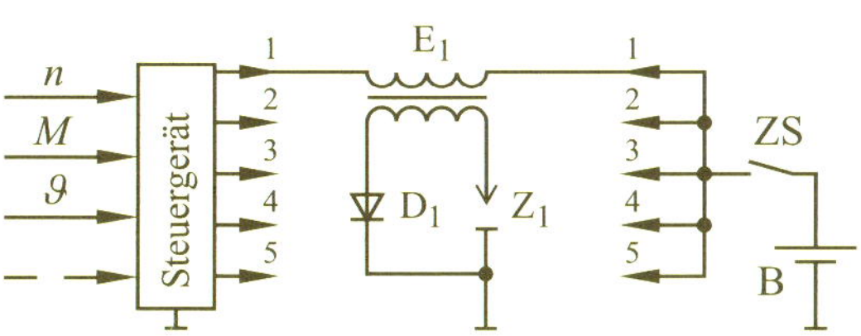

Bild 7.15 Zündanlage eines OTTO-Motors ❐

Fragen
- Welcher grundsätzliche Unterschied besteht zwischen den Feldlinien eines elektrostatischen und eines magnetischen Feldes?
- Skizzieren Sie das magnetische Feldbild eines geraden Leiters und einer Leiterschleife. Tragen Sie die Stromrichtung und die Feldrichtung ein.
- Wie lautet die Rechtsschraubenregel für die Verknüpfung zwischen dem Richtungssinn der Stromstärke und der magnetischen Feldrichtung?
- Beschreiben Sie das Magnetfeld der Erde und die Wirkungsweise des Kompasses. Wie kommt seine Missweisung zu Stande?
- Wenden Sie die Modellvorstellung vom Längszug und vom Querdruck der Feldlinien auf zwei Stabmagneten an, die sich anziehen bzw. abstoßen.
- Unter welcher Voraussetzung wird in einer Spule eine elektrische Spannung induziert?
- Welchen Einfluss hat die Änderungsgeschwindigkeit des magnetischen Feldzustandes auf die Höhe der induzierten Spannung?

7.2 Kraftwirkungen im Magnetfeld

Ziele: Sie können
- den Betrag und die Einheit der magnetischen Flussdichte aus der Kraft auf einen stromdurchflossenen Leiter im Magnetfeld herleiten.
- den Betrag und die Richtung der Kraft angeben, die auf einen stromdurchflossenen geraden Leiter in einem homogenen Magnetfeld ausgeübt wird.
- den Betrag und die Richtung der Kraft auf parallele stromdurchflossene Leiter angeben.
- die Kraft auf eine bewegte Ladung im Magnetfeld aus der Gleichung für die Kraft auf einen stromdurchflossenen Leiter herleiten.
- die Entstehung der HALL-Spannung erläutern.

7.2.1 Die magnetische Flussdichte

Wir haben festgestellt, dass Magnete aufeinander Kräfte ausüben. Da auch ein stromdurchflossener Leiter ein Magnetfeld erzeugt, können wir annehmen, dass auf ihn eine Kraft wirkt, wenn er sich in einem äußeren Magnetfeld befindet.

Diese Vermutung lässt sich mit einer Versuchsanordnung überprüfen, die als **Stromwaage** bezeichnet wird (Bild 7.16). Bei ihr befindet sich ein waagrecht verlaufender Leiter in einem homogenen Magnetfeld senkrecht zur Feldlinienrichtung.

Er ist auch außerhalb des Magnetfeldes noch so weit gerade weitergeführt, dass die abknickenden Stromzuführungen das Magnetfeld nicht beeinflussen.

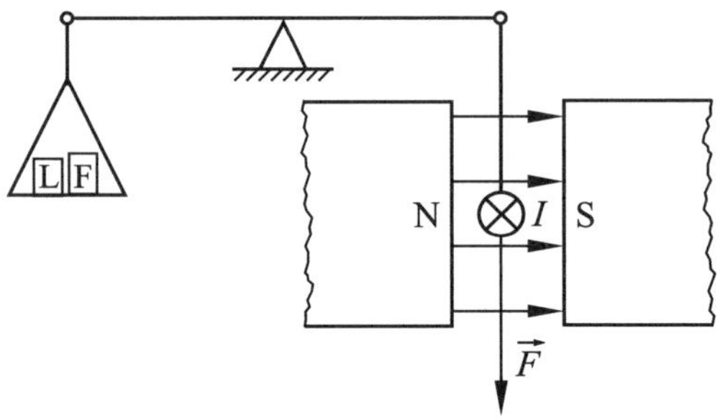

Bild 7.16 Prinzip der Stromwaage

Zunächst muss bei stromlosem Leiter sein Gewicht mit dem Gewichtstück L ausgeglichen werden. Lassen wir nun im Leiter einen Strom I fließen, so können wir eine zum Magnetfeld und zum Leiter *senkrechte* Kraft F feststellen, die gleich der Gewichtskraft des Gewichtstückes F ist.

Wir wollen diesen Effekt ausnutzen, um ein Maß für den *Betrag* des magnetischen Feldvektors zu finden. Dazu untersuchen wir, welche Größen den Betrag der Kraft beeinflussen, und stellen fest:
Die Kraft F ist linear abhängig von der Stromstärke I sowie von der Länge l, mit welcher der Leiter im Magnetfeld liegt.
Mit diesen Zusammenhängen definieren wir eine physikalische Größe, die als **magnetische Flussdichte** *(magnetic flux density)* B bezeichnet wird:

$$B = \frac{F}{I \cdot l} \tag{7.1}$$

$$[B] = 1\,\frac{\text{N}}{\text{A m}} = 1\,\frac{\text{V s}}{\text{m}^2} = \textbf{1 Tesla} = 1\ \text{T}$$

Damit können wir die Einheit der magnetischen Flussdichte folgendermaßen definieren:

> Ein homogenes Magnetfeld besitzt die magnetische Flussdichte 1 T, wenn auf einen senkrecht zu den Feldlinien verlaufenden langen, dünnen Leiter, der den Strom 1 A führt, je 1 m Leiterlänge die Kraft 1 N ausgeübt wird.

Die magnetische Flussdichte ist ein Vektor; sämtliche bisher gezeigten Darstellungen magnetischer Felder sind Feldbilder des Flussdichtevektors $\vec{B}$.

Die Richtung des Flussdichtevektors stimmt in jedem Raumpunkt mit der Richtung der betreffenden Feldlinie überein. Der Betrag des Flussdichtevektors wird durch den Abstand der Feldlinien veranschaulicht.

Die magnetische Flussdichte ist die für alle Wirkungen des Magnetfeldes bestimmende Größe.

Der Fluss des Vektors $\vec{B}$ wird als **magnetischer Fluss** *(magnetic flux)* Φ (griech. Buchstabe Phi) bezeichnet:

$$\Phi = \int_A \vec{B} \cdot \mathrm{d}\vec{A} \tag{7.2}$$

$$[\Phi] = 1\,\frac{\text{V s}}{\text{m}^2} \cdot \text{m}^2 = 1\ \text{V s} = \textbf{1 Weber} = 1\ \text{Wb}$$

Man ordnet dem magnetischen Fluss einen Richtungssinn zu, der mit der Richtung des magnetischen Feldvektors $\vec{B}$ übereinstimmt. In Rechnungen ist es zweckmäßig, den Richtungssinn der magnetischen Flüsse über Bezugspfeile und Vorzeichen für jeden Fluss Φ anzugeben; dies entspricht dem Verfahren bei elektrischen Strömen.

In einem homogenen Magnetfeld ist $\Phi = B \cdot A$, wenn das Magnetfeld die Fläche A senkrecht durchsetzt und die Richtung des Flussdichtevektors mit der des Flächenvektors übereinstimmt.

Wir haben festgestellt, dass die Feldlinien des magnetischen Flusses stets in sich *geschlossen* sind. Das heißt: Feldlinien der Flussdichte $\vec{B}$, die in die geschlossene Hüllfläche eines Volumengebietes eintreten, kommen an anderer Stelle wieder heraus.
Das magnetische Feld ist quellenfrei: Es gibt keine „magnetischen Ladungen". Mathematisch lässt sich dies so formulieren:

$$\oint_A \vec{B} \cdot \mathrm{d}\vec{A} = 0 \tag{7.3}$$

7.2.2 Kräfte auf stromdurchflossene Leiter

Bei der Kraft auf einen stromdurchflossenen Leiter haben wir bisher nur den Sonderfall betrachtet, dass die Feldlinien des homogenen Magnetfeldes *senkrecht* zum geraden Leiter verlaufen.
Wir wollen nun den Fall untersuchen, bei dem Feldlinien und Leiter einen *beliebigen* Winkel α einschließen (Bild 7.17). Wir bezeichnen mit l die Länge des Leiters im homogenen Feld; das inhomogene Randfeld des Magneten wollen wir vernachlässigen.

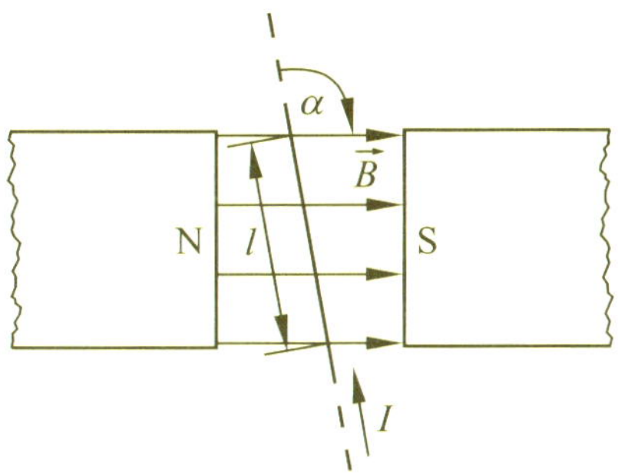

Bild 7.17 Gerader Leiter im homogenen Magnetfeld

Durch Messungen mit der Stromwaage kann man feststellen, dass der Betrag der Kraft dem Sinus des Winkels α proportional ist:

$$F = I \cdot l \cdot B \cdot \sin\alpha \qquad (7.4)$$

Zur Ermittlung der Richtungsabhängigkeit führen wir zwei weitere Versuche mit der Stromwaage durch. Die Kraftrichtung kehrt sich um, wenn der Richtungssinn des Stromes I geändert oder die Richtung des Vektors $\vec{B}$ umgekehrt wird.

Für eine eindeutige Zuordnung zwischen der Kraftrichtung, der Richtung des Flussdichtevektors und dem Richtungssinn des Stromes definieren wir einen Längenvektor $\vec{l}$, dessen Betrag gleich der im Magnetfeld liegenden Länge des Leiters ist und dessen Richtung mit dem Richtungssinn des Stromes I übereinstimmt.

Die Richtung der Kraft $\vec{F}$ erhalten wir, indem wir in Gedanken den Vektor $\vec{l}$ „auf dem kürzesten Weg" in die Richtung des Vektors $\vec{B}$ drehen.

Diese Drehbewegung übertragen wir auf eine rechtsgängige Schraube; die Richtung des Kraftvektors stimmt dabei mit der axialen Bewegungsrichtung der Schraube überein.

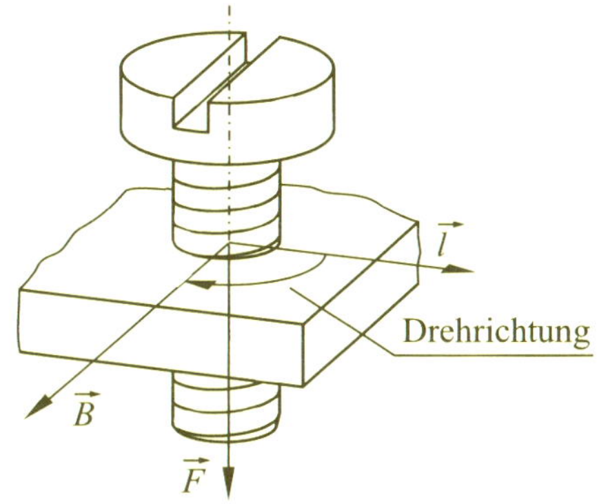

Bild 7.18 Verknüpfung der Vektoren $\vec{l}$, $\vec{B}$ und $\vec{F}$

Die mathematische Formulierung für den beschriebenen Zusammenhang lautet:

$$\boxed{\vec{F} = I\,(\vec{l} \times \vec{B})} \qquad (7.5)$$

Ein mathematischer Ausdruck wie $\vec{l} \times \vec{B}$ (sprich: „l Kreuz B") wird als **Vektorprodukt** bezeichnet, weil sein Ergebnis ein *Vektor* ist, der in der beschriebenen Weise mit $\vec{l}$ und $\vec{B}$ verknüpft ist; sein Betrag ist $l \cdot B \cdot \sin\alpha$.

Der Kraftvektor $\vec{F}$ steht stets senkrecht auf der von den Vektoren $\vec{l}$ und $\vec{B}$ aufgespannten Ebene, die im Bild 7.17 in der Zeichenebene liegt.

Die Gl.(7.5) gilt exakt für einen *unendlich langen, geraden* Leiter, der sich mit der Länge l in einem ursprünglich *homogenen* Magnetfeld befindet. Bei der Berechnung der Kraft darf das vom stromdurchflossenen Leiter erzeugte Magnetfeld nicht berücksichtigt werden.

Die Kraftwirkung lässt sich auch mit unserem Modell vom Längszug und Querdruck an den Feldlinien ermitteln. Wir überlagern das homogene Magnetfeld mit dem des stromdurchflossenen Leiters, indem wir in jedem Punkt des Raumes die $\vec{B}$-Vektoren addieren. Man erkennt im Bild 7.19, dass der Querdruck zwischen den Feldinien den Leiter nach *unten* zu bewegen versucht.

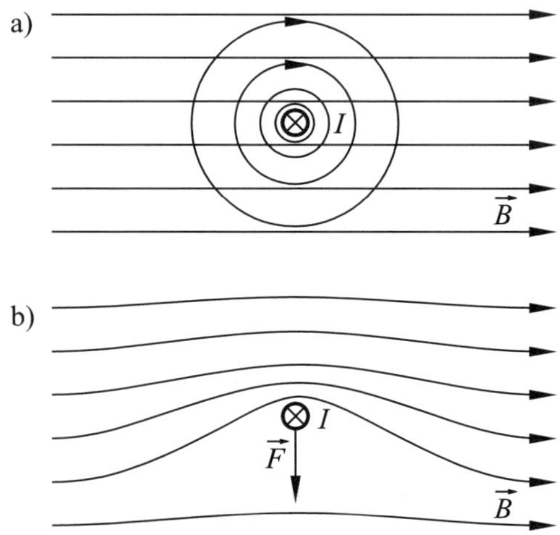

Bild 7.19 Stromdurchflossener Leiter in einem homogenen Magnetfeld: a) beide Magnetfelder getrennt; b) Überlagerung der Magnetfelder

Für die Berechnung der Kraft, die auf einen *beliebig gekrümmten* Leiter in einem *inhomogenen* Magnetfeld wirkt, zerlegen wir den Leiter in infinitesimal kleine Teilstücke $d\vec{l}$. Auf diesen können wir die Flussdichte jeweils als konstant ansehen und erhalten entsprechend Gl.(7.5) die Kraft auf ein Teilstück:

$$d\vec{F} = I\,(d\vec{l} \times \vec{B}) \qquad (7.6)$$

Wenn die Flussdichte über jedem Teilstück bekannt ist, dann lässt sich die Kraft auf den gesamten Leiter durch Integration ermitteln:

$$\vec{F} = I \int_l (d\vec{l} \times \vec{B}) \qquad (7.7)$$

Auf der Kraftwirkung magnetischer Felder auf stromdurchflossene Leiter beruht z. B. die Wirkungsweise von Elektromotoren.

Beispiel 7.1
Bei dem **Scheibenläufermotor** mit acht Polpaaren liegen im Luftspalt zwischen jedem Polpaar 4 radial verlaufende stromführende Leiter auf einer isolierenden Kreisscheibe.

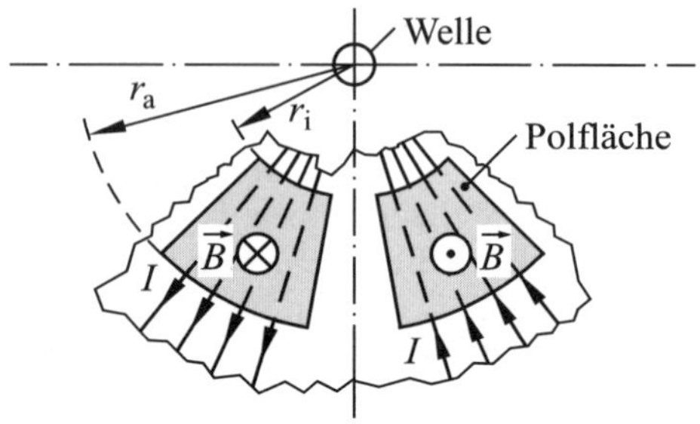

Bild 7.20 Prinzip des Scheibenläufermotors

Für den Motor sind die Stromstärke $I = 6$ A und die Luftspaltflussdichte $B = 0{,}5$ T gegeben. Die Pole haben die Radien $r_i = 40$ mm und $r_a = 80$ mm. Wir wollen das Drehmoment des Motors berechnen.

Da sämtliche Leiter senkrecht zum Flussdichtevektor liegen, ist gemäß Gl.(7.6) die Kraft auf jedes Leiterelement:

$$dF = I\,B\,dl$$

Jedes Leiterelement liefert zum Drehmoment den Beitrag $dM = r\,dF$. Für $dl = dr$ gilt:

$$dM = r\,I\,B\,dr$$

Das Drehmoment eines Leiters berechnen wir durch Integration:

$$M = I\,B \int_{r_i}^{r_a} r\,dr = I\,B\,\frac{r_a^2 - r_i^2}{2} = 7{,}2 \cdot 10^{-3}\ \text{Nm}$$

Die insgesamt 32 Leiter erzeugen das gesamte Drehmoment $M_{ges} = 0{,}23$ Nm.

Wir betrachten nun den Sonderfall zweier *paralleler* Leiter. Auf jeden dieser Leiter wirkt eine Kraft, denn er liegt im Magnetfeld des anderen. Zunächst ermitteln wir die Richtung der Kraft, die auf jeden Leiter ausgeübt wird. Die Tangente an die kreisförmige Feldlinie um jeden Leiter steht senkrecht auf der Verbindungslinie der beiden Leiterachsen. Die Richtung des Vektors $\vec{B}$ ergibt sich aus der Rechtsschraubenregel (s. Abschnitt 7.1.2). Mit Hilfe der Gl.(7.5) bestimmen wir die Richtung der Kraft.

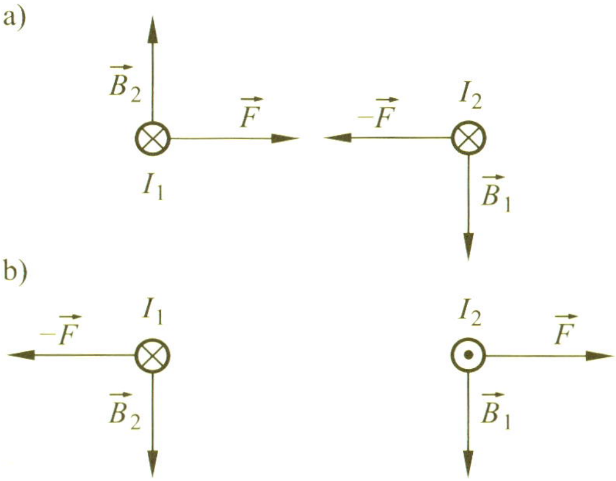

Bild 7.21 Richtungen der Kräfte auf zwei Leiter bei gleichem (a) bzw. entgegengesetztem (b) Richtungssinn der Ströme

Aus dem Bild 7.21 folgt: Ist in beiden Leitern der Richtungssinn der Stromstärke gleich, so ziehen die Leiter einander an; ist er entgegengesetzt, so stoßen die Leiter einander ab.

Da wir den Betrag der Flussdichte B in der Umgebung eines stromdurchflossenen Leiters noch nicht kennen, können wir den Betrag der Kraft nicht mit Hilfe der Gl.(7.1) berechnen.

Messungen zeigen, dass die Kraft im umgekehrten Verhältnis zum Abstand a der Leiter steht. Außerdem ist sie den Stromstärken I_1 und I_2 proportional. Sind die Leiter unendlich lang, so wirkt auf jedes Teilstück der Länge l die Kraft:

$$F = k \cdot \frac{l}{a} \cdot I_1 \cdot I_2 \qquad (7.8)$$

Aus der Definition des Ampere (s. Bild 1.4) ist die Konstante k bereits bekannt. Für unendlich lange, gerade, dünne Leiter und näherungsweise für endlich lange Leiter mit $l \gg a$ gilt im Vakuum und praktisch auch in Luft:

$$k = 0{,}2 \cdot 10^{-6} \, \frac{\mathrm{N}}{\mathrm{A}^2} \qquad (7.9)$$

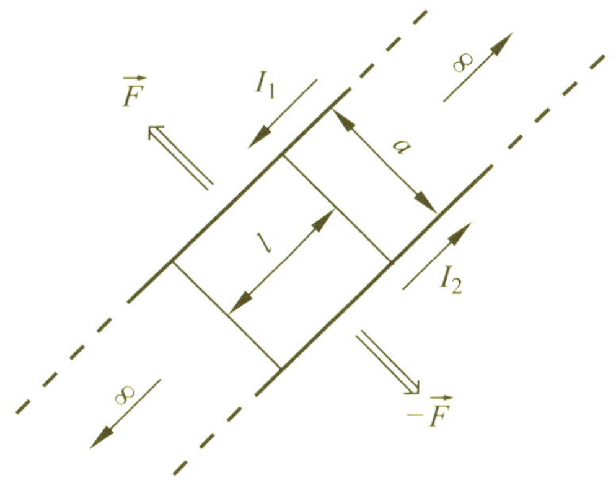

Bild 7.22 Kraft auf zwei parallele Leiter

Beispiel 7.2

In Innenraumschaltanlagen werden parallele Leiter als sog. **Sammelschiene** auf Stützerisolatoren aus Porzellan oder Gießharz befestigt, die bei einem Kurzschluss die auf jeden Leiter wirkende **Umbruchkraft** ertragen müssen.

Wir wollen die Umbruchkraft abschätzen, die bei einem Kurzschlussstrom 50 kA auf zwei 25 cm voneinander entfernte Leiter je Meter Leiterlänge entsteht.

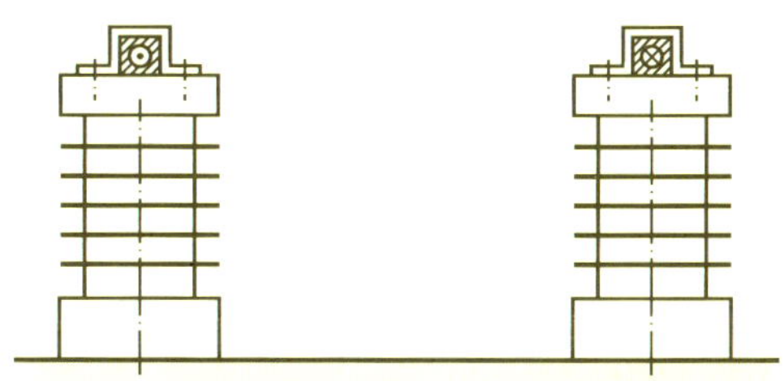

Zur Berechnung der Kraft setzen wir die Stromstärken $I_1 = I_2 = 50 \cdot 10^3$ A sowie die Länge l = 1 m und den Leiterabstand a = 0,25 m in die Gl.(7.8) ein, die exakt nur für lange dünne Leiter gilt, und erhalten den Näherungswert für die Kraft je Meter Leiterlänge:

$F \approx 2000$ N

7.2.3 Kraft auf eine bewegte Ladung

Die Kraft auf einen stromdurchflossenen Leiter im Magnetfeld entsteht dadurch, dass auf jede bewegte Ladung $\mathrm{d}Q$ eine Kraft $\mathrm{d}F$ wirkt, die auf den Leiter übertragen wird. Für differenzielle Größen lautet die Gl.(1.3):

$$I = \frac{\mathrm{d}Q}{\mathrm{d}t} \tag{7.10}$$

Dies setzen wir in die Gl.(7.6) ein:

$$\mathrm{d}\vec{F} = \frac{\mathrm{d}Q}{\mathrm{d}t}\left(\mathrm{d}\vec{l} \times \vec{B}\right) = \mathrm{d}Q\left(\frac{\mathrm{d}\vec{l}}{\mathrm{d}t} \times \vec{B}\right) \tag{7.11}$$

Dabei ist $\mathrm{d}\vec{l}/\mathrm{d}t = \vec{v}$ die Augenblicksgeschwindigkeit des Ladungsträgers mit der Ladung $\mathrm{d}Q$:

$$\mathrm{d}\vec{F} = \mathrm{d}Q\left(\vec{v} \times \vec{B}\right) \tag{7.12}$$

Die gesamte Kraft auf eine bewegte Ladung Q im Magnetfeld wird als **Lorentz-Kraft**[1] bezeichnet. Sie lässt sich durch Integration der Gl.(7.12) berechnen. Wenn $\vec{v}$ und $\vec{B}$ im Bereich der Ladung Q konstant sind, erhalten wir:

$$\boxed{\vec{F} = Q\left(\vec{v} \times \vec{B}\right)} \tag{7.13}$$

Es ist unerheblich, ob die Ladung in einem Leiter „geführt" wird oder ob sie sich frei im Raum bewegt. Die Kraft ist stets senkrecht zur Bewegungsrichtung der Ladung und senkrecht zum Magnetfeld gerichtet (Bild 7.23).
Die Ladung Q wird also quer zu ihrer Bewegungsrichtung abgelenkt, wobei der Betrag v der Bahngeschwindigkeit konstant bleibt. Bewegt sich die Ladung in Richtung einer Feldlinie, so wird keine Kraft auf sie ausgeübt.

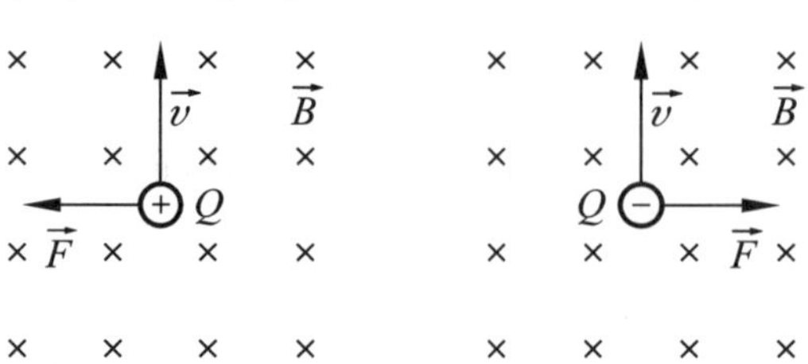

Bild 7.23 Lorentz-Kraft auf bewegte Ladungen

[1] Hendrik Antoon Lorentz, 1853 – 1928, Nobel-Preis 1902

Beispiel 7.3
Ein Elektron tritt mit der Geschwindigkeit v = 10 000 km/s senkrecht zur Feldrichtung in ein homogenes Magnetfeld B = 50 µT ein. Wir wollen die Bahn des Elektrons berechnen.

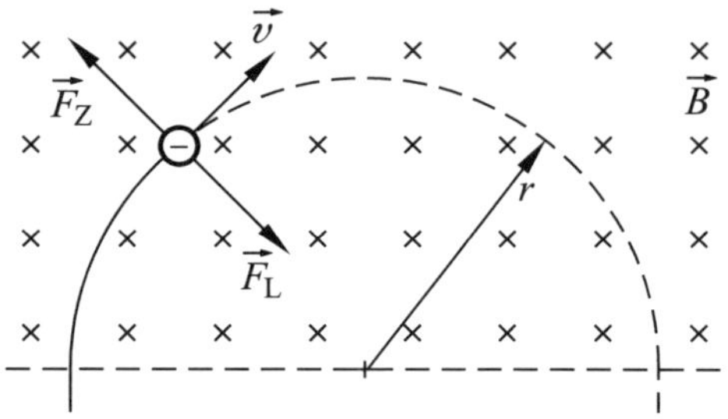

Im homogenen Magnetfeld ist der Betrag F_L der Lorentz-Kraft überall gleich groß. Da die Lorentz-Kraft stets senkrecht zum Geschwindigkeitsvektor gerichtet ist, durchläuft das Elektron im Magnetfeld eine Kreisbahn mit dem Radius r. Dabei halten sich die Zentrifugalkraft $F_Z = m_e\, v^2/r$ und die Lorentz-Kraft $F_L = e\, v\, B$ das Gleichgewicht:

$$m_e\, v^2/r = e\, v\, B$$

Wir berechnen mit der Elektronenmasse m_e aus Tab. 1.1 und der Elementarladung e aus Gl.(1.4) den Radius r der Kreisbahn:

$$r = \frac{m_e\, v}{e\, B} = 1{,}137\ \mathrm{m}$$

Praxisbezug 7.5
Das Erdmagnetfeld ist von großer Bedeutung für das Leben auf der Erde, weil es geladene Teilchen (z. B. Protonen) ablenkt, die von der Sonne auf die Erde zufliegen. Dadurch wird diese Strahlung, der sog. **Sonnenwind**, am Erdboden auf ein für Lebewesen erträgliches Maß reduziert. In der Nähe der magnetischen Pole der Erde ist die geschilderte Ablenkung nicht wirksam; bei erhöhter Sonnenaktivität ruft dort der Sonnenwind Funkstörungen und das sog. **Nordlicht** hervor. ❐

7.2.4 HALL-Effekt

Bringt man einen stromdurchflossenen Leiter in ein Magnetfeld, so wirkt auf jeden bewegten Ladungsträger eine LORENTZ-Kraft. Dadurch werden die Ladungsträger senkrecht zum Flussdichtevektor $\vec{B}$ und senkrecht zum Geschwindigkeitsvektor $\vec{v}$ abgelenkt.
Das Bild 7.24 veranschaulicht dies für *negative* Ladungsträger. Durch die Ablenkung erhöht sich ihre Konzentration auf einer Seite des Leiters. Diese als **HALL-Effekt**[1] bezeichnete Verschiebung der Ladungsträger erzeugt die **HALL-Spannung** U_H zwischen zwei Anschlusspunkten an den Seiten des Leiters; im Bild 7.24 ist $U_H > 0$.
Bei der Bewegung *positiver* Ladungsträger (z.B. Löcher) in umgekehrter Richtung werden diese zur gleichen Seite hin abgelenkt wie die negativen; dabei ist $U_H < 0$. Aus dem Richtungssinn der HALL-Spannung lässt sich also das Vorzeichen der überwiegenden Ladungsträgerart bestimmen.

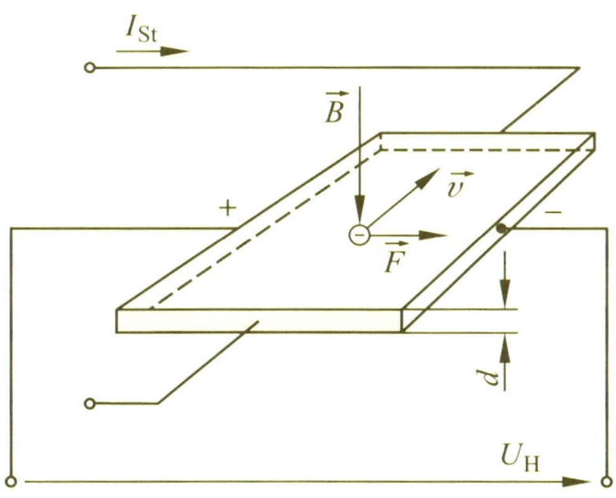

Bild 7.24 Prinzip des HALL-Effekts

Ein Bauelement zur Erzeugung einer HALL-Spannung wird **HALL-Generator** genannt.
Die Spannung U_{H0} eines unbelasteten HALL-Generators ist zum Steuerstrom I_{St} und zur Flussdichte B senkrecht zum HALL-Generator proportional:

$$U_{H0} = K_{B0}\, I_{St}\, B \tag{7.14}$$

Der Proportionalitätsfaktor K_{B0} wird als **Leerlaufempfindlichkeit** bezeichnet; dieser Faktor ist sowohl zur Ladungsträgerdichte n bzw. p (s. Kap. 1.5) als auch zur Dicke d des HALL-Generators umgekehrt proportional.

[1] Edwin Herbert Hall, 1855 – 1938

Praxisbezug 7.6
Bei Metallen ist die Ladungsträgerdichte n sehr groß und daher die Leerlaufempfindlichkeit K_{B0} klein. Technisch brauchbare HALL-Generatoren erhält man durch Aufdampfen dünner, schwach dotierter Halbleiterschichten (bis herab zu 5 μm) auf ein Trägermaterial. Bei Indium-Antimonid (InSb) erreicht man z.B. $U_{H0} = 1$ V bei $I_{St} = 15$ mA und $B = 1$ T.
Die HALL-Spannung ist temperaturabhängig; durch verschiedene Maßnahmen wird der Temperatureinfluss herabgesetzt.

Der HALL-Effekt wird angewendet
- bei **HALL-Sonden** zur genauen Feldmessung: Der HALL-Generator wird von einem konstanten Steuerstrom I_{St} durchflossen. Die HALL-Spannung ist dabei der Flussdichte B proportional; sie wird verstärkt und von einem Messgerät angezeigt. Dreht man die HALL-Sonde in die Richtung des maximalen Ausschlags, so wird sie vom Flussdichtevektor senkrecht durchsetzt. Da die Fläche der HALL-Sonde sehr klein ist (bis herab zu 1 mm²), kann man den Betrag und die Richtung des Magnetfeldes in jedem Raumpunkt messen.
- zur kontaktlosen Signalgabe für Annäherungsschalter, Drehzahlmesser usw.: Wird ein kleiner Dauermagnet dem vom Steuerstrom I_{St} durchflossenen HALL-Generator genähert, so entsteht eine HALL-Spannung, die einem Verstärker zugeführt wird. ❐

Fragen
- Beschreiben Sie, wie man den Betrag der magnetischen Flussdichte mit Hilfe eines stromdurchflossenen Leiters messen kann.
- Geben Sie den Betrag und die Richtung der Kraft an, die auf einen stromdurchflossenen Leiter in einem senkrecht hierzu verlaufenden Magnetfeld ausgeübt wird. Skizzieren Sie ein Beispiel.
- Beschreiben Sie, wie die Kräfte auf zwei stromdurchflossene parallele Leiter gerichtet sind.
- Erläutern Sie den Begriff LORENTZ-Kraft.
- Was versteht man unter dem HALL-Effekt?

Aufgaben

7.1(1) Auf einen stromdurchflossenen Leiter, der mit der Länge 10 cm senkrecht zur Feldlinienrichtung in einem homogenen Magnetfeld der Flussdichte 0,5 T verläuft, soll die Kraft 0,1 N ausgeübt werden. Wie groß muss die Stromstärke sein?

7.2(2) Eine quadratische Leiterschleife mit der Kantenlänge a = 1 cm und vernachlässigbar kleinem Drahtdurchmesser befindet sich in einem homogenen Magnetfeld mit der Flussdichte 0,2 T.

- Welcher magnetische Fluss durchsetzt die Leiterschleife in Lage a) bzw. in Lage b)?
- Die Leiterschleife wird von einem Strom 0,5 A durchflossen. Wie groß ist jeweils das Drehmoment? Geben Sie den Drehsinn an.

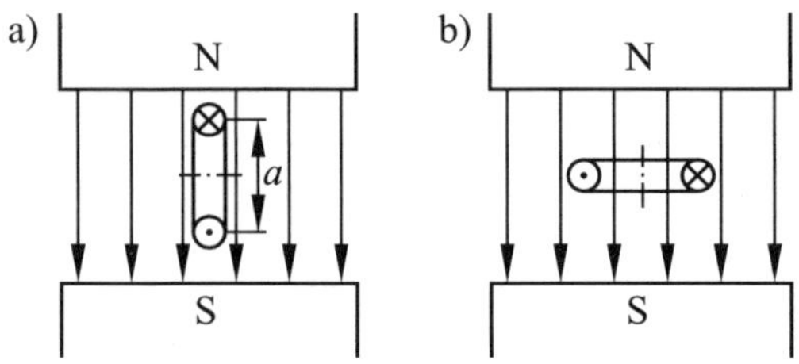

- Auf einer kreisförmigen Feldlinie um den Leiter hat die Flussdichte einen konstanten Betrag.
- Der Betrag B der Flussdichte ist zur Stromstärke I im Leiter proportional.
- Der Betrag B der Flussdichte ist zum Radius r der Feldlinie umgekehrt proportional.

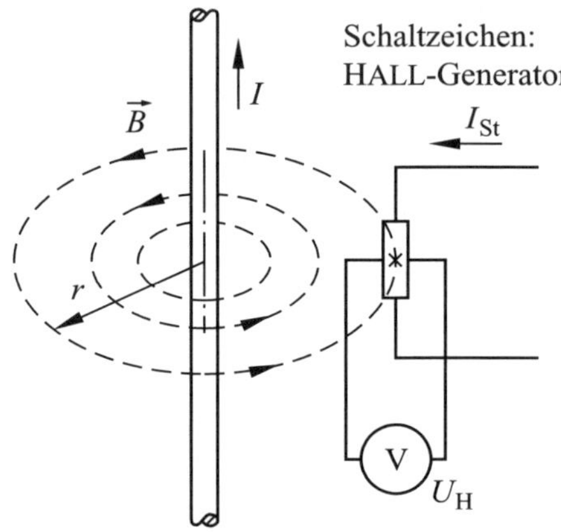

Bild 7.25 Messung der Flussdichte in der Umgebung eines langen, geraden Leiters mit einer HALL-Sonde

7.3 Das Durchflutungsgesetz

Ziele: Sie können

- das Feld der magnetischen Flussdichte in der Umgebung eines langen, geraden Leiters beschreiben.
- den Zusammenhang der magnetischen Flussdichte mit der magnetischen Feldstärke angeben.
- den Begriff Durchflutung erläutern.
- das Durchflutungsgesetz als Formel aufschreiben und seinen Inhalt erläutern.

7.3.1 Durchflutung

Wir wollen nun den quantitativen Zusammenhang zwischen der Stromstärke (Ursache) und der magnetischen Flussdichte (Wirkung) genauer untersuchen. Hierzu beginnen wir mit dem einfachsten Fall, dem magnetischen Feld eines langen, geraden, zylindrischen Leiters, der von einem Gleichstrom I durchflossen wird und sich in einem Feldraum mit einheitlichem Feldmedium (z.B. Luft) befindet.

Wir messen den Betrag B der Flussdichte an mehreren Punkten einer Ebene senkrecht zum Leiter mit einer HALL-Sonde. Dabei finden wir:

Für die einfache, symmetrische Anordnung des langen, geraden Leiters lässt sich demnach der gesuchte Zusammenhang zwischen B und I durch folgende Beziehung angeben:

$$B = K \cdot \frac{I}{r} \tag{7.15}$$

Dies kann nicht der *allgemeine* Zusammenhang zwischen B und I sein, denn bei einer beliebigen Leiteranordnung sind die magnetischen Feldlinien keine zum Leiter konzentrischen Kreise.

Um den allgemeinen Zusammenhang zu finden, bilden wir das Randintegral der Flussdichte. Wir wählen für den langen geraden Leiter eine Feldlinie mit dem Radius r als Integrationsweg; dabei hat jedes Wegelement $d\vec{s}$ die gleiche Richtung wie der Vektor $\vec{B}$:

$$\oint \vec{B} \cdot d\vec{s} = B \oint ds = B \cdot 2\pi r \tag{7.16}$$

Die Summe der Wegelemente ist hierbei der Kreisumfang. Wir setzen die Gl.(7.15) in die Gl.(7.16) ein und erhalten:

$$\oint \vec{B} \cdot d\vec{s} = K \cdot 2\pi \cdot I \qquad (7.17)$$

Wir wollen nun untersuchen, welchen Wert das Integral für einen *beliebigen* Integrationsweg um den langen geraden Leiter annimmt.

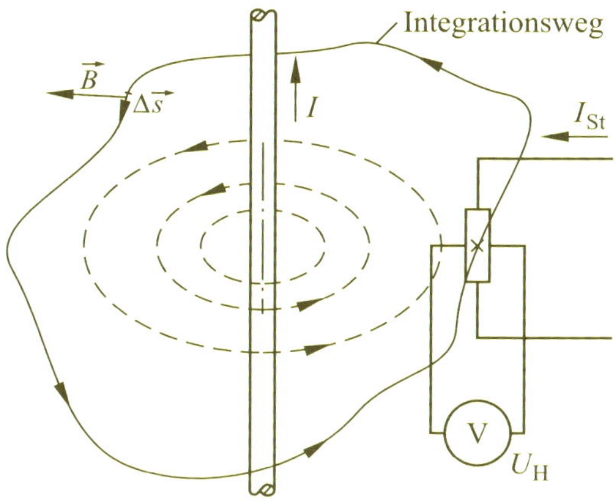

Bild 7.26 Bildung der Summe $\Sigma \vec{B} \cdot \Delta\vec{s}$ auf einem beliebigen Integrationsweg

Zur *Messung* zerlegen wir den Integrationsweg in n kurze, gerade Wegelemente $\Delta\vec{s}$, an denen jeweils ein Messwert für den Betrag B der Flussdichte aufgenommen wird (Bild 7.26). Steht das Wegelement senkrecht zur Fläche der HALL-Sonde, so messen wir die Komponente B_s des Flussdichtevektors in Wegrichtung und es ist $\vec{B} \cdot \Delta\vec{s} = B_s \cdot \Delta s$. Führt man die Berechnung für unterschiedliche Integrationswege durch, so erhält man stets das gleiche Ergebnis, welches die Gl.(7.17) nennt:

$$\oint \vec{B} \cdot d\vec{s} = K \cdot 2\pi \cdot I \approx \sum \vec{B} \cdot \Delta\vec{s} \qquad (7.18)$$

Ein weiteres Experiment zeigt, dass der vom Integrationsweg umfasste Leiter nicht gerade sein muss; die Gl.(7.18) gilt auch für beliebig *gekrümmte* Leiter.

Sie gilt sogar dann, wenn der Strom auf mehrere Leiter verteilt ist (Bild 7.27). Fließen in ihnen Ströme mit unterschiedlichem Richtungssinn, so ist der Gesamtstrom die Summe der vom Integrationsweg umschlossenen Ströme; dabei erhalten die mit dem Integrationsweg im Sinn einer Rechtsschraube verknüpften Ströme ein positives, die übrigen ein negatives Vorzeichen. Diesen Gesamtstrom bezeichnet man als **Durchflutung** *(magnetomotive force*, MMF*)* Θ (griech. Buchstabe Theta):

$$\Theta = \sum_{k=1}^{n} I_k \qquad (7.19)$$

Im Bild 7.27 ist z.B. $\Theta = I_1 - I_2 + I_3 - I_4$.

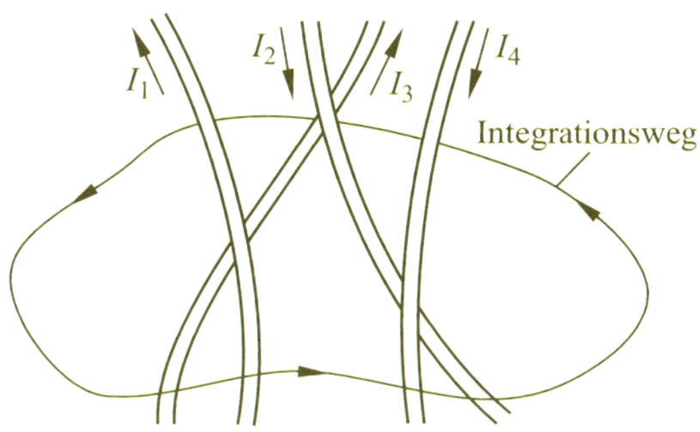

Bild 7.27 Randintegral $\oint \vec{B} \cdot d\vec{s}$ bei Strömen mit unterschiedlichem Richtungssinn

7.3.2 Permeabilität

Die in der Gl.(7.17) enthaltene Konstante $K \cdot 2\pi$ nennt man **Permeabilität** *(permeability)* μ (griech. Buchstabe my):

$$\mu = K \cdot 2\pi \qquad (7.20)$$

Die Permeabilität μ ist abhängig von dem *Material*, das den Feldraum ausfüllt. Für den *leeren Raum* (Vakuum) ergibt sie sich aus den bisherigen Festlegungen.

Um dies zu zeigen, gehen wir vom einfachsten Fall (Bild 7.25) aus und denken uns zu dem vorhandenen Leiter einen zweiten, parallelen Leiter im Abstand $a = r$, der ebenfalls den Strom I führt. Zur Bestimmung der Konstanten K setzen wir die Gln.(7.8 und 7.15) in die Gl.(7.1) ein. Dadurch ergibt sich die Konstante $K = k$ nach Gl.(7.9), und wir erhalten für den leeren Raum (Index 0) und angenähert auch für Luft:

$$\mu_0 = 0{,}4\pi \cdot 10^{-6} \, \frac{\mathrm{Vs}}{\mathrm{Am}} \qquad (7.21)$$

Die Konstante μ_0 nennt man die **magnetische Feldkonstante** *(absolute permeability)*; sie ist mit der Lichtgeschwindigkeit c und der elektrischen Feldkonstanten ε_0 folgendermaßen verknüpft:

$$c^2 = \frac{1}{\varepsilon_0 \, \mu_0} \tag{7.22}$$

Ist der Feldraum ganz mit einem homogenen Material ausgefüllt, so berücksichtigt man dessen Einfluss durch eine dimensionslose Zahl μ_r, die **Permeabilitätszahl** *(relative permeability)* genannt wird.
Das Produkt $\mu_r \, \mu_0$ wird als **Permeabilität** *(permeability)* μ bezeichnet:

$$\boxed{\mu = \mu_r \, \mu_0} \tag{7.23}$$

Wir setzen die Durchflutung Θ anstelle des Stromes I in die Gl.(7.17) ein, die damit für beliebig viele Ströme innerhalb des Umlaufweges gilt. Mit der Gl.(7.20) ergibt sich der gesuchte Zusammenhang:

$$\oint \vec{B} \cdot \mathrm{d}\vec{s} = \mu \cdot \Theta \tag{7.24}$$

7.3.3 Magnetische Feldstärke

Vielfach trifft man auf dem Integrationsweg *unterschiedliche Materialien* mit unterschiedlichen Werten für die Permeabilitätszahl μ_r an. In diesem Fall muss die Permeabilität $\mu = f(s)$ in das Integral gezogen werden:

$$\oint \frac{\vec{B} \cdot \mathrm{d}\vec{s}}{\mu} = \Theta \tag{7.25}$$

Es hat sich als zweckmäßig erwiesen, einen Vektor $\vec{H}$ einzuführen, mit dem die Gl.(7.25) einfacher zu schreiben ist:

$$\vec{H} = \frac{\vec{B}}{\mu} \tag{7.26}$$

Die Größe H wird als **magnetische Feldstärke** *(magnetic field strength)* bezeichnet. Sie hat die Einheit:

$$[H] = \frac{[B]}{[\mu]} = 1 \, \frac{\mathrm{Vs} \cdot \mathrm{Am}}{\mathrm{m}^2 \cdot \mathrm{Vs}} = 1 \, \frac{\mathrm{A}}{\mathrm{m}} \tag{7.27}$$

Die Einführung der magnetischen Feldstärke $\vec{H}$ hat zunächst nur formalen Sinn, denn sie lässt sich – im Gegensatz zur Flussdichte $\vec{B}$ – nicht unmittelbar messen.
Die magnetische Feldstärke $\vec{H}$ ist jedoch die direkt mit der Durchflutung verknüpfte „magnetische Erregung" des Feldraumes, und ihre Einführung wird sich später bei der Behandlung magnetischer Felder in Materie als sehr nützlich erweisen.

Mit dem Feldstärkevektor lautet die Gl.(7.25):

$$\boxed{\oint \vec{H} \cdot \mathrm{d}\vec{s} = \Theta} \tag{7.28}$$

Dieser wichtige Zusammenhang wird **Durchflutungsgesetz** genannt. Es zeigt einen wesensmäßigen Unterschied zwischen dem magnetischen und dem elektrostatischen Feld, in dem das Randintegral $\oint \vec{E} \cdot \mathrm{d}\vec{s}$ stets den Wert Null hat (s. Gl. 6.19).
In Anlehnung hieran bezeichnet man den Ausdruck $\oint \vec{H} \cdot \mathrm{d}\vec{s}$ als **magnetische Umlaufspannung**. Hiermit können wir das Durchflutungsgesetz in Worten ausdrücken:

> Die magnetische Umlaufspannung ist stets gleich der Durchflutung der vom Integrationsweg berandeten Fläche.

Nun ist es nur noch ein kleiner Schritt zur all-gemeinen Beziehung zwischen einem stationären elektrischen Strömungsfeld $\vec{J}$ und dem mit ihm stets verknüpften Magnetfeld. Wir setzen den Strom nach Gl.(6.5) an Stelle der Durchflutung in die Gl.(7.28) ein:

$$\boxed{\oint \vec{H} \cdot \mathrm{d}\vec{s} = \int_A \vec{J} \cdot \mathrm{d}\vec{A}} \tag{7.29}$$

Hierin ist A die vom geschlossenen Integrationsweg berandete Fläche. Der Umlaufsinn des Integrationsweges ist mit den Flächenvektoren $\mathrm{d}\vec{A}$ im Rechtsschraubensinn verknüpft.

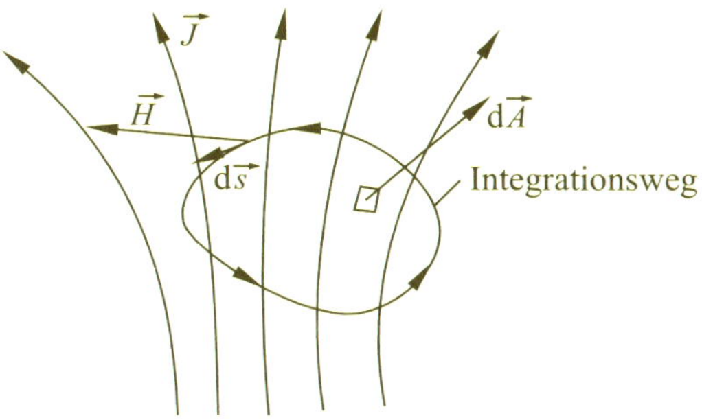

7.28 Elektrisches Strömungsfeld $\vec{J}$ und magnetische Umlaufspannung

Das Durchflutungsgesetz in der allgemeinen Form der Gl.(7.29) wurde bereits 1873 von MAXWELL angegeben und ist als **1. MAXWELLsche Gleichung** bekannt. Sie ist grundlegend für die theoretische Beschreibung vieler elektrodynamischer Vorgänge, z.B. auch der elektromagnetischen Wellen, die erst nach dem Tod MAXWELLs entdeckt wurden.

Fragen

- Beschreiben Sie die Messung von Richtung und Betrag der magnetischen Flussdichte mit Hilfe einer HALL-Sonde.
- Wie lautet der Zusammenhang zwischen dem Strom und der Flussdichte bei einem langen, geraden, zylindrischen Leiter?
- Welcher Zusammenhang besteht zwischen der magnetischen Feldstärke und der Flussdichte im Vakuum bzw. in einem beliebigen Material?
- Was versteht man unter den Begriffen Durchflutung und magnetische Umlaufspannung?
- Geben Sie die Bezeichnungen und Einheiten für folgende magnetische Größen an: B, H, Θ, μ, μ_0, μ_r.
- Welche Einheiten besitzen folgende Größen: Magnetische Feldkonstante, Permeabilitätszahl, Permeabilität?
- Wie lautet das Durchflutungsgesetz? Erläutern Sie seine Aussage mit Hilfe einer Skizze.

Aufgaben

7.3$^{(1)}$ Eine Koaxialleitung besteht aus einem zylindrischen Innenleiter (Durchmesser d_1) und einem konzentrischen rohrförmigen Außenleiter (Durchmesser d_2; d_3). Der Strom $I = 0{,}2$ A hat in beiden Leitern entgegengesetzten Richtungssinn. Bestimmen Sie den Betrag der Durchflutung für die Kreisflächen mit den Durchmessern d_1; d_2; d_3.

7.4$^{(1)}$ Geben Sie die Werte der magnetischen Umlaufspannung für die eingezeichneten Integrationswege an. $I_1 = 2$ A ; $I_2 = 4{,}5$ A

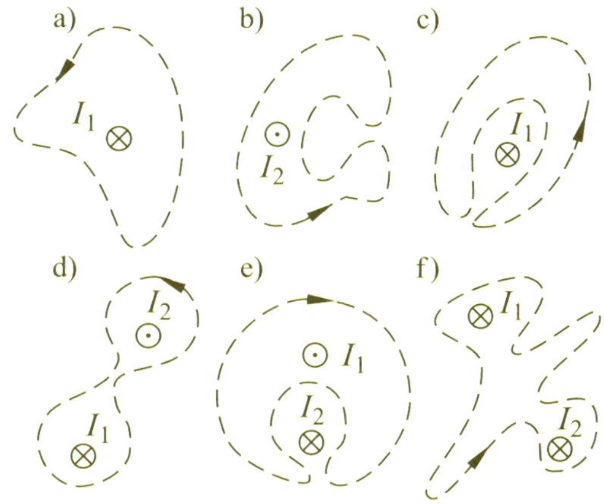

7.4 Anwendung des Durchflutungsgesetzes

Ziele: Sie können

- die Voraussetzungen nennen, die für die Berechnung der magnetischen Feldstärke mit Hilfe des Durchflutungsgesetzes erfüllt sein müssen.
- die magnetische Feldstärke mit dem Durchflutungsgesetz berechnen für die Fälle: Langer, gerader Leiter; Koaxialleitung; Kreisringspule; Zylinderspule.

Mit Hilfe des Durchflutungsgesetzes kann man die magnetische Feldstärke für einen Punkt in der Umgebung einer stromdurchflossenen Leiteranordnung auf einfache Weise berechnen, wenn der Betrag der magnetischen Feldstärke längs eines bekannten Integrationsweges *konstant* ist.

Das Durchflutungsgesetz besitzt große Bedeutung für die Berechnung in Eisen geführter magnetischer Felder, der sog. „magnetischen Kreise", mit denen wir uns erst später befassen (Kap. 7.7).

7.4.1 Magnetische Feldstärke in der Umgebung eines langen, geraden, zylindrischen Leiters

Wird ein solcher Leiter von einem Strom durchflossen, so bildet sich ein *parallelebenes magnetisches Feld* aus. Die Feldlinien sind konzentrische Kreise um die Leiterachse, auf denen der Betrag des Feldstärkevektors wegen der Zylindersymmetrie jeweils konstant ist.

Wählt man als Integrationsweg zur Bildung der magnetischen Umlaufspannung eine *Feldlinie* mit dem Radius r, so haben auf ihm die Vektoren $\vec{H}$ und $\Delta\vec{s}$ stets die gleiche Richtung (Bild 7.29) und das Skalarprodukt $\vec{H}\cdot\Delta\vec{s}$ ist gleich dem Produkt der Beträge dieser Vektoren.

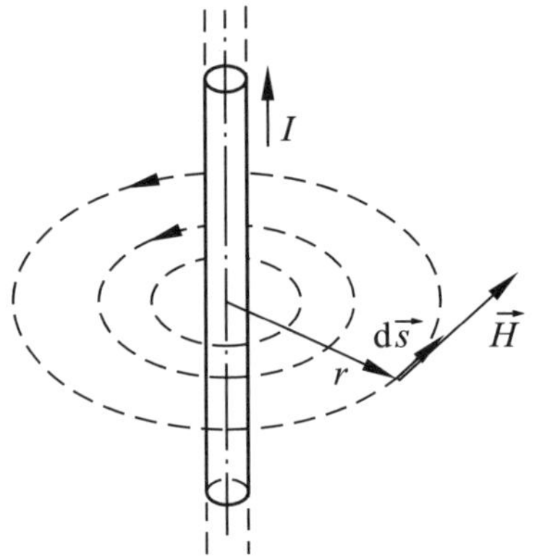

Bild 7.29 Magnetfeld in der Umgebung des Leiters

Da außerdem $H = |\vec{H}|$ auf der Feldlinie mit dem Radius r konstant ist, kann man den Betrag H der magnetischen Feldstärke als Konstante vor das Integral ziehen und die Gl.(7.28) folgendermaßen umformen:

$$\Theta = \oint \vec{H}\cdot \mathrm{d}\vec{s} = \oint H \cdot \mathrm{d}s = H \oint \mathrm{d}s \tag{7.30}$$

Die Summe der Wegelemente $\oint \mathrm{d}s$ ist hier der Umfang des Kreises mit dem Radius r, also die Länge der Feldlinie $2\pi r$. Somit gilt:

$$\Theta = 2\,\pi\, r\, H \tag{7.31}$$

Die Durchflutung der vom Integrationsweg berandeten Fläche ist die Stromstärke I. Wir setzen dies in die Gl.(7.31) ein und berechnen die magnetische Feldstärke außerhalb des Leiters im Abstand r von seiner Mittelachse:

$$\boxed{H = \frac{I}{2\,\pi\, r}} \tag{7.32}$$

Diese Gleichung gilt nur bei einem Leiter mit Kreisquerschnitt, da jede andere Querschnittsform nicht kreisförmige Feldlinien erzeugt. Der Leiterdurchmesser ist dagegen nicht von Bedeutung.

Die Gl.(7.32) gilt ferner nur für einen *langen* Leiter. Sie darf *nicht* für die Berechnung der Feldstärke in der Umgebung eines *kurzen* Leiterstückes benutzt werden, da die Zuleitungen dabei einen von der Kreisform abweichenden Feldverlauf verursachen. Dies gilt auch dann, wenn die Zuleitungen rechtwinklig und symmetrisch zum Leiterstück geführt werden; ihre Wirkungen heben sich dabei keineswegs auf. Bei einem *nicht geraden*, langen Leiter erhält man ebenfalls keine kreisförmigen Feldlinien; das Durchflutungsgesetz lässt sich zwar ansetzen – es ist allgemein gültig –, aber nicht elementar zur Berechnung der magnetischen Feldstärke in einem bestimmten Punkt auswerten.

7.4.2 Magnetische Feldstärke im Innern eines langen, geraden, zylindrischen Leiters

Im Innern des Leiters ist der Strom über den Querschnitt verteilt. Daher lassen sich auch dort Integrationswege angeben, die eine Durchflutung einschließen: Im Innern des Leiters existiert ein Magnetfeld. Aus Gründen der Zylindersymmetrie erwarten wir auch hier ein *parallelebenes* Feld mit kreisförmigen Feldlinien.

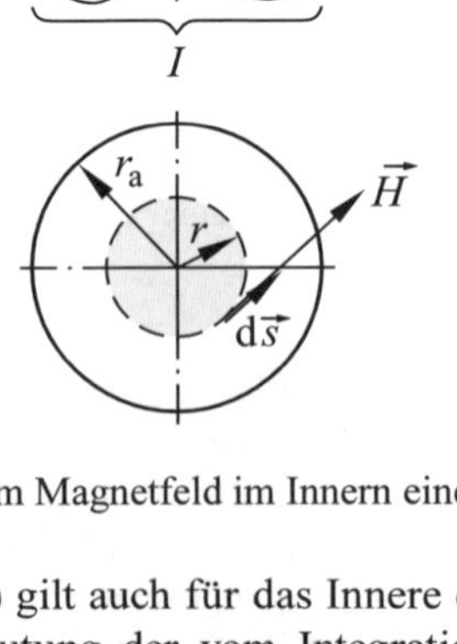

Bild 7.30 Zum Magnetfeld im Innern eines Leiters

Die Gl.(7.31) gilt auch für das Innere des Leiters. Die Durchflutung der vom Integrationsweg berandeten Fläche ist die Stromstärke I_r, die mit wachsendem Radius größer wird. Wir betrachten nur den bei Gleichstrom vorliegenden Fall, dass der Strom *gleichmäßig* über den Leiterquerschnitt verteilt ist, und setzen an:

$$I_r = J\,A = J\,\pi\,r^2 = I\,\frac{r^2}{r_a^2} \tag{7.33}$$

Dies setzen wir in die Gl.(7.32) ein und berechnen die magnetische Feldstärke H innerhalb des Leiters im Abstand r von seiner Mittelachse:

$$\boxed{H = \frac{I}{2\,\pi\,r_a^2}\cdot r} \tag{7.34}$$

Im Bild 7.31 ist der Feldverlauf im Innen- und Außenraum des Leiters dargestellt. Man erkennt den linearen Anstieg der magnetischen Feldstärke im Innenraum gemäß Gl.(7.34) und den Abfall nach einer Hyperbel gemäß Gl.(7.32) im Außenraum.

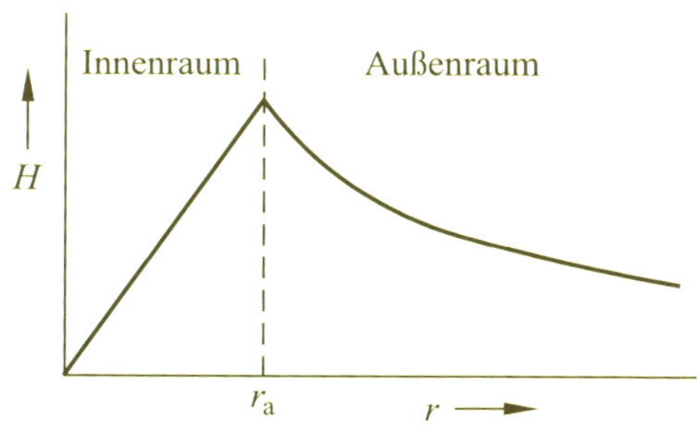

Bild 7.31 Magnetische Feldstärke in Abhängigkeit vom Radius bei einem zylindrischen Leiter mit J = const.

7.4.3 Magnetfeld einer langen Koaxialleitung

Eine **Koaxialleitung** *(coaxial line)* besteht aus einem Innenleiter mit dem Radius r_1 und einem konzentrischen Außenleiter mit den Radien r_2 und r_3 (Bild 7.32). Der Richtungssinn der Ströme ist in beiden Leitern entgegengesetzt.

Auf Grund der Zylindersymmetrie liegt auch hier ein *parallelebenes* magnetisches Feld vor, dessen Feldlinien Kreise um die Mittelachse der Leitung sind. Die Gl.(7.31) gilt deshalb auch bei der Koaxialleitung.

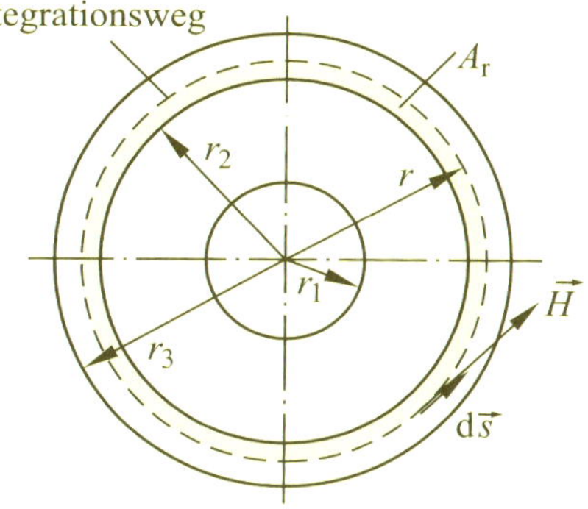

Bild 7.32 Querschnitt durch eine Koaxialleitung

Wir setzen im Innen- und im Außenleiter jeweils konstante Stromdichte voraus. Beim Ansatz des Durchflutungsgesetzes unterscheiden wir vier Bereiche:

1. Innenleiter: $0 \le r \le r_1$

$$H = \frac{I}{2\,\pi\,r_1^2}\cdot r \qquad \text{vgl. Gl.(7.34)}$$

2. Zwischenraum: $r_1 \le r \le r_2$

$$H = \frac{I}{2\,\pi\,r} \qquad \text{vgl. Gl.(7.32)}$$

3. Außenleiter: $r_2 \le r \le r_3$

Wegen des entgegengesetzten Richtungssinnes der Ströme im Innen- und Außenleiter wird die Durchflutung Θ des Integrationsweges mit zunehmendem Radius r kleiner:

$$\Theta = I - J\,A_r \tag{7.35}$$

Die Stromdichte im Außenleiter ist:

$$J = \frac{I}{\pi\left(r_3^2 - r_2^2\right)} \tag{7.36}$$

Vom Integrationsweg mit dem Radius r wird die Kreisringfläche A_r berandet:

$$A_r = \pi\left(r^2 - r_2^2\right) \tag{7.37}$$

Wir setzen die Gln.(7.36 und 7.37) in die Gl.(7.35) ein und erhalten die Durchflutung:

$$\Theta = I\,\frac{r_3^2 - r^2}{r_3^2 - r_2^2} \tag{7.38}$$

Wir setzen dies in die Gl.(7.31) ein und erhalten schließlich für den Außenleiter:

$$H = \frac{I}{2\pi r}\cdot\frac{r_3^2 - r^2}{r_3^2 - r_2^2} \tag{7.39}$$

4. Außenraum: $r_3 \le r \le \infty$

Da die Durchflutung wegen des entgegengesetzten Richtungssinnes der Ströme im Innen- und Außenleiter hier *Null* ist, liegt wegen der Zylindersymmetrie im Außenraum *kein* magnetisches Feld vor. Dies ist bei technischen Anwendungen der Koaxialleitung oft von Bedeutung; so beeinflussen sich z.B. mehrere zueinander parallel geführte Koaxialleitungen nicht.

Der Feldverlauf für die vier Bereiche ist im Bild 7.33 dargestellt.

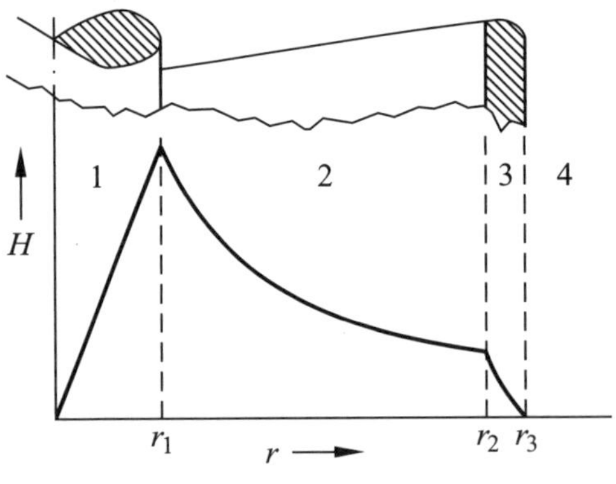

Bild 7.33 Feldverlauf bei einer Koaxialleitung

7.4.4 Magnetische Feldstärke innerhalb einer Kreisringspule

Zur Erzeugung hoher magnetischer Feldstärken wickelt man den Stromleiter zu einer *Spule* auf. Der für die Berechnung einfachste Fall ist die in sich geschlossene Wicklung einer **Kreisringspule** *(toroidal coil)*, deren Feldlinien im Bild 7.34 dargestellt sind.

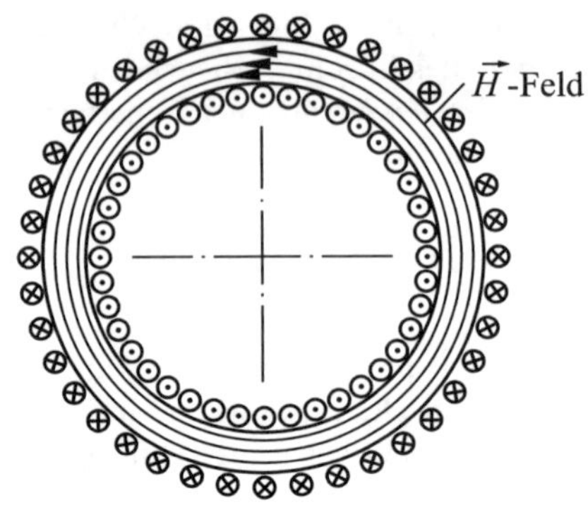

Bild 7.34 Feldlinien einer Kreisringspule

Wir wählen für die Bildung der magnetischen Umlaufspannung eine kreisförmige Feldlinie als Integrationsweg, so dass der Vektor $\vec{H}$ stets in Richtung des zugehörigen Wegelements $d\vec{s}$ liegt. Da auf einer Feldlinie aus Symmetriegründen der Betrag H der magnetischen Feldstärke hier konstant ist, können wir schreiben:

$$\oint \vec{H}\cdot d\vec{s} = \oint H\cdot ds = H\oint ds = H\cdot 2\pi r = \Theta$$

Durch die vom Integrationsweg 1 (Bild 7.35) berandete Fläche tritt der Strom N-mal hindurch, wobei N die **Windungszahl** *(number of turns)* der Spule ist. Die Durchflutung ist also:

$$\Theta = N I \tag{7.40}$$

Damit berechnen wir die magnetische Feldstärke:

$$H = \frac{N I}{2\pi r} \tag{7.41}$$

Im Feldraum der Kreisringspule nimmt die magnetische Feldstärke nach außen hin ab.
Ist der mittlere Durchmesser D der Kreisringspule wesentlich größer als der innere Durchmesser d der Windungen, so gilt näherungsweise:

$$H \approx \frac{N I}{\pi D}\,;\quad D \gg d \tag{7.42}$$

Man kann für $D \gg d$ das Innenfeld als annähernd konstant über dem Windungsquerschnitt ansehen.

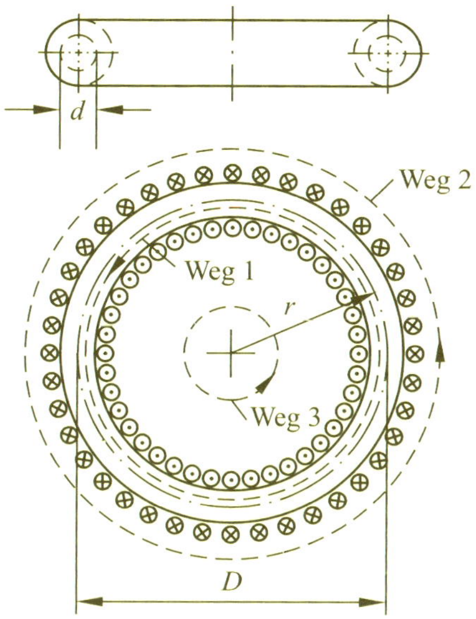

Bild 7.35 Bildung der magnetischen Umlaufspannung bei einer Kreisringspule

Die Durchflutung für jeden kreisförmigen Integrationsweg außerhalb des Wicklungsraumes ist Null: Der Weg 3 im Bild 7.35 umschließt keine stromführenden Leiter; für den Weg 2 heben sich die Wirkungen sämtlicher stromführender Leiter auf, und es ist aus Gründen der Symmetrie $H = 0$. Für diese Integrationswege ist $\vec{H} \cdot d\vec{s} = 0$. Es existiert jedoch ein Magnetfeld senkrecht zur Zeichenebene von Bild 7.35, das aber sehr viel schwächer als das Feld im Spuleninnern ist.

7.4.5 Magnetfeld einer Zylinderspule

Die Herstellung von Ringspulen ist technisch aufwändig. Einfacher lässt sich eine gestreckte **Zylinderspule** *(cylindrical coil)* herstellen. Ihre Wicklung mit der Windungszahl N befindet sich auf einem Zylinder mit dem Durchmesser d und der Länge l.

Wir befassen uns im Folgenden ausschließlich mit einlagigen Spulen (Bild 7.36); bei ihnen hat jede Windung den Innendurchmesser d. In der Praxis werden auch mehrlagige Spulen verwendet; ihre Berechnung ist jedoch aufwändiger als die der einlagigen Zylinderspule.

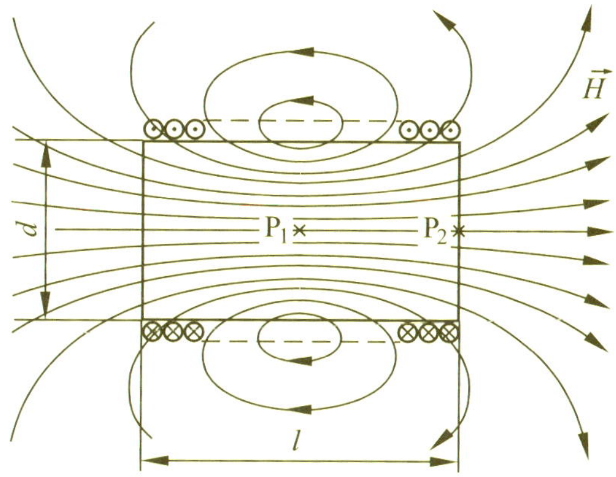

Bild 7.36 Feldbild einer Zylinderspule

Wir bilden die Umlaufspannung für eine geschlossene Feldlinie und spalten das Integral auf:

$$\oint \vec{H} \cdot d\vec{s} = \underset{\text{(Innenraum)}}{\int \vec{H}_i \cdot d\vec{s}} + \underset{\text{(Außenraum)}}{\int \vec{H}_a \cdot d\vec{s}}$$

Das Feld im Außenraum ist wesentlich schwächer als das im Innenraum. In grober Näherung lassen wir den Außenraumterm unberücksichtigt und setzen für den Innenraum ein *homogenes Feld* mit der konstanten Feldstärke H_i an:

$$\int \vec{H}_i \cdot d\vec{s} = H_i \int ds = H_i \cdot l \approx \Theta$$

Die Feldstärke im Spuleninnern ist damit näherungsweise:

$$H_i \approx \frac{\Theta}{l} = \frac{NI}{l} \tag{7.43}$$

Diese Näherung ist um so besser, je dünner und je länger die Spule ist.

Genaue Ansätze über das Gesetz von BIOT-SAVART (Kap. 7.5) ergeben folgende Gleichungen, die hier ohne Ableitung stehen sollen.
Feldstärke in Spulenmitte (Punkt P_1 in Bild 7.36):

$$H_1 = \frac{NI}{l} \cdot \frac{1}{\sqrt{1 + \left(\frac{d}{l}\right)^2}} \tag{7.44}$$

Feldstärke im Zentrum der Spulenöffnung (Punkt P_2 in Bild 7.36):

$$H_2 = \frac{NI}{2l} \cdot \frac{1}{\sqrt{1 + \left(\frac{d}{2l}\right)^2}} \qquad (7.45)$$

Bei der Berechnung der Feldstärke mit der Gl.(7.43) macht man für den Punkt P_1 in Bild 7.36 einen *Fehler* von nur etwa 1 %, wenn das Verhältnis $l/d = 7$ ist. Bis zur Spulenöffnung (Punkt P_2 in Bild 7.36) fällt die Feldstärke in jedem Fall bis etwa auf die Hälfte des Wertes für den Punkt P_1 ab.

Lange dünne Zylinderspulen können als Feldstärkenormale verwendet werden; die Messung soll dabei stets in Spulenmitte vorgenommen werden.

Fragen

- Leiten Sie mit Hilfe des Durchflutungsgesetzes die magnetische Feldstärke für einen Punkt mit dem Abstand r von der Achse eines unendlich langen, geraden, zylindrischen Leiters her, wobei der Punkt innerhalb bzw. außerhalb des Leiters liegt.
- Wie groß ist die magnetische Feldstärke im Innenraum einer Kreisringspule (Herleitung aus dem Durchflutungsgesetz)?
- Geben Sie eine Näherungslösung für den Wert der magnetischen Feldstärke im Innern einer Zylinderspule an. Welche Voraussetzungen müssen für die Gültigkeit der Näherung erfüllt sein?
- Erläutern Sie den Begriff Koaxialleitung.
- Skizzieren Sie die magnetische Feldstärke einer Koaxialleitung als Funktion des Radius und begründen Sie den Verlauf.
- Erläutern Sie, unter welcher Bedingung außerhalb einer Koaxialleitung kein magnetisches Feld vorliegt.

Aufgaben

7.5(1) In einem langen, geraden, zylindrischen Leiter fließt ein Gleichstrom. In welchem Abstand von der Achse ist außerhalb des Leiters der Betrag der magnetischen Feldstärke 1 % des Maximalwertes?

7.6(1) Berechnen Sie den minimalen und den maximalen Wert der magnetischen Flussdichte im Innenraum einer Kreisringspule. $D_a = 20$ cm; $D_i = 15$ cm; $I = 2$ A; $N = 600$; Feldmedium Luft.

7.7(2) Berechnen Sie die magnetische Feldstärke in der Mitte einer 60 cm langen, einlagigen Zylinderspule, deren 800 Windungen von 1,5 A durchflossen werden.

Wie groß darf der Windungsdurchmesser höchstens sein, damit die Abweichung der Näherungslösung vom exakten Wert nicht mehr als 1 % beträgt?

7.8(2) Zwei konzentrische Metallrohre werden in entgegengesetzten Richtungen von Gleichströmen $I = 100$ A durchflossen. Wie groß ist die magnetische Feldstärke an jeder der vier Zylinderoberflächen?

Innenrohr: $D_1 = 12$ mm; $D_2 = 20$ mm

Außenrohr: $D_3 = 30$ mm; $D_4 = 35$ mm

7.9(2) Berechnen Sie den magnetischen Fluss im Zwischenraum einer Koaxialleitung mit den Maßen $D_1 = 0{,}9$ mm; $D_2 = 3{,}7$ mm; $l = 10$ m für den Strom $I = 0{,}4$ A.

7.10(3) Die Drähte einer langen geraden Zweidrahtleitung in Luft mit dem Durchmesser d und dem Achsabstand a werden von einem Strom I durchflossen, dessen Richtungssinn in beiden Leitern unterschiedlich ist. Berechnen Sie den magnetischen Fluss pro Leitungslänge, der die Ebene zwischen den Drähten durchsetzt.

7.11(3) In den langen, geraden Leitern L_1 und L_2 fließen Ströme der Stärke 100 A; L_3 ist der gemeinsame Rückleiter. Die Leiter bilden ein gleichseitiges Dreieck mit $a = 200$ mm.

Bestimmen Sie den Betrag und die Richtung des Vektors der magnetischen Feldstärke in den Punkten A, B und C durch vektorielle Addition.

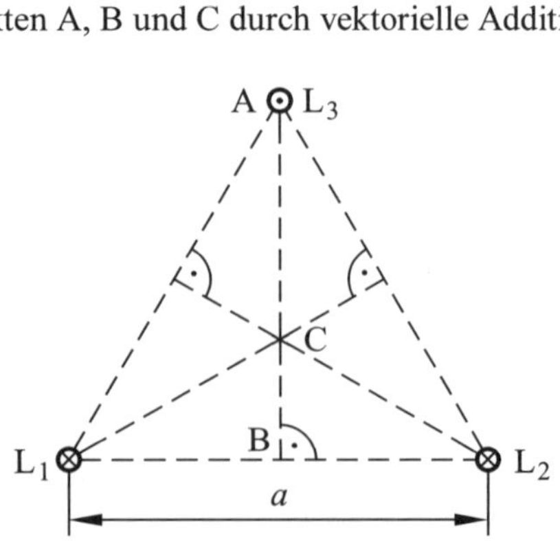

7.5 Das Gesetz von BIOT-SAVART

Ziele: Sie können
- das Gesetz von BIOT-SAVART an Hand einer Skizze erläutern und die darin vorkommenden Größen erklären.
- das Magnetfeld in der Umgebung eines geraden Stromleiters beliebiger Länge mit Hilfe des Gesetzes von BIOT-SAVART berechnen.
- das Magnetfeld in der Mitte einer kreisförmigen Leiterbahn mit Hilfe des Gesetzes von BIOT-SAVART berechnen.

7.5.1 Magnetfeld bewegter Ladungen

Das Durchflutungsgesetz lässt sich zwar für jede beliebige Leiteranordnung ansetzen, jedoch nur für einfache, symmetrische Fälle zur Berechnung der magnetischen Feldstärke in einem bestimmten Raumpunkt elementar auswerten.

Es gibt eine Anzahl technisch wichtiger Fälle, für die der Ansatz nach dem Gesetz von BIOT-SAVART[1] zum Ziel führt. Dieses Gesetz lässt sich zwar aus dem Durchflutungsgesetz herleiten, doch wollen wir auf die ziemlich aufwendige Herleitung verzichten.

Grundsätzlich ruft *jede* Ladungsbewegung eine magnetische Feldstärke $\vec{H}$ im gesamten Raum hervor, auch wenn die Ladung nicht in einem Leiter „geführt" wird, sondern sich frei durch den Raum bewegt (Bild 7.37).
Die im Punkt P erzeugte magnetische Feldstärke H ist nach BIOT-SAVART:

$$H = \left| \frac{Q \cdot v \cdot \sin\alpha}{4\,\pi\, r^2} \right| \tag{7.46}$$

Q	Punktladung
$\vec{v}$	Geschwindigkeit der Punktladung
$\vec{r}$	Längenvektor von Q nach P
α	Winkel zwischen den Vektoren $\vec{v}$ und $\vec{r}$

[1] Jean Baptiste Biot, 1774 – 1862
Felix Savart, 1791 – 1841

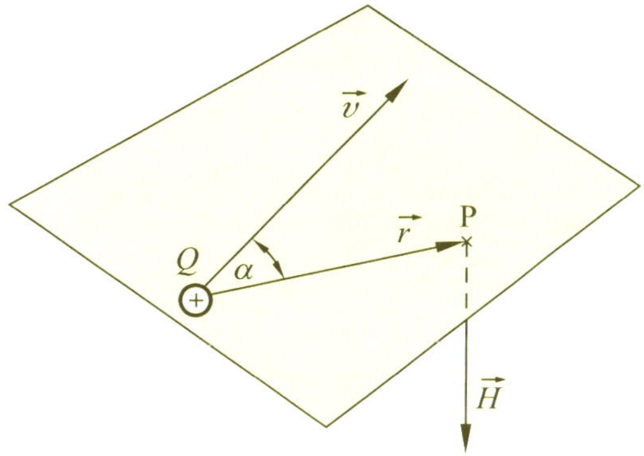

Bild 7.37 Magnetfeld einer bewegten Punktladung

Die Gl.(7.46) sagt nur etwas über den *Betrag* der Feldstärke aus. Der Feldstärkevektor $\vec{H}$ steht stets senkrecht auf der von $\vec{v}$ und $\vec{r}$ aufgespannten Ebene (Bild 7.37).
Vom Betrag $v\,r \sin\alpha$ gehen wir zum Vektorprodukt $\vec{v} \times \vec{r}$ über und erhalten dadurch aus der Gl.(7.46) das **Gesetz von BIOT-SAVART**:

$$\vec{H} = \frac{Q}{4\,\pi\, r^3} \cdot (\vec{v} \times \vec{r}) \tag{7.47}$$

Bewegt sich eine *negative* Punktladung, so erhält man wegen des negativen Vorzeichens von Q für den Vektor $\vec{H}$ die entgegengesetzte Richtung.

Wir wollen nun die magnetische Feldstärke in der Umgebung eines beliebig im Raum *gekrümmten*, dünnen linearen Leiters berechnen.
In jedem Leiterelement der Länge $\mathrm{d}\vec{l}$ bewegt sich die Ladung $\mathrm{d}Q = I \cdot \mathrm{d}t$ mit der Geschwindigkeit $\vec{v} = \mathrm{d}\vec{l}\,/\mathrm{d}t$ durch den Leiter. Wir setzen diese Zusammenhänge in die Gl.(7.47) ein und erhalten den Feldstärkeanteil im Punkt P:

$$\mathrm{d}\vec{H} = \frac{I}{4\,\pi\, r^3} \cdot (\mathrm{d}\vec{l} \times \vec{r}) \tag{7.48}$$

Im allgemeinen Fall eines räumlich beliebig gekrümmten Leiters weisen diese Anteile in unterschiedliche Richtungen und sind *vektoriell* zu addieren; die Auswertung eines solchen Integrals ist im Allg. nicht elementar möglich.

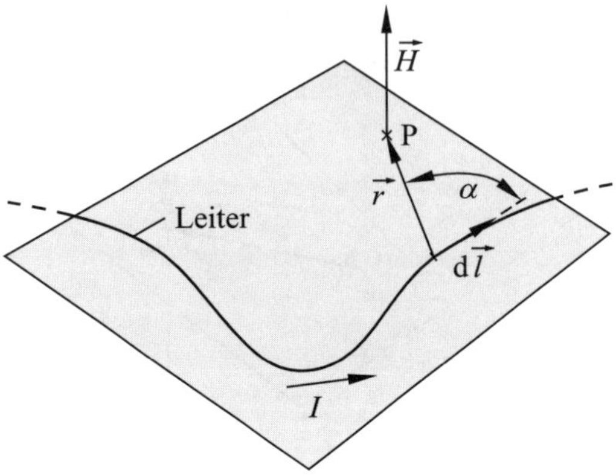

Bild 7.38 Magnetfeld in der Ebene eines Leiters

Wir wollen uns auf die technisch wichtigen Fälle beschränken, bei denen der lineare Leiter in einer *Ebene* verläuft und der Punkt P in derselben Ebene liegt. Dabei weisen sämtliche Feldstärkeanteile in die gleiche Richtung senkrecht zu dieser Ebene, und wir berechnen die Feldstärke im Punkt P durch Integration der Anteile:

$$\vec{H} = \int_l d\vec{H} = \frac{I}{4\pi} \cdot \int_l \frac{d\vec{l} \times \vec{r}}{r^3} \tag{7.49}$$

Für den Betrag der magnetischen Feldstärke gilt:

$$H = \left| \frac{I}{4\pi} \cdot \int_l \frac{\sin\alpha}{r^2} \cdot dl \right| \tag{7.50}$$

Diese Sonderform des Gesetzes von BIOT-SAVART wollen wir benutzen, um das Magnetfeld für zwei wichtige Fälle zu berechnen.

7.5.2 Magnetfeld eines dünnen, geraden Leiters beliebiger Länge

Der Punkt P hat vom Leiter den Abstand a (Bild 7.39). Beim Durchlaufen des Integrationsweges l ändern sich α und r. Mit Hilfe folgender Beziehungen ersetzen wir r bzw. dl durch α bzw. $d\alpha$:

$$\sin\alpha \cdot dl = r \cdot d\alpha \tag{7.51}$$

$$r = \frac{a}{\sin\alpha} \tag{7.52}$$

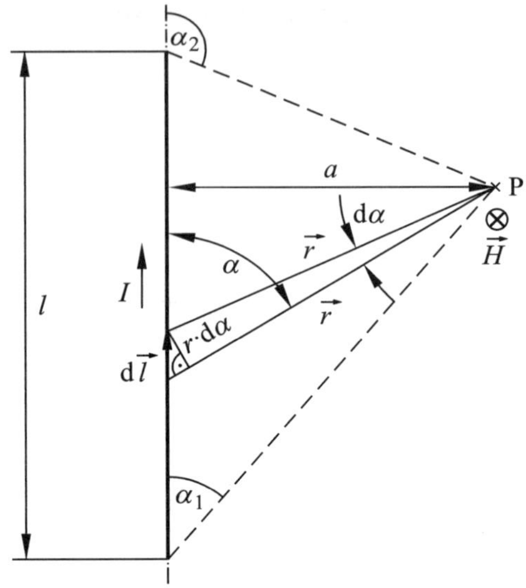

Bild 7.39 Zur Berechnung des Magnetfeldes eines dünnen, geraden Leiters

Die Integration über die Länge l in der Gl.(7.50) führen wir auf eine Integration über $\sin\alpha$ zwischen den Grenzen α_1 und α_2 zurück:

$$H = \frac{I}{4\pi a} \cdot \int_{\alpha_1}^{\alpha_2} \sin\alpha \cdot d\alpha \tag{7.53}$$

Wir setzen die Lösung des Integrals ein:

$$H = \frac{I}{4\pi a} \cdot (\cos\alpha_1 - \cos\alpha_2) \tag{7.54}$$

Die *Richtung* des Feldstärkevektors $\vec{H}$ ergibt sich mit der Rechtsschraubenregel aus der Gl.(7.49). Das von den Stromzuführungen erzeugte Magnetfeld muss gesondert berechnet werden, wenn es nicht vernachlässigt werden kann.

Für den unendlich langen Leiter ($\alpha_1 = 0°$; $\alpha_2 = 180°$) erhält man aus der Gl.(7.54):

$$H = \frac{I}{2\pi a} \qquad \text{s. Gl. (7.31)}$$

Dieses Ergebnis haben wir bereits mit Hilfe des Durchflutungsgesetzes hergeleitet.

7.5.3 Magnetfeld im Mittelpunkt einer kreisförmigen, dünnen Leiterschleife

Beim Umfahren der Leiterschleife ist der Abstand zum Mittelpunkt M konstant, es ist stets $a = r$. Außerdem ist der Winkel $\alpha = 90°$ konstant, daher ist $\sin\alpha = 1$. Wir setzen dies in die Gl.(7.50) ein:

$$H = \frac{I}{4\pi r^2} \cdot \int_l \mathrm{d}l = \frac{I}{4\pi r^2} \cdot 2\pi r \qquad (7.55)$$

Das Ergebnis

$$H = \frac{I}{2r} \qquad (7.56)$$

lässt sich nicht mit dem Durchflutungsgesetz herleiten, da das Feld nicht symmetrisch ist.

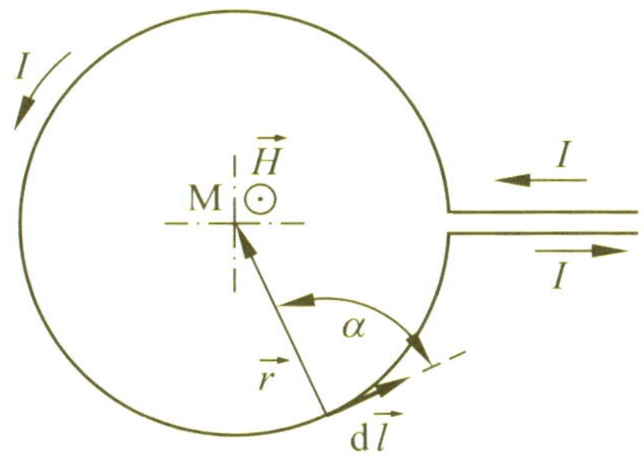

Bild 7.40 Zur Berechnung des Magnetfeldes im Mittelpunkt einer kreisförmigen, dünnen Leiterschleife

Die *Zuleitungen* zur Leiterschleife heben sich in ihrer magnetischen Wirkung auf, wenn sie dicht beieinander geführt werden.

Fragen

- Erläutern Sie an Hand einer Skizze das Gesetz von BIOT-SAVART in der Form:

$$\vec{H} = \frac{Q}{4\pi r^3} \cdot (\vec{v} \times \vec{r})$$

Welche Richtung hat der Vektor $\vec{H}$?

- Leiten Sie die Gleichung für den Betrag der magnetischen Feldstärke im Mittelpunkt einer kreisförmigen, dünnen Leiterschleife aus dem Gesetz von BIOT-SAVART her.

Aufgaben

7.12(2) Wie lang muss ein gerader, linearer Leiter sein, damit er im Punkt P 90 % des Feldstärkewertes erzeugt, den er bei unendlicher Länge erzeugen würde?

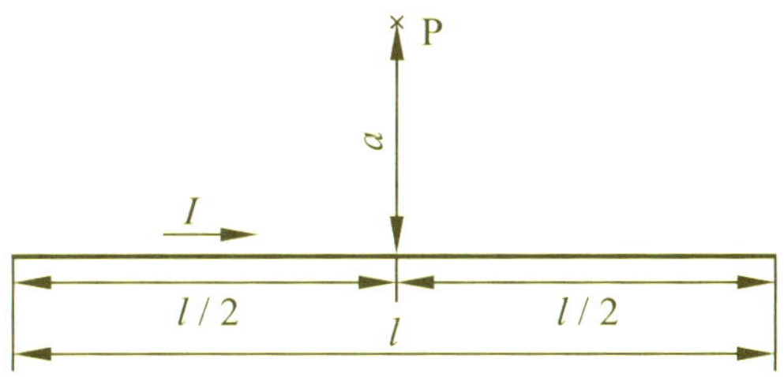

7.13(2) Berechnen Sie die magnetische Feldstärke in der Mitte einer quadratischen, stromdurchflossenen Leiterschleife.
Gegeben: $I = 2{,}5$ A ; Seitenlänge $s = 120$ mm

7.14(2) Ein unendlich langer Leiter ist rechtwinklig geknickt. Bestimmen Sie die magnetische Feldstärke im Punkt P.

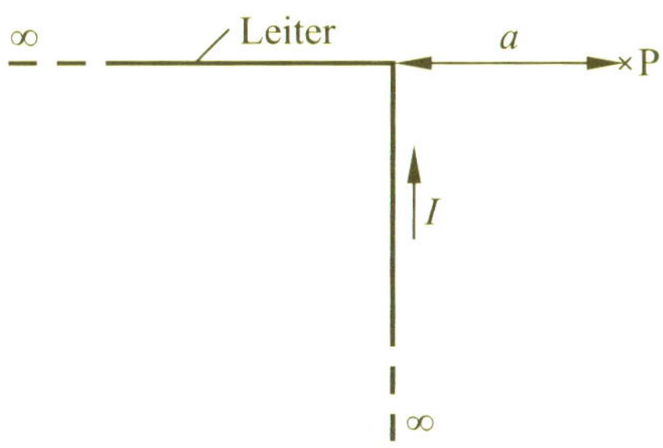

7.15(2) Auf einen flachen Spulenkörper in der abgebildeten Form ist eine Spule mit 200 Windungen gewickelt, die von einem Strom 30 mA durchflossen wird. Welche magnetische Feldstärke herrscht im Punkt P?

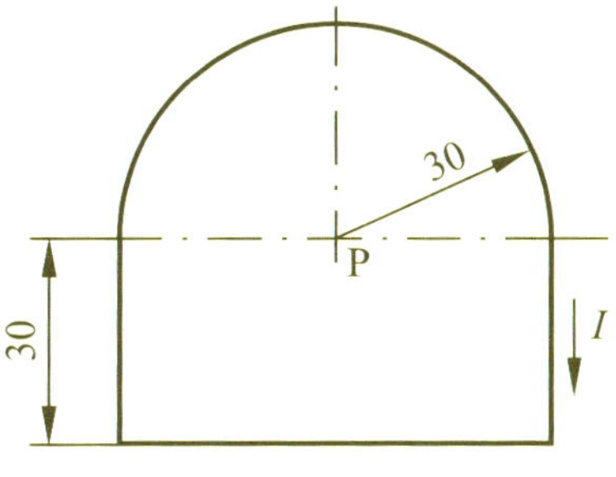

7.6 Materie im Magnetfeld

Ziele: Sie können
- beschreiben, wie sich dia- und paramagnetische Stoffe in einem Magnetfeld verhalten.
- die Eigenschaften ferromagnetischer Stoffe beschreiben.
- eine Modellvorstellung für die Ursache des Ferromagnetismus angeben.
- den Verlauf der Neukurve und einer Hystereseschleife eines ferromagnetischen Stoffes skizzieren und erläutern.
- die Begriffe Curie-Temperatur, Anfangspermeabilität, Remanenzflussdichte und Koerzitivfeldstärke erläutern.
- die Eigenschaften von magnetisch weichen und harten Werkstoffen nennen.
- angeben, wie man die Magnetisierungskurve erhält.

7.6.1 Dia- und Paramagnetismus

Wir wollen nun die Wirkung eines Magnetfeldes auf verschiedene Stoffe untersuchen. Dazu ermitteln wir in einem einfachen Vorversuch, welche Stoffe von einem Stabmagneten angezogen werden. Wir stellen fest, dass auf einige Stoffe, z.B. Eisen und Nickel, eine starke Zugkraft ausgeübt wird. Diese Stoffe werden **ferromagnetisch** (lat. ferrum: Eisen) genannt; mit ihnen werden wir uns im Abschnitt 7.6.2 ausführlich beschäftigen.

Die übrigen Stoffe, wie z.B. Kupfer, Aluminium und Blei, auf die der Stabmagnet keine erkennbare Wirkung ausübt, untersuchen wir mit einer empfindlichen Messeinrichtung weiter.

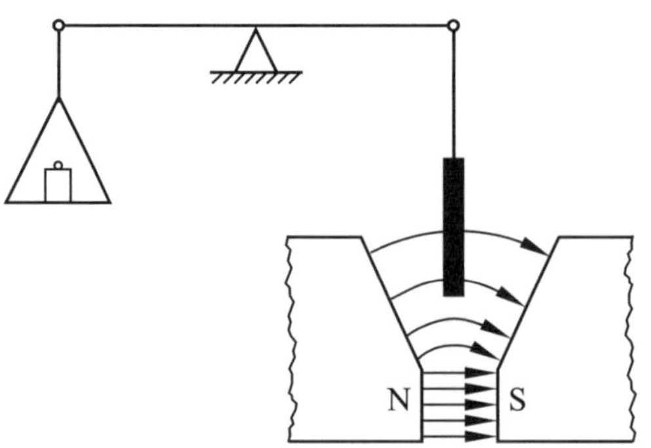

Bild 7.41 Prinzip einer Messanordnung zur Untersuchung von Dia- und Paramagnetismus

Eine Probe des zu untersuchenden Stoffes wird an einer Waage mit einem Gewicht austariert. Danach wird die an der Waage hängende Probe zwischen die Pole eines starken Magneten gebracht, der ein inhomogenes Magnetfeld erzeugt (Bild 7.41).
Es zeigt sich, dass die Proben einiger Stoffe aus dem Magnetfeld herausgedrängt werden; man bezeichnet diese Stoffe als **diamagnetisch**. Andere Stoffe werden in das Magnetfeld hineingezogen; diese Stoffe nennt man **paramagnetisch**.

Diamagnetismus
Bringt man einen diamagnetischen Stoff in ein homogenes Magnetfeld, das im Vakuum die Flussdichte B_0 aufweist, so stellt sich in diesem Stoff die Flussdichte $B < B_0$ ein. Die Permeabilitätszahl ist also $\mu_r = B / B_0 < 1$.

Für eine Erklärung des Diamagnetismus greifen wir auf unser *Atommodell* zurück.
Ein Elektron, das sich um den Atomkern bewegt, stellt einen sog. *Kreisstrom* dar, der ein Magnetfeld erzeugt. Bei der Bewegung um den Atomkern drehen sich die Elektronen außerdem um ihre eigene Achse. Diese Rotation, die **Spin** genannt wird, hat ebenfalls ein Magnetfeld zur Folge.

In diamagnetischen Stoffen sind in jedem Atom die Elektronen paarweise so geordnet, dass sich die durch Kreisströme und Spin hervorgerufenen magnetischen Wirkungen nach außen hin aufheben. Dies ist z.B. bei Atomen mit abgeschlossenen Elektronenschalen der Fall.

Bei einer Änderung des äußeren Magnetfeldes werden zusätzliche Kreisströme in den Atomen *induziert* (s. 7.1.5). Sie äußern sich in einer größeren oder kleineren Umlaufgeschwindigkeit der Elektronen um den Atomkern.
Ebenso wie der von einer induzierten Spannung hervorgerufene Strom in einer Leiterschleife stets so gerichtet ist, dass er die Flussänderung aufzuheben versucht (LENZsche Regel, s. Band 2), wirken auch die zusätzlichen Kreisströme der Flussänderung entgegen.

In einem diamagnetischen Stoff, der in ein äußeres Magnetfeld gebracht wird, überlagern sich das äußere und das von den induzierten Kreisströmen hervorgerufene Magnetfeld. Dadurch wird die Flussdichte im diamagnetischen Stoff verringert. Ein diamagnetischer Stoff „drängt also die Feldlinien des äußeren Magnetfeldes aus sich heraus".

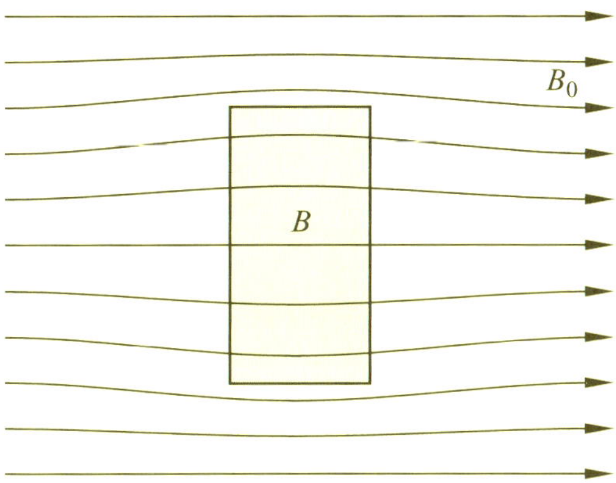

Bild 7.42 Diamagnetischer Stoff in einem ursprünglich homogenen Magnetfeld

Im Unterschied zum Strom in einer Leiterschleife bedarf es zur Aufrechterhaltung der Elektronenbewegung um einen Atomkern keiner Energiezufuhr. Die Verringerung der Flussdichte im diamagnetischen Stoff dauert daher an, so lange ein äußeres Magnetfeld vorhanden ist. Erst beim Verschwinden des äußeren Magnetfeldes werden die zusätzlichen Kreisströme durch einen erneuten Induktionsvorgang aufgehoben. Im feldfreien Raum liegt daher kein Diamagnetismus vor; man sagt, dass der Diamagnetismus induziert wird.

Bei allen Stoffen werden in allen Aggrgatzuständen bei einer Änderung des äußeren Magnetfeldes zusätzliche Kreisströme induziert. Diamagnetismus tritt jedoch nur dann auf, wenn er nicht durch die stärkeren magnetischen Erscheinungen Paramagnetismus oder Ferromagnetismus überdeckt wird.

Paramagnetismus

Bringt man einen paramagnetischen Stoff in ein homogenes Magnetfeld, das im Vakuum die Flussdichte B_0 aufweist, so stellt sich in diesem Stoff eine Flussdichte $B > B_0$ ein. Die Permeabilitätszahl ist also $\mu_r = B / B_0 > 1$.

In einem paramagnetischen Stoff wird ein äußeres Magnetfeld geringfügig verstärkt. Die Zunahme der Flussdichte ist um so höher, je größer die Flussdichte des äußeren Magnetfeldes und je niedriger die Temperatur ist.

Bei den Atomen eines paramagnetischen Stoffes heben sich die durch Kreisströme und Spin hervorgerufenen magnetischen Wirkungen nach außen hin *nicht* auf. Diese Atome können wir daher als *Elementarmagnete* ansehen; sie sind regellos angeordnet, so dass der Stoff nach außen kein magnetisches Feld erzeugt.

Die Elementarmagnete werden durch ein äußeres Magnetfeld wie Magnetnadeln in die Richtung des Flussdichtevektors $\vec{B}$ gedreht. Dabei ergibt sich im paramagnetischen Stoff ein resultierendes Magnetfeld der Elementarmagnete, das sich dem äußeren Magnetfeld überlagert und dieses verstärkt. Ein paramagnetischer Stoff „zieht also die Feldlinien eines äußeren Magnetfeldes in sich hinein".

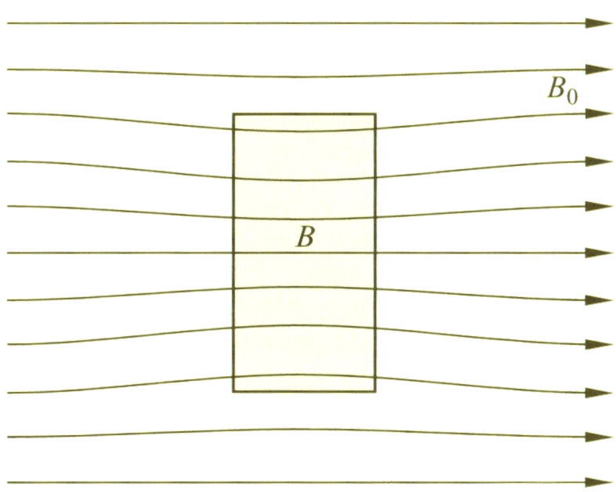

Bild 7.43 Paramagnetischer Stoff in einem ursprünglich homogenen Magnetfeld

Die Verstärkung des Magnetfeldes ist nur gering, da die Wärmebewegung der Moleküle der Ausrichtung der Elementarmagnete entgegenwirkt. Eine Ausrichtung *sämtlicher* Atome eines paramagnetischen Stoffes kann bei Zimmertemperatur auch mit sehr starken Magnetfeldern nicht erreicht werden.

Bei dia- und paramagnetischen Stoffen ist die Permeabilitätszahl μ_r von der Flussdichte B unabhängig. In der Tab. 7.1 sind die Werte der Permeabilitätszahl von einigen dia- bzw. paramagnetischen Stoffen angegeben. Bei praktischen Rechnungen können wir $\mu_r = 1$ und $\mu = \mu_0$ setzen.

Tabelle 7.1 Permeabilitätszahl bei 20 °C

Diamagnetische Stoffe	μ_r	Paramagnetische Stoffe	μ_r
Wismut	0,999843	Platin	1,000256
Blei	0,999984	Wolfram	1,000067
Kupfer	0,999990	Aluminium	1,000024
Wasser	0,999991	Tantal	1,000018
Stickstoff	0,999999	Sauerstoff	1,000002

Das Modell vom Längszug und Querdruck der Feldlinien lässt sich auch auf die in unserem Experiment beobachteten Kraftwirkungen anwenden: Da ein diamagnetischer Stoff Feldlinien aus sich herausdrängt, werden Querdruck und Längszug der Feldlinien unterhalb des Probekörpers (Bild 7.41) größer als im ungestörten Magnetfeld. Daher wird auf den diamagnetischen Körper eine Kraft nach oben in Richtung kleinerer magnetischer Flussdichte ausgeübt.
Bei einem paramagnetischen Stoff liegen die Verhältnisse umgekehrt.

Praxisbezug 7.7
Um bei einem Fahrzeugmotor die Güte der Verbrennung zu beurteilen, kann man den Sauerstoffanteil des Abgases messen.
Sauerstoff (O_2) ist das am stärksten paramagnetische Gas. Da fast alle anderen Gase diamagnetisch sind, lässt sich der Paramagnetismus von Sauerstoff zur Messung des O_2-Gehaltes eines Gasgemisches ausnutzen.

Der im Messgas enthaltene Sauerstoff wird in das Magnetfeld zwischen dem Nordpol N und dem Südpol S eines Dauermagneten gezogen. Legt man eine Spannung U an die Heizwicklung H, so wird ein Teil des im Magnetfeld befindlichen O_2 erwärmt, wodurch dessen Paramagnetismus abnimmt. Das Magnetfeld zieht das kalte O_2 stärker an; dadurch wird das von der Heizwicklung erwärmte O_2 aus dem Messrohr MR herausgedrückt. Da das nachströmende kältere Gas von der Heizwicklung fortlaufend erwärmt wird, bildet sich in dem waagrecht angeordneten Messrohr eine stetige Strömung aus, die den linken Teil der Heizwicklung stärker als den rechten abkühlt.

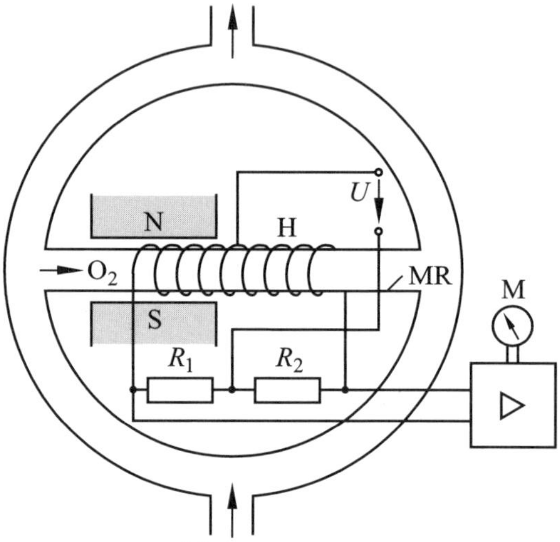

Die in der Mitte angezapfte Heizwicklung wird durch die temperaturunabhängigen Widerstände R_1 und R_2 zu einer Brückenschaltung ergänzt. Da der Widerstand der Heizwicklung stark temperaturabhängig ist, führt die beschriebene einseitige Abkühlung zu einer Ausgangsspannung, die vom O_2-Gehalt des Messgases abhängt. ❐

7.6.2 Ferromagnetismus

Zu den ferromagnetischen Stoffen gehören nicht nur Eisen und Nickel, sondern z.B. auch Kobalt, Legierungen aus Platin und Chrom sowie die Heuslerschen Legierungen[1]) aus Kupfer, Mangan und Aluminium.

Bei Flüssigkeiten und Gasen gibt es keinen Ferromagnetismus, denn im Gegensatz zu Dia- und Paramagnetismus ist der Ferromagnetismus keine Eigenschaft der Atome, sondern eine Erscheinung, die nur bei bestimmten Kristallstrukturen fester Körper auftritt. Dies zeigt z. B. Chromnickelstahl

[1]) Fr. Heusler, 1866 – 1947

18/8 (18 % Cr, 8 % Ni), der als „rostfreier Stahl" häufig verwendet wird. Wegen seiner besonderen Kristallstruktur ist dieser Stahl paramagnetisch, obwohl seine Bestandteile Eisen (74 %) und Nickel ferromagnetisch sind. Wird er jedoch kaltverformt, so kann eine andere Kristallstruktur entstehen, die ferromagnetisch ist.

Die Atome ferromagnetischer Stoffe sind wie bei paramagnetischen Stoffen als Elementarmagnete anzusehen, da sich die magnetischen Wirkungen der Kreisströme und des Spins nicht aufheben. Dies würde jedoch zunächst nur paramagnetische Eigenschaften erklären.
Ferromagnetismus entsteht durch die gegenseitige Beeinflussung der Atome. Dadurch sind jeweils $10^6 \dots 10^9$ Elementarmagnete in sog. **Weissschen Bezirken** (0,001 ... 0,1 mm^3) gleich ausgerichtet, weil sich dabei ein besonders niedriger Energieinhalt des Stoffes ergibt. Die Elementarmagnete innerhalb der Weissschen Bezirke richten sich von selbst aus, ohne dass es eines äußeren Magnetfeldes bedarf.

In einem ferromagnetischen Stoff, der nicht magnetisiert ist, kommen alle Ausrichtungen der Weissschen Bezirke durchschnittlich gleich oft vor, so dass sich ihre magnetischen Wirkungen nach außen hin aufheben. Bringt man diesen Stoff in ein äußeres Magnetfeld, so verschieben sich zunächst die Trennwände der Weissschen Bezirke. Dabei wachsen diejenigen Weissschen Bezirke, deren Ausrichtung mit der Richtung des äußeren Magnetfeldes zufällig annähernd übereinstimmt, auf Kosten ihrer Nachbarbezirke (Bild 7.45); diese Vorgänge sind *reversibel.*

Bei einer weiteren Steigerung der Feldstärke des äußeren Magnetfeldes treten *irreversible Wandverschiebungen* auf, wobei immer mehr Trennwände verschwinden. Dabei steigt die Flussdichte B im ferromagnetischen Stoff in Abhängigkeit von der Feldstärke H sehr stark an. Schließlich werden die Weissschen Bezirke zunehmend in die Richtung des äußeren Magnetfeldes gedreht; den dabei vorliegenden Zustand bezeichnet man als **Sättigung** *(saturation).* Wenn man die Feldstärke weiter erhöht, steigt die Kurve $B = f(H)$ praktisch mit μ_0 an.

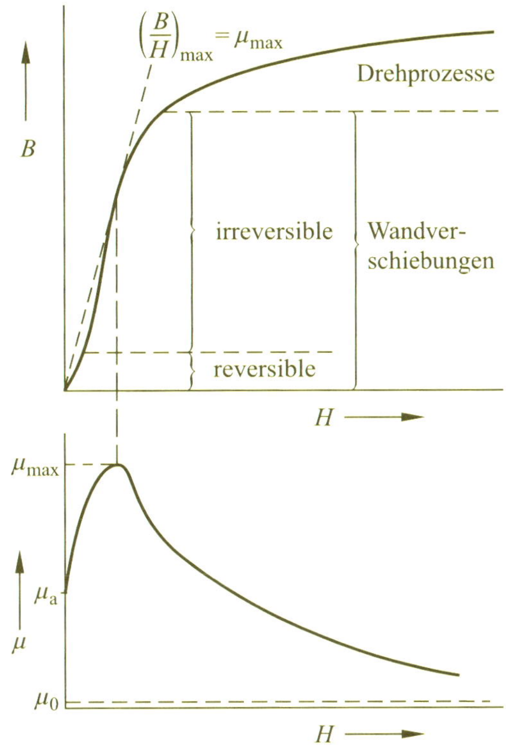

7.44 Flussdichte B und Permeabilität μ eines ferromagnetischen Stoffes in Abhängigkeit von der Feldstärke H (Neukurve)

Der Einfluss der Elementarmagnete auf das magnetische Feld, die eine Vergrößerung der Flussdichte über den für das Vakuum gültigen Wert $\mu_0 H$ hinaus bewirken, wird mit Hilfe der **magnetischen Polarisation** J beschrieben:

$$\vec{B} = \mu_0 \vec{H} + \vec{J} \tag{7.57}$$

Die Permeabilität μ ist der Quotient aus B und H. Wir stellen fest:

> Bei einem ferromagnetischen Stoff ist die Permeabilität $\mu = B/H$ nicht konstant.

Das Bild 7.44 zeigt die **Neukurve** $B = f(H)$, die beim Magnetisieren eines ursprünglich nicht magnetisierten ferromagnetischen Stoffes entsteht. Die **maximale Permeabilität** μ_{max} liegt dort vor, wo eine Gerade durch den Nullpunkt die Kurve

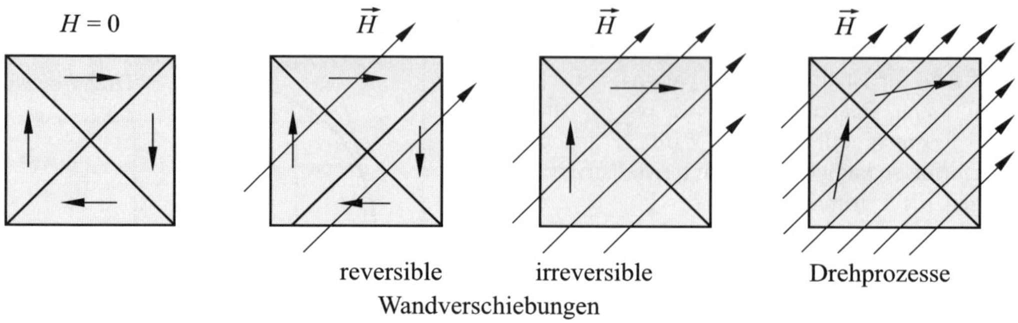

Bild 7.45 Ausrichtung der WEISSschen Bezirke durch ein äußeres Magnetfeld (schematische Darstellung, Ausschnitt aus einem größeren Kristallverband)

$B = f(H)$ tangiert. Die Permeabilität bei $H = 0$ wird als **Anfangspermeabilität** μ_a *(initial permeability)* bezeichnet.

Ferromagnetische Stoffe zeigen die Erscheinung der **Hysterese** *(hysteresis)*. Wir untersuchen sie mit Hilfe einer Kreisringspule, deren Feldraum mit Eisen gefüllt ist. Diesen **Ringkern** magnetisieren wir durch Steigerung des Spulenstromes bis zur Sättigung. Die Polarisation erreicht dabei ihren Sättigungswert J_S, der sich auch bei einer weiteren Stromerhöhung nicht vergrößern lässt.
Wird der Strom in der Spule abgeschaltet, so ergibt sich bei $H = 0$ im Ringkern eine bleibende Flussdichte; sie wird als **Remanenzflussdichte** *(remanence flux density)* B_r bezeichnet. Diese wird ausschließlich durch die remanente Polarisation $J_r \le J_S$ hervorgerufen, und es ist $B_r = J_r$.
Es stellt sich nicht von selbst wieder eine Verteilung der WEISSschen Bezirke ein, wie sie bei einem nach außen hin unmagnetisch wirkenden Stoff vorliegt. Dazu muss Energie zugeführt werden. Dies kann z.B. durch mechanische Erschütterungen oder durch eine Erwärmung geschehen.

Auch bei ferromagnetischen Stoffen sind die magnetischen Eigenschaften *temperaturabhängig*. Die Wärmebewegung, die eine Ausrichtung sämtlicher Atome bei paramagnetischen Stoffen verhindert, kann jedoch die Ausrichtung der Elementarmagnete in den WEISSschen Bezirken erst bei Temperaturen rückgängig machen, die meist erheblich über der Zimmertemperatur liegen. Oberhalb der **CURIE-Temperatur** ϑ_C verschwindet der Ferromagnetismus restlos, und es liegt Paramagnetismus vor. Die CURIE-Temperatur beträgt z.B. für reines Eisen 770 °C, für Nickel 358 °C und für Kobalt 1120 °C.

Man kann die **Entmagnetisierung** *(demagnetization)* des Ringkerns auch durch eine Durchflutung vornehmen, die in Gegenrichtung zur vorher angelegten wirkt. Bei der Feldstärke $H = -H_c$ erreicht die Flussdichte im Ringkern den Wert $B = 0$. Die Größe H_c wird **Koerzitivfeldstärke** *(coercivity)* genannt. Wie die Gl.(7.57) zeigt, ist für $H = -H_c$ die Polarisation größer als Null:

$$J(-H_c) = \mu_0 H_c \tag{7.58}$$

Schaltet man anschließend die Gegendurchflutung ab, so tritt wegen dieser Restpolarisation bei $H = 0$ erneut eine Flussdichte $B(0) > 0$ auf. Für eine vollständige Entmagnetisierung des Eisens muss die Feldstärke auf den Wert $-H_{cJ} < -H_c$ gebracht werden, bei dem die Polarisation den Wert $J = 0$ annimmt.

Eine vollständige Kurve $B = f(H)$ heißt **Hystereseschleife** *(hysteresis loop)*; man erhält sie durch eine entsprechende Verstellung des Stromes in der Ringspule. Eine Hystereseschleife kann nur im angegebenen Umlaufsinn durchlaufen werden.
Diejenige Hystereseschleife, bei welcher der Stoff in die Sättigung gerät, wird **Grenzschleife** genannt.
Wird der Ringkern so ummagnetisiert, dass er nicht in die Sättigung gerät, so geschieht dies auf einer der Hystereseschleifen, die innerhalb der Grenzschleife liegen (Bild 7.48).

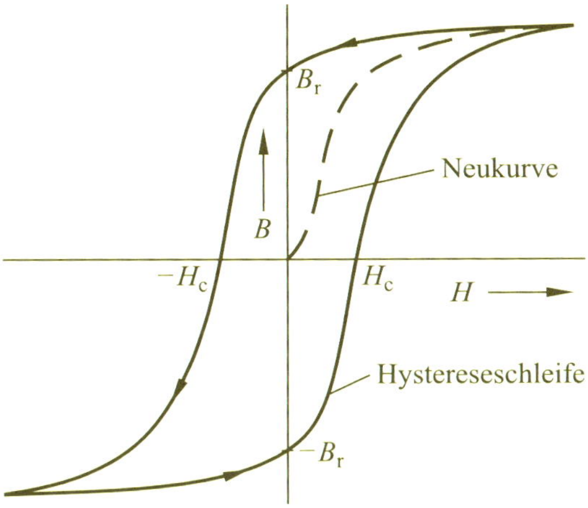

Bild 7.46 Grenzschleife

Ein ferromagnetischer Stoff, der in ein Magnetfeld gebracht wird, erfährt eine geringe Änderung seiner geometrischen Abmessungen. Dies wird als **Magnetostriktion** *(magnetostriction)* bezeichnet.

Praxisbezug 7.8
Mit einem **Fluxgate-Sensor** kann ein Magnetfeld im Bereich 100 pT ... 1 mT gemessen werden. Der Sensor besteht aus einem ferromagnetischen Kern, auf dem eine Erregerwicklung E und eine Abtastwicklung A aufgebracht sind.

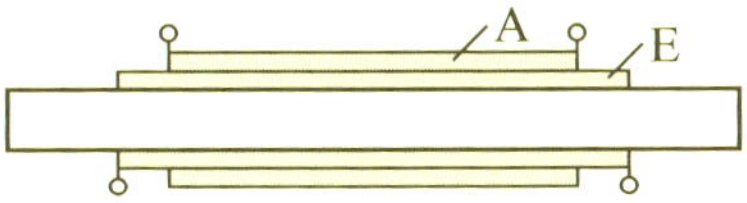

Wenn die Erregerwicklung z.B. mit einem Sinusstrom der Frequenz 5 kHz so gespeist wird, dass der Kern in die Sättigung gerät, dann wird in der Abtastwicklung eine Spannung induziert, die außer der Grundschwingung auch ungeradzahlige Oberschwingungen enthält.
Ist dem Eigenfeld ein zu messendes äußeres Magnetfeld überlagert, so entstehen auch geradzahlige Oberschwingungen. In einem relativ kleinen Bereich ist die 2. Harmonische der induzierten Spannung der Flussdichte des zu messenden Magnetfeldes proportional; durch schaltungstechnische Maßnahmen (z.B. Rückkopplung) wird dieser Bereich vergrößert. ❐

7.6.3 Magnetische Werkstoffe

Für die unterschiedlichen Anforderungen der Technik wurde eine Vielzahl von ferromagnetischen Werkstoffen entwickelt. Grundsätzlich kann man sie in zwei Gruppen einordnen:

- Magnetwerkstoffe mit *niedriger* Koerzitivfeldstärke H_c werden dort angewendet, wo sie häufig ummagnetisiert werden (z.B. in elektrischen Maschinen). Sie werden als **magnetisch weiche Stoffe** bezeichnet.
- Magnetwerkstoffe mit *hoher* Koerzitivfeldstärke H_c werden **magnetisch harte Stoffe** genannt; sie werden für Dauermagnete verwendet.

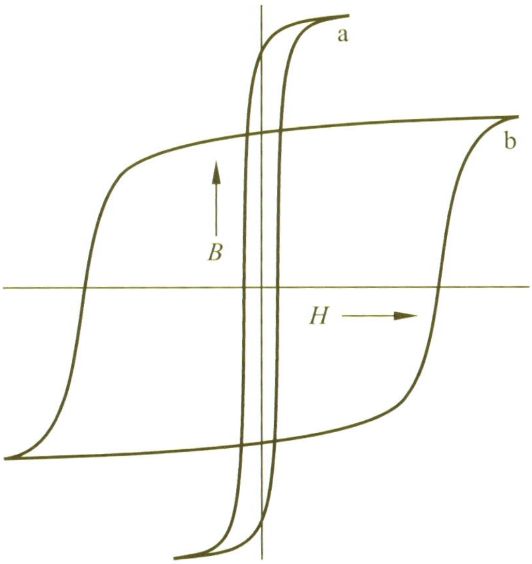

Bild 7.47 Hystereseschleifen: a) magnetisch weicher Stoff, b) magnetisch harter Stoff

Magnetisch weiche Stoffe
Bei ihnen ist die Hystereseschleife sehr schmal. Man verwendet daher für technische Rechnungen eine mittlere Kurve, die sog. **Kommutierungskurve**. Sie entsteht durch die Verbindung der Umkehrpunkte mehrerer Hystereseschleifen mit unterschiedlichen Höchstwerten der magnetischen Feldstärke (Bild 7.48).

Die Kommutierungskurve, die auch als **Magnetisierungskurve** *(magnetization curve)* bezeichnet wird, weicht nur wenig von der Neukurve ab.

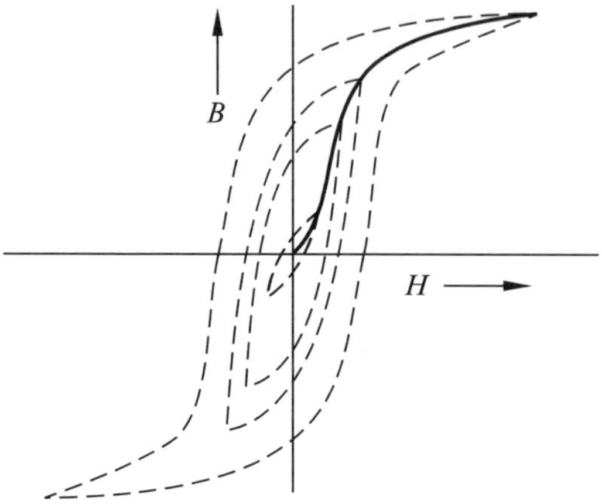

Bild 7.48 Zur Definition der Kommutierungskurve

Bei magnetisch weichen Stoffen kann außer einer niedrigen Koerzitivfeldstärke auch eine große Flussdichte bei Sättigung oder eine hohe Anfangspermeabilität von Bedeutung sein.

Ein in der Praxis häufig verwendeter Werkstoff ist *Siliziumeisen* mit 2,5 ... 4 % Si. Daraus werden warm- oder kaltgewalzte **Elektrobleche** z. B. für elektrische Maschinen hergestellt (Bild 7.49a). Die erste Zahl der Normbezeichnung eines Elektrobleches nach DIN 46400 gibt die spezifische Verlustleistung an (Band 2, Kap. 8.3.4). Die zweite Zahl gibt die Blechdicke in 1/100 mm an (z. B. 0,5 mm beim Elektroblech V400-50A).

Beispiel 7.4

Ein Ringkern aus Stahlguss (Kennlinie a im Bild 7.49) mit dem mittleren Durchmesser D = 0,3 m trägt eine Wicklung mit N = 1000. Wir wollen die Stromstärke für die Flussdichte 1 T berechnen. Außerdem wollen wir ermitteln, welche Flussdichte beim Zehn- bzw. Hundertfachen dieser Stromstärke entsteht.

Für B = 1,0 T lesen wir aus der Magnetisierungskurve die Feldstärke H = 0,15 kA/m = 150 A/m ab. Dies setzen wir in die Gl.(7.42) ein und berechnen den Strom, der in der Kreisringspule fließt:

$$I = \frac{H \pi D}{N} = 0{,}14 \text{ A}$$

Für die anderen Ströme ergibt sich:

$I = 1{,}4$ A ; $H = 1{,}5$ kA/m ; $B = 1{,}51$ T

$I = 14$ A ; $H = 15$ kA/m ; $B = 1{,}85$ T

Kornorientiertes Elektroblech besteht aus Eisen mit 3 % Silizium; es wird durch besondere Verfahren (Kaltwalzen und Glühen) hergestellt. Dabei ergibt sich eine Kristallstruktur, die **Textur** genannt wird; bei ihr sind die Kristalle in Walzrichtung ausgerichtet. Dadurch erhält man gute magnetische Eigenschaften bei einer Magnetisierung in Walzrichtung (Bild 7.49).

Tabelle 7.2 Magnetisch weiche Stoffe

Stoff	CURIE-Temperatur ϑ_C	Flussdichte bei Sättigung	Koerzitivfeldstärke H_c	Anfangspermeabilität	maximale Permeabilität	Leitfähigkeit γ_{20}
	°C	T	$\frac{A}{m}$	$\frac{\mu_a}{\mu_0}$	$\frac{\mu_{max}}{\mu_0}$	$\frac{S\,m}{mm^2}$
Reinstes Eisen, in Wasserstoff geglüht	770	1,5	4	25 000	250 000	10
Siliziumeisen	750	2,0	10 ... 100	500	35 000	2,5
Nickeleisen (80 % Ni, 16 % Fe, Cu, Mo)	400	0,8	0,4	130 000	300 000	1,6
Kobalteisen mit 48 % Co	950	2,35	40	1 200	20 000	3
Mangan-Zink-Ferrit	> 130	0,2	20	2 000	3 000	10^{-6}
Nickel-Zink-Ferrit	> 130	0,15	10	15	50	10^{-10}

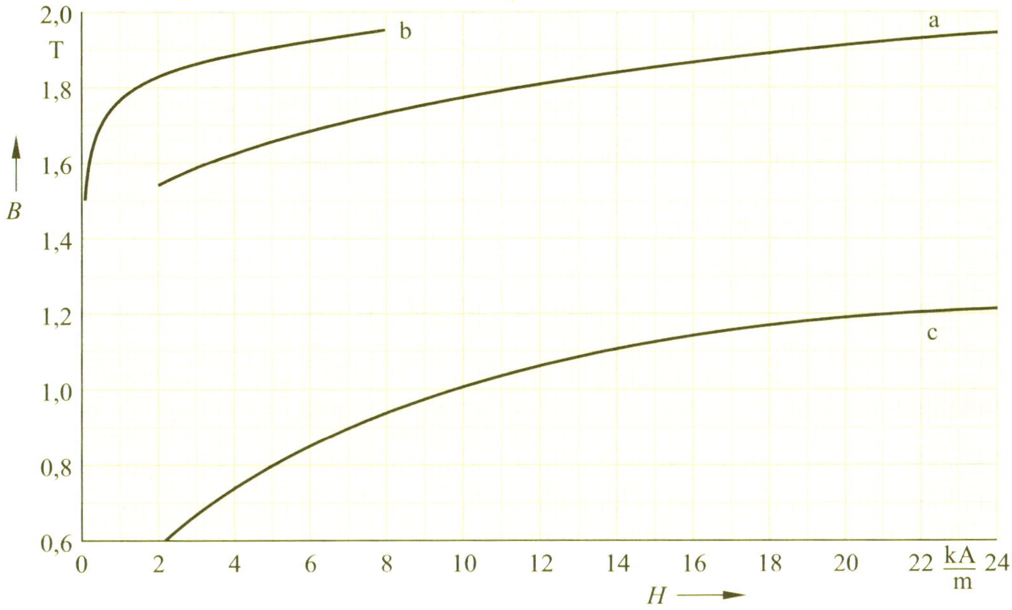

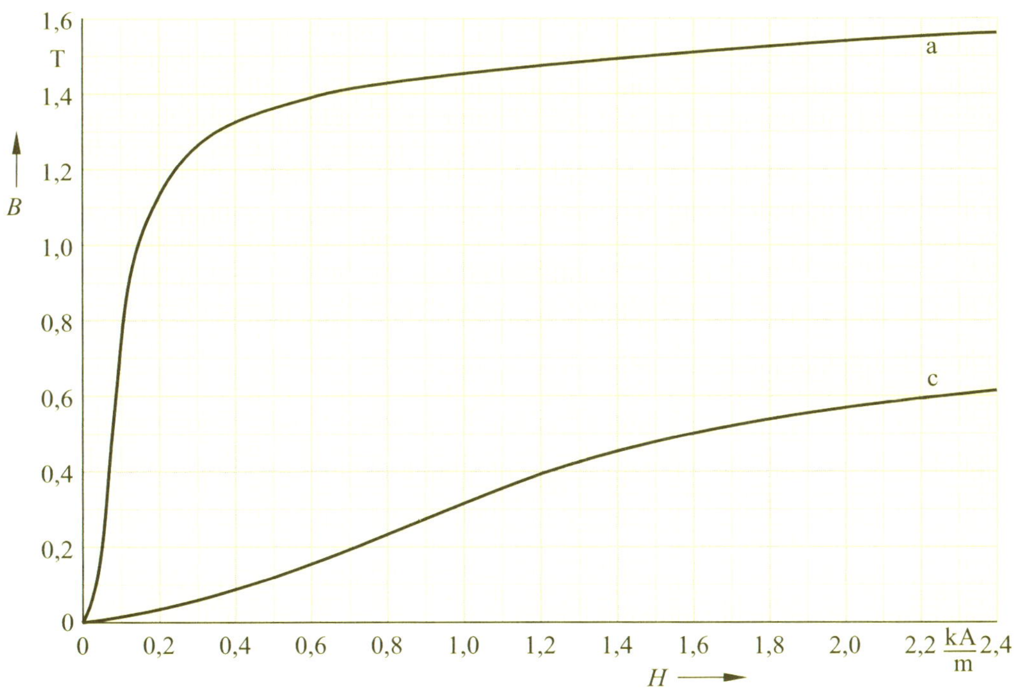

Bild 7.49 Magnetisierungskurven: a) kaltgewalztes Elektroblech V 400-50 A (isotrop), b) kornorientiertes Elektroblech VM 97-30 N (anisotrop, Magnetisierung in Walzrichtung), c) Grauguss

Kornorientiertes Elektroblech, das z. B. für Transformatoren verwendet wird, ist magnetisch anisotrop; dies erfordert einen besonderen Blechschnitt, bei dem der magnetische Fluss stets in der günstigen Richtung geführt wird. Die spezifische Verlustleistung ist wesentlich kleiner als bei normalem Elektroblech.
Weitere wichtige Magnetwerkstoffe sind **Stahlguss** (0,1 ... 0,2 % C, 0,3 ... 0,5 % Si, ca. 0,5 % Mn) und **Schmiedestahl** (0,2 ... 0,4 % C, ca. 0,5 % Mn); ihre Magnetisierungskurven verlaufen ähnlich wie die von Elektroblech V 400-50 A (Bild 7.49). Aus Schmiedestahl werden z. B. Generatorläufer hergestellt.

Nickeleisen-Legierungen mit 70 ... 80 % Ni (z. B. Mumetall, s. Praxisbezug 7.1) haben eine sehr hohe Anfangspermeabilität; sie werden z. B. zur Abschirmung störender Magnetfelder eingesetzt. Höchste Flussdichte bei Sättigung haben Kobalteisen-Legierungen mit 40 ... 50 % Co (Tab. 7.2).

Durch unterschiedliche Herstellungsverfahren kann die Form der Hystereseschleife bei den verschiedenen Magnetwerkstoffen beeinflusst werden. Einige Werkstoffe weisen z. B. eine nahezu rechteckförmige Hystereseschleife auf.

Vor allem in der Hochfrequenztechnik werden als magnetische Werkstoffe häufig **Ferrite** verwendet, weil sie eine niedrige elektrische Leitfähigkeit γ aufweisen. Ferrite sind Verbindungen von Eisenoxid Fe_2O_3 mit anderen Metalloxiden, die durch Sintern der feinpulvrigen Ausgangsmaterialien bei bestimmten Temperaturen hergestellt werden.
Wegen einiger physikalischer Besonderheiten werden Ferrite als **ferrimagnetisch** bezeichnet. Sie verhalten sich im Wesentlichen wie ferromagnetische Stoffe, haben jedoch niedrigere Flussdichten bei Sättigung und niedrigere CURIE-Temperaturen.

Magnetisch harte Stoffe
Dauermagnete dürfen sich nicht leicht entmagnetisieren lassen; deshalb muss ihre Koerzitivfeldstärke H_c groß sein. Außerdem soll die Flussdichte möglichst hoch sein. Die Güte eines magnetisch harten Stoffes lässt sich daher am Produkt $|B \cdot H|_{max}$ erkennen (s. Tab. 7.3).

Hochwertige Dauermagnete enthalten kleine ferromagnetische Körner, die jeweils nur aus einem einzigen WEISSschen Bezirk bestehen, in einer nicht ferromagnetischen Grundsubstanz.

Bei *Pulvermagneten* sind winzige, durch elektrolytische Abscheidung erzeugte Eisenteilchen in Blei oder Kunststoff eingebettet. Eine Änderung der Magnetisierungsrichtung kann bei solchen Magneten nicht durch eine Ausbildung von Trennwänden, sondern nur durch eine Drehung sämtlicher Elementarmagnete in einem WEISSschen Bezirk erreicht werden; dazu ist sehr viel Energie erforderlich, weshalb eine Entmagnetisierung praktisch kaum möglich ist.

Tabelle 7.3 Magnetisch harte Stoffe

Stoff	CURIE-Temperatur ϑ_C °C	Remanenzflussdichte B_r T	Koerzitivfeldstärke H_c $\frac{kA}{m}$	$\|B \cdot H\|_{max}$ $\frac{kJ}{m^3}$
Stahl mit 1 % C		0,7	5	1,6
AlNiCo 700 (anisotrop) 9 % Al, 14 % Ni, 23 % Co	800	1,3	64	56
Bariumferrit (anisotrop)	450	0,38	180	30
$SmCo_5$(anisotrop)	720	0,8	600	150
$Nd_2Fe_{14}B$ (anisotrop)	330	1,4	1000	400

Auch *Ferrite* können als magnetisch harte Werkstoffe hergestellt werden (z.B. Bariumferrit). Dauermagnete aus Samarium (Sm) und Kobalt (Co) sind teuer. Dagegen sind Magnete aus Neodym (Nd), Eisen und Bor (B) preisgünstig; nachteilig ist jedoch ihre niedrige CURIE-Temperatur.

Jeder Dauermagnet wird bei der Herstellung in einem starken Magnetfeld einer stromdurchflossenen Spule magnetisiert. Zur Stabilisierung ihrer Hystereseschleife werden Dauermagnete künstlich gealtert.

Praxisbezug 7.9

Beim magnetisch geregelten **Lötgerät** wird der Schalter S in der Zuleitung der Heizwicklung H von einem beweglichen Magneten M betätigt. Unterhalb der CURIE-Temperatur der Lötspitze L ziehen sich der Dauermagnet M und die ferromagnetische Lötspitze L an. Dabei ist der Schalter S geschlossen, und die stromdurchflossene Heizwicklung erwärmt die Lötspitze.

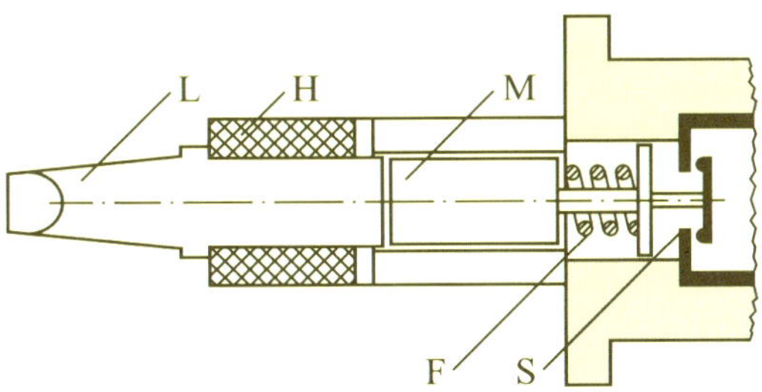

Bild 7.50 Magnetisch geregeltes Lötgerät

Überschreitet die Temperatur der Lötspitze L die CURIE-Temperatur ihres Materials, so wird die Lötspitze nicht mehr vom Magneten M angezogen. Die Feder F öffnet den Schalter S und schaltet die Heizwicklung H ab.

Durch die Regelung wird die Temperatur der Lötspitze in einem engen Bereich gehalten. Außerdem kann eine Heizwicklung mit großer Leistung eingebaut werden, welche die Lötspitze schnell aufheizt.

Die CURIE-Temperatur der Lötspitze ist von der Zusammensetzung der Legierungsbestandteile ihres Materials abhängig. Es werden Lötspitzen mit unterschiedlichen CURIE-Temperaturen hergestellt. ❐

Fragen

- Beschreiben Sie ein Verfahren, mit dem man feststellen kann, ob ein Stoff dia- bzw. paramagnetisch ist.
- Wie verhalten sich dia- bzw. paramagnetische Stoffe, wenn man sie in ein Magnetfeld bringt?
- Welche unterschiedlichen Werte für μ_r liegen bei dia- bzw. paramagnetischen Stoffen vor?
- Beschreiben Sie das Zustandekommen des Ferromagnetismus.
- Tragen Sie für die Neukurve eines ferromagnetischen Stoffes die Permeabilität über der magnetischen Feldstärke auf und erklären Sie den Begriff Anfangspermeabilität.
- Was versteht man unter der Sättigung eines ferromagnetischen Stoffes?
- Skizzieren Sie den Verlauf einer Hystereseschleife. Welche Bedeutung kommt den Schnittpunkten der Grenzschleife mit den Achsen zu?
- Was versteht man unter magnetisch weichen und magnetisch harten Stoffen?
- Wie erhält man die Magnetisierungskurve eines magnetisch weichen Stoffes?
- Welche Bedeutung hat die CURIE-Temperatur eines ferromagnetischen Stoffes?

Aufgaben

7.16(1) Eine Ringspule mit 300 Windungen und dem mittleren Durchmesser 191 mm hat einen Kern aus Holz; in ihr fließt der Strom 0,4 A.
Um welchen Faktor würde sich jeweils die magnetische Feldstärke und die Flussdichte ändern, wenn der Holzring durch einen Ringkern aus Stahlguss ersetzt würde?

7.17(1) Ein Ringkern aus Stahlguss mit dem mittleren Durchmesser D = 102 mm trägt zwei Wicklungen, die beide gleichmäßig über dem gesamten Umfang verteilt sind. Die Wicklung 1 mit $N_1 = 100$ wird vom Strom $I_1 = 2$ A durchflossen, die Wicklung 2 mit N_2 = 400 von I_2 = 500 mA. Berechnen Sie die Flussdichte im Ringkern für die beiden Fälle, dass die Durchflutungen gleichsinnig oder gegensinnig wirken.

7.18(1) Ermitteln Sie die maximale Permeabilität von Elektroblech V 400-50 A. Bei welcher Flussdichte ist sie vorhanden?

7.19(1) Die Neukurve von Mumetall kann zwischen dem Nullpunkt und dem Punkt (4 mA/cm; 25 mT) näherungsweise als linear angesehen werden. Berechnen Sie die Anfangspermeabilität μ_a.

7.7 Magnetische Kreise

Ziele: Sie können
- die Verknüpfung der Grundgrößen Durchflutung, magnetischer Leitwert und Fluss des magnetischen Kreises angeben und erläutern.
- erklären, welche Auswirkung Eisen als Feldmedium auf die Berechnung des magnetischen Kreises hat.
- den Begriff magnetische Spannung erläutern.
- magnetische Kreise aus abschnittsweise homogenen Feldern mit Flussverzweigungen in Eisen und Luft berechnen.
- den Begriff Luftspaltgerade erläutern.
- die Begriffe Streuung, Streufaktor, Eisen-Füllfaktor und Kupfer-Füllfaktor erläutern.
- einen magnetischen Kreis mit Dauermagnet und Luftspalt beschreiben und berechnen.

7.7.1 Unverzweigte magnetische Kreise

Eine stromdurchflossene Leiteranordnung von beliebiger Form hat ein inhomogenes Magnetfeld zur Folge, das den gesamten Raum ausfüllt. Im Allgemeinen lassen sich die magnetische Flussdichte und der magnetische Fluss eines solchen Feldes nicht auf einfache Weise berechnen.

Wird der magnetische Fluss dagegen auf bestimmten Wegen *geführt*, was bei technischen Einrichtungen meist der Fall ist, so nennt man die Anordnung einen **magnetischen Kreis** *(magnetic circuit)*. Unter vereinfachenden Annahmen kann man seine Feldgrößen problemlos berechnen.

Bei einem *unverzweigten* magnetischen Kreis wird der Fluss auf nur *einem* Weg geführt.

Einheitliches Feldmedium mit bekanntem μ_r

Ein besonders einfacher unverzweigter magnetischer Kreis ist der Feldraum einer Kreisringspule. Bei ihr wird der magnetische Fluss Φ im Feldmedium des Innenraumes geführt.

Besteht das Feldmedium der Kreisringspule aus einem Stoff, dessen Permeabilitätszahl μ_r bekannt ist, so lassen sich die Feldgrößen ohne Weiteres berechnen. Dies gilt für alle *nicht* ferromagnetischen Stoffe mit $\mu_r \approx 1$, also z. B. für Luft, Kupfer, Aluminium usw. (s. Tab. 7.1).

Die Feldstärke einer Kreisringspule, deren mittlerer Durchmesser D (Bild 7.35) wesentlich größer als der Windungsdurchmesser d ist, berechnen wir mit den Gln.(7.40 und 7.42):

$$H \approx \frac{\Theta}{\pi D} = \frac{\Theta}{l} \tag{7.59}$$

Hierbei ist $l = \pi D$ die mittlere Weglänge des magnetischen Kreises. Mit ihr wird die *mittlere Feldstärke* berechnet, die man über dem Querschnitt A des magnetischen Kreises (Bild 7.51) näherungsweise als konstant ansieht. In diesem Fall gilt für den magnetischen Fluss:

$$\Phi = B\,A = \mu_r\,\mu_0\,H\,A \tag{7.60}$$

Wir setzen die Gl.(7.57) in diese Gleichung ein:

$$\Phi = \frac{\mu_r\,\mu_0\,A}{l} \cdot \Theta \tag{7.61}$$

Die Durchflutung Θ ist hierbei als *Ursache*, der magnetische Fluss Φ als *Wirkung* anzusehen. Dieser geht aus einem Skalarprodukt hervor (s. Gl. 7.2), er ist also eine skalare Größe. Der in das Bild 7.51 eingetragene Bezugspfeil für den Fluss Φ gibt auch den Umlaufsinn des Randintegrals für die Berechnung der Durchflutung an.

Zweckmäßig wählen wir den Bezugssinn des Flusses Φ so, dass er an der betreffenden Stelle mit der Richtung des magnetischen Feldvektors $\vec{B}$ übereinstimmt.

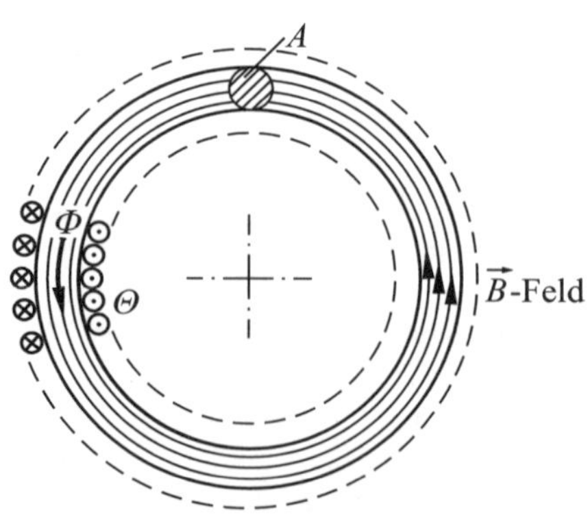

Bild 7.51 Magnetischer Fluss in einer Kreisringspule

Den Quotienten aus dem Fluss Φ und der Durchflutung Θ bezeichnet man als **magnetischen Leitwert** *(permeance)* Λ (griech. Buchstabe Lambda):

$$\boxed{\Lambda = \frac{\Phi}{\Theta}} \qquad (7.62)$$

Die Einheit des magnetischen Leitwerts ist:

$$[\Lambda] = \frac{[\Phi]}{[\Theta]} = 1\frac{\text{V s}}{\text{A}} = 1 \textbf{ Henry} = 1 \text{ H}$$

Für die Kreisringspule ergibt sich:

$$\Lambda = \frac{\mu A}{l} \qquad (7.63)$$

Diese Gleichung zeigt eine formale Analogie zum elektrischen Leitwert $G = \gamma A / l$ eines linearen Leiters. Entsprechend dieser Analogie definiert man den **magnetischen Widerstand** R_m als Kehrwert des magnetischen Leitwerts:

$$R_m = \frac{1}{\Lambda} \qquad (7.64)$$

Beispiel 7.5

Auf einen Ringkern aus Aluminium (D = 300 mm; d = 30 mm; Bild 7.35) ist eine einlagige dünne Kreisringspule gewickelt.

Wir wollen den magnetischen Leitwert und den magnetischen Widerstand des Feldraumes berechnen. Welche Durchflutung ist für den magnetischen Fluss 1 µV s erforderlich?

Wegen $D \gg d$ können wir annehmen, dass im Feldraum über dem Querschnitt $A = \pi d^2/4$ ein annähernd konstantes Magnetfeld vorliegt. Da die Spule nur einlagig ist, sind die Abmessungen von Feldraum und Aluminiumkern praktisch gleich.

Für Aluminium mit der Permeabilitätszahl $\mu_r \approx 1$ und die Länge $l = \pi D$ des Feldraumes ergibt die Gl.(7.63):

$$\Lambda = \frac{\mu_0 A}{\pi D} = 0{,}943 \cdot 10^{-9} \frac{\text{V s}}{\text{A}} = 943 \text{ pH}$$

Der magnetische Widerstand ist der Kehrwert des magnetischen Leitwerts:

$$R_m = \frac{1}{\Lambda} = 1{,}06 \cdot 10^9 \frac{\text{A}}{\text{V s}}$$

Die Durchflutung für den Fluss Φ = 1 µV s berechnen wir mit den Gln.(7.62 und 7.64):

$$\Theta = R_m \, \Phi = 1060 \text{ A}$$

Die Durchflutung $\Theta = N I$ kann z. B. durch eine Spule mit 1060 Windungen erzeugt werden, in der ein Strom I = 1 A fließt.

Einheitliches Feldmedium: Eisen

Enthält der Feldraum einen Stoff mit nichtlinearer Kennlinie $B = f(H)$ und ist die Permeabilität μ *nicht* konstant, so müssen die Feldgrößen mit Hilfe der Magnetisierungskurve des Kernmaterials bestimmt werden. Wir wollen der Einfachkeit halber – wie in der Technik üblich – bei solchen Stoffen von „Eisen" sprechen.

Ist die Durchflutung gegeben, so berechnet man z. B. mit der Gl.(7.59) die magnetische Feldstärke H und liest dann in der Magnetisierungskurve die zugehörige Flussdichte B ab; damit kann dann der Fluss Φ berechnet werden.

Die Permeabilität μ und damit auch der magnetische Leitwert Λ sind für Eisen keine Konstanten, sondern von der Feldstärke H bzw. von der Flussdichte B abhängig.

Beispiel 7.6

Die im Beispiel 7.5 verwendete Ringspule soll einen Eisenkern aus Schmiedestahl bzw. aus Grauguss mit den Magnetisierungskurven nach Bild 7.49a bzw. 7.49c erhalten.

Wir wollen den magnetischen Fluss für die Durchflutung Θ = 1060 A (s. Beispiel 7.5) berechnen. Welche Werte haben der magnetische Leitwert und die Permeabilitätszahl in beiden Fällen?

Die mittlere magnetische Feldstärke ist vom Kernmaterial unabhängig:

$$H = \frac{\Theta}{\pi D} = 1{,}125\ \frac{\text{kA}}{\text{m}}$$

Für Schmiedestahl bzw. für Grauguss lesen wir aus der Magnetisierungskurve ab:

$B_S \approx 1{,}48\ \text{T}$; $B_G \approx 0{,}36\ \text{T}$

Mit $\Phi = B\,A$ berechnen wir die Flüsse:

$\Phi_S = 1{,}05\ \text{mVs}$; $\Phi_G = 0{,}268\ \text{mVs}$

Den magnetischen Leitwert berechnen wir mit der Gl.(7.60):

$\Lambda_S = 0{,}99\ \mu\text{H}$; $\Lambda_G = 0{,}24\ \mu\text{H}$

Schließlich berechnen wir die Permeabilitätszahl mit der Gleichung:

$$\mu_r = \frac{B}{\mu_0 H}$$

Für die beiden Kernwerkstoffe Schmiedestahl bzw. Grauguss ergibt sich:

$\mu_{rS} \approx 1000$; $\mu_{rG} \approx 243$

Durch die Verwendung von Eisen statt Aluminium als Kernmaterial ist der Fluss also auf das 1000-fache bzw. auf das 243-fache angewachsen. Die Ergebnisse zeigen, dass Schmiedestahl ein wesentlich besserer „magnetischer Leiter" als Grauguss ist.

Eisen und Luft als Feldabschnitte

Bisher haben wir lediglich magnetische Kreise untersucht, bei denen der Fluss in einem *einheitlichen* Feldmedium – z. B. Luft oder Eisen – geführt wird. Nun wollen wir berücksichtigen, dass der Feldraum sowohl Luft- als auch Eisenabschnitte enthält.

Das Bild 7.52 zeigt eine Ringspule, deren Eisenkern einen schmalen **Luftspalt** *(air gap)* senkrecht zu den Feldlinien besitzt. Solche Luftspalte sind in technischen Anordnungen wichtig, z. B. bei Elektromagneten oder im magnetischen Kreis eines Elektromotors zwischen dem stehenden und dem rotierenden Teil.

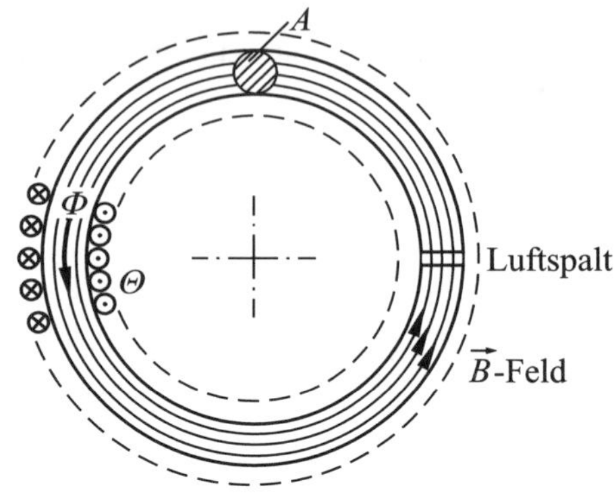

Bild 7.52 Magnetischer Kreis einer Kreisringspule mit Eisenkern und Luftspalt

Am Luftspalt bildet der magnetische Kreis dort *Pole* aus, wo der Fluss von Eisen in Luft übergeht.
Im Bild 7.52 ist das Feld der magnetischen Flussdichte $\vec{B}$ eingezeichnet. Schließen sich sämtliche Feldlinien über den Luftspalt, so gilt:

> In einem unverzweigten magnetischen Kreis tritt durch jeden Querschnitt der gleiche magnetische Fluss.

Weil der magnetisch wirksame Querschnitt A bei der Ringspule mit massivem Eisenkern und schmalem Luftspalt überall gleich ist, herrscht auch überall die gleiche mittlere Flussdichte B.

Nach dem Durchflutungsgesetz ist die magnetische Umlaufspannung:

$$\oint \vec{H} \cdot d\vec{s} = \Theta \qquad \text{s. Gl.(7.28)}$$

Für die Feldberechnung spalten wir das Integral in zwei Teilintegrale für den Eisen- und für den Luftweg auf:

$$\int\limits_{\text{Eisenweg}} \vec{H}_{\text{Fe}} \cdot d\vec{s} + \int\limits_{\text{Luftweg}} \vec{H}_{\text{Luft}} \cdot d\vec{s} = \Theta \qquad (7.65)$$

Ein derartiges Teilintegral bezeichnet man als **magnetische Spannung** V_m:

$$V_{m12} = \int_1^2 \vec{H} \cdot d\vec{s} \quad (7.66)$$

Wenn die magnetische Feldstärke zwischen den Punkten 1 und 2 konstant ist und ihre Richtung stets mit der des Wegelementes übereinstimmt, dann lässt sich die Gl.(7.62) vereinfachen:

$$V_{m12} = H\, l_{m12} \quad (7.67)$$

Für die Abschnitte des magnetischen Kreises der Ringspule trifft dies zu, und es gilt:

$$H_{Fe}\, l_{Fe} + H_L\, l_L = \Theta \quad (7.68)$$

Hierbei sind l_{Fe} und l_L die *mittleren Längen* der jeweiligen Feldabschnitte.

Auf Grund der Beziehung $H = B/\mu$ ist die magnetische Feldstärke H_{Fe} im Eisenkern wegen $\mu \gg \mu_0$ weitaus geringer als die Feldstärke H_L im Luftspalt. An der Grenzfläche Luft - Eisen ändert sich die magnetische Feldstärke H daher sprunghaft. Dies gilt allgemein für alle magnetischen Kreise, die aus Stoffen mit unterschiedlichen Permeabilitätszahlen bestehen.

Mit der magnetischen Spannung nach Gl.(7.67) lässt sich die Gl.(7.68) vereinfacht schreiben:

$$V_{m\,Fe} + V_{m\,L} = \Theta \quad (7.69)$$

Wir wollen diese Gleichung für einen magnetischen Kreis mit n hintereinander liegenden Feldabschnitten verallgemeinern.
Herrscht auf jedem Feldabschnitt der *mittleren* Länge l_k die konstante *mittlere* Feldstärke H_k, so gilt:

$$\sum_{k=1}^{n} H_k\, l_k = \sum_{k=1}^{n} V_{mk} = \Theta \quad (7.70)$$

Auf jedem Umlauf in einem magnetischen Kreis ist die Summe der an den Feldabschnitten abfallenden magnetischen Spannungen gleich der Durchflutung.

Für einen Feldabschnitt zwischen den Punkten 1 und 2 definiert man den magnetischen Widerstand:

$$R_{m12} = \frac{V_{m12}}{\Phi} \quad (7.71)$$

Man stellt sich vor, dass der Fluss Φ am magnetischen Widerstand R_{m12} die magnetische Spannung V_{m12} abfallen lässt. Werden mehrere „in Reihe" liegende magnetische Widerstände vom gleichen Fluss durchsetzt, so ist die magnetische Gesamtspannung gleich der Summe der Teilspannungen.

Beispiel 7.7
Der Kern aus Schmiedestahl für die Ringspule aus dem Beispiel 7.6 erhält einen Luftspalt der Länge $l_L = 1$ mm. Der dort berechnete magnetische Fluss 1,05 mVs soll erhalten bleiben. Wir wollen berechnen, welche Durchflutung hierfür erforderlich ist.

Die magnetische Flussdichte ist in beiden Feldabschnitten gleich:

$$B_{Fe} = B_L = \frac{\Phi}{A} = 1{,}48 \text{ T}$$

An der Magnetisierungskurve lesen wir ab:

$$H_{Fe} \approx 1{,}13 \text{ kA/m}$$

Im Luftspalt herrscht die höhere Feldstärke:

$$H_L = \frac{B_L}{\mu_0} = 1180 \frac{\text{kA}}{\text{m}}$$

Mit den Gln.(7.68 und 7.69) berechnen wir die Durchflutung als Summe der magnetischen Spannungen:

$$\Theta = V_{m\,Fe} + V_{m\,L} = H_{Fe}\, l_{Fe} + H_L\, l_L$$

$$\Theta = 1{,}06 \text{ kA} + 1{,}18 \text{ kA} = 2{,}24 \text{ kA}$$

Für den Luftspalt wird also ein größerer Teil der Gesamtdurchflutung aufgewendet als für den Eisenkern. Insgesamt wird der Durchflutungsbedarf bei gleichem Fluss auf Grund des Luftspalts annähernd verdoppelt.

Querschnittsänderung und Streuung

In der Technik verwendete Eisenkerne sind meist nicht ringförmig. Das Bild 7.52 zeigt z.B. einen Kern, der statt einer Ringwicklung eine *konzentrierte Spule* trägt, die auf einen Spulenkörper gewickelt ist. Da der magnetische Leitwert des Eisens wesentlich größer als der eines Luftweges ist, wird der Fluss überwiegend im magnetischen Kreis geführt und durchsetzt sowohl das Eisen als auch den Luftspalt.

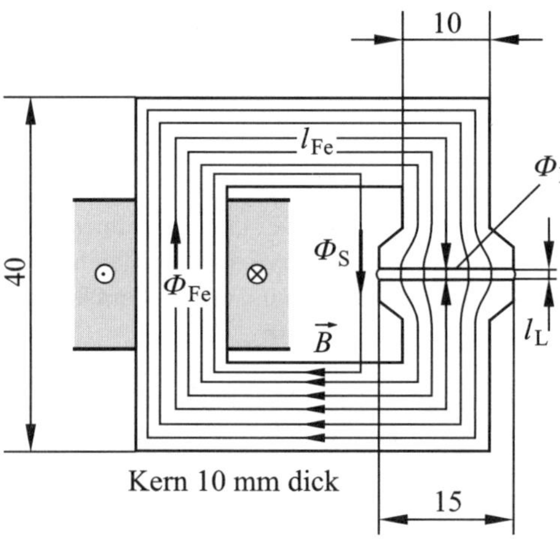

Bild 7.53 Magnetischer Kreis mit unterschiedlichen Querschnittsflächen und Streuung

Ein Teil des Gesamtflusses Φ_{Fe} schließt sich über das sog. **Fenster** und erreicht den Luftspalt nicht; dieser Teil wird als **Streufluss** *(leakage flux)* Φ_S bezeichnet. Der Gesamtfluss Φ_{Fe} ist also um den Streufluss größer als der Luftspaltfluss Φ_L, der auch **Nutzfluss** genannt wird.

Der Streufluss ist um so stärker, je größer die Luftspaltlänge l_L ist; er hängt außerdem von der Sättigung des Eisens ab. Rechnerisch berücksichtigt man ihn durch den **Streufaktor** *(leakage factor)* s:

$$\Phi_L = s\ \Phi_{Fe} \tag{7.72}$$

Eine exakte Berechnung des Streufaktors s ist schwierig; man schätzt ihn deshalb nach Erfahrungswerten. Kann bei kleiner Luftspaltlänge die Streuung vernachlässigt werden, so ist $s = 1$.

Der Kern im Bild 7.53 hat unterschiedliche Querschnitte im Eisen- bzw. im Luftabschnitt: Die Luftspaltfläche A_L ist wegen der **Polschuhe** *(pole shoe)* größer als die Eisenfläche A_{Fe}. Dadurch ist die Flussdichte $B_{Fe} = \Phi_{Fe}/A_{Fe}$ im Eisen größer als die Flussdichte $B_L = \Phi_L/A_L$ im Luftspalt. Dies wird im Bild 7.53 dadurch veranschaulicht, dass die Feldlinien des Flussdichtevektors $\vec{B}$ im Luftspalt einen größeren Abstand haben als im Eisenkern.

Unterschiedliche magnetisch wirksame Flächen in Eisenkern und Luftspalt erhält man auch, wenn der Kern aus *Blechen* geschichtet ist. Da diese eine nicht ferromagnetische Isolierschicht tragen und auch nicht beliebig eng zusammengepresst werden können, ist nicht der gesamte geometrische Kernquerschnitt mit Eisen gefüllt.

Man erhält den *magnetisch wirksamen* Querschnitt A_{Fe}, indem man den geometrischen Kernquerschnitt mit dem **Eisen-Füllfaktor** $F_{Fe} < 1$ multipliziert, der vom Hersteller der Bleche angegeben wird.

Die Kernbleche sind unsymmetrisch aufgeschnitten, so dass man sie abwechselnd von oben und unten in den Spulenkörper schieben kann, wobei nur ein geringer zusätzlicher Luftspalt entsteht, der im Allg. vernachlässigt werden kann.

Bei der Berechnung der magnetisch wirksamen Luftspaltfläche ist vielfach auch die **Luftspaltaufweitung** zu berücksichtigen: Im Randbereich des Luftspalts treten Feldlinien auch in den umgebenden Luftraum über, so dass insgesamt ein *größerer* Querschnitt zur Verfügung steht als der Kernkontur entspricht. Die Luftspaltaufweitung ist um so stärker, je länger der Luftspalt ist; sie kann meist nur grob geschätzt werden.

Die *inhomogenen* Feldabschnitte in Übergangsgebieten (z.B. Ecken; Polschuhe) werden in überschlägigen Rechnungen vernachlässigt oder nur näherungsweise berücksichtigt.

Zur Bestimmung der mittleren Feldlinienlänge l_{Fe} im Eisen ist es im Allg. ausreichend genau, die Feldlinienlänge auf der geometrischen Mittellinie des Kerns zu ermitteln, wobei Abrundungen an den Ecken unberücksichtigt bleiben (s. Beispiel 7.8).

Der Streufluss ist über den gesamten Feldraum des Fensters verteilt. Bei Rechnungen verfährt man vereinfachend so, als ob er unmittelbar parallel zum Luftspalt verliefe, d.h. man nimmt für den gesamten Eisenabschnitt den Gesamtfluss Φ_{Fe} = const. an und bildet für den Luftspalt die Differenz:

$$\Phi_L = \Phi_{Fe} - \Phi_S \qquad (7.73)$$

Wegen der beschriebenen Vernachlässigungen und Schätzungen sind bei der Berechnung magnetischer Kreise mit Eisenkern und Luftspalt recht hohe Abweichungen der Rechenergebnisse von den tatsächlichen Werten zu erwarten.

Von der Luftspaltflussdichte ausgehende Berechnung

Für magnetische Kreise in technischen Geräten wird im Hinblick auf die Funktion meist eine bestimmte Luftspaltflussdichte verlangt. Diese bestimmt z.B. die Zugkraft eines Magneten oder das Drehmoment eines Motors.

Die Berechnung der notwendigen Durchflutung $\Theta = N\,I$ bzw. des Spulenstromes I für eine geforderte Luftspaltflussdichte B_L soll deswegen zunächst an einem Beispiel gezeigt werden.

Ist die Durchflutung berechnet, so muss noch geprüft werden, ob sie in der zur Verfügung stehenden Wickelfläche des Spulenkörpers untergebracht werden kann. Diese kann nur mit einem **Kupfer-Füllfaktor** $F_{Cu} \approx 0{,}4 \ldots 0{,}75$ mit leitendem Material gefüllt werden; der Wert für F_{Cu} hängt u.a. vom Drahtdurchmesser ab.

Mit Rücksicht auf die *Erwärmung* der Wicklung darf eine Stromdichte $S_{max} \approx 1{,}5 \ldots 3\ \text{A/mm}^2$ im Dauerbetrieb nicht überschritten werden. Der zulässige Wert hängt von der Kühlung und von der Spulengeometrie ab; er kann für überschlägige Berechnungen geschätzt werden.

Ist die berechnete Durchflutung mit dem zur Verfügung stehenden Wickelraum *nicht* zu realisieren, so muss ein anderer Kern gewählt oder die Luftspaltflussdichte verringert werden.

Beispiel 7.8

Der quadratische Eisenkern mit Polschuhen nach Bild 7.53 ist aus Elektroblechen (Magnetisierungskurve 7.49a) mit einem Füllfaktor $F_{Fe} = 0{,}9$ geschichtet. Die Luftspaltlänge beträgt $l_L = 0{,}5$ mm; der Streufaktor wird auf $s = 0{,}9$ und die Luftspaltaufweitung auf 5 % geschätzt.

Es wird die Luftspaltflussdichte $B_L = 0{,}8$ T gefordert. Wir wollen die hierfür notwendige Durchflutung und den Spulenstrom für die Windungszahl $N = 500$ berechnen. Außerdem wollen wir prüfen, ob die Wickelfläche $A_W = 250\ \text{mm}^2$ bei einem Füllfaktor $F_{Cu} = 0{,}5$ und der zulässigen Stromdichte $S_{max} = 2{,}2\ \text{A/mm}^2$ ausreicht.

Zunächst berechnen wir den Luftspaltfluss und berücksichtigen die Luftspaltaufweitung:

$$\Phi_L = 1{,}05 \cdot 150\ \text{mm}^2 \cdot 0{,}8\ \text{T} = 126\ \mu\text{Vs}$$

Der insgesamt erzeugte Fluss Φ_{Fe} ist:

$$\Phi_{Fe} = \frac{\Phi_L}{s} = 140\ \mu\text{Vs}$$

Ohne die Querschnittserweiterung in den Polschuhen zu berücksichtigen, setzen wir für die wirksame Eisenfläche an:

$$A_{Fe} \approx 0{,}9 \cdot 100\ \text{mm}^2 = 90\ \text{mm}^2$$

Damit ist die Flussdichte im Eisen:

$$B_{Fe} = \frac{\Phi_{Fe}}{A_{Fe}} = 1{,}56\ \text{T}$$

An der Magnetisierungskurve lesen wir ab:

$$H_{Fe} \approx 2{,}34\ \text{kA/m}$$

Die Feldstärke im Luftspalt ist:

$$H_L = \frac{B_L}{\mu_0} = 637\ \frac{\text{kA}}{\text{m}}$$

Mit den mittleren Weglängen $l_{Fe} \approx 120$ mm im Eisen und $l_L = 0{,}5$ mm in Luft berechnen wir die magnetischen Spannungen:

$V_{mFe} = H_{Fe}\, l_{Fe} = 281\ \text{A}$

$V_{mL} = H_L\, l_L = 318\ \text{A}$

Damit berechnen wir die erforderliche Durchflutung:

$\Theta = V_{mFe} + V_{mL} = 599\ \text{A}$

Dies erfordert den Spulenstrom:

$$I = \frac{\Theta}{N} = 1{,}2\ \text{A}$$

Mit der Wickelfläche A_W und dem Kupfer-Füllfaktor berechnen wir die Fläche, die für das Leitermaterial zur Verfügung steht:

$A_{Cu} = A_W\, F_{Cu} = 125\ \text{mm}^2$

Für die Stromdichte ergibt sich damit der *unzulässige* Wert:

$$S = \frac{\Theta}{A_{Cu}} = 4{,}68\ \frac{\text{A}}{\text{mm}^2} > S_{max}$$

Von der Durchflutung ausgehende Berechnung
Eine Umkehrung des im Beispiel 7.8 gezeigten Rechenganges ist nicht ohne Weiteres möglich. Zwar kann man den Durchflutungssatz ansetzen:

$$\Theta = H_{Fe}\, l_{Fe} + H_L\, l_L = \Phi_{Fe}\, R_{mFe} + \Phi_L\, R_{mL}$$

Die Aufteilung der magnetischen Spannungen am Luft- und am Eisenabschnitt lässt sich aber wegen der unterschiedlichen Flüsse in Eisen und Luft und wegen der Nichtlinearität des magnetischen Widerstandes R_{mFe} nicht durchführen.

Ein etwas umständliches Verfahren zur Bestimmung des Flusses besteht darin, für mehrere Werte der Luftspaltflussdichte B_L wie bisher die jeweils notwendige Durchflutung Θ zu berechnen. Damit zeichnet man die Kennlinie $B_L = f(\Theta)$, wie sie beispielsweise im Bild 7.54 dargestellt ist. An dieser Kennlinie lässt sich für die gegebene Durchflutung der zugehörige Wert der Flussdichte B_L ablesen.

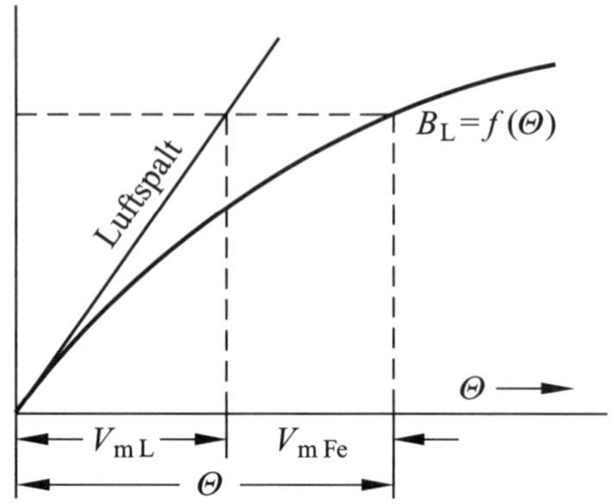

Bild 7.54 Kennlinie $B_L = f(\Theta)$ eines magnetischen Kreises

Das Bild 7.54 zeigt anschaulich den unterschiedlichen Durchflutungsbedarf des Eisen- bzw. Luftabschnitts, wenn man die magnetischen Spannungen V_{mFe} bzw. V_{mL} einzeichnet. Man erkennt den bei hoher Flussdichte im Eisen stark anwachsenden Durchflutungsbedarf des Eisenweges.

Ein eleganteres Verfahren ist die *grafische Lösung* mit Hilfe der Magnetisierungskurve des Eisens. Der gesuchte Arbeitspunkt für den Eisenkern muss auf dieser Kurve $B_{Fe} = f(H_{Fe})$ liegen. Um ihn zu bestimmen, benötigt man eine weitere Funktion, welche die magnetischen Größen im Eisen mit denen des Luftspalts verknüpft. Zu ihrer Berechnung gehen wir vom Durchflutungssatz aus:

$$\Theta = H_{Fe}\, l_{Fe} + H_L\, l_L = H_{Fe}\, l_{Fe} + \frac{B_L\, l_L}{\mu_0} \qquad (7.74)$$

Mit $\Phi_L = A_L\, B_L$ und $\Phi_L = s\, \Phi_{Fe} = s\, A_{Fe}\, B_{Fe}$ ergibt sich die Abhängigkeit der Luftspaltflussdichte B_L von der Flussdichte B_{Fe} im Eisen:

$$B_L = s\, \frac{A_{Fe}}{A_L}\, B_{Fe} \qquad (7.75)$$

Wir setzen diese Gleichung in die Gl.(7.74) ein, lösen nach B_{Fe} auf und erhalten:

$$B_{Fe} = \frac{\mu_0}{s} \cdot \frac{A_L}{A_{Fe}\, l_L} \cdot (\Theta - H_{Fe}\, l_{Fe}) \qquad (7.76)$$

Diese Funktion $B_{Fe} = f(H_{Fe})$ ist die Gleichung einer *Geraden*, die **Luftspaltgerade** oder auch **Scherungsgerade** genannt wird; sie hat die Achsenabschnitte:

$$B_{Fe}^* = \frac{\mu_0}{s} \cdot \frac{A_L}{A_{Fe}\, l_L} \cdot \Theta \qquad \text{für } H_{Fe} = 0 \qquad (7.77)$$

$$H_{Fe}^* = \frac{\Theta}{l_{Fe}} \qquad \text{für } B_{Fe} = 0 \qquad (7.78)$$

Wir zeichnen die Luftspaltgerade in die Magnetisierungskurve ein, wodurch sich der Arbeitspunkt A ergibt; seine Koordinaten sind H_{Fe} und B_{Fe}. Die Luftspaltflussdichte B_L lässt sich mit der Gl.(7.75) berechnen.

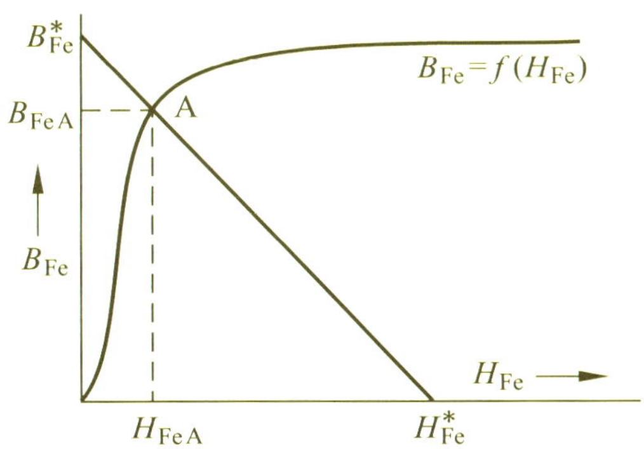

Bild 7.55 Bestimmung der Flussdichte im Eisen mit Hilfe der Luftspaltgeraden

Beispiel 7.9
Im Eisenkern aus dem Beispiel 7.8 steht für die Wicklung die Fläche $A_W \approx 250\ \text{mm}^2$ zur Verfügung.
Wir wollen die beim Kupfer-Füllfaktor $F_{Cu} = 0{,}5$ und der Stromdichte $S_{max} = 2{,}2\ \text{A/mm}^2$ erreichbare Durchflutung Θ berechnen.
Außerdem wollen wir die im Luftspalt hiermit erreichbare Flussdichte bestimmen.

Dem Beispiel 7.8 entnehmen wir:

$A_L = 158\ \text{mm}^2$; $A_{Fe} = 90\ \text{mm}^2$

$l_L = 0{,}5\ \text{mm}$; $l_{Fe} = 120\ \text{mm}$

$s = 0{,}9$

Zunächst berechnen wir die Durchflutung, die sich in der gegebenen Wickelfläche unterbringen lässt:

$$\Theta = S_{max}\, F_{Cu}\, A_W = 275\ \text{A}$$

Mit den Gln.(7.77 und 7.78) berechnen wir die Achsenabschnitte der Luftspaltgeraden:

$$B_{Fe}^* = 1{,}35\ \text{T} \ ; \quad H_{Fe}^* = 2{,}29\ \frac{\text{kA}}{\text{m}}$$

Wir bringen die Luftspaltgerade mit der Magnetisierungskennlinie 7.49a zum Schnitt und bestimmen den Arbeitspunkt:

$$B_{Fe\,A} \approx 1{,}2\ \text{T}$$

$$H_{Fe\,A} = 0{,}25\ \frac{\text{kA}}{\text{m}}$$

Mit der Gl.(7.75) berechnen wir die erreichbare Luftspaltflussdichte:

$$B_L = 0{,}615\ \text{T}$$

7.7.2 Verzweigte magnetische Kreise

Das Bild 7.56 zeigt einen *dreischenkligen* Eisenkern, dessen Mittelschenkel einen Luftspalt enthält. Der von der Spulendurchflutung Θ im Mittelschenkel erzeugte Fluss Φ_1 teilt sich in die Flüsse Φ_2 und Φ_3 auf; man sagt, der magnetische Kreis ist *verzweigt*.

Eine Anordnung nach Bild 7.56 wird z. B. als sog. **Drosselspule** in Gleichrichterschaltungen verwendet.

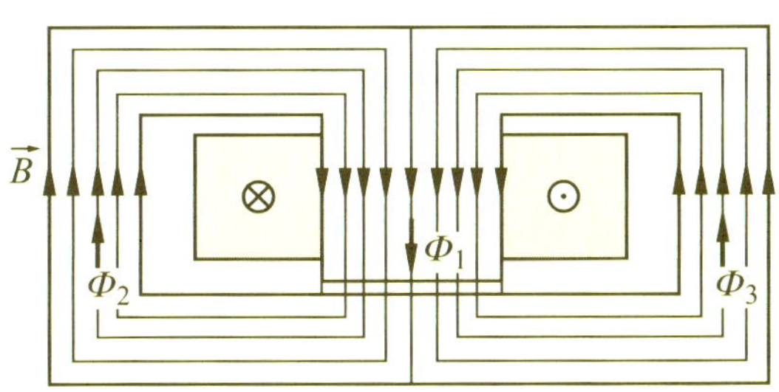

Bild 7.56 Verzweigter magnetischer Kreis

Da die Feldlinien der Flussdichte $\vec{B}$ stets in sich geschlossen sind, ist im magnetischen Kreis nach Bild 7.56 die Summe der Flüsse in den Außenschenkeln gleich dem Fluss im Mittelschenkel. Für jede der Verzweigungsstellen gilt dabei:

$$\Phi_1 = \Phi_2 + \Phi_3 \qquad (7.79)$$

Verfährt man mit den Bezugspfeilen und den Vorzeichen der Flüsse wie mit den Strömen am Knoten eines Stromkreises, so gilt für n Flüsse an einer Verzweigungsstelle allgemein:

$$\boxed{\sum_{k=1}^{n} \Phi_k = 0} \qquad (7.80)$$

Bei dem Eisenkern nach Bild 7.56 ist die Summe der Querschnitte der beiden äußeren Schenkel gleich dem Querschnitt des Mittelschenkels; das Eisen wird dadurch gleichmäßig „ausgenutzt".
Befindet sich bei einem solchen Kern die Spule auf dem *mittleren* Schenkel, so kann man die Feldberechnung *vereinfachen*: Man fasst die äußeren Schenkel zu einem einzigen zusammen und verfährt dann wie beim *unverzweigten* magnetischen Kreis.
Sind dagegen die äußeren Schenkel ungleich oder befinden sich unterschiedlich durchflutete Spulen auf ihnen, so muss mit verzweigten Flüssen gerechnet werden.

Bei der Berechnung eines verzweigten magnetischen Kreises geht man zweckmäßig von der verlangten Luftspaltflussdichte aus und ermittelt die notwendigen Durchflutungen.

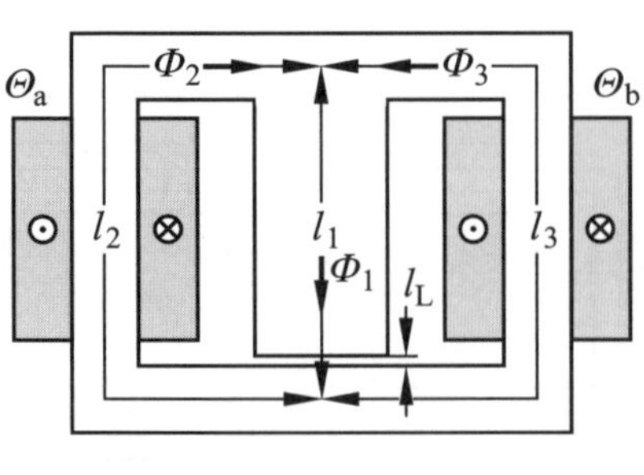

Bild 7.57 Verzweigter magnetischer Kreis mit drei Schenkeln und zwei Spulen

Man unterteilt den magnetischen Kreis in Abschnitte mit jeweils konstanter magnetischer Feldstärke; bei dem Kreis nach Bild 7.57 z.B. sind dies die Schenkel und der Luftspalt, der vom Luftspaltfluss $\Phi_L = \Phi_1$ durchsetzt wird.
Ein Fluss, der eine Spule durchsetzt, erhält einen Bezugspfeil, der mit der Durchflutung im Rechtsschraubensinn verknüpft ist. Jedem Abschnitt ordnet man eine magnetische Spannung mit gleichem Bezugssinn wie beim Fluss zu.

Beispiel 7.10
Ein Eisenkern ist aus 0,5 mm dicken Kernblechen (Magnetisierungskurve 7.49a) nach Bild 7.58 aufgebaut; die Pakethöhe ist 40 mm, der Füllfaktor beträgt $F_{Fe} = 0{,}9$.

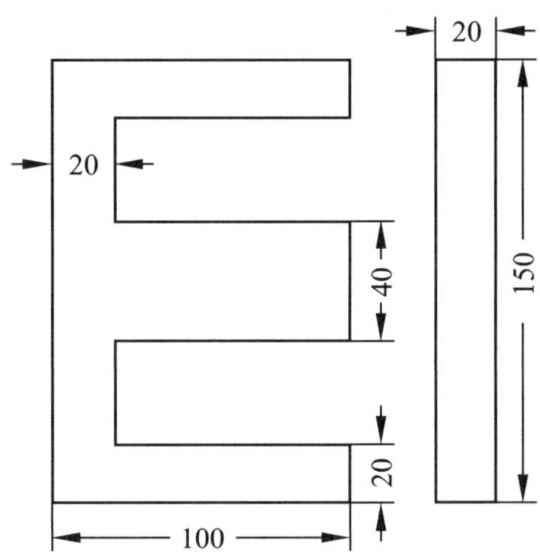

Bild 7.58 Kernblech EI 150 nach DIN 41 302

Die Schenkelflächen werden so geschliffen, dass zwischen den Außenschenkeln und dem Anker praktisch kein Luftspalt, zwischen dem Mittelschenkel und dem Anker dagegen ein Luftspalt der Länge $l_L = 0{,}5$ mm bleibt. Beide Außenschenkel tragen Spulen (Bild 7.57); die Durchflutung $\Theta_a = 1000$ A ist vorgegeben. Im Luftspalt soll die Flussdichte $B_L = 1{,}4$ T herrschen; die Streuung und die Luftspaltaufweitung sollen unberücksichtigt bleiben. Wir wollen die erforderliche Durchflutung Θ_b berechnen.

Zunächst unterteilen wir den magnetischen Kreis in Abschnitte mit jeweils konstanter magnetischer Feldstärke und schätzen hierfür die mittleren Längen der Feldlinien.

$l_1 \approx 100$ mm

$l_2 = l_3 \approx 230$ mm

Die Luftspaltfläche beträgt:

$A_L = 16 \cdot 10^{-4}$ m²

Die magnetisch wirksamen Querschnittsflächen im Eisen sind:

$A_1 = 14{,}4 \cdot 10^{-4}$ m²

$A_2 = A_3 = 7{,}2 \cdot 10^{-4}$ m²

Die Ergebnisse tragen wir zweckmäßig in eine Tabelle ein. Mit der gegebenen Luftspaltflussdichte berechnen wir die Werte der ersten Tabellenzeile:

$\Phi_L = B_L A_L$; $H_L = B_L / \mu_0$; $V_{mL} = H_L l_L$

Da der Luftspaltfluss auch den Mittelschenkel durchsetzt, übertragen wir ihn in die Zeile „Eisen 1" und berechnen die Flussdichte:

$B_{Fe1} = \Phi_1 / A_{Fe1}$

Den zugehörigen Wert H_{Fe1} lesen wir an der Magnetisierungskurve ab und berechnen die magnetische Spannung $V_{m1} = H_1 l_1$. Damit ist auch die zweite Zeile ausgefüllt.

Aus dem Durchflutungssatz folgt bei einem Umlauf um das linke Fenster:

$V_{m1} + V_{m2} + V_{mL} = \Theta_a$

Wir berechnen damit $V_{m2} = 213$ A; von rechts nach links fortschreitend berechnen wir die übrigen Werte der dritten Zeile.

Für die Flüsse an der Verzweigungsstelle gilt nach Gl.(7.76):

$\Phi_1 - \Phi_2 - \Phi_3 = 0$

Beginnend mit dem Fluss

$\Phi_3 = 12 \cdot 10^{-4}$ V s

füllen wir dann die letzte Tabellenzeile aus. Anschließend setzen wir den Durchflutungssatz für das linke Fenster an:

$V_{m1} + V_{mL} + V_{m3} = \Theta_b$

Damit berechnen wir die gesuchte Durchflutung:

$\Theta_b = 2{,}03$ kA

Wegen der hohen Flussdichte ergibt sich für den Abschnitt 3 ein größerer Durchflutungsbedarf als für den Luftspalt.
Zum Schluss kontrollieren wir die Rechnung durch einen Umlauf *außen*, der beide Durchflutungen umfasst:

$V_{m3} - V_{m2} = 1{,}03 \text{ kA} = \Theta_b - \Theta_a$

Abschnitt	Φ in 10^{-4} Vs	A in 10^{-4} m²	B in T	H in kA / m	l in m	V_m in A
Luftspalt	22,4	16,0	1,4	1114	0,0005	557
Eisen 1	22,4	14,4	1,56	2,3	0,1	230
Eisen 2	10,4	7,2	1,45	0,93	0,23	213
Eisen 3	12	7,2	1,67	5,4	0,23	1242

7.7.3 Magnetischer Kreis mit Dauermagnet

Entmagnetisierung eines Ringkerns

Das Bild 7.59 zeigt einen geschlossenen ferromagnetischen Ringkern, der durch das Entfernen eines **Schlussstückes** S aus gleichem Material einen Luftspalt erhalten kann.

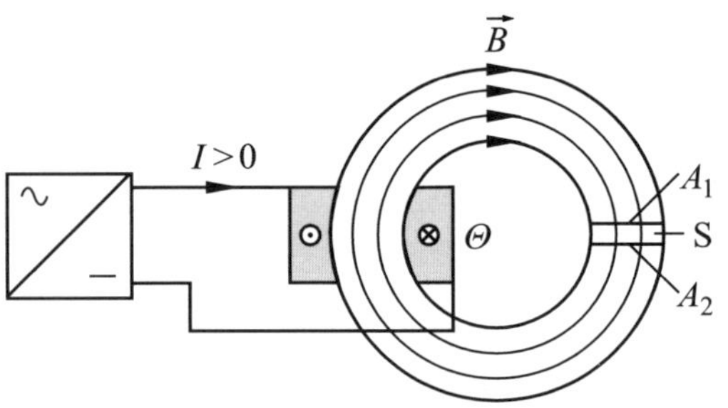

Bild 7.59 Magnetisierung eines Ringkerns mit einem Schlussstück S

Der *geschlossene* Ringkern wird zunächst durch eine Durchflutung Θ bis zur Sättigung magnetisiert, wobei ein Strom $I > 0$ fließt. Wird dann der Strom auf den Wert $I = 0$ zurückgestellt, so bleibt bei der Feldstärke $H = 0$ die Remanenzflussdichte B_r im Kern (Bild 7.46). Nach außen sind keine magnetischen Erscheinungen bemerkbar, denn der Fluss verläuft ganz im Ringkern.

Wird nun das Schlussstück entfernt, so erhält der Ringkern einen Luftspalt. An seinen Flächen A_1 und A_2 entstehen magnetische Pole; im Bild 7.59 ist z. B. die Fläche A_1 ein Nordpol und die Fläche A_2 ein Südpol.

Am Luftspalt liegt die magnetische Spannung:

$$V_{m\,12} = H_L\, l_L = \frac{B_L}{\mu_0}\, l_L \tag{7.81}$$

Die Vektoren der magnetischen Feldstärke und der Flussdichte weisen im Luftspalt in gleiche Richtung.

Da die Durchflutung den Wert $\Theta = 0$ hat, folgt aus dem Durchflutungssatz:

$$H_{Fe}\, l_{Fe} + H_L\, l_L = 0$$

Man erhält hieraus für die magnetische Feldstärke im Eisen einen *negativen* Wert:

$$H_{Fe} = -\frac{l_L}{l_{Fe}}\, H_L \tag{7.82}$$

Dies bedeutet, dass der Ringkern nach dem Öffnen des Luftspalts im 2. Quadranten ($H < 0$; $B > 0$) seiner Hystereseschleife (Bild 7.46) betrieben wird. Der magnetische Feldstärkevektor weist in diesem Quadranten in die dem Flussdichtevektor entgegengesetzte Richtung.
Dies wirkt sich genau so aus wie eine Durchflutung mit $I < 0$: Die Flussdichte im Eisen fällt auf einen Wert $B_{Fe\,A} < B_r$ ab. Man spricht auch hierbei von **Entmagnetisierung** und bezeichnet den im 2. Quadranten liegenden Teil der Hystereseschleife als **Entmagnetisierungskurve**.

Wie weit der Kern beim Öffnen des Luftspalts entmagnetisiert wird und ob die Entmagnetisierung reversibel ist, hängt von der Luftspaltlänge und von der Polarisation des Dauermagneten ab. Magnetisch weiches Eisen wird schon bei einer sehr kleinen Luftspaltlänge auf $B \approx 0$ entmagnetisiert.

Praxisbezug 7.10

Viele elektrische Kleinmotoren mit Dauermagneterregung (z.B. Schrittmotoren) werden mit einem Schlussstück im Luftspalt aufmagnetisiert. Entfernt man es, so tritt eine Entmagnetisierung auf, bei der die Luftspaltflussdichte den für die Funktion des Motors erforderlichen Wert hat.

Baut man den Läufer eines solchen Motors aus irgend welchen Gründen aus, so erzeugt man eine weiter gehende Entmagnetisierung, die nach dem Wiedereinbau des Läufers evtl. nicht wieder aufgehoben wird. Die Luftspaltflussdichte hat dadurch nicht mehr den erforderlichen Wert, und der Motor ist unbrauchbar. Eine Wiederholung der Magnetisierung bis zur Sättigung ist gewöhnlich nicht praktikabel. ❐

Bestimmung des Arbeitspunktes

In technischen Anwendungen bestehen magnetische Kreise mit Dauermagneten im Allg. nicht aus einheitlichem Material. Der Fluss Φ_D des Dauermagneten wird über **Polstücke** aus magnetisch weichem Eisen dem Luftspalt zugeführt; ein Teil schließt sich als Streufluss Φ_S.

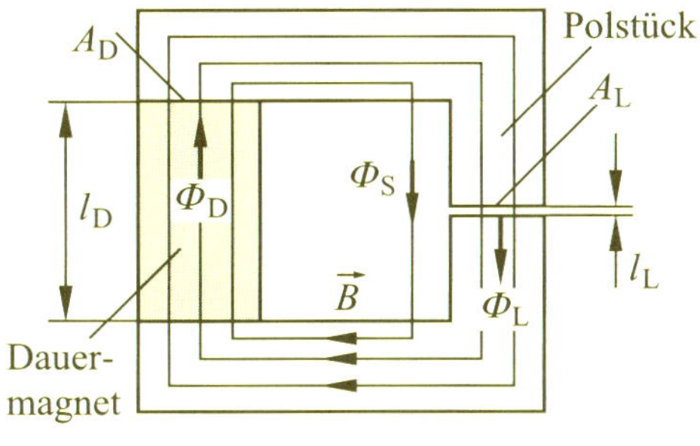

Bild 7.60 Magnetischer Kreis mit Dauermagnet

Beim Magnetisieren wird der Luftspalt zweckmäßig mit einem Schlussstück geschlossen, das danach wieder entfernt wird. Nach der Entmagnetisierung ist die Flussdichte im Eisen:

$$B_{Fe} = B_D \frac{A_D}{A_{Fe}} \quad (7.83)$$

Die bei der Entmagnetisierung an den Polstücken entstehende magnetische Spannung hat einen viel kleineren Betrag als die am Luftspalt bzw. am Dauermagneten; sie kann näherungsweise vernachlässigt werden. Bei der Berechnung braucht in diesem Fall als Eisen im magnetischen Kreis nur der Dauermagnet berücksichtigt zu werden.

Wir gehen von der Gl.(7.76) für die Luftspaltgerade aus und ersetzen darin den Index „Fe" durch „D". Außerdem setzen wir für die Durchflutung den Wert $\Theta = 0$ ein und erhalten:

$$\frac{B_D}{H_D} = -\frac{\mu_0}{s} \cdot \frac{A_L \, l_D}{A_D \, l_L} \quad (7.84)$$

Diese Gleichung beschreibt die *Steigung* der Luftspaltgeraden, die hier durch den Nullpunkt verläuft. Die Gerade G_1 schneidet z.B. die Entmagnetisierungskurve im Arbeitspunkt A_1 (Bild 7.61), bis zu dem der Magnetwerkstoff entmagnetisiert wird.

Wird der Luftspalt weiter vergrößert, so ergibt sich mit der neuen Luftspaltgeraden G_2 ein Arbeitspunkt A_2 bei geringerer Flussdichte. Verkleinert man den Luftspalt wieder auf den früheren Wert, so bewegt sich der Arbeitspunkt auf der gleichen Kennlinie wieder nach A_1 zurück. Voraussetzung hierfür ist ein *gerader* Kennlinienverlauf zwischen A_1 und A_2; die Entmagnetisierung ist unter diesen Umständen *reversibel.*

Wird der Luftspalt dagegen so groß gemacht, dass die Luftspaltgerade G_3 einen Arbeitspunkt A_3 unterhalb des Kennlinien-Knies erreicht, so ist die Entmagnetisierung *irreversibel*: Beim Verkleinern des Luftspalts bewegt sich der Arbeitspunkt auf einer niedrigeren, also ungünstigeren Kennlinie, wobei sich mit der Geraden G_1 nur noch der Arbeitspunkt A_4 erreichen lässt. Der Arbeitspunkt A_1 wäre nur durch ein erneutes Magnetisieren mit geschlossenem Luftspalt wieder erreichbar.

Bei modernen Magnetwerkstoffen ist ein großer Teil der Entmagnetisierungskurve annähernd gerade; das Kennlinien-Knie kann auch bei Werten $H_D < -H_c$ liegen.

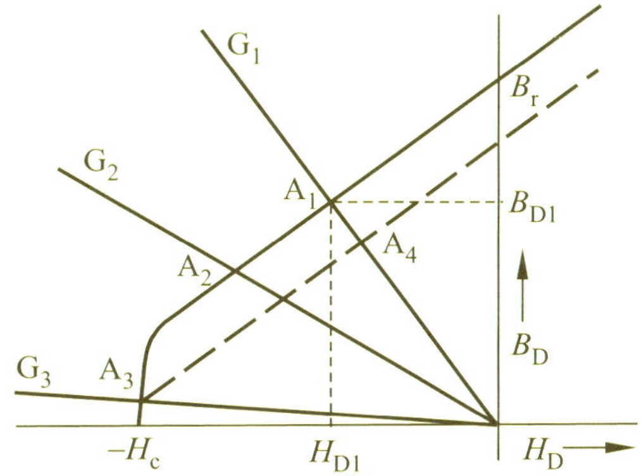

Bild 7.61 Bestimmung des Arbeitspunktes bei einem magnetischen Kreis mit Dauermagnet

Optimierung des Dauermagneten

Sind sowohl die Länge l_D als auch der Querschnitt A_D des Dauermagneten frei wählbar, so kann der Dauermagnet dadurch optimiert werden, dass sein Volumen so klein wie möglich gewählt wird.

Wir berechnen mit der Gl.(7.84) und der Gleichung $B_L \, A_L = s \, B_D \, A_D$, die der Gl.(7.72) entspricht, sowohl l_D als auch A_D und bilden das Produkt:

$$V_D = A_D \, l_D = -\frac{B_L^2 \, A_L \, l_L}{s \, \mu_0 \, B_D \, H_D} \quad (7.85)$$

Bei der kostengünstigsten Lösung ist das Volumen des Dauermagneten minimal; dies ist dann der Fall, wenn das Produkt $B_D H_D$ ein Maximum hat. Der entsprechende Wert $(B\,H)_{max}$ wird in Tabellen für Magnetwerkstoffe als günstigster Arbeitspunkt angegeben (s. Tab. 7.3). In der Tab. 7.4 sind die zugehörigen Werte B_{opt} und H_{opt} genannt (Bild 7.62).

Tabelle 7.4 Günstigster Arbeitspunkt für den Betrieb von Dauermagnetwerkstoffen

Stoff	B_{opt} in T	H_{opt} in $\frac{kA}{m}$
AlNiCo 700	1,06	53
Bariumferrit	0,25	120
$SmCo_5$	0,5	300
$Nd_2Fe_{14}B$	1,0	400

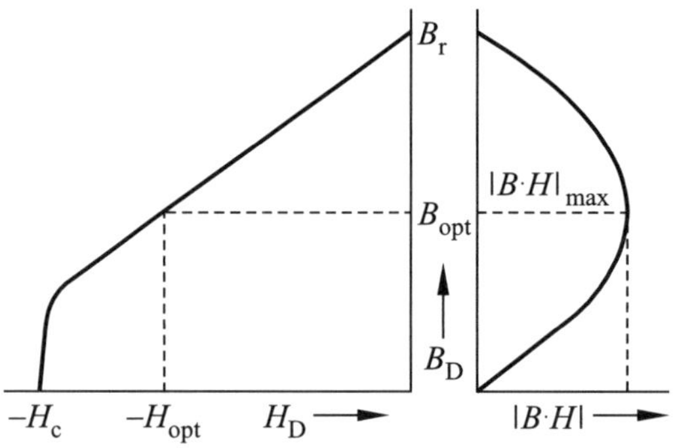

Bild 7.62 Günstigster Arbeitspunkt für den Betrieb eines Dauermagneten

Beispiel 7.11
Der Dauermagnet eines magnetischen Kreises nach Bild 7.60 soll aus $Nd_2Fe_{14}B$ bestehen. Im Luftspalt mit $A_L = 120\ mm^2$ und $l_L = 2\ mm$ soll die Flussdichte $B_L = 0{,}7$ T herrschen. Der Streufaktor wird auf $s = 0{,}8$ geschätzt.
Wir wollen die Querschnittsfläche A_D und die Länge l_D des Dauermagneten berechnen.

Mit $B_D = B_{opt} = 1{,}0$ T und $H_D = -H_{opt} = -400$ kA/m berechnen wir die Fläche:

$$A_D = \frac{B_L\,A_L}{s\,B_D} = 105\ mm^2$$

Dann lösen wir die Gl.(7.85) nach l_D auf und berechnen die Länge des Dauermagneten:

$$l_D = -\frac{B_L^2\,A_L\,l_L}{s\,\mu_0\,B_D\,H_D\,A_D} = 2{,}79\ mm$$

Praxisbezug 7.11
In einem **Lautsprecher** wird elektrische Energie in Schallenergie umgewandelt. Beim dynamischen Lautsprecher (H. RIEGGER, 1924) ist eine Spule S beweglich im Luftspalt eines magnetischen Kreises mit Dauermagnet D angeordnet.

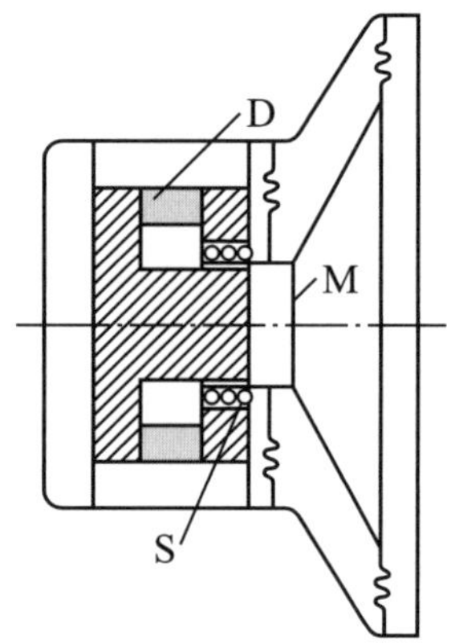

Bei einer zeitlichen Änderung des Stromes, der in der Spule fließt, ändert sich die Kraft auf die Spule, wodurch sich die Spule bewegt. Diese Bewegungen werden auf die Membran M übertragen und von ihr in Druckschwankungen der Umgebungsluft – also in Schall – umgesetzt.

Bei hohen Tönen können die Auslenkung und die Fläche der Membran klein sein. Zur Abstrahlung tiefer Töne verwendet man dagegen Lautsprecher mit großer Membran, die weich aufgehängt wird; hierbei muss der Lautsprecher in ein Gehäuse oder eine Schallwand eingebaut werden, damit sich die Druckschwankungen nicht zwischen Vorder- und Rückseite der Membran ausgleichen.

Der dynamische Lautsprecher ist der meistverwendete Lautsprechertyp, weil bei ihm die Auslenkung der Membran dem Spulenstrom annähernd proportional ist und Verzerrungen der Töne daher klein gehalten werden können. ❐

Fragen

- Was ist ein magnetischer Kreis?
- Erläutern Sie die Begriffe magnetischer Leitwert und magnetischer Widerstand; geben Sie jeweils die Einheit an.
- Zeigen Sie, wie sich bei einem unverzweigten magnetischen Kreis mit Luftspalt die magnetische Umlaufspannung in zwei Teilintegrale für den Eisenweg und den Luftweg aufspalten lässt.
- Erläutern Sie den Begriff magnetische Spannung.
- Warum kann man bei der Berechnung eines magnetischen Kreises mit Luft- und Eisenabschnitten nicht ohne Weiteres von der gegebenen Durchflutung ausgehen?
- Skizzieren Sie den Graph der Funktion $B_L = f(\Theta)$ eines magnetischen Kreises mit Luftspalt.
- Erläutern Sie, wie man bei einem magnetischen Kreis mit Luft-und Eisenabschnitten die Flussdichte B_{Fe} im Eisen mit Hilfe der Luftspaltgeraden ermitteln kann.
- Was ist ein verzweigter magnetischer Kreis? Welches Gesetz gilt dabei analog dem Knotensatz?
- In welchem Quadranten liegt der Arbeitspunkt auf der Hystereseschleife eines Dauermagneten, der durch einen Luftspalt entmagnetisiert wird?
- Welche nachteiligen Folgen können sich ergeben, wenn ein Dauermagnet zu stark entmagnetisiert wird?
- Zeichnen Sie die Kurve $B = f(H)$ eines Dauermagneten und geben Sie an, wo sich ein minimales Volumen des Dauermagneten ergibt.

Aufgaben

7.20(1) Im Luftspalt eines Mantelkerns M65 (Schichthöhe 27 mm; Füllfaktor 0,9) mit einer Spule auf dem Mittelschenkel soll die Flussdichte 1,2 T herrschen. Welche Durchflutung ist hierfür notwendig? Die Streuung soll unberücksichtigt bleiben; Magnetisierungskurve 7.49a.

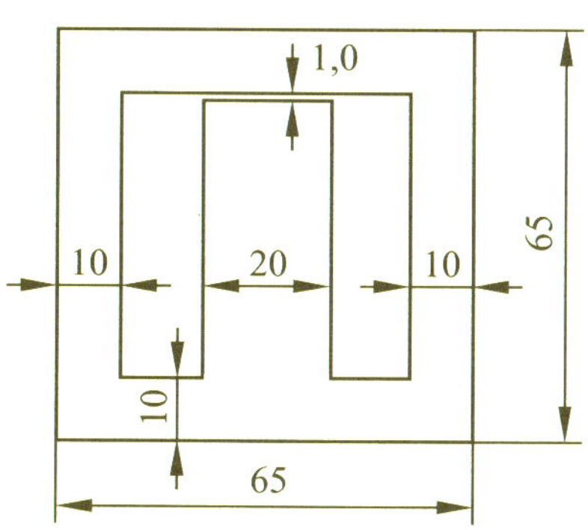

7.21(2) Ein ringförmiger Eisenkern aus Elektroblechen (Magnetisierungskurve 7.49a) hat folgende Daten: Mittlerer Durchmesser $D = 0{,}2$ m; Querschnittsfläche $A = 16$ cm^2; Eisenfüllfaktor $F_{Fe} = 0{,}9$; Luftspaltlänge 1 mm. Die Streuung soll unberücksichtigt bleiben. Die Flussdichte im Luftspalt soll im Bereich 0 ... 1,4 T mit der Stromstärke eingestellt werden. Berechnen Sie die hierfür notwendige Durchflutung und zeichnen Sie den Graph der Funktion $\Phi = f(\Theta)$. Welcher magnetische Leitwert ergibt sich für den annähernd linearen Bereich?

7.22(2) Der Ringkern aus der Aufgabe 7.21 wird aus Grauguss hergestellt. In der Spule mit der Windungszahl $N = 500$ fließt der Strom $I = 2$ A. Bestimmen Sie den Arbeitspunkt des magnetischen Kreises. Welche Flussdichte herrscht im Luftspalt? Welchen magnetischen Fluss führt der Eisenkern?

7.23(3) Der im Beispiel 7.10 verwendete Kern EI 150 mit dem Luftspalt 0,5 mm im Mittelschenkel erhält auf jedem Schenkel eine Spule mit 100 Windungen. Sämtliche Spulen werden in Reihenschaltung betrieben; ihre Durchflutungen sind so gerichtet, dass ein möglichst großer Fluss im Mittelschenkel erzeugt wird. Die Streuung soll unberücksichtigt bleiben. Welcher Spulenstrom ist für die Luftspaltflussdichte 0,8 T erforderlich?

7.24(3) Die Flussdichte im Luftspalt eines dynamischen Lautsprechers soll 1,2 T betragen. Der Streufaktor wird auf 0,6 geschätzt. Berechnen Sie die Länge l_D und den äußeren Durchmesser D des ringförmigen Dauermagneten für $SmCo_5$ und $Nd_2Fe_{14}B$ unter Vernachlässigung der magnetischen Spannungen an den Weicheisenteilen.

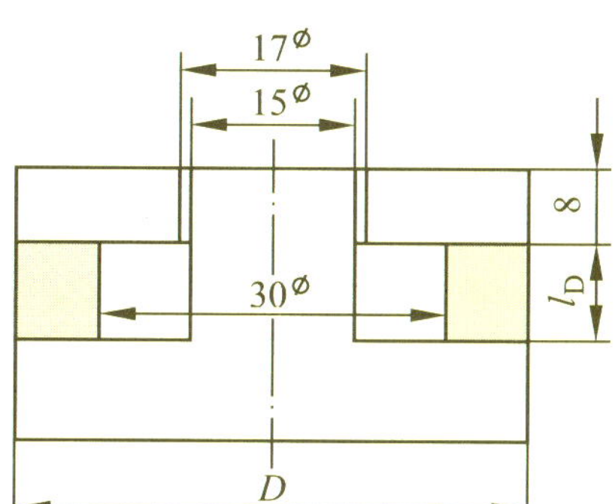

8 Leitungsmechanismen

8.1 Stromleitung in Festkörpern

Ziele: Sie können
- den Zusammenhang zwischen dem Bahnradius und der Energie eines Elektrons am Modell des „Energietrichters" erläutern.
- die Begriffe potenzielle und kinetische Energie eines Elektrons erklären.
- die Änderungen der Elektronenenergien beim Kristall gegenüber dem Einzelatom modellmäßig darstellen und das Bändermodell erläutern.
- die metallische Leitung mit Hilfe des Bändermodells beschreiben.
- die Stromleitung im Isolator und im reinen Halbleiter mit Hilfe des Bändermodells beschreiben.
- die Eigenleitung und die Störstellenleitung im Halbleiter mit Hilfe des Kristall- und des Bändermodells beschreiben.

8.1.1 Bändermodell

Im Abschnitt 1.2 wurde der elektrische Strom in Metallen als eine Bewegung von Elektronen beschrieben, die aus der äußeren Schale der Atome stammen. Zum Verständnis des Leitungsmechanismus bei verschiedenen Arten von Festkörpern reicht jedoch die Kenntnis der Elektronenzahlen in der Atomhülle nicht aus; wir müssen das bisher verwendete Modell verfeinern.

Wir wollen zunächst die *Energie* des Elektrons eines Wasserstoffatoms berechnen. Dabei nehmen wir an, dass sich das Elektron mit der Geschwindigkeit v auf einer Kreisbahn mit dem Radius r bewegt. Auf die Masse m_e des Elektrons wirkt dabei die Fliehkraft:

$$F_F = \frac{m_e v^2}{r} \tag{8.1}$$

Diese Fliehkraft ist im Gleichgewicht mit der COULOMB-Kraft F, mit der die Ladung $Q_K = e$ des Atomkerns auf das Elektron wirkt:

$$F = \frac{e \cdot Q_K}{4\pi \varepsilon r^2} \tag{8.2}$$

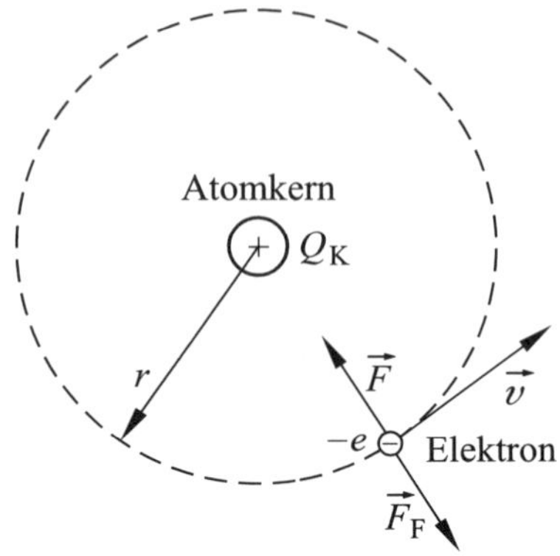

Bild 8.1 Zur Berechnung der Energie eines Elektrons

Wir setzen $F_F = F$ und berechnen die kinetische Energie auf Grund der Bahngeschwindigkeit:

$$W_{kin} = \frac{1}{2} m_e v^2 = \frac{e \cdot Q_K}{8\pi \varepsilon r} \tag{8.3}$$

Außer der kinetischen Energie besitzt das Elektron auch *potenzielle* Energie. Setzt man diese für $r \to \infty$ gleich Null, so ist die Arbeit, die verrichtet werden muss, um das Elektron gegen die COULOMB-Kraft F vom Radius r bis zu $r \to \infty$ zu verschieben, seine jeweilige potenzielle Energie W_{pot} beim Radius r:

$$W_{pot} = \int_r^\infty F \, dR = \frac{e \cdot Q_K}{4\pi \varepsilon} \int_r^\infty \frac{1}{R^2} dR = -\frac{e \cdot Q_K}{4\pi \varepsilon r} \tag{8.4}$$

Die Gesamtenergie des Elektrons ist damit:

$$W = W_{kin} + W_{pot} = -\frac{e \cdot Q_K}{8\pi \varepsilon r} \tag{8.5}$$

Der Höchstwert Null sowohl der Gesamtenergie als auch der potenziellen Energie des Elektrons wird für $r \to \infty$ erreicht; die Energiewerte für endliche Radien sind negativ. Die Funktion $W = f(r)$ ist eine Hyperbel; ihre Spiegelung an der W-Achse ergibt den „Energietrichter" (Bild 8.2).

Nach einem Postulat der Quantenphysik kann ein Elektron nicht jeden beliebigen, sondern nur bestimmte Energiezustände annehmen, die durch vier *Quantenzahlen* beschrieben werden.

Die **Hauptquantenzahl** n kann Werte positiver ganzer Zahlen annehmen; sie legt im Raum um den Atomkern den Bereich mit der größten Aufenthaltswahrscheinlichkeit des Elektrons sowie seine Energie fest. Wir haben sie bereits beim BOHR-SOMMERFELDschen Atommodell verwendet, um die Schalen K, L, M usw. zu nummerieren (1, 2, 3 usw.).

Die **Bahn-Drehimpulszahl** l wird auch **Nebenquantenzahl** genannt; sie kann die Werte $l = 0 \dots n-1$ annehmen. Die Nebenquantenzahl beschreibt gemeinsam mit der **Magnetquantenzahl** m_l, welche die Werte $m_l = -l \dots +l$ annehmen kann, die Ausrichtung des Bahn-Drehimpuls-Vektors im Raum.
Die **Spinquantenzahl** m_s beschreibt, wie der Vektor des Eigendrehimpulses gegen den Vektor des Bahn-Drehimpulses ausgerichtet ist; sie kann bei einem Elektron nur die Werte $+1/2$ (parallel) und $-1/2$ (antiparallel) annehmen.

Zu einer Hauptquantenzahl n gehören somit $2\,n^2$ Zustände gleicher Energie, die durch unterschiedliche Kombinationen der anderen drei Quantenzahlen beschrieben werden. Es ist üblich, die durch Werte der Nebenquantenzahl gebildeten Gruppen mit s ($l = 0$), p ($l = 1$), d ($l = 2$), f ($l = 3$), g ($l = 4$) usw. zu bezeichnen und sie in der Grafik des Energietrichters übereinander darzustellen, obwohl sie gleiche Energiezustände beschreiben.

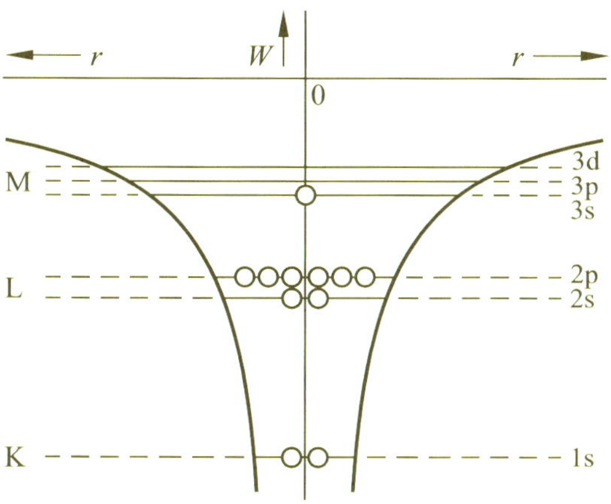

Bild 8.2 Energietrichter und besetzte Energieniveaus im Grundzustand eines Na-Atoms

Jedes der durch die vier Quantenzahlen definierten Energieniveaus kann nur von *einem* Elektron angenommen werden. Die zur Gruppe s ($l = 0$) gehörenden Energiezustände können nur von 2 Elektronen, die zur Gruppe p ($l = 1$) gehörenden von 6 Elektronen und die zur Gruppe d ($l = 2$) gehörenden von 10 Elektronen besetzt werden usw.

Im **Grundzustand** eines Atoms werden die erlaubten Energieniveaus von Elektronen so besetzt, dass die Gesamtenergie minimal ist (Bild 8.2). Durch Energiezufuhr kann ein Elektron auf ein höheres Energieniveau angehoben werden, und das Atom nimmt einen **angeregten Zustand** ein. Nach ca. 10 ns fällt das Elektron im Allg. auf ein niedrigeres freies Energieniveau zurück; bei diesem **Quantensprung** wird die frei werdende Energie als elektromagnetische Welle abgestrahlt. Bei großer Energiezufuhr kann das Elektron das Atom sogar verlassen ($r \to \infty$; $W = 0$), und das Atom ist ionisiert.

Die Verhältnisse ändern sich, wenn *viele* Atome einen *Kristall* bilden, wie es bei einem Festkörper der Fall sein kann: Die Überlagerung der Energien sämtlicher Atome im Kristall ergibt einen Abbau der „Energiewälle". So ist z.B. beim Na-Kristall das Niveau 3s der M-Schale keinem bestimmten Radius zugeordnet (Bild 8.3); die 3s-Elektronen gehören also nicht mehr bestimmten Atomkernen an, sie können sich vielmehr im Kristall bewegen.

Die Darstellung im Bild 8.3 bedarf einer Verfeinerung: Ein Elektron eines *einzelnen* Atoms kann sich – wie gesagt – nur auf *einem* bestimmten Energieniveau befinden. Tritt das Atom jedoch in Wechselwirkung mit einem *zweiten* Atom, so sind statt des einen *zwei* geringfügig unterschiedliche Niveaus möglich, die sich aus der Überlagerung der beiden Potenzialfelder ergeben.

Je näher die Atome zusammenrücken, desto stärker ist ihre Wechselwirkung und desto weiter rücken die Energieniveaus auseinander. Treten n Atome miteinander in Wechselwirkung, so wird jedes Energieniveau in n Unterniveaus aufgespalten, die sich bei kleinem Atomabstand sogar überschneiden können (Bild 8.4).

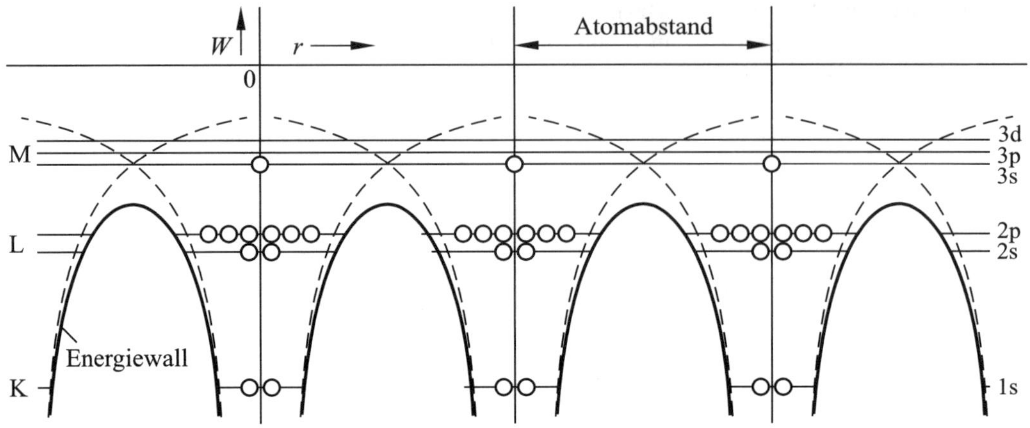

Bild 8.3 Energieverlauf im Na-Kristall (eindimensionale Darstellung)

Man kommt so für die vielen Atome eines Kristalls (ca. 10^{23} cm^{-3}) zu einem **Energie-Bändermodell**, bei dem die einzelnen Unterniveaus einen Energiebereich praktisch kontinuierlich überdecken. Die Breite jedes Bandes, also jedes Energiebereiches, ist durch den Atomabstand im Kristall wohldefiniert und scharf begrenzt.

Zwischen den einzelnen Bändern liegen **verbotene Zonen**, deren Energie von keinem Elektron angenommen werden kann.

Das höchste Band, das bei der absoluten Temperatur $T = 0$ vollständig mit Elektronen besetzt ist, nennt man **Valenzband** *(valence band)*. Das Band oberhalb des Valenzbandes heißt **Leitungsband** *(conduction band)*; es ist bei der absoluten Temperatur $T = 0$ leer oder unvollständig besetzt.

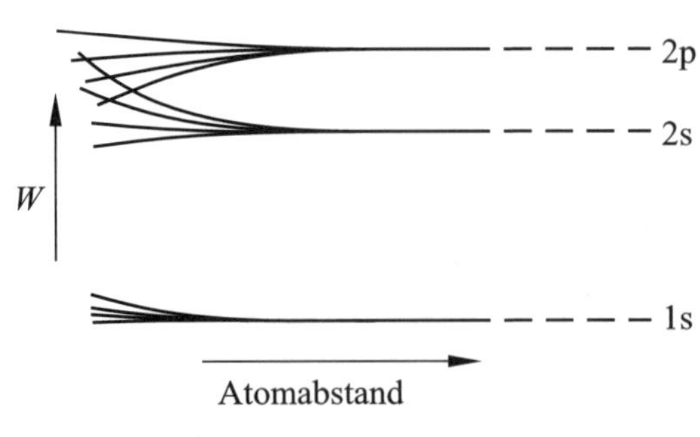

Bild 8.4 Aufspaltung der Energieniveaus bei $n = 4$ Atomen

In der Elektrotechnik ist es üblich, bei der Darstellung des Bändermodells an Stelle der Energie W das Potenzial $\varphi = W/e$ zu verwenden. Eine Energie mit der Einheit **Elektronvolt** (eV) kann bei dieser Darstellungsform direkt abgelesen werden.

Die waagrechte Achse des Bändermodells hat zunächst keine Bedeutung. Man könnte die Energieverhältnisse auch durch Markierungen auf der W-Achse angeben, aber die Darstellung durch Bänder ist übersichtlicher.

Bei einem Bändermodell von aneinander grenzenden unterschiedlichen Materialien wird der waagrechten Achse die räumliche Ausdehnung zugeordnet.

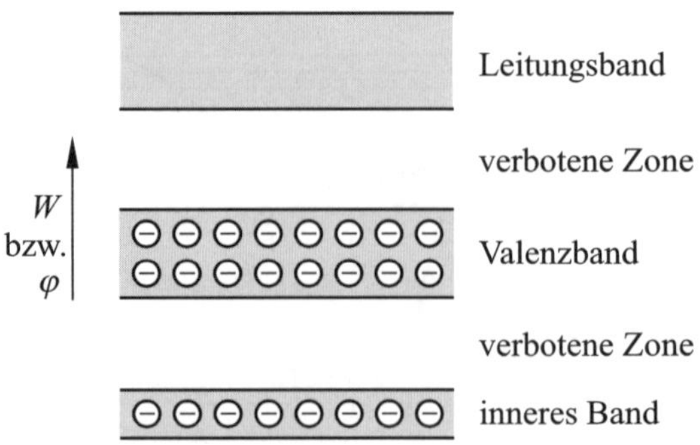

Bild 8.5 Bändermodell eines Festkörperkristalls (Nichtmetall) bei $T = 0$

8.1.2 Eigenleitung in Halbleitern und in Isolatoren

Ein frei bewegliches Elektron kann in einem elektrischen Feld Energie gewinnen. Dies ist aber nur möglich, wenn sein Energieniveau in einem nur teilweise besetzten Band liegt. Ein Elektron aus einem Band, das vollständig besetzt ist, kann sich im Kristall nicht frei bewegen.

Bei der absoluten Temperatur $T = 0$ ist das Leitungsband eines Isolators und das Leitungsband eines Halbleiters unbesetzt.
Bei einer Erhöhung der Temperatur auf Werte $T > 0$ gelangen einige Elektronen vom Valenzband in das Leitungsband. Diese Elektronen und auch die Elektronen des Valenzbandes können sich bei $T > 0$ im Kristall bewegen, weil in beiden Bändern freie Energiezustände existieren. Die Beweglichkeit der Valenzelektronen ist allerdings kleiner als die der Leitungselektronen.

Die **Fermi-Dirac-Verteilung**[1] gibt an, mit welcher mittleren **Wahrscheinlichkeit** *(probability)* P_i ein Elektron bei der Temperatur T die Energie W_i besitzt:

$$P_i = \frac{1}{1 + e^{\frac{W_i - W_F}{k\,T}}} \qquad (8.6)$$

Dabei ist W_F die **Fermi-Energie** und k die **Boltzmann-Konstante**[2]:

$$k = 1{,}38066 \cdot 10^{-23}\ \frac{J}{K} \qquad (8.7)$$

Im Bild 8.6 ist die Fermi-Dirac-Verteilung für die Temperaturen $T = 0$ und $T_1 > 0$ aufgetragen. Diese Verteilung berücksichtigt nicht, dass kein Elektron eine Energie annehmen kann, die in einer verbotenen Zone liegt.

Bei $T = 0$ sind alle Niveaus $W_i < W_F$ besetzt, und alle Niveaus $W_i > W_F$ sind unbesetzt. Bei $T_1 > 0$ hat

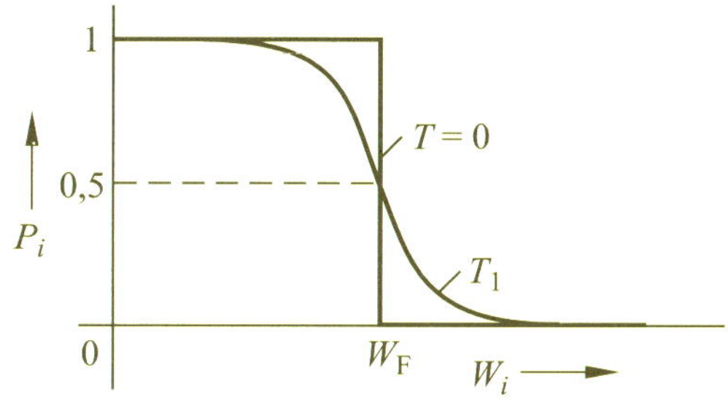

Bild 8.6 Fermi-Dirac-Verteilung

die Wahrscheinlichkeitsfunktion einen stetigen Verlauf und keine Sprungstelle bei der Fermi-Energie W_F.
Bei idealen Isolatoren und reinen Halbleitern liegt die Fermi-Energie W_F etwa in der Mitte der verbotenen Zone zwischen Valenz- und Leitungsband.

Man bezeichnet die Energie an der unteren Kante des Leitungsbandes mit $W_C = e\,\varphi_C$ und die an der oberen Kante des Valenzbandes mit $W_V = e\,\varphi_V$.

Damit ein Elektron vom Valenzband ins Leitungsband gelangt, muss ihm eine Energie zugeführt werden, die größer ist als der **Bandabstand** *(band gap)* $W_g = e\,U_g$:

$$U_g = \varphi_C - \varphi_V \qquad (8.8)$$

Der Unterschied zwischen Isolator und Halbleiter ist nur gradueller Art: Beim Isolator ist die Energie W_g, die ein Elektron benötigt, um die verbotene Zone zu überspringen, größer als beim Halbleiter. Als Grenze zwischen den beiden Stoffgruppen hat man $W_g = 5$ eV festgelegt.

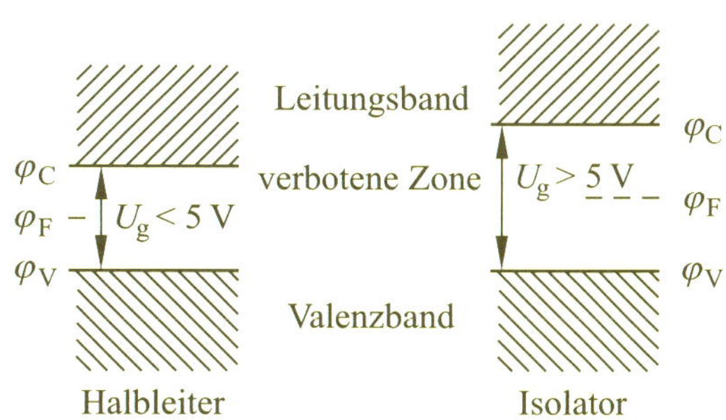

Bild 8.7 Bändermodelle von Halbleiter und Isolator

[1] Enrico Fermi, 1901 – 1954, Nobel-Preis 1938
Paul Dirac, 1902 – 1984, Nobel-Preis 1933

[2] Ludwig Eduard Boltzmann, 1844 – 1906

Der Bandabstand W_g ist von der Temperatur abhängig: Er sinkt mit steigender Temperatur. Die Werte für W_g sind in der Tab. 8.1 für Germanium und Silizium genannt. Beide Elemente besitzen jeweils vier Valenzelektronen, sind also vierwertig. Sie kristallisieren im Diamantgitter, in dem jedes Atom durch Elektronenpaar-Bindung an vier Nachbaratome gebunden ist (Bild 8.8); dabei bilden je zwei Valenzelektronen benachbarter Atome mit entgegengesetztem Spin ein Paar.

Verlässt ein Elektron bei Energiezufuhr seinen Platz im Kristallgitter, so bleibt dort ein **Loch** *(hole)* zurück, das auch **Defektelektron** genannt wird; dies entspricht einem nicht besetzten Niveau im Valenzband. Die **Paarbildung** Loch-Elektron bezeichnet man als **Generation** *(generation).*

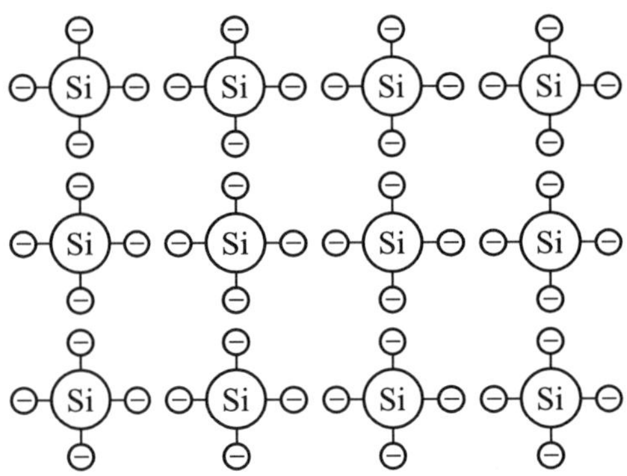

Bild 8.8 Ebene Darstellung eines Si-Kristalls

Das Loch entspricht einem positiv ionisierten Halbleiteratom, es kann durch ein freies Elektron aus dem Leitungsband wieder aufgefüllt werden. Diesen Vorgang bezeichnet man als **Rekombination** *(recombination).*

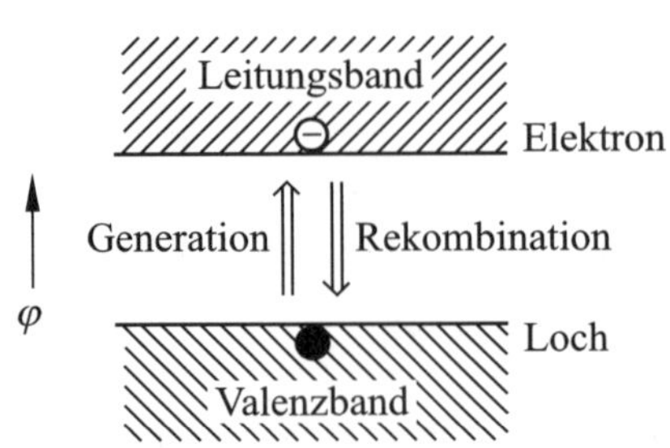

Bild 8.9 Generation und Rekombination in einem Halbleiterkristall

Ein durch Generation entstandenes Leitungselektron (Bild 8.10) kann seinen Gitterplatz verlassen und sich im Kristall bewegen (1). Das Loch, das es hinterlässt, kann von einem Valenzelektron des Nachbaratoms ausgefüllt werden (2), wodurch nun aber dort ein Loch entsteht, das erneut ausgefüllt werden kann (3). Somit kann sich auch das Loch im Kristall bewegen.

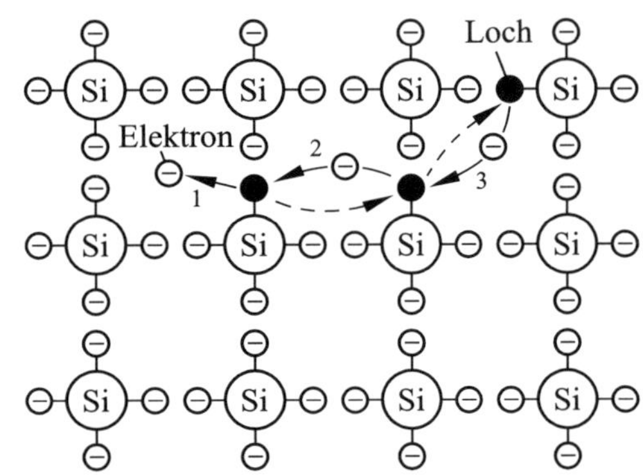

Bild 8.10 Bewegung eines Lochs im Halbleiterkristall (zeitlicher Ablauf: 1 - 2 - 3)

Die Bewegung der Elektronen und Löcher ist zunächst völlig ungeordnet. Unter dem Einfluss eines elektrischen Feldes im Halbleiter bewegen sich sowohl die Elektronen als auch die Löcher jeweils in einer Vorzugsrichtung.
Die Wanderung der Elektronen bezeichnet man als **Elektronenstrom**, die (scheinbare) Wanderung positiver Ladungsträger als **Löcherstrom**. Dabei findet nicht etwa eine wirkliche Bewegung positiver Ionen statt, denn die ionisierten Gitteratome bleiben ortsfest; es wandert lediglich ihr Ionisierungszustand. Dies stellt für einen äußeren Beobachter eine Bewegung positiver Ladungen dar, die dem Elektronenstrom überlagert ist.

Leitungsvorgänge auf Grund der *Paarbildung* von Ladungsträgern werden als **Eigenleitung** *(intrinsic conduction)* bezeichnet. Im Halbleiterkristall stellt sich ein Gleichgewichtszustand ein, bei dem Generation und Rekombination *gleich häufig* auftreten: Bei jeder *Rekombination* verschwinden gleichzeitig ein Loch und ein Elektron, bei jeder *Generation* entsteht ein neues Ladungsträgerpaar.

Die Anzahl n der freien Elektronen pro Volumen ist dabei gleich der Anzahl p der Löcher pro Volumen. Man nennt diesen Wert die **Eigenleitungsdichte** *(intrinsic carrier density)* n_i:

$$n_i = n = p \tag{8.9}$$

Die Eigenleitungsdichte (s. Tab. 8.1) gibt die Dichte der Ladungsträgerpaare im Halbleitermaterial an; sie nimmt mit der Temperatur stark zu.

Die **Eigenleitfähigkeit** *(intrinsic conductivity)* γ_i kann mit der Gl.(2.10) berechnet werden. Da die Beweglichkeit b_n der Elektronen größer ist als die Beweglichkeit b_p der Löcher, überwiegt bei der Eigenleitung der Einfluss des Elektronenstromes.

Tabelle 8.1 Eigenschaften von Halbleitermaterialien

	Germanium $T = 300$ K	Silizium $T = 300$ K
Bandabstand	0,66 eV	1,12 eV
Eigenleitungsdichte	$2{,}4 \cdot 10^{13}\,\text{cm}^{-3}$	$1{,}1 \cdot 10^{10}\,\text{cm}^{-3}$
Elektronenbeweglichkeit (bei $n = n_i$)	$3900\ \frac{\text{cm}^2}{\text{V s}}$	$1450\ \frac{\text{cm}^2}{\text{V s}}$
Löcherbeweglichkeit (bei $p = n_i$)	$1800\ \frac{\text{cm}^2}{\text{V s}}$	$505\ \frac{\text{cm}^2}{\text{V s}}$
Elektronenaffinität	4,0 V	4,05 V

Bei einer Erwärmung des Kristalls wird die Dichte der Löcher und Elektronen vergrößert. Obwohl dabei die Beweglichkeiten abnehmen, steigt die Eigenleitfähigkeit an; dies führt dazu, dass eigenleitende Halbleiter *Heißleiter* sind (s. 2.3.3).

Wegen des großen Bandabstandes gelangen in Isolatoren nur wenige Valenzelektronen bei einer Erwärmung auf $T > 0$ ins Leitungsband. Deswegen ist die Leitfähigkeit γ von Isolatoren um Zehnerpotenzen kleiner als die von Halbleitern; sie kann durch eine weitere Erwärmung nicht nennenswert erhöht werden.

In der Tab. 8.2 ist der spezifische Widerstand $\rho = 1/\gamma$ für einige feste Isolierstoffe angegeben.

Tabelle 8.2 Spezifischer Widerstand fester Isolierstoffe

Stoff	ρ in Ω m
Bernstein	10^{16}
Glimmer	$10^{13} \ldots 10^{15}$
Hartpapier	10^{8}
Marmor	10^{8}
Papier	10^{13}
Polyäthylen	$10^{13} \ldots 10^{14}$
Polystyrol	$10^{15} \ldots 10^{16}$
Porzellan	10^{10}
PVC	10^{13}
Steatit	10^{10}
Styroflex	$10^{13} \ldots 10^{16}$
Teflon	$10^{12} \ldots 10^{13}$

8.1.3 Austrittsarbeit

Ein Elektron kann den Kristall nur dann verlassen und in den umgebenden Raum (Vakuum) gelangen, wenn es die *Austrittsenergie* W_{AUS} besitzt. Um es von der FERMI-Energie W_F auf dieses Energieniveau zu heben, muss die **Austrittsarbeit** *(electron work function)* W_A verrichtet werden:

$$W_A = W_{AUS} - W_F = e\,(\varphi_{AUS} - \varphi_F) = e\,U_A \tag{8.10}$$

Liegt das FERMI-Niveau in einer verbotenen Zone, so hat kein Elektron die Energie W_F. In diesem Fall wird die Differenz $W_{AUS} - W_C$ gebildet und auf die Elementarladung e bezogen. Dieser Quotient wird **Elektronenaffinität** *(electron affinity)* U_χ (Index χ: griech. Buchstabe chi) genannt:

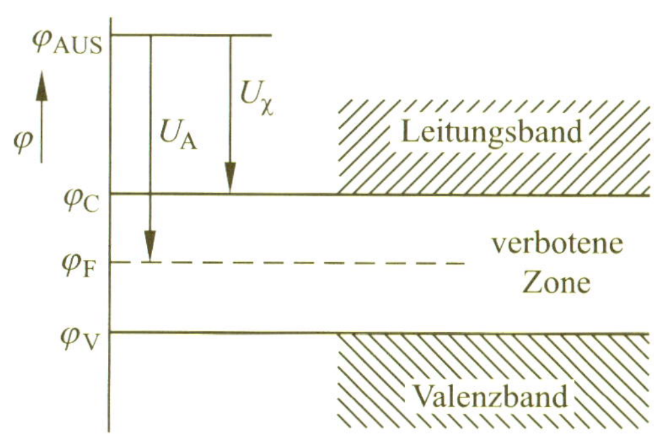

Bild 8.11 Austrittsarbeit und Elektronenaffinität

$$U_\chi = \frac{W_{AUS} - W_C}{e} = \varphi_{AUS} - \varphi_C \qquad (8.11)$$

Für die Halbleitermaterialien Germanium und Silizium ist die Elektronenaffinität U_χ in der Tab. 8.1 genannt.

8.1.4 Störstellenleitung in Halbleitern

Halbleiterbauelemente der Elektronik – z.B. Dioden, Transistoren, Thyristoren – können hohe Ströme führen. Hierzu reicht die Eigenleitfähigkeit der reinen Halbleitermaterialien nicht aus. Um die Leitfähigkeit zu erhöhen, „verunreinigt" man das Halbleitermaterial gezielt mit Fremdatomen, wodurch sog. **Störstellen** entstehen; diese Maßnahme nennt man **Dotieren**. Sie wird technisch durch spezielle Implantations- und Diffusionsverfahren vorgenommen.

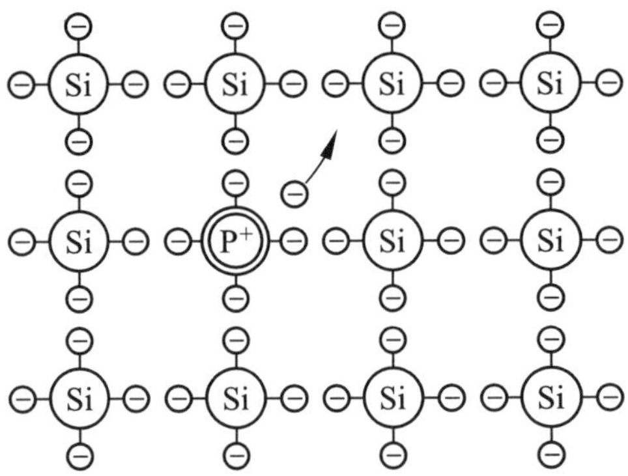

Bild 8.12 Si-Kristall mit 5-wertigen Phosphor-Störstellen

Die Halbleitermaterialien Ge und Si werden entweder mit 5-wertigen Atomen (z.B. Phosphor) oder mit 3-wertigen Atomen (z.B. Bor) dotiert.

Man bezeichnet eine 5-wertige Störstelle im Kristall als **Donator** *(donor)*; bei ihr bleibt ein Valenzelektron ohne Valenzbindung im Kristallgitter (Bild 8.12). Sein Energieniveau $W_{Do} = e\,\varphi_{Do}$ liegt in der verbotenen Zone des Halbleiters wenig unterhalb des Leitungsbandes (Bild 8.14).

Bereits durch geringe Energiezufuhr wird das Elektron zum Leitungselektron und der Donator zum positiven Ion (Bild 8.12). Die Dichte der beweglichen Elektronen ist in diesem Fall größer als die Löcherdichte. Man bezeichnet deshalb einen mit Donatoren dotierten Halbleiter als **n-Leiter**.

Im Allg. kann der Ionisationszustand im Kristall nicht wandern; er stellt kein Loch dar. Damit er auf ein benachbartes Halbleiteratom übergehen kann, muss ein Valenzelektron des Halbleiteratoms auf das Niveau des Donatorelektrons angehoben werden; dafür ist fast so viel Energie wie für eine Paarbildung notwendig.

Eine 3-wertige Störstelle im Kristall wird **Akzeptor** *(acceptor)* genannt. Bei ihr fehlt ein Valenzelektron für die Absättigung der benachbarten Valenz. In diese Bindungslücke kann bei geringer Energiezufuhr $W_{Ak} - W_V$ ein Valenzelektron aus einer vollständigen Bindung nachrücken, wodurch dort ein Loch entsteht.

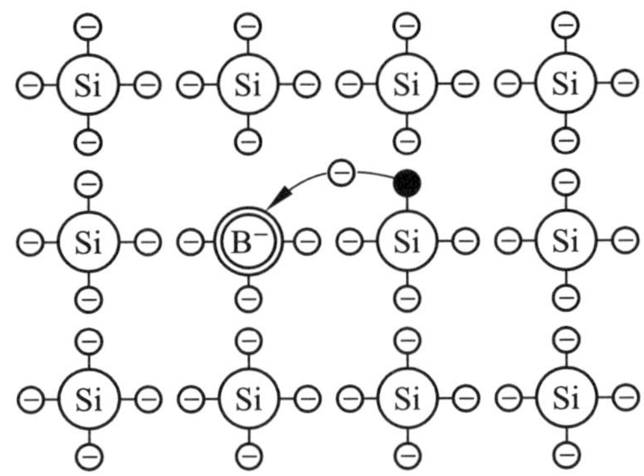

Bild 8.13 Si-Kristall mit 3-wertigen Bor-Störstellen

Das Energieniveau $W_{Ak} = e\,\varphi_{Ak}$ des überzähligen Elektrons liegt beim Akzeptor in der verbotenen Zone des Halbleiters knapp über dem Valenzband.

Bei einem mit Akzeptoren dotierten Halbleiter ist die Löcherdichte größer als die Dichte der frei beweglichen Elektronen; man spricht dabei von einem **p-Leiter**.
Das Akzeptoratom ist negativ ionisiert. Der Ionisationszustand kann jedoch im Kristall nicht wandern.

Bereits bei Temperaturen weit unterhalb des Gefrierpunktes sind sämtliche Störstellen ionisiert und haben einen frei beweglichen Ladungsträger erzeugt. Dabei ist die Elektronendichte n im n-Leiter geringfügig größer als die **Donatorendichte** n_D. Das Leitungsband ist zum FERMI-Niveau hin verschoben, das damit nicht mehr in der Mitte zwischen den Bändern liegt.

Im p-Leiter ist die Löcherdichte p geringfügig größer als die **Akzeptorendichte** n_A. Das Valenzband ist zum FERMI-Niveau hin verschoben, das damit nicht mehr in der Mitte zwischen den Bändern liegt.

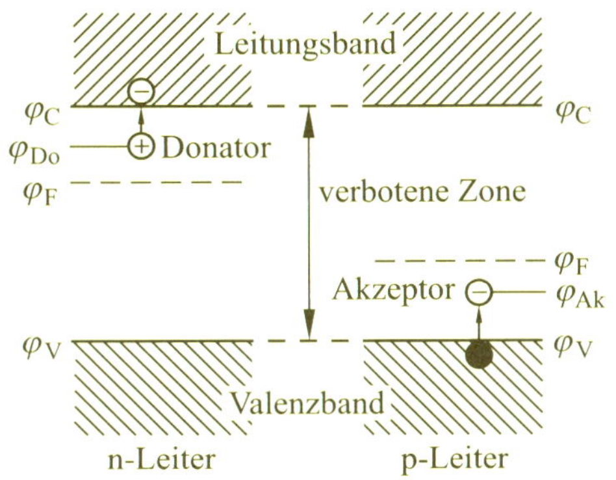

Bild 8.14 Donator und Akzeptor im Bändermodell

Auch bei dotierten Halbleitern entstehen ständig zusätzliche Ladungsträgerpaare durch Generation und verschwinden wieder durch Rekombination. Die Eigenleitfähigkeit wird jedoch durch die *Störstellen-Leitfähigkeit* meist weit übertroffen.

Man bezeichnet die Ladungsträger, die durch Dotierung in den Halbleiter gebracht wurden, als **Majoritätsträger**; die freien Ladungsträger mit entgegengesetztem Vorzeichen nennt man **Minoritätsträger**. Im n-Leiter sind also Elektronen die Majoritätsträger, und im p-Leiter sind Löcher die Majoritätsträger.

Weil beim Einbringen von Majoritätsträgern die Wahrscheinlichkeit der Rekombination mit den Minoritätsträgern wächst, nimmt die Dichte der Minoritätsträger um den *gleichen* Faktor ab, mit dem die Dichte der Majoritätsträger zunimmt. Dies beschreibt das **Gleichgewichtsgesetz:**

$$p \cdot n = n_i^2 \qquad (8.12)$$

Die Leitfähigkeit des Halbleiters ist um so höher, je stärker der **Dotierungsgrad** ist. Dieser liegt üblicherweise bei $10^{17} \ldots 10^{20}$ Fremdatomen je cm^3. Dies entspricht einem Fremdatom auf $10^6 \ldots 10^3$ Halbleiteratome. Die Reinheitsanforderungen an den Halbleiterkristall werden also durch die Dotierung keineswegs reduziert.

Bei der Berechnung der Leitfähigkeit des dotierten Materials kann die Minoritätsdichte im Allg. vernachlässigt werden. Die Leitfähigkeit lässt sich durch Dotierung bis auf etwa $\gamma \approx 10^5$ S/cm erhöhen.

Beispiel 8.1
Ein Si-Kristall wird mit 10^{17} cm^{-3} Atomen Bor dotiert. Wir wollen seine Leitfähigkeit berechnen.

Wir berücksichtigen lediglich die durch Akzeptoren erzeugten Löcher und vernachlässigen die durch Paarbildung entstehenden.
Die Majoritätsträgerdichte ist $p = 10^{17}$ cm^{-3}. Wir setzen dies und die Eigenleitungsdichte aus Tab. 8.1 in die Gl.(8.12) ein und berechnen die Minoritätsträgerdichte:

$$n = \frac{n_i^2}{p} = 1210 \text{ cm}^{-3}$$

Die Leitfähigkeit beruht demnach praktisch ausschließlich auf der Löcherleitung. Mit dem Wert b_p für die Löcherbeweglichkeit (Tab. 8.1) berechnen wir näherungsweise mit der Gl.(2.10) die Leitfähigkeit:

$$\gamma \approx e\, p\, b_p = 7{,}2 \cdot 10^3 \text{ S/cm}$$

Zum Vergleich: Kupfer hat die wesentlich höhere Leitfähigkeit $\gamma = 56 \cdot 10^8$ S/cm.

8.1.5 Metallische Leitung

Bei Metallen liegt das FERMI-Niveau innerhalb des Leitungsbandes. Bei mehrwertigen Metallen überschneiden sich sogar das Valenz- und das Leitungsband, so dass Elektronen praktisch ohne Energiezufuhr vom Valenzband ins Leitungsband gelangen können. Hierdurch zeigt sich im Bändermodell die sehr gute Leitfähigkeit der Metalle.

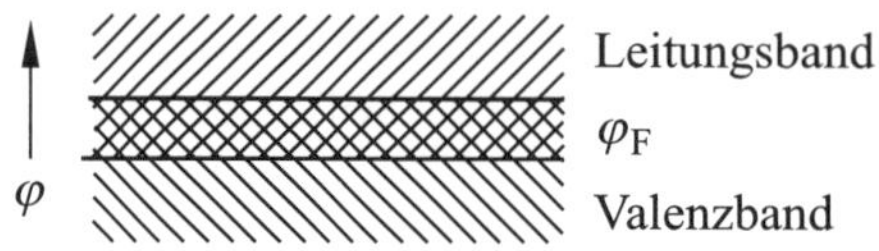

Bild 8.15 Sich überschneidende Bänder beim Metall

Die Metallatome bilden durch die Metallbindung Kristalle. Dabei stellen die Atome des Kristallverbandes ihre Valenzelektronen für den Leitungsvorgang zur Verfügung (Bild 8.3). Die dabei entstehenden positiven Ionisationszustände sind aber im Gegensatz zu den Löchern im Halbleiter nicht beweglich; sie sind vielmehr ortsfest, weil keine nicht ionisierten Metallatome zur Verfügung stehen, auf die ein Ionisationszustand übergehen könnte. Der Strom in Metallen ist somit ausschließlich ein *Elektronenstrom.*

Praxisbezug 8.1

Elektronische Bauteile aus Si oder Ge sind *monokristallin,* d.h. sie bestehen aus einem einzigen Kristall. Dies ist notwendig, weil die Driftbewegungen der Ladungsträger an Kristallgrenzen gestört werden.

Einkristalle werden nach dem **Zieh-Dreh-Verfahren** aus dem schmelzflüssigen Zustand „gezüchtet". Dabei wird ein kleiner Einkristall als *Impfkristall* an einer Zugstange in die Oberfläche der Schmelze getaucht und langsam drehend herausgezogen. Die Atome aus der Schmelze kristallisieren dabei in einer endlosen, schraubenförmigen Fläche zu einem *Einkristallstab,* der bis zu 2 m Länge und 40 cm Durchmesser haben kann. Der Vorgang muss in einem Schutzgas ablaufen, das Oxidation verhindert.

Um den für die Halbleitertechnologie notwendigen *Reinheitsgrad* von etwa 1 Fremdatom auf 10^{10} Eigenatome zu erreichen, werden die Einkristalle durch das **Zonenschmelzen** (PFANN, 1954) gereinigt. Es beruht darauf, dass reine Halbleiterkristalle einen anderen Schmelzpunkt als verunreinigte aufweisen. Man lässt den Einkristallstab unter Schutzgas mehrmals einige Hochfrequenz-Heizspulen durchlaufen. Dabei schmilzt jeweils nur eine schmale Zone im Kristall, deren Auseinanderbrechen durch die Oberflächenspannung verhindert wird.
Bei der Bewegung der Schmelzzonen Z (Bild 8.16) durch den Einkristallstab werden *niedrig schmelzende* Moleküle nach *links* gedrängt, weil sie lange flüssig bleiben und mit der Schmelze „wandern" können. *Höher schmelzende* Bestandteile werden dagegen nach *rechts* verschoben, da sie zuerst erstarren.

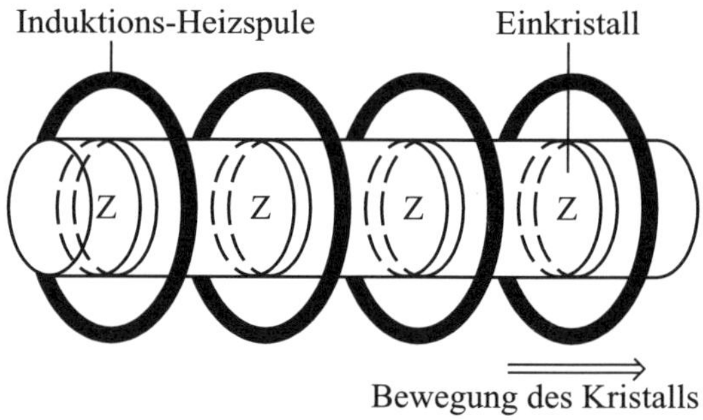

Bild 8.16 Prinzip des Zonenschmelzens zur Reinigung von Einkristallen

Je öfter das Zonenschmelzen wiederholt wird, desto reiner wird die Mitte des Kristallstabs. Die Stabenden werden abgeschnitten und zu Solarzellen weiterverarbeitet. Der reine Mittelteil wird mit diamantbestückten Werkzeugen in dünne Scheiben zerlegt, aus denen Dioden, Transistoren oder ICs hergestellt werden. ❐

Fragen

- Was versteht man unter der kinetischen und der potenziellen Energie eines Elektrons im BOHRschen Atommodell?
- Erläutern Sie das Modell des „Energietrichters".
- Wodurch unterscheiden sich die Energieniveaus der Elektronen im Einzelatom von denen im Kristallverband?
- Was versteht man beim Bändermodell unter den Begriffen Leitungsband, Valenzband, verbotene Zone?
- Erklären Sie im Kristallmodell und im Bändermodell die Eigenleitung und die Störstellenleitung.
- Welcher Unterschied besteht zwischen Donatoren und Akzeptoren?
- Was ist ein Löcherstrom?
- Erklären Sie die gute Leitfähigkeit der Metalle mit Hilfe des Bändermodells.

8.2 Vorgänge an Grenzschichten

Ziele: Sie können
- die Begriffe VOLTA-Spannung und Kontaktspannung erklären.
- beschreiben, worauf die Temperaturmessung mit einem Thermoelement beruht.
- den Aufbau und die Funktionsweise der SCHOTTKY-Diode erläutern.
- die Vorgänge an einem pn-Übergang beschreiben.
- den Begriff Diffusionsspannung erklären.
- die Begriffe ZENER-Effekt und Avalanche-Effekt erläutern.
- beschreiben, wie elektrostatische Entladungen entstehen und wie sie vermieden werden können.

8.2.1 Übergang Metall-Metall

In einem Metall kann ein frei bewegliches Elektron nur dann den Bereich der Atomrümpfe verlassen, wenn ihm die Austrittsarbeit W_A zugeführt wird. Je höher die Austrittsarbeit, desto größer ist auch die Kraft, mit der das Elektron an den Bereich der Atomrümpfe gebunden ist.

Berühren sich zwei Metalle *unterschiedlicher* Austrittsarbeit, so überwiegt im Grenzbereich die Kraft auf die freien Elektronen desjenigen Metalles, das die höhere Austrittsarbeit aufweist; in dieses Metall treten freie Elektronen aus dem Metall mit der kleineren Austrittsarbeit über.

Das Metall mit der höheren Austrittsarbeit lädt sich bei der Berührung negativ auf, das andere wird positiv aufgeladen. Die dadurch entstehende Spannung wird **VOLTA-Spannung**[1] oder auch **Kontaktspannung** genannt.

Die Temperaturabhängigkeit der Kontaktspannung wird technisch beim **Thermoelement** *(thermocouple)* angewendet. Es besteht aus zwei unterschiedlichen Metalldrähten, die an einer Stelle verlötet oder verschweißt sind.
Erwärmt man die Verbindungsstelle, so kann man zwischen den freien Enden die **Thermospannung** nachweisen. Das Thermoelement ist ein aktiver Temperatur-Sensor, denn die Thermospannung U_{th} enthält Information über die Temperatur ϑ_1 der Verbindungsstelle, die an den Messort gebracht wird.

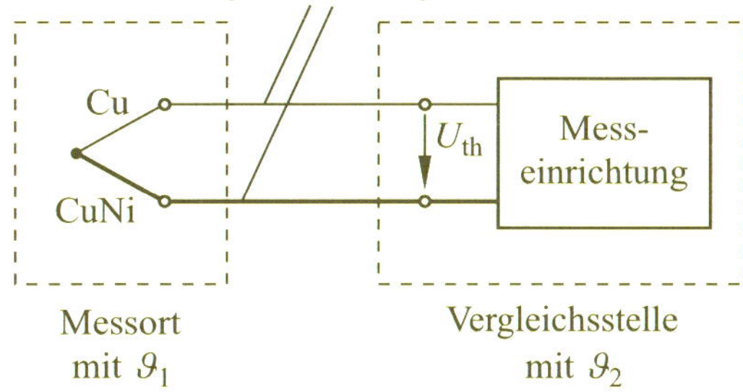

Bild 8.17 Verbindung eines Thermoelements mit der Messeinrichtung

Der Anschluss des Thermoelements an die Messeinrichtung wird über **Ausgleichsleitungen** vorgenommen, welche die gleichen thermoelektrischen Eigenschaften haben wie seine beiden Metalle; dadurch verhindert man zusätzliche Thermospannungen an den Anschlussstellen am Messort.
Auch an den Anschlussstellen der Messeinrichtung mit der Temperatur ϑ_2 entstehen zusätzliche Thermospannungen, deren Einfluss auf die gemessene Thermospannung U_{th} wegen $\vartheta_1 \gg \vartheta_2$ und $\vartheta_2 \approx$ const. bei einfachen Messverfahren vernachlässigt werden kann.
Im Prinzip wird stets ein Vergleich zwischen diesen zusätzlichen Thermospannungen und der Thermospannung an der Verbindungsstelle vorgenommen. Man bezeichnet deshalb den Bereich der Messeinrichtung und ihre Anschlüsse an die Ausgleichsleitungen als **Vergleichsstelle**.

Liegen zwei Thermoelemente in Gegenreihenschaltung, so fließt ein Strom, welcher von der Temperaturdifferenz zwischen den beiden Kontaktstellen abhängt. Diese Erscheinung wird **SEEBECK-Effekt**[2] genannt und für genaue Temperaturmessungen genutzt (s. Praxisbezug 8.3).
Der SEEBECK-Effekt ist umkehrbar: Speist man einen Strom in den Reihenkreis ein, so wird die eine Kontaktstelle erwärmt und die andere abgekühlt. Dies wird als **PELTIER-Effekt**[3] bezeichnet.

[1] Alessandro Volta, 1745 – 1827
[2] Thomas Johann Seebeck, 1770 – 1831
[3] Jean Charles Alexandre Peltier, 1785 – 1845

Praxisbezug 8.2
Der PELTIER-Effekt wird bei der Kühlung hochwertiger elektronischer Schaltungen und Bauteile, z.B. Laser, angewendet; dabei werden die PELTIER-Elemente als **thermoelektrische Kühler** *(thermoelectric cooler,* TEC*)* bezeichnet. TEC aus Wismuttellurid haben eine hohe Lebensdauer und benötigen kein Kühlmittel; sie sind für Leistungen im Bereich 2 … 300 W erhältlich. ❐

Die Schaltungen, Thermospannungen, Messbereiche u.a. für Thermoelemente sind nach DIN 43708 … 43710 genormt. Die Tabelle 8.3 zeigt für die wichtigsten Thermoelemente den Einsatzbereich, die Kennfarbe und die Empfindlichkeit, welche die Erhöhung der Thermospannung bei einer Temperaturerhöhung von 0 °C auf 100 °C angibt.

Tabelle 8.3 Genormte Thermoelemente (Auswahl)

Metallpaarung	Bereich – 200 °C …	Empfindlichkeit $\frac{\text{mV}}{100\ \text{K}}$	Farbe
Cu - Konstantan	600 °C	5,0	braun
Fe - Konstantan	900 °C	5,6	blau
NiCr - Ni	1200 °C	4,1	grün
PtRh - Pt	1600 °C	1,2	weiß

Man sieht, dass auch *Legierungen* thermoelektrisch als einheitliches Metall betrachtet werden können, z.B. Nickel-Chrom (NiCr) oder Platin-Rhodium (PtRh). Das in der Tab. 8.3 zuerst genannte Metall bildet jeweils den Pluspol des Thermoelements, der zusätzlich *rot* gekennzeichnet ist. Die Ausgleichsleitungen erhalten die gleiche Kennfarbe wie die zugehörigen Thermoelemente.

Der Kurvenverlauf U_{th} (ϑ) ist nichtlinear. Nur für sehr einfache Messverfahren kann er als annähernd linear angesehen werden.

Thermoelemente können nur ausnahmsweise ohne Schutzhülle verwendet werden; in diesem Fall ermöglichen sie nahezu punktförmige Messungen mit sehr kurzen Einstellzeiten. Meist ist jedoch ein Schutzrohr wie beim Widerstandsthermometer erforderlich.

Praxisbezug 8.3
Die Schaltung zur Temperaturmessung nach Bild 8.18 enthält zwei gleiche Thermoelemente in Gegen-Reihenschaltung; sie beruht auf dem SEEBECK-Effekt. Das eine Thermoelement wird an den Messort gebracht, das andere wird durch eine geregelte Heizschaltung auf der konstanten Temperatur 50 °C gehalten. Auch die Anschlussstellen zur Kupferleitung, die zum Messumformer führen, werden auf konstanter Temperatur gehalten. Dagegen brauchen die Ausgleichsleitungen nicht auf konstanter Temperatur zu sein.

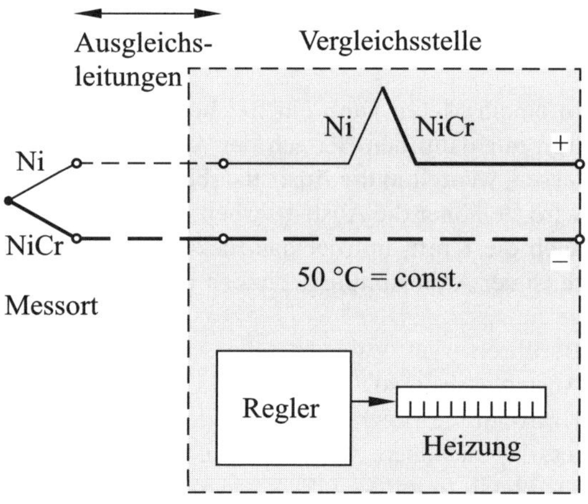

Bild 8.18 Messschaltung mit Thermoelementen

An die mit „+“ und „–“ bezeichneten Klemmen werden Kupferleitungen angeschlossen, welche die Messschaltung mit einer Rechenschaltung verbinden. Die Auswertung der Messungen wird mit einem Mikrorechner vorgenommen.

Die Temperatur wird mit Faktoren berechnet, die in der Norm für verschiedene Temperaturbereiche auf elf Stellen genau angegeben sind. ❐

8.2.2 Übergang Metall-Halbleiter

Der Übergang Metall-Halbleiter ist nicht nur bei der Kontaktierung von Halbleitern, sondern auch bei der **SCHOTTKY-Diode**[1]) von Bedeutung.

[1]) Walter Schottky, 1886 – 1976

Bandverbiegung

Beim Übergang Metall-Halbleiter geschieht im Prinzip das Gleiche wie beim Übergang Metall-Metall: Aus dem Material mit der kleineren Austrittsarbeit gehen mehr Elektronen in das andere Material über als umgekehrt.

Wir betrachten im Folgenden den Übergang vom Metall zum n-dotierten Halbleiter; beim p-dotierten Halbleiter liegen entsprechende Zusammenhänge vor.

Die Austrittsarbeit des Halbleiters ist kleiner als die des Metalls. Durch den Übergang von Elektronen aus dem Halbleiter in das Metall entsteht in der Randzone des Halbleiters ein **Elektronenmangel** *(depletion)* und es überwiegt dort die Ladung der positiv ionisierten Donatoren. Die Randzone des Metalls, in der die negative Ladung der in das Metall übergetretenen Elektronen verteilt ist, hat auf Grund der hohen Elektronendichte im Metall eine wesentlich geringere Ausdehnung, und es ist $d_M \ll d_H$.

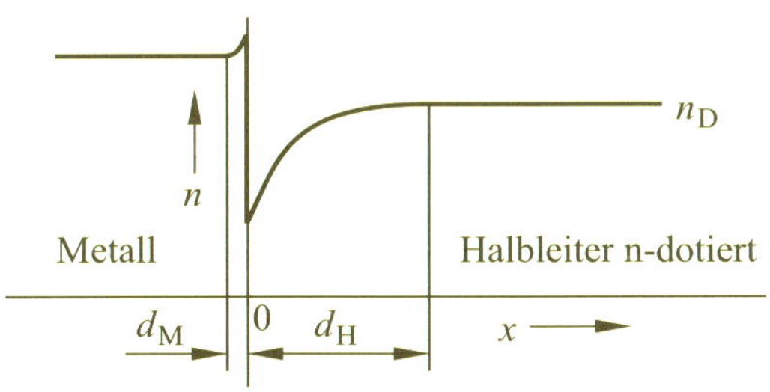

Bild 8.19 Ladungsträgerdichte am Übergang Metall-Halbleiter (Ordinate logarithmisch skaliert)

Im Bändermodell wird das FERMI-Niveau als Bezugsniveau verwendet. Eine geringere Elektronendichte entspricht einem größeren Abstand des zugehörigen Energieniveaus vom FERMI-Niveau. Beim Übergang Metall-Halbleiter führt dies in der Randzone des Halbleiters zu einer Bandverbiegung nach oben, deren Höhe U_J als **Diffusionsspannung** *(junction voltage)* bezeichnet wird. Sie ist durch die unterschiedliche Austrittsarbeit des Metalls ($e\,U_{A,M}$) und des Halbleiters ($e\,U_{A,H}$) bestimmt:

$$U_J = U_{A,M} - U_{A,H} \tag{8.13}$$

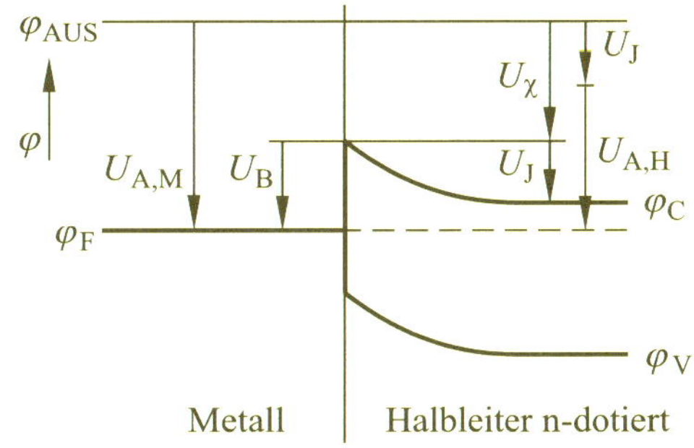

Bild 8.20 Übergang Metall-Halbleiter (n-dotiert)

Wegen des engen Kontakts der Materialien benötigen die Elektronen nicht die Energie $e\,\varphi_{AUS}$, um von einem Material in das andere zu wechseln. Die Elektronen aus dem Leitungsband des Halbleiters müssen lediglich die **Potenzialbarriere** U_J überwinden, um in das Metall zu gelangen; umgekehrt müssen Elektronen des Metalls nur die Potenzialbarriere U_B überwinden, um in den Halbleiter zu gelangen. Im thermischen Gleichgewicht heben sich die Elektronenströme gegenseitig auf.

Betrieb an äußerer Spannung

Wird an den Übergang Metall-Halbleiter eine Spannung U gelegt, so ändert sich die „Verbiegung" der Bänder.

Für $U > 0$ wird die Bandverbiegung zunächst mit zunehmender Spannung verringert (Bild 8.21a); für $U = U_D$ verschwindet sie und kehrt sich für $U > U_D$ sogar um. Im Halbleiter stehen an der Grenze zum Metall immer mehr Elektronen zur Verfügung, die die Potenzialbarriere überwinden können, und es fließt ein exponentiell mit der Spannung zunehmender Elektronenstrom vom Halbleiter in das Metall. Der Übergang Metall-Halbleiter wird in Durchlassrichtung betrieben.

Für $U < 0$ wird die Bandverbiegung mit abnehmender Spannung vergrößert (Bild 8.21b). Die Anzahl der Elektronen im Halbleiter, die genügend Energie besitzen, um die Potenzialbarriere zu überwinden, ist äußerst klein; der Übergang Metall-Halbleiter wird in Sperrrichtung betrieben. Die Elektronen im Metall können in gleicher

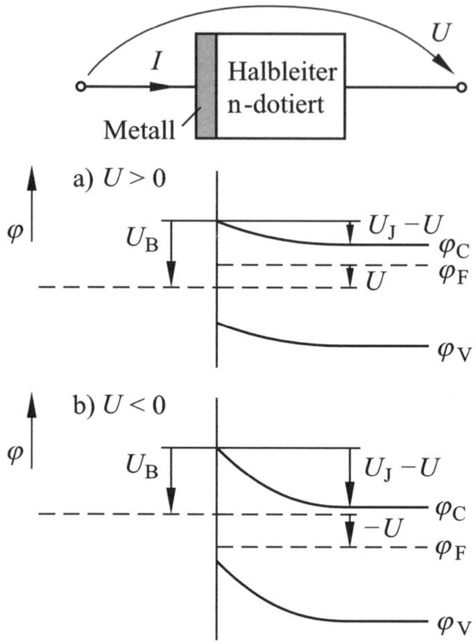

Bild 8.21 Übergang Metall-Halbleiter beim Betrieb an äußerer Spannung

Anzahl wie im spannungslosen Zustand in den Halbleiter überwechseln.

Da dieser sehr kleine Strom praktisch spannungsunabhängig ist, wird er **Sättigungsstrom** *(saturation current)* I_S genannt; er nimmt mit steigender Temperatur zu, weil dabei die Anzahl der Elektronen im Metall wächst, welche die Potenzialbarriere am Übergang zum Halbleiter überwinden können.

Der Strom I des Übergangs Metall-Halbleiter ist bei Sperr- und Durchlassbetrieb proportional zum Sättigungsstrom I_S:

$$I = I_S \cdot \left(e^{\frac{U}{U_T}} - 1 \right) \tag{8.14}$$

Die Spannung U_T wird **Temperaturspannung** *(voltage equivalent to thermal energy)* genannt; sie beschreibt die kinetische Energie, die ein Elektron auf Grund der thermischen Wimmelbewegung besitzt:

$$U_T = \frac{k}{e} T \tag{8.15}$$

Hierbei ist k die BOLTZMANN-Konstante (s. Tabelle S. 268) und e die Elementarladung. Für die absolute Temperatur T = 300 K hat die Temperaturspannung den Wert U_T = 25,9 mV.

SCHOTTKY-Diode

Die Richtwirkung des Übergangs Metall-Halbleiter wird bei der SCHOTTKY-Diode genutzt.

In der Ersatzschaltung für Gleichstrom liegt der **Bahnwiderstand** R_S, der die Zuleitungen berücksichtigt, in Reihe zum Übergang Metall-Halbleiter, der durch die Gl.(8.14) beschrieben wird.

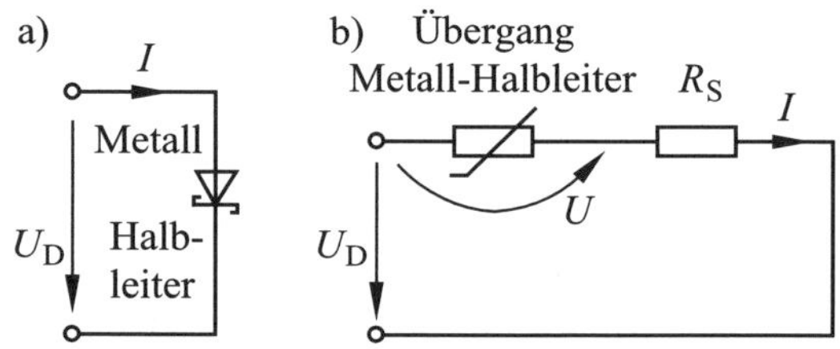

Bild 8.22 SCHOTTKY-Diode: a) Schaltzeichen und Materialzuordnung, b) Ersatzschaltung für Gleichstrom

Das Bild 8.23 zeigt die *I-U*-Kennlinie einer SCHOTTKY-Diode. Der Spannungsabfall im Durchlassbereich kann bei einer SCHOTTKY-Diode auch niedriger sein und im Bereich 0,2 ... 0,3 V liegen.

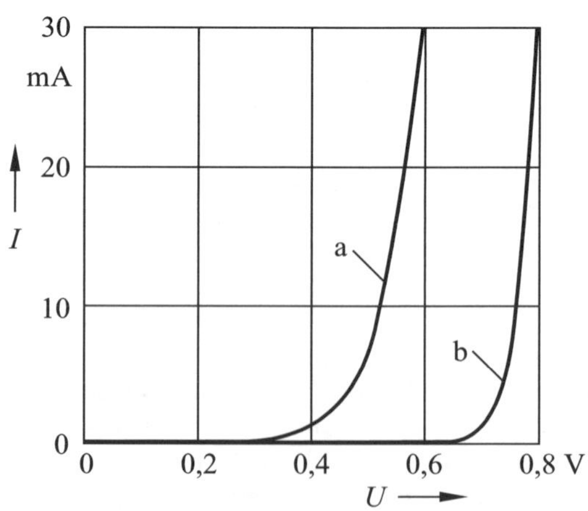

Bild 8.23 Kennlinien der Si-SCHOTTKY-Diode 5082 (a) und der Si-pn-Diode 1N4148 (b) im Durchlassbereich

SCHOTTKY-Dioden sind sehr schnelle Schaltdioden, die nach dem Umschalten vom Durchlass- in den Sperrbereich ihre Sperrfähigkeit in äußerst kurzer Zeit erreichen. Sie werden deshalb z. B. in Schaltnetzteilen und in Mikrowellenschaltungen eingesetzt; die Frequenzgrenze liegt bei 5 GHz.

Wegen des niedrigen Spannungsabfalls im Durchlassbereich werden SCHOTTKY-Dioden in Digitalschaltungen häufig zur Begrenzung der Basis-Kollektor-Spannung von Transistoren verwendet.

Praxisbezug 8.4
Bei SCHOTTKY-Dioden aus Silizium ist die maximal zulässige Sperrspannung kleiner als 250 V, was z.B. für Schaltnetzteile nicht ausreicht.
Bei SCHOTTKY-Dioden aus dem Halbleitermaterial Siliziumkarbid (SiC), dessen Durchbruchfeldstärke etwa um den Faktor 10 höher ist als die von Silizium, liegt die maximal zulässige Sperrspannung bei 600 V; der Nennstrom dieser Dioden kann 6 A erreichen. Der positive Temperaturkoeffizient des Widerstandes von SiC ermöglicht eine einfache Parallelschaltung, ohne dass das Risiko eines thermischen „Weglaufens" einzelner Bauelemente besteht. Auch die Kühlung ist problemlos, da die Wärmeleitfähigkeit von SiC mit der von Kupfer vergleichbar ist. ❐

OHMscher Kontakt
Damit bei der Kontaktierung eines Halbleiters mit einem Metall *keine* Richtwirkung auftritt, muss der Halbleiter im Bereich des Kontaktes hoch dotiert werden. Zwar entsteht auch hierbei eine Verarmungsschicht, aber deren Ausdehnung d_H ist so klein, dass sie von Elektronen bereits bei einer Spannung $U \approx 0$ durchquert werden kann; die Elektronen benötigen also für die Überwindung der Potenzialbarriere keine Energie. Man bezeichnet dies als **Tunneleffekt** *(tunneling effect)*. Der Metall-Halbleiter-Kontakt verliert dabei seine Sperrfähigkeit und wird in beiden Richtungen gut leitend; man spricht von einem **OHMschen Kontakt**.

Bei n-dotiertem Silizium muss der Dotierungsgrad sehr hoch sein, damit ein OHMscher Kontakt mit Aluminium, einem in integrierten Schaltungen häufig verwendeten Leitermaterial, entsteht. Bei p-dotiertem Silizium ist eine erheblich kleinere Dotierung ausreichend.

Praxisbezug 8.5
Ein Übergang Al - n-Si wirkt mit $n_D = 10^{18}\ \text{cm}^{-3}$ noch als SCHOTTKY-Diode, während ein Übergang Al - p-Si bei gleicher Störstellendichte einen OHMschen Kontakt mit dem flächenbezogenen Leitwert $\gamma_K = 1/\rho_K = 10^{-4}\ \text{S}/\mu\text{m}^2$ ergibt.
Bei einer Störstellendichte $10^{20}\ \text{cm}^{-3}$ wirken beide Übergänge als OHMscher Kontakt mit $\gamma_K = 1/\rho_K \approx 8 \cdot 10^{-3}\ \text{S}/\mu\text{m}^2$. ❐

8.2.3 pn-Übergang

Ein Gebiet, in dem ein p-Leiter und ein n-Leiter flächig aneinander grenzen, bezeichnet man als **pn-Übergang** *(junction)*.

pn-Übergang ohne äußere Spannung
Auf Grund ihrer thermischen Bewegung dringen am pn-Übergang Elektronen aus dem n-Leiter, wo ihre Dichte groß ist, in den p-Leiter ein, wo ihre Dichte klein ist; umgekehrt wandern Löcher aus dem p-Leiter in den n-Leiter. Diesen Vorgang bezeichnet man als **Diffusion** *(diffusion)*.

Die Elektronen und Löcher rekombinieren beiderseits des pn-Überganges, so dass sich dort eine Grenzschicht G bildet, in welcher die Ladungsträgerdichten n und p ungefähr gleich der Eigenleitungsdichte n_i sind. Da die Grenzschicht deshalb sehr hochohmig ist, nennt man sie **Sperrschicht** *(depletion layer)*.

Das Bild 8.24 zeigt den Sonderfall, dass der Dotierungsgrad für Donatoren und Akzeptoren gleich ist; die an Ladungsträgern verarmten Zonen sind in diesem Fall gleich breit ($d_p = d_n$), und es bildet sich ein *symmetrischer* pn-Übergang aus.

Bei ungleichen Störstellendichten n_D bzw. n_A ist die Grenzschicht im schwächer dotierten Material weiter ausgedehnt als im stärker ausgedehnten und es gilt:

$$\frac{d_p}{d_n} = \frac{n_D}{n_A} \qquad (8.16)$$

Aus der Grenzschicht sind die Elektronen bzw. die Löcher über den pn-Übergang abgewandert; auf der n-Seite bleiben die positiv ionisierten Donatoren und auf der p-Seite die negativ ionisierten Akzeptoren zurück.

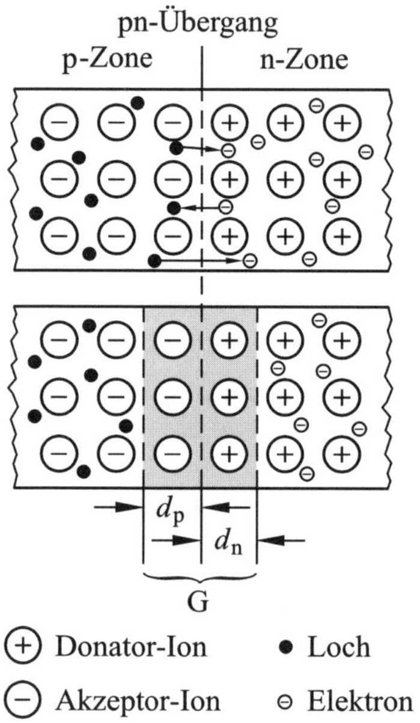

Bild 8.24 Ausbildung der Grenzschicht G bei einem pn-Übergang (die Halbleiteratome sind nicht dargestellt)

Da in der Grenzschicht die Ionenladungen überwiegen, bildet sich eine *Raumladung* aus, die man durch den ortsabhängigen Quotienten aus Ladung und Volumen, die **Raumladungsdichte** ρ beschreibt (Bild 8.25). Die elektrische Feldstärke E zwischen den Raumladungen ist nicht konstant, sondern wächst zum pn-Übergang hin an. Ihrem Verlauf entspricht ein allmählicher Anstieg des Potenzials φ von der negativen zur positiven Raumladung.

Die Potenzialdifferenz U_J an der Grenzschicht wird **Diffusionsspannung** genannt. Sie lässt sich zwischen den äußeren Anschlüssen eines Bauelements nicht messen, da sie an den Grenzschichten Metall-Halbleiter ebenfalls, aber mit umgekehrtem Richtungssinn auftritt.

Das elektrische Feld in der Grenzschicht wirkt der Diffusion der Majoritätsträger über den pn-Übergang entgegen; es kommt zu einem Gleichgewichtszustand, in dem die Diffusionswirkung und die Feldwirkung gleich groß sind. Die Grenzschicht ist dabei nur wenige 10 nm breit, und die Feldstärke liegt im Bereich einiger 10 kV/cm.

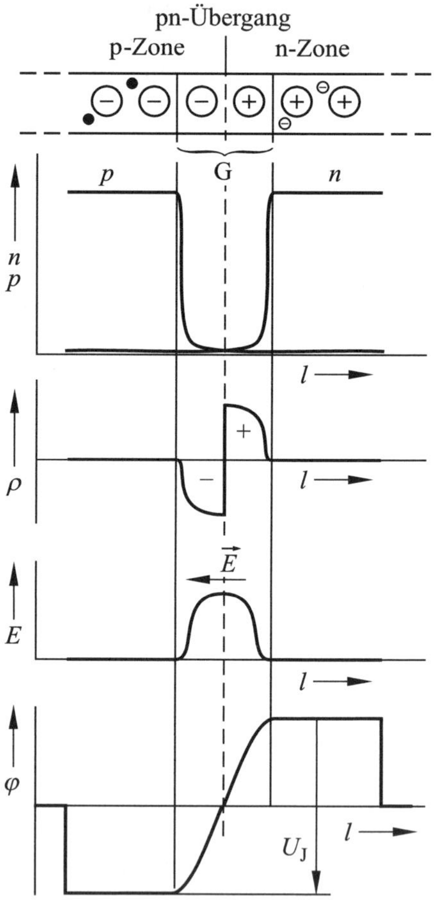

Bild 8.25 Diffusionsspannung U_J an der Grenzschicht G

Die Diffusionsspannung, deren Richtungssinn von n nach p weist, hängt von der Eigenleitungsdichte des Halbleitermaterials, von der Temperatur und von den Störstellendichten ab:

$$U_J = U_T \cdot \ln \frac{n_A n_D}{n_i^2} \tag{8.17}$$

Beispiel 8.2
Ein symmetrischer pn-Übergang in Silizium ist mit $n_A = n_D = 10^{17}$ cm^{-3} Störstellen dotiert. Wir wollen seine Diffusionsspannung für die Temperatur 300 K berechnen.

Wir setzen die Temperaturspannung U_T = 25,9 mV und die Eigenleitungsdichte (s. Tab. 8.1) mit den gegebenen Störstellendichten in die Gl.(8.17) ein und berechnen die Diffusionsspannung:

$U_J = 830$ mV

Im Bändermodell wird das FERMI-Niveau als Bezugsniveau verwendet. Da es in der p-Zone näher am Valenzband und in der n-Zone näher am Leitungsband liegt, weisen die Bänder im Bereich der Grenzschicht einen Knick auf (Bild 8.26).

Ein Leitungselektron des n-Leiters kann nur dann in das Leitungsband des p-Leiters gelangen, wenn es die Energie $W = e\,(\varphi_C + U_J)$ hat. Entsprechendes gilt für ein Valenzelektron des n-Leiters, das ein Loch im Valenzband des p-Leiters auffüllen soll und so den Übergang eines Loches aus dem p-Leiter in den n-Leiter bewirkt.

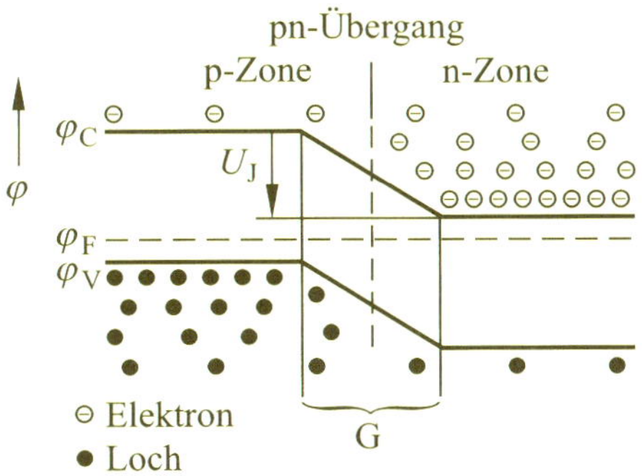

Bild 8.26 Bändermodell des pn-Übergangs für den Betrieb ohne äußere Spannung

pn-Übergang an äußerer Spannung
Wir verwenden für die äußere Spannung U, die an den pn-Übergang gelegt wird, den Bezugssinn von p nach n; dieser Bezugssinn ist also dem Richtungssinn der Diffusionsspannung U_J entgegengesetzt.

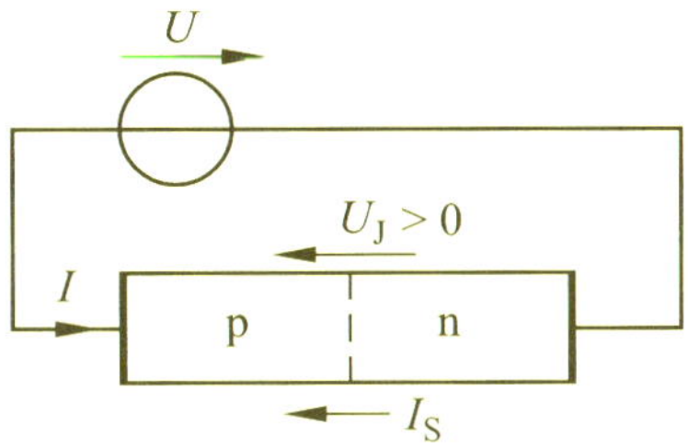

Bild 8.27 Anschluss des pn-Übergangs an eine äußere Spannung

Betrieb in Sperrrichtung
Für $U < 0$ wird der pn-Übergang in Sperrrichtung betrieben. Dabei liegt das FERMI-Niveau der n-Zone tiefer als das der p-Zone (Bild 8.28). Der Richtungssinn von U stimmt mit dem von U_J überein; dies bewirkt, dass die Grenzschicht G verbreitert wird.

Bereits ab $|U| \approx 3\ U_T$ kommt der Diffusionsstrom zum Erliegen. Nur diejenigen Ladungsträger, die durch Generation in der Sperrschicht entstehen, werden durch das elektrische Feld in die Bereiche getrieben, wo sie Majoritätsträger sind. Daraus resultiert der äußerst kleine **Sättigungsstrom** *(saturation current)* I_S, der stark temperaturabhängig ist.

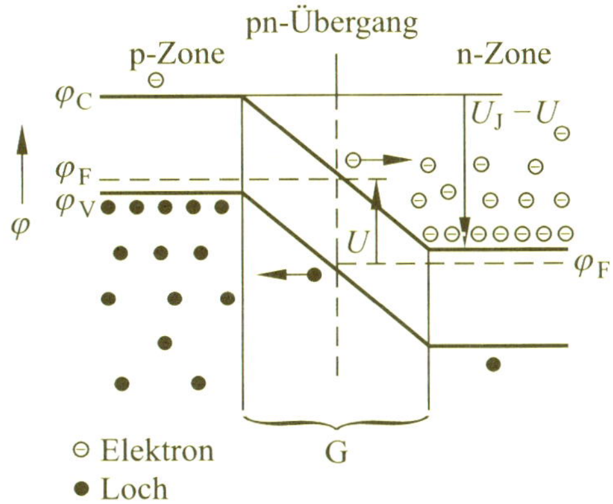

Bild 8.28 Bändermodell des pn-Übergangs für den Betrieb in Sperrrichtung

Beim Unterschreiten einer bestimmten Spannung tritt – fast unabhängig von der Temperatur – eine plötzliche, starke Zunahme der Stromstärke auf.

Hierfür können zwei verschiedene Effekte ursächlich sein.

Bei *hoch dotierten* pn-Übergängen ist die Sperrschicht sehr schmal, und die Feldstärke kann sehr hohe Werte annehmen. Durch das elektrische Feld wird den Halbleiteratomen Energie zugeführt und dadurch die Generationsrate der Ladungsträgerpaare vergrößert; der Sättigungsstrom nimmt mit steigender Spannung zu.
Unterhalb der **Durchbruchspannung** *(breakdown voltage)* U_{BR} erreicht der Betrag des Stromes Werte wie im Durchlassbetrieb. Man nennt dies den **Zener-Effekt**[1]; er ist für den Stromanstieg bei einer Durchbruchspannung $|U_{BR}| < 5 \ldots 7$ V verantwortlich.

Bei *schwach dotiertem* Halbleitermaterial und dadurch bedingter breiter Sperrschicht können die Ladungsträger dort so stark beschleunigt werden, dass sie beim Zusammenstoß mit Gitteratomen weitere Ladungsträger herausschlagen und damit ein lawinenartiges Anwachsen des Stromes verursachen. Dieser Effekt, der als **Lawineneffekt** *(avalanche effect)* bezeichnet wird, ist für den Stromanstieg bei einer Durchbruchspannung $|U_{BR}| > 5 \ldots 7$ V verantwortlich.

An einem Durchbruch mit $-7\text{ V} < U_{BR} < -5\text{ V}$ sind somit beide Effekte beteiligt.

Wenn die Stromstärke nach dem Unterschreiten der Durchbruchspannung so begrenzt wird, dass die Erwärmung der Sperrschicht keine Zerstörung der Kristallstruktur hervorruft, dann sind die Durchbruchvorgänge reversibel: Nach dem Überschreiten der Durchbruchspannung ist die Grenzschicht wieder hergestellt.

Betrieb in Durchlassrichtung
Für $U > 0$ wird der pn-Übergang in Durchlassrichtung betrieben. Dabei liegt das Fermi-Niveau der n-Zone höher als das der p-Zone.
Der Richtungssinn von U ist dem von U_J entgegengesetzt; dies bewirkt, dass die Grenzschicht G schmaler wird. Als Folge davon wird die elektrische Feldstärke und damit die Potenzialdifferenz an der Grenzschicht geringer.

[1] Clarence Melvin Zener, 1905 – 1993

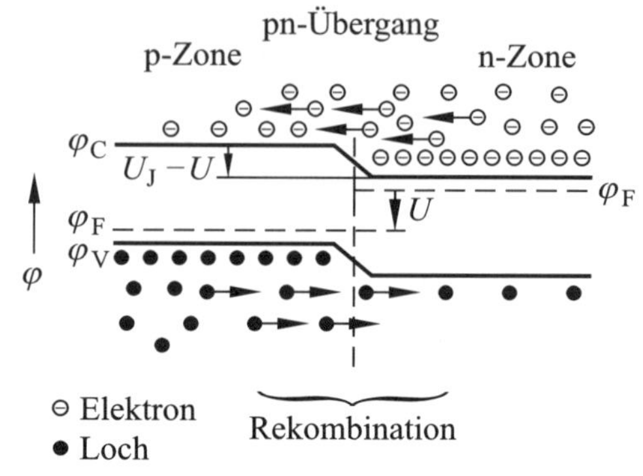

Bild 8.29 Bändermodell des pn-Übergangs für den Betrieb in Durchlassrichtung

Bei $U = U_J$ ist die Grenzschicht vollständig abgebaut. Die p-Zone wird durch Elektronen überschwemmt, die aus der n-Zone eindiffundieren; Entsprechendes gilt für die n-Zone und die dort eindiffundierenden Löcher. Bei dieser **Ladungsträgerinjektion** entsteht aber keine weitere Raumladung. Majoritätsträger bewegen sich aus dem ungestörten Halbleiterbereich zum pn-Übergang und erhöhen die Majoritätsträgerdichten so weit, dass außerhalb der Grenzschicht Ladungsneutralität herrscht.

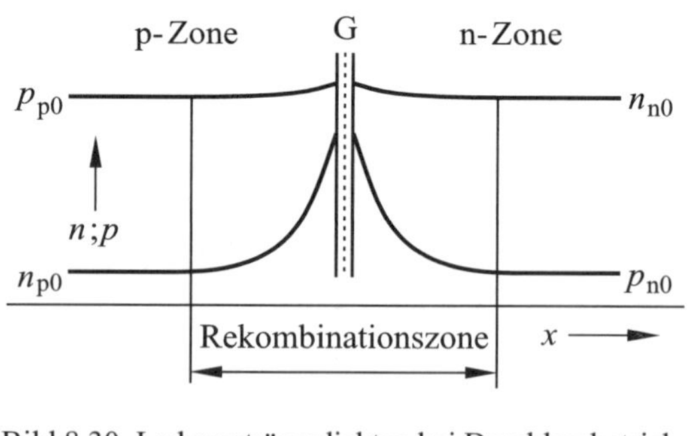

Bild 8.30 Ladungsträgerdichten bei Durchlassbetrieb (Ordinate logarithmisch skaliert)

Auf beiden Seiten des pn-Übergangs bildet sich eine **Rekombinationszone** aus, in der die Ladungsträgerdichten auf die Werte im ungestörten Halbleitermaterial (p_{p0} und n_{p0} in der p-Zone, n_{n0} und p_{n0} in der n-Zone) absinken. Die Majoritätsträger, die durch Rekombination verloren gehen, werden von den Metallkontakten her durch einen Löcherstrom in der p-Zone und einen Elektronenstrom in der n-Zone ersetzt.

Der Durchlassstrom I ist proportional zum Sättigungsstrom I_S und nimmt mit steigender Spannung U exponentiell zu:

$$I = I_S \cdot \left(e^{\frac{U}{n\,U_T}} - 1 \right) \tag{8.18}$$

Der Faktor n, dessen Wert im Bereich $1 \leq n \leq 2$ liegt, wird **Emissionskoeffizient** *(emission coefficient)* genannt. Mit ihm wird berücksichtigt, dass bereits in der Grenzschicht Rekombinationsvorgänge stattfinden; dies ist bei realen pn-Übergängen der Fall.

Dioden

Ein Bauelement mit *einem* pn-Übergang wird meist als **Diode** bezeichnet; besser trifft die Bezeichnung **pn-Diode** *(junction diode)* zu.

In der Ersatzschaltung für Gleichstrom liegt der **Bahnwiderstand** R_S, in dem die Widerstände der p- und n-dotierten Gebiete, der Metallkontakte und der Zuleitungen zusammengefasst sind, in Reihe zum pn-Übergang, der durch die Gl.(8.18) beschrieben wird.

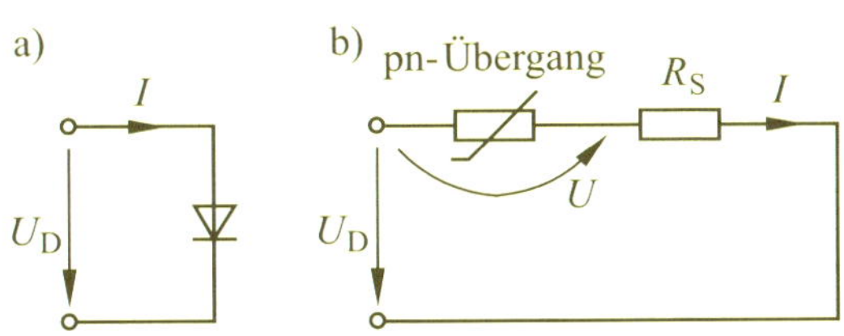

Bild 8.31 pn-Diode (a) und Ersatzschaltung (b) für Gleichstrom

Bei gehäusten Einzeldioden wird der Sperrstrom im Wesentlichen durch die Isolation des Gehäuses bestimmt; er ist erheblich größer als der Strom, der sich aus der Gl.(8.18) ergibt.

Das Durchbruchverhalten des pn-Übergangs wird durch die Gl.(8.18) nicht beschrieben. Es wird bei **Z-Dioden** technisch genutzt, die z. B. zur Spannungsstabilisierung verwendet werden (s. Praxisbezug 3.1). Diese Dioden sind mechanisch so aufgebaut, dass die beim Durchbruchbetrieb entstehende Wärme rasch an die Umgebung abgegeben wird.

Praxisbezug 8.6

Beim Übergang vom Durchlass- in den Sperrbereich führt eine pn-Diode kurzzeitig einen Strom in Sperrrichtung, dessen Stromstärke die Größenordnung des Durchlassstromes erreicht; er wird durch den Abbau der Überschussladung der Rekombinationszone verursacht. Das Bild 8.32 zeigt den Aufbau einer Testschaltung und den zugehörigen Spannungs- bzw. Stromverlauf.

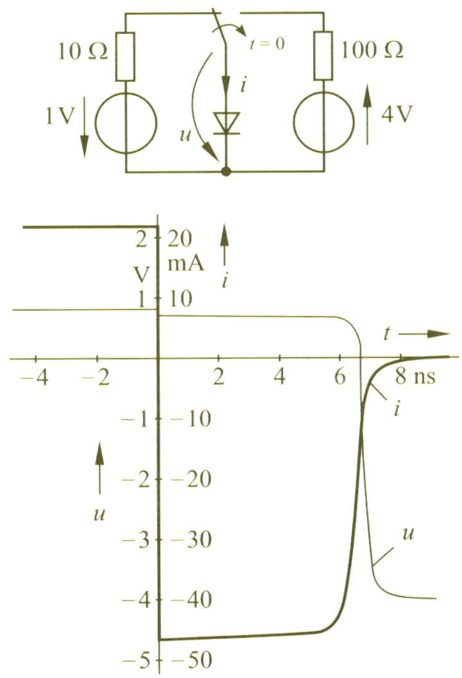

Bild 8.32 Übergang einer Si-Diode vom Durchlass- in den Sperrbereich ❐

8.2.4 Photovoltaischer Effekt

Als **photoelektrischer Effekt** oder kurz **Photoeffekt** wird allgemein ein Vorgang bezeichnet, bei dem durch Einstrahlung von Licht Elektronen aus ihrer Bindung im Atom oder Kristall gelöst und in das Leitungsband angehoben werden, so dass sie für den Ladungstransport zur Verfügung stehen.

Wir wollen uns im Folgenden lediglich mit dem **photovoltaischen Effekt** befassen, der an einem pn-Übergang stattfindet. Das zugehörige Fachgebiet wird **Photovoltaik** genannt.

Damit bei einem bestrahlten Halbleiter ein Photon des Lichts ein Elektron aus dem Valenzband in das Leitungsband anhebt und dadurch ein Elektron-Loch-Paar generiert, muss seine Energie W_{ph} größer als der Bandabstand W_g sein. Die Energie des Photons ist umgekehrt proportional zur Wellenlänge λ des Lichts:

$$W_{ph} = c \cdot h / \lambda \quad (8.19)$$

Die Größen c und h sind in der Tabelle auf S. 268 angegeben.
Bei Silizium mit W_g = 1,12 eV erfordert die Erzeugung eines Elektron-Loch-Paars eine Wellenlänge λ < 1,11 µm; dieser Wert ist dem Infrarotbereich zuzuordnen.
Der Bereich des sichtbaren Lichts liegt zwischen λ = 0,7 µm (rot) und λ = 0,4 µm (violett). In Silizium führt daher das gesamte Spektrum des sichtbaren Lichts zum Photoeffekt.

Auf Ladungsträgerpaare, die in der Grenzschicht eines pn-Übergangs generiert werden, wirkt das elektrische Feld der Raumladungszone: Löcher werden in die p-Zone und Elektronen in die n-Zone getrieben. In Folge dieser Ladungstrennung entsteht zwischen dem Kontakt der p-Zone und dem der n-Zone eine positive Spannung. Werden diese Kontakte mit einem Widerstand oder einer Quelle zu einem Stromkreis verbunden, so fließt ein Strom und der bestrahlte pn-Übergang wirkt als **Photoelement** bzw. als **Photodiode**.

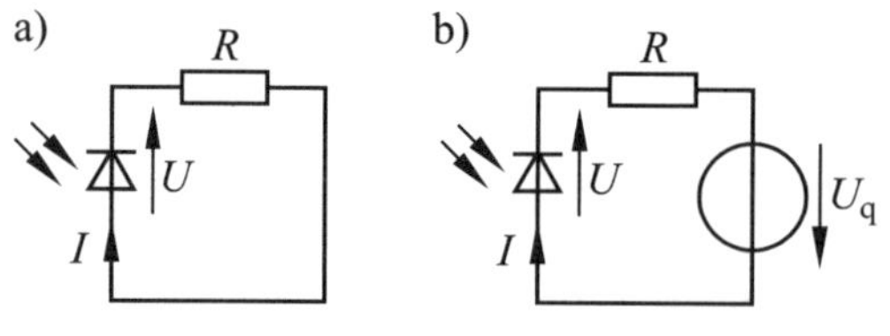

Bild 8.33 Betrieb eines bestrahlten pn-Übergangs als Photoelement (a) bzw. als Photodiode (b)

Zur Berücksichtigung des Photoeffektes wird die Gl.(8.18) ergänzt, die den Strom I am pn-Übergang beschreibt:

$$I = I_S \cdot \left(e^{\frac{U}{n\,U_T}} - 1 \right) - I_L \quad (8.20)$$

Der Strom I_L ist von der Beleuchtungsstärke E (einer lichttechnischen Größe mit der Einheit 1 Lux = 1 lx), von der beleuchteten Halbleiterfläche und vom konstruktiven Aufbau des pn-Übergangs, vom Halbleitermaterial und von der spektralen Zusammensetzung des Lichts abhängig.

Wie das Bild 8.34 zeigt, verläuft die I-U-Kennlinie bei Bestrahlung des pn-Übergangs durch den 4. Quadranten des Kennlinienfeldes.
Liegt der Arbeitspunkt in diesem Bereich, was bei der Schaltung 8.33a (Betrieb als Photoelement) der Fall ist, dann wirkt der pn-Übergang als Erzeuger und gibt elektrische Energie ab.
Bei der Schaltung 8.33b (Betrieb als Photodiode) liegt der Arbeitspunkt für $U_q > U_0$ im 1. Quadranten und für $U_q < R \cdot (-I_L)$ im 3. Quadranten; in beiden fällen wirkt der pn-Übergang als Verbraucher.

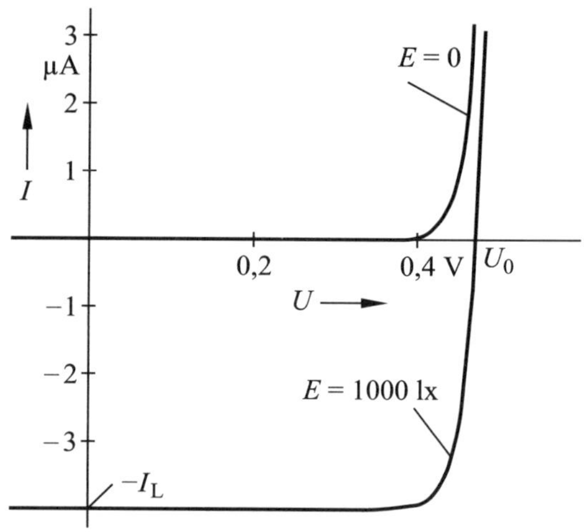

Bild 8.34 I-U-Kennlinien der Photodiode BPW33 (Infineon) mit 7 mm² Fläche

Solarzelle
Eine einkristalline Solarzelle ist ein großflächiger pn-Übergang, der ausschließlich für den Betrieb als Photoelement vorgesehen ist. Sie besteht aus einer hochdotierten p-Schicht, deren Dicke nur wenige µm beträgt, und einer wesentlich dickeren n-dotierten Schicht. Durch die ungleiche Dotierung ist die Ausdehnung d_N der Raumladungszone groß; dadurch kann Licht unterschiedlicher Wellenlänge eine Ladungsträgergeneration in der Sperrschicht herbeiführen.

Die dem Licht zugewandte Oberfläche der Solarzelle ist durch eine lichtdurchlässige, reflexionsmindernde SiO_2-Schicht geschützt.

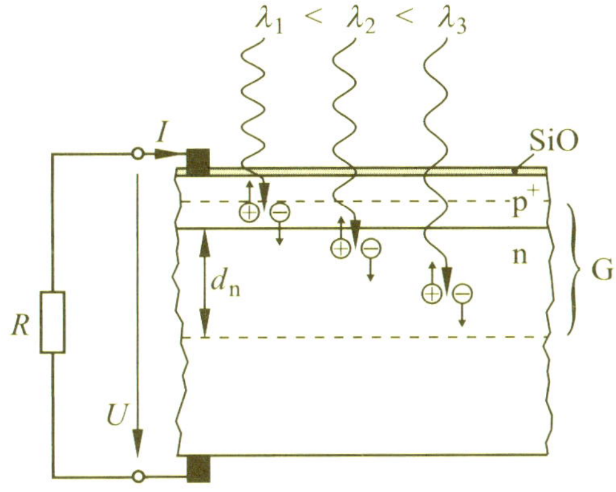

Bild 8.35 Solarzelle bei Bestrahlung mit Licht unterschiedlicher Wellenlänge

Je nach Einsatzort ist die Lichtenergie unterschiedlich. Auf Meereshöhe hat in Mitteleuropa eine einkristalline Solarzelle aus Silizium mit der Fläche 100 cm^2 etwa eine Leerlaufspannung 0,6 V und einen Kurzschlussstrom 3 A. Für höhere Spannungen und größere Ströme werden die einzelnen Zellen in Reihen- und Parallelschaltung zu größeren Einheiten zusammengeschaltet, die als **Solarmodule** bezeichnet werden.

Praxisbezug 8.7
Wie schon im Praxisbezug 3.3 erwähnt, kann eine Solarzelle im MPP mit der maximalen Leistung P_{MPP} betrieben werden. Der Wirkungsgrad η einer Solarzelle ist der Quotient aus der abgegebenen Leistung P_{MPP} und der zugeführten Leistung P_{Licht}. Module aus einkristallinen Solarzellen haben zur Zeit (2003) einen Wirkungsgrad in der Größenordnung 12 %. Damit kann man bei den in Deutschland üblichen Lichtverhältnissen im Jahr mit jedem „installierten Watt" etwa 1 kWh einsammeln.
Die technischen Kennwerte werden für eine Strahlungsleistung 1 kW/m^2, 25 °C und senkrechten Lichteinfall angegeben. Im realen Einsatz wird die Leistung um 0,5 %/K verringert. Auch verringert schräger Lichteinfall die Leistung wegen der erhöhten Reflexion.

Im Hinblick auf niedrige Kosten werden Dünnschicht-Solarzellen entwickelt. Am weitesten fortgeschritten ist zur Zeit (2003) die Entwicklung der **CIS-Zellen**; das Kürzel CIS steht dabei für Kupfer, Indium und Selen. Eine Pilotfertigung dieser Zellen wurde im Jahr 2001 aufgenommen. ❐

8.2.5 Übergang Isolator-Isolator

Wenn sich zwei unterschiedliche Isolatoren berühren, dann geschieht das Gleiche wie beim Übergang Metall-Metall: Aus dem Material mit der kleineren Austrittsarbeit gehen mehr Elektronen in das andere Material über als umgekehrt. Der Isolator mit der größeren Permittivitätszahl ε_r lädt sich dabei positiv, der andere negativ auf; man bezeichnet den Vorgang als **elektrostatische Aufladung**. Sie ist nur möglich, wenn die beiden Oberflächen einen Abstand in der Größenordnung 10^{-8} m haben, was sich z. B. durch Druck erreichen lässt.

Der Betrag der Spannung liegt bei der Berührung im mV-Bereich; er ist der Differenz der beiden Permittivitätszahlen porportional. Nach der Trennung der Oberflächen können sich die Ladungen nicht ausgleichen und auf den Isolatoren nur langsam neu verteilen; es bleiben also sowohl die Ladungen auf den Oberflächen als auch die elektrische Flussdichte D und die elektrische Feldstärke E zwischen den Oberflächen konstant.

Werden die beiden Oberflächen nach der Berührung voneinander entfernt, so wächst die Spannung mit zunehmender Entfernung. Liegt z. B. beim Abstand 10^{-8} m die Kontaktspannung bei einigen mV, so wird beim Abstand 10^{-2} m eine Spannung von einigen kV erreicht. Beliebig hoch kann die Spannung aber nicht werden, weil schließlich Entladungen einsetzen.

Auch durch *Reibung* ist es möglich, den geringen Abstand herzustellen, der für eine elektrostatische Aufladung erforderlich ist; sie bewirkt außerdem, dass die Kontaktfläche vergrößert wird. Die in diesem Abschnitt beschriebenen Effekte werden deshalb auch als **Reibungselektrizität** bezeichnet.

Die Reibungselektrizität war schon im antiken Griechenland bekannt: Wird Bernstein mit einem Katzenfell gerieben, so zieht er leichte Gegenstände, z.B. eine Flaumfeder an. Das Wort elektrisch ist vom griechischen Wort für **Bernstein** (ήλεκτρο – das wird heute ílektro gesprochen) abgeleitet.
Die technische Bedeutung der Reibungselektrizität war früher gering. Erst als ab 1970 die Schäden durch Reibungselektrizität vor allem an elektronischen Bauteilen zunahmen, begann man, sich mit dem Problem zu befassen.

Die Entstehung eines Schadens durch Reibungselektrizität beginnt mit der elektrostatischen Aufladung bei der Berührung zweier unterschiedlicher Isolatoren. Werden diese Isolatoren anschließend voneinander entfernt, so setzt eine **elektrostatische Entladung** *(electrostatic discharge, ESD)* ein, wenn die Durchschlagspannung der Gasstrecke zwischen den Isolatoren überschritten ist (s. 8.8.4).

Praxisbezug 8.8
Eine elektrostatische Entladung kann z. B. Halbleiterbauelemente beschädigen. Durch geeignete Verpackungen, Werkzeuge und Arbeitsbedingungen können Schäden vermieden werden. Hierzu gibt es umfangreiche Normen (z. B. DIN IEC 1340). Bürostühle müssen z.B. eine leitfähige Polsterung aufweisen, und die Ladungen müssen zum Fußboden abfließen können, der ebenfalls leitfähig sein muss. ❐

Fragen
- Was versteht man unter der VOLTA-Spannung bzw. Kontaktspannung?
- Erläutern Sie den SEEBECK-Effekt und den PELTIER-Effekt.
- Wozu dienen Thermoelemente?
- Woraus besteht eine SCHOTTKY-Diode?
- Erläutern Sie die Vorgänge am Übergang Metall-Halbleiter mit Hilfe des Bändermodells.
- Was versteht man unter dem Begriff Diffusionsspannung?
- Was ist bei der Kontaktierung von Halbleiterbauelementen zu beachten?
- Erläutern Sie die Vorgänge an einem pn-Übergang.
- Wie wirkt sich eine äußere Spannung an einem pn-Übergang aus?

8.3 Bipolartransistor

Ziele: Sie können
- das Schichtmodell des Bipolartransistors erläutern.
- die Vorgänge an den pn-Übergängen des Bipolartransistors mit offenem Basisanschluss beschreiben.
- den Transistoreffekt erläutern.
- das Betriebsverhalten des Bipolartransistors beschreiben.

8.3.1 Transistoreffekt

Durch die Dotierung eines Halbleiters in *drei* Schichten (npn oder pnp) entsteht ein Bauelement mit *zwei* pn-Übergängen, das man deswegen **Bipolartransistor** *(bipolar junction transistor, BJT)* nennt. Die Hauptstrombahn des BJT liegt zwischen den als **Kollektor** (C) und **Emitter** (E) bezeichneten Anschlüssen und führt über beide pn-Übergänge, deren Durchlassrichtungen einander entgegengesetzt sind.

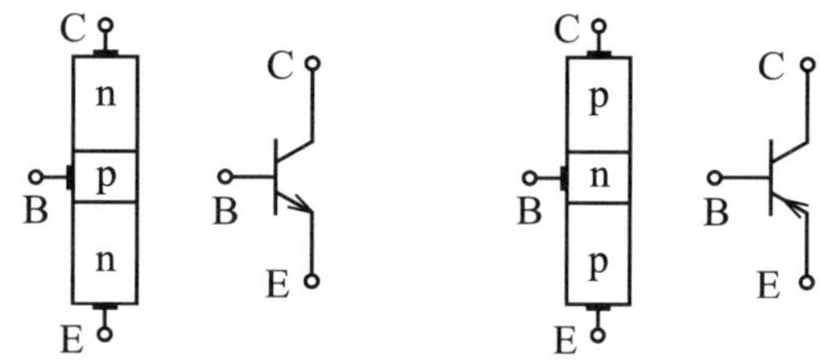

Bild 8.36 Zuordnung von Schichtfolge und Schaltzeichen beim Bipolartransistor

Mit einem Strom über den als **Basis** (B) bezeichneten Anschluss kann bei geringer Steuerleistung der Strom in der Hauptstrombahn gesteuert werden (s. Kap. 4.3). Diese Steuerwirkung wird als **Transistoreffekt** bezeichnet; er wurde von BARDEEN[1], BRATTAIN[2] und SHOCKLEY[3] im Jahr 1948 beschrieben und führte in den folgenden Jahrzehnten zu einem beispiellosen Aufschwung der Elektronik. Hierbei wurden die bis dahin als Steuerelemente üblichen Vakuumröhren durch die Transistoren restlos verdrängt.

1) John Bardeen, 1908 – 1991, NOBEL-Preis 1956
2) Walter H. Brattain, 1902 – 1987, NOBEL-Preis 1956
3) William Shockley, 1910 – 1989, NOBEL-Preis 1956

Der Transistoreffekt tritt nur dann auf, wenn die **Basisweite** l_B (Bild 8.37) wesentlich kleiner ist als die *mittlere Diffusionsweglänge* der Ladungsträger; dies ist die Wegstrecke, welche die Ladungsträger bei der Diffusion im Mittel zurücklegen, bevor sie rekombinieren.

8.3.2 Aufbau in Planartechnik

Die im Bild 8.36 gezeigten Schichtbilder entsprechen nicht der Realität, sie sind jedoch sehr hilfreich für prinzipielle Überlegungen.

Transistoren werden nur selten als Einzelbauelemente gefertigt; es ist vielmehr üblich, sehr viele Transistoren auf einem einzigen Silizium-Einkristall-Plättchen (Dicke ≤ 0,5 mm), dem sog. ***Chip***, zu integrieren. Die Strukturen sämtlicher Bauelemente liegen dabei auf und unmittelbar unter der Oberfläche des Chips, weshalb man das Verfahren als **Planartechnik** bezeichnet.

Das Bild 8.37 zeigt den Aufbau eines BJT in Planartechnik. Sowohl die Dotierung als auch die Anordnung der Schichten ist dabei unsymmetrisch. Es ist üblich, hoch dotierte Zonen mit n^+ bzw. p^+ und niedrig dotierte mit n^- bzw. p^- zu bezeichnen; Zonen ohne hochgestellte Zeichen liegen in der Dotierung dazwischen.

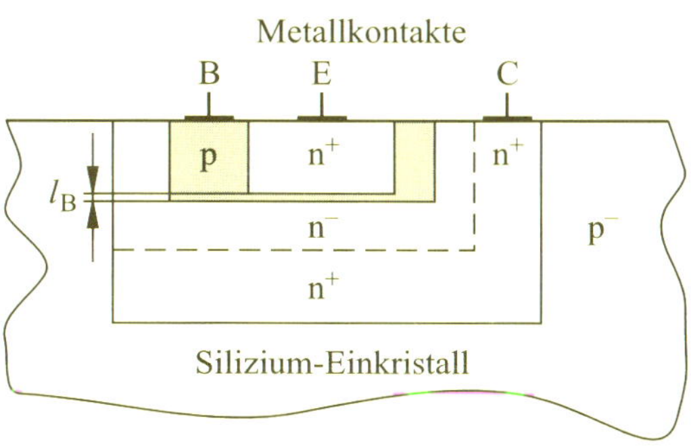

Bild 8.37 Aufbau eines npn-Planartransistors (Querschnitt)

Bei dem Planartransistor im Bild 8.37 bewirkt nur die Schichtfolge n^+ p n^- den Transistoreffekt. Die mit dem Kollektor verbundene n^+-Zone dient als Kontaktierung (s. Abschnitt 8.2.2). Sie wird im Folgenden als ideal leitend angesehen und in den Bildern nicht dargestellt.

8.3.3 Betriebsverhalten

Am Beispiel der Emitterschaltung (s. Abschnitt 4.3.2) wollen wir die Vorgänge in einem npn-Transistor betrachten. Sie laufen im pnp-Transistor entsprechend ab, wobei nur der Richtungssinn der Spannungen und Ströme umgekehrt ist.

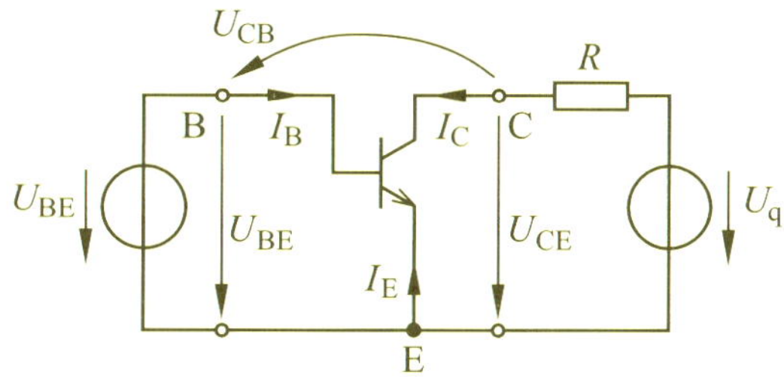

Bild 8.38 npn-Transistor in Emitterschaltung

In der Schaltung 8.38 ist die Quellenspannung U_q positiv. Die Basis-Emitter-Spannung wird durch eine ideale Spannungsquelle festgelegt. Für die beiden anderen Spannungen zwischen den Anschlusspunkten gilt:

$$U_{CE} = U_q - R\, I_C \tag{8.21}$$

$$U_{CB} = U_{CE} - U_{BE} \tag{8.22}$$

Beim npn-Transistor weisen die Durchlassrichtungen der beiden pn-Übergänge von der Basis zum Emitter bzw. von der Basis zum Kollektor.

BJT im Sperrbetrieb

Bei einer Spannung $U_{BE} < 0$ wird der pn-Übergang zwischen Basis und Emitter mit einer Sperrspannung betrieben und es fließt ein nur sehr kleiner Sperrstrom I_{SE} vom Emitter in die Basiszone. Auch der pn-Übergang zwischen Basis und Kollektor wird in Sperrrichtung betrieben; dabei ist $U_{CB} \approx U_q - U_{BE} > 0$. Der Kollektorstrom $I_C = I_{SC}$ ist ein Sperrstrom.

Beide Sperrströme fließen über die Basis ab:

$$I_B = -(I_{SE} + I_{SC}) \tag{8.23}$$

Im Sperrbetrieb ist die Ausdehnung der beiden Raumladungszonen CB und EB wegen der unterschiedlich hohen Dotierung unsymmetrisch zum jeweiligen pn-Übergang (Bild 8.39). Je schwächer dotiert der Halbleiter und je größer die Sperrspannung ist, desto weiter dehnt sich die Raumladungszone aus (s. Gl. 8.16).

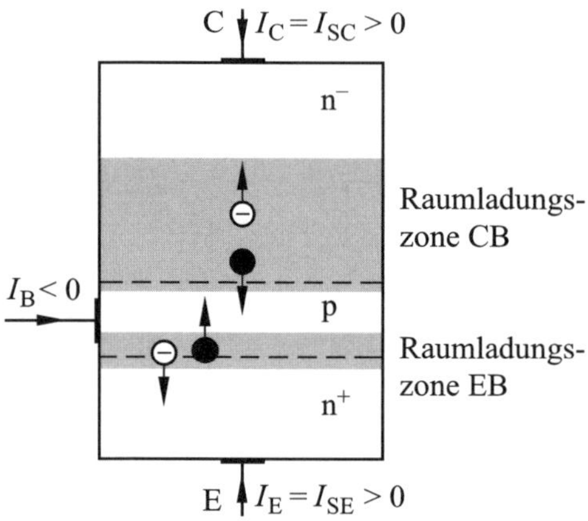

Bild 8.39 Sperrbetrieb des npn-Transistors

BJT im Durchlassbetrieb

Auch im Durchlassbetrieb haben die vom Emitter zum Kollektor hin abnehmende Dotierung der Schichten und die Unsymmetrie der Raumladungszonen große Bedeutung. Im Durchlassbetrieb der Basis-Emitter-Diode wandern sehr viele Elektronen vom Emitter zur Basis.

Die Elektronendichte am basisseitigen Rand der Raumladungszone EB, deren Ausdehnung gegenüber der Darstellung im Bild 8.39 erheblich verringert ist, erreicht Werte in der Größenordnung der Majoritätsträgerdichte in der Emitterschicht. Das Dichtegefälle der Elektronen in der Basisschicht ist sehr stark, denn diejenigen Elektronen, welche die Raumladungszone des gesperrten pn-Übergangs zwischen Kollektor und Basis erreichen, werden vom Feld dieser Zone in die Kollektorschicht getrieben.

Dadurch entspricht die Elektronendichte am basisseitigen Rand der Raumladungszone CB etwa der Minoritätsträgerdichte in der Basisschicht (Bild 8.40). Es fließt ein großer Diffusionsstrom I_{ndE} der Elektronen aus dem Emitter in die Basisschicht und weiter zum Kollektor.

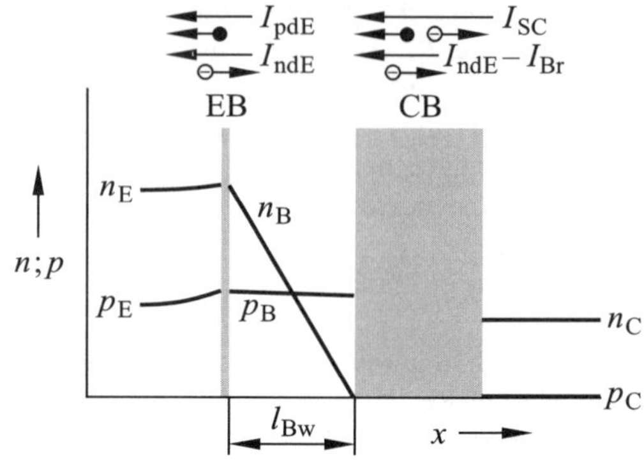

Bild 8.40 Ladungsträgerdichten in der Umgebung der Basiszone beim Durchlassbetrieb des npn-Transistors

Nur wenige dieser Elektronen gehen bei der kleinen **wirksamen Basisweite** l_{Bw} durch Rekombination mit Löchern der Basisschicht verloren; diese werden durch den Rekombinationsstrom I_{Br} über den Basisanschluss laufend ersetzt.

Der Diffusionsstrom I_{pdE} der Löcher aus der Basis- in die Emitterschicht trägt zum Kollektorstrom nichts bei. Er ist kleiner als der Diffusionsstrom der Elektronen, weil die Basis weniger stark dotiert ist als der Emitter und die Rekombinationszone der Löcher in der Emitterschicht weit ausgedehnt ist. Das Dichtegefälle der Löcher ist dort gering, es entspricht dem einer leitenden Diode.
In der Raumladungszone CB entstehen wie im Sperrbetrieb Ladungsträgerpaare durch Generation; sie ergeben den Sättigungssperrstrom I_{SC}.

Die Ströme an den Anschlusspunkten des npn-Transistors setzen sich also aus folgenden Anteilen zusammen:

$$I_B = I_{pdE} + I_{Br} - I_{SC} \qquad (8.24)$$

$$I_E = -(I_{ndE} + I_{pdE}) \qquad (8.25)$$

$$I_C = I_{ndE} - I_{Br} + I_{SC} \qquad (8.26)$$

Die Spannung U_{CE} hängt vom Kollektorstrom ab und hat über U_{CB} Einfluss auf dessen Größe (s. Gl. 8.22). Wird bei konstantem Basisstrom die Spannung U_{CE} und damit auch U_{CB} vergrößert, so dehnt sich die Raumladungszone CB weiter

aus; dadurch wird die wirksame Basisweite l_{Bw} verkleinert und die Ströme I_{ndE} und I_C steigen an. Dieser Zusammenhang, der als **EARLY-Effekt**[1)] bezeichnet wird, ist im Ausgangs-Kennlinienfeld 4.34 eines npn-Transistors erkennbar.
Der unerwünschte EARLY-Effekt wird durch die unsymmetrische Ausbildung der Raumladungszone CB klein gehalten.

BJT im Sättigungsbetrieb
Wird die Spannung U_{BE} weiter erhöht, so wachsen die Elektronendichte am basisseitigen Rand der Raumladungszone EB, der Diffusionsstrom I_{ndE} und der Kollektorstrom an; die Spannung U_{CB} wird kleiner und schließlich sogar negativ. Beim **Sättigungsbetrieb** werden beide pn-Übergänge in Durchlassrichtung betrieben.

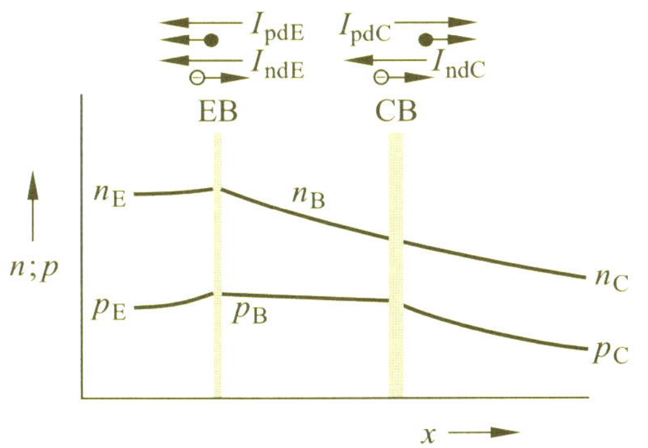

Bild 8.41 Ladungsträgerdichten in der Umgebung der Basiszone beim Sättigungsbetrieb des npn-Transistors

Die Elektronendichte n_C am basisseitigen Rand der Raumladungszone CB nimmt zu (Bild 8.41). In den Kollektor fließt sowohl ein Diffusionsstrom I_{ndC} der Elektronen als auch ein Diffusionsstrom I_{pdC} der Löcher. Die Basisschicht ist mit Elektronen „überschwemmt", wodurch dort die Rekombination zunimmt und der Basisstrom deswegen stark ansteigt, während der Kollektorstrom nahezu unverändert bleibt.

Fragen
- Warum ist es wichtig, dass die Basiszone eines Bipolartransistors sehr dünn und schwach dotiert ist?
- Erläutern Sie das Betriebsverhalten des BJT im Sperrbetrieb und im Durchlassbetrieb.
- Was versteht man unter dem Sättigungsbetrieb?

8.4 Feldeffekttransistor

Ziele: Sie können
- den prinzipiellen Aufbau und die Wirkungsweise des Sperrschicht-FET und des Isolierschicht-FET erläutern.
- die Schaltzeichen und die Kennlinien des Sperrschicht-FET und des Isolierschicht-FET skizzieren und erklären.
- das Prinzip der CMOS-Technologie beschreiben.

Der **Feldeffekttransistor** *(field effect transistor*, FET*)* wurde zwar früher erfunden – im Jahr 1925 reichte LILIENFELD[2)] ein erstes Patent hierzu ein – als der BJT, aber die Entwicklung und die Fertigung in großen Stückzahlen setzten erst später ein als beim BJT.

Beim Feldeffekttransistor wird die Hauptstrombahn durch einen einheitlich dotierten **Kanal** gebildet, in dem nur ein Ladungsträgertyp vorherrscht; man bezeichnet den FET deswegen auch als **Unipolartransistor**. Sind im leitenden Kanal *Elektronen* die Majoritätsträger, so spricht man von einem **n-Kanal-Typ**; sind *Löcher* die Majoritätsträger, so spricht man von einem **p-Kanal-Typ**.
Der Zufluss des Kanals wird als **Source** S, der Abfluss als **Drain** D bezeichnet. FETs sind im Allg. symmetrisch aufgebaut, so dass die Anschlüsse D und S vertauscht werden können, ohne dass sich dadurch das Betriebsverhalten des FET ändert. Die Steuerelektrode, die **Gate** G genannt wird, kann unterschiedlich mit dem Kanal verbunden sein:
- Beim **NIGFET** *(non insulated gate* FET*)* ist das Gate mit dem Kanal entweder durch einen pn-Übergang oder durch einen SCHOTTKY-Kontakt elektrisch leitend verbunden. Über die Gate-Elektrode wird die Breite des leitenden Kanals gesteuert.
- Beim **IGFET** *(insulated gate* FET*)* ist das Gate durch eine isolierende Schicht vom Kanal getrennt. Durch die Spannung zwischen Gate und einer weiteren Elektrode, dem sog. **Bulk**, wird die Ladungsträgerdichte im Kanal gesteuert.

---
1) James M. Early, * 1922
2) Julius Edgar Lilienfeld, 1881 – 1963

8.4.1 Sperrschicht-FET

Der **Sperrschicht-FET** *(junction* FET, JFET*)* ist ein NIGFET, bei dem das Gate durch einen pn-Übergang vom Kanal getrennt ist. Wir erläutern den Aufbau und die Wirkungsweise am Beispiel des n-Kanal-Typs.

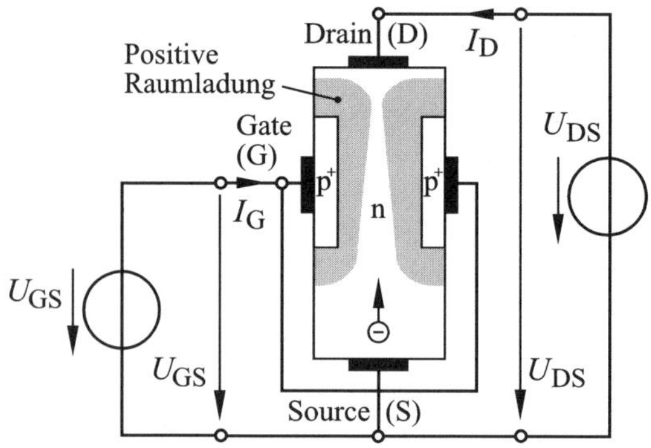

Bild 8.42 Schematische Darstellung des JFET

Legen wir an den Kanal eine Spannung $U_{DS} > 0$ und lassen das Gate zunächst unbeschaltet, so bewegen sich beim n-Kanal-Typ Elektronen von Source (S) nach Drain (D) und es fließt der **Drainstrom** $I_D > 0$, dessen Stromstärke vom Widerstand des Kanals abhängt.

Nun legen wir eine zusätzliche Spannung $U_{GS} < 0$ zwischen Gate und Source an; dabei wird der pn-Übergang zwischen Gate und Kanal in *Sperrrichtung* betrieben. Die hochohmigen Raumladungszonen dehnen sich um so weiter in das Kanalgebiet aus, je größer der Betrag der Spannung U_{GS} ist; dadurch wird der wirksame Kanalquerschnitt verkleinert und der Widerstand des Kanals erhöht. Dies führt bei konstanter Spannung U_{DS} zu einer Abnahme des Drainstromes I_D.

Durch Verändern der Spannung $U_{GS} < 0$ lässt sich der Drainstrom I_D steuern. Beim Betrieb mit $U_{GS} > 0$ tritt keine Steuerwirkung auf.

In den Schaltzeichen des JFET gibt der Pfeil jeweils die Durchlassrichtung des pn-Übergangs an.

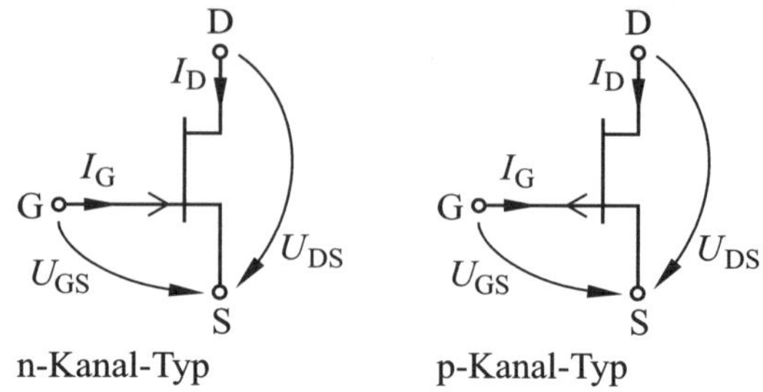

Bild 8.43 Schaltzeichen des JFET mit Bezugspfeilen

Der sehr kleine **Gatestrom** $I_G < 0$ ist ein Sperrstrom, der stark temperaturabhängig ist. Bei Raumtemperatur kann er im Allg. unberücksichtigt bleiben; bei $\vartheta > 100\,°\text{C}$ erreicht er Werte in der Größenordnung des Basisstroms eines BJT.

In der Übertragungskennlinie wird der Drainstrom I_D als Funktion der Gate-Source-Spannung U_{GS} dargestellt (Bild 8.44).
Bei $U_{GS} = 0$ hat der Kanal seinen größten Querschnitt, und es fließt bei einer bestimmten, im Datenblatt angegebenen Spannung U_{DS} der maximale Drainstrom, der als **Sättigungsstrom** I_{DSS} bezeichnet wird (die Indizes bedeuten: drain, shortet, saturation).
Die Gate-Source-Spannung, bei welcher der Kanal ganz abgeschnürt ist, nennt man **Abschnürspannung** *(pinch off voltage)* $U_{GS,off}$.

Sowohl der Sättigungsstrom als auch die Abschnürspannung sind starken Exemplarstreuungen unterworfen. So kann man z. B. dem Datenblatt des JFET BF245C folgende Angaben entnehmen:

$I_{DSS} = 12 \ldots 25$ mA bei $U_{DS} = 15$ V; $U_{GS} = 0$

$U_{GS,off} = -8 \ldots -0{,}25$ V bei $U_{DS} = 15$ V

Die **Ausgangskennlinien** stellen den Drainstrom I_D als Funktion der Drain-Source-Spannung U_{DS} dar; dabei ist die Gate-Source-Spannung U_{GS} der Parameter (Bild 8.45).
Steigern wir bei U_{GS} = const. die Spannung U_{DS}, so bleibt der Widerstand des Kanals zunächst annähernd konstant und der Drainstrom U_{DS} steigt proportional zu U_{DS} an. Der zugehörige Bereich im Ausgangskennlinienfeld wird **Proportionalbereich** genannt; der JFET kann in ihm als steuerbarer Widerstand betrieben werden.

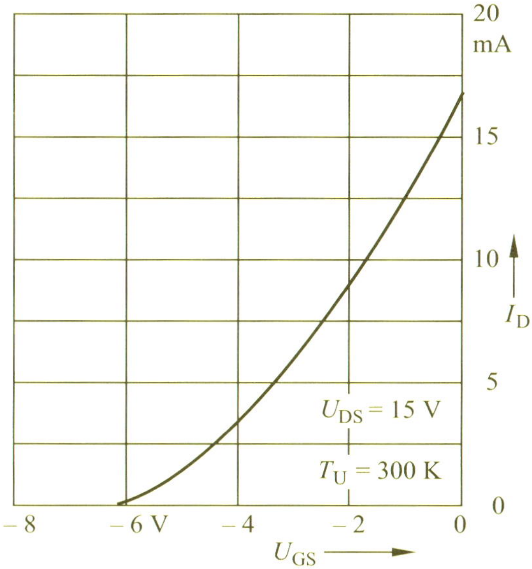

Bild 8.44 Übertragungskennlinie des JFET BF 245C

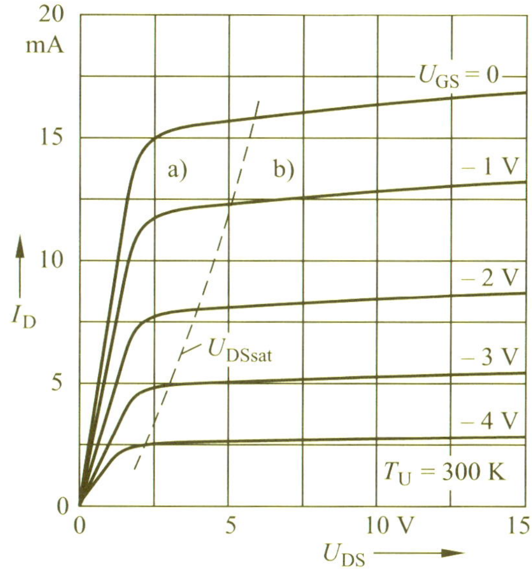

Bild 8.45 Ausgangskennlinien des JFET BF245 C
a) Proportionalbereich, b) Abschnürbereich

Für den weiteren Kurvenverlauf ist von Bedeutung, dass sich der Kanal auf der Drainseite stärker einschnürt als auf der Sourceseite (Bild 8.42). Die keilförmige Verengung rührt daher, dass die Drain-Elektrode auf höherem Potenzial liegt als die Source-Elektrode und daher die Sperrspannung zwischen G und D höher ist als die zwischen G und S.

Sobald die Spannung zwischen G und D den Wert der Abschnürspannung erreicht, berühren sich drainseitig die Sperrschichten und der Kanal wird dort ganz abgeschnürt. Den zugehörigen Wert für U_{DS} bezeichnet man als **Kniespannung** oder **Sättigungsspannung** U_{DSsat} und den zugehörigen Kennlinienpunkt als **Abschnürpunkt**.

Verbindet man die Abschnürpunkte sämtlicher Ausgangskennlinien, so erhält man die **Abschnürgrenze** als untere Grenze des **Abschnürbereichs** (Bild 8.45).

Für die Sättigungsspannung gilt:

$$U_{DSsat} = U_{GS} - U_{GS,off} \tag{8.27}$$

Die Abschnürung bedeutet aber nicht, dass der Drainstrom I_D unterbrochen wird; vielmehr werden Ladungsträger, die aus dem noch leitenden Kanalabschnitt die Abschnürzone erreichen, vom elektrischen Feld in dieser Raumladungszone zum Drain hin beschleunigt. Die Stromstärke wird so auf dem erreichten Wert *konstant* gehalten.

Dies gilt auch dann, wenn U_{DS} über die Kniespannung hinaus erhöht wird. Die hochohmige Abschnürzone dehnt sich dabei geringfügig in Richtung Source aus und der leitende Kanalabschnitt wird kürzer; sein Widerstand nimmt etwas ab und der Drainstrom steigt geringfügig an. Man bezeichnet diesen Effekt als **Kanallängenmodulation**.

Im Abschnürbereich kann der JFET als lineare spannungsgesteuerte Stromquelle (Bild 4.45) mit dem Steuerfaktor y betrieben werden.

Wird U_{DS} immer weiter erhöht, so führt der Lawineneffekt zum **Durchbruch**, wobei I_D stark ansteigt; der JFET kann dabei zerstört werden.

Praxisbezug 8.9

Bei dem Kleinsignalverstärker in Source-Schaltung wird die für den Arbeitspunkt erforderliche Spannung $U_{GS} < 0$ als Spannungsabfall erzeugt, den der Strom $I_2 \approx I_D$ an R_2 hervorruft. Wegen $I_G \approx 0$ hat das über R_1 mit Masse verbundene Gate praktisch Massepotenzial.

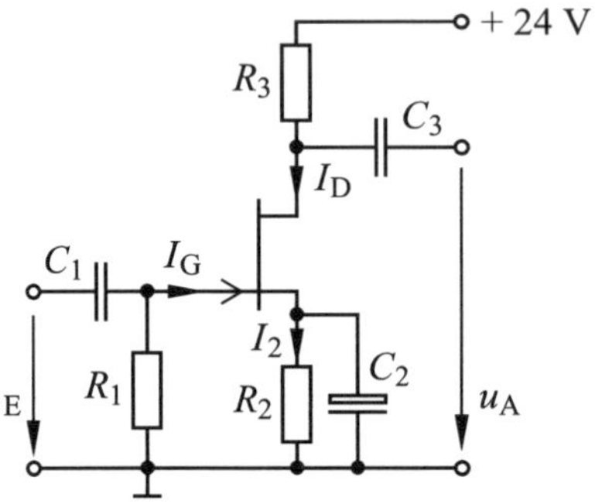

Der Widerstand R_2 bewirkt außerdem eine Stromgegenkopplung zur Stabilisierung des Arbeitspunktes, die für Wechselströme durch den Elektrolytkondensator C_2 aufgehoben wird.
Mit Hilfe von R_2 und R_3 wird U_{DS} so eingestellt, dass der JFET beim Betrieb mit einer Wechselspannung $u_E \neq 0$ nicht in den Proportionalbereich ausgesteuert wird, weil dies Signalverzerrungen zur Folge haben würde. ❐

8.4.2 Isolierschicht-FET

Der **Isolierschicht-FET** ist ein IGFET, bei dem das Gate durch eine isolierende Schicht aus SiO_2 vom Kanal getrennt ist; es ist also $I_G = 0$. Außer den Anschlüssen Drain (D), Source (S) und Gate (G) besitzt er noch einen weiteren Anschluss Bulk (B), der mit dem Substrat leitend verbunden ist (Bilder 8.46 und 8.47). Die Leitfähigkeit des Kanals wird durch die Spannung U_{GB} zwischen Gate und Bulk gesteuert.
Wegen der früher üblichen Schichtfolge ***M**etal-**O**xid-**S**emiconductor* spricht man von einem MOSFET. Ist der Kanal n-leitend, spricht man von einem NMOS-, ist er p-leitend, von einem PMOS-Transistor. Heute wird die Gate-Elektrode nicht mehr aus Metall, sondern aus *polykristallinem Silizium* (kurz: **Poly**) ausgeführt. Dieses Material erlaubt einen „selbstjustierenden Herstellungsprozess", mit dem die Eigenschaften des MOSFET entscheidend verbessert werden konnten.

Anreicherungs-MOSFET

Bei einem **Anreicherungs-MOSFET** *(enhancement type* FET*)*, der auch **selbstsperrender MOSFET** genannt wird, ist bei $U_{GB} = 0$ noch kein leitfähiger Kanal vorhanden.

Beim n-Kanal-Typ sind in ein p-dotiertes Halbleiterplättchen, das Substrat, oder in einen p-dotierten Bereich des Plättchens, die p-Wanne, zwei hochdotierte n^+-Zonen eindiffundiert, auf denen sich die Kontakte für Drain (D) und Source (S) befinden (Bild 8.43). Der Bereich zwischen D und S ist mit einer dünnen Isolierschicht (1 ... 100 nm), dem **Gateoxid**, überzogen, auf welcher die Gate-Elektrode aufgebracht ist. Das Halbleitersubstrat bzw. die p-Wanne ist mit Bulk verbunden. Gate und Substrat (mit Bulk) bilden einen Kondensator mit Siliziumoxid als Dielektrikum.

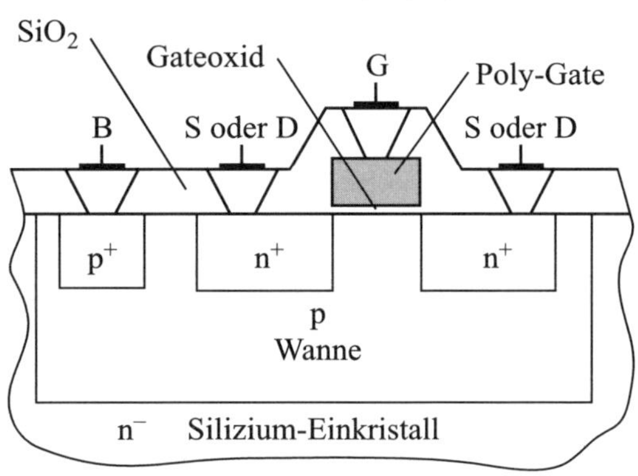

Bild 8.46 MOSFET, schematische Darstellung

Die Bulk-Elektrode muss auf dem niedrigsten Potenzial der Schaltung liegen, damit die pn-Übergänge zwischen Drain bzw. Source und Substrat sowie zwischen der n^--dotierten Umgebung und dem Substrat mit einer Sperrspannung oder spannungslos betrieben werden. Häufig werden die Elektroden B und S miteinander verbunden, wovon wir im Folgenden ausgehen.

Wird bei $U_{GS} = 0$ eine Drain-Source-Spannung $U_{DS} > 0$ angelegt, so fließt ein nur verschwindend kleiner Drainstrom, da zwischen D und S ein pn-Übergang in Sperrrichtung liegt. Für $U_{GS} = 0$ ist noch kein leitfähiger Kanal vorhanden.

Legen wir nun bei U_{DS} = const. eine Spannung $U_{GS} > 0$ an, so wird der aus Gate und Bulk gebildete Kondensator geladen und nimmt die Spannung $U_{GB} = U_{GS}$ an. Wegen der geringen La-

dungsträgerdichte des Halbleitermaterials ist das elektrische Feld des Kondensators nicht auf das Dielektrikum beschränkt, sondern reicht in das Halbleitermaterial hinein. In diesem Bereich bildet sich durch Verdrängung der Löcher zur Bulkelektrode hin eine *Raumladung* aus ortsfesten, negativ ionisierten Akzeptoren.
Durch das elektrische Feld wird aber auch der Energiezustand der Halbleiteratome im Raumladungsbereich verändert, so dass Generationsvorgänge in verstärktem Maß stattfinden. Die dabei entstehenden Elektronen sammeln sich an der Grenzschicht zwischen Halbleiter und Oxid, und die Löcher werden zum Bulk verdrängt.

Bei einem bestimmten Wert von U_{GS}, der **Schwellenspannung** *(threshhold voltage)* U_{th}, ist die Elektronenkonzentration so groß wie die bei $U_{GS} = 0$ ursprünglich vorhandene Löcherkonzentration; man spricht von einer **vollständigen Inversion** des Ladungsträgertyps in der Grenzschicht.

Eine weitere Erhöhung der Spannung U_{GS} auf Werte $U_{GS} > U_{th}$ führt zur Ausdehnung der Inversionszone in das Halbleitermaterial hinein und zu einer weiteren Erhöhung der Elektronenkonzentration in der Grenzschicht; damit besteht ein n-leitender Kanal zwischen Source und Drain. Unter dem Kanal bleibt eine an beweglichen Ladungsträgern verarmte Zone mit ortsfesten, negativ ionisierten Akzeptoren zurück; an sie schließt sich das elektrisch neutrale p-Substrat an.

Die *Übertragungskennlinie* eines MOSFET hat die gleiche Form wie bei einem JFET, sie ist jedoch zu höheren Spannungen U_{GS} verschoben. Beim Anreicherungs-MOSFET beginnt der Anstieg der Übertragungskennlinie bei $U_{GS} = U_{th} > 0$. Die *Ausgangskennlinien* eines MOSFET haben die gleiche Form wie bei einem JFET. Auch beim MOSFET wird bei der Kniespannung U_{DSsat} der Kanal abgeschnürt, so dass der Drainstrom I_D bei wachsender Spannung U_{DS} nur noch geringfügig ansteigt.

In den Schaltzeichen deutet die gestrichelte Linie den bei $U_{GB} = 0$ unterbrochenen Kanal an; der Pfeil zeigt die Durchlassrichtung des pn-Übergangs zwischen Bulk und Drain bzw. Source.

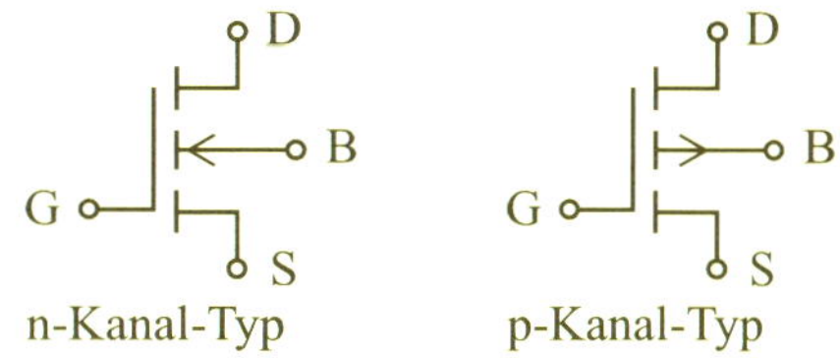

Bild 8.47 Schaltzeichen des Anreicherungs-MOSFET

Praxisbezug 8.10
MOSFET-Einzeltransistoren vom Anreicherungstyp sind ausschließlich MOS-Leistungstransistoren. Sie zeichnen sich durch einen sehr kleinen Kanalwiderstand R_{DSon} im eingeschalteten Zustand und eine kleine Steuerleistung aus. Die Bilder 8.48 und 8.49 zeigen die Übertragungs- und Ausgangskennlinien eines solchen Transistors, für den im Datenblatt folgende Maximalwerte angegeben sind:

$U_{DS} \leq 25$ V ; $I_D \leq 100$ A ; $P \leq 300$ W

$R_{DSon} \leq 3{,}2$ mΩ bei $U_{GS} = 10$ V

Die hohen Stromstärkewerte sind durch konstruktive Gestaltung des Transistors, z.B. durch vertikalen Schichtaufbau *(vertical* MOSFET, VMOS*)*, und zusätzliche Herstellungsschritte, z.B. durch eine zweite Diffusion mit geändertem Dotiermittel (Doppeldiffusions-MOSFET, DMOS), möglich geworden. Source und Bulk sind bei diesen FETs stets verbunden; dies ergibt bei $U_{DS} < 0$ einen leitenden pn-Übergang zwischen D und B, der im Schaltzeichen mit einer Diode dargestellt wird.

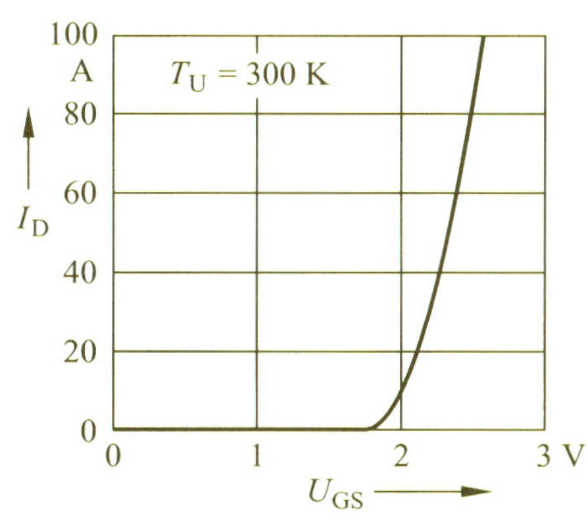

Bild 8.48 Übertragungskennlinie des Leistungs-MOSFET PSMN003-25W

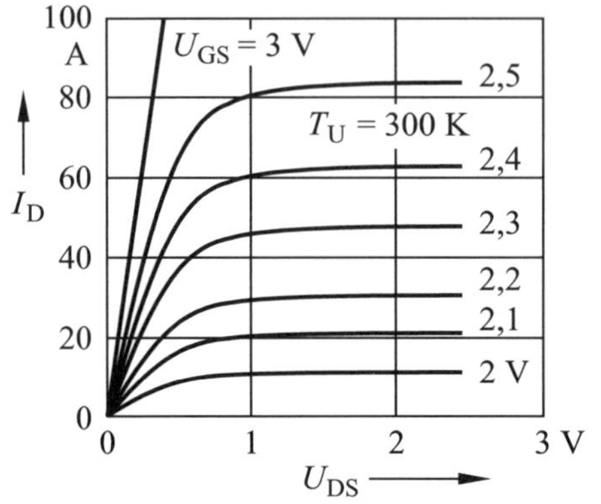

Bild 8.49 Ausgangskennlinien des Leistungs-MOS-FET PSMN003-25W

Zum Schalten einer großen Nutzleistung mit kleiner Steuerleistung wurden Bauelemente entwickelt, bei denen ein DMOS mit einem Bipolartransistor kombiniert ist. Ein solcher **IGBT** *(insulated gate bipolar transistor)* vereinigt die Vorteile beider Transistorarten: Es ist kein Steuer-Gleichstrom erforderlich, und große Ströme sowie hohe Sperrspannungen sind möglich.

MOSFETs sind sehr empfindlich gegen elektrostatische Aufladung. Wegen des extrem dünnen Gateoxids kann bereits bei kleinen Ladungen die Durchschlagfeldstärke überschritten werden. Dies erfordert entsprechende Vorsichts- und Schutzmaßnahmen (s. 8.2.5). Die Ein- und Ausgänge von integrierten Schaltungen werden durch Dioden gesichert. ❐

CMOS-Technik

Durch die Verwendung von zueinander komplementären Bauelementen ergeben sich vielfach technische Vorteile. Diese werden z.B. bei der **CMOS-Technik** *(complementary* MOS *technology)* genutzt, bei der jeweils ein PMOS- und ein NMOS-Anreicherungstransistor paarweise verwendet werden. Das Bild 8.50 zeigt einen CMOS-Inverter, der als invertierender Verstärker in der Digitaltechnik Verwendung findet.

VDD und VSS sind in der CMOS-Technik gebräuchliche Potenzialbezeichnungen für die Versorgungsspannung.

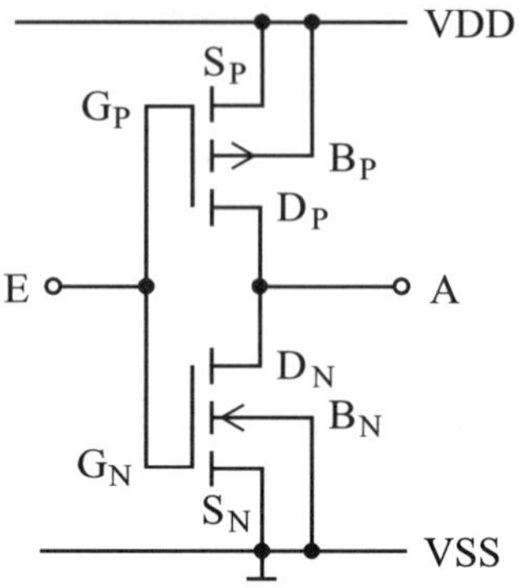

Bild 8.50 CMOS-Inverter

Hat der Eingang E das Potenzial VSS, dann ist der NMOS-Transistor gesperrt und der PMOS-Transistor leitet; der Ausgang hat somit das Potenzial VDD und es wird „High" ausgegeben. Bringt man den Eingang auf das Potenzial VDD, dann ist der NMOS-Transistor leitend und der PMOS-Transistor sperrt; der Ausgang hat somit das Potenzial VSS und es wird „Low" ausgegeben. Das Ausgangssignal ist also invers zum Eingangssignal.

CMOS-Baugruppen lassen sich problemlos zusammenschalten. Wird z.B. ein Inverter mit einem weiteren belastet, so fließt kein Gleichstrom in den Eingang des nachgeschalteten Inverters, da das Gate jedes Transistors vom jeweiligen Kanal isoliert ist.

Praxisbezug 8.11

Nahezu sämtliche Digitalschaltungen, die heute auf dem Markt erhältlich sind, werden in CMOS-Technik gefertigt. Durch die laufende Weiterentwicklung dieser Technologie ist es gelungen, die Kanallänge der Transistoren und damit auch die übrigen Abmessungen immer mehr zu reduzieren und dadurch die maximal mögliche Taktfrequenz der Digitalschaltung immer weiter zu erhöhen.
So ist zur Zeit (2003) eine Kanallänge 130 nm Stand der Technik, bei der die maximale Taktfrequenz 2,5 GHz erreicht werden kann.

Die kleinen Transistorabmessungen und die hohe Zuverlässigkeit integrierter CMOS-Schaltungen erlauben es, immer größere und komplexere

Digitalschaltungen auf einem Baustein zu integrieren. Die Grenzen liegen gegenwärtig bei Bausteinen mit 10^8 Transistoren und 3000 Ein- und Ausgängen.
Um die Verlustleistung der Schaltung zu verringern und die Feldstärke im Gateoxid unter der Durchschlagfeldstärke zu halten, muss die Versorgungsspannung auf 1,2 ... 1,5 V reduziert werden. Wegen der hohen Taktfrequenz erreicht die Verlustleistung je Chipfläche trotzdem Werte in der Größenordnung 30 W/cm²; dies ist mehr als doppelt so viel wie bei einer mit voller Leistung arbeitenden herkömmlichen Kochplatte.

Ein Ende dieser Entwicklung, bei welcher die Taktfrequenz regelmäßig in etwa vier Jahren verdreifacht wird, ist noch nicht abzusehen. ❐

Verarmungs-MOSFET
Im Gegensatz zum Anreicherungs-MOSFET besteht beim Verarmungs-MOSFET schon bei der Spannung $U_{GS} = 0$ ein leitender Kanal zwischen Drain und Source, der bereits bei der Herstellung durch den Einbau von Ionen in das Kanalgebiet erzeugt wird. Im Schaltzeichen (Bild 8.51) wird dies mit einem durchgezogenen Strich, der den Kanal darstellt, deutlich gemacht.

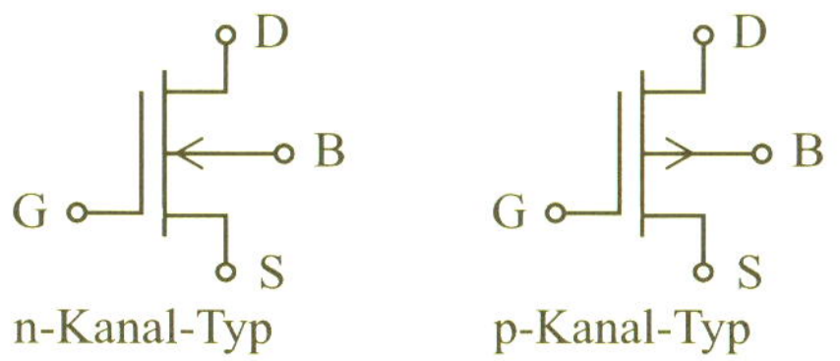

Bild 8.51 Schaltzeichen des Verarmungs-MOSFET

Die Kennlinien des Verarmungs-MOSFET entsprechen denen des JFET mit dem Unterschied, dass die Gate-Source-Spannung sowohl negative als auch positive Werte erhalten kann. In der Praxis werden Verarmungs-MOSFETs nur selten eingesetzt.

Praxisbezug 8.12
Untersuchungen an der dünnen Elektronenschicht unter dem isolierten Gate von MOSFETs führten zu der Entdeckung des **Quanten-HALL-Effekts** (Klaus v. KLITZING, 1980; NOBEL-Preis 1985).

Beim *klassischen* HALL-Effekt (s. Abschn. 7.2.4) steigt die HALL-Spannung U_H proportional zur magnetischen Flussdichte B und zur Stromstärke I_{St} des Steuerstromes an. Den Quotienten $R_H = U_H / I_{St}$ bezeichnet man als **HALL-Widerstand**. Da bei I_{St} = const. die mittlere Driftgeschwindigkeit der Ladungsträger umgekehrt proportional zu ihrer Dichte n ist, gilt die Beziehung:

$$R_H \sim \frac{B}{n}$$

Der HALL-Widerstand steigt im klassischen Modell monoton mit der Flussdichte B an. Betreibt man die kanalbildende, dünne Elektronenschicht jedoch bei sehr tiefen Temperaturen in starken Magnetfeldern, so zeigen sich *Stufen* in der Funktion $R_H = f(B)$; man spricht von einem **quantisierten HALL-Widerstand** (Bild 8.52).

Die *Stufenwerte* des quantisierten HALL-Widerstandes sind überraschenderweise mit zwei fundamentalen Naturkonstanten verbunden, dem PLANCKschen Wirkungsquantum h und der Elementarladung e:

$$R_{Hk} = \frac{h}{k\,e^2} = \frac{25\,812{,}8\ \Omega}{k}\ ; \quad k = 1, 2, 3 \ldots$$

Der Stufenwert $R_{H4} = 6453{,}2\ \Omega$ wurde besonders genau untersucht, denn er liegt in einem für messtechnische Zwecke günstigen Bereich.

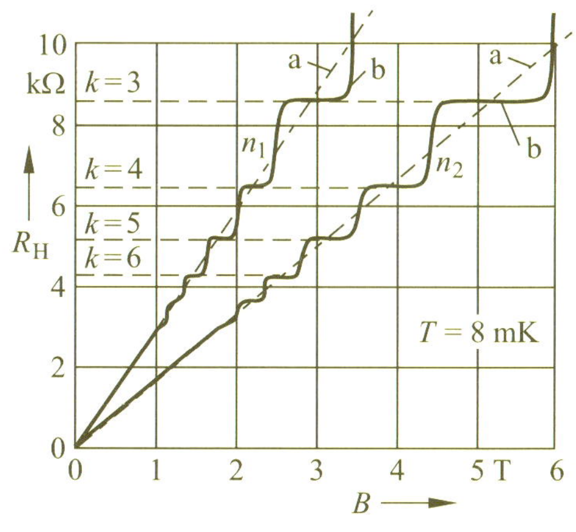

Bild 8.52 Klassischer (a) und quantisierter HALL-Widerstand (b) für zwei Ladungsträgerdichten n_1 und n_2

Mit Hilfe des quantisierten HALL-Widerstandes ist es möglich, die Einheit 1 Ohm auf unveränderliche *Naturgrößen* zu beziehen und diese Einheit auch mit hoher Genauigkeit zu *realisieren.* Die Basiseinheit 1 Ampere (s. S. 12) lässt sich dagegen zur Zeit mit Hilfe spezieller Stromwaagen nur mit einer Genauigkeit von etwa 10^{-6} darstellen; in der gleichen Größenordnung liegt die Genauigkeit der in staatlichen Eichämtern aufbewahrten Draht-Widerstandsnormale.
Der „Naturwiderstand“ h/e^2 kann weltweit als höchst genauer Vergleichswiderstand benützt werden. Wichtig ist dabei die weitgehende Unabhängigkeit der Versuchsanordnung von der Geometrie und den speziellen Eigenschaften des Halbleiters sowie von seiner Temperatur. ❐

Fragen

- Skizzieren Sie die Schaltzeichen des JFET sowie des Anreicherungs- bzw. Verarmungs-MOSFET jeweils für den n-Kanal-Typ und den p-Kanal-Typ.
- Beschreiben Sie den prinzipiellen Aufbau und die Wirkungsweise des n-Kanal-JFET.
- Zeichnen Sie das Ausgangskennlinienfeld eines n-Kanal-JFET und zeigen Sie darin den Proportional- und den Abschnürbereich.
- Beschreiben Sie den Aufbau eines MOSFET.
- Wodurch unterscheiden sich die Übertragungskennlinien des Anreicherungs- und des Verarmungs-MOSFET?
- Zeichnen Sie das Schaltbild eines CMOS-Inverters und erläutern Sie hieran seine Wirkungsweise.

8.5 Stromleitung in Flüssigkeiten

Ziele: Sie können

- den Begriff Dissoziation erläutern.
- den Leitungsmechanismus in einem Elektrolyten an einem Beispiel beschreiben.
- das FARADAYsche Gesetz der Elektrolyse angeben und seine Bedeutung erläutern.

8.5.1 Ionen als Ladungsträger

Wir beginnen mit einem *Experiment:* In einer mit destilliertem Wasser gefüllten Wanne befinden sich zwei Elektrodenplatten aus Platin. Wir verwenden dieses Material, weil es wegen seiner Beständigkeit keine störenden chemischen Effekte verursacht.

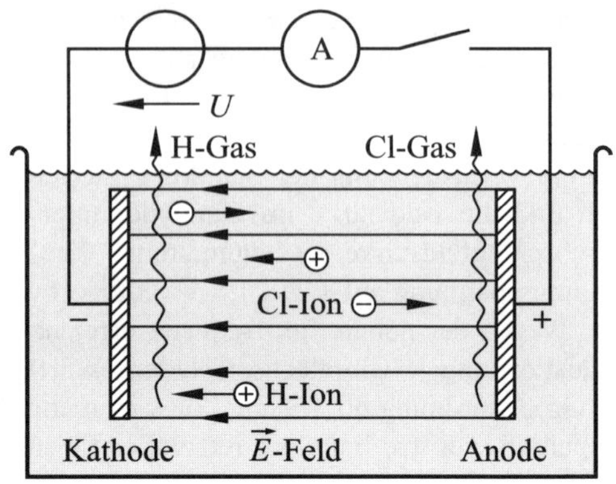

Bild 8.53 Bewegung der Ionen in verdünnter Salzsäure

An die Elektroden schließen wir über einen Strommesser eine Gleichspannung $U \approx 20$ V an und stellen eine nur sehr geringe Stromstärke von einigen μA fest: Reines Wasser ist ein sehr schlechter elektrischer Leiter.

Nun fügen wir einige Tropfen konzentrierte *Salzsäure* (HCl) hinzu; die Stromstärke steigt sehr schnell auf etwa den 1000-fachen Wert an. Offensichtlich sind mit der Salzsäure *Ladungsträger* in das Wasser gelangt.

Lassen wir den Strom weiter fließen, so bemerken wir, dass an beiden Elektroden *Gasblasen* aufsteigen. Wir fangen die Gase in übergestülpten Gefäßen auf und weisen an der Anode stechend riechendes *Chlorgas* (Cl) und an der Kathode brennbaren *Wasserstoff* (H) nach.
Unterbrechen wir den Strom, so hört die Gasentwicklung sofort auf. Lassen wir ihn dagegen längere Zeit fließen, so nimmt die Stromstärke allmählich ab; offensichtlich werden die mit der Salzsäure eingebrachten Ladungsträger allmählich „verbraucht“.

Die Beobachtungen erklärt man sich folgendermaßen: Die Salzsäuremoleküle werden durch den Einfluss der Dipole des Wassers in ihre Bestandteile aufgespalten, also in jeweils ein H^+-Ion und ein Cl^--Ion. Man sagt, die HCl-Moleküle werden **dissoziiert**, und nennt den Vorgang **Dissoziation** *(dissociation).*

Für diese Aufspaltung der Moleküle in Ionen ist also *nicht* etwa das elektrische Feld $\vec{E}$ zwischen den Elektroden ursächlich. Es bewirkt jedoch, dass sich die Ionen als Ladungsträger bewegen: Positive H^+-Ionen wandern als **Kathionen** zur *Kathode*, negative Cl^--Ionen als **Anionen** zur *Anode* (Bild 8.53). An den Elektroden liefern die Ionen ihre Überschussladung ab bzw. ergänzen ihre Mangelladung, werden dadurch zu Atomen bzw. Molekülen und steigen als Wasserstoff- bzw. als Chlorgas auf.

In chemisch reinem Wasser sind nur wenige H^+-Ionen und $(OH)^-$-Ionen aus dissoziierten Wassermolekülen vorhanden; sie bewirken seine geringe Leitfähigkeit. Auch in anderen reinen Flüssigkeiten gibt es stets kleine Mengen von Ionen der Flüssigkeitsmoleküle selbst. Durch eine Verunreinigung mit Fremdmolekülen wird die Leitfähigkeit durch Dissoziation erheblich verstärkt.

Tabelle 8.4 Spezifischer Widerstand ρ von Flüssigkeiten bei 20 °C

Stoff	ρ in $\Omega\,\mathrm{m}$
Aceton (C_3H_6O)	14
Äthylalkohol (C_2H_6O)	$5 \cdot 10^4$
Destilliertes Wasser	$10^3 \dots 10^5$
Wasser, reinst (H_2O)	$2{,}5 \cdot 10^5$
Transformatoröl	10^{12}
Petroleum	10^{14}
Flüssige Luft (bei −183 °C)	10^{16}

Praxisbezug 8.13
Großtransformatoren und andere Hochspannungsgeräte werden in *Transformatoröl* eingesetzt, wobei gleichzeitig die gute isolierende Eigenschaft des Öls und seine Kühlwirkung bei einer Umströmung der Wicklungsteile ausgenützt werden.
Geringe Beimengungen von H_2O setzen die Isolationsfähigkeit des Öls entscheidend herab. Sämtliche Geräteteile müssen daher vor dem Einfüllen des Öls sorgfältig getrocknet werden (z. B. unter Vakuum). Danach muss sofort das Öl aufgefüllt werden, ehe Luft einströmen kann. ❐

8.5.2 Elektrolyse

Stoffe, die in einem Lösungsmittel (z. B. Wasser) oder in einer Schmelze den elektrischen Strom leiten, werden als **Elektrolyte** bezeichnet. Den zugehörigen Leitungsmechanismus nennt man **elektrolytische Leitung**, den Gesamtvorgang **Elektrolyse** *(electrolysis)*.

Zu den Elektrolyten gehören die *Salze*, die *Säuren* und die *Basen*. Viele Salze bilden im festen Zustand Kristallgitter, deren Gitterpunkte mit Ionen besetzt sind; diese sind also schon vorhanden, *bevor* der Stoff in Lösung geht.
Bei anderen Stoffen, z. B. bei der Salzsäure, entstehen die Ionen erst unter dem Einfluss der Dipolmoleküle des Lösungsmittels, wenn sie in Lösung gehen.

Es gibt auch Stoffe, die weder in Lösungen noch in der Schmelze elektrisch leitend sind; zu ihnen gehören viele organische Verbindungen, z. B. Äther, Zucker, Benzol und Tetrachlormethan.

Man bezeichnet die Ionenladung durch Hochzahlen mit dem nachgestellten Ladungsvorzeichen. So wird z. B. Kupfersulfat $CuSO_4$ in die Ionen Cu^{2+} und SO_4^{2-} aufgespalten. Die Hochzahl gibt die jeweilige Ladungszahl des Ions an, die gleichbedeutend mit seiner chemischen Wertigkeit in der dissoziierten Verbindung ist.

Im Gegensatz zur metallischen Leitung findet bei der elektrolytischen Leitung ein *Stofftransport* statt; die Leitfähigkeit nimmt mit steigender Temperatur zu. Bei der Elektrolyse wandern die Metallionen (z. B. Cu^{2+}) als Kationen zur Kathode, der Säurerest (z. B. SO_4^{2-}) als Anionen zur Anode. Dabei kommt es in manchen Fällen zu chemischen Reaktionen zwischen den Ionen und den Elektroden, die das Elektrodenmaterial verändern können.

Praxisbezug 8.14
Zur Gewinnung von Reinstkupfer aus Rohkupfer werden ein dünnes Blech aus Reinstkupfer als Kathode und eine Platte aus Rohkupfer als Anode in ein Bad aus $CuSO_4$-Lösung gehängt. Die Cu^{2+}-Ionen wandern zur Kathode und lagern sich dort

als metallisches Kupfer ab, wobei die Reinstkupferplatte allmählich verstärkt wird. Die SO_4^{2-}-Ionen wandern zur Anode und reagieren mit dem Elektrodenmaterial zu $CuSO_4$, das sofort wieder in Lösung geht. Der Elektrolyt bleibt dadurch in seiner Menge erhalten, das Anodenkupfer dagegen wird „aufgezehrt“ und zur Kathode transportiert. So erhält man **Elektrolytkupfer** mit einem Reinheitsgrad von 99,96 %.
Ähnlich ist das Verfahren zur Herstellung dünner metallischer Überzüge eines edlen Metalls auf unedleren Metallen in der **Galvanotechnik**. Hierbei wird der zu überziehende Gegenstand als Katode in eine geeignete Salzlösung (z.B. $NiSO_4$, $CuSO_4$, $AgNO_3$) oder zum Verchromen in Chromatlösung gehängt. Als Anode dient eine Platte aus dem niederzuschlagenden Metall, die allmählich aufgezehrt wird.

Bei der Gewinnung von **Aluminium** wird aus dem in der Natur vorkommenden Rohstoff **Bauxit** zunächst eine möglichst reine, wasserfreie **Tonerde** (Al_2O_3) hergestellt. Diese wird bei etwa 950 °C in einer Salzschmelze (Kryolith: $NaAlF_6$) gelöst und einer Elektrolyse unterworfen. Als Anode dienen Elektroden aus aschefreiem Koks, als Kathode das metallisch abgeschiedene Aluminium selbst. Bei einigen Volt Spannung beträgt die Stromstärke bis zu 40 kA. So entsteht „Reinaluminium“, dessen Reinheitsgrad (99,7 %) elektrolytisch auf 99,9 % erhöht werden kann.
Aus 5 t Bauxit kann man ca. 2 t Tonerde und daraus ca. 1 t Aluminium gewinnen. Hierzu sind etwa 15 MWh elektrische Energie notwendig, deren Kosten rund 20 % des Al-Preises ausmachen. ❐

8.5.3 Das FARADAYsche Gesetz

Im Jahr 1833 untersuchte FARADAY bei Elektrolysen den Zusammenhang zwischen der Ladungsmenge Q, die einer Elektrode zufließt, und der dabei an ihr abgeschiedenen Stoffmasse m. Es stellte sich heraus, dass beide Größen zu einander proportional sind:

$$Q = K\,m \tag{8.28}$$

Der Faktor K wird **elektrochemisches Äquivalent** genannt. Er ist proportional zur *Ladungszahl* z des jeweiligen Ions, die als **Ionenwertigkeit** bezeichnet wird; je höher sie ist, desto mehr Ladung wird bei gleicher Massenabscheidung transportiert.

Bei relativ schweren Atomen ist zur Abscheidung einer Masse m wenig Ladung zu transportieren. Der Faktor K ist umgekehrt proportional zur *relativen Atommasse* A_r. Mit der *molaren Masse* M lässt sich die Gl.(8.28) folgendermaßen schreiben:

$$Q = F\,z\,M \tag{8.29}$$

Diese Gleichung ist als **FARADAYsches Gesetz** bekannt; sie enthält die aus Messungen bestimmte **FARADAY-Konstante**:

$$F = 96485 \text{ C mol}^{-1} \tag{8.30}$$

Tabelle 8.5 Relative Atommasse A_r einiger Elemente und ihre Ionenwertigkeit z

Element	A_r	z
Wasserstoff (H)	1,008	1
Sauerstoff (O)	15,999	2
Natrium (Na)	22,990	1
Magnesium (Mg)	24,305	1
Aluminium (Al)	26,982	3
Chlor (Cl)	35,453	1
Nickel (Ni)	58,70	2
Kupfer (Cu)	63,55	2
Zink (Zn)	65,38	2
Silber (Ag)	107,87	1

Beispiel 8.3
Zum Verkupfern eines Gegenstandes sollen 1,2 g Kupfer innerhalb von 2 Stunden abgeschieden werden. Wir wollen die notwendige Stromstärke berechnen.

Bei Kupfer hat die Stoffmenge 1 Mol die Masse 63,55 g (Tab. 8.5); die molare Masse von 1,2 g Kupfer ist somit M = 0,0189 mol. Wir setzen dies sowie die FARADAY-Konstante und die Ladungszahl z = 2 von Kupfer in die Gl.(8.29) und berechnen:

$$Q = I\,t = 3643 \text{ A s}\,; \quad I = Q/t = 0{,}506 \text{ A}$$

Fragen

- Beschreiben Sie den Leitungsmechanismus, der in verdünnter Salzsäure stattfindet.
- Was versteht man unter Dissoziation?
- Wie lautet das FARADAYsche Gesetz? Erklären Sie die Bedeutung der Formelzeichen.

Aufgaben

8.1(1) Welche Zeit wird mindestens benötigt, um durch Elektrolyse von Tonerde (Al_2O_3) bei 40 kA Stromstärke 1 t Aluminium zu gewinnen?

8.2(2) In dem sog. Wasser-Zersetzungsgerät wird eine Elektrolyse verdünnter Schwefelsäure (H_2SO_4) vorgenommen. Welche Masse Wasserstoff erhält man an der Kathode, wenn 200 s lang ein Strom 0,6 A fließt?
Wie viel Sauerstoff wird dabei an der Anode frei, wo das SO_4-Ion mit dem Wasser reagiert?

8.6 Elektrochemische Spannungsquellen

Ziele: Sie können

- die Vorgänge an der Phasengrenze zwischen Elektrode und Elektrolyt beschreiben.
- den Aufbau und die Wirkungsweise des DANIELL-Elements beschreiben.
- die elektrochemische Spannungsreihe erläuten.
- einige GALVANIsche Primärelemente und ihre Eigenschaften nennen.
- einige Akkus und ihre Eigenschaften nennen.
- die Vorgänge beim Laden und Entladen des Bleiakkumulators beschreiben.
- die Funktionsweise einer Brennstoffzelle erläutern.

8.6.1 Elektrochemische Spannungsreihe

Zur Einführung wollen wir uns mit dem **DANIELL-Element**[1] befassen; dieses historische Gerät hat keine praktische Bedeutung mehr. Bei ihm tauchen eine Kupferplatte (Cu) und eine Zinkplatte (Zn) in die Elektrolyten Kupfersulfat ($CuSO_4$) bzw. Zinksulfat ($ZnSO_4$) in wässriger Lösung.

Damit sich die Elektrolyten nicht vermischen, sind sie durch ein *Diaphragma* getrennt; dieses besteht beim DANIELL-Element aus einer Schicht aus porösem Ton, durch welche die Ionen wandern können. Die beiden Elektrolyten sind dadurch leitend miteinander verbunden (Bild 8.54).

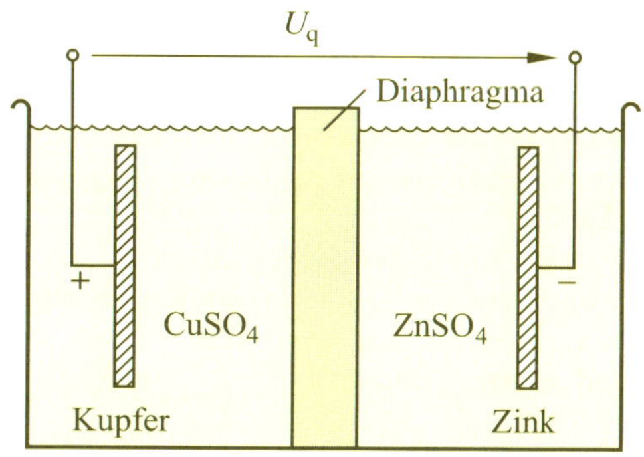

Bild 8.54 GALVANIsche Zelle (DANIELL-Element)

Das System aus Elektroden und Elektrolyten bezeichnet man als **GALVANIsche Zelle**[2] *(galvanic cell)*. Sie erzeugt zwischen den Elektroden eine Quellenspannung, die im Leerlauf an den Klemmen gemessen werden kann. Zunächst wollen wir die Zelle nur im unbelasteten Zustand betrachten.

Um die Entstehung der Quellenspannung zu erklären, untersuchen wir zunächst die Wechselwirkung zwischen jeweils einer Elektrode und dem Elektrolyten, in den sie eintaucht.

Jede Elektrode „hat das Bestreben", sich aufzulösen, d.h. ihre Bausteine als Ionen in die wässrige Lösung des Elektrolyten zu bringen. An der **Phasengrenze**, der Grenzschicht zwischen festem und flüssigem Material, besteht ein **Lösungsdruck**.
Umgekehrt haben die Metallionen im Elektrolyten „das Bestreben", durch die Phasengrenze in die Elektrode hinein zu kommen: In der Grenzschicht besteht ein **Abscheidungsdruck** entgegengesetzt zum Lösungsdruck.
Je nachdem, welcher dieser beiden Vorgänge überwiegt, ist das Potenzial der Elektrode höher oder niedriger als das des Elektrolyten.

Bei der *Cu-Elektrode* ist der Lösungsdruck *geringer* als der Abscheidungsdruck der Cu^{2+}-Ionen. Der Elektrolyt gibt an die Elektrode mehr positive Ionen ab als die Elektrode an den Elektrolyten; die Elektrode erhält also ein höheres Potenzial als der Elektrolyt.

1) John Frederic Daniell, 1790 – 1845
2) Aloisio Luigi Galvani, 1737 – 1798

Bei der *Zn-Elektrode* ist der Lösungsdruck *höher* als der Abscheidungsdruck der Zn^{2+}-Ionen. Die Elektrode gibt an den Elektrolyten mehr positive Ionen ab als der Elektrolyt an die Elektrode; die Elektrode erhält also ein niedrigeres Potenzial als der Elektrolyt.
An beiden Elektroden stellt sich schließlich ein Gleichgewicht ein: Die COULOMB-Kräfte auf die Ladungen verhindern eine weitere Auf- bzw. Entladung der Elektroden.

Man bezeichnet ein Metall, das in eine wässrige Lösung eines seiner eigenen Salze eintaucht, als **Halbelement**. Zwei Halbelemente ergeben eine GALVANIsche Zelle.

Die Spannung eines Halbelements lässt sich nicht direkt messen, denn man müsste eine zweite Elektrode in den Elektrolyt einbringen, um den Messkreis zu schließen; dadurch würde eine weitere Potenzialdifferenz erzeugt.
Dagegen lässt sich die Spannung einer GALVANIschen Zelle problemlos messen. Man misst daher die Spannung zwischen je einem Halbelement und einem Bezugssystem, dem man das Potenzial $\varphi = 0$ zuweist.

Als Bezugssystem ist die **Standard-Wasserstoffelektrode** *(standard hydrogen electrode,* SHE*)* definiert. Sie besteht aus einem Platinblech, das in eine Lösung taucht, die H_3O^+-Ionen enthält; die Elektrode wird ständig von Wasserstoff umspült. Dabei sind genaue Standardbedingungen für Druck, Temperatur und Ionenaktivität festgelegt, die auch beim Messobjekt einzuhalten sind. Die Vermischung der Elektrolyten muss durch ein Diaphragma verhindert werden.

Da die SHE experimentell schlecht zu handhaben ist, werden in der Praxis meist andere Bezugselektroden verwendet, deren Ergebnisse sich auf die SHE umrechnen lassen.

Die Quellenspannung zwischen einem Halbelement und der SHE bezeichnet man als **Standardpotenzial**. Die Standardpotenziale der verschiedenen Halbelemente ergeben die **elektrochemische Spannungsreihe** (Tab. 8.6). Ist das Potenzial eines Metalls niedriger als das der SHE,

Tabelle 8.6 Elektrochemische Spannungsreihe (Spannung U zwischen einem Halbelement bei wässriger Lösung der Konzentration 1 kmol / m^3 und der Standard-Wasserstoffelektrode bei 20 °C)

Halbelement	U in V	Halbelement	U in V
Li/Li^+	– 3,04	$H_2/2H^+$	0,00
K/K^+	– 2,93	Cu/Cu^{2+}	+ 0,35
Na/Na^+	– 2,71	Ag/Ag^+	+ 0,80
Mg/Mg^{2+}	– 2,37	Hg/Hg^{2+}	+ 0,85
Al/Al^{3+}	– 1,66	Pt/Pt^{2+}	+ 1,18
Zn/Zn^{2+}	– 0,76	Au/Au^{3+}	+ 1,50
Fe/Fe^{2+}	– 0,45	Au/Au^+	+ 1,69
Ni/Ni^{2+}	– 0,26		
Cd/Cd^{2+}	– 0,25		
Pb/Pb^{2+}	– 0,13		
$H_2/2H^+$	0,00		

so bezeichnet man das Metall als **unedel**; ist das Potenzial eines Metalls höher als das der SHE, so bezeichnet man das Metall als **edel**.

Die Quellenspannung zwischen zwei Halbelementen lässt sich aus der elektrochemischen Spannungsreihe durch Bildung der Differenz ermitteln. Für das DANIELL-Element ergibt sich z.B.:

$$U_q = 0{,}34\ \mathrm{V} - (-\,0{,}76\ \mathrm{V}) = 1{,}1\ \mathrm{V}$$

Schließen wir einen Lastwiderstand an die Elektroden des DANIELL-Elements an, so fließt durch ihn ein Strom, dessen Richtungssinn von der positiven Cu-Elektrode (Kathode) zur negativen Zn-Elektrode (Anode) weist. Dabei ist die Klemmenspannung kleiner als die Quellenspannung.

Außerdem vollziehen sich *bleibende* chemische Veränderungen der Zellenbestandteile, die den Prozess *irreversibel* (nicht umkehrbar) machen. GALVANIsche Elemente mit dieser Eigenschaft nennt man **GALVANIsche Primärelemente**.

Praxisbezug 8.15
In vielen technischen Geräten müssen Teile aus unterschiedlichen Metallen fest miteinander verbunden werden. Da die umgebende Luft stets Wasser und CO_2, vielfach auch SO_2 enthält, schlägt sich in der Grenzschicht zwischen den Metallen eine elektrolytische Flüssigkeit nieder.

Die Anordnung stellt eine kurzgeschlossene GALVANIsche Zelle dar: Das Metall mit dem niedrigeren Standardpotenzial wird zur Anode und geht mit seinen Ionen in Lösung; dabei wird seine Oberfläche zerstört und chemisch verändert.
Man bezeichnet diesen Vorgang als **elektrochemische Korrosion** *(electrochemical corrosion)*. Sie kann schon an Stellen auftreten, wo Metalle nur geringfügig unterschiedliche Legierungen oder Gefügestrukturen aufweisen, z. B. an Verformungen, Schweißstellen, Lötungen und Nietungen. Die Korrosionsgefahr ist besonders groß bei Geräteteilen, die betriebsmäßig mit Laugen, Säuren oder Salzlösungen in Berührung kommen.

Korrosionsschutz kann erreicht werden durch
- Verwendung von Metallen mit möglichst gleichen Standardpotenzialen;
- GALVANIschen Oberflächenschutz beider Teile mit dem gleichen Metall (z.B. Verzinkung);
- Luftabschluss z.B. durch Öle oder Lacke.

An Stahlbehältern, Schiffen, Brücken usw. wird eine mit dem Gehäuse leitend verbundene „Opferanode" aus einem Metall mit niedrigerem Standardpotenzial (z.B. Mg) in den Elektrolyten getaucht; sie zersetzt sich als „letztes Glied der GALVANIschen Kette" an Stelle des Eisens. ❐

8.6.2 GALVANIsche Primärelemente

Heute haben GALVANIsche Primärelemente nur noch als **Trockenelemente** *(dry cell)* Bedeutung, bei denen der Elektrolyt nahezu *feste* Form hat. Derartige **Batterien** dienen hauptsächlich zur Stromversorgung transportabler Geräte, wie z.B. Taschenlampen, Fotoapparate, Blitzgeräte, Walkmen oder Hörgeräte.
Das älteste, auch heute noch gebräuchliche Trockenelement ist die **Zink-Braunstein-Zelle**, die auch als **LECLANCHÉ-Element**[1)] bezeichnet wird (Bild 8.55). Wir wollen lediglich den Aufbau und die wesentlichen Eigenschaften kurz beschreiben; die chemischen Reaktionen findet man in der Spezialliteratur.
Die negative Elektrode (Anode) der Zink-Braunstein-Zelle ist ein Zinkbecher. Als positive Elektrode (Kathode) dient ein Braunstein-Rußgemisch (MnO_2 + C), in dem sich als elektrische Leitung zur Kontaktkappe ein Kohlestab befindet. Der nur wenige Millimeter breite Raum zwischen den Elektroden enthält eine mit Stärke verdickte NH_4Cl-Lösung als Elektrolyt.

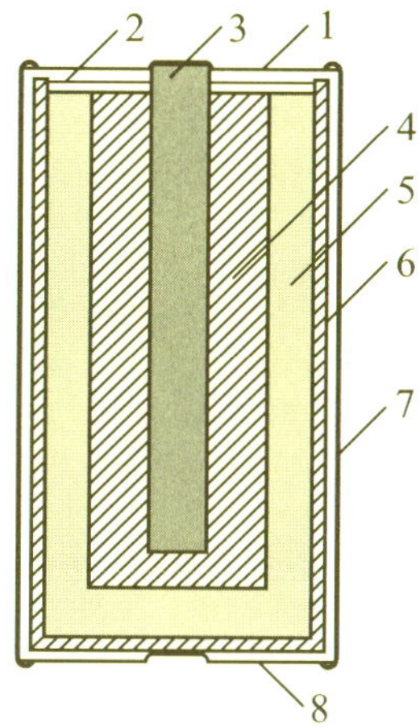

Bild 8.55 Aufbau einer Zink-Braunstein-Zelle
1 Kappe als Pluspol; 2 Dichtung; 3 Kohlestab; 4 Braunstein; 5 Elektrolyt; 6 Zinkbecher; 7 isolierender Außenmantel; 8 Bodenscheibe als Minuspol

Die Zn-Elektrode gibt Zn^{2+}-Ionen an den Elektrolyten ab. Die dabei frei werdenden Elektronen fließen über den äußeren Stromkreis zur MnO_2-Elektrode und bilden dort mit den H^+-Ionen des Elektrolyten gasförmigen Wasserstoff H_2. Wenn dieser in der Zelle verbliebe, würde eine GALVANIsche Gegenspannung, die sog. **Polarisationsspannung** aufgebaut, welche die Klemmenspannung absinken ließe. Der Braunstein wirkt jedoch als *Depolarisator*; er setzt den Wasserstoff zu MnO(OH) um und verhindert damit die Polarisation.
Die Zn^{2+}-Ionen reagieren mit den HO^--Ionen des Elektrolyten zu Zinkhydroxid $Zn(OH)_2$, eine weiße Substanz, die den Zinkbecher überzieht.
Bei der Reaktion werden das Zink und der Braunstein MnO_2 aufgezehrt.
Die sehr preiswerte Zink-Braunstein-Zelle hat eine Quellenspannung U_q = 1,5 ... 1,7 V, die unter Last bei wachsendem Innenwiderstand rasch abnimmt. In Betriebspausen regeneriert sie und ist

[1)] Georges Leclanché, 1839 – 1882

deswegen für kurzzeitige Belastungen viel besser geeignet als für Dauerbetrieb.
Die Energiedichte liegt in der Größenordnung 120 ... 150 mWh / cm³. Die bei dem chemischen Prozess maximal frei werdende Ladung, die als **Speicherkapazität** bezeichnet wird, kann Werte bis 30 Ah erreichen. Der Betrieb ist im Temperaturbereich von – 10 °C bis 50 °C möglich.

Alkalische Braunsteinzelle
Bei dieser Weiterentwicklung der Zink-Braunstein-Zelle dient Kalilauge KOH als Elektrolyt. Die stiftförmige Anode aus gepresstem Zinkpulver ist in der Mittelachse der zylindrischen Zelle angeordnet; außen befindet sich die Kathode aus Braunstein. Das äußere Gefäß wird wegen des aggressiven Elektrolyten aus Nickeleisen ausgeführt.
Die Leerlaufspannung 1,5 V sinkt bei Belastung weniger stark ab als bei der Zink-Braunstein-Zelle. Es lassen sich höhere Speicherkapazitäten und höhere Energiedichten bis 300 mWh / cm³ erreichen.
Weitere Vorteile sind die wesentlich längere Lagerfähigkeit und der größere Temperaturbereich – 20 °C bis + 55 °C.

Silberoxid-Zelle
Diese Zelle besitzt eine Zinkanode und eine Kathode aus gepresstem Silberoxidpulver (Ag_2O); auch hier dient Kalilauge (KOH) als Elektrolyt. Die Leerlaufspannung $U_0 \approx 1{,}6$ V bleibt bis zum Entladungsende nahezu konstant.
Wegen der großen erreichbaren Energiedichte bis 600 mWh/cm³ und der relativ hohen Gestehungskosten werden hauptsächlich Miniaturzellen, die sog. „Knopfzellen", mit Abmessungen bis herunter zu 2,2 mm Durchmesser und Höhe hergestellt. Sie werden z.B. in Uhren, Hörgeräten und Taschenrechnern eingesetzt.

Lithium-Iod-Batterien
Das Anodenmaterial ist Lithium (Li), die Kathode enthält Iod (I). Beim Entladen entsteht an der Grenzfläche zwischen Anode und Kathode Lithiumiodid (LiI), das den sehr hohen Innenwiderstand der Zelle bewirkt; die Zellen können deshalb nur kleine Ströme im µA-Bereich abgeben.
Wegen der hohen erreichbaren Energiedichte (bis 1 Wh / cm³) lassen sich z.B. kleine „Knopfzellen" herstellen, deren Einsatz im Temperaturbereich – 55 °C bis + 125 °C möglich ist.
Die Lebensdauer beträgt bis zu 15 Jahre; in dieser Zeit bleibt die Klemmenspannung 2,8 V nahezu konstant. Lithium-Iod-Batterien sind z. B. für Herzschrittmacher und zur Sicherung der Spannungs-Versorgung („Pufferung") von Halbleiterspeichern geeignet. Neuerdings werden sie auch für die Energieversorgung hochwertiger Quarz-Armbanduhren eingesetzt.

8.6.3 GALVANIsche Sekundärelemente

GALVANIsche Zellen, die sich nach einer Entladung durch Zufuhr elektrischer Energie wieder aufladen lassen, bezeichnet man als **GALVANIsche Sekundärelemente**; die chemischen Reaktionen sind bei ihnen umkehrbar. Im Allgemeinen wird ein solches Element **Akkumulator** *(accumulator)* oder kurz „Akku" genannt.

Bleiakkumulator
Der *geladene* Bleiakku enthält Bleioxid (PbO_2) als Kathode und Blei (Pb) als Anode; der Elektrolyt ist verdünnte Schwefelsäure H_2SO_4.

Beim *Entladen* ergibt sich an der positiven Elektrode (Kathode) die Reaktion:

$$PbO_2 + SO_4^{2-} + 4\,H^+ + 2\,e^- \rightarrow PbSO_4 + 2\,H_2O$$

An der negativen Elektrode (Anode) lautet die Reaktion:

$$Pb + SO_4^{2-} \rightarrow PbSO_4 + 2\,e^-$$

Nach dem Entladen bestehen beide Elektroden aus Bleisulfat $PbSO_4$.
Die Zelle darf nicht vollständig entladen werden, weil dann der chemische Prozess irreversibel wird; die Entladung muss vielmehr bei einer Klemmenspannung $U_{min} \approx 1{,}8$ V beendet werden (Bild 8.56).
Im entladenen Zustand ist die Zelle nicht lange lagerfähig, weil das $PbSO_4$ in eine nicht reaktionsfähige Kristallform übergeht; man sagt, der Akku ist *sulfatisiert.*

Beim *Aufladen* hat der Strom umgekehrten Richtungssinn wie beim Entladen. Die Reaktion an der Anode lautet:

$$PbSO_4 + 2\,H^+ + 2\,e^- \rightarrow Pb + H_2SO_4$$

An der Kathode lautet die Reaktion:

$$PbSO_4 + SO_4^{2-} + 2\,H_2O \rightarrow 2\,H_2SO_4 + PbO_2 + 2\,e^-$$

Als *günstigste* Ladezeit kann man 20 h annehmen. Damit erhält man die Ladestromstärke:

$$I_L \approx \frac{\text{Nennkapazität in Ah}}{20\text{ h}} \qquad (8.31)$$

Durch *Überladen* kann die Zelle geschädigt werden. Der Ladevorgang ist abzuschließen, wenn die Klemmenspannung auf den Wert $U_{max} \approx 2{,}7$ V angestiegen ist. Danach hat die Zelle eine Quellenspannung $U_q = 2{,}03$ V.

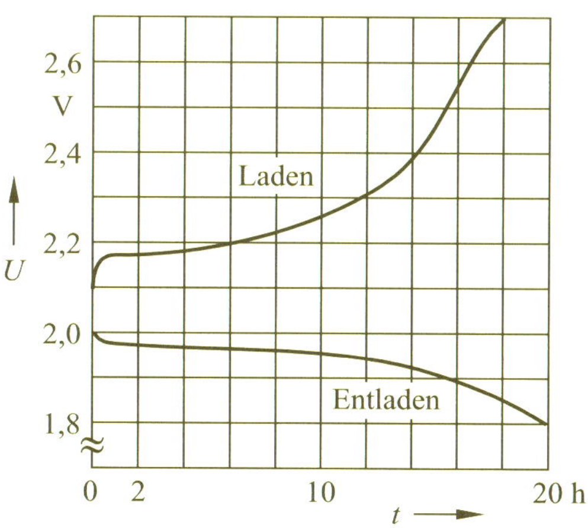

Bild 8.56 Laden und Entladen eines Bleiakkumulators bei konstanter Stromstärke I_L

Durch das beim Überladen entweichende *Wasserstoffgas* besteht Explosionsgefahr, deswegen ist stets für gute Lüftung zu sorgen. Außerdem wird durch diesen Effekt und durch Verdunsten ein Nachfüllen von destilliertem Wasser notwendig.

Kleinakkus für Kraftfahrzeuge sind meist „wartungsfrei", d.h. ihre Zellen sind verschlossen; die Säure ist hierin durch eine Art Gelatine verdickt. Die auf das Gewicht bezogene gespeicherte Energie beträgt für 5-stündige Entladung 40 Wh/kg und für einstündige Entladung 35 Wh/kg. Die Energie-Ausbeute ist das Verhältnis von der beim Entladen erhaltenen zu der beim Laden aufgewendeten elektrischen Energie; beim Bleiakku liegt sie im Bereich 0,7 ... 0,8.

Nickel-Cadmium-Akkumulator

Beim ungeladenen Ni-Cd-Akku besteht die positive Elektrode aus Nickel-Hydroxid $Ni(OH)_2$, die negative aus Cadmiumhydroxid $Cd(OH)_2$; als Elektrolyt dient Kalilauge KOH. Bei der Aufladung wird die Oberfläche der positiven Elektrode in NiOOH und die der negativen in reines Kadmium umgewandelt.

Die Klemmenspannung des Ni-Cd-Akkus beträgt bei Leerlauf 1,35 V; sie fällt unter Last auf 1,2 V ab. Die Entladung sollte bei 1 V Klemmenspannung beendet werden.

Tiefentladung und mäßiges Überladen richten keinen Schaden an. Der Akku kann im Bereich −20 °C bis +45 °C eingesetzt werden.

Die Vorteile des Ni-Cd-Akkus gegenüber dem Bleiakku liegen in der während der Entladung nahezu konstanten Spannung und in seiner Lagerfähigkeit über mehrere Jahre auch im ungeladenen Zustand. Außerdem gestattet seine höhere Energiedichte die Herstellung von Rund- und Knopfzellen zum Einsatz in transportablen Geräten.

Ein Nachteil des Ni-Cd-Akkus besteht darin, dass sich die verfügbare Kapazität durch Lagerung im unvollständigen Ladezustand verringert; diese als „memory-Effekt" bezeichnete Erscheinung kann man dadurch rückgängig machen, dass jede Zelle einzeln vollständig entladen und dann wieder geladen wird.

Nickel-Metallhydrid-Akkumulator

Die negative Elektrode (Anode) besteht aus einer Mischung von Seltenerdmetallen, die mit Wasserstoff stabile Hydride bilden. Die positive Elektrode besteht im geladenen Zustand aus NiOOH, im entladenen aus $Ni(OH)_2$; der Elektrolyt ist Kalilauge (KOH). Der Ni-MH-Akku kann in gleichen Abmessungen gebaut werden wie der Ni-Cd-Akku und hat die gleiche Spannung;

die Energiedichte ist sogar um etwa 30 % höher. Er enthält kein Cadmium, das in Bezug auf die Gefährlichkeit für die Umwelt ähnlich wie Quecksilber eingestuft wird.
Wegen seines niedrigen Gewichtes wird der Ni-MH-Akku vor allem bei Handy-Telefonen und bei Notebook-Computern eingesetzt.

Lithium-Ionen-Akkumulator
In die Anode aus Koks oder Graphit werden beim Laden Lithium-Ionen eingelagert. In dem organischen Elektrolyt ist ein Lithiumsalz gelöst.
Die Klemmenspannung beim Entladen beträgt 3,6 V; die Energiedichte ist mit etwa 100 Wh/kg etwa doppelt so groß wie beim Ni-MH-Akku. Die Lebensdauer ist etwa gleich hoch wie beim Ni-MH-Akku, es sind über 1000 Lade-Entladezyklen möglich.
Lithium-Ionen-Akkus werden z.B. in Camcordern oder Notebooks eingesetzt. Eine Schutzschaltung muss dafür sorgen, dass beim Laden und Entladen bestimmte Spannungsgrenzen eingehalten werden.

8.6.4 Brennstoffzellen

Die **Brennstoffzelle** *(fuel cell*, FC*)* ist im Prinzip ein GALVANIsches Primärelement, das aber unbegrenzt lange betrieben werden kann, weil die Reaktionsstoffe kontinuierlich zugeführt werden. Werden z.B. Wasserstoff (H_2) und Sauerstoff (O_2) als Reaktionspartner verwendet, wie dies auch bei der ersten Brennstoffzelle von GROVE[1)] im Jahr 1839 der Fall war, so entsteht als Reaktionsprodukt ausschließlich Wasser.

Der Elektrolyt einer Brennstoffzelle ist stets nur für *eine* Ionenart leitfähig. Bei der im Bild 8.57 dargestellten H_2-O_2-Brennstoffzelle mit saurem Elektrolyten leitet der Elektrolyt lediglich H^+-Ionen. An den Elektroden entstehen folgende Reaktionen:

Anode: $2\,H_2 \rightarrow 4\,H^+ + 4\,e^-$

Kathode: $O_2 + 4\,H^+ + 4\,e^- \rightarrow 2\,H_2O$

Zum Erzeugen der elektrischen Energie 1 kWh benötigt man unter Normalbedingungen für Druck und Temperatur etwa 660 l Wasserstoff und 330 l Sauerstoff; dabei entstehen 0,5 l Wasser.

1) Sir William Grove, 1811 – 1896

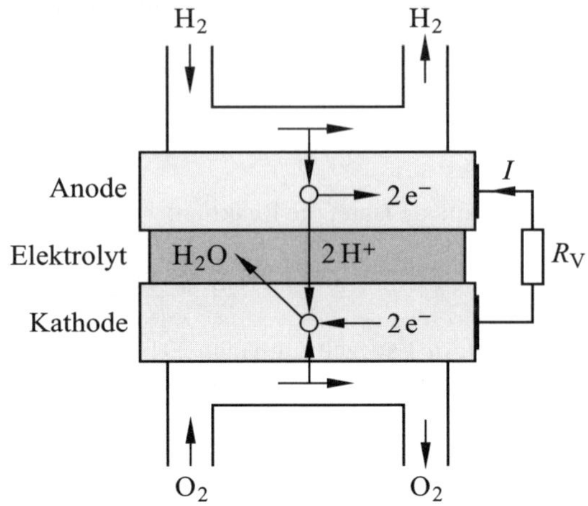

Bild 8.57 Prinzip einer H_2-O_2-Brennstoffzelle mit saurem Elektrolyten

AFC
Die alkalische Brennstoffzelle *(**a**lcaline **f**uel **c**ell*, AFC*)* arbeitet bei etwa 80 °C; der Elektrolyt ist 30 %-ige Kalilauge. Die Reaktionspartner H_2 und O_2 dürfen kein CO_2 enthalten, denn es würde mit der Kalilauge zu Karbonat reagieren.

PEM
Diese Zelle enthält eine **P**olymer-**E**lektrolyt-**M**embran **PEM**. An Stelle von reinem O_2 kann auch Luft verwendet werden. Bei den im Jahr 1963 für das Weltraum-Programm Gemini entwickelten Zellen mit 1 kW Leistung war der Elektrolyt eine Polystyrol-Folie. Heute sind die Folien weiterentwickelt worden, und an der Einführung dieser FCs wird vor allem im Automobilsektor gearbeitet.

DMFC
Das bei der Direkt-Methanol-Brennstoffzelle *(**d**irect **m**ethanol **f**uel **c**ell*, DMFC*)* verwendete Methanol (CH_3OH) ist ein unter Umgebungsbedingungen flüssiger Energieträger, der aus Erdöl reformiert oder aus Biomasse hergestellt werden kann. An der Anode reagiert das Methanol mit Wasser, wobei CO_2 als Abgas entsteht.
Der Elektrolyt ist eine PEM, die für H^+-Ionen leitfähig ist. Zur Kathode wird Luft gepumpt; das in ihr enthaltene O_2 reagiert mit den H^+-Ionen zu Wasser, das zur Anode transportiert werden muss.

PAFC
Bei der phosphorsauren Brennstoffzelle *(phosphoric acid fuel cell,* PAFC*)* besteht der Elektrolyt aus konzentrierter Phosphorsäure H_3PO_4, deren Temperatur im Bereich 160 ... 220 °C liegt. Zur Zeit (2003) arbeiten viele Pilotanlagen mit Leistungen bis zu einigen MW.

Hochtemperatur-Brennstoffzellen
Die Festkeramik-Brennstoffzelle *(solid oxide fuel cell,* SOFC*)* enthält einen oxidkeramischen Festelektrolyten von etwa 0,2 mm Dicke; er ist bei Temperaturen über 850 °C für O^{2-}-Ionen leitend. Bei der Schmelzkarbonat-Brennstoffzelle *(molten carbonate fuel cell,* MCFC*)* wird eine flüssige Karbonatschmelze als Elektrolyt verwendet, deren Temperatur bei 650 °C liegt.
Solche Hochtemperatur-Brennstoffzellen sind für Kraftwerke geeignet, sie erreichen Gesamtwirkungsgrade von etwa 60 %. Ist die Abwärme zu Heizzwecken nutzbar, so wird die eingesetzte Energie sogar zu 90 % genutzt.

Praxisbezug 8.16
Seit Mitte 2002 fertigt eine deutsche Firma Direkt-Methanol-Brennstoffzellen z. B. für Notebooks und Camcorder. Ein *stack* aus mehreren Zellen hat 12 V Klemmenspannung und eine Nennleistung 25 ... 50 W. Das Methanol wird in einer Patrone angeboten, die einfach ausgetauscht werden kann. Im Betrieb entstehen etwa so viel CO_2 und Wasserdampf wie in der Ausatemluft eines Menschen enthalten sind. ❐

Fragen
- Wodurch wird die Reihenfolge der Elemente in der elektrochemischen Spannungsreihe bestimmt?
- Woraus bestehen die Platten eines geladenen bzw. eines ungeladenen Bleiakkus? Welcher Elektrolyt wird verwendet?
- Wann beendet man die Ladung, wann die Entladung eines Bleiakkus?
- Ist es möglich, einen entladenen Bleiakku zu lagern?
- Warum darf ein Bleiakku nicht tiefentladen werden?
- Welche Vor- und Nachteile weist ein Lithium-Ionen-Akku auf?
- Wie lange kann im Prinzip eine Brennstoffzelle elektrische Energie liefern?
- Welches Reaktionsprodukt entsteht bei einer H_2-O_2-Brennstoffzelle?

8.7 Stromleitung im Vakuum

Ziele: Sie können
- einige Geräte nennen, bei denen sich Elektronen im Vakuum bewegen.
- angeben, wie einem Elektron die für das Verlassen der Kathode erforderliche Austrittsarbeit zugeführt werden kann.
- eine Gleichung für die Geschwindigkeit eines Elektrons herleiten, das im elektrischen Feld die Spannung U durchläuft.
- angeben, wodurch ein Elektronenstrahl aus seiner ursprünglichen Richtung abgelenkt werden kann.

Bei einer Vielzahl technischer Bauteile bzw. Geräte bewegen sich Elektronen im Vakuum; dies ist z.B. bei der Bildröhre im Oszilloskop und im Fernsehempfänger, bei der Senderöhre sowie bei den Röhren im Röntgengerät oder im Elektronenmikroskop der Fall.
Wird eine **Elektronenröhre** *(cathode-ray tube,* CRT*)* in einem Stromkreis betrieben, so treten Elektronen aus dem Metall der Kathode aus, durchlaufen das Vakuum und gelangen zur Anode; dort treten sie wieder in das Metall ein.
Das Vakuum in einer Elektronenröhre ist nicht ideal; sie enthält Gas in sehr geringer Menge. Der Druck liegt in der Größenordnung 10^{-10} ... 10^{-6} bar; man spricht dabei von einem **Hochvakuum**. Die Anzahl der Gasmoleküle ist so gering, dass die Elektronen auf ihrem Weg von der Kathode zur Anode praktisch nicht mit diesen zusammenstoßen; die Elektronen können sich also im Vakuum ungehindert bewegen.

Damit ein Elektron die Kathode verlassen kann, muss ihm die Austrittsarbeit W_A zugeführt werden. Dies kann auf unterschiedliche Weise geschehen:

- Bei der **thermischen Emission** wird eine **Glühkathode** verwendet, die entweder *direkt* geheizt wird oder *indirekt* durch eine von der Kathode isolierte Heizwicklung. Bei der direkten Heizung bildet der Heizfaden die Kathode.

- Infolge der **Feldemission** können Elektronen die Kathode verlassen, wenn an ihrer Oberfläche eine hohe Feldstärke $E > 10^9$ V/m herrscht. Die Erzeugung einer derart hohen Feldstärke ist nur im inhomogenen Feld an Spitzen oder Kanten möglich.

- Beim **Photoeffekt** wird eine Metalloberfläche von einer kurzwelligen elektromagnetischen Strahlung mit der Frequenz f getroffen; wenn die Bedingung $h\, f > W_A$ erfüllt ist, werden Elektronen ausgelöst.
- Ein Elektron, das mit einer Energie $W > W_A$ auf eine Metalloberfläche trifft, kann ein Elektron oder mehrere Elektronen auslösen; man spricht dabei von **Sekundärelektronenemission**.

Tabelle 8.7 Austrittsarbeit W_A reiner Metalle

Metall	W_A in eV	Metall	W_A in eV
Kupfer Cu	4,65	Thorium Th	3,4
Wolfram W	4,55	Barium Ba	2,7
Chrom Cr	4,5	Strontium Sr	2,59
Silber Ag	4,26	Cäsium Cs	2,14

Ein Elektron, das im Vakuum die Spannung U_{12} durchläuft, nimmt kinetische Energie auf; seine potenzielle Energie verringert sich dabei.
Das Elektron hat am Punkt 1 (Bild 8.58) die niedrige potenzielle Energie W_{pot1} und am Punkt 2 die hohe potenzielle Energie W_{pot2}. Nach dem Energieerhaltungssatz bleibt die gesamte Energie des Elektrons konstant:

$$W_{pot1} + W_{kin1} = W_{pot2} + W_{kin2} \tag{8.32}$$

Ist die Geschwindigkeit v des bewegten Elektrons wesentlich kleiner als die Lichtgeschwindigkeit c im Vakuum, so gilt mit der Ruhemasse m des Elektrons (s. Tab. 1.1) für die kinetische Energie näherungsweise:

$$W_{kin} = \frac{1}{2} m v^2 \tag{8.33}$$

Ist die Bedingung $v \ll c$ nicht erfüllt, so muss nach EINSTEIN[1] berücksichtigt werden, dass die Masse des bewegten Elektrons größer als seine Ruhemasse ist, und es gilt:

$$W_{kin} = m c^2 \left(\frac{1}{\sqrt{1 - \left(\frac{v}{c}\right)^2}} - 1 \right) \tag{8.34}$$

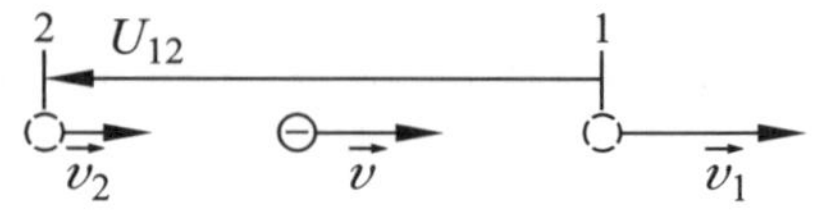

Bild 8.58 Zur Berechnung der Geschwindigkeit eines Elektrons im elektrischen Feld

Mit der Gl.(1.15) lässt sich für $Q = -e$ die Differenz der Energien angeben:

$$W_{kin2} - W_{kin1} = W_{pot1} - W_{pot2} = -e\, U_{12} \tag{8.35}$$

Wenn Elektronen in ununterbrochener Folge aus der Kathode austreten und eine Röhre in bestimmter Richtung durchlaufen, spricht man von einem **Elektronenstrahl**; er kann durch ein elektrisches oder ein magnetisches Feld aus seiner ursprünglichen Bewegungsrichtung abgelenkt werden.

Praxisbezug 8.17
Beim **Oszilloskop** *(scope)* durchläuft ein Elektronenstrahl eine BRAUNsche[2] Röhre und erzeugt beim Auftreffen auf den Bildschirm B einen Leuchtfleck.
Die Elektronen werden von der indirekt geheizten Kathode K emittiert. Durch eine negative Spannung (bis –100 V) am WEHNELT-Zylinder[3] W kann die Menge der austretenden Elektronen verändert werden. Der Elektronenstrahl wird durch eine Steuerelektrode S gebündelt. Diese **Fokussierung** ist schwierig, weil die Elektronen die Kathode mit unterschiedlicher Geschwindigkeit verlassen.

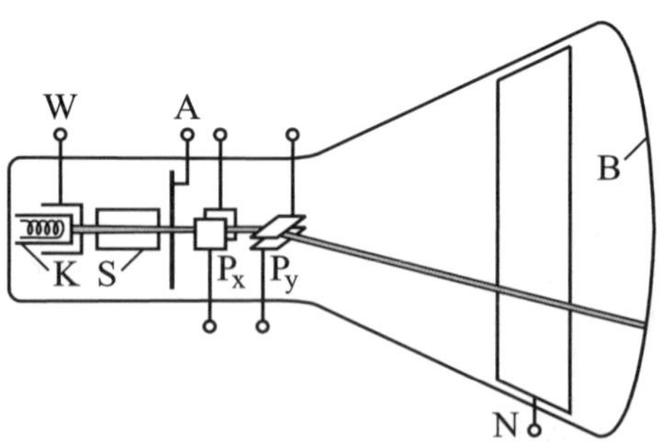

Bild 8.59 Elektronenstrahlröhre im Oszilloskop

[1] Albert Einstein, 1879 – 1955, NOBEL-Preis 1921
[2] Ferdinand Braun, 1850 – 1918, NOBEL-Preis 1909
[3] Arthur Rudolph Wehnelt, 1871 – 1944

Der Elektronenstrahl tritt durch ein Loch in der Anode A und durchläuft danach zwei senkrecht zueinander stehende Plattenpaare P_x und P_y, in deren Feld er aus der Mittellage abgelenkt wird. Damit können Spannungen an den Ablenkplatten P_x und P_y durch die Position des Leuchtflecks auf dem Bildschirm dargestellt werden.
Nach dem Durchlaufen der Anodenspannung (2 ... 8 kV) reicht die Energie des Elektronenstrahls zur Erzeugung eines hellen Leuchtflecks meist nicht aus. Deshalb werden die Elektronen im Feld einer zusätzlichen Anode N beschleunigt; diese sog. **Nachbeschleunigung** erfolgt mit einer Spannung 4 ... 16 kV.
Von jedem Elektron, das auf den Bildschirm auftrifft, wird ein Sekundärelektron ausgelöst, das über die Anoden A und N aus der Röhre abfließt. Dadurch wird eine Bildverzerrung vermieden, die in Folge einer negativen Aufladung des Bildschirms entstehen könnte. ❐

Fragen
- Nennen Sie einige Bauteile bzw. Geräte, bei denen sich Elektronen im Vakuum bewegen.
- Was ist ein Elektronenstrahl? Wodurch kann er aus seiner ursprünglichen Richtung abgelenkt werden?
- Wie kann einem Elektron die zum Verlassen der Kathode erforderliche Austrittsarbeit zugeführt werden?

8.8 Stromleitung in Gasen

Ziele: Sie können
- den Unterschied zwischen einer selbstständigen und einer unselbstständigen Entladung angeben.
- zwei Arten von sichtbaren elektrischen Entladungen und ihre wesentlichen Kennzeichen angeben.
- den Zusammenhang erläutern, den das PASCHENsche Gesetz beschreibt.
- den Begriff Stoßionisation erläutern und die Ionisierungsbedingung angeben.

8.8.1 Elektrische Erscheinungen in Luft

Vor Gewittern kann man auf Berggipfeln und an Mastspitzen von Schiffen eine Glimmentladung beobachten, die an scharfkantigen Metallteilen auftritt und mit einem zischenden Geräusch verbunden ist; wegen der niedrigen Stromstärke werden die Metallteile nicht zerstört.
Bei einem Blitz ist dagegen die Stromstärke sehr hoch, sie kann Werte über 10 kA annehmen; dadurch können Lebewesen getötet werden oder Gegenstände in Brand geraten.

8.8.2 Dunkelentladung

Die Beispiele für eine Stromleitung in Luft scheinen zunächst im Widerspruch zur Feststellung im Kap. 1.3 zu stehen, dass Gase Nichtleiter sind. Im Allg. werden jedoch in Gasen in Folge der Wirkung von kurzwelligen Strahlen (z.B. Höhenstrahlung) und von Strahlungen radioaktiver Stoffe Ladungen erzeugt. Das Gas enthält in Folge dessen Ionen und Elektronen, es ist also zu einem geringen Teil ionisiert.
Die ständige Ionisierung führt jedoch nicht zu einer Vermehrung der Ladungen, da sich positive und negative Ladungen wiedervereinigen. Als Folge dieser Rekombination stellt sich ein Gleichgewichtszustand ein. So sind z. B. unter gewöhnlichen Bedingungen in 1 cm³ Luft etwa 10^3 Ionen und 10^3 Elektronen vorhanden. (Zum Vergleich: In 1 cm³ Kupfer sind etwa $8 \cdot 10^{22}$ freie Elektronen vorhanden.)

Im elektrischen Feld erfolgt neben der Rekombination eine Wanderung der positiven Ionen zur Kathode und der Elektronen zur Anode (Bild 8.60); dort geben sie ihre Ladungen ab. Diese **Gasentladung** *(gas discharge)* stellt einen Strom dar, der wegen der sehr geringen Anzahl der bewegten Ladungen nur mit Feinmessgeräten nachgewiesen werden kann.
Je nach den Abmessungen der Elektroden liegt die Stromstärke im Bereich 10^{-18} ... 10^{-12} A. Unter diesen Umständen kann Luft als guter Isolator angesehen werden.

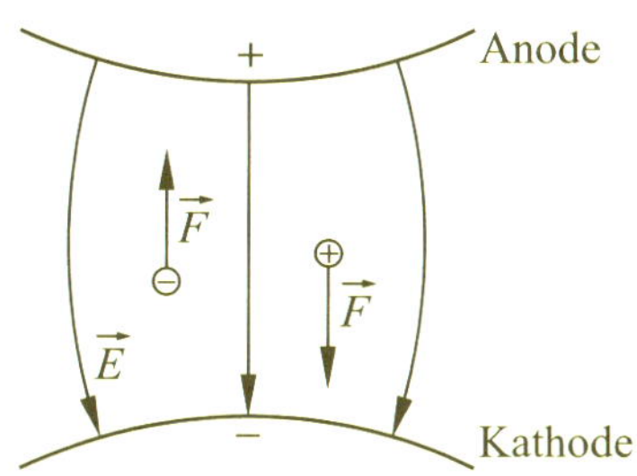

Bild 8.60 Ionen und Elektronen im elektrischen Feld

Da die beschriebene Gasentladung nicht sichtbar ist, wird sie als **Dunkelentladung** bezeichnet. Man spricht auch von einer **unselbstständigen Entladung**, weil die Ladungen durch von außen kommende Strahlungen erzeugt werden.
Sichtbare Entladungen, wie sie unter 8.8.1 beschrieben wurden, treten erst bei wesentlich höheren Ladungsdichten auf. Die erforderliche Vermehrung der Ladungen kommt bei einer Steigerung der elektrischen Feldstärke durch mehrere Effekte zu Stande; der wichtigste von ihnen ist die Stoßionisation.

8.8.3 Stoßionisation

Ionen und Elektronen können sich in einem Gas nicht ungehindert bewegen. Nach dem Durchlaufen der **freien Weglänge** λ (griech. Buchstabe lambda) erfolgt ein Zusammenstoß mit einem neutralen Atom. Dabei können die Ladungen unterschiedliche Strecken zurücklegen.

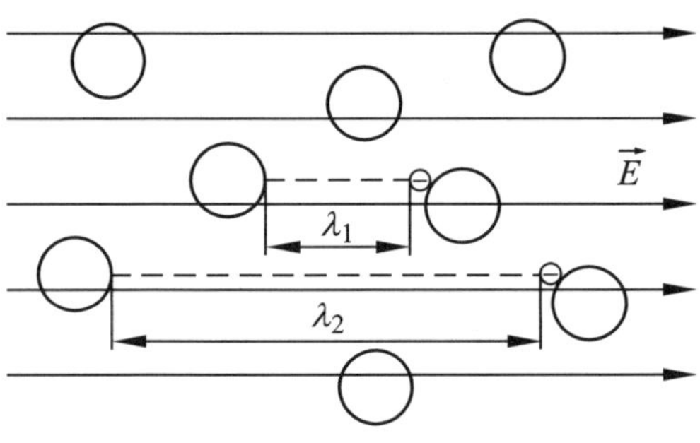

Bild 8.61 Zum Begriff der freien Weglänge

Die freie Weglänge λ streut in einem weiten Bereich; für Elektronen ist z. B. ihr Mittelwert in Luft bei **Normalbedingungen** (1013 mbar; 20 °C) $\lambda \approx 60$ nm. Da die freie Weglänge für Elektronen größer als für Ionen ist, können Elektronen vor dem Zusammenstoß eine höhere kinetische Energie W_λ als Ionen aufnehmen:

$$W_\lambda = e\,U_\lambda; \quad U_\lambda = \int_0^\lambda \vec{E} \cdot d\vec{s} \qquad (8.36)$$

Im homogenen Feld gilt $U_\lambda = \lambda\, E$. Wegen der höheren kinetischen Energie sind vor allem die Zusammenstöße von *Elektronen* mit neutralen Atomen von Interesse.

Wenn die kinetische Energie eines auftreffenden Elektrons einen bestimmten Betrag überschreitet, kann der Zusammenstoß *unelastisch* verlaufen. Das Elektron überträgt dabei einen wesentlichen Teil seiner Energie auf das Atom. Der Zusammenstoß kann unterschiedliche Folgen haben:

a) Wenn $U_\lambda > U_i$ ist, dann wird das neutrale Atom *ionisiert*, d.h. ein Elektron wird abgelöst; diesen Vorgang bezeichnet man als **Stoßionisation** (Sir J. S. E. Townsend, 1910). An Stelle der erforderlichen Ionisierungsenergie $W_i = e\,U_i$ wird gewöhnlich die Ionisierungsspannung U_i angegeben (s. Tab. 8.8).

b) Wenn $U_\lambda < U_i$ ist, dann wird das neutrale Atom *angeregt*. Dabei wird ein Elektron aus seinem Grundzustand in einen Zustand höherer Energie gebracht. Es verbleibt aber in der Elektronenhülle, so dass das Atom weiterhin nach außen elektrisch neutral wirkt. Je nach Art des Atoms sind bestimmte Energieniveaus der Elektronen möglich, von denen nur wenige kurzzeitig beibehalten werden können.
Fällt ein Elektron aus einem höheren Energieniveau in den Grundzustand zurück, so wird ein Lichtquant abgestrahlt. Die Wellenlänge der Strahlung fällt bei Luft nur zu einem geringen Teil in den sichtbaren Bereich, so dass die Leuchterscheinungen meist lichtschwach sind.
Ein angeregtes Atom, bei dem sich ein Elektron auf einem höheren Energieniveau befindet, kann durch ein weiteres auftreffendes Elektron ionisiert werden. Bei dieser *stufenweisen Ionisierung* braucht die Bedingung $U_\lambda > U_i$ nicht erfüllt zu sein. So kann z. B. in Quecksilberdampf ein erster Stoß ein Elektron auf das Niveau 5,43 eV bringen; ein zweiter mit 5 eV reicht dann für die Ionisierung aus.

Tabelle 8.8 Ionisierungsspannung U_i von Gasen

Gas	U_i in V
Neon Ne	21,6
Schwefelhexafluorid SF_6	19,3
Stickstoff N_2	15,5
Kohlendioxid CO_2	14,4
Sauerstoff O_2	12,5
Quecksilberdampf	10,4

8.8.4 Durchschlag im homogenen Feld

Ein Elektron, das auf der Kathode startet, erzeugt beim Durchlaufen einer Strecke s durch Stoßionisation $e^{\alpha s}$ neue Elektronen und ebenso viele Ionen. Der **Ionisationskoeffizient** α hängt vom Zustand des Gases und von der Feldstärke E ab.
Treffen die Ionen mit ausreichender Geschwindigkeit auf die Kathode, so werden von der Kathodenoberfläche Elektronen freigemacht, die mit einer zunächst geringen Geschwindigkeit die Kathode verlassen.

Die Bewegung der positiven Ionen wird auf die Umgebung übertragen; bei einer bestimmten Intensität der Stoßvorgänge und damit bei ausreichender Ionenkonzentration ist ein Knistern oder Prasseln akustisch wahrnehmbar.

Wenn ein von der Kathode startendes Elektron so viele Ionen erzeugt, dass diese beim Aufprall auf die Kathode wieder ein Elektron auslösen, dann wird die Entladung **selbstständig** und damit von äußeren Ionisationsquellen unabhängig; dies ist bei der **Anfangsfeldstärke** E_A der Fall.

Durch Messungen wurde festgestellt, dass in Luft bei Normalbedingungen im homogenen Feld die Anfangsfeldstärke bei $\alpha \cdot s = 7$ erreicht wird. Je kleiner der Elektrodenabstand s ist, desto größer muss der Ionisationskoeffizient α und damit auch die Anfangsfeldstärke E_A sein.

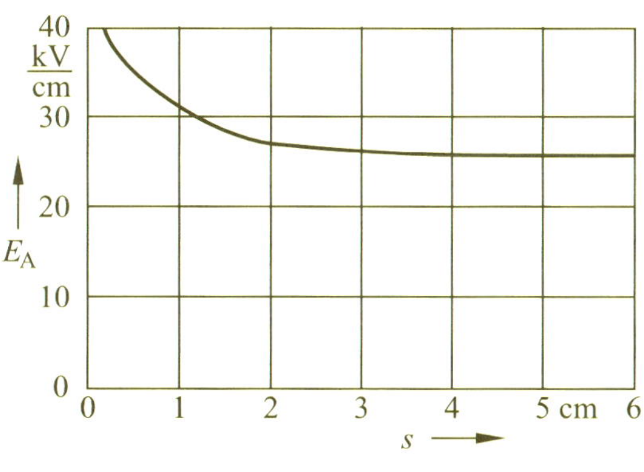

Bild 8.62 Anfangsfeldstärke im homogenen Feld für Luft bei Normalbedingungen (1013 mbar; 20 °C) als Funktion des Elektrodenabstandes s

Der Übergang in die selbstständige Entladung erfolgt bei der **Durchschlagspannung** *(breakdown voltage)* U_d:

$$U_d = s\,E_A \tag{8.37}$$

Der Elektrodenabstand s wird dabei auch als **Schlagweite** bezeichnet. Nach dem Durchschlag wird die Entladung sichtbar. Die Anzahl der im Gas erzeugten Ladungen nimmt lawinenartig zu und der Strom wächst, bis er z.B. durch einen Vorwiderstand begrenzt wird.

Neben der Stoßionisation der Elektronen und der Elektronenauslösung aus der Kathode durch auftreffende Ionen wird der Gasdurchschlag noch durch folgende Effekte beeinflusst:
- Stoßionisation der positiven Ionen;
- elektromagnetische Strahlung von angeregten Atomen (Photoeffekt);
- Feldverzerrung durch bereits gebildete Ladungsträger (Raumladung).

Außer von der Schlagweite s ist die Durchschlagspannung U_d von der Gasdichte ρ abhängig:

$$\rho = \frac{m}{V} = \frac{p}{R\,T} \tag{8.38}$$

Hierbei ist p der Druck, T die absolute Temperatur des Gases und R die (spezifische) Gaskonstante. Die freie Weglänge λ ist zur Gasdichte umgekehrt proportional:

$$\lambda \sim \frac{1}{\rho} = \frac{R\,T}{p} \tag{8.39}$$

Bei konstantem Gasdruck nimmt λ mit steigender Temperatur zu. Die Bedingung für Stoßionisation ($\lambda \cdot E > U_i$) ist dann bereits bei kleinerer Feldstärke erfüllt, und die Durchschlagspannung $U_d = sE_A$ sinkt. Bei konstanter Temperatur und zunehmendem Gasdruck wird λ kleiner; die Bedingung für Stoßionisation ist dann erst bei höherer Feldstärke erfüllt. Die Anfangsfeldstärke ist in weiten Bereichen dem Gasdruck proportional.
Die Durchschlagfeldstärke ist dabei eine nahezu lineare Funktion vom Produkt $p \cdot s$ (Bild 8.63); dies wird als **PASCHENsches Gesetz**[1] bezeichnet.

[1] Friedrich Paschen, 1865 – 1947

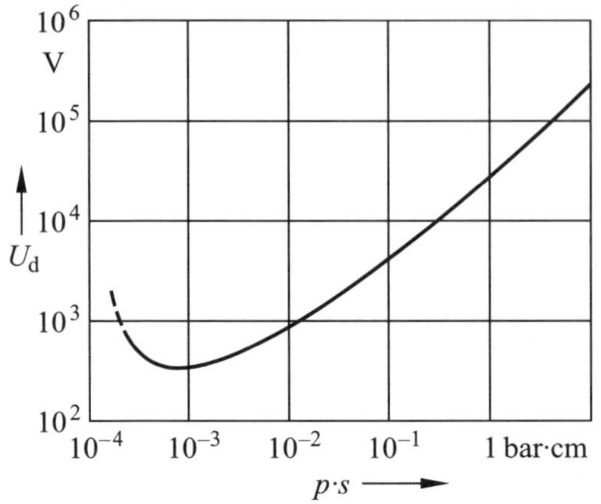

Bild 8.63 Durchschlagspannung im homogenen Feld als Funktion von Druck und Schlagweite für Luft bei der Temperatur 20 °C

Bei abnehmendem Druck p oder abnehmender Schlagweite s durchläuft die Durchschlagspannung überraschenderweise ein Minimum (Luft: $U_d = 330$ V; $p \cdot s = 0{,}76 \cdot 10^{-3}$ bar·cm). Bei konstanter Schlagweite und abnehmendem Gasdruck wird zwar λ sehr groß, aber wegen der stark verringerten Gasdichte können Stoßprozesse nicht mehr in ausreichender Zahl stattfinden, so dass die Entladung erst bei höherer Anfangsfeldstärke selbstständig wird. Entsprechendes gilt für abnehmende Schlagweite bei konstantem Gasdruck.

8.8.5 Sichtbare Gasentladungen

Nach dem „Zünden" der Gasentladung bei der Durchschlagspannung U_d nimmt die Anzahl der durch Stoßionisation im Gas entstehenden Ladungen lawinenartig zu. Bei der nun einsetzenden **Glimmentladung** wächst die Stromstärke bei sinkender Spannung (Bild 8.64). Wegen der fallenden *I-U*-Kennlinie kann ein stabiler Betrieb nur durch Strombegrenzung, z.B. durch einen Vorwiderstand, erreicht werden.
Je nach Gasart und je nach Form und Größe der Elektroden liegt die Glimmspannung U_{Gl} im Bereich von 50 V bis zu einigen 100 V. Da jedoch die Stromstärke sehr klein ist (10^{-5} ... 10^{-1} A), werden sowohl die Gasstrecke als auch die Elektroden kaum erwärmt, sie bleiben praktisch kalt.

Bei weiter zunehmender Stromstärke geht die Glimmentladung in die **Bogenentladung** über. Die für die hohe Stromstärke ($I > 1$ A) erforderlichen Ladungen werden durch starke Erwärmung der Gasstrecke und der Elektroden erzeugt. Die Temperaturen im Lichtbogen liegen im Bereich 4 000 ... 10 000 K. Dabei ist ein großer Teil der Gasmoleküle thermisch ionisiert; man nennt diesen Zustand des Gases **Plasma** *(plasma)*.

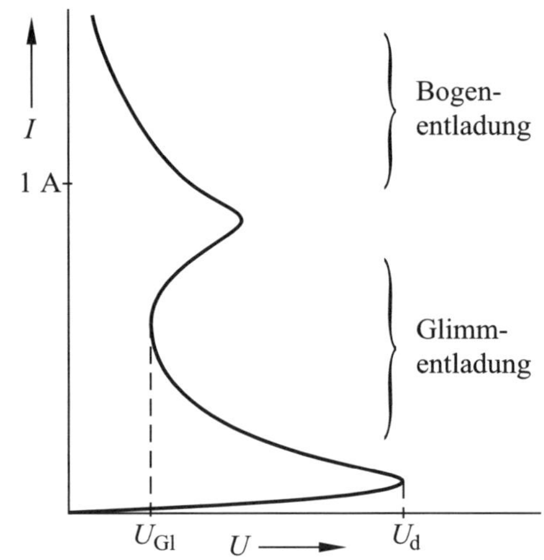

Bild 8.64 *I-U*-Kennlinie der sichtbaren Entladungen

Der Name **Lichtbogen** *(arc)* kommt daher, dass eine zwischen waagrechten Elektroden entstehende Entladung durch die Strömung der erwärmten Gase bogenförmig nach oben aufgeweitet wird. Wegen der hohen Temperaturen sind die Leuchterscheinungen sehr lichtstark. Die Gasströmungen, die Teile der erwärmten Gasstrecke mit sich reißen, lassen den Bogen unruhig brennen und verursachen Geräusche, die besonders beim schnellen Aufheizen oder Abkühlen der Gasstrecke als Knall hörbar werden (Donner).

Je nach Stromstärke, Elektrodenmaterial und Gasdruck beträgt das Potenzialgefälle im Lichtbogen 1 ... 100 V / cm. Das Bild 8.65 zeigt die *I-U*-Kennlinie eines Lichtbogens, der in Luft bei Atmosphärendruck zwischen Kohleelektroden brennt. Ein solcher Bogen kann auch dadurch gezündet werden, dass man die Elektroden sich kurz berühren lässt, bis sich die Kontaktstellen stark erwärmen, und dann voneinander entfernt. Wie bei der Glimmentladung muss auch bei der Bogenentladung ein Vorwiderstand vorgesehen oder eine Strombegrenzung vorgenommen werden. Beim Betrieb mit Vorwiderstand ergeben sich im Allg. zwei Schnittpunkte der Kennlinien, von denen nur einer ein stabiler Arbeitspunkt ist (s. 3.1.2).

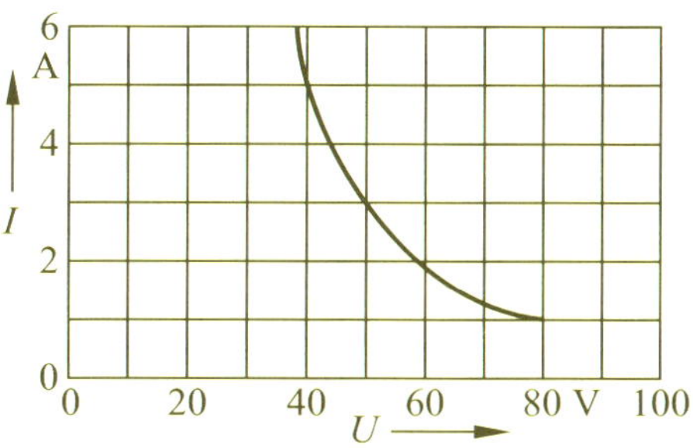

Bild 8.65 *I*-*U*-Kennlinie eines in Luft zwischen Kohleelektroden brennenden Lichtbogens

Anwendungen des Lichtbogens:
- Beleuchtung (Hg- und Xe-Hochdrucklampe)
- UV-Strahlung (Solarium)
- Elektrisches Schweißen
- Schmelzen von Metallen im Lichtbogenofen
- Abtragung von hartem Stahl durch einen unter Öl brennenden Lichtbogen (Lichtbogenerosion)
- Leistungsschalter der elektrischen Energietechnik
- Erzeugung von Kalziumcarbid (Rohstoff für Azetylen und Düngemittel)

Praxisbezug 8.18
Bei der **Leuchtstofflampe** wird die ultraviolette Strahlung einer Glimmentladung in Quecksilberdampf (Dampfdruck ca. 0,01 mbar) durch Leuchtstoffe an der Gefäßwand der Lampe L in sichtbares Licht umgewandelt. Durch geeignete Wahl der Leuchtstoffe (z.B. Kalziumwolframat, Zinksulfit, Zinksilikat) kann man dem Licht der Leuchtstofflampe die gewünschte Farbe geben.
Die *Anregung* der Quecksilberatome erfolgt durch Elektronen (Stoßionisation), die aus den Glühelektroden E austreten.

Nach dem Anlegen der Netzspannung entsteht in dem Glimmstarter G eine Glimmentladung. Der

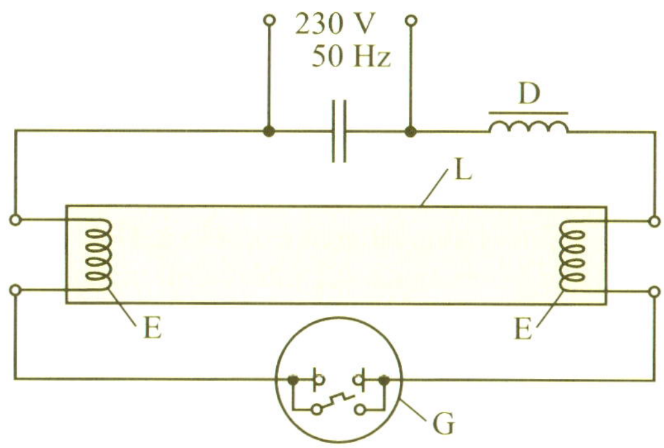

Glimmstrom (etwa 20 ... 40 mA) reicht jedoch noch nicht zum Aufheizen der Glühelektroden aus. Durch die Glimmentladung wird in G ein Bimetallstreifen erwärmt, der den Kurzschlusskontakt schließt, wodurch die Stromstärke in den Glühelektroden E auf etwa 0,4 ... 0,9 A anwächst. Da sich bei fehlender Glimmentladung der Bimetallstreifen abkühlt, wird der Kontakt nach kurzer Zeit wieder geöffnet.

Durch die Öffnung des Kontaktes wird eine Stromänderung in der Drossel D hervorgerufen. Der in D entstehende Spannungsstoß führt zum Zünden der Glimmentladung in der Lampe L. Danach kann im Glimmstarter G keine Glimmentladung mehr entstehen, weil an der Lampe L eine zu geringe Spannung abfällt. Der Strom in den Glühelektroden bleibt also unterbrochen.

Die Stromstärke wird durch die Drossel D begrenzt. Bei I = 0,43 A nimmt eine 1,2 m lange Lampe (Ø 38 mm) am 230-V-Netz etwa 50 W auf (cos φ = 0,5 ind.). Zur Leistungsfaktorverbesserung wird ein Kondensator parallelgeschaltet. ❐

Fragen
- Beschreiben Sie, unter welcher Bedingung eine Entladung selbstständig wird.
- In welchem Maß steigt die Durchschlagspannung einer Elektrodenanordnung, wenn der Gasdruck verdoppelt wird?
- Bei welcher Stromstärke geht die Glimmentladung in eine Lichtbogenentladung über?
- Erläutern Sie den Begriff Stoßionisation. Wie lautet die Ionisierungsbedingung?
- Wodurch werden im Lichtbogen die für den Stromtransport erforderlichen Ladungsträger erzeugt?

SI-Einheiten

SI-Einheiten sind die sieben **Basiseinheiten** und die aus ihnen kohärent, d. h. mit dem Zahlenfaktor 1 **abgeleiteten Einheiten**. Der Name „Système International d'Unités" (Internationales Einheitensystem) und das Kurzzeichen SI wurden durch die 11. Generalkonferenz für Maß und Gewicht (CGPM) 1960 angenommen.

Basisgröße	SI-Basiseinheit Name	Zeichen
Länge	Meter	m
Masse	Kilogramm	kg
Zeit	Sekunde	s
elektrische Stromstärke	Ampere	A
thermodynamische Temperatur	Kelvin	K
Stoffmenge	Mol	mol
Lichtstärke	Candela	cd

1 Meter ist die Länge der Strecke, die Licht im Vakuum während des Intervalles von 1/299 792 458 Sekunden durchläuft.

1 Kilogramm ist die Masse des Internationalen Kilogramm-Prototyps.

1 Sekunde ist das 9 192 631 770fache der Periodendauer der dem Übergang zwischen den beiden Hyperfeinstrukturniveaus des Grundzustandes von Atomen des Nuklids ^{133}Cs entsprechenden Strahlung.

1 Ampere ist die Stärke eines zeitlich unveränderlichen elektrischen Stromes, der, durch zwei im Vakuum parallel im Abstand 1 m voneinander angeordnete, geradlinige, unendlich lange Leiter von vernachlässigbar kleinem, kreisförmigem Querschnitt fließend, zwischen diesen Leitern je Meter Leiterlänge die Kraft $2 \cdot 10^{-7}$ Newton hervorrufen würde.

1 Kelvin ist der 273,16te Teil der thermodynamischen Temperatur des Tripelpunktes des Wassers.

1 Mol ist die Stoffmenge eines Systems, das aus ebensoviel Einzelteilchen besteht, wie Atome in 12/1000 Kilogramm des Kohlenstoffnuklids ^{12}C enthalten sind. Bei Verwendung des Mol müssen die Einzelteilchen des Systems spezifiziert sein und können Atome, Moleküle, Ionen, Elektronen sowie andere Teilchen oder Gruppen solcher Teilchen genau angegebener Zusammensetzung sein.

1 Candela ist die Lichtstärke in einer bestimmten Richtung einer Strahlungsquelle, die monochromatische Strahlung der Frequenz $540 \cdot 10^{12}$ Hertz aussendet und deren Strahlstärke in dieser Richtung 1/683 Watt durch Steradiant beträgt.

Abgeleitete Einheiten werden durch Produkte oder Quotienten von Basiseinheiten gebildet. Einige abgeleitete SI-Einheiten haben einen besonderen Namen und ein besonderes Einheitenzeichen. Im Folgenden werden nur die abgeleiteten Einheiten der wichtigsten Größen insbesondere aus der Elektrotechnik zusammengestellt.

Größe	Formelzeichen	SI-Einheit	Besonderer Name	Zeichen
Frequenz	f	1/s	Hertz	Hz
Kraft	F	$\frac{kg \cdot m}{s^2}$	Newton	N
Druck	p	N/m^2	Pascal	Pa
Energie Arbeit	E W	N·m	Joule	J
Leistung	P	J/s	Watt	W
Celsius-Temperatur	ϑ	K	Grad Celsius	°C
elektrische Ladung	Q	A·s	Coulomb	C
Flächenladungsdichte	σ	C/m^2		
Raumladungsdichte	ρ	C/m^3		

Größe	Formelzeichen	SI-Einheit	Besonderer Name	Zeichen
elektrisches Potenzial, Spannung	φ U	J/C	Volt	V
elektrischer Widerstand	R	V/A	Ohm	Ω
elektrischer Leitwert	G	A/V	Siemens	S
spezifischer elektrischer Widerstand	ρ	Ω·m		
elektrischer Leitwert	γ	S/m		
elektrische Feldstärke	E	V/m		
elektrische Flussdichte	D	C/m^2		
Permittivität	ε	$\frac{A \cdot s}{V \cdot m}$		
Kapazität	C	C/V	Farad	F
elektrische Stromdichte	J	A/m^2		
magnetische Spannung	V_m	A		
magnetische Feldstärke	H	A/m		
magnetischer Fluss	Φ	V·s	Weber	Wb
magnetische Flussdichte	B	$\frac{V \cdot s}{m^2}$	Tesla	T
Induktivität	L	$\frac{V \cdot s}{A}$	Henry	H
magnetischer Leitwert	Λ	$\frac{V \cdot s}{A}$	Henry	H
magnetischer Widerstand	R_m	$\frac{A}{V \cdot s}$		H^{-1}
Permeabilität	μ	$\frac{V \cdot s}{A \cdot m}$		

Dezimale Teile und Vielfache der SI-Einheiten

Die Teile und Vielfachen der SI-Einheiten, die durch Multiplikation mit den Faktoren $10^{\pm 1}$, $10^{\pm 2}$, $10^{\pm 3k}$ (mit $k = 1, 2, \ldots, 6$) gebildet werden, haben besondere Namen und Zeichen. Diese werden dadurch gebildet, dass vor die Namen und Zeichen der SI-Einheiten besondere *Vorsätze* bzw. *Vorsatzzeichen* gesetzt werden.

Faktor, mit dem die Einheit multipliziert wird	Vorsatz	Vorsatzzeichen
10^{-18}	Atto	a
10^{-15}	Femto	f
10^{-12}	Piko	p
10^{-9}	Nano	n
10^{-6}	Mikro	µ
10^{-3}	Milli	m
10^{-2}	Zenti	c
10^{-1}	Dezi	d
10^{1}	Deka	da
10^{2}	Hekto	h
10^{3}	Kilo	k
10^{6}	Mega	M
10^{9}	Giga	G
10^{12}	Tera	T
10^{15}	Peta	P
10^{18}	Exa	E

Umrechnung älterer Einheiten in SI-Einheiten

In der folgenden Tabelle sind nicht mehr gültige Einheiten in Klammern angegeben.

Größe	Einheit	Zeichen	Umrechnung
Energie	Elektronvolt	eV	$1{,}602 \cdot 10^{-19}$ J
magnetischer Fluss	Maxwell	(M)	10^{-8} Wb
magnetische Feldstärke	Oersted	(Oe)	79,5775 A/m
Kraft	Kilopond	(kp)	9,80665 N
Wärmeenergie	Kalorie	(cal)	4,1868 J
Druck	Bar	bar	10^{-5} Pa

Verwendete Formelzeichen

A	Fläche, Querschnitt
A_r	relative Atommasse
A_{11}, A_{12}	Zweitor-
A_{21}, A_{22}	parameter
a	Abstand
a	Beschleunigung
B	magnetische Flussdichte
b	Breite
b	Beweglichkeit
C	elektrische Kapazität
c	differenzielle Kapazität
c	Lichtgeschwindigkeit
c_F	FARADAY-Konstante
D	elektrische Flussdichte
D, d	Durchmesser
E	elektrische Feldstärke
e	Elementarladung
e	Basis des natürlichen Logarithmus
F	Kraft
F	Füllfaktor
f	Frequenz
G	Leitwert
g	differenzieller Leitwert
g	Fallbeschleunigung
H	magnetische Feldstärke
H_{11}, H_{12}	Zweitor-
H_{21}, H_{22}	parameter
h	Höhe
h	PLANCKsches Wirkungsquantum
h	Steuerkoeffizient
I	elektrische Stromstärke
J	elektrische Stromdichte
K, k	allgemein verwendete Konstanten
k	Anzahl der Knoten, Steuerkoeffizient
l	Länge
m	Masse; Steigung einer Geraden
m	Anzahl der Maschen
N	Windungszahl
N_A	AVOGADRO-Konstante
n	Ladungsträgerdichte
P	Leistung
p	Druck; Ladungsträgerdichte
Q	elektrische Ladung
R	Gaskonstante
R	elektrischer Widerstand
R_m	magnetischer Widerstand
r	Radius
r	differenzieller Widerstand
s	Strecke
s	Streufaktor
s	Schlagweite
T	Temperatur
t	Zeit
U	elektrische Spannung
V	Volumen
V_m	magnetische Spannung
v	Geschwindigkeit
v	Leistungsverstärkung
W	Arbeit; Energie
Y_{11}, Y_{12}	Zweitor-
Y_{21}, Y_{22}	parameter
y	Steuerkoeffizient
Z_{11}, Z_{12}	Zweitor-
Z_{21}, Z_{22}	parameter
z	Steuerkoeffizient
z	Anzahl der Zweige
z_i	Wertigkeit

α (alpha)	Winkel
α	Temperaturkoeffizient (TK)
α	Ionisationskoeffizient
γ (gamma)	elektrische Leitfähigkeit
Δ (Delta)	Vorsatz: Änderung einer Größe
δ (delta)	Luftspaltlänge
ε (epsilon)	Permittivität; Dehnung
ε_0	elektrische Feldkonstante
η (eta)	Wirkungsgrad
Θ (Theta)	elektrische Durchflutung
ϑ (theta)	Celsius-Temperatur
Λ (Lambda)	magnetischer Leitwert
λ (lambda)	Wellenlänge
λ	freie Weglänge
μ (my)	Permeabilität
μ_0	magnetische Feldkonstante
π	Kreiszahl
ρ (rho)	Dichte
ρ	spezifischer elektrischer Widerstand
σ (sigma)	Flächenladungsdichte
Φ (Phi)	magnetischer Fluss
φ (phi)	elektrisches Potenzial
χ (chi)	Index: Elektronenaffinität
Ψ_e (Psi)	elektrischer Fluss

Rechenoperationen mit Matrizen

Wir beschränken uns im Folgenden auf die im Lehrtext vorkommenden Rechenoperationen.

Addition

Bei der Addition zweier Matrizen werden jeweils die an gleicher Position stehenden Elemente addiert.

$$[Z_A] = \begin{bmatrix} Z_{A11} & Z_{A12} \\ Z_{A21} & Z_{A22} \end{bmatrix} ; \ [Z_B] = \begin{bmatrix} Z_{B11} & Z_{B12} \\ Z_{B21} & Z_{B22} \end{bmatrix} ; \ [Z] = [Z_A] + [Z_B] = \begin{bmatrix} Z_{A11} + Z_{B11} & Z_{A12} + Z_{B12} \\ Z_{A21} + Z_{B21} & Z_{A22} + Z_{B22} \end{bmatrix}$$

Multiplikation einer Matrix mit einem Faktor

Zur Multiplikation einer Matrix mit einem Faktor wird jedes Element mit diesem Faktor multipliziert.

$$[Z] = \begin{bmatrix} Z_{11} & Z_{12} \\ Z_{21} & Z_{22} \end{bmatrix} ; \ k \cdot [Z] = \begin{bmatrix} k \cdot Z_{11} & k \cdot Z_{12} \\ k \cdot Z_{21} & k \cdot Z_{22} \end{bmatrix}$$

Multiplikation zweier Matrizen

Für die Multiplikation zweier quadratischer Matrizen mit 2 Zeilen und 2 Spalten gilt:

$$A_{ij} = \sum_{k=1}^{2} A_{Aik} \cdot A_{Bkj}$$

Diese Rechenvorschrift wird am Beispiel von $[A]$-Matrizen erläutert.

$$[A] = [A_A] \cdot [A_B] = \begin{bmatrix} A_{A11}\ A_{B11} + A_{A12}\ A_{B21} & A_{A11}\ A_{B12} + A_{A12}\ A_{B22} \\ A_{A21}\ A_{B11} + A_{A22}\ A_{B21} & A_{A21}\ A_{B12} + A_{A22}\ A_{B22} \end{bmatrix}$$

Inversion

Zur Inversion einer zweizeiligen und zweispaltigen Matrix sind folgende Rechenschritte vorzunehmen:

1. Die Hauptdiagonalelemente tauschen ihre Plätze;
2. das Vorzeichen jedes Nebendiagonalelementes wird geändert;
3. jedes Element wird durch die Determinante der Matrix dividiert.

$$[Z] = \begin{bmatrix} Z_{11} & Z_{12} \\ Z_{21} & Z_{22} \end{bmatrix} ; \ [Z]^{-1} = \frac{1}{\det Z} \cdot \begin{bmatrix} Z_{22} & -Z_{12} \\ -Z_{21} & Z_{11} \end{bmatrix} ; \ \det Z = Z_{11}\, Z_{22} - Z_{12} Z_{21}$$

Die Inversion ist nur dann möglich, wenn die Determinante der Matrix ungleich Null ist.

Wichtige Konstanten

AVOGADRO-Konstante	$N_A = 6{,}0221367 \cdot 10^{23}\ \mathrm{mol}^{-1}$
BOLTZMANN-Konstante	$k = 1{,}380658 \cdot 10^{-23}\ \mathrm{J\,K}^{-1}$
Elektrische Feldkonstante	$\varepsilon_0 = 8{,}8541878 \cdot 10^{-12}\ \mathrm{As(Vm)}^{-1}$
Elementarladung	$e = 1{,}6021977 \cdot 10^{-19}\ \mathrm{C}$
Kreiszahl	$\pi = 3{,}141592653589793$
Lichtgeschwindigkeit im Vakuum	$c = 299\,792\,458\ \mathrm{m\,s}^{-1}$
Magnetische Feldkonstante	$\mu_0 = 1{,}2566370614359 \cdot 10^{-6}\ \mathrm{Vs(Am)}^{-1}$
PLANCKsches Wirkungsquantum	$h = 6{,}6260755 \cdot 10^{-34}\ \mathrm{J\,s}$
Ruhemasse des Elektrons	$m_e = 9{,}109390 \cdot 10^{-31}\ \mathrm{kg}$
Ruhemasse des Protons	$m_P = 1{,}6726231 \cdot 10^{-27}\ \mathrm{kg}$

Lösungen der Aufgaben

1.1 $Q = 0{,}24\ \mathrm{C}$

1.2 $I = 2{,}5\ \mathrm{mA}$

1.3

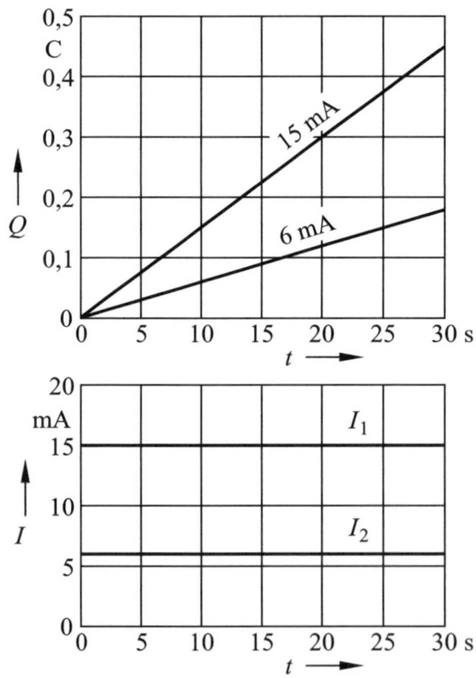

1.4 $\Delta t = \dfrac{1\ \mathrm{min}}{3000} = \dfrac{1\ \mathrm{s}}{50}$; $\Delta Q = 10^{-7}\mathrm{C}$

$I = 5\ \mu\mathrm{A}$ (Gl. 1.3)

1.5 $\Delta Q = 0{,}4\ \mathrm{C} = \Delta Q_p - \Delta Q_n$; $\Delta Q_p = 0$
$\Delta Q_n = -0{,}4\ \mathrm{C} = -e \cdot k_n$; $k_n = 2{,}5 \cdot 10^{18}$

1.6 $\Delta Q_p = 25 \cdot 10^9 \cdot e = 4 \cdot 10^{-9}\ \mathrm{C}$
$\Delta Q_n = -1{,}6 \cdot 10^{-10}\ \mathrm{C}$; $I = 4{,}16\ \mathrm{nA}$ (Gl. 1.3)

1.7 $I = J\,A = 240\ \mathrm{A}$

1.8 $A = a^2 = I / J = 200\ \mathrm{mm}^2$; $a = 14{,}1\ \mathrm{mm}$

1.9 $v_n = 3\ v_p$; Gl.(1.11): $J = e\,(p\,v_p + n \cdot 3\ v_p)$
$v_p = 62{,}5\ \mathrm{km/s}$; $v_n = 187{,}5\ \mathrm{km/s}$

1.10 $\Delta W = 2\ \mathrm{mJ}$

1.11 $Q = I \cdot t = W_{12} / U_{12}$; $t = 80\ \mathrm{s}$

1.12 $Q = I \cdot t = 21{,}6\ \mathrm{kC}$; $W = Q\,U = 259\ \mathrm{kJ}$

1.13 $E = 2{,}4\ \mathrm{V/m}$; $F = e \cdot E = 3{,}84 \cdot 10^{-19}\ \mathrm{N}$

1.14 $U_{12} = E \cdot l_{12} \cdot \cos 180° = -1680\ \mathrm{V}$
$W_{12} = -e \cdot U_{12} = 2{,}7 \cdot 10^{-16}\ \mathrm{J}$; die Energie des Elektrons nimmt um $2{,}7 \cdot 10^{-16}\ \mathrm{J}$ ab.

1.15 $c \cdot m \cdot \Delta\vartheta = P_{ab} \cdot \Delta t = P_{zu} \cdot \eta \cdot \Delta t$
$\Delta t = 837\ \mathrm{s} \approx 14\ \mathrm{min}$

1.16 $P_{P\,ab} = m \cdot g \cdot h / t = 2{,}6\ \mathrm{kW}$; $m = 1000\ \mathrm{kg}$
$P_N = P_{P\,ab} / \eta_P = 5{,}2\ \mathrm{kW}$; $P_{M\,zu} = 6{,}5\ \mathrm{kW}$
$\eta_g = \eta_P \cdot \eta_M = 0{,}4$

2.1 $R = U^2 / P = 52{,}9\ \Omega$

2.2 $P = I^2 \cdot R = 1{,}0\ \mathrm{kW}$

2.3

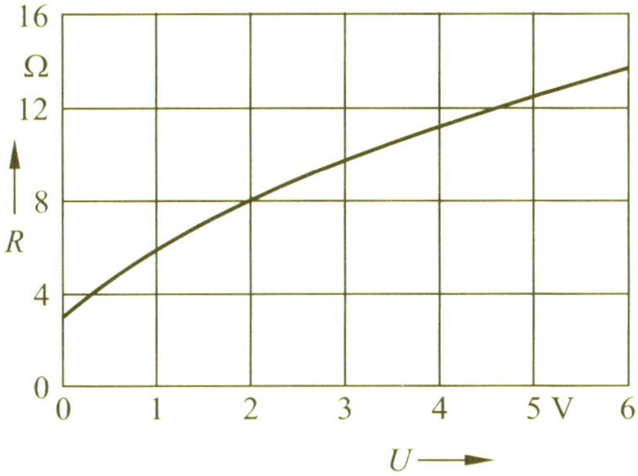

2.4 $R = 51\ \text{m}\Omega$ (Gl. 2.15)

2.5 $I = 0{,}4\ \text{A}$

2.6 $A = \dfrac{l}{\gamma R} = 1{,}26 \cdot 10^{-3}\ \text{mm}^2 = \dfrac{\pi d^2}{4}$

$\gamma = 18\ \text{S m}/\text{mm}^2$ (Tab. 2.4) ; $d = 40\ \mu\text{m}$

2.7 $R_{Cu} = R_{Al}$; $\dfrac{l}{\gamma_{Cu} A_{Cu}} = \dfrac{l}{\gamma_{Al} A_{Al}}$

$A_{Al} = \gamma_{Cu} \cdot A_{Cu} / \gamma_{Al} = 16\ \text{mm}^2$

2.8 $I^2 R = 0{,}5\ \text{W}$; $I = 22{,}4\ \text{mA}$

2.9 $P = U^2 / R = 12{,}25\ \text{mW}$

2.10 Gl.(2.18): $2{,}5\ \Omega = R_{20} \cdot (1 - \alpha_{20} \cdot 10\ \text{K})$

$R_{20} = 2{,}598\ \Omega$; $3\ \Omega = R_{20} \cdot [1 + \alpha_{20}(\vartheta - 20\,°\text{C})]$

$\vartheta = 61\,°\text{C}$

2.11 Gl.(2.18): $1{,}2\ R_{20} = R_{20} \cdot (1 + \alpha_{20} \cdot 80\ \text{K})$

$\alpha_{20} = 2{,}5 \cdot 10^{-3}\ \text{K}^{-1}$

2.12 $R_{65} = R_{20} \cdot (1 + \alpha_{20} \cdot 45\ \text{K}) = R_{20} \cdot 1{,}176$

R steigt um 17,6 % ; $U = R\,I = \text{const.}$

I sinkt auf 85 % des ursprünglichen Wertes.

2.13 $1 + \alpha_{20}\,\Delta\vartheta + \beta_{20}\,(\Delta\vartheta)^2 = 1{,}02 \cdot [1 + \alpha_{20}\,\Delta\vartheta]$

$\Delta\vartheta_1 = 259\ \text{K}$; $\Delta\vartheta_2 = -128{,}6\ \text{K}$

$\vartheta_1 = 279\ °\text{C}$; $\vartheta_2 = -108{,}6\ °\text{C}$

2.14 $1 + \alpha_{20}\,\Delta\vartheta + \beta_{20}\,\Delta\vartheta^2 = 3{,}802$

$\Delta\vartheta = \vartheta - 0\ °\text{C} = 815{,}8\ \text{K}$; $\vartheta = 815{,}8\,°\text{C}$

2.15 $U_q = 9{,}18\ \text{V}$; $U = 8{,}85\ \text{V}$; $I = -0{,}59\ \text{A}$

$R_i = 0{,}56\ \Omega$; $G_i = 1{,}78\ \text{S}$; $I_k = U_q / R_i = 16{,}4\ \text{A}$

$I = -0{,}84\ \text{A}$; $U = 8{,}71\ \text{V}$

$U = 8{,}5\ \text{V}$; $I = -1{,}2\ \text{A}$; $P = -10{,}2\ \text{W}$

2.16 $U_q = 24\ \text{V}$; $R_i = 1{,}6\ \Omega$; die Quelle ist

aktiv: $I = -2{,}5\ \text{A}$; $U = 20\ \text{V}$; $P = -50\ \text{W}$

$I = -5{,}0\ \text{A}$; $U = 16\ \text{V}$; $P = -80\ \text{W}$

passiv: $I = 2{,}5\ \text{A}$; $U = 28\ \text{V}$; $P = 70\ \text{W}$

$I = 5{,}0\ \text{A}$; $U = 32\ \text{V}$; $P = 160\ \text{W}$

3.1 $U_{q1} = 14{,}4\ \text{V}$; $R_{i1} = 0{,}1\ \Omega$; $U_{q2} = 12\ \text{V}$

$U_A = 13{,}8\ \text{V}$; Gl.(3.9): $I_A = 6{,}0\ \text{A}$

Gl.(3.11): $R_{i2} = 0{,}3\ \Omega$

3.2 Im Schnittpunkt der I-U-Kennlinien ist

$U_A = 5{,}0\ \text{V}$; $I_A = 0{,}4\ \text{A}$

3.3 $I_A = 0{,}5\ \text{A}$; $U_A = 0{,}87\ \text{V}$; $U_{q1} = 4{,}8\ \text{V}$

Gl.(3.9): $R_{i1} = 7{,}86\ \Omega$

3.4 Gl.(3.20): $P_{max} = 2{,}03\ \text{W}$; $R_V = 2{,}5\ \Omega$

3.5 (Bild 3.10) $U_2 I_2 = 1\ \text{W}$; $U_2 = U_q - R_i I_2$

1. Arbeitspunkt: $I_2 = 0{,}26\ \text{A}$; $U_2 = 3{,}85\ \text{V}$

2. Arbeitspunkt: $I_2 = 1{,}54\ \text{A}$; $U_2 = 0{,}65\ \text{V}$

3.6 Gl.(3.24): $I_4 = I_1 - I_2 + I_3 + I_5 = 2{,}42\ \text{A}$
Der Richtungssinn des Stromes I_4 stimmt mit seinem Bezugssinn überein.

3.7 $I_4 = I_5 = I_6 = 19{,}13\ \text{A}$; $I_3 = 57{,}4\ \text{A}$

$I_2 = 38{,}3\ \text{A}$; $I_1 = 95{,}7\ \text{A}$

3.8 $I_7 = -0{,}3\ \text{A}$; der Richtungssinn ist entgegengesetzt zum Bezugssinn.

3.9 $U_1 = U_2 = U_3 = -12\ \text{V}$

$I_1 = G_1\,U_1 + I_{q1} = 2{,}6\ \text{A}$; $P_1 = -31{,}2\ \text{W}$ (aktiv)

$I_2 = -1{,}8\ \text{A}$; $P_2 = 21{,}6\ \text{W}$ (passiv)

$I_3 = -0{,}8\ \text{A}$; $P_3 = 9{,}6\ \text{W}$ (passiv)

3.10 $R_x = (110\ \text{V}) / (5\ \text{A}) - 7\ \Omega = 15\ \Omega$

3.11 $I = 1{,}5\ \text{A}$ entgegen dem Uhrzeigersinn

$U_1 = 1{,}5\ \text{V}$; $U_2 = 3\ \text{V}$; $U_3 = 4{,}5\ \text{V}$; $U_4 = 6\ \text{V}$

$U_{AB} = 0{,}5\ \text{V}$

3.12 $I = P_V / U_V = 34{,}1\ \text{A}$; $P_L = U_L\,I = 750\ \text{W}$

$U_L = 22\ \text{V}$; $U_A = U_L + U_V = 462\ \text{V}$

$R = \dfrac{2\,l}{\gamma \cdot A} = \dfrac{U_L}{I}$; $A = 33{,}2\ \text{mm}^2$; $J = 1{,}03\ \dfrac{\text{A}}{\text{mm}^2}$

3.13 Die lineare Stromquelle wird durch eine lineare Spannungsquelle ersetzt:
$U_{q3} = I_{q3}/G_3 = 5\ \text{V}$; $R_3 = 1/G_3 = 6\ \Omega$
Umlauf in der Masche links unten: $I = 0{,}33$ A
Umlauf in der Masche rechts oben: $R_2 = 6{,}0\ \Omega$

3.14 $I = 344{,}6$ mA
$R_1 = 21{,}05\ \Omega$; $R_2 = 33{,}7\ \Omega$

3.15 $R_{AB} = 60\ \Omega$; $G_{AB} = 16{,}67$ mS

3.16 $R_{AB} = 0{,}5\ \Omega$

3.17 $I_a = 5\,I$; $R_{ea} = R/5 = 2\ \Omega$
$G + G_1 = G_{ea} = 0{,}5$ S; $G_1 = 0{,}4$ S; $R_1 = 2{,}5\ \Omega$
$I_b = 10\,I$; $R_{eb} = 1\ \Omega$; $R_2 = 2\ \Omega$

3.18 $R_1 + R_2 = 18\ \Omega$

$\dfrac{1}{R_1} + \dfrac{1}{R_2} = \dfrac{1}{4\ \Omega}$; 1) $R_1 = 6\ \Omega$; $R_2 = 12\ \Omega$; 2) $R_1 = 12\ \Omega$; $R_2 = 6\ \Omega$

3.19 Zwei Heizdrähte in Reihe: $P = 400$ W
Ein Heizdraht: $P = 800$ W
Zwei Heizdrähte parallel: $P = 1600$ W

3.20 $I_{N1} = 1{,}25$ A; $I_{N2} = 1{,}5$ A; R muss parallel zur Lampe 1 geschaltet werden und 0,25 A an ihr vorbeileiten: $R = 32\ \Omega$; $P = 2$ W

3.21 $U_{qe} = 21$ V; $R_{ie} = 200\ \Omega$

3.22 Die lineare Stromquelle wird durch eine lineare Spannungsquelle ersetzt: $U_{qe} = 6$ V; $R_{ie} = 8\ \Omega$. Die Diode wird wie im Beispiel 3.13 für den Bereich $0{,}4\ \text{A} < I < 1$ A durch ihr lineares Modell ersetzt: $U_{qD} = 0{,}83$ V; $R_{iD} = 0{,}07\ \Omega$.
$I_A = 0{,}57$ A; $U_A = 1{,}44$ V; $U_D = 0{,}87$ V

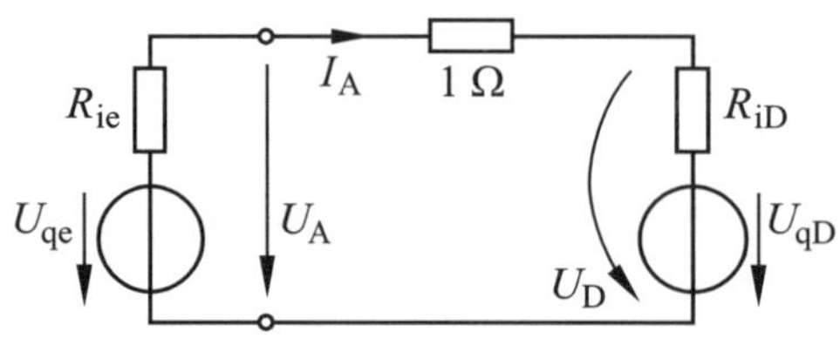

3.23 Schalter geöffnet: $I_1 = I_2 = 0{,}1$ A
Schalter geschlossen: $I_2 = 10\ \text{V} / 50\ \Omega = 0{,}2$ A
$15\ \text{V} - 10\ \text{V} - 100\ \Omega \cdot I_1 = 0$; $I_1 = 0{,}05$ A

3.24 Zunächst wird die Quelle 1 mit der Parallelschaltung aus R_{i2} und R_V belastet:
$U_{V(1)} = 15$ V.
Dann wird die Quelle 2 mit der Parallelschaltung aus R_{i1} und R_V belastet: $U_{V(2)} = 12{,}8$ V.
$U_V = U_{V(1)} + U_{V(2)} = 27{,}8$ V; $P_V = 77{,}3$ W

3.25 Zunächst wird die Spannungsquelle durch einen Kurzschluss ersetzt; die Stromquelle liefert dabei $I_{V(1)} = 15{,}873$ mA. Dann wird die Stromquelle durch eine Unterbrechung ersetzt; die Spannungsquelle liefert $I_{V(2)} = -158{,}73$ mA.
$I_V = I_{V(1)} + I_{V(2)} = -142{,}86$ mA

3.26 $R_i = 10\ \Omega$; $R_1 = R_2 = 25\ \Omega$
Schalter offen: $I_V = 0$; $I_1 = I_2 = 1{,}667$ A; $U_2 = 41{,}7$ V
Schalter geschlossen: $G_{ie} = 68{,}57$ mS; $I_{qe} = 2{,}857$ A
$U_2 = 39{,}37$ V; $I_1 = 1{,}732$ A; $I_2 = 1{,}575$ A
$I_V = 157{,}5$ mA

3.27 $p = R/R_V = 2{,}5$; $U_2 / U = 0{,}28$
Gl.(3.44): $0{,}28\,p\,a^2 + (1 - 0{,}28\,p)\,a - 0{,}28 = 0$
$a = 0{,}4535$; $R_2 = 453{,}5\ \Omega$; $I_1 = 13{,}175$ mA

3.28 $R_1 = 583{,}3\ \Omega$; $R_2 = 416{,}7\ \Omega$
$G_{ie} = 4{,}114$ mS; $I_{qe} = 41{,}14$ mA
$U_2 = 5{,}52$ V; die Spannung geht um 44,8 % zurück
$I_V = 18{,}41$ mA; $I_1 = 31{,}67$ mA; $I_2 = 13{,}26$ mA

$P = R_1 I_1^2 + R_2 I_2^2 = 0{,}658$ W

$I_{1max} = 72$ mA; $P_{erf} = 5{,}184$ W

3.29 $R_1 = 1\ \text{k}\Omega$; $R_2 = 1{,}5\ \text{k}\Omega$; $R_3 = 2{,}2\ \text{k}\Omega$
$R_4 = 4{,}7\ \text{k}\Omega$
$U_{qe} = -4{,}87$ V; $R_{ie} = 2{,}1\ \text{k}\Omega$; $I_A = -0{,}902$ mA
$R_4 = 3{,}3\ \text{k}\Omega$

3.30 $I_{qe} = -1{,}411$ mA; $G_{ie} = 0{,}474$ mS
$I_A = -0{,}551$ mA

3.31 Leerlauf: $U_A = 60$ mV
$U_{qe} = 60$ mV; $R_{ie} = 599{,}985\ \Omega$
Belastung mit 1 MΩ: $U_A = 59{,}964$ mV

3.32 $I_M = 15$ mA; $P_M = 4{,}5$ mW
$I_N = 985$ mA; $R_N = 305\ \text{m}\Omega$; $P_N = 296$ mW
$U_{vor} = 29{,}7$ V; $R_{vor} = 1980\ \Omega$; $P_{vor} = 446$ mW

3.33 $I_V = 92\ \mu$A; $I_R = 76\ \text{mA} - 92\ \mu\text{A} = 75{,}9$ mA
$R = 121{,}2\ \Omega$; $R_{MA} + R = 125\ \Omega$; $R_{MA} = 3{,}8\ \Omega$

4.1 $U_1 = 3\,V$; $I_1 = -0{,}75\,A$; $P_1 = -2{,}25\,W$
$U_2 = 16{,}5\,V$; $I_2 = 3\,A$; $P_2 = 49{,}5\,W$

4.2 $U_1 = 14{,}83\,V$; $I_1 = 82{,}83\,mA$; $P_1 = 1{,}229\,W$
$U_2 = 8{,}96\,V$; $I_2 = 48{,}2\,mA$; $P_2 = 0{,}432\,W$

4.3 $H_{11} = 3{,}33\,\Omega$; $H_{12} = 0{,}333$
$H_{21} = -0{,}333$; $H_{22} = 0{,}1667\,S$

4.4 $A_{11} = 1$; $A_{12} = 0$; $A_{21} = 0$; $A_{22} = 1$

4.5 $U_1 = 6\,mV$; $I_1 = 1{,}5055\,\mu A$

$\boldsymbol{A}_A = \boldsymbol{A}_B =$

−0,0038	−200 Ω
−1,0 μS	−0,05

$\boldsymbol{A} =$

$0{,}214 \cdot 10^{-3}$	10,76 Ω
53,8 nS	$2{,}7 \cdot 10^{-3}$

$U_2 = 7{,}97\,V$; $I_2 = -398{,}7\,\mu A$

4.6 $Z_{11} = Z_{12} = Z_{21} = Z_{22} = R_S$
Wegen det $\boldsymbol{Z} = 0$ existiert die $\boldsymbol{Y}$-Matrix nicht.

4.7 $Z_{11} = R_1 + R_3 + R_5$; $Z_{12} = R_3 + R_5$
$Z_{21} = R_3 + R_5$; $Z_{22} = R_2 + R_3 + R_5$
$A_{21} = 1/(R_3 + R_5)$; $A_{11} = 1 + A_{21} R_1$
$A_{12} = R_1 + R_2 + A_{21} R_1 R_2$; $A_{22} = 1 + A_{21} R_2$

4.8

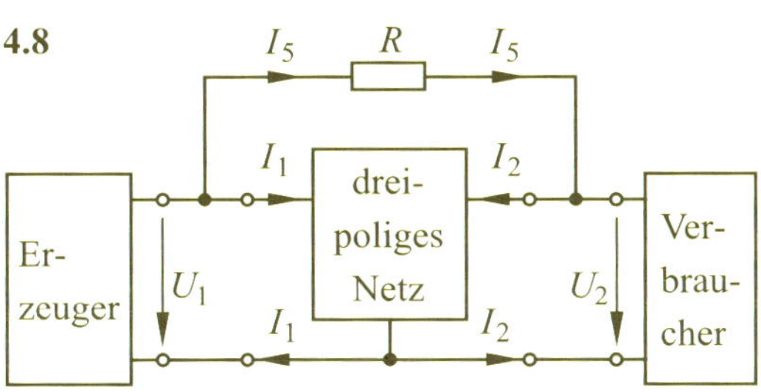

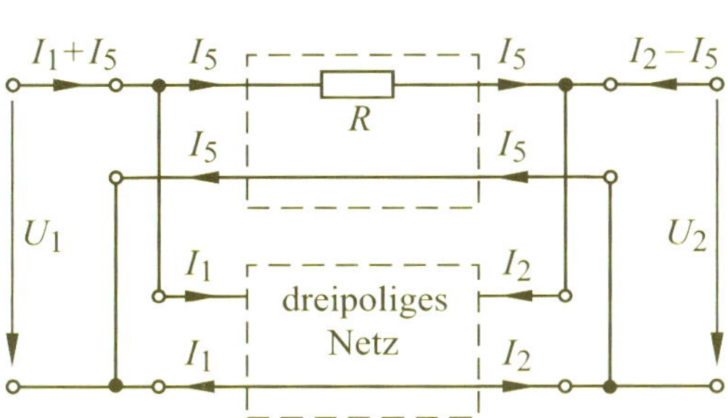

4.9 $H_{11} = 1{,}25\,\Omega$; $H_{12} = 0{,}15$
$H_{21} = -0{,}15$; $H_{22} = 0{,}83\,S$

4.10 $K_{11} = 76{,}6\,mS$; $K_{12} = -0{,}856$
$K_{21} = 0{,}856$; $K_{22} = 3{,}96\,\Omega$

4.11 $$Y_{11} = \frac{1}{\dfrac{1}{G_1 + G_3} + \dfrac{1}{G_2 + G_4}}$$

$$Y_{12} = Y_{21} = \frac{G_2 G_3 - G_1 G_4}{G_1 + G_2 + G_3 + G_4}$$

$$Y_{22} = \frac{1}{\dfrac{1}{G_1 + G_2} + \dfrac{1}{G_3 + G_4}}$$

4.12 $U_1 = 0{,}636\,V$; $I_1 = 0{,}364\,A$
$U_2 = 90{,}91\,mV$; $I_2 = -90{,}91\,mA$
$P_V = 8{,}26\,mW$; $P_{1max} = 0{,}25\,W$; $v = 33{,}06 \cdot 10^{-3}$

4.13 $I_B = 200\,\mu A$; $U_{BE} = 0{,}77\,V$
$R_2 = 447\,\Omega$; $R_3 = 256\,\Omega$

4.14 $I_B = 200\,\mu A$; $U_{BE} = 0{,}77\,V$
$R_2 = 2{,}55\,k\Omega$; $R_3 = 155{,}3\,\Omega$

4.15 $R_{4B} = 136{,}8\,k\Omega$; $R_{4C} = 472\,\Omega$
$U_{qe} = 10\,V$; $R_{ie} = 6\,k\Omega$; $I_B \approx 65\,\mu A$
$U_{CE} \approx 12\,V$; $I_C \approx 17\,mA$

4.16 Die Schaltung 4.32 wird in die Schaltung 4.31 umgeformt mit $R_3 = 0$; $R_4 = 470\,\Omega$.
$U_{qe} = 24\,V$; $R_{ie} = 120\,k\Omega$
$R_{4B} = 257\,k\Omega$; $R_{4C} = 472\,\Omega$; $I_B \approx 90\,\mu A$
$U_{BE} \approx 0{,}71\,V$; $U_{CE} \approx 14\,V$; $I_C \approx 21\,mA$

4.17
$h_{FE} = 200$: $I_B \approx 115\,\mu A$; $I_C \approx 23\,mA$; $U_{CE} \approx 12{,}3\,V$
$h_{FE} = 400$: $I_B \approx 65\,\mu A$; $I_C \approx 26\,mA$; $U_{CE} \approx 10{,}8\,V$
U_{CE} sinkt um 12,5 %; I_C steigt um 13 %

4.18 $I_B \approx 115\,\mu A$; $G_{CE} \approx 150\,\mu S$; $h \approx 225$
$U_{qBE} \approx 0{,}66\,V$; $R_{BE} \approx 0{,}18\,V / 300\,\mu A = 600\,\Omega$

4.19 $I_4 = I_1 + I_C$; $I_1 = I_2 + I_B$
$I_C = h\,I_B + G_{CE}\,U_{CE}$
$R_2 I_2 = R_{BE} I_B + U_{qBE}$
$R_1 I_1 + R_2 I_2 + R_4 I_4 = U_q$
$R_3 I_C + U_{CE} + R_4 I_4 = U_q$

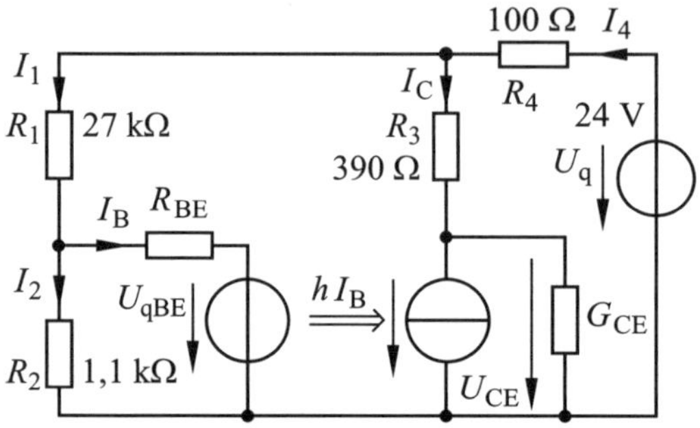

Nach der Lösung des linearen Gleichungssystems erhält man $I_C = 25{,}63$ mA ; $U_{CE} = 11{,}4$ V
$I_B = 106$ µA ; $U_{BE} = R_2\, I_2 = 0{,}724$ V

4.20 Die Größen $h = 270$; $G_{CE} = 150$ µS; $U_{qBE} = 0{,}56$ V und $R_{BE} = 600\ \Omega$ werden in das Gleichungssystem der Lösung 4.19 eingesetzt; nach dessen Lösung erhält man:
$I_C = 37{,}96$ mA ; $U_{CE} = 5{,}33$ V
$I_B = 137{,}6$ µA ; $U_{BE} = 0{,}643$ V

4.21 Die Klemmen der Schaltung werden kurzgeschlossen. Die Quelle U_q am Spannungsteiler aus R_1 und R_2 wird durch ihre Ersatzquelle $U_{qe} = 10$ V ; $R_{ie} = 34$ kΩ ersetzt.
$(R_{ie} + R_{BE})\, I_B + U_{qBE} + R_3 (I_B + I_{qe}) - U_{qe} = 0$
$(I_{qe} - h\, I_B)/G_{CE} + R_3 (I_B + I_{qe}) - U_q = 0$

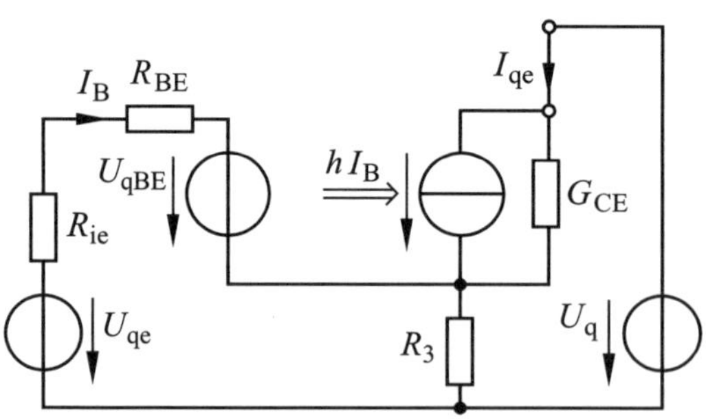

$I_B = 34{,}3$ µA ; $I_{qe} = 10{,}85$ mA

4.22 $Y_{11} = 11$ mS ; $Y_{12} = -10$ mS
$Y_{21} = -910$ mS ; $Y_{22} = 1{,}01$ S

4.23 $U = 1{,}6$ V ; $I = 6{,}98$ mA

4.24 Zunächst werden die Klemmen der Schaltung kurzgeschlossen und es wird der Kurzschlussstrom I_{qe} berechnet.

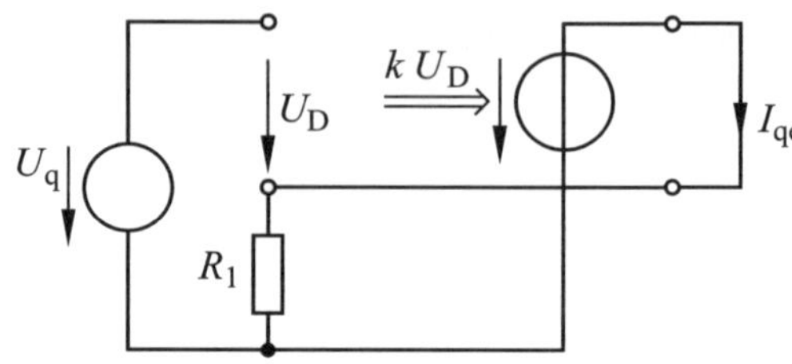

$R_1\, I_{qe} - k\, U_D = 0$; $U_D + R_1\, I_{qe} - U_q = 0$
Dies ergibt: $I_{qe} = 0{,}5$ mA

Dann wird die Quelle mit der Spannung U_q durch einen Kurzschluss ersetzt. An die Klemmen der Schaltung wird eine Stromquelle angeschlossen, die den Strom I einspeist.

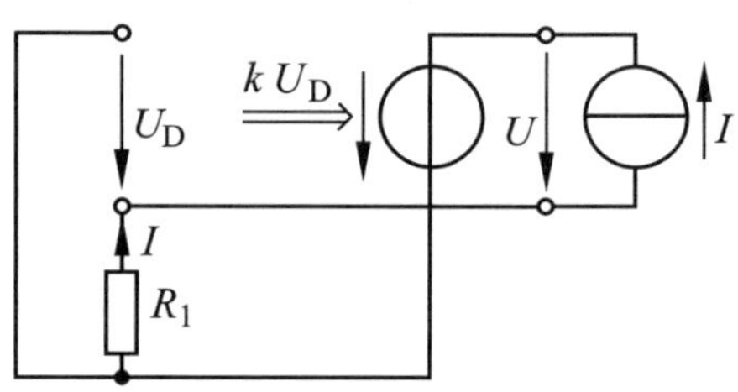

$k\, U_D + R_1\, I - U = 0$; $U_D - R_1\, I = 0$
Dies ergibt: $G_{ie} = I/U = 1$ nS

Die Schaltung ist eine Stromquelle mit einem sehr kleinen Innenleitwert.

4.25 Ersatzspannungsquelle:

$$U_{qe} = (U_{q1} - U_{qBE}) \cdot \frac{1}{1 + \dfrac{R_1}{(1 + h_{FE}) R_2}} = 9{,}23 \text{ V}$$

$$R_{ie} = \frac{1}{(1 + h_{FE}) \dfrac{1}{R_1} + \dfrac{1}{R_2}} = 3{,}41\ \Omega$$

5.1 Bezugssinn von links nach rechts bzw. von oben nach unten.
$I_1 = 64{,}8$ mA ; $I_2 = -4{,}8$ mA ; $I_3 = -60{,}5$ mA
$I_4 = -60{,}5$ mA ; $I_5 = 55{,}7$ mA ; $I_6 = -120$ mA

5.2 Die Knoten sind im Uhrzeigersinn nummeriert.

$U_{3,0} = U_{2,0} - U_{q3}$
$(G_2 + G_4 + G_5 + G_6)\, U_{2,0} = (G_2 + G_4)\, U_{q1} + (G_4 + G_6)\, U_{q3}$

5.3 Die Knoten sind im Uhrzeigersinn nummeriert. Bezugsknoten ist der Knoten zwischen G_1 und G_7. Die Knotenspannung $U_{1,0}$ ist wegen der unabhängigen Spannungsquelle bekannt. Die Gleichung für den Knoten 3 kann wie gewohnt formuliert werden. Um die Knoten 2 und 4 wird eine Hüllfläche gelegt, deren Knotengleichung verwendet wird. Die dritte Gleichung ist die Maschengleichung, die mit der gesteuerten Spannungsquelle und den Knotenspannungen $U_{2,0}$ und $U_{4,0}$ gebildet werden kann.

② + ④	G_2+G_3	$-(G_3+G_6)$	G_6+G_7		$U_{2,0}$		$G_2 U_{q1}$
③	$-G_3$	$G_3+G_4+G_6$	$-G_6$	·	$U_{3,0}$	=	$G_4 U_{q1}$
	$1+k$	0	-1		$U_{4,0}$		$k\,U_{q1}$

5.4 Die Knoten sind im Uhrzeigersinn nummeriert. Bezugsknoten ist der Knoten zwischen G_1 und G_7. Die stromgesteuerte Spannungsquelle wird in eine spannungsgesteuerte Stromquelle umgewandelt.

①	$G_1+G_2+G_4$	$-G_2$	$-G_4$	0		$U_{1,0}$		I_{q1}
②	$-G_2\,(1+z\,G_5)$	$G_2+G_3+G_5\,(1+z\,G_2)$	$-G_3$	$-G_5$	·	$U_{2,0}$	=	0
③	$-G_4$	$-G_3$	$G_3+G_4+G_6$	$-G_6$		$U_{3,0}$		0
④	$G_2\cdot z\;G_5$	$-G_5\,(1+z\,G_2)$	$-G_6$	$G_5+G_6+G_7$		$U_{4,0}$		0

5.9 Bezugssinn von links nach rechts bzw. von oben nach unten.
Schaltung der Aufgabe 5.2

R_2+R_5	R_5	R_2+R_5		I_1		$-U_{q1}$
R_5	R_5+R_6	R_5+R_6	·	I_3	=	$-U_{q3}$
R_2+R_5	R_5+R_6	$R_2+R_4+R_5+R_6$		I_4		0

Schaltung der Aufgabe 5.3

R_1	R_1	0	R_1		I_1		$-U_{q1}$
R_1	$R_1+(1+k)R_2+R_7$	$-(1+k)R_2$	$R_1+(1+k)R_2+R_7$	·	I_5	=	0
0	$-R_2$	$R_1+R_2+R_7$	$-(R_2+R_3)$		I_4		0
R_1	$R_1+R_2+R_7$	$-(R_2+R_3)$	$R_1+R_2+R_3+R_6+R_7$		I_6		0

Schaltung der Aufgabe 5.4

$R_1+R_2+R_3+R_6+R_7$	R_2+R_3	R_3+R_6		I_1		$-U_{q1}$
R_2+R_3	$R_2+R_3+R_4$	R_3	·	I_4	=	0
R_3+R_6-z	R_3-z	$R_3+R_5+R_6$		I_5		0

5.5 Ersatzspannungsquelle:
$U_{qe} = U_{1,2} = -4{,}45\ U_q$; $R_{ie} = 552\ \Omega$; $R_V = R_{ie}$

5.6 $R_e = 508\ \Omega$

5.7 Ersatzspannungsquelle:
$U_{qe} = 2{,}2\ (U_{q1} - U_{q2})$; $R_{ie} = 2{,}578\ \text{m}\Omega$

5.8 Siehe 5.1

6.1 $I = 0{,}94$ mA

6.2 Ansatz: $J = J_0 + K\,r^2$; $J_0 = 0{,}1$ A/ mm²

Die Konstante K wird mit dem Wertepaar r_a = 7 mm ; $J_a = 0{,}6$ A/ mm² bestimmt; setzt man dies in den Ansatz ein, so erhält man:

$K = 10{,}2 \cdot 10^{-3}$ A/ mm⁴

$$I = \int_A J\,\mathrm{d}A = \int_0^{r_a} J \cdot 2\pi r \cdot \mathrm{d}r = 53{,}9\ \text{A}$$

6.3 Wir wählen das Potenziallinienintervall $\Delta\varphi$ = 1 V und berechnen mit der Gl.(6.9) das Stromlinienintervall für $\Delta l / \Delta b = 1$ und $d = a$:

$\Delta I = \gamma\ a\ \Delta\varphi = 1$ A

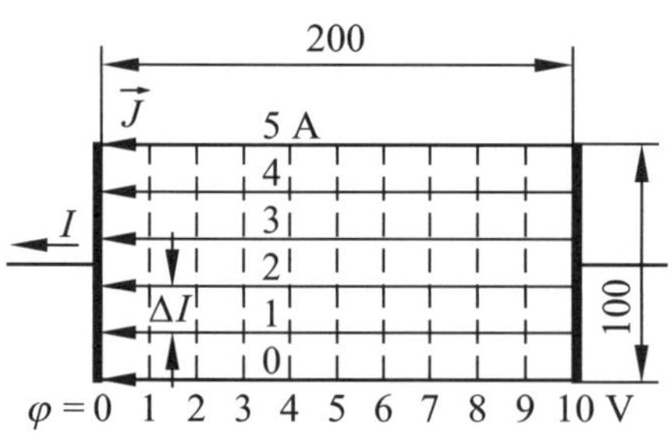

6.4 Wir wählen das Stromlinienintervall ΔI = 20 mA und zeichnen die Stromlinien 0 ... 80 mA. Für das Material mit der Leitfähigkeit γ_3 zeichnen wir quadratische Kästchen mit $\Delta l/\Delta b = 1$. Mit der Gl.(6.9) berechnen wir für d = 1 mm die Potenzialdifferenz $\Delta\varphi$ = 0,05 V. In den Feldabschnitten 2 und 1 rücken die Potenziallinien näher zusammen.
An dem Leiter fällt insgesamt die Spannung 0,7 V ab. Die Potenzialdifferenzen in den verschiedenen Materialien sind:

$\Delta\varphi_1 = 0{,}4$ V ; $\Delta\varphi_2 = 0{,}2$ V ; $\Delta\varphi_3 = 0{,}1$ V

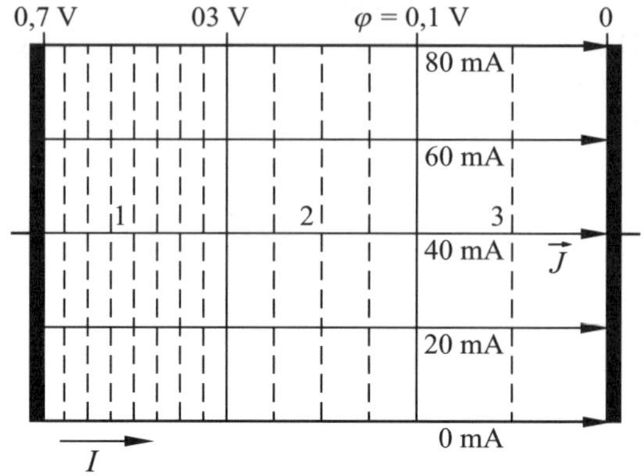

Die zugehörigen Feldstärkewerte sind:

$E_1 = 20$ V/m ; $E_2 = 10$ V/m ; $E_3 = 5$ V/m

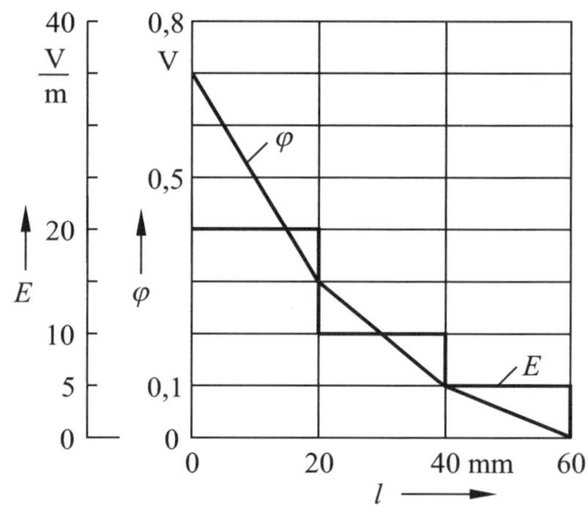

6.5 $R_K = 1/(\gamma\,d) = 2{,}5\ \Omega$; $\Delta I = \Delta\varphi / R_K = 0{,}4$ A
$I = 18\ \Delta I = 7{,}2$ A

6.6 $E_1 = E_2 = 50$ V/m ; $J_1 = 500$ A/m²
$J_2 = 2000$ A/m² ; $I = A_1\,J_1 + A_2\,J_2 = 50$ A
$S_1 = E_1\,J_1 = 25$ kW/m³ ; $S_2 = 100$ kW/m³
$P = U\,I = 500$ W

6.7 $$\mathrm{d}R = \frac{\mathrm{d}r}{\gamma A} = \frac{\mathrm{d}r}{\gamma \cdot 2\pi r l}$$

$$R = \int_{r_i}^{r_a} \mathrm{d}R = \frac{1}{\gamma \cdot 2\pi l} \int_{r_i}^{r_a} \frac{\mathrm{d}r}{r} = 112{,}9\ \Omega$$

6.8 Wie in der Aufgabe 6.7 berechnen wir die Widerstände $R_1 = 110{,}3\ \text{m}\Omega$ und $R_2 = 323\ \text{m}\Omega$.

$I_{AB} = U_{AB}/(R_1 + R_2) = 2{,}31$ A

$\varphi_B = 0$; $\varphi_1 = R_1\, I = 0{,}255$ V

Material 1: $J_{1max} = I/A_{1min} = 1838$ A/m

Gl.(6.26): $S_{1max} = 33{,}8$ kW/m³

Material 2: $J_{2max} = I/A_{2min} = 919$ A/m

$S_{2max} = 42{,}23$ kW/m³ ; die höchste Leistungsdichte tritt im Material 2 beim Durchmesser 80 mm auf.

6.9 Wir denken uns den Körper in schmale Halbzylinder der Dicke dr und der Höhe h = 50 mm zerlegt, die jeweils den Leitwert besitzen:

$$\mathrm{d}G = \frac{\gamma\,\mathrm{d}A}{l} = \frac{\gamma\, h\,\mathrm{d}r}{\pi\, r}$$

Der Gesamtleitwert der Parallelschaltung sämtlicher Halbzylinder ist:

$$G = \frac{\gamma\, h}{\pi}\int_{r_i}^{r_a}\frac{\mathrm{d}r}{r} = 0{,}383\ \mathrm{S}$$

Der Bügel hat den Widerstand $R = 2{,}61\ \Omega$.

6.10 Das Potenzial des Erders ist die Spannung zwischen dem Erder und der unendlich fernen Halbkugel:

$$\varphi_E = \int_{r_E}^{\infty} E\,\mathrm{d}r = \int_{r_E}^{\infty}\frac{J}{\gamma}\,\mathrm{d}r = \frac{I}{2\,\pi\,\gamma}\int_{r_E}^{\infty}\frac{1}{r^2}\,\mathrm{d}r = \frac{I}{2\,\pi\,\gamma\, r_E}$$

$\varphi_E = 318$ V ; $R_E = 318$ V/100 A $= 3{,}18\ \Omega$

Die maximale Schrittspannung tritt zwischen Punkten auf den Radien r_E und (r_E + 1 m) auf, weil dort die Feldstärke am größten ist:

$$U_S = \int_{r_E}^{r_E + 1\,\mathrm{m}} E\,\mathrm{d}r = \frac{I}{2\,\pi\,\gamma}\int_{r_E}^{r_E+1\,\mathrm{m}}\frac{1}{r^2}\,\mathrm{d}r$$

$$U_S = \frac{I}{2\,\pi\,\gamma}\left[\frac{1}{r_E} - \frac{1}{r_E + 1\ \mathrm{m}}\right] = 159\ \mathrm{V}$$

Für $U_S = 50$ V ergibt sich der Radius $r_E = 2{,}07$ m.

6.11 $\varphi = 2{,}92$ kV (Gl. 6.38)

6.12 $Q = 2{,}2$ nC

6.13 $E = 19{,}97$ kV/m (Gl. 6.35)

6.14 $r_1 = 5$ cm ; $\alpha_1 = 53{,}1°$; $E_1 = 17{,}975$ kV/m

$r_2 = 4{,}12$ cm ; $\alpha_2 = 104°$; $E_2 = 42{,}3$ kV/m

$E = 55{,}41$ kV/m ; $\alpha = 89{,}5°$

6.15 $C = 0{,}93$ µF

6.16 $C = 4{,}16$ nF

6.17 $C = 905$ pF

6.18 $h = 2{,}66$ m (Gl. 6.62)

6.19 $C = 2\,\varepsilon_r\,\varepsilon_0\, A/l$; $\varepsilon_r = 2{,}3$; $V = 2\, A\, l$

$l = 6$ µm ; $A = 0{,}325$ m²

6.20 Maximale Feldstärke bei $r = r_i$; $Q = C\, U$

$r_i = 2{,}8$ cm (Gl. 6.50) ; $d_i = 5{,}6$ cm

$r_a = 6{,}45$ cm (Gl. 6.52) ; $d_a = 12{,}9$ cm

6.21 Q = const. ; A = const. ; D = const.

$E = 1200$ V / 1,0 mm = const. ; $U = E\, l = 3$ kV

6.22 Reihenschaltung von C_{Papier} und C_{Luft}

$C_{Papier} = 40{,}73$ nF ; $C_{Luft} = 4{,}43$ nF ; $C = 4{,}0$ nF

6.23 $Q_1 = Q_2 = C_1\, U_1 = C_2\, U_2$; am Kondensator mit der kleineren Kapazität liegt die höhere Spannung:

$C_1 = 0{,}1$ µF; $U_1 = 100$ V; $U_2 = 4{,}5$ V; $U = 104{,}5$ V

6.24 $D_L = D_G$; $E_L = \varepsilon_r\, E_G$; $E_G = 1{,}5$ kV/cm

$U = E_G\, l_G + E_L\, l_L$; $l_G + l_L = 6$ mm ; $l_G = 4{,}3$ mm

7.1 $I = 2{,}0$ A

7.2 a) $\Phi = 0$; $F = I\, a\, B = 1$ mN ; $M = 2\, F\, a/2$

$M = 10^{-5}$ N m; Drehsinn entgegen dem Uhrzeigersinn

b) $\Phi = B\, A = B\, a^2 = 20$ µV s ; $M = 0$

7.3 d_1: $\Theta_1 = 0{,}2$ A ; d_2: $\Theta_2 = 0{,}2$ A ; d_3: $\Theta_3 = 0$

7.4 $\Theta_a = -2$ A ; $\Theta_b = 4{,}5$ A ; $\Theta_c = 0$ A

$\Theta_d = 2{,}5$ A; $\Theta_e = -2$ A ; $\Theta_f = -6{,}5$ A

7.5 Der Maximalwert liegt beim Leiterradius r_L:

$$H_{max} = \frac{I}{2\pi r_L}$$

Im Abstand r ist:

$$H = \frac{I}{2\pi r} = 0{,}01\, H_{max} = 0{,}01\, \frac{I}{2\pi r_L}$$

$r = 100\, r_L$

7.6 $B_{max} = 3{,}2$ mT ; $B_{min} = 2{,}4$ mT

7.7 $H \approx \frac{NI}{l}$; $H_1 = \frac{NI}{l} \cdot \frac{1}{\sqrt{1+\left(\frac{d}{l}\right)^2}}$

Aus $H = 1{,}01\; H_1$ folgt: $1 = 1{,}01 \cdot \frac{1}{\sqrt{1+\left(\frac{d}{l}\right)^2}}$

$d\,/\,l = 0{,}142$; $d = 0{,}142 \cdot 60$ cm $= 8{,}52$ cm

$$H \approx \frac{800 \cdot 1{,}5\text{ A}}{0{,}6\text{ m}} = 2000\,\frac{\text{A}}{\text{m}}$$

7.8 Ein kreisförmiger Integrationsweg mit D_1 umschließt keine Durchflutung: $H_1 = 0$

$$H_2 = \frac{100\text{ A}}{\pi \cdot 2\text{ cm}} = 15{,}9\,\frac{\text{A}}{\text{cm}};\; H_3 = 10{,}6\,\frac{\text{A}}{\text{cm}}$$

Ein Integrationsweg mit D_4 umschließt zwei entgegengesetzt gleiche Durchflutungen: $H_4 = 0$

7.9 $H = \frac{I}{2\pi r}$; $\Phi = \int_A B\,\mathrm{d}A = \mu_0\, l \int_{r_1}^{r_2} H\,\mathrm{d}r$

$$\Phi = \frac{\mu_0\, l\, I}{2\pi}\ln\frac{r_2}{r_1} = 1{,}13\;\mu\text{Vs}$$

7.10 $\frac{\Phi}{l} = I \cdot \frac{\mu}{\pi} \cdot \ln\frac{2a-d}{d}$

7.11 Punkt A: Der Leiter L_3 trägt in A nicht zur Feldstärke bei.
$H_1 = I_1/(2\,\pi\, a) = 79{,}6$ A/m ; $\alpha_1 = -30°$
$H_2 = I_2/(2\,\pi\, a) = 79{,}6$ A/m ; $\alpha_2 = 30°$
$H_A = 137{,}8$ A/m ; $\alpha_A = 0$

Punkt B: Die Einflüsse von L_1 und L_2 heben sich gegenseitig auf, und es ist $H_B = H_3$.
$H_B = 183{,}8$ A/m ; $\alpha_B = 0$

Punkt C: Abstand zu jedem Leiter: $s = 11{,}55$ cm
$H_1 = 137{,}8$ A/m ; $\alpha_1 = -60°$
$H_2 = 137{,}8$ A/m ; $\alpha_2 = 60°$
$H_3 = 275{,}7$ A/m ; $\alpha_3 = 0$
$H_C = 413{,}5$ A/m ; $\alpha_C = 0$

7.12 $H = 0{,}9\, H_\infty$; Gln.(7.31 und 7.54):

$$\frac{I}{4\pi a}\cdot(\cos\alpha_1 - \cos\alpha_2) = 0{,}9\,\frac{I}{2\pi a}$$

$\cos\alpha_1 = 0{,}9$; $\tan\alpha_1 = \frac{a}{l/2}$; $l = 4{,}13\, a$

7.13 Eine Seite: $a = 6$ cm ; $\alpha_1 = 45°$; $\alpha_2 = 135°$
Gl.(7.54): $H = 4{,}69$ A/m;
4 Seiten: $H_{ges} = 18{,}76$ A/m

7.14 Der Leiter, in dessen Achsrichtung der Punkt P liegt, trägt zur Feldstärke in P nichts bei. Der andere Leiterteil erzeugt die *Hälfte* der magnetischen Feldstärke, die entstehen würde, wenn der Leiter nach beiden Seiten gerade ins Unendliche verliefe: $H_P = I/(4\,\pi\, a)$

7.15 Der Leiterverlauf ist aus einem halben Quadrat und einem Halbkreis zusammengesetzt.

$$H_P = 200\left(\frac{I\cos 45°}{\pi r} + \frac{I}{4r}\right) = 95\,\frac{\text{A}}{\text{m}}$$

7.16 Holz: $\mu = \mu_0$; $H_0 = 200$ A/m; $B_0 = 0{,}25$ mT
Elektroblech: $H_{Fe} = H_0$; $B_{Fe} = 1{,}13$ T (Bild 7.49)
$H_{Fe}/H_0 = 1$; $B_{Fe}/B_0 = 4520$

7.17 Durchflutungen gleichsinnig: $\Theta = N_1 I_1 + N_2 I_2$
$\Theta = 400$ A; $H = 1{,}25$ kA/m; $B = 1{,}48$ T
Durchflutungen gegensinnig: $\Theta = 0$; $H = 0$; $B = 0$

7.18 Eine Gerade durch den Nullpunkt berührt die Magnetisierungskurve von Elektroblech V 400-50 A im Punkt (0,11 kA/m; 0,8 T).

$$\mu_{max} = \frac{0{,}8\text{ Vs}\cdot\text{m}}{\text{m}^2\cdot 110\text{ A}} = 7{,}3\cdot 10^{-3}\,\frac{\text{Vs}}{\text{Am}}\;\text{ bei } B = 0{,}8\text{ T}$$

7.19 Die Steigung der Geraden ist:

$$\mu_a = \frac{0{,}025\ \text{Vs}\cdot\text{m}}{\text{m}^2\cdot 0{,}4\ \text{A}} = 0{,}0625\,\frac{\text{Vs}}{\text{Am}};\quad \frac{\mu_a}{\mu_0} = 50\cdot 10^3$$

7.20 $V_{mFe} = 66$ A ; $V_{mL} = 955$ A ; $\Theta = 1021$ A

7.21 $B_{Fe} = B_L/0{,}9$; $\Phi = B_L\,A$; $H_L = B_L/\mu_0$

$l_{Fe} = 0{,}628$ m ; $V_{mFe} = H_{Fe}\,l_{Fe}$; $V_{mL} = H_L\,l_L$

B_L T	Φ mVs	B_{Fe} T	H_{Fe} kA/m	H_L kA/m	V_{mL} A	V_{mFe} A	Θ A
0,2	0,32	0,22	0,06	159	159	38	197
0,6	0,96	0,67	0,09	477	477	57	534
1,0	1,60	1,11	0,19	796	796	119	915
1,4	2,24	1,56	2,30	1114	1114	1444	2558

Eine Näherungsgerade für den Anfangsbereich hat die Steigung $\Lambda = \Phi/\Theta = 1{,}8\ \mu$H.

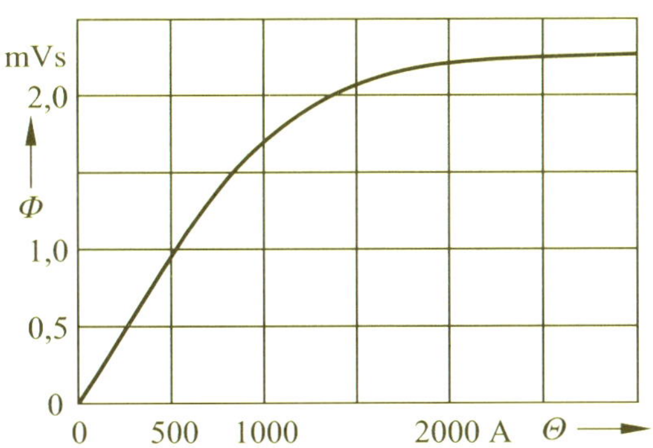

7.22 Achsenabschnitte der Luftspaltgeraden:

$$B^*_{Fe} = 1{,}26\ \text{T};\quad H^*_{Fe} = 1{,}59\ \frac{\text{kA}}{\text{m}}\quad \text{(Gln. 7.77; 7.78)}$$

Schnittpunkt mit der Magnetisierungskurve c:

$B_{Fe} = B_{Fe} = 0{,}37$ T ; $\Phi = 592\ \mu$Vs

7.23 Wegen der Reihenschaltung sind die Beträge der Durchflutungen gleich. Wie im Bild 7.57 erhalten die Spulen b und c rechts ein Kreuz; die Spule c auf dem Mittelschenkel erhält links ein Kreuz.

Abschnitt	Φ 10^{-4} Vs	B T	H kA / m	V_m A
L	12,8	0,8	636	318
1	6,4	0,89	0,12	28
2	12,8	0,89	0,12	12
3	6,4	0,89	0,12	28

$\Theta_a + \Theta_c = V_{mL} + V_{m1} + V_{m2} = 358$ A

$\Theta_a = \Theta_b = \Theta_c = 159$ A ; $I_1 = I_2 = I_3 = 1{,}59$ A

7.24 $B_L = 1{,}2$ T ; $H_L = 955$ kA/m

$l_L = 1$ mm ; $A_L = 4{,}02\cdot 10^{-4}\ \text{m}^2$

$SmCo_5$: $B_{opt} = 0{,}5$ T ; $H_{opt} = 300$ kA/m

$A_D = 16{,}08\cdot 10^{-4}\ \text{m}^2$; $D = 54{,}3$ mm; $l_D = 3{,}18$ mm

$Nd_2Fe_{14}B$: $B_{opt} = 1{,}0$ T ; $H_{opt} = 400$ kA/m

$A_D = 8{,}04\cdot 10^{-4}\ \text{m}^2$; $D = 43{,}9$ mm; $l_D = 2{,}39$ mm

8.1 Tab. 8.5: $A_r = 26{,}982$; $z = 3$

1 mol Aluminium sind 26,982 g.

1 t Aluminium sind $37{,}06\cdot 10^3$ mol.

Gl.(8.29): $Q = 10{,}73\cdot 10^9\ \text{C} = I\,t$; $t = 74{,}5$ h

8.2 H_2SO_4 wird in H^+ und SO dissoziiert.

$Q = I\,t = 120$ C

An der Kathode wird Wasserstoff abgeschieden:

$$M = \frac{Q}{F\,z} = 1{,}2436\cdot 10^{-3}\ \text{mol}$$

$1{,}2437\cdot 10^{-3}$ mol sind 1,254 mg.

An der Anode reagieren die SO_4^{2-}-Ionen unter Abgabe ihrer Ladung mit dem Wasser, und es steigt Sauerstoff auf:

$$2\ SO_4 + 2\ H_2O \rightarrow 2\ H_2SO_4 + O_2$$

$$M = \frac{Q}{F\,z} = 6{,}22\cdot 10^{-3}\ \text{mol}$$

$6{,}22\cdot 10^{-3}$ mol sind 9,95 mg.

Die Substanz H_2SO_4 wird bei diesem Vorgang nicht verbraucht, das Wasser dagegen zersetzt; an der Kathode entstehen doppelt so viele H_2-Moleküle wie O_2-Moleküle an der Anode.

Literatur

Berndt, H.: Elektrostatik. VDE-Verlag, Berlin 1998

Baumgärtner, H.; Gärtner, R.: ESD - elektrostatische Entladungen. Oldenbourg, München 1997

Bergmann, L.; Raith, W.: Lehrbuch der Experimentalphysik. Band 2: Elektromagnetismus. Walter de Gruyter, Berlin 1999

Böhmer, E.: Elemente der angewandten Elektronik. Vieweg, Braunschweig 2000

Bosch, R., GmbH (Hrsg.): Ottomotor-Management. Vieweg, Wiesbaden 1998

Clausert, H.; Wiesemann, G.: Grundgebiete der Elektrotechnik. 2 Bände. Oldenbourg, München 1999, 2000

Constantinescu-Simon, L.(Hrsg.): Handbuch elektrische Energietechnik. Vieweg, Braunschweig 1997

CRC Handbook of Chemistry and Physics. 76th edition. CRC, Boca Raton 1996

Dörrscheidt, F.; Latzel, W.: Grundlagen der Regelungstechnik. Teubner, Stuttgart 1993

Encyclopedia of Applied Physics. 23 volumes. VCH publishers, Inc.

Finkelnburg, W.: Einführung in die Atomphysik. Springer, Berlin 1967

Fischer, R.: Elektrische Maschinen. Carl Hanser Verlag, München 2001

Gautschi, G.: Piezoelectric Sensorics. Springer, Berlin 2002

Göpel, W.; Hesse, J.; Zemel, J. N. (edit.): Sensors. 9 volumes. VCH-Verlag Weinheim

Goetzberger, A.; Voß, B.; Knobloch, J.: Sonnenenergie: Photovoltaik. Teubner, Stuttgart 1997

Haase, H.; Garbe, H.: Elektrotechnik. Springer, Berlin 1998

Hänsel, H.; Neumann, W.: Physik. 4 Bände. Spektrum, Heidelberg 1996

Hamann, C. H.; Vielstich, W.: Elektrochemie. Wiley-VCH, Weinheim 1998

Hasse, P.; Wiesinger, J.: Handbuch für Blitzschutz und Erdung. Pflaum, München 1993

Herter, E.; Lörcher, W.: Nachrichtentechnik. Carl Hanser Verlag, München 2000

Knies, W.; Schierack, K.: Elektrische Anlagentechnik. Carl Hanser Verlag, München 2000

Küchler, A.: Hochspannungstechnik. Springer, Berlin 1997

Küpfmüller, K.; Kohn, G.: Theoretische Elektrotechnik und Elektronik. Springer, Berlin 2000

Lautz, G.: Elektromagnetische Felder. Teubner, Stuttgart 1985

Ledjeff-Hey, K.; Mahlendorf, F.; Roes, J.: Brennstoffzellen. C. F. Müller, Heidelberg 2001

Lexikon der Physik. 6 Bände. Spektrum, Heidelberg 1998-2000

Lüke, H. D.; Ohm, J.-R.: Signalübertragung. Springer, Berlin 2002

Meier, U.; Nerreter, W.: Analoge Schaltungen. Carl Hanser Verlag, München 1997

Mühl, T.: Einführung in die elektrische Messtechnik. Teubner, Stuttgart 2001

Müller, R., Schmitt-Landsiedel, D.: Halbleiter-Elektronik. Springer, Berlin 2003

Philippow, E.: Taschenbuch Elektrotechnik. 6 Bände. Carl Hanser Verlag, München 1976 - 1982

Riedel, E.; Janiak, C.: Anorganische Chemie. Springer-Verlag, Berlin 1999

Schmidt, W.-D.: Sensorschaltungstechnik. Vogel, Würzburg 1997

Schrüfer, E.: Elektrische Meßtechnik. Carl Hanser Verlag, München 2001

Simonyi, K.: Theoretische Elektrotechnik. Wiley-VCH, Weinheim 1993

Sze, S. M.: Physics of Semiconductor Devices. John Wiley & Sons, New York 1981

Sze, S. M.: Modern Semiconductor Device Physics. John Wiley & Sons, New York 1998

Tietze, U.; Schenk, C.: Halbleiter-Schaltungstechnik. Springer, Berlin 2002

Trueb, F.; Rüetschi, P.: Batterien und Akkumulatoren. Springer, Berlin 2001

Unger, H.; Harth, W.: Hochfrequenz-Halbleiterelektronik. Hirzel, Stuttgart 1972

Urbanski, K.; Woitowitz, R.: Digitaltechnik. Springer, Berlin 2000

Zinke, O.; Brunswig, H.: Hochfrequenztechnik. 2 Bände. Springer, Berlin 1998

Sachwortverzeichnis